企業概論

INTRODUCTION TO BUSINESS

原 著

JOSEPH T. STRAUB

RAYMOND F. ATTNER

譯 者

游文誥

序　言

基本意圖

　　企業概論可不只是一般的書籍生意而已。它是由一群在課堂專門教授企業概論的作者們所執筆寫成的，他們的教學經驗加總起來高達四十七年。這些課堂上的技術知識，再加上我們非常瞭解學生和教授對商業方面的啓蒙教科書有著什麼樣的要求，所以這本書的內容以及它的輔助性指導／學習教材，都在在地表現出它的可看性。

　　共事者都同意，企業概論這個課程是大學部商學課程中的一個重要基石，而我們的教科書就是起源於這樣的挑戰背景：

◆ 企業概論給了學生們一個縱覽企業的宏觀視野，讓他們在進修財務、行銷、管理和人際關係等專業科目之前，先打好基礎底子。

◆ 企業概論提供學生一些來自於眞實世界的實質資訊，不管是在課堂內或課堂外，都爲學生扮演了一個催化成功的角色。

◆ 企業概論是專門爲學生精心設計的，要讓他們以整合式的角度眼光來觀察這個刺激有趣又生機重重的商業世界。

　　第五版的企業概論不僅以透視的角度來看整個商業環境，同時也在主題上進行深入的探究，所以能夠爲主修商業的學生們奠定紮實的基礎，讓他們在進修更高深的學科時，展獲成功。除此之外，許多非主修商學的學生們在選修過這門企業概論

的課程之後，都對我們在主題上的深入淺出和活潑生動大表讚賞，因為其中的許多內容都和日常生活習習相關。我們的課文內容能夠讓學生們作出最明智的消費決定，也可以讓他們瞭解在今天這個全國和全球市場上，商業所扮演的再也究竟是什麼。

本書內容架構

我們針對許多開過企業概論這堂課的教授們作了廣泛的市場調查，然後再根據他們的意見結果組織成整本書的章節順序。我們所選擇的組織架構，絕對符合他們對課程和內文安排的要求。

第一篇的商業環境會陸續檢視商業在我們經濟上所扮演的角色、商業方面的倫理道德和社會議題、企業組織的非公司形式與公司形式，以及中小型企業和經銷加盟權等多項議題，進而引導學生進入這個課程領域當中。

第二篇的企業上的人力資源則討論到管理需求的重要性；管理者所扮演的功能和角色，以及他們需要展現在工作效益上的一些技巧。這個部份也談到了管理者可能選擇用到的程序、概念和可行設計，好用來創造出一個企業組織。接下來，我們還探索了管理者用來規劃、招募、選用、引導、訓練、評鑑和報酬公司內部人力資源的一些原則和程序。再來則是一個專屬章節，專門探討了人力資源的重要性和一些配合辦法，這些辦法包括企業氛圍的營造、士氣的激勵，以及領導統御的表現等。然後再以勞資關係這一章來劃上一個句點，其中包括工會的目標和守則、勞工的歷史和相關法令、員工加入工會的理由是什麼、勞工和管理之間的協商技巧、集體交涉的過程、申訴的程序，以及仲裁調解的過程等。

第三篇的生產和行銷活動則檢視描繪了現行的生產原理和技術，並研究行銷原理以及商品、促銷、鋪貨和定價策略等要素。

第四篇的金融和管理資訊所涵蓋的章節內容，包括了貨幣和金融機構；財務、風險和保險；資料的收集和處理；以及會計等。我們的會計單元故意出現在資料的收集和處理單元之後，為的就是要讓學生們更清楚瞭解電腦對商業運作的廣泛影響力，以及對那些擁有個人電腦或是正打算購買個人電腦的人，他們的生活形態會受

到什麼樣的影響。此外，我們也深入淺出地呈現了會計方面的主題單元，既不會過份簡化它，也不會扭曲了這個頗為複雜的主題。

　　第五篇的特殊難題和議題則研究了商事法和國際法的領域範圍。

目　錄

第一篇
企業環境

1

企業在經濟環境中的角色

企業的沿革
生產商品和提供服務的企業
利潤：報酬

經濟制度
資本主義
共產主義
社會主義
混合式經濟制度
各種經濟制度的績效

美國的企業簡史
殖民時期
工業革命時期
現代工業的成長
國際性的工業力量

企業的今日與未來

為何要研究企業？

章節縱覽

摘要

回顧與討論

應用個案

我們俄羅斯人的確擁有企業家的精神。嘿，我們比德國人、法國人或美國人優秀。假如那些官僚能離我們遠一點，我們能在此創造奇蹟。

VERA PAVLOVA

Co-Manager, Dmitrieve Cheese Shop Nizhny Novgorod, Russia

章節目標

在學習本章之後，你應該能夠做到下列各點：

1. 描述美國的企業體系是由哪幾種企業型態所組成的。
2. 定義和解釋四個生產要素。
3. 區分資本主義、共產主義以及社會主義經濟體系的不同。
4. 描述私人企業制度的運作原則與權利。
5. 解釋美國企業制度的變革。
6. 認識和討論企業在未來可能遇到的挑戰。
7. 認識四種研究企業的理由。

前言

Eliot Weinstock

當愛略特・魏斯塔克（Eliot Weinstock）剛從布魯克林大學拿到心理學的學位時，如果有人告訴他，有一天他會是一位擁有二十家視力驗光公司的集團總裁時，他可能會一笑置之。當時，他是一位高中老師，他發現許多學生都有學習上的問題。「大部份是視力問題」，他回憶說「為了徹底的以視力保健方式矯正那些視力問題，我離開了教職並赴麻薩諸塞（Massachusetts）大學驗光學系進修。畢業之後，我夥同幾位驗光師在哈佛廣場附近開了一家視力檢定診所。」

這是劍橋眼鏡公司（Cambridge Eye）在魏斯塔克辦公室的第一批驗光師，提供視力保健合理的價格。日復一日，當他和他合夥人在隔壁的診斷室進行視力測驗時，病人們需坐在小小的候診室等待。「有四項因素促使我們成功」他

說道「第一，是軟式的隱形眼鏡正趨流行且需求很大，它的價格大多在$300元左右。另一個因素是嬰兒潮的影響，所以我們擁有許多顧客。聯邦貿易考察團允許專業性的廣告，以致於我們能以$99元的價格，大眾化地提供視力檢查與隱形眼鏡。最後一個因素是我們擁有低廉的房租。」

但是，另一個因素在愛略特·魏斯塔克的成功例子裏扮演著重要的角色：他的個人價值觀。「即做你自己想要做的事，我並沒有按照別人給我設定的方向去做，這對我從商來說是很好的一件事。其實我並不想賺很多的錢，只是希望人們能在合理的價格下保持好的視力。這是我當時的人生觀。現在我想這該稱為行銷哲學吧。」

無論如何，愛略特·魏斯塔克創造了所謂「綜合性視力保健」的觀念，即顧客經驗光師檢驗並由眼鏡商搭配適合的眼鏡或隱形眼鏡。「我相信醫生和眼鏡商是值得信賴並為患者提供適當的眼鏡，這是過去所沒有發生過的事。劍橋眼鏡公司提供了高質量的視力檢驗和高層次的配鏡服務，我們提供了多樣性且質量好的鏡框鏡架和付得起的價格。」

這是一個致勝的想法，不久，愛略特·魏斯塔克決定成立第二家分店，地點是布魯克頓（Brockton）。他雇用了一位O.D和一位眼鏡商經理，幫他訂定計畫、財務和訂單，在很短的時間裏，布魯克頓的據點擁有兩個驗光師和三名配鏡助理。這家公司持續地成長，變成了一家私人的企業；之後，愛略特·魏斯塔克的合夥人因癌症去世。今天，他在荷利斯頓（Holliston）擁有自己的裝配實驗室，二十家遍布全州的商店。在一般的店裏，大致算有二名驗光師，一名經理和三名至五名的配鏡和訂貨的助理。

劍橋眼鏡公司在雇用和訓練人員方面非常用心。大部份的升遷是經過公司內部逐步歷練而來。「我相信我們公司的人員對於視力保健都是百分之百的專業，因為我們總是不斷地要求更高品質的服務。」魏斯塔克說道。

劍橋眼鏡公司也出版季報提供給顧客，告訴他們新的視力保健產品和服務，並提供優待券和特別的服務，諸如太陽眼鏡等。魏斯塔克說「任何一個人都能以低於我們$20元的價格賣眼鏡，但是消費者希望知道你在關心他，並且希望他們的問題和所關心的事能得到解答。對我來說，綜合性的視力保健就是我們朝著一個相同的目標工作，即依照消費者不同的生活型態和個人需要提供最適合的眼鏡。」

一間企業可以是小的
營業單位（如當地的
釀酒廠）。

　　有一首老歌是這麼說的：「企業使得世界動了起來。」企業和商業活動從早到
晚在我們的日常生活中無所不在地發生著。收音機裏播放著叫你起床的音樂、喝下
的果汁、外出時所開的車、午餐吃的三明治、在回家路上所買的零食等，都是經過
商業行為生產分配和銷售的。進一步來說，你購買東西所花費的錢也是經由商業行
為所賺取的。

　　現在，有關這些描述，你或許可以根據經驗應用到企業，但它無法解釋企業的
本質─什麼是企業，它在做什麼，以及它是如何運作的─而且，更特別的是，美國
的企業制度是什麼。這一章我們將探討上述的各個標題，並提供一個關於美國企業
史的回顧，以及研究企業制度的原因。

企業的沿革

　　當你想到「企業」時，你心裏浮現哪種畫面呢？是像全錄（Xerox），寶鹼
（Procter & Gamble），以及Home Depot的大公司嗎？如果是，你就答對了。不過仍有
些企業比上述的大企業所從事的商業行為要來的多。例如Tony's 家庭式咖啡屋，

一間企業也可以是大型的跨國企業（如，Anheuser-Busch）。

Venturi's 美容院，Carla's 披薩以及Sartor's 器具服務公司。它也包括了搬運商品和發送當地報紙的 Consolidated Freightways，以及在三角窗地帶開設的的「Mom-and-pop Store」。

　　企業可以各種的型態和規模存在，但是縱使有不同的規模和活動，我們所謂的**企業**是一個以營利為目的，從事生產、銷售消費者需要的商品和服務的一個組織。這個定義主要將重點集中在企業所擁有的一些特徵上。即所有的企業都：

- 生產商品或服務
- 尋求利潤
- 嘗試滿足消費者的需要

企業
一個以營利為目的，從事生產、銷售消費者需要的商品和服務的一個組織

生產商品和提供服務的企業

　　所有的企業不是從事商品生產就是提供服務的公司。生產商品的企業，諸如豐田、Chapparel鋼鐵公司，Endicott礦物公司等都是生產看得見的產品或**商品**─具有實體的物件。另一方面，生產服務的公司則提供**服務**─係指加惠消費者或其他企業的

商品
具有實體的物件

服務
係指加惠消費者或其他企業的活動

活動。如Delta航空公司，Prudential保險公司，Supercuts和Stadium乾洗店等都是提供服務的企業之實例。

若不考慮企業的型態，所有的企業：

- 需要具備相同的功能或活動使企業營運。
- 投入生產要素以生產最後的商品或服務。

相同的功能與活動　每一個企業-不論大型或小型，不論是生產商品抑或是提供服務－都必須完成以下相同的功能和活動：

- 製造產品和提供服務。
- 行銷產品或者是提供服務給消費者。
- 計算財務上的交易。
- 雇用、訓練並評鑑員工。
- 取得融資。
- 處理訊息。

此外，每一個企業必須完成以下相同的管理功能：

- 計畫打算完成的目標。
- 整合企業資源。
- 獲得職員使企業運作。
- 指導職員運作企業。
- 監控企業的進展。

在各式各樣的企業當中，上述功能和活動唯一的差異僅在於複雜程度的不同而已；在一些小型企業裏，業主可能完全照做，然而在大型的企業裏，則有不同的專家來完成這些工作。

生產要素
生產商品和提供服務所投入或使用的資源

投入　所有的企業皆需投入**生產要素**進行生產：生產商品和提供服務所投入或使用

的資源。四種生產要素—土地、勞工、資本和企業家精神—用來製造企業的商品或服務。如圖1.1。

- ■**土地** 是一種能用來生產商品和服務的自然資源。凡是在地面上成長或是在地球表面底下的天然資源都稱為自然資源。如樹木、礦物、石油和天然瓦斯。
- ■**勞工** 泛指將未加工的材料轉換為商品和服務所需的人力資源。它包括了所有企業的受雇者，從頂層的管理者到整個組織架構皆涵蓋其中。
- ■**資本** 即用來生產商品或服務的所有生產工具，如設備、機器和建築物。在這個定義當中，資本不單指金錢。金錢本身是不具生產力的，但是當它拿來購買鑽孔機、打字機、推土機和廠房時，它就變得具有生產力。
- ■**企業家精神** 係指用來生產商品或服務時，結合前述三項生產要素的技術和承擔風險的能力。企業家精神是一種觸媒—就像熱之於火。它是**企業家**所產生的，即一個有意願承擔風險去賺取利潤報酬的人。

土地
是一種能用來生產商品和服務的自然資源

勞工
泛指將未加工的材料轉換為商品和服務所需的人力資源

資本
用來生產商品或服務的所有生產工具，如設備、機器和建築物

企業家精神
指用來生產商品或服務時，結合前述三項生產要素的技術和承擔風險的能力

企業家
一個有意願承擔風險去賺取利潤報酬的人

圖1.1
生產四要素的結合以生產商品和提供服務

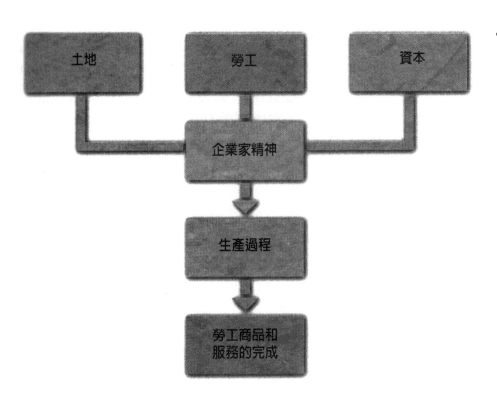

我們以休士頓的TME公司來說明，企業如何運用這些基本資源來提供服務。企業家Cherrill Farnsworth發現許多醫院無法撥提$150至$200萬元去購買它們自己的核磁共振儀器（MRI）時，創辦了TME，替醫院提供MRI的服務。當醫院確信這項服務符合它們的需要時，她說服了東芝美國醫學器材供應和Paine Webber公司投資TME，雇用了六人的團隊和設備。現在它在九個州擁有二十家圖像中心，服務三十六家醫院和五所大學，雇用了一百六十四名員工，並且每年增加十八名員工的雇用。其年收入大約在二千八百萬元左右並進行再投資以協助該公司的成長。

利潤：報酬

不論企業是生產商品或提供服務，其共同的要素就是利潤的追求。**利潤**是指企業的銷售收入減去全部費用—生產成本、營運成本和稅—的盈餘。例如TME擁有二千八百萬的銷售收入，Cherrill Farnsworth減去維修設備的費用、保險費用、租金、員工薪資之後所要達成的營運目標就是利潤。

對一個企業來說，利潤更甚於會計的過程。它是企業提供給消費者並滿足消費者需要的報酬。

利潤是企業最終的目的。它是檢測一個商人的成功與否以及其嘗試冒險的報酬。每一個經營企業的人都在和金錢冒險，因此利潤是投資企業的報酬。當Cherrill Farnsworth成立TME時，並不知道醫院的管理者是否會向她購買MRI的服務，但是資金已經投資在這項機會上。Cherrill Farnsworth的投資者東芝美國醫學器材供應和Paine Webber公司也在冒這個風險。假設沒有潛在的利潤，這項投資也就沒人會冒這個資本的風險了。

經濟制度

Cherrill Farnsworth和Paine Webber公司之所以能夠投資金錢並從TME回收利潤，主要是建立在美國的經濟制度型態上。相同的投資模式在其它不同經濟制度的國家裏，可能就無法辦到。

所謂**經濟制度**是指一個社會為配合對商品與服務的需要，對資源—土地、勞工、資本和企業家精神—所進行的配置。經濟制度由社會狀態所決定，它提供了以下幾個問題的答案：

■將生產或提供什麼樣的商品與服務？
■將生產或提供多少的商品與服務？
■誰來生產或提供商品與服務？
■將商品與服務生產或提供給誰？

在現今的世界上主要存在三種型態的經濟制度：資本主義（capitalism）、社會主義（socialism）與共產主義（communism）。而區別這三種經濟制度的方法就在於政府、企業、消費者之間掌控生產要素的相互關係。

資本主義

美國所實行的是**資本主義**（capitalism）。它是一種生產要素和企業為私人所有的經濟制度—而非屬政府所有。對商人來說，這種制度又稱為**私人企業制度**（private enterprise system），即是企業為私人所有的經濟制度。

而私人企業制度是建立在四項權利基礎之上：即財產私人所有的權利、自由選擇的權利、競爭的權利以及追求利潤的權利，如圖1.2。

經濟制度
是指一個社會為配合對商品與服務的需要，對資源所進行的配置

資本主義
一種生產要素和企業為私人所有的經濟制度

私人企業制度
即企業為私人所有的經濟制度

圖1.2
私人企業制度的權利

1. 財產私人所有的權利（the right to private ownership of property）。在私人企業制度裏，私人的個體—你，你的朋友，你的家庭，湯尼咖啡屋的湯尼，TME 的 Cherrill Farnsworth—都擁有私人財產的權利。財產爲私人所有的權利即表示了四項生產要素—土地、勞工、資本和企業家精神爲私人所有。而個人皆能買、賣或者運用其私有的財產。

   例如：你個人擁有四項生產要素的部分或全部並且決定要如何運用它。身爲勞工，你決定將你的專業技術賣給公司。如果你有錢（資本），你就能投資或設立一家公司。如果你真的設立了一家公司—航空公司、兒童看護或庭院整理公司—那麼你正準備當一位企業家並發揮企業家精神爲你創造利潤。

2. 自由選擇的權利（the right of freedom of choice）。私人企業制度亦提供了自由選擇的權利—即決定你想要從事的工作、到哪裡工作、到哪裡花錢和花多少錢的權利。這表示如果他（她）願意，他（她）就可以自由選擇是替別人工作或爲自己工作，也表示人們爲了改善其生活水準能自由地更換工作。

3. 競爭的權利（the right to compete）。在私人企業制度之下，企業擁有隨時與人競爭的權利。伴隨著追求利潤而來，競爭是私人企業制度裏的基石。競爭促使企業透過發展較佳產品、改變價格、研究獨特的廣告企劃、迎合消費者的需求，以吸引和維持消費者的青睞。對消費者而言，競爭促使企業生產較佳的產品並提供較好的保障。

4. 追求利潤的權利（the right to profits）。在私人企業制度裏，凡是冒著風險去設立公司的人就已經得到追求利潤的權利的保障。這也是吸引人們創業與創業的最終目標。然而公司的成立有可能會失敗，並不是每一個企業家都能成功，而創立公司則是獲取豐碩利潤機會的開始。

純粹資本主義
即市場經濟，經濟行爲完全自由地經由市場供給和需求所決定的一種經濟制度

自由放任主義或袖手旁觀的態度
即政府不干涉經濟制度的行爲

純粹資本主義　　十八世紀經濟學家亞當史密斯的國富論裏的經濟制度是**純粹資本主義**（pure capitalism），或市場經濟，即經濟行爲完全自由地經由市場供給和需求所決定的一種經濟制度。在這制度裏面，關於生產什麼，生產多少，誰來生產和生產給誰等經濟問題則交由市場中的消費者來決定。

　　在純粹資本主義裏，政府的角色是採**自由放任主義**（laissez-faire）**或袖手旁觀**（hands-off approach）的態度，即政府不干涉經濟制度的行爲。生產者和消費者隨著

自身的利益去決定其行為，生產者將賣其所能賣出的量，而消費者則是在其能承受的範圍內購買其所需的商品。

在供給和需求的交互作用下，當商品的價格下降時，消費者對於該商品的需求量會增加。就一般正常的邏輯來說，當一個商品的購買成本降低時，消費者的購買意願會提高。從另一個角度來看，在追求較多利潤的動機下，當一個商品的銷售價格上漲時，生產者則會有較強的意願去增加生產該商品，並賺取較多的利潤。

最後，供給和需求會趨於一個均衡位置平衡，所達成的量就是均衡量，而價格就是均衡價格。也就是說，生產者將會製造如同消費者所需要的量，而以均衡價格進行交易，這個均衡價格即是消費者有意願而生產者能賺取合理利潤的價格。

在這個制度裏，每一個人的行為皆為社會的最大利益所制約，並由那支「幕後黑手」來引導，而市場則在買者與賣者的交互作用下運行。假設一家公司生產不良的產品或賣太貴的產品，則會被消費者所拒絕。結果是生產者改進其產品或降低其產品的售價以進行銷售。市場本質上是由那隻幕後黑手來制定市場中經濟行為的準則，政府沒有必要進行干涉。

生產商品與提供服務　　至於商品和服務如何在此制度中運行，我們可以從圖1.3來說明。在資本主義裏，生產要素是由住在家計單位（household），以經濟名詞來解釋是指任何一個人或是一群生活在同一個屋簷下的群體，並視為一個經濟單位裏的成員所擁有），而商人想要生產商品或提供服務，則必須從家計單位裏的成員那裡獲得生產要素。因此，這引發了一連串的連鎖動作。

1. 企業藉由提供家計單位成員不同的所得—房租、薪資、利息和利潤—做為報酬，以獲得生產要素。而不同所得的提供，其實是對不同生產要素進行交換，也就是要素的價格。見表1.1。例如：克萊斯勒汽車公司需要雇請兩位員工，該勞動生產要素的獲得則是以相應的薪資所換取的。
2. 克萊斯勒結合了其它的生產要素如資本、自然資源和企業家的技術來生產克萊斯勒Le Baron汽車。
3. 家計單位成員亦是消費者，他們需要或想要（市場需求）企業所生產的商品（一輛全新的Le Baron汽車）。

生產要素	所得收入
土地	房租
勞工	工資或薪資
資本	利息
企業家精神	利潤

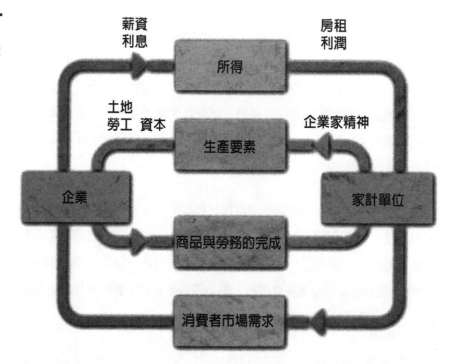

4. 家計單位成員運用薪資所得向克萊斯勒代理商購買該家公司所提供的商品與服務。

5. 企業則從銷售商品與服務當中獲得的金錢再去購買更多的生產要素。

　　以上就是在政府不干預的情況下，經由大眾（消費者）和企業（生產者）在市場上交互作用下的結果。幕後黑手則是該制度下經濟活動的主宰者。

混合式資本主義　　隨著時間的推進，美國已演進為**混合式資本主義制度**（mixed capitalism），即一個以市場經濟為基礎並施以有限度政府干預的經濟制度。政府認為市場也有失靈的時候，因此捨棄了主宰市場規則的那隻幕後黑手（invisible hand），而改以看得見的手（visible hand）干預市場的運作。

混合式資本主義制度
即一個以市場經濟為基礎並施以有限度政府干預的經濟制度

混合式資本主義裏，政府有兩項主要的調控工具：即政府的稅收力量和政府的支出力量。借由向民眾和企業征收稅賦，將其所獲得的租稅用來興建公共建設、國防、教育、運輸和社會福利。而進行這些工程本身亦為社會創造了對企業生產的商品和服務需求。政府亦從事以下工作進行對經濟制度的控制：

■ 政府擁有所有權的事業，如田納西溪谷當局對其農村供應能源。
■ 政府機構是某些企業的管理單位，如食品藥物管理局防止藥商販賣尚未測試通過的新藥。
■ 政府對雇主與受雇者的關係進行干預，如制定最低工資和輔導失業大眾就業。

範圍	政府當局
就業事務	平等就業機會委員會
工作環境的安全性	工作安全與健康管理局
食品和藥物品質	食品和藥物管理局
薪資事務	勞工局
產品安全	消費者產品安全委員會
管理和勞工關係	國家勞工關係委員會
員工退休	勞工部門
企業融資	証券與匯率委員會
競爭事務	聯邦貿易委員會
州際運輸	州際商業委員會
通訊	聯邦通訊委員會
垃圾處理	環境保護機構

表1.2
政府干預企業的活動

此外，表1.2摘要了政府對企業活動的干預。有一點須注意，即政府的規定亦包括了州和當地地區的層級。

共產主義

另一種經濟制度是**共產主義**（communism）制度，即由政府控制生產要素的經濟制度。土地、勞工、資本均在政府的掌控之下，而企業家精神的角色則由政府來扮演。結果是關於生產、分配、消費和財產所有權的所有決策都由政府來主導，它決定了將生產什麼、誰來生產、生產多少和為誰生產，供給、需求以及競爭的功能無法在該制度裏產生影響。中央政府的計畫成員決定了產品、資源以及分配的種種。如古巴、北越、中國大陸仍然實行這種中央計畫經濟制度。

社會主義

社會主義（socialism）**制度**是一種由政府控制基礎工業的運作和方針，但允許私人財產存在的經濟制度。在這種制度下，政府之所以要控制和導引基礎工業，乃基於必須控制一些不可或缺的產品和勞務，使每一個人都能擁有它—而非僅那些有錢人才能擁有的信念。通常由政府掌控的基礎工業包括了礦業、鋼鐵產品、運輸、通訊、醫療保健以及汽車製造業。在瑞典，政府擁有大眾運輸網路、通訊業、銀行業、礦業、鋼鐵業和化工業。

在不同的國家裏，如丹麥、大不列顛、西班牙、法國、印度等皆有著不同程度的私人財產和企業所有權。例如：丹麥大部分的民眾都蒙受政府的福利計畫，大部分企業的財產和營運皆屬私人所有。

在社會主義的經濟制度裏，經濟的選擇—生產什麼、如何生產、誰來生產皆由政府將決定好的目標交給所掌控的基礎工業去執行。也就是說，關於那些商品與勞務的分配是國家所有的。而對於那些不是政府掌控的企業，其經濟選擇的方式則和資本主義經濟制度相同。

混合式經濟制度

假設你去檢測現今世界上存在的各種經濟制度，你將會發現沒有一個純粹是資

本主義經濟制度和純粹共產主義經濟制度的例子。大部分的經濟制度界於完全私有制，以市場經濟為基礎的純粹資本主義和全民所有制的共產主義之間的封閉聯集當中，而這個聯集當中以幾個國家作為代表，如圖1.4所示。

　　這個聯集呈現大部分國家所運行的**混合式經濟制度**（mixed economic system）—即同時存在私人和政府的所有權以及商品和服務生產的一種經濟制度。基本上，在一個國家裏不只一種經濟制度在運行。

混合式經濟制度
即同時存在私人和政府的所有權以及商品和服務生產的一種經濟制度

圖1.4
從純粹共產主義制度到純粹資本主義制度國家的封閉聯集

　　另一個經濟制度的主要重點是經濟制度並非靜態的—它們時常地在不同經濟制度的混合下產生改變。結果在這個聯集的國家當中，當它們的社會狀況改變，其經濟制度就會有所更動。以下的例子可以佐證上述的論點：

■匈牙利、波蘭、捷克斯洛伐克和俄羅斯（將在本章的環球透視描述）皆在實施共產主義制度多年後轉而接受資本主義制度。每一個國家都奮力地進行由中央計畫經濟向市場引導的經濟制度轉軌。

■中國大陸已經開始接受一些西方國家資本主義的觀點，如美國、西歐的企業獲得較多進入中國大陸市場的機會。

■西班牙，一個擁有顯著社會主義經濟制度的國家，正朝向一個自由的市場經濟改革。

■瑞典，長期以來被視為社會主義經濟制度的模範國，正在減少其失業救濟金的發放以減少一般的國家預算。此外，並引導資金進入私立學校體系，以提供一個與國立學校體系競爭的環境。

■南韓，一個朝向社會主義國家運作的模式，已經消除控制並開始讓自由市場運作。利率不再由政府訂定，且外國投資者將可完全擁有企業的資產。

俄羅斯：被轉換牽絆

　　美國人視電話和電話服務為理所當然一件事，每個人皆擁有私人的電話，並能快速地與鄰街或其他國家通話聯繫。但是在俄羅斯就不是這種情形了。

　　和西歐國家每100人有43人有電話門號相較，俄羅斯每100人只有12人有電話的門號。俄羅斯的人民需要等上32年才有新的電話門號，目前尚有360,000個鄉村沒有任何的電話服務，而在美國與俄羅斯之間的國際電話轉換服務也一次只能同時承載12線。

　　這種情況對美國通訊界的巨人AT&T、GTE和U.S. West等公司來說是個理想的商機，這三家公司也正打算進占俄羅斯的通訊市場。但是，就如同其它企圖在俄羅斯投資的公司一樣，都受其經濟體制由中央集權式經濟向市場導向分權性經濟轉軌所絆住。

　　在曾經以集權式「五年經濟計劃」著稱的俄羅斯，並沒有一個全俄羅斯的投資策略來引導西方的投資夥伴，那些官僚在各種執照的推行方面並不一致，地方當局政府往往不理會莫斯科中央所訂定的技術標準，外資無所適從，也因此無法促使外資投入大量的資金來進行那些有益於俄羅斯的專案計劃，例如反對立竿見影的方案，如透過衛星使鑽油設備與外界聯繫。

　　這種情況到底有多糟呢？該制度已糟到多數美國企業懷念過去舊的中央集權計劃經濟制度。一位駐俄羅斯AT&T的總經理Erik Jennes指出「分權化能協助交易事務的締結，但也由於沒有一個完全的計劃而傷害了協議。」

各種經濟制度的績效

　　有不同的方法可以用來衡量一個經濟制度運行的績效。這些方法包括了國民生產毛額（gross national product），國內生產毛額（gross domestic product），生活水準（standard of living）和生產力（productivity）。

國民生產毛額與國內生產毛額　衡量一個國家在一年之內所有市場所生產的財貨與勞務的市場總值的指標，稱爲**國民生產毛額**（gross national product；GNP）。GNP計算了一個國家生產的所有財貨與勞務—不論他們在哪裏生產。例如：假設福特汽車公司有間製造汽車的衛星工廠位於愛爾蘭，這也會被計算在美國的GNP裏。不過該指標現在已逐漸被**國內生產毛額**（gross domestic product；GDP）所取代—即一個國家於該國境內在一年之內生產的所有財貨與勞務的總市值。這項在會計實務上的修正，表示美國—或任何一個國家—只能對其境內所生產的財貨行使債權。表1.3顯示幾個國家GDP的比較。從這項指標來看，美國和日本在產出方面遠遠地領先其他國家，而德國、法國、意大利和大不列顛屬於一個族群，加拿大則遠遠在後。

國民生產毛額
衡量一個國家在一年之內所有市場所生產的財貨與勞務的市場總值的指標

國內生產毛額
即一個國家在一年之內並在該國境內生產的所有財貨與勞務的總市值

國家	GDP（$billions）
美國	$5,954.0
日本	3,674.3
德國	1,928.1
法國	1,336.8
意大利	1,237.7
大不列顛	1,051.3
加拿大	568.1

資料來源：The WEFA Group

表1.3
各國的GDP

生活水準　另一個衡量經濟績效的指標是**生活水準**（standard of living）—即一個國家其物質財富的程度。它表現了該國國民對財貨與勞務需要的滿足程度。一個國家的生活水準是將GDP除以全國人數而得到的數值，稱爲每人平均所得（GDP per capita）表1.4顯示美國擁有最高的每人平均所得，瑞士、加拿大和德國緊接在後。

生產力　最後一個衡量經濟績效的指標是生產力。基本上，**生產力**（productivity）是既定投入量所能產出的產量。在這裏是指每一位工作者所能生產的財貨與勞務。它僅能表示一個經濟制度在生產財貨與勞務的績效。

生活水準
即一個國家其物質財富的程度

生產力
既定投入量所能生產的產量

表1.4
世界的生活水準

國家	每人平均所得（GDP per capita）（$）
美國	$21,571
瑞士	20,893
加拿大	20,694
德國	18,122
日本	17,729
瑞典	17,320
澳大利亞	17,144

資料來源：The WEFA Group

　　近年來美國的生產力已是主要的課題。雖然美國人生產的財貨與勞務總產值是世界第一，但其產值的成長率已持續下滑了一段時間。從1982年到1988年，生產力每年以1.3%的成長率成長，但從1989年到1991年則下滑為1%以下。從最近的數據來看，每年是以2%的成長率成長，這個數據顯示，美國的生產力已被日本、德國和其它歐洲國家所超越。

　　從這個觀點來看，我們已深入探究美國的企業制度和其他制度運作的比較。但什麼是制度的根本呢？讓我們來看看美國的企業發展史吧！

美國的企業簡史

　　美國的企業制度和五十年或一百年前有很大的不同，隨著時間的遷移，它有著顯著的改變。

殖民時期

　　1800年前的殖民時期，美國企業的制度是以農業為基礎，社會結構是以農產品為其商業的支柱。此外，當時美國的經濟十分依賴英國，主要是以未加工的原料和貴金屬與英國的成品進行貿易交換，英國並提供美國財務上的支援。

世紀的轉變使美國的
工業化產生大變動。

　　在這時期，與商人簽訂契約並在家裏從事生產工作的農舍制度是一般的工業型態。工作者基本上是獨立的，且在特定產品的生產上是具有高度技術的專家與次承包者，然後這些生產出來的商品則在那些商人的店裏販售。

工業革命時期

　　十七世紀中葉開始的工業革命改變了美國的企業制度。機械和生產方式的更新，改變了生產的過程。工廠的設立和大量生產的商品取代了那些在農舍裏的工匠和手工製品。那些擁有技藝的工匠們必須離開家進入工廠成為受雇者。

　　其它促使進一步工業化的因素，如收割機的發明使農業更商業化；工人潮泛濫了美國整條海岸線，導致了歐洲的一些政治和經濟問題；電報機的發明亦產生了通訊的革命；鐵路的發明也推倒了從美國到太平洋的藩籬。

現代工業的成長

　　19世紀後半期之後，美國已成為工業化國家。許多的發展導致了這項結果。

　　由於美國境內豐富的資源，美國人不再依靠歐洲提供生產要素。依靠國力的發

展和較佳銀行體系的建立，吸引了外國資本的移入。科技加強了電話的通訊能力。一些企業家如 John D.Rockefeller 和 Andrew Carnegie 亦使得生產要素能互相調合。

到了此時期的末期，美國渡過了經濟大蕭條（great depression）。在這段時間，純粹資本主義制度和放任的市場經濟大幅地修正為需有政府這支看得見的手來干預的經濟制度。幕後黑手已被政府的干預所取代。如社會安全、證券規則和銀行保險的規範。

國際性的工業力量

自從二次世界大戰結束之後，美國已成為世界上工業的領導力量。美國藉著其管理才能和財務上的資源，結合成巨大的生產力量，提供美國人最好的生活水準，並協助其他國家經濟上的發展。當產品需求大於供給時，其已從單純的生產商品，演進到採用針對消費者需求的行銷方法來增進產品的銷售。隨著生活水準的提高和不斷進步的科技，導致美國逐漸朝向一個以服務為導向的經濟制度。

企業的今日與未來

我們回顧美國企業制度之後可以得到一個結論：改變（change）是企業生存的一個方式。成功的要訣就是藉著瞭解和學習科技、趨勢、和主要的問題，以對改變（change）有所警覺。每一項對即將來到的改變都具某種程度的指標作用。成功的企業和商人對改變都有良好的反應。以下有三個實例：

■ 當電視機發明時，少數人能預期它對美國人的生活和企業的影響。它在1940年代還是個新奇的事物，到了1950年代開始普及，今天幾乎每個家庭都有一台電視，甚至兩台以上。它提供了擁有者一個資訊和娛樂的捷徑，對企業來說，它更提供了一個具有數以百萬計觀眾的龐大廣告舞台，成為企業商品及服務與消費者之間的溝通界面。

■ 單一事件會改變美國消費者對一個整體工業的思考方式和定位。當石油出口

你能猜出這張照片是在哪兒拍的嗎？
當你在瓜地馬拉看到像這樣的街景時，就是企業在國際上相互依存的證明。

國家組織（OPEC）於1970年代提高油價時，美國的消費者開始鍾愛省油的外國汽車，而美國的汽車工業尚未對此事件產生反應。結果，現今外國汽車佔美國的汽車市場的比例已超過三分之一，其對美國汽車工業和其附屬工業的未來是項威脅。

■ 對問題的解決興起了美國人在轉換和處理資訊的革命。雖然工程用計算機濫觴於十九世紀後期，直到1960年代和1970年代，電腦才開始大眾化。今天電腦藉由幫助那些小型企業主解決他們的會計問題、處理大型保險公司龐大繁雜的客戶資料，以及協助製造商設計新型的產品，興起了對企業的革命。

許多的例子不勝枚舉，而以上三個實例主要是強調對於改變（change）訊息警覺的重要性，學習並對這些訊號相應地作出反應。以下有幾項對企業的趨勢和挑戰是必須瞭解的：

- 環境保護（environmental protection）。大眾對環保問題的關心已成為企業界主要的課題。對於環境問題的考慮已成為企業決策的一環，並不是因為法律的約束或某些團體的要求，而是因為這是應當做的事。

- 國際上的相互依賴（international interdependence）。沒有一個國家能孤立於世界。藉由貿易和經濟的往來，產生各國間互相的依賴。愈來愈多的企業和個人對其它國家的產品形成依賴。而一些國家或地區的經濟成功（太平洋邊緣的國家）或失敗亦牽繫著世界的經濟，企業必須環顧全球的經濟動態。

- 國際企業的競爭（international business competition）。企業現在必須與當地企業以及國際性企業競爭。競爭已在這場全世界企業都加入的遊戲裏產生，企業的決策將變得更為複雜和急迫。

- 品質（quality）。不論是製造業或服務業，「品質」已成為商業活動間的重要字眼。由於消費者對品質的日益重視，企業必須發展和實現品質管理以進行競爭。

- 家庭與工作（family and work）。正在改變的工作組成成員和價值觀將持續地迫使企業重新思考其政策和計畫。多數的單親家庭和上班族母親對家庭重視的增加，將挑戰「工作擺在家庭之前」的核心價值觀，其需要新的與較佳的答案。

- 文化差異（cultural diversity）。這種差異表現在愈來愈多西班牙裔、亞洲裔和非洲裔美國人的工作人員出現，需要新的管理方式和團隊建立計畫。

- 工業技術的變遷（technological change）。工業是工業技術革命的中堅。電腦技術以驚人的速度演進；機器人和雷射技術也應用在實務上。而重工業如鋼鐵、汽車工業若想具備競爭力，則必須以新的科技去提昇其作業流程。

- 生產力（productivity）。必須將管理才能的注意力放在生產力的兩難問題上：美國勞動者的平均產出和其它國家並沒有維持大距離的差距。而解決之道是需要維持美國的生產能力。

- 社會責任（social responsibility）。對於企業在利潤和社會責任兩方面的要求將會更為注重。

一些能夠發現這些趨勢且作出反應的企業則能生存，而無法適應的企業則會失敗。這些對於企業的刺激是讓人們去觀察它們的環境並有創意地做出反應。作出問題的解決之道，可使企業獲得補償和巨額的報酬，並且企業亦提供了機會讓他們實踐。

爲何要研究企業？

人們爲了許多原因而研究企業。有些人爲了在商業主要的領域裏尋求職業；有些人想成爲一個在消費方面訓練有素的消費者，瞭解他們的權利並避免高代價錯誤。以下是一些人們研究企業的原因：

- 企業的影響（the impact of business）。企業在美國人的生活當中是一個主要的力量。它影響著我們的日常生活，它出現在報紙上、電視上或收音機所發出的訊息中。它提供了人們賺錢與花錢的方式。由於企業扮演主導生活的角色，基於人們好奇的天性而想進一步認識它，並從事企業的活動以徹底地瞭解企業的來龍去脈。
- 職業選擇（career choice）。學習企業能幫助選擇職業。工作的尋找有太多的偶然性。當你對企業和商業活動的瞭解愈多，則能做出較佳的工作選擇。爲了幫助你選擇職業，請參考附錄的「求職事務」。
- 企業的所有權（business ownership）。擁有一間企業是許多人的目標。如果一個人想增加他或她成功的機會，學習企業的運作就是一個方法。會計、管理、行銷、風險管理和財務對一個小公司來說和大公司一樣重要，而主要的差異在於小型企業主一個人必須瞭解上述所有範圍的事務。
- 具更多知識的消費者（more knowledgeable consumer）。消費者是每一個人在商業環境中都扮演的角色。當你看到一項產品的廣告「最後一件已賣出，但尚有較貴的另一型產品」，你怎麼辦呢？當一個承包商沒有按照設計說明書改建房間時，你該怎麼辦呢？每一個人都有改進他或她消費技巧的需要，研究企業能提供一些成爲訓練有素的消費者的資訊。

The Keys to Success

管理者筆記—成功之鑰

　　經營企業沒有捷徑，但有幾項成功的方法。那些冒著風險成立公司的企業家們藉由學習試誤（trial and error）方法引導他們邁向成功。而他們所學習的經歷對於那些想在事業上有所成功的人來說是很重要的，根據那些身經百戰的企業家們的經驗，以下歸納了十項成功的方法：

1. 瞭解如何去管理和運作一個企業。擁有創造力和專業技術對經營企業來說是不夠的。企業家必須培養管理的技能-尤其是現金管理。對任何一位企業家最大的建議就是去瞭解什麼是你需要學習的東西，並付諸實行。
2. 擁有充分的財務資源。不論是剛成立的新公司或是已經營運一段時間的企業，充分的財務資源是必須的。如果一家公司出現不足的現金流量、缺乏財務見解、underfinancing、或差勁的資金管理，則會導致一種相同的結果-不充分的財務資源。
3. 控制公司的成長速度。每個人都想成長，但成長太快則會失去控制。規劃和控制公司的成長速度可確保產品與服務品質能一致地提供。
4. 培養和維持良好的人際關係。企業家必須與每天所接觸的人維持良好的人際關係，不論是顧客、商業夥伴或員工。
5. 在有策略規劃的情況下工作。許多企業家和商業人士認為不知如何去制訂、無法負擔或沒有時間進行策略規劃而拒絕策略規劃的執行。實際上，策略規劃能將一個企業處於有效競爭的位置，並掌控變化的發生。
6. 勇於創新-不要滿於現狀。公司目標的完成應引導企業家進行新的和更高的目標制訂，沈醉於勝利之中通常會澆熄你的創造力。
7. 建立工作團隊。大部分失敗的企業往往是偏好個人的表現，而成功的企業人士則會學著集結相關人士成立團隊，以互補和貢獻彼此的專業技能。

8. 在溝通的環境下運作。為了徵募他人的實行，企業家應要分享員工他們的想法。他們要向顧客銷售商品、服務和構想，也需要聽聽員工的意見和瞭解員工的看法和感覺。

9. 瞭解企業的優劣勢。一位企業家必須能夠確認個人和組織的優劣勢。第一步，企業家應尋求能支援和補充其不足技能的人才，第二步則是實際地評估和行動，而非企圖隱藏。

10. 尋求和反應回饋。為了維持進程，企業家需要誠實、公正、坦率地進行回饋。為了目標的遠景，他們能轉向那些真正關心且能告訴他們事實的老朋友，顧問和同僚們。

章節縱覽

你的企業之旅才剛剛開始。為了達成你的目標並從你的投資獲取最大利潤，必須學習為何能以及如何能成為成功的企業家。而為達成此目的，對企業的學習將按照下列的順序：

■第二章討論在私人企業制度底下，企業運作時其社會與道德的關係和其企業的責任問題。

■第三和第四章討論合法企業的型式：獨資企業、合夥企業和合資企業。

■第五章討論擁有和營運一家小型企業或連鎖店的實際情況。

■第六、七、八、九和十章討論企業的人力資源管理問題：如何去管理、如何去組織一間企業、如何去招募和訓練員工、如何去領導激勵員工，以及如何去達成良好的勞資關係。

- 第十一、十二、十三和十四章討論企業在製造和銷售其產品與服務的部分：生產、行銷、分配以及定價。
- 第十五、十六、十七、十八和十九章討論企業在創造利潤時的支援系統：銀行體系、融資、保險、蒐集和處理資料，以及會計。
- 第二十和二十一章討論美國企業所遭遇的問題：企業的法律制定和國際環境的競爭。

摘要

企業是一個以追求利潤爲目的，從事生產、銷售消費者需要的商品與服務的組織。雖然企業的型態不一，大體上可分爲生產商品和提供服務的企業。若不考慮型態，企業需要完成相同的功能和活動，並且所有的企業皆藉由投入生產要素（土地、勞工、資本和企業家精神）以生產商品與提供服務。

經濟制度是指一個社會藉由資源的分配並滿足其財貨與勞務需要的方式。在現今的世界上主要存在三種型態的經濟制度：資本主義、社會主義與共產主義。

美國的經濟制度是資本主義制度，也就是我們所知的私人企業制度，即生產要素和企業由私人擁有而非政府所有的制度。私人企業制度是建立在四項的權利基礎之上：即財產私人所有的權利、自由選擇的權利、追求利潤的權利以及競爭的權利。

美國的經濟制度原先爲純粹資本主義制度（沒有政府干預），但它已演進爲政府扮演積極角色的混合式資本主義制度。

在資本主義裏，生產要素是從那些想交換所得的大眾獲得，一旦生產要素結合成商品，又賣給了消費者，而消費者則以交換生產要素所換來的所得購買商品。

共產主義制度是一種由中央政府控制生產要素的經濟制度。供給、需求和競爭無法在此制度中起作用。而中央的經濟計畫決策者則制定了所有產品和資源的分配。

社會主義制度是一種由政府控制基礎工業運營和方針但允許私人所有權存在的經濟制度。在這種制度下，政府之所以要控制和導引基礎工業，乃基於必須控制一

些不可或缺的產品和勞務，以致使所有的大眾都能擁有它─而非只有那些有錢人才能擁有的信念。

　　大部分的國家是實行私有制和公有制並存的混合式資本主義，並沒有一個國家是實行純粹資本主義制度或純粹共產主義制度。

　　有許多指標可以用來衡量一個經濟制度的績效。如國民生產毛額、國內生產毛額、生活水準以及生產力。

　　美國今日的企業制度已經有明顯的改變。從殖民時期經由工業革命演進到成為全國和國際性的工業力量。近來，隨著生活水準的提高和科技的進步，美國已成為服務導向的經濟體系。

　　美國企業的演進告訴我們改變是常態，並且認識和適應改變是企業生存的不二法門。而這項挑戰就是要認識改變的訊息（趨勢、問題、事件）並學習它們。現今的世界，企業必須學習以下的趨勢：環境保護、國際間的相互關係、國際企業的競爭、品質、家庭和工作、文化差異、工業技術的改變、生產力和社會責任。

　　人們因為許多理由而研究企業。最常見的是瞭解企業的影響、有助於選擇職業、成為企業主以及成為富有消費知識的消費者。

回顧與討論

1. 請區分商品生產企業和提供服務企業的差別。
2. 不論企業是生產商品或提供服務，企業必須實行相同的功能和活動。試討論之。
3. 什麼是生產四要素？每一種請舉出一個實例。
4. 請描述利潤對企業主的重要。利潤該如何限制？
5. 請列出並描述私人企業制度的四項權利或原則。
6. 什麼是「幕後黑手」的內涵？
7. 請解釋資本主義中企業和家計單位（個人）之間的相互作用。
8. 請區分純粹資本主義和混合式資本主義的差別？
9. 在共產主義制度下，誰掌控了生產要素？經濟選擇的決策由誰來決定？

10. 請描述社會主義基本的理念？

11. 請區分社會主義和共產主義的差別。

12. 什麼是混合式的經濟制度？

13. 請解釋衡量經濟制度績效的四項指標。

14. 工業革命對美國的生產過程有何影響？

15. 在未來，企業將面對什麼樣的挑戰和趨勢？

16. 請列出並解釋人們為何要學習企業？

應用個案

個案 1.1：國際性企業的調和

　　捷克如同大部分的東歐國家一樣，在從共產主義制度轉向資本主義制度的過程當中，產生許多的經濟問題。過去，大部分的國有企業由最大的消費者（政府）所控制，現在這些企業正努力地尋找能使企業恢復生機的企業家精神和領導人才。

　　Tatra貨車公司邀請了三位成功的美國管理人員來幫Tatra貨車公司改革。Gerald Greenwald是管理團隊的領導者，曾經協助艾科卡將克萊斯勒汽車公司恢復生機。另二位是David Shelby 和 Jack Rutherford，曾經在International Harvester and Ford共事。Tatra貨車公司希望這三位管理者能以其經驗和專業知識引導該公司改革成以營利為目的的真正企業。此舉並非只為Tatra貨車公司，而是希望能建立一個讓捷克其它企業能夠遵循的改革模式。

　　但是，這個樂觀態度的另一面是等在該三人小組之前的現實情況。典型的捷克受雇者受到共產主義制度中服從指令的限制慣性下，導致於只注重工時而不注重工作效率，員工們只有不具情感與思考的參與。而員工的管理者並沒有接受企業的技術訓練，也是必須被動地告知才會知道做什麼、何時做、如何做。似乎這些障礙仍不夠大，Greewald和公司繼承了那些過時的技術和設備要去生產在市場上具競爭力的卡車可能是另一個障礙所在。

　　美國的管理人員必須面對更多的事實：當每一個捷克人都想要資本主義的同

時，極少數人知道它如何運作。利潤是一個很大的誘因，但是征服那些曾在中央計畫經濟體系工作的一代，則需要讓他們瞭解資本主義制度下市場經濟的運作方式。看來Gerald Greenwald、David Shelby和Jack Rutherford仍有許多工程要去實行。

問題：

1. 下列那一項是該三人小組認為最主要的障礙一員工、管理者、知識技能和設備？並解釋你的答案。
2. 如果你是Greenwald，你首先會克服的障礙是什麼？為什麼？
3. 你如何改變員工與管理者的態度呢？
4. 你為什麼相信 Greenwald、Shelby和Rutherford會接受此項任務呢？他們想要得到什麼樣的回報呢？

個案 1.2：銀行業的競爭

在一個自由企業的制度裏，企業之所以能成功茁壯，在於其能維持消費者需要的適應能力和反應。社會的本質一企業、市場以及企業所關注的消費者需求。將錢存入銀行多年來一直被認為是消費者所遵從的商業行為之一，而銀行亦擁有人們想要的東西一金錢。

但是在財務和投資景氣繁榮的1980年代，產生了對儲蓄的新觀念。那就是投資者可以幾百元購買貨幣基金和共同基金的方式推翻了過去將錢存在銀行的觀念。此外，基金並發配高於銀行定存的利率給投資者。另一個更改人們過去觀念的東西，就是銀行信用卡的發行。多數人只要經由銀行獲得一張威士卡或萬事達卡，就能購買美國電話、發報機、通用汽車、美國航空機票以及其他非銀行體系的產品與服務，而且其購買條件與利息較一般情況要來得低。同時銀行也裝置了自動提款機，但人們較偏好交託金錢給人而非一個綠色的、冷漠的螢幕。

短期來說，銀行的儲蓄似乎掉進了一個可怕的競爭環境。突然地，銀行家必須去學習瞭解顧客和研究如何維持顧客。雖然政府為保護經濟和消費者而對銀行進行

規範，在1980年代期間有限的規定卻促使銀行間更自由地進行競爭。結果導致銀行必須去學習之前所缺乏的商業技巧，而且對處理儲蓄和工業的貸款更爲小心注意。

首先提供顧客瑞典式自助餐式財務服務的兩家銀行，美國第一銀行和國家銀行。除了一般的銀行服務之外，他們亦提供顧客股票、共同基金、財務規劃和提高個人信用額度等新的服務。美國第一銀行總經理Edward Crutchfield認爲「我們的存亡取決於對顧客的服務」。銀行也提供較爲寬廣的個體化儲蓄和投資服務給公司法人。國家銀行的總裁Hugh L. McColl表示「我們發現我們有一群龐大的連鎖公司顧客，我們必須決定是否要放棄這塊市場大餅或者嘗試去從檸檬擠出檸檬汁出來。」

問題：

    1. 自由企業制度如何維持企業間的競爭？

    2. 爲什麼企業需具備適應消費者需求的彈性和反應？若他們不如此做，會有何種影響呢？

    3. 什麼樣特殊的消費者和環境的變化引起銀行商業行爲的改變？

2

企業的社會體系與倫理環境

除非我們的社會健康，不然企業是不會健康的。我花了40%的生命致力於社會計畫—我把它當作是我工作的一部分。

BILL SERETTA

President, Harper / Connecting Point Computer Center

章節目標

在學習本章之後，你應該能夠做到下列各點：

1. 定義出社會責任的概念。
2. 解釋對一個組織的三種社會責任方式。
3. 描述企業對社區參與、教育、就業政策和計畫、環境責任、能源和消費者保護的社會責任的理由。
4. 討論高層的管理在企業的社會責任裏所扮演的角色。
5. 定義倫理的概念。
6. 指出三種對於倫理行為的影響。
7. 討論個人和企業的行為準則對企業發展倫理行為的重要。

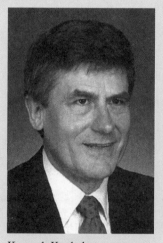

Kenneth Kunkel

前言

Kenneth Kunkel說到：「為人民服務一直是我主要的興趣」。他自明尼蘇達的聖約翰大學哲學系畢業之後，首先去Catholic修道院接受傳教士的訓練，之後在伊利諾州擔任牧師。他對人民的照顧和關懷在混亂的1960年代裏轉換為行動主義，他為公民的權利和反越戰走上街頭，並對關於宗教的議題直言不諱。

在他擔任牧師期間，繼續在教育與法律的學習，之後在芝加哥擔任職業問題的律師。後來，Veterans管理顧問公司雇請他訓練該公司在伊利諾州的管理人員。他隨後地又涉足人事管理和公民權利包括殘障人士問題的議題，而他的工作使他晉升為華盛頓特區退伍軍人事務（V.A.）的官員。

Kunkel負責任殘障人士和殘障的退伍軍人的人事管理計畫。他解釋著說「這兩項工作十分相關」。關於殘障退伍軍人的問題主要是由人事管理部門負責，而殘障人士問題則是由美國平等就業機會委員會負責（EEOC），EEOC已嚴謹地針對視障、聽障、四肢殘障、智障、癲癇等殘障人士施以特別的照顧。美國大約有四千三百萬殘障人士，其中有一千三百萬人有意願且有能力工作。

　　今天，Kunkel負起改善退伍軍人殘障人士就業問題的責任。美國國會於1993年通過立法，要求聯邦政府提供殘障人士就業機會，並更改殘障（handicapped）這個字的用法，「handicapped」這字通常帶有拖帽乞討（cap-in-hand）的歧視意涵。因此，政府則更改以殘障人士（people with disabilities）代稱。大多數的殘障人士都不希望被人視為異類，而且他們也應該和其他正常人有相同的工作機會。

　　聯邦政府每年花費二十億美元去照顧殘障人士，並且對於那些有工作的殘障人士少課了十億美元的稅。「這個目標主要是讓那些殘障人士能夠獨立並有能力去做他們曾經想做的事」，Kunkel說到。

　　1990年美國總統喬治布希簽署了殘障法案（Disability Act）之後，政府的殘障工作人員比例為6.9%，而一般的比例僅為3.9%。布希說到「當一個國家即將面臨勞工短缺之時，美國政府必須立下一個能讓殘障人士參與工作的典範，使成為一個全民參與的社會」。

　　美國政府每年雇用殘障人士目標為6%，而退伍軍人事務部門固定的227,613名員工裏，有20,647名殘障人士，大約有9%。

　　關於雇用殘障人士主要有兩項障礙。一個是人們對於殘障人士的態度；另一個是生理上的障礙，例如建築、運輸、或溝通的障礙。政府每年花費數百萬美元去更改此項觀念。「我們必須從極端改變為主流」Kunkel說到。

　　Kunkel指出美國許多的企業已積極地增加雇用殘人士參與工作，而且有很大的成功，如麥當勞的「McJob's」計畫。「Du Pont研究報告指出殘障人士的工作習慣和出席率如正常員工相同。美國人民以同情悲憫的態度對待殘障人士，但是，殘障人士真正想要的而是職業、機會和獨立。」Kunkel說到。

現今的新聞充斥著企業和公司惡行的報導─關於企業污染空氣、土地、水源，又如Dow Corning公司販售會漏洞的隆乳矽膠等。雖然極少數的企業如Dow Corning公司會公開其過失，但實際上每天都有人和公司從事那社會無法接受寬恕的惡行。

社會對於企業承擔社會責任與倫理道德的需求愈來愈強。許多個人與企業一致地要求自己誠實、廉潔並擔負社會責任，如Southern California Edison、Johnson & Johnson、Hewlett-Packard、Motorola、3M、Disney 和 McDonald's等企業在重視社區和環境方面都有不錯成果。不幸地，仍有許多企業尚未達到此標準。

社會責任與倫理行為的需求

利益關係人
即和企業有利益關係或受企業行為營運影響的一群人

企業無法在真空狀態下運作，也無法在未估計對企業的**利益關係人**（stakeholders）─即和企業有利益關係或受企業行為營運影響的一群人─所產生的影響時就下定決策。通常利益關係人包括了投資人、員工、消費者、供應商和社會整體。每一個對於管理決策的制定都有特殊的焦點與影響：

- 投資人（investors）：企業所有者和股東期望所有的資產在追求股東利潤極大化的條件下都能有效運作。所有者亦有權利希望其員工遵守倫理的、法律的和道德的行為。

- 員工（employees）：員工們希望公司在雇用、升遷和薪資方面能公平地對待，並且希望能提供滿意的工作生活質量。

- 顧客（customers）：顧客們希望一個合理且誠實的產品和服務說明。他們期望產品是安全可信賴的，並得到合理與尊重的對待。

- 供應商（suppliers）：供應商希望能獲得及時的所需資訊以給與具質量的服務和供給。他們有以契約訂定的條件進行交易的法律權利，另方面，他們亦希望能建立在彼此信任的基礎上。

- 社會整體（communities）：整個社會─包括了環境以及受企業營運影響的政府─都期望注意生活的質量和貢獻。

現今的企業處在一個相互依賴的環境裏。社會、政府和私人企業必須交互地的作用以確保相互的生存與成功。企業經理人無法將決策、目標和資源在這些影響下分離，必須在社會與政治的架構下去追求利潤的目標。

在這方面，美國企業正處於墾拓的時期。它正處理前所未有的關係與挑戰。因此，管理者所面臨的基本矛盾問題就是去平衡企業進行資源分配時所產生的衝突。

首先，現今的企業必須確定其對社會的特殊責任 優良的法人公民責任是什麼？然後，企業必須確認它對於社會責任特定的哲學，並且如何去實踐它。和上述同樣重要的是決定企業倫理的準則是什麼─它的原則、預期以及其道德的影響力。這一章我們將會探究社會責任和企業倫理的本質問題。

社會責任的概念

企業無法在一個真空的環境中生產商品與提供服務並追求利潤，而是在一個健康的社會環境裏運作。假設企業的營運範圍並非僅在一個城市裏而是跨國甚至是全

世界的領域，其所作所為、產品、服務則直接地影響了環境、供應商的福利、顧客的生活水準。

由於企業產生了那麼多影響，其擔負起**社會責任**（social responsibility）—即企業進行決策時需在社會和經濟的限制條件下去考量的一種理念—需求也日益具增。

社會責任的概念是建立在企業追求利潤極大化的同時所必須考量社會大眾需要的基礎上。

而這項理念的完整概念包涵了：

■ 對社會有益的事，即對企業有益。
■ 社會的目標就長期來說亦能加強企業的獲利能力。
■ 企業應對建立健康社會環境有所貢獻，健康的社會能確保企業在未來維持相當的獲利能力。
■ 具有高度社會意識的企業，在它協助強化社會結構的同時亦能促進其企業目標的達成。

雖然將一個組織的社會責任融入其營運架構的理論是令人理解的，但或許沒有一個人能提出比Levi Strauss的最高經理人Robert D. Hass更完整與說服力的見解：

公司可以短視到只在乎我們自己的任務、產品和其所處的競爭位置，但這麼做是咎由自取的，總有一天會發現對社會責任漠視的的代價。我們必須瞭解漠視別人的需求就等於忽視我們長期的需求。我們可能需要對鄰居友善以擴大街角的商店；我們可能需要有良好的研發部門以獲得所需的技術；我們可能需要足夠的社區健保以避免工廠員工曠職；或許我們可能需要公平的稅賦，才能和全世界的對手競爭。然而不論是大型企業或小型企業，都無法將企業和社會分離。

社會責任的接受

企業採用不同的方法來應付加諸其身的社會責任，有的熱切地尋求配合社會需求的方式，有的則激烈地反抗這些外部的責任。企業通常面對社會責任時有三種態

度：抗拒（resist）、反應（react）和事前反應（anticipate）。而每一種方式表現出對社會責任不同的接受與參與程度。

抗拒的方式

在抗拒的模式（the resistance approach）裏，企業的專業經理人只對公司的所有者負責，並以其利益為主要考量。專業經理人唯一的社會責任只是創造利潤和守法。最近獲得諾爾經濟學獎的Milton Friedman表示：

■ 經理人是企業所有者雇來在符合法律和倫理習俗的條件下，儘其所能地為公司創造最大利潤。
■ 經理人是企業所有者的雇來的專屬代理人，其僅需對他們負責。
■ 經理人是股東的代理人，他們不需要對社會責任和社會建設下決策，因為這是屬政府的範疇。

就短期來說，社會責任不屬企業的營運事項。其結果是企業積極地對抗、忽略、延誤、抵制那些加諸其身的責任─他們主張做的愈少愈好。例如：1987-1991年產的890,000輛豐田（TOYOTA）CAMRY汽車的中控鎖會將駕駛人鎖在門外和將使用者鎖在車內的錯誤設計。一些消費者團體如汽車安全中心、消費者報導雜誌要求全車召回，而豐田認為將汽車全面召回並不在產品的保證範圍內而拒絕。

反應的方式

即當要求企業負起社會責任的需求產生時，企業經過評估取捨後才做出反應的方式（the reactive approach）。這種方式經常用來比喻政府的行為，因為它的特徵是根據法律條文反應而非自身的動機與精神。企業通常只會按照其要求去做，且並不熱心。

最近有一個例子，在芝加哥林肯廣場一帶，附近居民抱怨有太多的餐廳和吧檯在其社區林立，並營業至深夜且有不少人在那鬧事。當居民的抱怨無人理睬之後，居民委員會打算舉辦一次禁止酒類在此地銷售的公民投票。此時企業才作出反應，

經協調後決定雇請非執勤警員在深夜時分巡邏該區域。可見其是當威脅到企業營運之後，企業主才出面對社會大眾的需求做出反應。

預做準備的方式

採取預做準備的方式（the proactive approach）是以持續地注意民眾的需求、時常與民眾保持接觸並找出方法去協助他們。

採用這種方式乃管理階層已認知到就長期來說，企業的發展取決於健康的社會環境。有了這種觀點，企業對於可能發生的問題做出改變並採取應變的方法。企業必須瞭解其為社會的一分子，會威脅社會的事，即會對企業的未來產生威脅。

這個狀態要求企業成為社會的合夥人—包括勞工、政府和公民團體—對社會需要做出回應。它亦要求企業裝扮社會的領導角色，因為企業擁有社會大部分的技術的、財務的、管理的和專業的資源，就短期來說，企業對社會責任應該是事前的反應，而非被動的反應。

當有需要時，企業應預做準備地提供金錢上、服務上或商品的協助。就如同Desserts' Elliot Hoffman和San Francisco County Jail合作將其鄰近空著的麵包店裝潢成生意盎然的花園來招待那些假釋出獄、無家可歸的人和其他民族。Prudential保險公司因致力於社會責任而獲得了最可靠企業獎，其允許某些風中殘燭的重病患者在活著的時候將他們的壽險保單贖回。大約有三分之一的保戶已簽署了這項合約，而Prudential保險公司也已對275項的要求付了二千一百萬美元。

選擇的自由

圖2.1表示企業所可能選擇社會責任的概觀。廠商若選擇事前反應的方式則會將其精力放在有關的社會事務上，包括教育、訓練、就業機會、都市更新、社會參與、環境、能源、員工健康以及顧客的保障。他們之所以對社會投入其精力和資源主要是為了社會的長期利益目標，而非慈善事業。

到了90年代，社會的責任和承諾對企業來說是其最重要的事項。社會、政府、和企業將會在同一線上，社會已從「貪婪是健康」的狀況轉變為較平衡的狀態。企業也已觀察到這種氣候和需要，而成為解決社會問題的一份子，但卻非肇因。主要

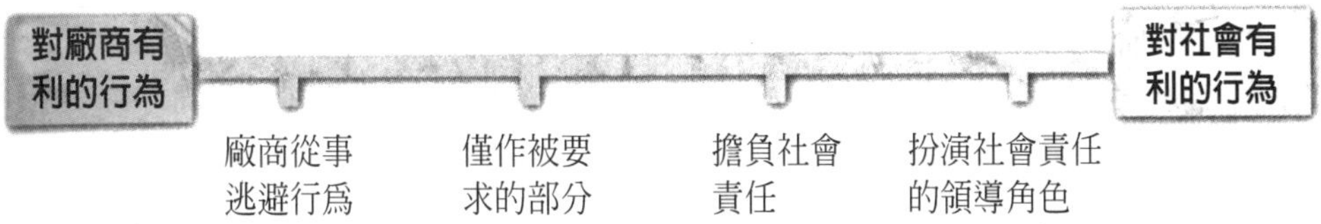

對廠商有利的行為					對社會有利的行為
	廠商從事逃避行為	僅作被要求的部分	擔負社會責任	扮演社會責任的領導角色	

圖2.1
社會責任的封閉聯集

有以下幾點理由：企業是社會的公民，而且擁有資源、人力、財力，加上領導者的技巧去注意社會的需要上。

下一個部分我們將會討論社會責任的範疇。

社會責任的範疇

在接受社會責任的同時，當然一個企業無法滿足所有人的需要，必須尋找最適當的方式去契合其資源和利益—公司和員工。組織對社會的承諾有很寬廣的選擇空間，從對社會的投資到能源計畫或消費者的保護，所有的舉動對社會和組織都有貢獻。

對社區的投資

企業對社會的基礎—社區採取事前反應的方式擔負起社會責任，不論大型或小型的企業均可從多種方向來擔負社會責任：社區參與（community involvement）、小型企業的投資（small-business investment）和都市更新（urban renewal）。

社區參與　只有那些大企業和富有的人才有能力對社區做出巨大的貢獻。多數的公司不論大小都在創造其產品和技術的槓桿上解決多樣的社區問題。如圖2.2表示洛克威爾國際公司對社區的承諾。該公司認為健康和幸福的社區是供給和維持有才能員工的主要因素。以下是一些實例：

■ Longfellow Clubs一間位於麻薩諸塞州，威蘭市的健康娛樂公司，捐贈它的游泳、網球、籃球設備給那些有特殊需要的兒童使用。經過此次的活動，威蘭

圖2.2
Rockwell International
的社區參與

市地區有80%的殘障兒童受惠。

■ Tom's of Maine一間位於緬因州生產個人保健用品的公司老闆讓其員工貢獻每天5%的工作時間去從事公司之外的義工。員工們可以一星期二小時或一個月一天依其所好擔任義工。之後大約有33%的員工在學校、庇護所、教堂或其他非營利機構擔任義工。

■ Gilbert Tweed Associates一家行政研究調查公司，決定以公司的專業能力去強化非營利機構的組織。以抽籤的方式選擇那些從事保健和教育的非營利單位。抽中的單位可以獲得免費的人力資源諮詢或參加研習班。

此外，在美國有超過600家公司鼓勵員工參與社區服務的計畫。這些計畫的內容從允許員工利用工作時間在學校或社服機構工作，組織如認養學校（Adopt-a-School）或教育夥伴（partner in education）的計畫，最後由企業提供數百萬美元建立或振興城市的人文計畫。圖2.3摘要了企業貢獻的不同型式。

圖2.3
企業貢獻比例分割圖

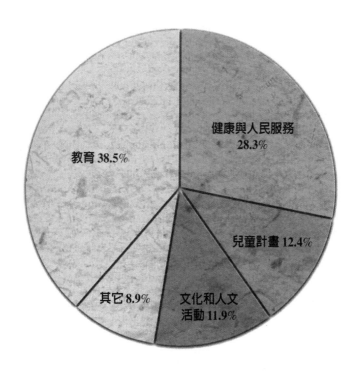

資料來源：Conference Board America Associates

小型企業的投資　　大企業已經在協助小型企業發展方面提供實質的幫助，扮演社會的積極角色。在瞭解一個健康的經濟環境是建立在從那些小型企業所表現的自由企業精神的基礎上之後，大公司藉出財務、人力和技術資源來援助小型企業的形成和成長。而這些援助的例子則有很大的範圍：

- Control Data公司已發展了一套寬廣的服務範圍去協助小型企業，包括了財務支助、資料處理、教育訓練、管理和專業諮詢以及技術的轉移。此外，Control Data已建立了商業和技術中心以提供諮詢的服務。它共享了實驗室、製造、辦公室設備和其他服務以使小型企業得以快速成長。

- 多數的公司包括Control Data，不是和小型企業合作就是成立他們自己的小型企業投資公司（small-business investment corporations；SBICs）。這些SBICs提供幫助小型企業起飛的基金援助，經由對SIBCs的投資，大公司基本上掌握了那些小企業的未來。

- 大企業亦變成小型企業起飛的孵卵器（small-business incubators）。這項創新的方法，將焦點擺在提供小型企業專門服務以協助其成長的機會：提供關於行銷、財務、會計和生產的諮詢；辦公室工作的協助、電腦的支援和電話解答的服務。許多組織如IBM、全錄、Procter & Gamble以及AT&T等都提供財務上和人力資源上的支助。

許多企業同樣提供支援去促進那些少數企業成長。硯殼公司、通用汽車公司和其他大型公司已經成立針對投資**少數民族小型企業投資公司**（minority enterprise small-business investment companies；MESBICs），**即以投機資本專門提供基金給由少數民族擁有的小型企業**。達拉斯的MESBIC Ventures公司有八十家的公司股東，包括了國家銀行、Sun、全錄、Frito-Lay、美孚機油、Arco Oil and Gas、Oryx Energy Company以及可口可樂公司。在過去的二十三年期間，提供了二千八百萬美元在少數民族的小企業裏；在1993年則投資了四百萬美元。

其他鼓勵少數民族所擁有企業（minority-owned business）的例子，包括：

少數民族小型企業投資公司
以投機資本專門提供基金給由少數民族擁有的小型企業

- Ark Capital Management，一家芝加哥的公司企圖成立300萬美元投資十五家少數民族所有的中小型企業。
- 位於丹佛的Mi Casa資源公司已有一個新的借貸計畫提供500至5000美元的貸款幫助那些低所得的少數民族女性。
- Anheuser-Busch、Shell機油、杜邦和通用汽車宣告與少數民族所有的企業保持生意往來。
- 多數組織包括AT&T、杜邦、通用汽車和百事可樂公司致力於一項少數賣主計畫（minority vendors program）。例如主要生產塑膠射出模型和模型設計的湯姆史密斯工業最近宣布與俄亥俄州一家黑人所有的Alex工業簽署美金33萬的合約。

都市更新　企業在其它領域的支援是直接對城市的投資。許多的廠商也以將其資源轉向都市更新計畫（urban renewal programs）即由企業致力於更新都市裏的老舊廠房、辦公室或重新建立新的廠房與辦公室以提供工作機會和改善城市的經濟體質。

企業對都市更新的參與有二十多個年頭。Hallmark於1968年在密蘇里州的堪薩斯市花費四百萬美元設立Crown中心，1964年，Alcoa在匹茲堡建立了一座複合式購物商店，於是1967年和1968年相繼出現了若干大城市，而引起城市內的騷動。而Control Data亦在Minneapolis、St. Paul和華盛頓特區的市中心分別建立了五家製造工廠，提供許多工作機會給那些曾一度考慮是組織核心的待業人士。

近年來，許多公司如Tandem's電腦公司已針對那些位於幾何中心的地區進行投資，Tandem的工廠為麻薩諸塞州Maynard市過去的老舊紡織製造業注入了新的生命。

在芝加哥，由於南海岸（south shore）那一帶的居民97%是黑人，有20%的人是靠社會福利維生，南海岸銀行提供其他銀行不敢承作的貸款給南海岸（south shore）附近的人士，使其附近重現生機。南海岸銀行不但提供貸款，而且創立了投資地產的City Lands和投資政府首肯的計畫的Neighborhood Institute。

教育訓練

　　而企業其他的社會責任則在教育與在職訓練中。在瞭解企業、社會與美國的未來與教育息息相關之後,企業已資助基金、人事和設備將教育的質量與工作訓練結合,不分產業的企業們都支持這項計畫。企業提供設備、時間和管理經驗協助高中和大專學生將理論與實務結合。表2.1 表示針對美國前250大企業的調查結果,有156個有效問卷支持了美國企業對教育的重視。以下是一些明確參與的實例。

■Exxon公司提供$127,500美元提供75個實習醫生暑假實習的計畫,藉由這個機會,大學生可以在非營利的單位裏檢驗所學。

表2.1
公司教育的調查結果

項目	是	否
1. 你的公司自動地提供時間和金錢去改善公眾教育嗎?	154	2
2. 你的參與有何特點?		
贈與金錢或設備	150	6
認養學校計畫	110	46
職員-學生顧問計畫	110	46
高中學生的職業訓練	84	72
防止輟學計畫	83	73
學校合作	87	69
老師培養/訓練計畫	74	82
從事教育改革	98	58
提供教育領導人管理訓練	57	99
3. 你去年花費多少在上述努力中?（140名回答者）		
$100,000以下	53	
$100,000-$499,999	42	
$500,000-$999,999	16	
$1000,000-$4,999,000	22	
$5,000,000以上	7	

資料來源:美國教育部門

- General Electric，IBM等其他企業解救了Vermont理工大學因1600萬美元的負責而閉校的命運，這些企業寫信給校方，捐贈設備，支援正在進行的計畫並設立基金以維持學校的運作。
- Inter Vice達拉斯的一家聲控自動化公司，最近捐贈新的電腦系統給傑弗瑞學習中心。
- Tandy公司提供了$2,500美元的補助和$1,000美元的獎學金給學校裏在數學、科學和電腦科學領域裏有傑出表現的學生與老師。
- 企業在學校教育方面也提供人力資源上的配合。全錄公司已建立了一套產業和學術界交流的制度。而這項計畫有以下的好處：即實務能結合理論，而理論能在現實生活中實踐並為實務技術升級。IBM亦提供全薪予其職員進學校擔任教職或傳授實務經驗。

就業政策與計畫

企業在就業的領域裏投入了相當大範圍的關注，從少數民族的就業機會到婦女在家裏工作的計畫等，在不同的利益關係人作用之下，不斷地改變。

少數民族與婦女的就業機會 儘管企業長久以來皆獎勵矯正歧視方案的計畫以刺激少數民族及婦女就業機會的發展，但在實際運作上仍無法達成就業機會的平等。雖然有些許的進步，但具有經驗的少數民族和婦女仍無法進入高層的決策群。為了扭轉這種情況，企業已採取一些計畫以提供此類機會：

- 許多公司已設立女性諮詢評議會（Women's Advisory Councils）。它的主要目的是形成言論並將其意見傳達給公司女性權益的決策者。經由這個評議會不同的訓練和授權結果，在Tenneco公司已從五年前的二名增加至九名的女性中階管理幹部。
- Gannet公司已建立明確的少數民族和婦女升遷計畫，主要依據其工作能力、訓練和研究。
- U.S. West公司制定了一套「有色人種女性的計畫」（Women of Color Project）使黑人、西班牙人和亞洲女性去擔任領導職位，並接受組織內訓練和發展需

很多公司正積極尋求殘障人士為員工，因他們較獨立且機動性高。

要的升遷。超過1800名員工參加甄試，只有50名入選。甄選的標準是以其管理的專長、領導技巧和工作經驗。一旦入選，則接受多方面技能的考核，如職業規劃、訓練、發展課程和風險承擔的機會。

■ 在經濟體系的財務領域裏，銀行業對少數民族和婦女員工的努力是發放股利。最近的研究報告指出，在國家第一級的銀行裏，少數民族和婦女正以過去沒有的成長率擔任高階的管理工作。婦女擔任頂級主管的比例已高於過去十年166%；而有色人種則增加了100%。現今在國家前五十大銀行的頂級主管有47%是女性，超過57%的中階專業經理人是女性。與過去十年比較，頂級主管有33%，而中階的專業經理人則有41%。

企業中的殘障人士　　企業對社會另一領域的關懷則是體現在傷殘人士的就業問題上。隨著美國殘障人士法案（Americans With Disabilities Act）的制定，所有的企業對於殘障人士的就業政策有了修改，不過仍有許多大企業即使沒有法律的催促亦雇用了傷殘人士並更改工作環境使其能順利工作。例如：Control Data、IBM、Walgreen公司、以及許多芝加哥的銀行都教導殘障人士在家設計電腦程式。

其他的例子如Atlanta-based飯店對於開發殘障人士有了很大的成功。他們發現這些殘障人士更爲可靠、高度的參與動機以及比那些身體正常的同僚更渴望其去學習更多的事情。麥當勞、肯德基炸雞、Marriott公司等皆有雇用殘障人士的成功經驗。

雖然目前有法律上的要求，但許多企業主仍自動自發地設置輪椅走道、電動門、降低電梯按鈕、加寬大門以及提供大樓附近的殘障人士專用停車位置等來配合殘障人士的特殊需求。例如，Days飯店就花了$10,000美元重新設計其亞特蘭大的訂位中心以配合殘障人士的使用。

員工的健康　至少有10,000名美國的老闆提供改善員工健康的計畫。而這些措施起源於1970年代中期主要針對改善員工生活習慣的健康狀況，包括戒煙、降低膽固醇、養成運動習慣和控制高血壓。

企業提供健康中心來培養員工的健康習慣。這項計畫的先驅者是Johnson & Johnson公司1978年「爲生活而生活」的計畫，員工可以在公司提供11,000平方尺的健康中心裏跑步、散步，使用划船器和健身腳踏車等，中心亦有其他常設的健康課程，討論吃的健康、愛滋病以及酗酒。

而Tyler公司的Joe McKinney相信不單單只有身體循環系統健康就能從工作上表現績效，而他所認爲的「心理的原子落塵效益」（psychological fallout benefits）是這麼說的：「人們變得更有吸引力並非是因爲其纖瘦，而是因爲他們的心裏態度是積極的，認爲沒有不可能的事情，而獨立使他們變得更擅處理事情。」此外，McKinney亦提供了慢跑機等有助生理健康的設備。

家庭友善計畫　在討論本章的管理者筆記之後，許多公司正採取事前反應（proactive）方式去平衡工作績效與家庭彈性的問題。有些公司正在建立有效的政策和計畫，例如：

■ 北卡羅來納州夏洛特市的國家銀行最近爲190名兒童設立了兒童看護設備，它爲國家銀行帶來了一連串建立家庭導向工作環境的計畫。已實施了母親、父親的看護假；彈性工作計畫；工作分擔；兒童看護資源和介紹服務以及對低

收入員工的日看護費用進行津貼。

■一些如Affiliated電腦系統公司、美孚機油公司和Brown and Rout公司提供免費的兒童看護長途熱線，提供兒童看護的津貼，安排短期疾病的援助和急救，以及補貼其暑期或課後進修的費用。

■蘋果電腦、Tandem和麥當勞則提供年休假的計畫，又稱個人成長假。允許處在高度壓力工作環境下的員工請假去充電。

對環境的責任

環境的保護與維持是企業社會責任的首位。化學合成的物質與非自然的生產過程破壞污染了自然環境，必須採取消除這些不良影響的措施，負責任的廠商必須擔任此項任務。隨著企業的這些認知，已有許多環境保護的進展，而1970年美國發起的地球日（Earth Day），美國人開始考慮「綠化」：

■許多已污染的河川為生活帶來黑暗。
■設有污水處理工廠的城市數目已增加兩倍以上。
■排放至海洋的污水與沉積物已經終止。
■主要的空氣污染已減少，如圖2.4。

企業間需繼續致力於環保，仍有許多危險及具體的污染和環境維護等問題。

危險的廢料
即具有毒性的污染物質

危險的廢料 即具有毒性的污染物質。此乃一般的土地、水、空氣污染。根據最近的估計，每年工業排放了五千萬噸的危險廢料（hazardous wastes），平均四十八個鄰近的州每一平方公里有14.2噸的有毒廢料。然而生產商品給消費者使用的同時，所製造的有毒化學廢料比其能處理的還要快。有遠見的企業家發現了這種情況，則對環境保護採取了行動。

從最近的環保機構調查資料顯示，美國製造業有毒廢料的排放正在降低，並且那些排放大部分有毒物質的化學製造者於1987到1992年減少了35%的排放物，如表2.2。

每年百萬公噸

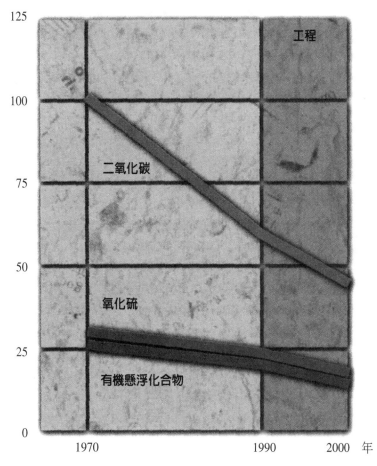

圖2.4
減少空氣污染

資料來源：環保機構

公司	百萬磅污染物的排放	
	1987	**1992**
美國製氨（Westwego，洛杉磯）	213.4	142.0
Shell 機油公司（Norco，洛杉磯）	194.2	2.6
Monsanto 公司（Alvin，德州）	175.6	54.8
Kennecott-Utah-Copper（Bringhan Canyon，猶他州）	158.7	16.3

表2.2
大型污染者的報告卡

資料來源：環保機構

圖2.5
企業對世界的承諾

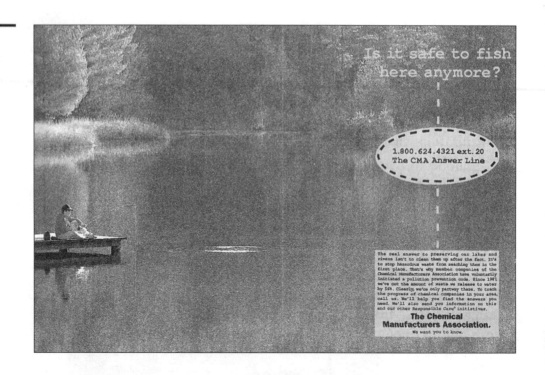

化工產業在1990年所制定的潔淨空氣綱領（Clean Air Act）要求之下，自動地減少了有毒空氣物質的排放。同時，化學製造同業公會亦允諾對污染的控制，如圖2.5。

固體的廢料　除了具危險性的廢料之外，另一種廢料的產生是經由產品的包裝、瓶罐和本身產生的。從過去三十年處理廢料的錯誤和經驗來看，廢料是不能隨意棄置的。美國的垃圾山大約有64%是由紙類、紙板、金屬、玻璃和一些塑膠所堆積而成的。

對於處理棘手的固體廢料（solid wastes）問題，組織企圖提供能夠分解的產品包裝。另一個重點則是藉由**再回收**（recycling）來生產新的產品─即以生產過的商品充當原料來生產新的商品。目前只有11%的固體廢料是可回收的資源。

再回收的機會普遍存於各行各業。Hershey食品公司將可可豆的殼作為花園的覆蓋物。纖維板和卡紙就是以鋸木屑和小木片製成的經濟產品。在有些工廠裏就利用生產過程所產生的熱能轉換為公司的加熱系統來源。Adolph Coors釀酒廠則用其廢料

再回收
即以生產過的商品充當原料來生產新的商品

來發電。而再回收所累積的成果是令人印象深刻的：

- 密西西比河裏的水在它流入墨西哥灣之前就已經被利用了八次之多。
- 百分之四十的新銅是由再回收的舊銅所製。
- 百分之二十的玻璃是用再回收的玻璃碎片加入新的材料融化製成。

企業對於再回收的允諾是不同的：

- 位於佛蒙特州，Burlington市的Gardner's Supply公司答應免費在當地回收剪下的雜草和樹葉。這項計畫的成功執行，每年都收下了3,000到4,000噸的量。
- 位於加州Arcata市的Yakima Products公司無法避免使用塑膠和泡沫膠來包裝其產品，因而免費替其顧客寄回包裝材料，結果再使用了泡沫膠和聚乙烯殼並對其包裝的紙板再回收。
- 波士頓廣場飯店每星期從其他地方送來的木製食物墊子有一百片之多，現在都將其退還給銷售商並將舊的再行使用。而工作人員亦將壞的桌布變成廚師的圍兜、並將客人的可回收瓶罐進行再回收，結果省下來的錢則買了幾台吸塵器。

環境的維持　　除了固體廢料的問題之外，另一個工業所要注意的問題是水、空氣和土地環境的維持，企業界在這方面已開始進行：

- E&J Gallo Winery提供了$250,000美元給美國森林協會進行一項全球援助計畫（Global Relief Program），其目的是在美國種植一億棵樹以抵抗溫室效應的影響。
- 蘋果電腦在1990年的地球日捐贈了價值$40,000美元的電腦。
- Timberland Shoes給了野生社會（Wilderness Society）$250,000美元去完成他們的目標。
- 杜邦公司自願地每年花費5,000萬美元支援環境保護的計畫，如同其所費1,500萬美元在德州設置減少危險氣體外洩風險的設備。

能源計畫

　　企業界已從兩個方面來達成能源狀態；內部的消耗效率和公共計畫。在第一種的範圍裏，企業試圖盡可能地使用可變換的能源，但是大都將焦點集中在發展或購買較為有效率的設備。例如：Fox River Mills手套和短襪製造公司花費$40,000美元在改進公司能源效率的方法。在600盞螢光燈裏裝置了省電設備，將燈向工作的地方移近，在牆上增加六吋的絕緣體和反光設施，並直接由冷氣機將熱氣排出，而冬天時則可利用蒸氣鍋來溫暖整棟建築。

　　在第二種的範圍裏，廠商則鼓勵聯營貨車的使用。這項計畫有雙倍的好處：它減少了耗油量和原本已經混亂擁塞在街道及高速公路的車潮。

消費者保護

消費者主義
即保護消費者權利所
採取的行動

　　近年來，企業另一關注的領域則是**消費者主義**（consumerism）—即保護消費者權利所採取的行動。做為社會真誠的夥伴來說，企業無法單純地只負責在市場上提供商品。而消費者保護包含了消費者的權利：即對產品安全（product safety）、被告知真相（to be informed）、選擇產品（choose）及受尊重（to be heard）的權利。

產品安全　企業在改進產品安全上已經花費不少金錢和時間。由於法律和消費者行動的刺激之下，企業已引進了創新的方法確保產品的安全。

　　企業界花費了數百萬美元研發產品的安全性。汽車工業已發展了防撞鋼樑和強化的油箱等以保障產品的安全性。許多公司在未完成產品的安全測試之前才推出產品的銷售，且若產品使用時發生問題，即將問題產品召回修檢並減少顧客在召回時所發生的不便。

消費者資訊　消費者有權利在買下產品之前瞭解其完整資訊，包括潛在可能發生的問題。公司已經提供明確的資訊在產品上，如食品的原料、服飾的材質和清洗方法等。此外，公司亦對零售商有支援合作的義務，解決消費者對產品的問題，並且在購買產品的同時，提供消費者使用和安全程序說明。

產品的選擇　　消費者在競爭的商品市場上有選擇產品的權利。這項權利是在私人企業制度的競爭和政府法律所保護擔保的。

聆聽消費者的聲音　　消費者擁有被聆聽並正當採取自保行為的權利。許多的企業已發展有組織的顧客諮詢系統，多數的公司設立了消費者專線的免付費電話，提供顧客對產品的疑問並接受建議。Maytag建議Red Carpet Service改進其維修服務。通用電子公司設立了通用電子諮詢中心接受顧客全天候全年無休的電話諮詢，其每年有三百萬的電話量，主要提供教導消費者產品訊息和自助式（do-it-yourselfers）的問題解決。

社會責任的管理

一個組織若在制訂企業經營決策時，並考慮對組織之外的人員、事務責任的話，它就是一個有社會責任的組織。藉由帶領面對社會的挑戰來示範其領導人員的態度。

高層管理部門的允諾

在高層管理部門的經理主管們必須闡明以時間與金錢擔負起組織的社會責任，並言行一致地製造執行的氣氛與順序。為了使企業對社會責任的承擔是以事前反應的態度進行，以下幾個基本原則是必須實行的：

- 高層的允諾與支持。
- 公司整體的社會責任政策。
- 全體組織與高層管理部門的有效溝通。
- 員工的高度認知與訓練。
- 強有力的社會審核計畫。
- 責任的確認與社會實際與潛在問題的處理。

操之在己

確認一家位於你社區裏的公司對社會責任是採取事前反應的態度。而公司應負擔什麼樣的社會責任呢？對社區有什麼樣的影響呢？社區對這類的公司是怎樣看待的呢？

社會責任是由高層管理部門在文字上和行動上的允諾而實行的。政策是回應社會責任而制定或修改的形式，圖2.6 提供了一種企業高層管理部門跟隨政策發展的範例，而圖2.7 表示美國運通對社會責任的允諾。

一旦高階的管理者制訂了政策，他們會為組織設計配合社會需要的計畫並扮演積極的角色，訓練員工、強調他們該如何貢獻，鼓勵全體職員在工作之餘參與社區的活動。當一個組織實際地去配合社會的需要時，則反應其管理決策制定與執行的慣例。

左為圖2.6
企業對社會行動的政策範例

右為圖2.7
美國運通公司對社會責任的承諾

以下政策的陳述用以建議公司對社會責任的再評定

它是公司實現社會責任的政策，而非高層管理部門為增加利潤的代價。社會責任的履行必須強化公司或商業社會的經濟強度，而所有的目的有兩個：一個是更進一步或達成公司內部和外部的目標，包括所面臨產品與生活質量的社會挑戰；另一個則是以配合股東要求的成長率增加公司的每股盈餘以及新的社會需要。

資料來源：George A. Steiner, "Institutionalizing Corporate Social Decisions," *Business Horizons,* December 1975, Copyright, 1975, by the Foundation for the School of Business at Indiana University. Reprinted by permission.

美國運通是以獲利能力和投資報酬來衡量公司的績效，但是另一個顯著的指標：如何從企業的盈利對社會盡一分責任。社會責任是美國運通基礎的企業價值，您看得到我們所做的一切-從市場到慈善事業、從工作事務到消費者教育計劃。一些或許可以稱為我們關心參與的傳統，不過我們認為是一種共識：只要是對社會生活質量有貢獻的事就是好事業。

資料來源：American Express Company, "American Express Public Responsibility: A Report of Recent Activities," 1987, p. 3. Reprinted by permission.

社會審核

為使社會的責任能真實且有效地反應在一個組織上—如圖2.8 所示，它需要所有管理者的參與以及日常的運作，而非將其置於次位。經理人和所有者必須瞭解什麼社會責任應該履行、未來可能的責任以及企業過去所作所為對社會所造成的影響。而瞭解的方法就是**社會審核**（social audit），即企業對社會貢獻的報告。

社會審核
即企業對社會貢獻的報告

圖2.8
麥當勞是社區的一分
子

　　儘管沒有標準的格式存在，大多數採事前反應的廠商已使用一些方法去對組織的內外人員報告並檢視他們的努力。社會審核經常包括慈善活動的參與、當地社區團體的支持活動、婦女和少數民族以及殘障人士的就業、污染的控制、少數企業的支持以及職員工作生活與健康質量的改善等。

　　這些進展可能是以目標設定和貨幣的形式表現，那些受惠者皆清楚地被貼上標籤，而社會審核的成果則分享給那些利益關係人，以致於繼續地支持或擴大這些計畫。致於那些成效較差的計畫應予以停止，使那些更有效果的計畫能推行。另一方面，對於那有功人員也應給予獎賞。

管理者筆記—新家庭的責任

A New Responsibility to Family

　　位於科羅拉多州Grand Junction的U.S. West公司前職員Josephine Pigg，離退休尚有十四個月的時間，她32歲的女兒Tammie罹患了癌症，病情的診斷並不好，Pigg不想往返250英哩來照顧女兒而打算留在丹佛市陪伴Tammie。在許多其他的公司發生這種情況，Pigg可能被迫離職，但是她之前的老闆Penny Hubbard解決了這種問題，使她能一邊工作一邊陪在女兒的身旁。經由人力資源部經理的協助，Hubbard在丹佛的分公司替Pigg安插了職務。雖然這是一件好事，Hubbard並不只是企圖成為一個好人。他表示「Josephine對我們公司來說是一位有價值的職員—如果職員能將工作做好，我們也會提供員工方便。」

　　並非所有公司有這種程度的允諾和社會責任—但許多公司正迅速地變成它們應有的典型。隨著上班婦女、單親父母、雙薪家庭和老化人口的增加，愈來愈多的公司需要面對這些問題和多種的工作團隊需求。而過去慣常的選擇是：犧牲工作或家庭。現在各公司正創造一種中間地帶—成功的兼顧工作和家庭。

　　愈來愈多的公司正緊跟著社會型態的變遷，從Aetna Life and Casuaity公司到位於麻薩諸塞州，Newburyport市一家酪餅製造商Alden Merreil Dessert公司，他們經由一些諸如工作分擔（job sharing）、工作週的壓縮（compressed work weeks）、白天看護（day care）、因家務事請假（family leave）、在家工作（working at home）以及彈性的計畫安排等，來協助員工解決工作與家庭的衝突。實行的結果，他們的生產力提升、人事變動和曠職情況減少，並重新創造了工作完成的方式。

　　諸如NCR和Continental公司的最高經營責任者正引導這方面的改變，他們深信彈性的工作地點並不是給予員工方便，但是一種有競爭力的武器。它解放員工在工作上的全部潛能代替那些諸如要帶小孩看醫生的煩躁心情。NCR的Jerry Strad表示「我們所做的每件事必須認清工作與家庭間的平衡，而公司擁有足以維持競爭優勢的唯一資源就是員工。我們必須瞭解員工有其自己的生活。」

企業的倫理環境

　　當企業裏出現兩個團體的交互作用下，他們的關係品質—資訊的誠實交換，即檯面上的討論—是兩種力量較勁的結果：管理交易行為的法律和兩個團體的倫理。所謂**倫理**（ethics）是指導道德行為的標準。它狹義地意義是指「個人行為的標準—對與錯的差別」、「要誠實」、「公平交易」和「個人的價值系統」。

　　不考慮倫理的定義如何，它在企業環境裏確實扮演著顯著的角色。法律不能也無法培養一個企業的交易行為，然而人們卻必須依靠別人的倫理模式來確定企業的公開行為。

倫理
是指導道德行為的標準

倫理的兩難問題：什麼是非倫理的？

　　倫理為人們在商業世界裏創造了兩難的局面。什麼行為是非倫理的呢？對一位經理人的行為適用到另一個時，可能就被認為是不倫理的行為了。當組織裏的經理人在面對公司獲利時期和財務危機時期對事務的譴責可能就是截然不同的態度。以下有些由倫理所引導的狀況，你認為那些是有倫理的企業行為呢？

- 給下游供應商60天的付款條件，但期望在應收帳款的條件上是30天。
- 偽稱你的公司有分公司以取信你的顧客與供應商。
- 盜用智慧財產。
- 在工作面試時侵犯別人的穩私權。
- 開不足額支票以賺取和現金支付的價差。
- 拷貝三十天的試用版而不去購買該產品。
- 說服顧客去購買超過其需要的產品。
- 承諾顧客短期之內無法提供與生產的服務與商品。

非倫理行為的原因

　　什麼原因引起企業的非倫理行為呢？雖然確認每一項非倫理行為的原因，但有

三種主要的因素：競爭的企業環境、組織氛圍和個人的倫理價值觀。

競爭的企業環境 　　個人和廠商掉進了一個競爭的商業環境，他們必須跟著競爭者的腳步走，如降低成本、增加效率或者增加銷售量等。例如：

- 在Prudential證券公司裏，有一位高級的經理考慮超過七年的時間是否將一位鑽法律漏洞的證券經紀人開除。但由於是一位貢獻公司利潤占第二位的超級營業員而作罷。
- 位於北卡羅來納州的Food Lion連鎖超市，為了營利而引導其員工販賣壞的肉並除去其他產品保鮮日期。

組織氛圍 　　組織氛圍（organizational climate）影響著企業的倫理行為。除了職員間和管理者非倫理行為的模仿行為之外，企業組織的所作所為亦會鼓勵非倫理的行為。例如：

- 提供非正常的高報酬和巨額獎金及佣金往往會扭曲一個人價值觀，過多的權力亦會使人腐敗，所以應該施以合理的報償以防止腐敗。
- 威脅是苛刻的懲罰。如果人們極度地去避免不幸的事，他們則會不擇手段。恐懼會使人失去良知做出齷齪的事。
- 過份強調結果而忽視過程方法則會導致員工的非倫理行為。

個人的價值觀 　　一個人的價值系統會影響其倫理的行為。我們都有一個評斷是非的主觀價值存在，而這些原則則經由一些經驗來檢證。有些人的倫理觀較一般人有彈性，而一些人則會找尋藉口並導致其不良的行為。以下有四個常見的合理化：

- 一種遊走於合理倫理與法律界限之間的活動觀念─那些並不是真正的非法或非道德的行為。
- 一種以個人或組織的最佳利益為上的觀念─個人會想辦法去負責承辦活動。
- 一種認為活動是對公司有益，而公司會因而赦免並保護犯錯的人的觀念。

環球透視—日本倫理

在美國，倫理的違反只能算是特殊的孤立事件─Ivan Boesky、Michael Milkin，以及Salomon兄弟犯下的非法財政部投標。而一位日立（Hitachi）公司董事在該公司牽涉一宗證券公司賠償其最大客戶證券損失的案子之後，私底下透露指出「在日本，倫理的違反算是該制度裡的一部份」。

非倫理行為深植於日本的社會和文化傳統之中，是一直長久存在著的問題。一位著名的東京大學金融學教授Tak Wakasugi指出「大致來說，日本人認為商業行為的公正與否端視個人而定」。

以該段話為基礎，我們可發現兩種文化準則：日本重視人際關係，以及不要搖晃船身的允諾。在第一個準則的例子中，內部關係在日本社會有著不可擋的基礎。相對於美國的社會來說，這種行為趨勢和嘗試是被鎮壓抑制的，並創造一種所有的企業交易都是沒有勾結串通且每個人都有公平機會制度。第二種準則產生了一種「你必須照顧四周的人，並使他們快樂」的信念，該原則使得日本的會計師更有意願去「偽造帳目」。如此，他們更偏好遵從那些要求他們偽造的老闆們，因為他們首先忠誠的是公司而非倫理的信條。

■一種認為活動是萬無一失的觀念，認為永遠不會被公開和發現。一種典型的「犯罪與懲罰」（crime-and-punishment）問題。

倫理行為的鼓勵

從企業的角度來看，他是反對將倫理依法律條文規定的。道德和倫理的行為主要受兩方面影響：個人和公司的行為準則。

個人的行為準則　　個人的價值觀對其所從事的商業行為影響最大，這些個人的行為準則是企業是非的最佳的測量器，主要經由個人的經驗而形成。而企業在雇用職工時，除了其能力之外，其價值觀導引出來的倫理觀亦是考量之一。

很快地檢視你的個人行為準則，看看以下的陳述有那些最符合你的企業倫理？

■ 我一向遵循規定，但是我會為公司利益而違反它。
■ 我一向誠實。
■ 只要不被發現，我對愛情和事業是平等的。

通常在個人的行為準則之下，總是鼓勵不要寬恕別人的非倫理行為。凡是在組織內對於非倫理行為跟上級報告的人，稱之吹哨人（whistle-blowers）。Teledyne 公司的吹哨人揭露了承包商做假帳進行非法贈與給一位埃及的退休將領偽造測試的結果，並在軍方的工程上偷工減料。吹哨人通常冒著解雇的風險報導非倫理行為，可能被騷擾、無法升遷或炒魷魚。

公司的行為準則　　基層管理者和員工的行為反應了高級管理階層的標準、態度和價值觀。自發性的寬恕和忽視倫理問題則變成了不成文的準則。對公司來說，企業倫理要靠員工行為的來支持，資深的經理人員必須清楚地對倫理做出宣告，並保持和員工良好的溝通管道、獎勵倫理行為和抑制非倫理行為。而主要的關鍵就是組織不可減弱其監視系統，然後組織就能培養善惡的道德觀念。圖2.9提供一份檢查表幫助管理階層確認倫理行為是否存在。

　　許多公司藉由條文的形式將**倫理章程**（code of ethics）具體表示，以正式的章程在組織、工作或職位方面，對個人的倫理行為進行規範。一個企業研究團體指出「公司行為章程變得世故起來，而且經過264位主要經理人的調查，幾乎有三分之一已發出了關於倫理的陳述或從事關於倫理方面的討論。」只有在公司重視它的時候，這些章程才會產生功效，然而，公司建立了一套章程，但往往忽視它在企業行為當中的可靠性問題。圖2.10表示General Electric的企業倫理政策。

摘要

今天的企業處在社會和政府交互作用下的環境。在這認知之下，企業必須在社

圖2.9
一份確認倫理行為是
否存在的檢查表

公司是否	是	否
1. 關心服務、產品和營運是具有好品質？		
2. 關心員工的生活品質？		
3. 以產業界對其評價為榮？		
4. 以社區對其評價為榮？		
5. 注意消費者的需要？		
6. 誠實地與你進行交易？		
7. 誠實地與消費者進行交易？		
8. 誠實地與其他人進行交易？		
9. 在決定升遷上是公平與對等的？		
10. 對員工的補償是公平與對等的？		
11. 保持溝通管道順暢？		
12. 信賴和員工的關係？		
13. 關心對員工的培養和維持？		
14. 積極地促進營運和員工的倫理行為？		
15. 積極地尋找對利益關係人較佳的方法？		
16. 仔細地檢查決策的制訂以及是否符合倫理行為？		

資料來源：W. Plunkett and R. Attner, *Introduction to Management,* 5th ed. 〔Belmont, Calif.: Wadsworth, 1994〕, p.767

會和政治的架構當中去追求利潤的目標。而企業決策的制定必須考量其對利益關係人的影響，包括投資人、員工、消費者、供應商和社區。

　　而社會責任—即企業進行決策時需在社會和經濟的限制條件下去考量的一種信念也隨應產生。

　　企業面對社會責任有三種方式：抗拒、反應和預做準備。

圖2.10
General Electric公司
倫理章程的部分

倫理的企業事務
政策20.4
11之2頁
1993年四月發佈
取代過去的版本

■ 注意！當選擇第三個團體去代表GE和員工時，在某些情況下可能要擔負銷售代理商和其他團體行為的責任。例如銷售代理商對政府官員進行不適當的支付，為代理商工作的GE職員和公司可能以違反外國的貪污行為法案（Foreign Corrupt Practices Act）被起訴，如果職員a）知道這筆支付（或故意忽視這筆支付可能發生的訊息）；和b）明確不懷疑地授權許可。當選擇第三個團體代表GE時，考慮：

-- 雇用有聲望、合適的個人或廠商。

-- 了解和遵守任何關於管理第三團體的規定。

-- 確定對提供服務的補償是合理的。

-- 根據實施程序或組織章程去選擇或支付第三團體。

-- 如果你發現「紅旗」（一種可能破壞政策的指示）牽涉第三團體，確認它已被審查和解析。

-- 尋找援助公司關於支付和「紅旗」問題的律師和管理專家。

政治獻金

■ 遵守美國和大多數國家關於促進公司與政府當局關係和政治獻金的法律。

■ 經由公司對美國聯邦、州、當地選舉的政治獻金應該受選舉法的禁止或規範。在美國任何有政治目的的政治獻金，只能由GE的公司與政府關係代表或州政府關係代表來執行。

■ 決對不可直接或間接地提供支付或有價物品（賄賂或佣金）給美國之外國家任一政黨、政黨官員或任何有關政治的選舉去影響或酬謝政府的決策。

倫理的企業事務
政策20.4
11之3頁
1993年四月發佈
取代過去的版本

允許的支付

■ 你可以在法律、顧客擁有的政策及程序以及企業組成程序之下提供顧客正常合理的娛樂和禮物。這項政策並不禁止法律上合理眞實的賠償—例如，由顧客和產品促銷或契約執行所直接產生的交通和生活費用。

■ 提供美國或其他國家政府官員或職員禮物和娛樂是高度規範和禁止的。除非你已確認符合相關法律或公司政策程序，才可進行。

■ 外國的貪污行爲條例允許便利性的支付。便利性的支付是贈予非美國政府官員或職員因加快服務或常規性的管理事務的小費。這項便利性的支付政策在一些國家是被允許的（並非所有國家），而且只能對層級較低的官員或職員。在拜訪一個國家之前，最好先求得國家經理人或企業的法律顧問的建議，確定這些支付是清楚且明確反應在財務報表之上。

員工的責任

■ 了解和遵守美國或其他國家新的相關法律，這些法令十分複雜且通常和交易相關。如果你對這些公司政策有任何相關的問題，可向當地GE企業的領導人、制訂者或GE國家經理人諮詢。

許多企業已採取事前反應的方式，公司們已從多種的方向來完成社會責任，包括社區的參與、小型企業的投資以及都市的更新。許多的企業領導人亦致力於教育。在瞭解企業、社會與美國的未來與教育息息相關之後，企業已支助基金、人事和設備支持教育。

　　在就業政策與計畫方面，企業提供就業機會予少數民族人士，婦女以及障殘人士、關心員工的健康和家庭友善計畫。

　　雖然要完全負擔起社會責任是條很長的路，但企業已付出對環境的關懷。他們已將焦點擺在危險和固體廢料的處理，空氣、土地和水資源的維持。企業亦引進計畫支持能源的保存，不但嘗試可替代的能源，而且經由運作的改進和貨車的聯營來減少能源的消耗。

　　消費者主義－消費者保護－已成了企業關心的主要課題。公司們已集中精神在改進產品安全性、提供消費者資訊和市場上產品的選擇，以及與消費者溝通的管道。

　　倫理是指導道德行為的標準，他們因影響著企業所有的交易而顯重要。而企業環境裏的問題是倫理會隨著改變的情況而修正。影響著企業倫理因素包括了競爭的企業環境、組織氛圍和個人價值觀。企業倫理依靠每一位員工的倫理章程和公司倫理章程的強化與發展。

回顧與討論

1. 以你的觀點來解釋社會責任的意義。

2. 你為何認為公司們已有社會責任呢？你認為他們的行為是自願還是非自願的？為什麼？

3. 分辨企業面對社會責任時的三種方法。以一句話描述管理階層在使用每一種方式時對社會責任的操作哲學。

4. 為什麼企業界在社區參與方面扮演領導的角色？

5. 「社區參與是該作的事，它是被預期的。」從社會承諾方面去評價這段話。

6. 為何大企業公司對小企業進行投資？

7. 為何一家公司會選擇加入成為SBIC或MESBIC的利益關係人？

8. 評析以下這段話「企業界發起雇用和拔擢少數民族、婦女和殘障人士只是為了迎合政府的需要」。

9. 解釋企業為何不願雇請殘障人士工作？而為何這種觀念會改變？

10. 當公司的健康計畫出爐時，老闆和員工會得到什麼樣的利益？

11. 確認公司將三種的家庭有善計畫引進實行。

12. 公司在處理危險廢料時的具體行動有那些？

13. 「節約能源只是一種計畫。如果不是成本的考量，我們根本不擔心它。」請從社會責任的觀點去評析這段話。

14. 為何產品的安全計畫和消費者資訊計畫成為社會責任的功能之一？

15. 「社會責任是每一位經理人的工作。」請以社會檢視的角度去解釋上面的陳述。

16. 倫理對企業交易的影響是什麼？公司如何對那些從事非倫理行為的人施加壓力？而這些事能避免嗎？

17. 公司倫理章程的目的是什麼？

應用個案

個案 2.1：南非的蓮花公司

蓮花發展公司在試算軟體方面以及社會議題採取鮮明立場上有很高的評價，其中的一項議題是南非的種族隔離政策。蓮花在1985年因為種族隔離政策以及在商業交易上和支持南非政府的種族隔政策的白人作對，停止了營業。但1991年種族隔離政策被推翻之後，蓮花又重返了南非市場，而且營運甚佳。然而，這件事情的焦點不是在其所獲得的利潤，而是對促進南非民主化的投資。

同年代的人都認為公司應該具有社會責任，除了為公司的股東和投資人營利之外，對員工、消費者和所處的社區及社會亦不可忽略。為了確保其行為能符合大眾的利益，蓮花雇請了一位電腦專家以及反種族隔離的社會行動主義人士Macaw

McLeod為其在南非發展社會責任計畫。大部分的公司過去藉由「法人的社會責任計畫」在南非投資，主要以金錢和設備來支持社區參與計畫，但Macaw McLeod覺得這些「禮物」的成效不彰。

Macaw McLeod訓練那些教導別人使用蓮花軟體資訊科技的指導員，此外，南非人亦被選派到在麻薩諸塞州的辦公室實習。藉由對社區領導人的行銷服務，Macaw McLeod已找到使蓮花的投資更有效率的方法，那就是使南非各公司電腦自動化的計畫。當其軟體為蓮花創造利潤的同時，McLeod亦找到改善南非有色人種生活品質的方法。

問題：

1. 社會責任政策的制訂對公司有何重要？
2. 在公司裏誰該對社會議題的確認負責任？
3. 公司對社會議題採取鮮明立場的好處是什麼？
4. 蓮花公司獲利的動機是否和其社會責任相衝突？
5. 員工在這些不同型態的政策和議題是扮演什麼角色？

個案 2.2：「純淨和自然」是否是市場的誇大廣告？

近年來，消費者的行為有著戲劇性的轉變。過去消費者購買產品主要依據其便利性、功效或是聲譽，但今天而是偏好健康、純淨以及不含化學物質的產品，大家稱為是「綠色」的趨勢，而這種趨勢主要是因為日益嚴重的環境污染問題。

並不是所有的企業都採取相同的方式來達到「純淨和自然」。緬因州的Tom's公司一直就生產純淨自然的牙膏，不含糖和化學物質；其他企業如Johnson & Johnson正企圖改善產品成為「純天然」的形象，其生產的拖把就標榜為純綿無合成纖維及未經漂白的產品。

Johnson & Johnson和其他公司都瞭解到純淨和自然背後隱藏著無限商機。又如道爾實驗室就正在研發一種幾近天然的產品。

許多的消費者相信純淨天然的產品能幫助他們避免有毒物質的危害而且能過著更健康的生活，另一方面，使用這類產品亦是對社會責任的意識使然。然而由於這是塊商業大餅，而且企業能輕易地就將產品定位在「綠色」產品，多數人就開始質疑這是企業在廣告策略上的型式？抑或只是在「綠色」的承諾上做些皮毛的功夫而已？

問題：

1. 企業生產具有社會責任的產品，而其利益是什麼？
2. 誤導的廣告會帶給企業什麼樣的傷害？
3. 一個不考慮社會責任的企業會依據消費者的需求而生產「無毒」或「綠色」的產品？

3

非有限公司企業：獨資企業和合夥企業

那一種法定形式的企業最好？

獨資企業
獨資企業的優點
獨資企業的缺點

合夥企業
成立一家合夥企業
合夥企業的優點
合夥企業的缺點
合夥企業的類型

合資企業

摘要

回顧與討論

應用個案

沈湎於過去是無益的…你必須有創造力並能找出增加價值的方法…我們正在嘗試去建立一個較好的捕鼠利器。

DARYL CARTER

Partner, Carter Primo

章節目標

在學習本章之後，你應該能夠做到下列各點：

1. 解釋獨資企業所有權型態的本質。
2. 描述設立一間獨資企業的過程。
3. 列出和描述獨資企業所有權型態的優缺點。
4. 解釋合夥企業的本質與設立的過程。
5. 列出和描述合夥企業所有權型態的優缺點。
6. 定義和區分一般企業和有限合夥企業的不同。
7. 描述合資企業的目的和特徵。

Ben Cohen & Jerry Greenfield

前言

童年時的友誼如何轉變成為極成功的事業，並成為美國家喻戶曉的名詞Ben & Jerry的呢？Ben Cohen和Jerry Greenfield兩人住在紐約長島市Merrick，他們倆在小學七年級上體育課時結識，且很快的成為朋友。他們因彼此對冰淇淋的喜好，和不受其他人歡迎的共同性而結合。Greenfield談到，「因為我們倆那時動作慢吞吞的，並且兩人長得也有點圓圓胖胖」，他繼續說著，「我們也常被視為討厭的人」。Greenfield畢業之後前往Oberlin學院攻讀醫學，而Cohen則在Skidmore學院主修陶器製造。大學畢業從事一些臨時的工作之後，他們決定要做些較為有趣的工作且希望能住在鄉村的大學城中。

在1977年時，兩人搬往Burlington且居住在Vermont大學內。他們以5美元完

成自製冰淇淋的函授課程。靠著12,000元美金（這其中有三分之一是利用借貸的方式）以及一部岩鹽製冰淇淋機，他們重新將加油站裝修為Ben & Jerry家庭冰淇淋店。那年夏天，他們舉辦了第一次免費的電影嘉年華會－即將電影投射到戶外建築物的牆上，讓觀眾能夠痛快地享用他們所提供的冰淇淋。一年之後，兩人在將他們的產品銷售到零售商店和餐廳。於1980年遷移至老舊的工廠，並將他們的冰淇淋包裝成小型的紙盒以利商店銷售給零買的顧客。

Ben & Jerry冰淇淋能成功的因素在於好口味和高品質，也因為如此，他們必須花多一點時間去改良他們製做冰淇淋的方法。這兩位企業家調配出不同口味的冰淇淋，加入大量巧克力、各種水果以及多種口味於冰淇淋中，且牛奶全都是從Vermont乳製場所生產出來的。Ben & Jerry冰淇淋的一些口味相當著名，包括雨林脆皮、藍莓起司蛋糕、巧克力碎片、餅乾團和Garcia櫻桃。最後一種口味名稱的制訂是由一位不具名人士利用明信片建議公司以已經死去且在樂壇上表現相當優秀的吉他手Jerry Garcia來命名。Cohen和Greenfield花了兩年的時間去尋找這位匿名者主要是為了答謝他所提的建議。

Cohen和Greenfield為了要將Ben & Jerry發展成一家成熟的企業，這種轉變是十分艱苦的。他們知道自身缺乏企業能力以致無法使企業擴大，但是這並不是真正的因素。Ben Cohen說，「當我和Jerry認知我們不再只是單純喜好冰淇淋的人，而是會賺錢的生意人時，第一個反應就是想要將這家公司賣掉。因為我們擔心企業將會剝削工人並危害到社區。因此我們曾委託經紀人找買主，當時確實有買主要購買。但最後我們還是決定要將其保留，並在未來能驕傲說出我倆是Ben & Jerry的老闆」。

他們所採取的第一個方法，是發行股票給Vermont的員工；另一個方法是付出較高的價格給Vermont乳製場的農人以取得乳製品，因為他們覺得這些農人比公司更需要這些錢。這家合夥企業也設立了Ben & Jerry基金會，將公司的部分利潤提撥出來，致力於社區計畫。自從1985年以後，每年公司都會提撥7.5%的稅後盈餘給這個非營利機構，當作資助慈善團體的補助金。持續支持此「計畫」的目標，目的為當社會變遷時，計畫所包含的寬容和希望精神能夠注入社會中，並以此提高人們生活的品質和解決生活上的困難。

同樣地，他們倆將企業家回饋社會的精神延伸至公司內部。給員工在其工作上

有一定的自由，這可使工作不再單調乏味。員工們也有享用免費冰淇淋的權利，並且也舉辦類似慶祝貓王的活動。Ben & Jerry的標籤上寫著「隨時行善並散發不自覺的美」。

　　Ben & Jerry公司從合夥企業成長至現今的國際性企業，在1992年的年銷售額達到$1.32億美金。在1988年公司的主席兼總裁Cohen和副總裁Greenfield兩人當選為全美當年度小型企業主。經過數年，該公司持續地擴大，在1985年時，他們將公司的總部與冰淇淋工廠同設於Waterbury, Vermont。其他的工廠以及營運部則作落在Springfield, Rockingham和St. Albans, Vermont。此外Ben & Jerry特許經銷公司橫跨美國、加拿大、以色列和蘇俄。Ben和Jerry仍舊舉辦免費的音樂會和飲宴；近年來，他們的所舉辦的活動擴大到位於Vermont的Killington Ski、芝加哥及舊金山的金門公園。企業的成功到底有沒有降臨在Ben & Jerry的身上呢？Jerry帶著開玩笑的語氣說，「坦白地說，對我們而言這是個相當大的震憾，同樣的對所有認識我們的人也是個相當大的震憾」。

　　第一、二章介紹了企業的架構：企業的本質、私人企業的基礎、經濟制度以及企業倫理和社會責任的議題。現在我們將焦點集中在一個企業組成的不同法定型式上。

那一種法定形式的企業最好？

　　一個企業家必須決定以何種企業所有權型態去成立一家公司。有三種形式可供選擇：獨資企業、合夥企業以及有限責任公司的型態。

　　至於那一種法定形式的企業最好呢？這個問題無法以單純的答案來回答。而企業家在決定以那種形式成立之前，必須先回答下列的問題：

- 需要多少的資金去成立這家企業？企業如何能較容易地取得融資？
- 所有者想要擁有多少的企業決策權？

■企業家願意承擔多少風險投資在企業或個人財產上？

■企業想要如何被課徵稅賦？而這些稅賦要由誰來負責？

■企業能輕地吸引員工嗎？

　　這些問題的答案加上企業家的個人目標、價值和工作倫理將會決定以那一種形式成立企業最好。有一點值得注意，就是大部分的企業都是以獨資企業所有權型態開始的，當它成長之後，大多成為合夥企業或有限責任公司的形式出現。圖3.1表示美國企業所有權型態的分配比例。

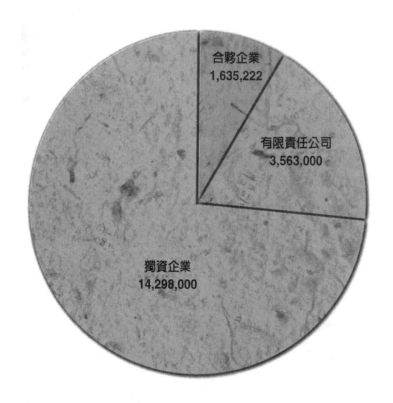

圖3.1
美國三種法定企業所有權型態的分配

資料來源：Data from U.S. Bureau of the Census, *Statistical Abstract of the United States,* 1992, 112th ed. (Washington, D.C : U.S. Government Printing Office, 1992), p.519

　　本章我們將會討論企業的兩種所有權型態，即獨資企業和合夥企業─它們如何設立、優缺點為何。在第四章我們再深入探討有限責任公司的型態。

獨資企業

獨資企業
由一個人所擁有的企業

　　獨資企業（sole proprietorships），從字面上的意義可知是**由一個人所擁有的企業**。它是最古老和最常見的企業形式，如圖3.2表示，近年來獨資企業的營運已占美

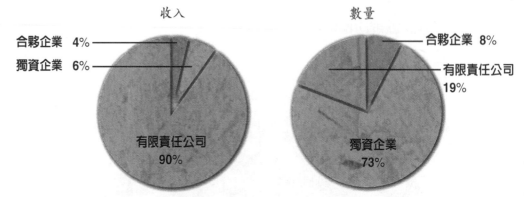

圖3.2
比較獨資企業、合夥企業、有限責任公司

資料來源：Data from U.S. Bureau of the Census, *Statistical Abstract of the United States,* 1992, 112th ed.（Washington, D.C：U.S. Government Printing Office, 1992），p.519

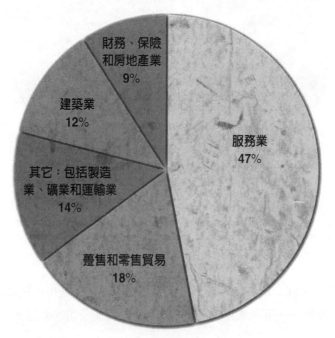

圖3.3
大部分常見的獨資企業

資料來源：Data from U.S. Bureau of the Census, *Statistical Abstract of the United States,* 1992, 112th ed.（Washington, D.C：U.S. Government Printing Office, 1992），p.519

國企業的73%，這表示它占有所有企業形式的多數。但是，其和合夥企業、有限責任公司所生產的利潤比較起來，只占了6%。其主要的原因是它們大多是典型的小商店如藥局、雜貨店和小吃店，或是提供服務的商店如理髮店、修理店、庭園整理服務等。大部分的獨資企業主要分為五個種類，如圖3.3。

從法律的觀點來看，所有者和獨資企業是不可分的—單一的所有者不但擁有這家企業，而且需對它的營運負責。另外，從大眾和供應商的觀點來看，他們視此單一的所有者為企業的代表。但獨資企業並非僅由一人來操作，是根據其營運的規模大小需要來僱用管理者和員工。

獨資企業的優點

獨資企業之所以會流行是因為它多項的優點—營運的自由和簡單。它主要的優點如下：

- 設立容易。獨資企業是企業形式裏最容易設立且設立成本最低的。通常只要有單一的企業所有者並決定生產何種產品或提供服務，其法律上的要求也是最少的。除了提供健康和食品服務的行業、建設公司、美容沙龍和理髮店等需要執照之外，大部分都不需經過允許就可執業。
- 保存所有的利潤。獨資企業的利潤全歸單一的所有者擁有，企業經營地愈好，所有者的利潤愈大。
- 決策自由。和企業的所有者和老闆一樣，獨資企業的單一所有者偏好決策的自由與機動性。決策可以不需考慮他人意見便迅速地完成。這項自由與控制允許單一的所有者面對企業環境的迅速改變能馬上做出反應。
- 個人的滿足感。獨資企業的所有者能享受個人成就的滿足感。一切成敗得失責任均由業主負責，較願意投入全部心血去經營，並享受其經營成敗的結果。
- 稅賦的優點。獨資企業和其他企業的稅賦不同，只需課徵個人所得稅。
- 企業解散容易。獨資企業的結束如同其開始一樣方便，不須考慮其他人。而業主所必須做的是付鈔票、關大門和終止營業。

　　有那麼多的優點，Cindy Somerville毫不考慮地決定設立Great Grooms獨資公司，一家位於密西根的汽車寵物美容沙龍。Cindy發現了人們因為時間和活動限制而無法照顧寵物的需求而設立這家美容沙龍，並且契合了這方面的需求，其顧客人數也日益成長。她以一台大貨車做為工作場所，沒有經過其他人的諮詢轉變成汽車寵物美容工作室，將貨車裝置冷熱水，並從顧客的家中接上電力使用。而一套費用下來從$35美元到$45美元不等，視狗的大小─並且所有的利潤都歸她所有。

獨資企業的缺點

獨資企業除了優點之外，亦有其缺點：

■ 須負擔無限的責任。從法律的觀點來看，獨資企業的業主和企業是不可分的，因此，業主須負擔**無限責任**（unlimited liability）─即業主須承擔企業營運所造成的任何責任和損失。假設企業無法提供足夠資金償還所造成的損失，則必須從業主個人財產來賠償不足的負債。例如：某人當初以其個人儲

無限責任
即業主須承擔企業營運所造成的任何責任和損失

蓄向銀行借貸購買設備，成立獨資企業所有權型態的義大利餐廳，但在惡劣的競爭環境下失敗，且無法支付銀行利息和本金，銀行可將其設備變賣以支付其貸款。不幸的是仍不足以償還貸款，銀行則變賣了他的汽車和父母留下的土地。

■ **資金有限，不易擴充規模。**由於獨資企業所有者的資金通常是由其個人所有和借貸而來，而這些資金不外乎是從儲蓄、保險金、房貸和親友的借貸而來。借貸者也視貸款者的信用狀況來給予貸款。另方面，這些借貸者通常不願意冒風險借錢給那些依靠個人來決定成敗的貸款。

■ **缺乏企業和管理技巧。**獨資企業的本質就是業主集企業各種需要和管理技巧於一身。個人的才能有限，面對一些專業管理方面的問題如財務、會計、行銷、生產和法律等問題，並非業主一人能夠勝任，而企業的成敗也完全在於業主一人。例如，Joe是鎮上最好的修理師傅，但並不表示就具備為其修理店創造利潤的企業知識，從許多例子證明，成為一名萬事通（jack-of-all-trades）的獨資企業所有者是不容易的一件事。

■ **吸引員工困難。**另一個獨資企業的缺點是較難僱請和留住有才能和抱負的員工。在一個小型的企業當中，謀求發展和出頭的機會較有限，另方面由於獨資企業提供福利的成本較高，鮮有企業提供其附加價值予員工。

■ **個人時間的需求。**許多獨資企業經常一天工作10至12小時，一星期工作六天以上，需要個人的犧牲以求取企業的成功。而且，假如員工請假或離職，老闆可能就要身兼數職以維持正常營運。

■ **無法永續經營。**獨資企業無法永續經營。假設業主死亡或傷殘而永遠無法維持營運，這間企業在法律上就已消失，只有企業的資產可以傳給繼承人。

儘管有這些缺點存在，獨資企業仍是商業世界裏一個重要的原素。對於那些想成立企業且能獨立運作的人士，那麼獨資企業是一個吸引人的選擇。表3.1將獨資企業的優缺點列出來。

表3.1
獨資企業的優缺點

優點	缺點
設立容易	須負擔無限的責任
保存所有的利潤	資金有限，不易擴充規模
決策自由	缺乏企業和管理技巧
個人的滿足感	吸引員工困難
稅賦的優點	個人時間的需求
結束容易	無法永續經營

合夥企業

第二種主要的法定企業組織形式是合夥企業（partnerships）。合夥企業法（Uniform Partnership Act）定義指出，**合夥企業**是由二人或二人以上共同出資並享有利潤的企業。合夥企業創造出比獨資企業更多的資源，擁有聯營的才能、財力，並提供支援給那些想成立企業但不想一個人孤軍奮鬥的人士。

合夥企業
是由二人或二人以上共同出資並享有利潤的企業

成立一家合夥企業

合夥企業可能經由有展望的合夥人（們）對企業的一番討論並達成協議之後而成立。以這種方式成立的企業有其限制所在，人們可能忘了他們曾經承諾的事項；面臨惡劣的經營環境時可能導致制定情緒化的決策，並因意見的不同而產生誤解造成企業分裂。

而解決之道就是請一位有經驗的律師協助制訂**合夥企業合約**（articles of partnership），即合夥人以合約的形式建立在法律上的共同關係。通常一份合夥企業合約上確定了企業的名稱及合夥人的姓名，並包括：每一位合夥人的經營責任；每一位合夥人所貢獻的技能、金錢或設備；如何分配（利潤、薪資）；合夥企業裏銷售利益的過程；衝突發生時如何解決；企業如何解散以及資產的分配（圖3.4）。

合夥企業合約
即合夥人以合約的形式建立在法律上的共同關係

圖3.4
典型的合夥協議書範
例

Partnership Agreement

This partnership contract and agreement entered into this   day of   19   , by and between

WITNESSETH: The parties hereto agree that they will become and be partners in a business for the purpose and on the terms and conditions hereinafter stated.

    1. The name of the partnership shall be:

    2. All of the partnership business shall be carried on in the partnership name.

    3. The business or businesses of this partnership are as follows:

    4. The principal place of business for the partnership is:

    5. The period of duration of the partnership shall be from the date of the execution of this instrument until the   day of   , 19   .

    6. The assets of the partnership are and were contributed as follows:

    7. Each of the partners shall share in the profits and losses of the business equally.

    8. Each of the partners hereby agrees to give his undivided time and attention to the business of the partnership, and to use his best efforts to promote the interests of the partnership.

    9. It is understood and agreed that books of account of the transactions of the partnership shall be kept at the principal place of business of the firm, and shall be at all reasonable times open to the inspection of any partner.

    10. Any or all of the partners shall be permitted to draw from the funds of the partnership as follows:

Such sums shall be charged to him and at the annual accounting shall be charged against his share of the partnership profits. In the event that his share of the profits shall not be equal to the sum so drawn, the deficiency shall be deducted from the sum to be drawn at the next pay period.

    11. Checks on the bank account of the partnership may be signed by any partner, but only for partnership obligations, and no party shall sign checks to withdraw money for any purpose except to pay partnership debts or obligations.

    12. Any or all partners shall, on every reasonable request, give to the other partner or partners a true account of all transactions relating to the business of the partnership, and full information of all letters, writing, and other things which shall come into his hands concerning the business of the partnership.

    13. No partner shall, without the written consent of the other or others, become bail or surety for any other person, nor lend, spend, give, or make away with any part of the partnership property or draw or accept any bill, note, or other security in the name of said partnership.

    14. Any partner may retire from the partnership at the expiration of any fiscal year on giving to the other partner or partners one month's written notice of his intention to do so.

    15. When, in case of dissolution of the partnership by death, the survivors desire to continue the business, the value of the good will of said business shall be determined by appraisal. Said surviving partner or partners shall appoint one appraiser, the representative of the deceased shall appoint a second appraiser, and the two appraisers shall appoint a third. The decision of the three appraisers as to the value of the good will and other assets of the partnership shall be binding on the surviving partner or partners and the representatives of the deceased partner. The continuing partner or partners shall assume all of the existing firm obligations and hold the estate of the deceased partner harmless from all liability thereon.

    16. In the event that the partnership shall terminate other than by death of one of the partners, the partnership business shall be wound up, the debts paid, and the surplus divided between the partners in accordance with their interest therein.

IN WITNESS WHEREOF we have hereunto set our hands this   day of   , 19   .

ACKNOWLEDGMENT

STATE OF TEXAS
COUNTY OF
BEFORE ME, the undersigned, a Notary Public in and for said County and State, on this day personally appeared

known to me to be the person whose name subscribed to the foregoing instrument, and acknowledged to me that he executed the same for the purposes and consideration therein expressed.

GIVEN UNDER MY HAND AND SEAL OF OFFICE, this the   day of   A.D. 19   .

                              _____

              Notary Public in and for   County, Texas

合夥企業的優點

如同獨資企業一樣，合夥企業也有許多的優點：

■ 設立容易。合夥企業的設立十分容易，不需要國家的認可即可設立。一旦關於企業利潤、責任、財務和終止程序的協議解決，合夥企業就可開始營業。

■ 結合了知識與技巧。在合夥企業裏，二人或以上的合夥人結合了多數人的知識和技巧來經營企業，較單獨一人有效率。例如：有人可提供管理的技能，有人則能提供行銷的專長。在加州Carter Primo房地產投資信託公司的例子裏，合夥人能提供互補的財金專長，Daryl Carter和 Quintin Primo分別自麻省理工學院及哈佛MBA畢業，之後分別在不同銀行的地產投資部門工作。1991年他們厭倦了替他人做事的環境並決定結合力量成立合夥企業，在保證金上追求他們的夢想。

餐廳普遍均為合夥企業。

■ 可獲得較多的資金。藉由合夥人財務資源的結合，較能配合企業對於營運上資金的需求，較佳的信用對於企業在借貸基金以拓展企業營運規模方面也有幫助。

■ 吸引和維持員工的能力。獨資企業其中一項缺點是由於發展性的限制導致無法吸引和留住員工的困難。而合夥企業克服了這個問題，因為有價值的員工有可能成為企業的合夥人之一，在法律和會計事務所是常見的例子。

■ 稅賦的優惠。如同獨資企業一樣，合夥企業的利潤稅賦是課徵個人所得稅。

合夥企業的缺點

凡是認為離婚率高的人應看看合夥企業的統計數字。企業的婚姻就和一般人的行為一樣，可以因為小小的危機而分開。加入合夥企業的任何人都應了解合夥人關係的潛在陷阱：

- **須負擔無限責任。**如同獨資企業一樣，每一位合夥人須對企業的財務承擔無限的責任。假設合夥人之一以合夥企業之名造成了超過其個人和企業所能承擔的負債，其他合夥人的私人資產也有被拿來抵債的可能。
- **無法永續經營。**合夥企業缺乏永續經營的特性。當合夥人發生變換時，舊的合夥企業必須結束之後，才可成立新的合夥企業。如同合夥人之一想退出或新的合夥人欲加入，當合夥人之一死亡或殘障則企業須依法解散。而這些問題則可在契約簽訂時加上但書，將這些缺點減到最小。
- **合夥人之間潛在的衝突。**合夥人有時在企業成立之前對彼此的特質不甚了解，那麼由於個人特質、想法、合夥人之間的利益所產生的衝突導致企業瓦解會令你感到驚訝嗎？不和諧對一個企業組織來說是很不利的，人與人之間和資產一樣必須要能夠結合才會成功。當在結合這些力量時，對於合夥人分散的科技、人員和市場的資訊就變得無價值可言。如果合夥企業不是建立在彼此的信任與負責、清楚分工的基礎上的話，那它可能會是一場惡夢而且無法運作。根據在美國女性經濟發展公司（AWED）擔任訓練和計畫副總Marsha Firestone的談話指出，「你看到了許多這種安排的失敗例子，它需要非常成熟的人去掌握這些狀況」。（本章的管理者筆記將焦點擺在如何使合夥企業運作。）
- **解散企業的困難。**一旦合夥企業成立之後，任何一個合夥人沒有其他合夥人一致的認可，無法透過出售其合夥企業的投資而退出。如果有一位合夥人認為成立這家合夥企業是個錯誤，而企業則只可賣給所有合夥人都能接受的人。表3.2總合了合夥企業的優點與缺點。

表3.2
合夥企業的優點與缺點

優點	缺點
設立容易	須負擔無限責任
結合了知識與技巧	無法永續經營
可獲得較多的資金	合夥人之間潛在的衝突
吸引和維持員工的能力	解散企業的困難
稅賦的優惠	

合夥企業的類型

　　合夥企業二種主要的類型分為一般和有限責任的合夥企業。而第三種類型則是以短期計畫為主的合資企業（joint venture）。

一般性的合夥企業
是二人或以上積極參與企業事務的投資者組成，並且承擔企業的無限責任

一般性合夥人
即經過明確的授權去營運和限制企業活動，並承擔營運上的無限責任

一般性的合夥企業　　是二人或以上積極參與企業事務的投資者組成，並且承擔企業的無限責任。在一般性的合夥企業（general partnership）裏，每一個合夥人都是**一般性合夥人**（general partner），即經過明確的授權去營運和限制企業活動，並承擔營運上的無限責任。美國大約有一百萬個一般性的合夥企業，占所有企業型態的6%。大部分是提供服務性質的公司，如房地產、證券行、保險公司、法律和會計事務所、工程公司、藥商以牙醫診所。

　　一般性的合夥企業，如同獨資企業一樣，設立相當容易，但在營運上則較為複雜。合夥人必須緊密配合，一般性合夥企業裏的每一個合夥人必須承擔其他合夥人以合夥企業之名所造成的負債。

　　為了闡明一般性合夥企業的權利與義務，制訂了合夥企業法（Uniform Partnership Act），除了路易士安那州和喬治亞州外適用於全美國，它提供了合夥企業放諸四海皆準的營業規定，也明定了一般性合夥企業的解散程序，在實行此法的州裏，合夥企業的合約協定都必須在此法的範圍內才能生效。

　　此法規定了合夥人以下的權利：

■分擔企業內的管理責任。

- 分享企業所產生的利潤。
- 回收投資的效益。
- 獲得合夥企業因支付而產生的報酬。
- 取得企業的財務資料。
- 擁有企業財務往來的正式會計帳目。

此外，亦規定了合夥人以下的責任：

- 償還任何企業所產生的虧損。
- 採利潤的分享而非薪資給付，為合夥企業工作。
- 當不同意見發生時，以多數決或由第三團體來裁決。
- 提供關於個人已知的合夥企業資訊給其他合夥人。
- 提供所有合夥企業創造的利潤會計帳目。

有限責任的合夥企業　　合夥企業的第二種類型為**有限責任的合夥企業**（limited partnership）—即一種當合夥企業產生負債時僅承擔合夥人投入企業的資產為償還負債上限的合夥企業。有限責任的合夥企業必須有至少一名的一般合夥人（general partner）承擔無限責任，以及不限量的**有限責任的合夥人**（limited partners）—即一種無法參與合夥企業營運，但當企業產生負債時僅承擔有限責任的合夥人—所產生。有限責任的合夥人僅承擔投入企業的資產來償還未完成的負債。

由於他們僅承擔了有限的責任，所以在權利上亦有所限制：

- 他們的名字不能出現在企業的名稱裏。
- 無法參與企業的經營活動。
- 不能提供企業任何服務。

如果有限責任的合夥人積極地參與合夥企業的經營活動，則可能被剝奪有限的責任並宣布為一般性合夥人。例如：一名有限責任合夥企業的債權人獲得有限責任

有限責任的合夥企業
即一種當合夥企業產生負債時僅承擔合夥人投入企業的資產為償還負債上限的合夥企業

有限責任的合夥人
即一種無法參與合夥企業營運，但當企業產生負債時僅承擔有限責任的合夥人

Making
Partnerships Work

管理者筆記

合夥企業的運作

成立一家合夥企業和運作一家合夥企業有很大的差別。即使經過小心的規劃、討論以及建構涵蓋企業所有補償、個人投資和加入新合夥人的程序的合夥契約，仍避免不了合夥人之間因營運所帶來的衝突。

通常合夥人因個人特質與管理風格的不同，產生衝突而導致合夥企業的崩解。但是企業的瓦解並非是唯一的結果：合夥人能夠經由合作來化解這些困境，改善其間的事業關係。

而合作之道就是確定企業該走向何方，合夥人之間應對公司的發展觀念進行協調，而合夥人無法接受的提議可能對企業的發展方向有正面幫助，芝加哥O'Hare國際機場內的Airmax貨運管理合夥企業就是一個很好的合作例子。

即使Airmax在設立的前四年有著快速的成長，Ryan和LeBeau卻低估了合夥企業合作關係的影響，並使其惡質化。他們對於公司的營運有許多共同的觀點，但最大的差異在於管理風格的不同─Ryan的衝動沒耐心和LeBeau有條理的穩重工作態度有很大的不同。

兩位及時地發現彼此的互相干擾，諮詢了心理醫生並想終止衝突的發生。

心理醫生首先告訴他們，事實上他們有著對公司的共同目標，但他們的工作態度導致互相不信任彼此的工作方式，而醫生亦告訴他們解決問題的兩個方法是：避免激烈的討論並重塑否定的態度。第二個的方法是協助改變Ryan和LeBeau對彼此的看法，Ryan對LeBeau的「艱緩」態度視為「小心」，而LeBeau視Ryan的「衝動」的行事方法則視為「精力旺盛」。

上述的例子可以看出，合夥企業的成功之道在於傳統式的辛勤工作、正向的思考以及良好的溝通。

合夥人以經理人署名的文件，法官則可以據此爲積極參與管理活動的證據，而且宣告這名有限責任的合夥人須承擔$5,000美元公司尚未償還的負債。

為什麼會有有限責任的合夥企業產生呢？主要是它具有一些吸引人的特徵，包括了：

- 企業能在沒有一般合夥人的同意下，取得額外的基金。
- 有限責任合夥人的組合更換（合夥人死亡、退出或其他狀況）不須將舊的合夥企業解散。
- 有限責任合夥人不用承擔超出其投資的風險，而且可以分配公司的利潤。

除了這些優點之外，亦有其限制所在：

- 一般性合夥人或合夥人必須承擔所有的財務責任。
- 假設一般性合夥人退出合夥企業，則需終止營業並解散。

電影公司、天然氣和石油的開採、賽馬和有限電視公司等經常是以有限責任的合夥企業型態出現。主要的考量是因為帶給有限責任合夥人的報酬。有線電視有限責任合夥企業最大的企業聯營公司Jones有線電視，在五家已成立的合夥企業經營中，獲得13.2%的報酬。

除非州政府的允許，並在州政府機關註冊，有限責任的合夥企業是不能任意設立的。有些同意成立有限責任合夥企業的州，則需要申請特別的事項。最後，除了路易士安那和喬治亞州之外，為了解釋的一致性而採行了合夥企業法來規範合夥企業的行爲。

表3.3 提供了獨資企業、一般性合夥企業和有限責任合夥企業的優缺點比較。

合資企業

經由先前的解釋，一般性和有限責任的合夥企業是合夥企業的兩個主要型態，

操之在己

哪些重要因素導致你選擇設立合夥企業？你將選擇哪種型式？爲什麼？若選擇有限責任的合夥企業，你會成爲有限責任的合夥人或是一般性合夥人呢？爲什麼？

變項	獨資企業	一般性合夥企業	有限責任合夥企業
負債	無限責任	無限責任	有限責任合夥人負有限責任
設立	設立最易；低設立成本	設立最易；難於尋求合適的合夥人；低設立成本	設立需要文件；低設立成本
解散	最容易	需合夥人的協議	需合夥人的協議
存續期間	至所有者殞亡為止	合夥人之一的死亡或退出	一般合夥人之一的死亡或退出
決策	所有者一人決定	合夥人的協調	若超過一人以上的一般合夥人則需一般合夥人間的協調
融資能力	困難	較獨資企業容易	具無限增資的能力
員工的招募與維持	困難	可讓員工成為合夥人	可讓員工成為合夥人
商業和管理技巧	業主能力有限	較能配合企業的需要	較能配合企業的需要
稅賦	課徵個人所得稅	課徵個人所得稅	課徵個人所得稅

合資企業
乃為了實行特定計劃
或事業而成立的一種
合夥企業

而第三種型態則是因短期計畫而設立的合夥企業。**合資企業**（joint venture）乃為了實行特定計畫或事業而成立的一種合夥企業，經常在目的達成之後就解散。在企業存續期間，每一位合夥人須承擔無限責任。合夥企業是以實體的型態出現：許多人結合其財力資源、購買大筆土地來發展、分割及轉售。

摘要

這章解析了兩種非公司的企業型態：獨資企業和合夥企業。獨資企業是由一個人所擁有的企業，法律上企業和業主是不可分的個體。而獨資企業有以下的優點：

■設立容易。

■保存所有的利潤。

■決策自主。

■個人的滿足感。

■企業解散容易。

■稅賦的優點。

而獨資企業亦有其缺點：

■須負擔無限的責任。

■資金有限，不易擴充規模。

■缺乏企業和管理技巧。

■吸引員工困難。

■缺乏個人時間。

■無法永續經營。

　　合夥企業是兩人或兩人以上的所有者為了賺取利潤而成立的組織。合夥企業可以口頭上或藉由合夥企業的紙上合約簽訂來成立。其有許多的優點：

■設立容易。

■結合了知識與技巧。

■可獲得較多的資金。

■吸引和維持員工的能力。

■稅賦的優惠。

如同獨資企業一樣，它也有缺點：

■須負擔無限責任。

■無法永續經營。

■合夥人之間潛在的衝突。

■解散企業的困難。

Anheuser-Busch對合資企業的投注

在美國擁有「啤酒之王」的百威（Budweiser）是否能像可口可樂、萬寶路和Levi's牛仔褲成爲世界知名的品牌？Anheuser-Busch並不十分的確定，而位於聖路易士的釀酒廠，則成爲世界名牌之路的試金石。

在八十年代末期，Anheuser收入最主要的來源是在美國地區，對於其他具成長性的市場則是利用合資企業的方式進入。在日本，Anheuser試著以$8,000萬美元與當地最大的釀酒廠一麒麟合作，以便拓展百威啤酒在日本的市場。Anheuser也用同樣快速的方法與另一個墨西哥釀酒大廠Modelo合作。除此之外，Anheuser目前有超過六家以上的釀酒廠合資案在手上，這些地區分佈於拉丁美洲、環太平洋以及西歐等地。

啤酒想要成爲世界知名的品牌是件不容易的事。不像其他美國知名廠牌那樣容易地成爲世界知名的品牌，如飲料、香菸、牛仔褲。在一些傳統啤酒國家裏，美國啤酒只擁有一點點名氣，主要是因爲美國啤酒較其他地方的啤酒濃度較淡、口味較甜、沒有強烈的味道。除此之外，美國的消費者較偏好於追逐流行性的飲料，如一些口味較淡的啤酒。這與德國消費者有所不同，德國消費者對歷史悠久的廠牌較爲偏愛。

Anheuser國際部總裁Jack Purnell談到，「我們希望能創立一個世界性的品牌，不過我無法確定是否能如可口可樂、Levi's牛仔褲那樣成功。雖然現在我們並不知道還有多遠才能達到目標，但我們一定盡我們所能來完成這個目標」。

當企業界在找尋國際市場投資之時，合資企業的型態提供了快速進入市場的策略，成爲一種相當富有彈性和流行的組織型態。

■ Kimberly-Clark 在歐洲的投資消費產品計畫當中，和歐洲主要的薄紙產品製造

商 VP-Schickedanz 公司合作成立一家合資企業。「跳蛙」計畫登陸之後，成為在歐洲可拋棄式紙尿褲市場對抗寶鹼（Procter & Gamble）的灘頭堡。

■ Hewlett-Packard公司和瑞典的易利信（Ericsson）通訊公司成立一家合資企業，發展和整合電腦網路管理系統市場，而此聯盟打算創造一個新的市場。

■ W. R. Grace & Co. 化學公司完成了在莫斯科的一家食品包裝合資企業。這項決定主要在於「無限的潛力—若不考慮政治情況的話」。

美國國內最引人注目的合資企業聯盟當首推蘋果電腦和IBM電腦的合資計畫，主要發展電腦的電源供應器和IBM生產的麥金塔電腦快速中央處理器。而另一項計畫由Taligent公司主導，設計一種新的作業系統來幫助程式設計者能更容易地設計軟體。

而合夥企業有兩種主要的型態：一般性的合夥企業和有限責任的合夥企業。一般性的合夥企業是由兩個或以上的業主，承擔企業營運的無限責任並積極參與企業的活動。而有限責任的合夥企業則是有一名或以上的合夥人當企業虧損負債時只須承擔投入企業的資產的有限賠償責任。一家有限責任合夥企業至少有一名承擔無限責任的一般合夥人，而合夥企業裏的有限責任合夥人在法律上是被禁止從事企業的營運活動。

合夥企業是一種從事短期計畫而設立的合夥企業，它通常在設立目的達成之後就解散，在企業存續期間，每一位合夥人都須承擔無限責任。

回顧與討論

1. 從法律、供應商和大眾的觀點來解釋獨資企業的業主就等於獨資企業。
2. 請解釋「成立一家獨資企業就跟掛上招牌開始營業一樣簡單」這句話。
3. 描述獨資企業主要的缺點。
4. 請討論「合夥企業不一定須要簽訂文件才算合法，但簽訂合夥企業契約是一個良好的觀念。」這段話的意義。
5. 描述合夥企業的優缺點。

6. 請解釋在合夥企業法的規範下，對合夥人所規定的義務與權利。

7. 描述有限責任合夥企業一般合夥人的責任。

8. 有限責任的合夥人如果維持其有限責任的話，什麼樣的企業活動是被禁止的？

9. 設立合夥企業的目的是什麼？

應用個案

個案 3.1：IBM正在找尋破壞力強的炸彈

　　電腦正快速的在世界蔓延中，離現今不久，在美國擁有電腦的人就如同擁有電視般的廣泛。不幸的是，在個人電腦市場持續擴張的同時，IBM公司以提供大型電腦給企業為主要的市場卻在縮小中。當其收益正在下降時，IBM決定採用新的策略，即與極具成長性的公司合夥。

　　與IBM合夥的企業，絕大部份都是電腦公司。不過，其中有一家是不同，且值得一提的是，以租售錄影帶為主要業務的Blockbuster公司。兩家公司擁有相同的計畫，生產和行銷一種能夠印製雷射唱片的機器。消費者如要特定的雷射唱片，只要簡單地下一個指令，則此機器將會紀錄其要的音樂或是電腦資料並存入磁片內，同時也複製磁片的目錄。理論上，只要花費六分鐘的時間即能完成，消費者也能擁有一塊和大量生產無異的磁片。

　　為了要生產以及銷售這樣的CD燒錄機，IBM和Blockbuster成立兩家合資公司。Fairway Technology Associates以建造並執行這種新的系統為主，而Newleaf則包裝和行銷這樣的產品到各個零售點。在此同時，這兩家公司是在兩家母公司下獨自經營運作。

　　當IBM在電腦工業有著統治權力時，看起來其地位似乎屹立不搖。很不幸的，由於在管理上出現了問題，新技術也發展緩慢，而且其主要的市場占有率亦持續下降，它必須面對其光榮時代即將結束的事實。因此，IBM必須要加入一些新的企業和夥伴來幫助其改善目前的狀況。

問題

    1. 兩家公司結合成合夥企業的主要目的為何？

    2. 為什麼IBM要尋找像Blockbuster這樣的公司合夥？

    3. 如何在消費性電子領域上幫助IBM拓展業務？

    4. IBM與Blockbuster合夥面臨什麼樣的風險？

個案 3.2：女企業家

    Joline Godfrey一位事必躬親的女企業家，先前待在Polaroid公司，隨後離開該公司並成立一家獲利豐厚的企業。現在，她正在寫一本從女人的角度來看女性經營能力的女性企業家書籍。其目前的計畫是以「她的收入」為名推出一系列的課程，這課程的贊助是由IBM的勞工部和Kellogg基金會所提供，主要是為了支持以及給予年輕女性在其企業上有卓越的表現。

    Godfrey學習如何以艱辛的方法在困境中成功。她開始工作於Polaroid公司的人際關係部門，她花了十年的時間試著建立起她自己的工作方式。不過到最後，她所認知的只是，在這家以男性為主軸的公司，絕不會讓她有機會升遷。最後她離開了這家公司開始了她自己的事業，也創造了學習的工作。在此之後，她成為一個積極向上的女權提倡者，她指出目前有28%的人輕視那些本身擁有企業的美國女性，普遍忽視她們的存在。甚至在美國企業的調查中，也沒有婦女創業的紀錄。她繼續陳述，「我們紀錄外國車在美國的情況比婦女創業的情況還要健全」。

    然而，對於這樣的壓迫不會因此降低女性創業的興趣。 在她的一系列課程中，她教導年輕的女性如何在特權下，走出自己成功的道路。對Godfery來說，這意謂著展開自己的事業。她這樣的強調，「女性要能夠和其男性在同等地位相互合作，唯一的方法即自己成立企業，這也是唯一能夠讓女性一展長才之方法」，畢竟本身即是一個最具說服力的例子。所以一些擁有數百萬美元企業的女性企業家就成了她所邀請的客座講師。經由本身的努力，激勵那些即將成為新一代的女企業家，更可以讓這樣不平等的障礙消失。

問題

1. 創業如何能幫助女性免除無法升遷的障礙？

2. 獨資企業有那些因素吸引女性企業家？

3. 獨資企業有那些缺點會造成女性企業家的障礙？

4. 什麼能力是年輕女性在開創其本身的企業時所應俱備？

4

現代的公司

什麼是公司？
如何設立公司
公司的型態
股票上市或維持封閉

如何組織公司

公司組織的優點

公司組織的缺點

S公司

企業的結合
購入
兼併
合併或聯合
企業結合的規範

其他的公司型態
國營公司
非營利公司
合作社

摘要

回顧與討論

應用個案

我每天工作的重點就是為可口可樂的老闆增加財富，其他的事則微不足道。

ROBERTO C. GOIZUETA

CEO, Coca-Cola Company

章節目標

在學習本章之後，你應該能夠做到下列各點：

1. 總結公司組織的本質與重要性。
2. 描述成立公司的程序。
3. 確定和解釋不同種類公司型態股東的授權和限制以及存在的價值。
4. 描述國際性的公司組織。
5. 以你個人的觀點陳述公司組織的優缺點。
6. 討論組織一間公司的一般狀況和利益。
7. 表示購入、兼併、合併或聯合的不同。
8. 描述公司間不同型態的合併。
9. 列出和描述營利性和非營利性公司成立的目的。

Michael Spindler

前言

在歷史上，蘋果電腦可能是最知名以及最受人們喜歡的電腦公司。蘋果電腦的傳奇開始於1976年，兩位年輕的小夥子在一間車庫內，推出世界上第一部商業性個人電腦－蘋果一號，受到大眾普遍注意和接受。1984年，麥金塔的問世造成全世界的轟動，這是第一部透過圖形界面和「滑鼠」裝置所組合的大眾化個人電腦。在1985年時其利潤達到近$20億美元，使得蘋果電腦成為名符其實的大企業。1993年，John Sculley以總經理的身份加入蘋果電腦十年之後，將總經理的權力移轉給Michael Spindler之後不久，同年Sculley即從蘋果電腦中辭職。

Spindler在德國出生和接受教育，並取得電子工程學位。往後數年間，他進入西

門子企業，該公司是一家德國的電子和電腦公司。不過，在這裏他發現他應該要接受更多的挑戰。因此，他先後在Schlumberger、Intel和Digital Equipment公司中的銷售和行銷職位上尋求挑戰與成長，最後在1980年成為歐洲蘋果分公司的行銷部經理。

Spindler是一位勤奮又有志向的員工，他為蘋果電腦在歐洲市場尋找了極大的機會，利用精通多國語言的能力加上極為廣泛的歐洲行銷經驗，將蘋果電腦一次又一次地成功推向歐洲市場，使蘋果公司的個人電腦在歐洲市場的佔有率超過8%，Spindler隨後即當上蘋果電腦歐洲營業部的總經理。

John Sculley在蘋果企業內以天生商人和專業眼光著稱，在1990年，Spindler被提拔為公司的執行總經理。當時，蘋果公司的麥金塔電腦是一項成熟產品且非常有競爭性，Sculley、Spindler和整體的經理團隊都打賭新的定價和產品策略將進一步地刺激蘋果電腦的市場佔有率。身為執行總經理，Spindler親自執行這項策略，其中包涵引進低價位的Mac Classic來取代過去的Mac Plus和SE型電腦。此外，這個團隊為了更快地將創新產品推廣至消費者的手上，將產品發展循環從原先所須的十八到二十四個月，縮短為九個月的時間。

同時，執行團隊為蘋果公司的企業模式做了一次評估，並下了結論，認為要使蘋果電腦的價格更具競爭性，必須要一步步地減少成本架構。在這個架構重組之下，公司暫時解雇了10%的員工。雖然這不是件令人愉悅的事，不過公司在精簡化之後，蘋果公司宛如新生，於1991年成為該公司的全盛時期。

持續創新、具競爭性的產品價格和縮短新產品進入市場的時間，這三項策略業已成為日後蘋果電腦的長期策略。這個策略首先實行於蘋果公司極為成功的個人電腦業務上，並擴大成為全新且互補的事業。目前蘋果公司有五大部門分別是個人電腦部、軟體發展部、企業系統部、個人互動電子部以及輔助性應用軟體部。

蘋果電腦同樣的涉入多項產業聯盟，包括與IBM和Motorola的合作，目的為將技術創新極大化並減少研發成本。此外，蘋果電腦正發展多媒體資訊服務並希望新的電腦能結合AV技術，使顧客邁向語音辨識和其它複雜數位特性的階段。

Michael Spindler已經證明其在蘋果公司的領導才能、牢固且明顯的管理權力，以及驅動技術進步的能力。他在該產業和蘋果公司的長久經驗足以完全掌握企業的長期趨勢，他的全球觀將持續跟隨著世界貿易繼續繁榮。「所有經濟的相互聯結是

現代世界的真實情況，若能瞭解這項事實，並從此事實呈現的機會中獲取利益，在未來的數十年裏，將會是成功的重要關鍵」。

在第三章裏，我們解析了兩種法定企業所有權的重要型態，即獨資企業以及合夥企業。這一章我們將探究第三種的法定企業所有權型態：公司。雖然美國獨資企業的數量大約有公司的四倍之多，但公司組織所貢獻的銷售額卻占了所有企業型態的85%至90%。公司的所有權型態十分普遍，它雇用了數以百萬計的職工，它對社會各個層面的影響─地區、國家以及全世界─是具實質性的。

什麼是公司？

公司
是由政府創造的一種法定企業型態，是一種公司和所有者分離的實體

公司執照
即由政府頒發的一紙文件，包涵了公司原始申請的所有資訊以及法律上所規定的公司權限、權利和特許項目

股東
即那些身為公司的所有者但通常不每日參與公司控制與管理的個人

股票憑證
即發給股東分享公司所有權的一種法律證明文件

從先前所學可知，獨資企業或合夥企業的設立都比較簡單，也明白這些非公司型態的企業所有者與企業的關係密不可分，已合為一體。**公司**（corporation）是由政府創造的一種法定企業型態，是一種公司和所有者分離的實體。它是由法律所創造出的人造個體，它的出生證明就是**公司執照**（corporate charter），即由政府頒發的一紙文件，包含了公司原始申請的所有資訊以及法律上所規定的公司權限、權利和特許項目。

公司可以請求或被請求簽訂契約、擁有財產，甚至成為合夥企業的合夥人之一。相對於其他的法定企業組織，公司的存續並不因為所有人死亡而解散結束，它是獨立於**股東**（shareholders or stockholders），即那些身為公司所有者但通常不每日參與公司控制與管理的個人。而**股票憑證**（stock certificates），即發給股東分享公司所有權的一種法律證明文件。圖4.1是一張股票憑證的樣本。大多數的股東極少或不參與公司的管理，下一章將更進一步說明。

如何設立公司

先前的章節討論了當兩個人一起成立企業時，其所可能出現的狀況。假設你們兩人已決定成立一家公司，要如何去設立呢？

圖4.1
股票憑證的樣本

　　首先，你應該向州政府特定的官員申請設立公司，律師可以幫你處理這些事務。**公司設立申請書**〔certificate（articles）of incorporation〕，即設立公司必須填寫的申請表格，經通過之後就成為公司執照。

　　有一些州允許以個人名義設立公司；而有些州則需要最少三人才可設立。凡是設立公司的人稱為公司設立者（incorporators），通常在第一次股東大會時被選為公司的董事。如果你想成為公司唯一的董事，但州政府規定至少三名設立人時，你可以要求你的親戚或律師和會計師幫你解決，其餘兩名到時可能就會在第一次股東時退出。

　　而公司執照描述了公司的設立目的和未來的營運事業。因為公司不能從事執照上沒有記載的營運事項，所以公司申請表上可能列出廣泛的營運範圍。這麼做的目的主要乃避免公司當從事和原註冊項目不同事業時所需要的修改。執照通常涵蓋了以下的資訊：

公司設立申請書
即設立公司必須填寫的申請表格，經通過之後就成為公司執照

- 公司名稱；設立人姓名及地址；主要辦公室的地址。
- 公司設立的目的。
- 公司的設立期限（可能是無限期）。
- 公司欲授權發行的股票種類與數量。
- 原始董事會的權力；董事姓名和地址。
- 股東會和董事會的日期與次數。
- 股票股份原始簽名者的姓名。
- 更正、改變或撤消任何公司申請表上的條款（如果法律允許）。

公司的型態

　　公司主要依其註冊地來分類其所屬的種類。假設有一間公司在紐澤西州註冊，在該州內它算是**當地公司**（domestic corporation），乃指在該州內設立的公司。而在其他49個州，就被視為**外地公司**（foreign corporation），泛指美國公司在某些州營運但非在當地州註冊的公司。如果同樣一家公司在其他國家中從事營運，則稱為**外國公司**（alien corporation），泛指一家公司的註冊國家非位於該公司營運的地方。例如：德國的保時捷汽車公司就被美國視為外國公司。圖4.2表示三類公司的關係。

　　公司也可被分類為開放型與封閉型的公司。如通用電子（General Electric）和 The Home Depot都被視為**開放型公司**（open corporations）；即公司的股票能夠被任何付得起價錢的個人所購買。而**封閉型的公司**（closed corporation），即一般大眾無法購買公司的股票，通常被少數人所持有，這些少數族群通常屬企業的家族成員，由於害怕失去公司的經營權而不對外界出售股票。有些封閉型的公司如福特汽車和 Adolph Coors公司後來都「上市股票」（對一般大眾販售股票）。

　　通常公司將其股票上市，主要為獲得額外的資本來擴大公司的規模（關於股票融資以可買賣的主題將在第16章詳述）。今天仍有許多的大型公司屬於封閉型公司，如聯合包裹服務、DHL全球快遞、Hallmark Cards以及Mars公司等，其他的例子見表 4.1。

當地公司
乃指在該州內設立的公司

外地公司
泛指美國公司在某些州營運但非在當地州註冊的公司

外國公司
泛指一家公司的註冊國家非位於該公司營運的地方

開放型公司
即公司的股票能夠被任何付得起價錢的個人所購買

封閉型公司
即一般大眾無法購買公司的股票，通常被少數人所持有

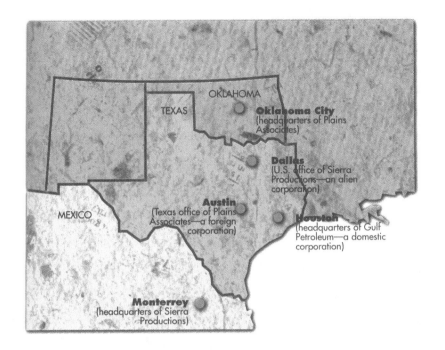

圖4.2
三種公司的分類：當地公司、外地公司和外國公司

INDUSTRY	COMPANIES	INDUSTRY	COMPANIES
Grocery stores	Publix Super Markets	Auto rental	Avis
	Grand Union		Enterprise Rent-A-Car
	Giant Eagle		Budget Rent a Car
	Kash n' Karry		National Car Rental
	Food Stores	Furniture	Levitz
Pizza	Domino's Pizza		Ethan Allen
	Little Caesar Enterprises	Management	McKinsey & Co.
Accounting	Arthur Andersen & Co.	consulting	Towers, Perrin
	Ernst & Young		Booz, Allen & Hamilton
	Deloitte & Touche	Advertising	Leo Burnett
	KPG Peat Marwick		D'Arcy Masius
Apparel	Levi Strauss & Co.		Benton & Bowles
	Polo Ralph Lauren	Alcoholic beverages	Stroh Brewery
	Guess?		E & J Gallo Winery
	Jordache Enterprises	Paper products	Fort Howard
	Bugle Boy		Sweetheart Holdings

資料來源："Private Agenda," *Forbes,* December 7, 1992, p. 176. © Forbes Inc., 1992. Used by permission.

表4.1
年銷售額超過$500萬美元的大型封閉型公司

股票上市或維持封閉

操之在己

請描述至少兩種會導致上市公司大股東向小股東收購股權，進而將上市公司變成封閉型的公司的情況。

對於是否要「上市」或維持封閉可能是公司在發展過程中最困難的一件事。

許多封閉型的公司較偏好保持封閉，乃因爲公司可以隱藏財務狀況、新產品開發以及其他活動的資訊。另一方面，不須要太多的紙上報表作業——旦公司股票上市，須依法律上的規定揭露公司的資訊。此外，管理階層亦喜歡較有彈性的營運空間，經理人可以專心致力於公司的營運而不用太在乎短期的波動，只要債權人和消費者能不靜，管理階層可自由地專注於公司長期的計畫與成功即可。

相對地，開放型股票上市公司的高階管理者必須注意那些大眾投資人最關心的以及經理人須不斷負責的公司短期獲利能力。

所以說爲什麼一定要股票上市呢？最引人注目的原因無非是資金的取得。對投資大眾販賣股票是公司吸收資金以擴大規模的最快速方法。成功的封閉型公司擁有大筆尚未供應的訂單，而這些持續成長的需求可能因爲無法負荷的機器設備而拖累。而公司上市能夠爲擴大營運、產品改進、開發新產品所需的資金引進大筆經援，使公司的銷售和利潤能以倍數增加。姑且不論快速增加大筆資金的利益，成爲上市公司之後，股票市場上的反應使便能使股東們確切地瞭解其投資的價值。（參閱第16章）

許多經理人都確定公司上市不是件容易的事，有許多的費用和細節：

- 在公司從封閉型轉爲開放型上市公司的過程中，需要一家投資銀行的協助和輔導。
- 會計師和律師的驗證在過程中是必須的，因爲公司必須提供詳細的財務、法定的和營運資訊給證券交易委員會（SEC）。
- 上市公司必須提供年報、季報和月報給證券交易委員會。

在公司股票上市時，股票市場的多空頭則是另一個所要關心的問題。如果投資大眾對市場看法是樂觀的多頭市場，則公司股票上市會有較好的價格。反之，若出現空頭市場，則價格可能就會比投資銀行所要預期的還要差。

環球透視

Inc. 在美國一般用來表示公司的縮寫。而其他國家公司的縮寫則以下表來表示。

縮寫	國家	意義
AB	瑞典	有限責任的 (Incorporated) (Aktiebolag)
AG	德國	有限責任的 (Incorporated) (Aktiengesellschaft)
A/S	挪威	有限責任的 (Incorporated) (Aksjeselskap)
Bhd	馬來西亞	有限責任的 (Incorporated) (Berhad)
Cia	西班牙	公司 (Company) (Compania)
G^{mb}H	德國	有限責任公司 (Limited Liability Company) (Gesellschaft mit beschrankter Haftung)
KK	日本	聯合股分公司 (Joint Stock Corporation) (Kabushiki Kaisha)
Ltda.	拉丁美州	有限責任公司 (Limited Liability Company) (Limitada)
NV	尼德蘭	有限責任的 (Incorporated) (Naamlose Vennootschap)
Oy	芬蘭	有限責任的 (Incorporated) (Osakeyhtiot)
PLC或Ltd.	英國	公共有限公司 (Public Limited Company)
P. T.	印度尼西亞	有限公司 (Limited Company) (Perusahaan Terbatas)
Pte	新加坡	私人有限公司 (Private Limited Company)
Pty	澳洲	所有者 (Proprietary)
SA	法國、西班牙	有限責任的 (Incorporated) (Societe Anonyme/Sociedad Anonima)
S.A.R.L.	巴西	有限責任的 (Incorporated) (Sociedad Anonima de Responsabilidade Limitada)
SPA	義大利	有限責任的 (Incorporated) (Societa per Azioni)

除了這些問題之外，公司必須揭露高級經理人的薪資、額外福利、高層管理人員和董事的背景資料、公司未決的訴訟以及公司其他合法但可能令人爲難或會引起道德倫理問題的關係等。證券交易委員會的規定亦強迫公司揭露交易機密、新產品的發展計畫以及能使其他競爭者獲利的資訊。

除了以上市的機會取得資金之外，封閉型公司可能經由以下的管道來獲取所需資金：

- 如果員工能夠提供企業所需的資金，股票亦能由員工認購。而員工若想將股票出售，則需由公司收回或由其他有意願的員工購買，不能賣給外界。
- 與一家能提供所需資金的大公司成立合資企業（joint venture）（參閱第三章），並以誘人的投資報酬作爲交換。
- 將公司股票賣給少數富有的新投資人，但經營權仍屬公司所有。
- 借貸所需的基金，而利率就是其代價。有時不放心的貸方通常要求封閉型公司的經理或股東提供個人的擔保，防止公司無法償還貸款。

什麼是「最佳」的公司所有權型態呢？這個見人見智的議題沒有一個放諸四海皆準的答案和公式能去遵循，不過有一件事是可以確定的：一旦公司選擇了其中一種型態，多年以後會隨著其營運而產生主要的影響。

專業公司
是指由有執照的專業人士們如律師、醫師和會計師設立的公司

此外，尚有另一種新的相關公司型態稱爲**專業公司**（professional corporation）**或專業機構**（professional association；PA），係指由有執照的專業人士如律師、醫師和會計師設立的公司。專業公司享受了一般公司的好處，許多州的法律允許它的股東或會員僅需負責業務上所造成的責任。例如專業公司的成員可能只需對病人或委託人因過失治療或服務造成的賠償負責。

如何組織公司

公司章程
即指導公司一般營運的內部規定

假設你和你的朋友已經收到了公司執照（corporate charter），並已向其他二十名股東發行公司的股票，那麼你該召開股東大會並尋求股東支持你所制訂的**公司章程**

（bylaws），即指導公司一般營運的內部規定。通常公司章程裏重覆了執照中的規定，並包括了以下的要點：

- 召開股東會的法定人數。
- 票決股東的權限。
- 董事會裏董事的人數；選舉方法；產生或補缺方法。
- 董事會召開的法定人數；時間和地點。
- 職員的選擇；職稱；責任；辦公室名稱；薪資。
- 股票轉讓的限制；登記新股東名錄的程序。
- 股利發放的程序。
- 簽發支票的職權。
- 修改公司章程的程序。

	獨資企業	合夥企業	公司
所有權	所有者	合夥人	股東
管理階層	所有者或所有者選定的人	合夥人或合夥人選定的人	由公司股東選出的董事會所選定的高級職員

表4.2
三種企業型態的所有權、管理階層的比較

　　表4.2 比較了獨資企業、合夥企業和公司的所有權及管理階層的差異。公司的所有者為公司的股東，但股東們不參與公司的營運，他們授權董事會制訂公司的政策。而董事會選擇了公司的職員：總經理、會計和秘書。公司的職員並非董事會的成員，主要負責公司日常的營運狀況。如果公司夠大的話，通常會雇請專業的經理人來管理，如市場行銷、生產、財務和人事等部門。

　　雖然獨資企業和合夥企業的經營者也能由非所有者來擔任，如表4.2。但這不是常態，通常這兩種企業型態是由所有者來擔任經營管理的事務。

　　少數的股東希望去掌控公司的營運，如果你擁有通用汽車10股的普通股，你就是這家大公司所有者之一，但它大約有五十萬股東，你的股份畢竟太少，無法對公

在公司的年會中，股東可以面對面向公司經理人表示關心及建議。

司的營運產生影響力。

　　股東們趨向去瞭解和關心公司的營運，他們較關心公司的獲利狀況或其投資標的的成長潛力。在許多的大公司裏，沒有一個員工持有公司發行的股票超過1％，不足以影響公司的運作。通常上市公司的股東們彼此不認識，無法方便地互相接觸。而一位股東擁有51％以下的公司股份就可以對公司的營運產生影響，但事實上，一個人只須擁有20％的公司股份，即可對公司產生有效的影響。

　　一般來說，公司的管理階層控制了公司大部分的內部事務，而管理階層通常是萬年不變的。只有當股東們集合了股權去爭取公司的某一管理部門並更改或反對管理政策之時，才會感到股東的存在。但是只要股東們覺得公司的營運不錯而且投資有保障、有利潤，他們就會離管理階層遠遠的。

　　管理部門必須以兩種方法向股東報告：即以年報和股東會報導公司的營運及財務狀況。公司章程裏規定了股東會何時召開，在股東會裏，股東有機會去挑戰公司的決策。由於大多數的股東所持股份只占了相對少數，無法對公司產生影響，或是對公司營運的細節缺乏興趣，只有少數的股東會去參加股東會。

　　公司章程上有明確的說明，公司的管理階層在確定的議題上必須獲得股東的支持，通常包括兼併另一家公司或公司發行新股。即使如此，不是所有的股東都會參

加股東會。股東可以寄**委託書**（proxy），即當股東無法親自參加股東年會時，授權其他團體代替股東參與公司投票的一種文件。委託書就像一般政治選舉時那些不克投票者的選票，但是如果委託書未在特定時間內寄回，則視為放棄該名股東的投票權。

委託書
即當股東無法親自參加股東年會時，授權其他團體代替股東參與公司投票的一種文件

公司組織的優點

公司組織有其優缺點。其中獨資企業和合夥企業主要的缺點—無限責任，在公司的組織型態裏就可避免。公司的所有者享受**有限責任**（limited liability），即公司組織的固有特徵；意指股東對於公司負債所承擔的責任限於股東對公司的投資額。有一個實務的觀點必須在此提出，當公司決定對外舉債時，如果其資產不足擔保時，貸方可能會要求一個或更多的股東提供個人資產連署來保證這筆借款協議。此時，自願同意這項要求的股東則必須放棄其有限責任的權利。

有限責任
即公司組織的固有的特徵；意指股東對於公司負債所承擔的責任限於股東對公司的投資額

第二個優點是公司擴充規模容易。公司可藉由股票的出售來獲得所需資金，這是獨資企業和合夥企業所沒有的融資裝置。公司亦可出售其公司債券來籌措資金，這兩項公司有價證券將在第16章裏詳述。

第三個優點是轉讓所有權容易。股東只要在股票憑證背後空白處背書，即可轉讓股份給其他人。

相對較長的企業生命是第四個優點。公司和獨資企業、合夥企業不同，可以永續經營。公司並不隨著股東或公司設立人的死亡而終止解散，事實上，大約有二十家美國公司的歷史可以追溯到美國革命戰爭之前。

第五個優點，尤其是當公司經營成功，便能夠吸引雇請更專業的管理部門來經營公司。之前述及獨資企業和合夥企業主要是由所有者來經營，其中一個原因乃是這些所有者都是些想親手創出一番天地的企業家。另一個原因是這些企業通常規模較小，而且無法負擔管理人才的需求。換句話說，相對較大規模的公司擁有設備、金錢和就業機會來吸引頂尖的專業管理人才，如勞資關係、財務管理、市場行銷、產品製造和人事管理。另一個和獨資企業、合夥企業不同的地方在於，若這些高層管理者的績效不佳，公司隨時可以叫他們走路。

公司組織的缺點

公司也有其缺點，其中之一是其設立的成本和手續比其他企業型態要來的複雜。它通常需雇請律師草擬公司申請表（articles of incorporation）以及州政府所需的印花稅、整理費用和其他多種的費用。

稅賦可能是另一項缺點。獨資企業與合夥企業的公司利潤所課徵的個人所得稅通常比美國國內稅收署（the Internal Revenue Service）對公司利潤所課徵的34%稅賦要來得少。但稅賦並不是一致性的問題，通常那些稅賦專家會幫助大公司避免以34%的稅率來課徵。

享受聯邦稅法中的優惠是每個公民的權利，包括公司亦能在其中將所承擔的稅賦極小化，其方法如下：

- 將確定的總收益延展有分配在數年的營運之中，如此可減少該收益被課徵的總稅額。
- 將公司特定的營運虧損分散於數年之中，如此可減少這些年中可能被課徵的應課所得。
- 銷售非營利性的投資或子公司，並且利用處分的損失分散於數年之中以減少應課利潤。
- 在當時稅法允許的範圍之內，以最高的年折舊率去折舊公司資產，如此可減少所得稅的課徵。
- 在目前稅法之下，購買昂貴的設備或進行可以減少稅賦的主要改善措施。

除了聯邦所得稅之外，公司還需支付在當地州營業的稅賦。如果該州課徵公司所得稅，股東們則必須支付公司所發配股票股利時的個人所得稅。而這項重覆課稅的公平性問題，許多的公司、股東和立法委員們已經質疑多年。

政府規定和公司報表通常需要比一般企業型態的要求更多且廣，結果公司的活動能力受限，缺乏自由度和隱私。此外，對於聯邦政府的限制與報表需求，各個公司時常要配合因州而異的規定去辦理。多數的大型公司必須揭露公司的利潤、負

債、費用來源以及主要的財務資訊，而這些公開的資訊可能會被競爭者和其他利益團體所解析。諸如這些關於公司營運的機密損失可能會喪失公司在市場上的競爭能力。最後，大型公司的員工可能會缺乏個人的認知以及那些小型公司組織裏員工對公司目標的允諾。這種由管理階層態度所導致的錯誤可能較因公司的組織型態所造成的錯誤要來得多。

　　表4.3 總結了公司組織以及第三章所學的獨資企業和一般性合夥企業的優缺點。

所有權型態	優點	缺點
獨資企業	設立容易	所有者須負擔無限的責任
	所有者保存所有的利潤	擴充規模的資金不易取得
	所有者享受相關的自由以及決策上的彈性	缺乏企業和管理技巧可能阻礙企業成功
	所有者能獲得滿足感和獨立性	員工缺乏機會
	企業解散容易	當所有者死亡時，企業便需解散，無法永續經營
一般性合夥企業	合夥人不同知識與技巧的結合	合夥人可能因個人特質、想法和利益而起衝突
	較獨資企業為多且容易取得較多的資金	企業無法永續經營
	擁有比獨資企業較佳的信用等級	一般的合夥人需承擔無限責任投資是被凍結的
	有價值的員工可以成為合夥人	合夥人要求的價值可能會產生爭執
公司	所有者承擔有限責任	公司設立成本較昂貴且複雜
	容易擴充規模	稅賦通常較一般為高
	轉讓所有權容易	政府的限制與報表要求可能耗費時間與昂貴代價
	企業擁有相對較長的壽命	員工可能缺乏對公司目標的認知與允諾
	可雇請一流的專業管理者並維持容易	

表4.3
三種企業所有權型態的優缺點

S公司

S公司
即可選擇一種在美國
稅收法典S附屬章節
裏所規範的公司型
式，如果公司爲一名
股東所有，可依獨資
企業的稅賦課徵;若
公司爲數名股東所
有，可依夥企業的
稅賦課徵

一種可使其享受成立公司的優點，並規避成立公司在稅賦上的缺點的方法就是成爲S公司（S corporation）。即可選擇一種在美國稅收法典（Internal Revenue Code）S附屬章節（subchapter S）裏所規範的公司型式，如果公司爲一名股東所有，可依獨資企業的稅賦課徵；若公司爲數名股東所有，可依夥企業的稅賦課徵。假設所有者選擇了這種稅賦待遇，公司則不需支付聯邦所得稅，而股東則以個人所得申報公司的應課所得（不論這些利潤是否眞實的付給股東），並以個人所得稅課徵。這是一項明顯的利基，因爲個人所得稅的上限爲28%，而公司的稅率則是34%。

1982年制定的S附屬章節修正法案（the Subchaper S Revision Act），其適用於 S公司的主要資格如下：

1. 公司必須在美國登記註冊。
2. 只能存在一種股票。
3. 股東人數上限爲35名。
4. 股東必須是個人或不動產（estates）。
5. 非居民或外國人和其他法人團體不能成爲股東。
6. 需經所有的股東同意以S公司課徵稅賦。
7. S公司的狀態可能因股東的多數決而終止。（在先前的規定之下，少數的股東即可以避免S公司的狀態終止）
8. 美國國內稅收署在當S公司的消極性所得（passive income）（版稅、租金、股利和利息）連續三年超過公司年銷售毛利的25%時，可能會終止S公司的狀態。而在既定年限內超過的額度則須課徵聯邦所得稅。

如果S公司的稅賦優惠頗吸引你，那麼你應該配合上述的資格並接受有經驗的律師和會計師的建議。假設該州的稅法並不承認S公司的存在，那麼你在避免支付聯邦的公司所得稅的同時，你的S公司仍需支付州的公司所得稅。聯邦和州之間的稅法十分的複雜，而且年年都在改變。

企業的結合

　　企業間為了完成更大的利潤、效率和競爭能力而結合。在成立一家公司之後，讓我們稱它為洋基自行車騎士公司，而這家公司可以許多方法來結合。

購入

　　購入（acquisition），即一家公司購買了其他公司大部分的股權，但是仍維持該公司原來的面貌。當公司想要一個可靠的零件和材料供應商，或是該公司保證產品市場之時，通常採這種策略來執行。他們只購買上游供應商和下游顧客足夠的公司股份，以便達成控制該公司的股權。

　　為了防止輪胎、真空管和自行車鏈條時間性的短缺，以及增加自行車的零售通路的銷售額，你應該買下控制大輪胎公司、持續鏈條公司和煞車板之屋自行車店的股權。圖4.3表示這個組織可能的結果，它可以解決你供應和市場的問題。

購入
即一家公司購買了其他公司大部分的股權，但是仍維持該公司原來的面貌

洋基自行車騎士公司

 洋基自行車騎士所有

大車輪腳踏車輪胎公司

持續鏈條公司

煞車板之屋自行車店

圖4.3
洋基自行車騎士藉由購入方式的成長

兼併

兼併（merger）的發生在於當二家或以上的公司結合成一家單獨的企業；由主導的公司保留原來的面貌，並併吞其他的公司。實力強大的企業家以這種方式來排除其他的競爭者。美國鋼鐵公司、杜邦和標準石油公司則在1881至1911年的第一波合併風潮下產生。單單在1899年裏，由於合併的結果，有1,028家公司完全地消失。

1992年裏有2,578家公司宣布兼併，比前一年成長了39%，在過去六年中是最高的數字。最大的購併案是ITT出售高達$36億美元的30%Alcatel經營權給法國的Alcatel Alsthom公司。

兼併有三種形式。**水平兼併**（horizontal merger），當一家公司購買其他生產相似或競爭性產品的公司的行為稱之。這種作法可以達成較大的產品經濟並減少競爭，之後文章你會看到關於美國聯邦商業委員會（Federal Trade Commission）和公平交易部門（Department of Justice）傾向規範這種形式的購併。

縱使有政府潛在的限制，水平兼併仍於今日相當流行。例如糖果產業裏的Hershey食品公司在1988年以$3億美元買下了Peter Paul/Cadbury，以及最近花了$4,000萬美元買下德國巧克力製造商Gubor公司，$1.8億美元買下了北歐最大的糖果製造商19%的股份。嬌生公司擁有17家公司，包括了製藥商、醫療器材和血糖監視系統、化妝品以及拋棄式隱形眼鏡等。這些購併者具有高度的效率，因為參與的公司能夠整合其研發成果、行銷部門以及生產設備，較那些單打獨鬥的公司擁有較低的成本以及突出的銷售量。如果你想從事自行車的水平兼併，則可買下國內其他的腳踏車廠商，如圖4.4示之。

垂直兼併在1921至1929年間相當的平常。**垂直兼併**（vertical merger）發生在當一家公司結合其他在製造或分配上可銜接的若干企業稱之。它通常意圖保證其零件來源和銷售通路，所以它可和購入選擇其一來達成目標。

經由和他人進行垂直兼併的公司掌控了原料、生產、分配和產品的行銷通路。在初期，汽車製造業者分別從獨立的公司購買了玻璃、膠帶、避震器、電池和點火系統，經過數年後，這些零件的供應商可以從垂直購併裏取得，而且大多是由母公司獨占的供應商。垂直兼併已經導致了像ARCO（Atlantic Richfield公司）的完全垂直兼併實體，其擁有墨西哥灣沿岸從鑽孔機到加油幫浦的所有器材。而垂直兼併相較於水平兼併來說，較不可能遭受反托拉斯的困擾。

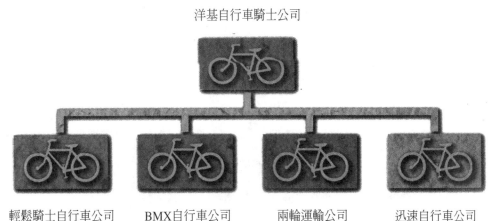

洋基自行車騎士公司

輕鬆騎士自行車公司　　BMX自行車公司　　兩輪運輸公司　　迅速自行車公司

圖4.4
藉由水平兼併的洋基
自行車騎士

　　如果洋基自行車騎士腳踏車公司打算垂直兼併，它將吸收那些生產腳踏車鏈條、輪胎、輪子、擋泥板、把手、把手套、座墊、車燈以及喇叭的工廠。增加自行車的連鎖店將會完成整個自行車產銷體系，如圖4.5所示，經由這種購併之後，公司將實際上自給自足。

　　綜合兼併（conglomerate merger）發生在當一間公司買下其他生產不相關產品公司的行為稱之，綜合兼併已變成政府對於獨占規範下的一種自然反應，而這股浪潮出現在1960和1970年代。

　　綜合購併的目的是為了擴增其獲利能力，而結合不相關產業公司的目的乃是為了公司營運的多樣化，改變母公司所得的來源。綜合性的企業避免將公司所有的雞蛋放在同一個產業的籃子裏以達到分散風險的目的。

　　Alco標準公司擁有$49億美元的銷售量，歸因於綜合兼併的生存方式。自從1965年Alco公司已經在不同的企業線上，買賣超過300家公司，包括酒類配銷、煤礦、魚類食品和冰淇淋的摸彩袋、電子記分板、健康服務、食品服務設備以及進口禮品等。目前這家公司已是世界最大的紙類分配商和影印及傳真機的領導廠商。強生控制公司是一家成立於1885年的恆溫器製造商，藉由綜合兼併取得了製造汽車電池的工廠（包括Sears DieHard）、辦公大樓的加熱和冷卻系統、塑膠飲料瓶罐以及Grand Cherokees吉普車和克萊斯勒LH車款的汽車座椅。

　　表4.4 選擇了幾家大型聯合大企業的附屬公司或產品，並注意這些公司參與的多樣化。如果洋基自行車騎士腳踏車公司決定採取綜合購併的方式，它將會購買許多

圖4.5
洋基自行車騎士腳踏
車公司的垂直購併

洋基自行車騎士腳踏車公司

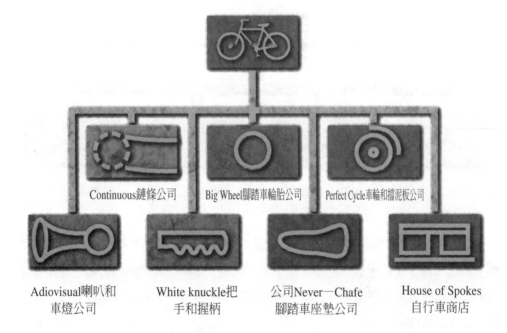

Continuous鏈條公司　　　Big Wheel腳踏車輪胎公司　　　Perfect Cycle車輪和擋泥板公司

Adiovisual喇叭和
車燈公司

White knuckle把
手和握柄

公司Never—Chafe
腳踏車座墊公司

House of Spokes
自行車商店

生產迎合消費者需求的多樣化產品且具有優質管理的公司。

合併或聯合

合併或聯合（amalgamation or consolidation）發生在一家公司和另一家公司結合成完全新的公司，和兼併不同之處在於先前成立的公司已被解散。可以下列的公式來表示：

A公司 + B公司 + C公司 = D公司

合併對之前討論不同型態的兼併來說是可選擇的替代方案，公司犧牲它們先前的原貌以完成新公司的組合與改變大眾印象的目的。合併自1917年奧斯摩比、別克、龐蒂克和凱迪拉克等汽車公司結合成立的通用汽車公司。（兩年後，這家新成立的公司又兼併了雪弗蘭汽車公司）

合併或聯合
發生在一家公司和另一家公司結合成完全新的公司，而先前成立的公司已被解散

母公司	子公司或產品
K mart	PACE Membership Warehouse
	Builders Square
	Pay Less Drug Stores
	Waldenbooks
	The Sports Authority
PepsiCo	Pepsi-Cola North America
	Pepsi-Cola International
	PepsiCo Worldwide Foods
	Frito-Lay, Inc.
	Pizza Hut Worldwide
	Taco Bell Worldwide
	Kentucky Fried Chicken Corp.
General Mills	Big G cereals
	Betty Crocker products
	Yoplait yogurt
	Gorton's frozen seafood
	Red Lobster USA restaurants
	The Olive Garden USA
	restaurants
RJR Nabisco	Nabisco Foods Group
	Nabisco International
	R. J. Reynolds
	Tobacco Company
	R. J. Reynolds Tobacco
	International, Inc.
Adolph Coors Company	Coors Brewing Company
	Golden Aluminum Company
	Graphic Packaging Corporation
	Coors Energy Company
	Coors BioTech, Inc.
	Coors Ceramics Company
	Golden Technologies
	Company, Inc.
Gillette	Waterman pens
	Paper Mate pens
	Liquid Paper correction fluid
	Jafra cosmetics
	Braun shavers and appliances
	Oral-B oral care products

表4.4
母公司與部份子公司
或產品

企業結合的規範

雖然兼併、購入以及合併的行為常出現在企業之間，但公司之間並非可以自由地結合成他們想要的型態。美國政府擔心過於巨大的公司可能會操控過多的商業活動並危害公平的競爭，為了監督企業間的結合行為，聯邦政府將此責任交給了聯邦貿易委員會和公平交易部門。

聯邦貿易委員會（Federal Trade Commission；FTC）依1914年的聯邦商業委員會法案（Federal Trade Commission Act）而設立。**聯邦貿易委員會**（FTC）是一個準司法單位，有權對企業發出終止令（cease-and-desist orders）以抵抗公司間因結合而導致其競爭顯著減小的行為，若違反終止令的企業，可以罰款至\$10,000美元。聯邦商業委員會亦調查錯誤和不實的廣告、規範產品的標示與包裝以確保消費者的權益。

公平交易部門（Department of Justice）是聯邦政府的左右手，進行與聯邦貿易委員會相似的工作，藉由其反托拉斯部門的調查來維護市場的公平競爭。這個部門主要調查各個產業中能夠掌控成本價格和產品數量的領導廠商，是否有壓榨競爭者或訂定不合理高價的行為。

這兩個規範單位可以約束打算結合的企業公司，也可以藉由法律行動來禁止大型廠商在產業內對產品和價格過份的控制。公平交易部門於1970年曾經打算解散IBM公司，但由於證據不足而失敗。這個被戲稱為瑪士撒拉（長壽者）（Methuselah）的個案，有300名律師參與，厚達6600萬頁的證詞和其他司法工作，隨著訴訟程序的拖延，IBM的市場佔有率由於國內外的競爭者和技術的演進，於1981年從70%降至62%，在長達13年之後，公平交易部門最後放棄這項控訴。

近年來，公平交易部門對於企業間的結合展現了寬容的一面。在1968年時，只要低於五家的企業控制了60%的市場，它就開始展開托拉斯的調查。現在公平交易部門應用了更為嚴謹和符合邏輯的數理模型去檢視聯合的行為，這項標準的改變主要考慮了市場上廠商的數目和相對之間的關係。

聯邦貿易委員會
是一個準司法單位，有權對企業發出終止令以抵抗公司間因結合而導致其競爭顯著減小的行為

公平交易部門
是聯邦政府的左右手，進行與聯邦貿易委員會相似的工作，藉由其反托拉斯部門的調查來維護市場的公平競爭

操之在己

請舉出至少三種當一間小公司和大它數倍的公司結合所產生的潛在利益。舉出至少三種當大型公司和較小的其他不相關產業公司結合所產生的潛在利益。

其他的公司型態

到目前為止我們只討論了私人且追求利潤的企業，現在我們將討論有別於私人所有權的國營公司（government corporation）和非營利公司（nonprofit corporations）及合作社（cooperatives）。

國營公司

國營公司乃由一個市、郡、州或聯邦政府所組織的法人團體以服務特定人群。其首次出現在第一次世界大戰時透過緊急計畫來提供財務和操作彈性上的需要，國營公司一下子就成為多數國家和各個政府階層一般常見的單位。

田納西河流域當局（the Tennessee Valley Authority；TVA）和聯邦存保公司（Federal Deposit Insurance Corporation；FDIC）都屬眾所皆知的國營公司例子。1933年福蘭克林總統讚賞TVA的成立。他陳述，「政府的目的是提供一個披著政府力量外衣的機構，但它具有私人機構的創新和彈性」。一個時間離現在更近但已不存在的例子是國營的化學燃料公司，成立於1970年代末期，資助那些有意願使用新技術從油頁岩、垃圾、太陽能、地熱以及風力來生產能源的企業。國會撥配$200億美元的基金以供使用，最後有$27億美元用在下述的企業，其中$12億美元花在North Dakota的煤氣設備、$9億美元在科羅拉多州的油頁岩工廠和$6.2億在路易斯安那州的煤氣設備。逐漸下跌的油價使得這些工程愈來愈沒吸引力。然而，1985年雷根總統關閉了化學燃料公司，並且將其計畫歸財政部掌管。

所有階層的國營公司其成立目的不外乎在州政府的公司執照下（它們沒有發行股票）實現政府的責任。許多的州已經設立了國營公司去控制酒品的販售，在這些州酒類只能在國營商店才能買到。

一些國營公司不計盈虧地負起公共服務的責任，有些則必須自負盈虧。如Federal Prison Industries 就是一個自負盈虧的國營公司。

第一章的社會主義經濟制度裏談到，在這制度裏，政府掌控了主要的產業。而產業的所有權從私人所有權轉變成政府所有的過程，就是眾人所知的**國有化**

（nationalization）。在法國總統密特朗（Francois Mitterrand）執政時期，銀行被國有化。而在歐洲的許多社會主義國家，都將其產業實行國有化。

國有化亦發生在第三世界的國家中—亞洲、非洲和南美洲。在這區域裏的經濟落後國家，通常爲了防止重要國家產業被外國企業所控制，而對這些重要產業進行掌控。

有些國營公司爲了世界的市場而與私人所有企業進行直接性的競爭。例如：由政府掌控的Scandinavian航空系統公司與Delta航空公司的競爭；法國政府擁有的雷諾汽車公司與通用汽車公司的競爭。

非營利公司

非營利公司
即爲進一步關心促進教育、宗教、社會、慈善和文化的目標而設立的組織團體。沒有股票的發行，但組織的成員享受有限責任的優點

有些公司則視爲**非營利公司**，即爲進一步關心促進教育、宗教、社會、慈善和文化目標而設立的組織團體。沒有股票的發行，但組織的成員享受有限責任的優

管理者筆記—McIlhenny公司

McIlhenny公司以生產用在廚房、精緻餐廳和戶外活動燒烤的產品而聞名於全球。這是什麼東西？就是塔巴斯哥辣椒醬。它又被稱為「路易士安那酒」，這是一種將辣椒、醋和鹽巴所調合而成且具獨一無二味道的簡單調配，其美譽持續了一百年以上。

這是一家封閉型公司，由創始人Edmund McIlhenny的子孫所有，McIlhenny公司將總部設於該家族所擁有的路易士安那州Avery島，並在南北戰爭後意外地成立。

McIlhenny家族在1862年尾隨著聯合軍隊逃離他們的農莊，兩年之後返回發現他們的家產幾乎被破壞殆盡，只留下過去家族的朋友在1840年代後期所帶來的辣椒樹。

Edmund開始將這些火紅的辣椒口味調味醬不停的做實驗，在1868年，他調出了完美的味道，並相信這調味料一定能成功銷售。他的後代認為塔巴斯哥是Edmund命名的，而原因只是他喜歡這個名字的發音，就印地安的名稱是指「潮溼的泥土」。他從農莊找到堆積如山的廢棄女用香水瓶，將其調味醬裝入瓶中，也因而確定了今天塔巴斯哥辣椒醬瓶子的形狀。

第一年銷售的成績保守估計約350瓶左右，但是到了1872年其銷售的金額足以開一家倫敦分公司。在今天，光美國地區一年即銷售超過5,000萬瓶的塔巴斯哥辣椒醬，這項產品在超過100個國家中銷售。在日本地區的統計年銷售量即有600萬瓶以上。

現今塔巴斯哥辣椒醬和最初並沒有太大的改變，用手親自挑選出鮮紅精美的辣椒，用蒸餾過的醋在加上8%的鹽巴，將調好的醬放入白色的橡木桶內釀造。過去老式的釀造法原本需要三年才能完成，不過基於市場的需求因而縮短至「三個溫和的季節」。當一批批釀造好的辣椒醬裝配完之後，即運送到世界各個地方去銷售。

雖然塔巴斯哥辣椒醬過去只是在Avery島上種植，但現在公司已經在墨西哥、哥倫比亞和宏都拉斯等地種植超過幾十英畝的辣椒樹。這樣地理分佈是為了能夠維持需求，進而防範辣椒樹上可能的象鼻蟲、植物病蟲害或防範颶風吹毀原種在Avery島上的植物。

這家封閉型公司的利潤有多豐厚呢？家族成員拒絕透露，但他們承認製造塔巴斯哥辣椒醬和兩條相關的額外生產線（血腥瑪麗組合和picante醬）是一種「獲利非凡的營運」。

雖然他們每年都收到各種誘人的購入條件，McIlhenny公司家族的所有者仍舊不為所動，就像顧客忠於那些使公司成名的產品一般，忠於祖先遺留的財產。在美國路易安那州本地人的心中，這些人依舊崇敬著傳統。

點。如美國汽車協會、大部分的私立學院和大學以及美國癌症團體都是非營利性質的公司。

如同它們的名稱一樣，非營利公司的確沒有獲利，他們擁有經由募捐扣除費用所剩的盈餘，而這些盈餘可用來添購公司的設備、服務或給員工加薪。但是這些盈餘並非利潤，因為它並不是以公司所得分配給股東。

合作社

合作社
是由社員共同成立與所有，為相互利益而運作的企業組織

在非營利性組織中的另一種企業型態是**合作社**，是由社員共同成立與所有，為相互利益而運作的企業組織。它可能是消費者群體為了更合理的消費，亦可能是小型生產者為達成較強大經濟力量而設立的組織。藉由彼此的結合，社員可以享受大型規模所產生的經濟利益，在量大的情況下，可以獲得較便宜的服務與產品，或將產品賣得較高的價錢。

　　一些如消費者合作社就結合了他們的購買活動以便獲得產品的折扣並降低取得
的成本，社員亦能從合作社提供的設備、商品和服務獲得好處。許多的農村已有販
賣飼料、種子、肥料和農機設備給社員的合作社。在1930年代大約有1000個農村電
力合作社為全國的農村地區提供電力。佛羅里達州擁有18家上述的合作社透過
46,000英哩的傳輸線提供居民10%的電力。如同其他合作社一樣，佛羅里達州的合作
社沒有電力的生產設備，只好向其他公司購買和分配電力。除此之外，尚有合作共
有的房舍、公寓建築、群體醫療計畫、保險公司和葬儀社等。而一些團體已成立合
作社，一次購買大量的食品並賣給社員較低的價格。

　　亦有生產者合作社的存在，企業的所有者成立生產合作社以購買較便宜的供應
物並使產品賣出更有利潤的價錢，這種合作社最常出現在農業和漁業原油工業。

摘要

　　這一章解析了第三種企業組織型態，即公司。這種型態的企業占了美國80%的
銷售量。公司是一個與所有者分離的法律實體，它可以要求或被要求以公司的名義
來簽訂契約、買賣和出售財產。而公司是由政府所創造出來的，它的出生證明稱為
執照。其所有者就是股東，而股票憑證就是該公司所有權的法律證明。

公司可分為在當地州設立的當地公司；在其他州設立的外地公司 以及在其他國家設立的外國公司，主要視其註冊地和營業地的所在而定。公司又分為開放型公司或封閉型公司，端視該公司的股票能否為一般大眾所購買。專業公司由專家如醫生、律師成立，可享受成立公司的好處，即州的法律允許股東或成員對於其個人的不當過失負擔有限責任。公司藉由發行股票來籌措長期的資金或權益資本，亦可以出售公司債券，而這些細節將在第16章再敘述。

股東有選擇董事會董事的投票權利，董事會負責公司的發展政策和選擇高級職員。美國的許多較大型公司存在所有者和經營權之間的缺口，大型公司裏的一般股東對於公司的事務極少參與且沒有興趣，只在乎股價的漲跌和股利的發放。

如同獨資企業、合夥企業一樣，公司型態亦有其優缺點。優點是容易擴張、有限責任和永續經營。其缺點是公司設立費用高、稅賦高以及政府的限制規定。

企業組織並非靜態，每天都有新企業出現和舊企業淘汰。一些公司兼併其他的公司且失去其原貌，一些結合其他公司但維持其原貌，其他的則丟棄其先前所取得部門或公司。極少數的公司被法官和規範機構裁定剝奪之前的購入。

除了為了營利而成立的私人公司之外，許多公司的成立並非為了營利，這些包括了國營公司、非營利公司和合作社。

回顧與討論

1. 公司執照的目的是什麼？為什麼關於公司未來活動的款項需以一般的形式出現？

2. 假設Kilobyte個人電腦公司在亞利桑那州註冊設立，而該公司亦在內華達州、德州和加拿大營業，那麼亞利桑那州、內華達州、加拿大如何認定其是屬何種公司？

3. 請問開放型公司和封閉型公司的差異為何？為什麼封閉型公司決定要上市？

4. 專業公司和一般公司有何不同？

5. 董事會設立的目的是什麼？

6. 為什麼有限責任對公司的所有者來說是一項優點？

7. 在聯邦所得稅中，開放給S公司股東選擇的項目有哪些？在公司選擇其稅賦待遇之前，其一般情況所需要的條件是什麼？

8. 公司兼併或購入其他廠商的主要原因是什麼？請舉出至少一項在企業合併當中，主導廠商、被合併的廠商或社會大眾可能產生的潛在缺點。

9. 在什麼情況下，以合併的方式結合企業會比兼併的方式來的好？

10. 請問你對諸如田納西河流域當局和聯邦存保公司這種政府所有的公司態度如何？請擇一討論。

應用個案

個案 4.1：公司總裁的薪資是否過高？

在1980年，公司總裁在美國地區平均報酬收入達到624,996美金，而到了1992年這個數字則躍升到3,842,247美金，漲幅約614%。這個平均數不只是在數字上的增加而已。同年Thomas F. First, Jr., Hospital Corp. of America 的總裁，所賺取的金額超過$1.27億美金，到了1993年上半年度財報公佈，迪士尼的總裁Michael D. Eisner 則賺了$1.97億美金。

然而，公司總裁的收入是否已經達到歷史新高了呢？事實上自1991年開始，公司總裁的薪資卻在下降中。除了薪資之外，公司所支付給總裁的報酬亦包含獲利非凡的公司股票選擇權。而這類不實的所得資料，隨著股東日增的關切，促使證券交易委員會擴大要求公司的報告責任。

雖然Thomas F. First, Jr 的所得令人懷疑，但這也是他所應得到的。其所賺取的$1.27億美金是數年前以其家族資金所投資並接管的公司，之後並將其股票出售所賺得的收益。然而，這種突破以往做法所獲取的利潤收益有其風險。許多公司總裁獲取的高額利潤是經由股票市場價值的提高，而非其本身企業的成功。例如，在1992年Digital Equipment Corporation的總裁Kenneth Olsen賺進$290萬美元，但公司的股東卻是賠錢的。

為了要反應股東對公司總裁過高的薪資問題，除了同意證券交易委員會新的管

制方法之外，許多公司正嘗試能將績效和薪資結合的更有效方法。其中一種方法是藉由當股票選擇權值溢價時賣出，通常約為股票市場價值的三倍，以確保總裁在股票選擇權上賺取利潤之前，將公司的營運績效提昇。不過，評論家覺得這樣的措施是不夠的，更應該和市場趨勢的大環境結合。雖然，這些評論家的意見並不是第一次提出，不過董事會現在都接受這樣的方法，並且公司總裁的報酬已不再是那麼可觀了。

問題

1. 你認為公司總裁的所得是否過高？為什麼呢？
2. 你認為，為什麼公司總裁的薪資會高於職員或是工程師？
3. 政府是否應對公司總裁的薪資加以管制呢？為什麼？
4. 什麼樣的方法可以使公司總裁的薪資與其績效結合？

個案 4.2：策略聯盟使得敵人變夥伴

就如同其他高科技公司發展的趨勢一樣，電腦產業是從驚人的高報酬行業中突然冒出來，但同樣地，也可能快速的往下滑。如蘋果電腦、微軟公司都是從小額資金開始的，藉由其卓越的工程技術或者只是運氣，才能成為擁有數百億美金的公司。

今天，電腦產業已經較為成熟，因此那些剛成立公司的成功比率也較過去為少。事實上，一些較大的廠商發現要維持競爭力，必須透過策略聯盟的方式才行。電腦公司間亦發現其自身不斷地在組織聯盟和破壞聯盟，只為了取得更多的市場佔有率。

例如：不斷地結合又分開的聯盟有電腦界的兩大巨人IBM和Microsoft的關係。在1980年代早期，他們是極強大的商業夥伴，而這兩家公司卻為了合力發展出來的產品而爭吵。微軟為IBM發展一種作業系統稱為OS/2，不久之後，其又發展另一種作業系統稱為視窗NT做為競爭，而IBM公司為了報復轉而和蘋果公司結成聯盟。但

是這樣的關係並不因此演變的更為劇烈，反而當IBM在尋找新的總裁時，便非正式的諮詢微軟公司的總裁比爾蓋茲。最後IBM選擇了Louis Gerstner，其和比爾蓋茲是舊識且關係良好。

然而，這種新的關係並不因此而減少了彼此間的競爭。IBM繼續將OS/2定位與視窗NT競爭。IBM各部門所發展出來的軟體也同時和微軟競爭，但其他一些部門所製造的軟體也可以適用於視窗NT，這很清楚的表明，在未來這樣來回之間的聯盟將會持續擴大中。

策略聯盟已風行在其他高科技產業。新技術、新規格以及新市場皆能引起主要公司尋找彼此間的聯盟以分享彼此的技術、資源以便與日本公司競爭。其他工業如錄影帶和電信之間的聯盟也變為極普遍。美國的A/V製造商聯合製造出高解析度（HDTV）規格的電視產品，電話與有線公司兩者合作，以便主宰即將浮現的互動電視服務市場。

問題

1. 公司間的聯盟如何適用於本章所介紹的公司模式當中？
2. 聯盟與反聯盟的企業氛圍會帶給企業有什麼缺點？
3. 企業之間的聯盟是造成企業更具競爭力還是僅將原本的企業變得更為複雜呢？
4. 什麼樣的合作方式能改善美國企業的績效以便和國外企業對抗？
5. 政府是應該監督還是促進公司間的合作？為什麼？

5

中小企業和經銷權

顧問團
律師
會計師
保險顧問

設立一家中小企業
法定的必要條件
考慮因素
企業規劃書

融資來源
個人儲蓄
供應商給的信用條件
製造商的設備融資
商業銀行
中小企業管理局
出售股票
風險資本投資公司

持續的幫助來源
中小企業管理局
退休經理人服務團
全國家族企業聯合會
為企業提供服務的學生
當地的教育專家和顧問
商業協會
批發商

經銷
什麼是經銷權？
你應該做些什麼調查？
什麼因素造就一個成功的經銷商？
如何檢視一家經銷授權母公司呢？

摘要

應用個案

在現今的年代，成為一名開創事業的企業家就如同在古老邊境裏的墾荒者一般。

PAULA NELSON

章節目標

在學習本章之後，你應該能夠做到下列各點：

1. 列出新企業成立之時，建議所有者應找尋的三種關鍵人物，並解釋原因。
2. 描述公司成立之初，所需的證照和應注意的一般細節。
3. 列出一名成功的中小企業主所需瞭解的事項。
4. 列出企業規劃書的角色和其所涵蓋的領域。
5. 建議中小企業潛在的資金獲取管道。
6. 指出中小企業開始營業之後，可提供源源不斷的管理建議之來源。
7. 描述連鎖店和一般獨立企業的不同，並分辨兩種主要的連鎖型態。
8. 陳述應徹底研究的連鎖業重要名詞。
9. 陳述一家成功連鎖店的特徵。
10. 介紹能提供連鎖廠商額外資訊的管道。
11. 摘要FTC如何保護有展望的連鎖商店。
12. 陳述加入連鎖店的優缺點。

Leslie Aisner Novak

前言

如果請Leslie Novak描述她自己，她會這樣的告訴你：「我是個產品設計師、經理人和企業家」。再問Leslie描述她自己的公司，她則會說「那是個以提供產品來解決人們的問題，並且是一個具豐沛活力的公司」。

她最著名的產品是HowdaSeat—使過去老舊產品煥然一新並突顯九〇年代特色的產品。Novak從Iowa愛荷華州搬至麻薩諸塞州Newburyport時，將過去三〇年

代，人們所坐的白色圓形長椅，突破以往做法，設計以木頭和帆布特製而成的椅子。有一次她與35萬人一起坐在波士頓Esplanade的草地上，他們正在享受波士頓七月四日流行音樂會，這時突然一個有用且重要的念頭浮現上來-亦即能坐在圓形椅子的想法。「我瞭解到我正坐在一件重要的東西上」，她回想著「我看到35萬人坐在不舒服的草地上，同時也看到了35萬個潛在需要可攜式椅子的顧客」。

因此在1989年Novak將之重新設計成有用的圓椅。她花了一年的時間完成它，「我為了這個椅子以及其他生意上的事，每天都在工作」她又說道「我很早就瞭解到一件事情--我必須要宣導人們是多麼需要這樣的椅子」。因此行銷成了重要的工作，HowdaSeat是我們行銷的重點所在，此產品以強調可以靠背、耐用、可攜式、相當自然且用全新的材質所製成的，尤其是在麻薩諸塞州Newburyport所製造的。HowdaSeat是由菩提木板和堅固的帆布製成，1991年時，並第一次刊登在極負盛名的J. Peterman公司的郵購目錄上。在當時造成家庭消費者成群的訂購，從原本一星期銷售100張提高到300張，之後又高達一星期銷售500張，甚至到1000張。其他的郵購目錄也將之選在其中，特別是零售商也一同在販賣。HowdaSeat的成功使得Howda Designz公司得以擴張並發展出數種不同的HowdaSeat附屬品。在1992年，公司開始將此產品行銷於國際上。

今天，Howda Designz公司包含全職和兼職的員工共有十名。Novak談到「我們試著以全新和關心的方法來管理指導員工，就像是我們在做自己的產品一樣，因此我們只需要一點點的技術和專門知識」。對公司而言另一個挑戰是將產品持續地在美國各地銷售。「今天我們將焦點集中在美國產品行銷的維持，因為這是一個重要的方向。在美國我們可以完全控制品質並加快運送的方式。目前海外對美國產品需求有成長的趨勢，尤其是「高級設計款式產品」，為此我們創造了更美觀、品質更高的產品，也重視人力資源以及提昇製造的環境。對我而言，產品能在美國製造並被大眾所認同，是件極令人興奮的事。」

Novak談到經營小企業的生存之道乃是不斷地將這家公司重新定位。「舉例來說，我們發現了其他關於HowdaSeat的市場，亦即提供員工和顧客有關激勵性或是獎勵性的物品市場。雖然HowdaSeat目前的銷售成績相當理想，也看到其他許多發展機會，但問題出在自己本身的自我設限。開發禮品性市場就是最好的例子。這不是外在環境的限制，而是自身的問題需要解決」。

Leslie Aisner Novak給想成為企業家的人的意見是「對自己、自己的設計、自己的產品和自己的眼光要有信心，其次再解決本身的問題和限制，只要相信自己想做的事，即全力向前衝刺，並將焦點集中在出發點上，你將會瞭解是從何處開始，已經走了多遠，以及你現在的處境」。「每天要為自己的事業多做點事，以及多費點心在一些能幫助你事業的工作上。不要鬆懈下來，因為你正在做一件有關你企業的大事。如果，你能持續每天做幫助你的企業的大事，並且不畏懼，相信你一定會完成它。」

在美國有超過1,000萬家的中小型企業，其產值超過國民生產毛額的40%以上（不包括農場和農產品）。當這些企業為數以百萬的人製造產品與提供服務的同時，亦維持了股東與其員工的生計問題。中小型企業的定義紛云，表5.1列出由中小型企業管理局（Small Business Administration；SBA）所下的定義，而**中小型企業管理局成立於1953年，是一個提供中小型企業所有人財務和管理上之協助的聯邦政府機構。**

中小型企業主需具備許多獨特的特徵，其需具備經濟的獨立性，然後結合勇氣、決心、足智多謀、野心、自信和成立企業時的達觀。而且其拓荒者精神更是活生生地存在於其企業。

根據SBA的統計，美國90%的中小型企業擁有不超過500名員工，並提供美國超過一半以上的工作機會。而近年來，中小型企業在就業問題上已產生了顯著的影響。財富雜誌的報導指出，在1977至1987年間，1,650萬個新的工作機會裏中小型企

中小型企業管理局
成立於1953年，是一個提供中小型企業所有人財務和管理上之協助的聯邦政府機構

表5.1
定義一間中小型企業的準則

產業	定義
製造業	擁有500至1500名員工的產品製造公司
躉售業	擁有100名員工的公司
服務業	在該產業年銷售額達$350萬美元至$1450萬美元的公司
零售業	在該產業年銷售額達$350萬美元至$1350萬美元的公司
農業	在該產業年銷售額達$50萬美元至$350萬美元的公司

資料來源：中小型企業管理局

業提供了1,130萬個工作機會；在1988至1990年間則幾乎提供了270萬個新的工作機會裡，中小型企業則成了今日經濟中主要的基礎和型態之一。

本章我們將會討論中小型企業的設立與經營，以及研究連鎖業的贊成與反對意見。而這些討論對那些計畫要成立公司，或已成立公司的人來說具有特殊的意義。

顧問團

有經驗的律師、合格的會計師以及保險顧問等的加入，對剛成立的企業來說，是邁向成功不可或缺的顧問團。但只有少數中小企業主能擁有屬於自己的律師、會計師或保險顧問。

找尋一位在上述領域裏的專家是項挑戰，請朋友或熟悉的企業夥伴介紹是個方法，當地的報紙亦經常刊登那些傑出有口碑的專業人士。中小企業主必須經過有組織且慎重的尋找，因為這些一經選擇的人，日後就是建議老闆有關公司如何發展的領航員。

律師

律師在公司組織型態的選擇上提供了深入、合法的建議（第三章和第四章已討論過）。如果業主決定成立一家公司，律師就會準備其所需的要件，在公司執照上以法律文字將公司的營運彈性擴增至最大。律師亦可藉由草擬公司的合夥企業協議來幫助選擇公司組織的形式。

此外，優秀的律師能幫助中小企業主在以下的領域裏避免法律的困擾：

■與第三者的契約（供應商、地主、貸方、顧客和提供服務與維修的廠商）。
■公司對顧客與員工受傷時的責任以及因公司產品、服務和操作方法造成傷害的責任。
■對政府管理機構的承諾（聯邦商業委員會、公平交易部門、職業安全與健康管理局和其他）。

好的東西有時以比較
小的形式來包裝。
中小型企業所提供的
集體銷售及僱員可推
動一個國家的經濟。

會計師

會計師協助企業在財務方面的管理。合格的會計師能夠建議不同公司型態如獨資企業、合夥企業、公司和制式會計制度在稅賦方面的合宜性。尤其，會計師可以協助企業主：

- 確定設立公司所需的初期資本額。
- 決定公司主要資產的取得方式是租賃或購買。
- 設計資金的收取或支付以確保公司隨時有充裕的現金使用。
- 選擇提高公司短期與長期資金的方法。
- 管理公司財務，使業主儘可能享受最適當的聯邦與州政府所得稅。

保險顧問
乃建議公司廣泛計劃
以保護公司免除保險
風險，並應付合法或
準合法的保險必要條
件的顧問

保險顧問

企業的**保險顧問**（insurance counselor），乃建議公司廣泛計畫，以保護公司免除保險風險，並應付合法或準合法的保險必要條件的顧問，包括工人的賠償保險、抵

押保險或建築物租賃保險。如同律師和會計師一樣，這位風險專家所負責的專業事務亦關係著企業的成功與否。一位盡責的保險顧問必須和業主維持緊密的關係，當公司的規模大小改變時，應提出公司所面對的風險和保險範圍改變的勸告。

設立一家中小企業

企業主必須配合成立公司時所需的法定條件，並瞭解影響企業成功與獲利的主要因素。而每一個因素都會反應在廣泛的企業計畫裏。

法定的必要條件

中小企業主在提供大眾產品和服務之前，有許多法定步驟必須完成，包括任何所需的文件。

首先，企業必須符合適當的**區域法規**（zoning ordinances），即城市和郡的規定，確定企業在特定的地區所能從事的活動型態。廠商亦必須獲得都市和郡的企業許可，假設是成立如美容師、不動產經紀人、理髮師、電氣技師或由州政府規範的專業事項，或許需要州政府的職業執照。當地政府官員亦會檢查該公司的建築物是否符合消防安全規定。而零售商必須和州的稅收部門接觸以確定其營業稅的徵收。

美國國內稅收署（IRS）有許多影響每一種型態企業組織的通知規定，並提供企業稅賦工具箱（Business Tax Kit）告之各種公司應該瞭解的稅賦、減免和支付計畫。

大多數的廠商必須符合州政府的偽名法（fictitious-name act）。意指如果公司的名稱並非是業主所有，則業主的名稱必須至郡政府大樓並且登報公開。

你的顧問可依據你所在的都市、郡和州所需求的額外申請程序為你提供詳細的資料。

考慮因素

剛成立的公司通常有很高的失敗率。Dun & Bradstreet 公司指出大約有36%的企

區域法規
即城市和郡的規定，確定企業在特定的地區所能從事的活動型態

操之在己

假設你擁有一家15名員工且兩家門市以上的成功企業，有二名巒合適的親戚想進入你的公司，你會考慮哪些因素來決定雇用他們？

業在其成立的五年以內倒閉。公司成立的前幾年，是一家公司最重要的時刻，有許多的任務需要完成，而且業主是否成功達成這些任務將會決定這家企業的成敗。圖5.1 表示當企業老闆成立一家公司時所要考慮的因素，讓我們進一步地來探究每一項因素。

圖5.1
一個新的中小企業主
所需考慮的因素

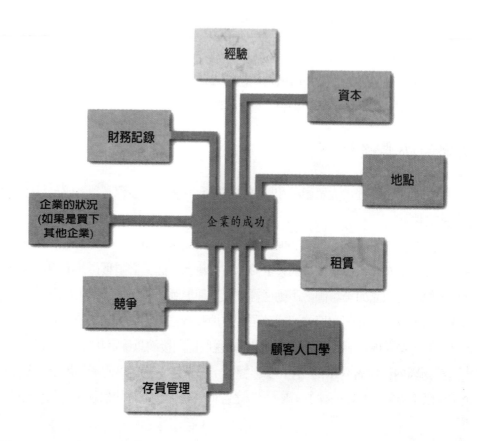

經驗　任何有抱負的企業主應該在其企業崗位上獲得經驗（experience）、財務知識、顧客關係、行銷、存貨採購、人事需求、管理以及科技研發等皆是不可獲缺的。美國中小企業聯盟副總裁 Ira H. Latimer 建議業主在計畫成立公司之前應該從基層幹起。他們應該避免與其他公司組織的工作產生隔離，並力求能參與公司內每一個領域的業務。

當然，經驗的獲得不一定是由其主要的工作而來，一項勞動部門針對有兼職的群體調查指出，有44%的人兼職是為了支付日常所用，有幾乎15%的人從事第二個

工作是爲了學習第二個專長或是爲了設立將來可能成爲其主要所得來源的企業。

Dun & Bradstreet 指出有12%的企業失敗歸因於業主缺乏經驗。圖5.2舉出許多導致企業失敗乃因欠缺熟練的經驗。56%以上的公司其失敗的因素，主要是業主（1）對其所成立的公司型態不甚瞭解；（2）不具備適當的管理經驗-即直接、原始的計畫、組織、幕僚、導引知識和將在第六章討論的控制功能。

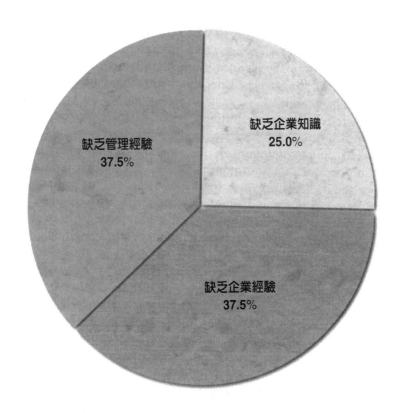

圖5.2
與業主經驗有關的企業失敗原因

缺乏管理經驗
37.5%

缺乏企業知識
25.0%

缺乏企業經驗
37.5%

Dun & Bradstreet 針對國內失敗企業的統計指出，單單最近一年就有96,857間企業倒閉，由於企業無法在眞空的狀態下經營，這些企業倒閉的影響並不只有業主一人，這股倒閉的衝擊對許多團體產生影響。如員工、貸方、供應商、顧客和政府機構（稅收的損失）等，這96,857家企業的倒閉，留下超過$910億美元的債務。

而這些所需的經驗並不一定要從小公司裏學習，許多的中小企業老闆是在大型的公司裏學習基礎的管理經驗，再應用到他們自己的中小企業裏。基本的管理運作是不分企業的大小，有些企業主不計薪資或自願地去學習一個產業的基礎直到自己

成為老闆。將這些管理經驗寫成日記不僅能加強學習亦能有效地利用時間，而課程的傳授與自學則能補充其經驗，企業主亦能彼此地交換經營的經驗。

資本　　充足的資本（capital）對成立一間企業來說是不可或缺的。一家財務不佳的公司就如同一艘破了底的船：只要時間一到，它就一定會沈沒。一些中小企業主儲蓄許久並夢想最後成立自己的公司。但最好的方式不是等到存夠資本以確保其成功，或是設立比原先計畫的規模要來得小的公司。會計師和貿易協會能協助那些有潛力的企業主決定是否具備足夠的資本成立公司。

　　一家企業到底需要多少的資本呢？這個問題沒有一個固定的答案，端視許多的變數而定，如公司所處地點、供應商所給的信用條件、市場距離和產品與服務的本質等。就像建築公司可能要花好幾個月的時間才能完成其第一期工程，但在此期間，老闆必須每週發配員工薪資、買材料，支付租賃或購買設備、維持辦公室器材以及支付保險金、納稅和繳交其他企業費用，這些費用就需要大筆的營運資本。

地點　　企業主須選擇一個能方便提供產品與服務給顧客的地點（location）設立公司。曾經有人說過，企業成功的三個要訣「地點、地點還是地點」。鄰近的企業應是互補的。當多家的企業帶著其支援的行業或相似的目標市場，通常比僅有單獨一家

許多企業主會選擇靠近互補行業的地點，因為他們知道潛在客戶會被這個地區所吸引。

公司的賣場而言，較能吸引更多的顧客。許多企業人士亦瞭解今日商圈裏企業數目的力量。這個因素形成了汽車巷（automobile alleys）一即成排的汽車經銷商將彼此競爭的車款排成數排所形成的小巷，或擁有二個或二個以上大型百貨公司的購物中心較能吸引顧客。

地點的選擇往往需要對交通狀況的瞭解，即對所處位置四周的交通型態分析，並確認往來此處的消費者類型，何時會來且為何會來。理論上，在目標區域裏的多數人會對該區裏商店所販售的產品產生需要，並以方便性為決定前提。紅綠燈、行人安全島和其他交通修改工程應盡可能地將顧客的不便利性減至最小。如此能幫助對未來街道的規劃或高速公路的改道，或者影響企業和住宅發展的計畫制定。而這些改變可能使一個地區成為交通中心或是邊緣地帶。

租賃　假設一間企業決定去承租一項設備，律師應該檢視租賃契約並解釋承租人和出租人的責任所在。一些企業主喜歡對有長期發展空間的地點先商議短期的租賃（lease），並觀察該地點的市場情況，然後才決定是否進行長期的租賃。

顧客人口學　在企業主進行有效的廣告、銷售促銷或個人銷售之前，他們必須瞭解**顧客人口學**（customer demographics）。這是關於居住在一特定地理區域裏的人們之年齡、所得、婚姻狀況、娛樂習慣和倫理風俗習慣的統計學。美國人口普查機構可以協助提供所需區域裏的所得、社會特徵和職業資料。藉由人口普查資料和人口學報告的結合，企業主能夠清楚地確認其商業區域裏的人口消費的特徵。

存貨管理　人口學的知識使企業主能確認最流行的商品種類以進行存貨。那些屯積過多存貨的商人占用了過多的倉儲空間，而且支付過多的記帳費用和保險金。更進一步的說，將這些資金花費在沒有市場需求的商品身上還不如用在市場行銷的改善與設備的更新上。不足的存貨是個嚴重的問題，假設無法滿足顧客的需求，可能導致公司遭受銷售額、商譽與顧客忠誠度的損失。

主要的供應商和貿易協會能夠提供產品的季節趨勢和購買實務的資訊，幫助零售商屯積全年所需的存貨。

顧客人口學
這是關於居住在一特定地理區域裏的人們其年齡、所得、婚姻狀況、娛樂習慣和倫理風俗習慣的統計學

競爭　經營一個成功企業的另一個要訣是去分析競爭者的行為。他們什麼做得特別好？那些方面可以改進？在觀察競爭者的行為之後，對企業來說是一項新的警訊。該如何學習競爭者有效率的操作方式和程序，並嘗試避免競爭者花費過多成本且無效率或無生產力的方法。在檢視公司本身的任何政策之前，應先解析競爭者在定價、存貨選擇、服務、顧客便利和員工關係的策略。

企業的情況　凡是以買下他人現有企業，而非從起跑點開始設立公司的企業家們，應該對原企業的狀況進行徹底的調查研究。那些買主的律師和會計師應該握有評斷原企業財務和法律狀況的公正報告。例如一家獨資企業主聲稱他的企業每年為他賺進$35,000美元，那麼他就應該有這些收入的個人所得稅單憑證。至於設備和貨物則應實際地去調查確認其年份與使用情況，而且任何的修理情況應清楚地在買賣雙方的契約協定上記載。

買方亦須獲取一份詳細的聲明書，關於這個企業有哪些是賣方要帶走或留下一併賣出的項目，諸如一些像窗簾、畫像或牆飾等。

財務記錄　妥善做好財務記錄（financial records），即維持財務記錄的正確性與時間性。瞭解當期應收帳款和應付帳款的平衡，存貨的數量、銷售額、費用以及將要支付的帳款等，使得業主能瞭解公司的財務狀況、市場的趨勢和全盤的獲利。而合格的會計師（CPA）能幫你建立一套有效的會計制度，使會計人員能輕鬆明白地記錄。清楚的會計帳戶記錄能使你監督每一期的財務狀況，並導致成功。

企業規劃書

雖然瞭解前述那些導致企業成功的因素是重要的，但是每一位中小企業主應該事前準備正式的**企業規劃書**（business plan），*即一份綜合性的概述，乃關於會影響企業營運狀況之重要因素的規劃書*。一份企業規劃書結合了如圖5.1 所表示的要素。首先，企業主需設立清楚特定的目標，並設計如何達成的實行步驟。第二，預測未來可能影響公司長期成功的企業狀況。第三，提供資料給那些能夠評估企業未來潛在風險與報酬的可能投資者和貸款者。最後，企業規劃能幫助業主監督並評估企業

企業規劃書
即一份綜合性的概述，乃關於會影響企業營運狀況之重要因素

的進展。而企業規劃書應該涵蓋五個主要領域：任務陳述、行銷、商品採購、組織及財務。

宗旨說明　宗旨說明（mission statement）乃簡要地說明成立企業的理由，並描述公司企圖達成的目標或與競爭者的差異。

行銷　企業規劃書裏的行銷計畫是總結可能影響公司銷售量的各種因素。例如：它對公司市場的目標人口進行扼要的描述，包括了區域內潛在的消費人數以及他們對公司產品或服務所預期的花費等。另一方面，它亦涵蓋了地點要素所要注意的部分，如建築物的說明、租賃或抵押的項目和附近交通的流量等。而計畫內亦需包涵業主對公司形象塑造的計畫與達成方式以及公司在顧客服務、定價、商品選擇、產品質量、運送、財務和其他特徵方面的形象與其他競爭者的差異。

　　廣告亦是行銷計畫裏的一部分，包括了廣告媒體界面的選擇（廣播、電視、報紙、廣告板等等）、廣告目標群眾的數量、廣告的頻率以及和公司的互動。

　　行銷計畫亦須指出銷售人員的招募、訓練和人力支援以及有關室內陳設的設計圖，包括了家具和固定物陳設的地點位置。最後，此計畫要徹底地評估附近的競爭者，包括他們已營運的時間，公司特徵的區別，以及評估新計畫中與競爭者的銷售額及費用之比較。

商品採購　這部分列出了公司存貨來源的主要供應商。必須包涵信用條件、運送頻率、與公司的距離以及當主要供應商無法提供貨源時的替代來源等資訊。

組織　企業規劃書必須包括重要人事的組織架構圖表（總經理、各部門經理和管理人員），以及彼此間的關係（組織架構圖在第七章會有進一步說明），並說明每一位員工的主要責任與職責。

財務　這部分應該分類列出成立公司的成本，包括期初存貨、執照和許可費用以及開幕促銷的開辦費用。此外，應列出每月所需的營運資金以及資金的來源（可能是銷售收入）。中小企業管理局提供了如圖5.3 的格式來幫助企業主估計他們剛營運之

圖5.3
小型企業開業成本預
算表格

項目	預估每月支出 預估每月支出 以每年銷售 $------為基準	預估成本— 公司需要多少現金 （參考欄3）	欄2的說明 （這些數字只適用於一種特 定公司，你將需決定你的 公司需多少個月來籌備）
老闆薪資	欄1	欄2	欄3
	$------	$------	2 x 欄1
其他薪資			3 x 欄1
租金			3 x 欄1
廣告費			3 x 欄1
郵費			3 x 欄1
生活用品			3 x 欄1
電話費			3 x 欄1
其他公共事業費用			3 x 欄1
保險費			保險公司需求的費用
稅（包括社會安全）			4 x 欄1
利息			3 x 欄1
維修			3 x 欄1
法律及其他專業費用			3 x 欄1
雜務			3 x 欄1
只需支付一次的最初成本			欄2 空白
設備			預估需要之設備成本總計
改裝和裝潢			與承包商商談
設備安裝			與購買產品的供應商商談
初期存貨			供應商可幫忙估算
公共事業保證金			向公共事業詢問
法律及其他專業費用			律師、會計師等等
執照和許可證			向相關政府單位取得
公司成立的廣告和促銷活動			預估你所使用的
應收帳款			計算在支付貸方款項前你所需購買產品
現金			你會需要多少現金作為來預期的支出、損失或特殊購買
其他			其他項目另外計算後填入總計
總預估所需現金			欄2數字加總

資料來源：Small Business Administration.

初所需的資金。

　　有展望的企業主可能需要向外融資以使企業開張，所以計畫裏應列出設立成本中屬個人基金支付的部分和借貸的額度。財務計畫裏應包涵每月的銷售與費用預測以及可能的營餘，即預期的利潤。而貸方在同意融資之前會解析這些估計值和其達成狀況。

　　最後，財務計畫應涵蓋業主個人的財務說明，即表示業主所有的資產價值和負債以及其淨值。如果業主必須進行融資以成立企業的話，其個人財務信用狀況可就要符合融資單位的條件。

融資來源

　　在第三、四章，我們介紹了一些關於獨資企業、合夥企業和公司的融資方式，第十六章將進一步討論融資的問題。現在，則探究中小企業特定的融資來源。

個人儲蓄

　　個人儲蓄是最常使用的一種融資來源。許多人建議中小企業應避免過度的借貸，因為不少的企業主是在沈重的負債下成立公司，並奮鬥了多年才把這些重擔卸下。然而，由正確的事實顯示，一家廠商可以利用負債的財務槓桿來為公司創造令人印象深刻的利潤。至於一家公司該借貸多少的問題，則應視其投資而決定，並沒有一個固定的答案。

供應商給的信用條件

　　商業人士，特別是零售商，通常以商業信用或與供應商開設往來帳戶。（第十六章將進一步說明）在這種安排下，貨款不需立即支付，通常在一定的信用期間內支付即可，如三十天、六十天或九十天的信用條件，使買方在貨款支付前可以先販售商品。

這種信用結構可以產生最少一條的分配鏈（第十四章將會討論）。假設製造商給大盤蕈售商九十天的信用條件，而蕈售商亦決定給零售商六十天的信用條件。在這種關係之下，零售商可以先將貨品出售給消費者，再將所得支付貨款給大盤蕈售商，而大盤蕈售商再將貨款支付給製造商，如此就能在信用期間之內將每一筆帳付清。

製造商的設備融資

有設備和固定資產的製造商（有時是配銷商），可能有意願透過商業銀行進行設備的融資。即使供應商沒有直接的參與，一通由信譽良好的製造商撥給銀行融資辦事員的電話，可能對融資有所助益。設備製造商亦能透過和買方的連署保證幫忙取得融資。

商業銀行

商業銀行提供了中小企業有期限的償還貸款。此外，商業銀行亦給適合的中小企業短期融資。當然，中小企業必須提供有關個人財務狀況和公司資產負債的證明。遺憾的是，由於新成立公司的倒閉率很高，除非有中小企業管理局的保證，否則一般商業銀行較不願意融資給新設立的公司。

中小企業管理局

聯邦政府定義那些總資產不足$900萬美元、淨資產不足$450萬美元而且近兩年的獲利不超過$45萬美元的中小企業為利潤創造（profit-making）的企業。然而，中小企業管理局（SBA）對不同產業的中小企業有著不同的衡量標準（參見表5.1），中小企業管理局辦公室就能夠提供你在特定產業裏各個企業的明確標準。

在中小企業管理局的保證貸款計畫裏，中小企業管理局可以保證90%或$75萬美元，二者之間金額較少的銀行貸款。如果銀行降低額度，則中小企業管理局可以直接貸款$15萬美元給需要的中小企業。

凡是成立一間新的企業而非以買下正在營運的公司的企業主，在未獲中小企業管理局的援助之前，都被期望能籌措半數以上的所需資金。他們必須提出**財務預測**

報告書（pro forma financial statements），即預測未來會計期間的銷售額、費用、利潤和其他財務資料的一種財務聲明書。而這些報告書是企業主對支付中小企業管理局貸款和公司其他長期負債償還能力的一種證明。中小企業管理局是不借款給那些有能力向其他機構融資的企業。因此，中小企業在向中小企業管理局融資之前，必須先嘗試向私人機構或銀行借貸，若借貸未遂始能申請融資。

中小企業管理局融資的過程步驟如下：

1. 描述企業設立的組織型態。
2. 列出企業主的經歷和管理能力。
3. 估計業主準備投資的金額以及所需融資的金額。
4. 準備個人的財務報告書，並列出業主的資產與負債。
5. 建構企業第一、二年的銷售額、費用和利潤的財務預測報告書。
6. 列出企業主融資的擔保品（有價證券），以及其現值。
7. 要求商業銀行開立一份關於該企業向其融資的數額、利率、付款條件以及駁回申請之原因的說明書。
8. 假設銀行同意在中小企業管理局的保證或參與下（即銀行和中小企業管理局聯貸）同意融資申請，則銀行會和中小企業管理局協商貸款條件。
9. 如果銀行調降其參與的額度，可向中小企業管理局接觸並接受直接融資。

出售股票

　　一些中小企業藉由出售股票以獲取資金。只有公司能出售股票，而那些上市公司必須符合州及聯邦政府關於證券出售的規定。若公司的股票大部分被其他人收購時，公司的創立人亦必須注意經營權控制的問題。而封閉型公司的股票若出售給有選擇和限制的特定投資團體，公司仍可以維持其封閉的特性。在第十六章裏我們將會討論公司股票可以出售的種類及其特徵。

環球透視—貿易中間商橫跨全球市場

當商業環境演變為多元化時，不管是大公司或是小公司都趨向於高獲利的全球市場。然而，小公司在資源有限的情況下，通常缺乏足夠的知識與經驗，無法將產品有效地行銷於其他國家。

正因為如此，所以在市場上就出現了所謂的貿易中間商。根據華爾街日報指出，這樣的中間商以85%的當地價格甚至更低的價格向廠商購置產品以銷售到國外。

這樣的合作的確相當有效，因為有經驗的貿易中間商已經發展成有組織的網絡銷售據點。有些中間商在處理每一筆交易時，提供一些服務，包括調查和擴張國外客戶的信用、將產品交到製造商的手上、安排產品裝船，以及收帳。目前這樣的中間商也有利用高科技通信，如透過電腦、數據機、傳真機等機器以接洽國外生意，此種方法比以往更為便利且更快速。

例如：International Projects公司代表著十六家公司，這些公司包括遊輪公司、修理空調機器的公司到文具製造商等。每年這家公司所銷售的產品總額達800萬美金，公司卻只有六個人以及七部電腦而已。另一家公司Dreyfus & Associates 則派遣其員工帶領著許多國內企業到國外貿易展參展，且其擁有1,500個國際據點資料存放在電腦之內。

當然利用貿易中間商也有潛在的缺點，如產品價格的膨脹。除此之外，代理商也會發現中間商會以較少的精力放在產品行銷上，而只重視與其他品牌的競爭。現在有更多的買者較喜歡直接與廠商購買產品，而不經由仲介公司去購買其所需要的產品。

雖然如此，小公司仍能意識現今市場行銷的全球化，因此也積極尋找貿易的中間商以拓展其產品到國外。

風險資本投資公司

風險資本投資公司（venture capital firms）即一種投資公司，專門購買那些製造或提供具有高報酬潛力的產品與服務的新設立公司股票爲投資標的。冒險的資本家比中小企業管理局或銀行而言，願意承擔較高的風險。風險資本投資公司的企業主經常是一些苦盡甘來的成功企業家。這些投資標的常是一些在成長的市場中具有獨特性質的產品或服務的公司，並限制在特殊的產業裏（例如：高科技、消費產品或製造公司）。最近一些有意生產迷你電腦、電子醫學儀器或通訊設備的公司，已經被那些風險資本投資公司所注意。

雖然冒險的資本家有意願去承擔高險，但他們相對地也要求高報酬。通常他們會要求擁有50%或以上的公司股票做爲資金投入的交換，並要求自己的人脈進入董事會。

一位實際的冒險資本家應該提供比資本更多的的資源。然而中小企業主應該與那些能夠經由銀行幫忙安排短期融資的廠商交涉。風險資本投資公司亦應該協助那些被投資的公司開發對其產品與服務有興趣的潛在顧客，並與供應商協議較優惠的契約。諸如一些像Atari公司、蘋果電腦公司、康柏電腦和蓮花發展公司（設計電腦軟體的公司）等，在公司發展早期都獲得風險資本投資公司的協助。

風險資本投資公司
即一種投資公司，專門購買那些製造或提供具有高報酬潛力的產品與服務的新設立公司股票爲投資標的

持續的幫助來源

大部分的中小企業主在公司開張之後，須有管道取得所需的建議，而這些能援助企業經營的機構有哪些呢？如中小企業管理局（SBA）、退休經理人服務團體（SCORE）、全國家族企業聯合會（NFBC）、攻讀商科的學生、教育專家、顧問、商業協會和批發商。

中小企業管理局

中小企業管理局（SBA）印有超過三百種免費或價廉的服務小冊子，提供許多管理資訊，從公司的設立程序到人事佈局的選擇等。另外大約有80個辦公室接受管

理方面的諮詢並在附近的大學或學校為企業主提供管理訓練課程。此外，中小企業管理局亦提供貸款給那些因自然災害或經濟環境改變造成傷害的企業。另方面，亦有幫助中小企業符合聯邦空氣和水污染標準的貸款。

退休經理人服務團

退休經理人服務團
是一個由超過13,000名現仼或退休的高階管理人所組成的自願性組織，夥同中小型企業管理局提供給中小型企業主建議與諮詢

　　退休經理人服務團（Service Corps of Retired Executives；SCORE）是一個由超過13,000名現任或退休的高階管理人所組成的自願性組織，夥同中小企業管理局提供給中小企業主建議與諮詢。企業主可以由退休經理人服務團的顧問處諮詢如何可獲得中小企業管理局的貸款。只需要在中小企業管局的辦公室裏申請即可，那裏的顧問都是一些有關財務、人事、行銷的專家，能夠配合企業主並為其分析問題和尋求解答。這些諮詢是免費的，但通常希望企業主在諮詢過後能支付那些退休經理人服務團的自願者一些象徵性的費用。

　　除了免費的企業諮詢之外，退休經理人服務團的成員在全國設立了750個工作據點，提供不同專業項目的諮詢，參加者者必須支付適度的學費，而這些「學費」亦可視為那些擁有平均35年企業經營經驗的交換吧！

全國家族企業聯合會

　　全國家庭企業聯合會（National Family Business Council；NFBC）由擔任家族企業管理與訓練職務的員工所組成，而這些員工皆與家族企業老闆有血緣或姻親的關係。任何家族企業可能從加入這個組織而得到利益，而這個組織主要將焦點集中在家族企業中人際間的特殊管理問題。除了多樣的管理教育課程外，亦出版時事分析與策劃合作教育計畫。

為企業提供服務的學生

　　許多的教授為企業做諮商，通常會把諮商的案件交給研究生去做，當成是課程的一部份。學生們可能被委託解決企業主的疑難，分析問題以及設計有效的計畫讓那些經營不善的中小企業能夠恢復正常。而這些專案計畫可能在商業學校或附近的大學獲得。

當地的教育專家和顧問

十九世紀著名牧師和教育家蘆謝爾（Russell Conwell）的著名演講「鑽石田野」
裏戲劇性的表示，在自家的庭院裏就可輕易地發現財寶。凡是住在大學和學院附近
區域裏的企業主，可以從學校裏的企管教授或管理著作的作者那兒得到充足的管理
知識與建議的諮詢。而介紹信則可從當地的商業公會取得。

商業協會

每一個行業至少有一個商業協會，有些則限制其自身在非常專業的領域。例
如：起重機與鏟子製造商協會、冷杉木和常青樹之門的協會。其他的如國際製造業
者協會以及國際零售商協會等。商業協會能夠提供有關財務、存貨管理、人事管
理、會計程序、實物擺設、行銷、供應商關係、區位選擇和針對不同行業的廣告策
略。主要藉由已證明的管理經驗和資訊溝通來協助會員廠商。

批發商

一個具有良好裝備的批發商可以藉由以下方法協助小型的零售商在商品促銷當中致勝：

■集結多數顧客的訂購單成為大量，以獲得較低的價格。允許獨立的廠商和連鎖業者及大型廠商競爭報價。
■對特定的產品售以成本價，如此可鼓勵零售商對於其它的商品以一般價購入。
■提供存貨的循環計畫以確保商品的新鮮和理想的存貨水準。
■區別製造商購買點（point-of-purchase）的陳列，以幫助零售商在銷售商品時更有效率。

他們可以藉由以下方式獲得市場資訊：

■藉由監視銷售的趨勢評定市場趨勢。
■以時事分析和定期刊物分配市場資訊。
■對顧客預警需求的變化和趨勢。
■當主要貨源的供給發生變化時，應併肩作戰。
■通告顧客新的產品、改良貯藏設備和創新的設備。
■建議有效率的倉儲擺設、有效的行銷和有效的場地展示。

批發商可以提供零售商財務上的幫助，如以開設往來帳戶的方式進行商品的購買，對於季節性商品可延期支付，直到銷售季節的來臨和銷售情況改善後再行支付貨款。他們亦能提供會計表格和會計人員幫助下游廠商建立其會計制度。

經銷

什麼是經銷權？

所謂**經銷權**（franchise）乃由一個廠商出售其許可證（經銷權授權公司；franchisor）給其他廠商（購買經銷權者；franchisee），允許在特定名牌或環境下，生產銷售其產品或服務。由於那些有聲望的授權企業已投資了大量的時間、努力和金錢，為其經銷的產品與服務建立完美有效率的行銷和管理程序，經銷商通常也因此比那些單打獨鬥的企業要來得成功。雖然那些買下經銷權的企業失去了獨立性，但也因授權而使其能夠營運順暢。

經銷在許多方面和連鎖店類似：通路類似、每一個經銷商以同樣的方法製造和出售商品、每一個銷售公司採用相同的管理技巧。然而，經銷和連鎖店仍有其不同的地方，即負責經銷權的人並不是公司的員工，而是公司的老闆。賣出經銷權者以有效的管理、行銷、人員招募和訓練方式等來教導經銷商。

經銷權通常以兩種型式出現，一種是經常出現在零售商店或服務業的**企業格式經銷權**（business format franchise），即授權廠商提供經銷商的經銷權，包括整套廣泛且詳細的營運計畫。這個計畫可能涵蓋員工的訓練計畫、產品推廣的支援與建議以及企業營運各方面的行動綱領等。企業格式經銷權被速食店、包裹打包、運輸業、加油站、機油更換和女侍服務等企業所使用。

另一種是較企業格式經銷權少見的**產品或商標經銷權**（product or trade name franchise），即授權廠商允許經銷商販售貼有授權廠商商標或標語之產品的一種經銷權。如固特異輪胎和Rubber公司就是以此種經銷權方式來販售其產品。必勝客（pizza hut）不只在美國，在全世界亦是最受歡迎的經銷商店。

從看護中心到殯儀館，超過60種的企業型態存在著經銷的機會。

從1960年代開始，經銷的方式已對全國的銷售和就業造成顯著的影響。按照國際經銷協會（International Franchise Association）指出，近一年來，美國的零售銷售額有35%的比例，總值$7,580億美元的商品與服務是由經銷通路完成的，並提供了超過700萬個工作機會。而經銷的經營方式在女侍服務、企業協助（會計、人力資源和

經銷權
乃由一個廠商出售其許可証（經銷權授權公司）給其他廠商（購買經銷權者），允許在特定的名牌或環境下，生產銷售其產品或服務

企業格式經銷權
即授權廠商提供經銷商的經銷權，包括整套廣泛且詳細的營運計劃

產品或商標經銷權
即授權廠商允許經銷商販售貼有授權廠商商標或標識語句產品的一種經銷權

Pizza Hut 不只是在美國甚至在全世界都是最受歡迎的經銷商。

稅賦準備)、汽車修理和服務、減肥中心、臨時僱員、印刷和複印以及美髮沙龍等行業已被預期將有快速的成長。表5.2 概述了取得經銷權的優缺點。

　　由於經銷權的母公司,將那些在特定企業中已證明成功的技術傳授給經銷商,經銷商的成功比率無庸置疑地會比那些單打獨鬥的企業來得高。根據蓋洛普最近的調查顯示,有94%的經銷商是成功的,並且其年平均稅前盈餘爲$124,290美元。

管理者筆記

在第二個世紀依舊興盛的The Cold Spring 酒店

位於Santa Barbara上，座落於San Marcos Pass市中心，有一家經營超過一百二十年歷史的小型企業-The Cold Spring酒店。隨著時間的流逝，繼承此店的老闆和經營者，具有好客和鄉土特質，並受到人們的尊敬。站在風塵樸樸的街道上，將引導你至一處用原木和石材所造建，且具鄉村味道的建築物。當地的史學家相信這家酒店建於1868年左右，因為當驛馬車（stage-coach）開始行至此平凡地時，沒有人知道最原始的主人是誰。目前擁有此店的是一位作家Audrey Ovington，是其母親留給他的遺產，他母親是在1941年買下這酒店和周圍的土地，現在則交由Mark Larsen一位從美國南加州來的年輕企業家在經營。

「任何一個曾擁有The Cold Spring酒店的人，對它會有一股想要保持其現狀的慾望」。Mark Larsen這樣的說著「我的目標是希望人們來過這裏以後，不管是十年或是二十年再次前來，這裏和以往並不會有太大的改變」。

雖然該酒店的面貌從未改變，但不表示沒有用心地去經營它。例如當天花板需要修理時，Larsen堅持只使用原材料，並確保如此能保有原先的面貌。長期以來，經營者自然地與Cold Spring酒店成為密不可分的朋友。該建築物在森林火災、暴雨、未預期的暴風雪侵襲之下依舊存在，當然這其中包括了這間原始的酒店主要是餐廳和當時的驛馬車駐紮地，現在已成為古董店了。附近也曾有提供給當時在築路和建築工人的工寮，另外在木屋內曾有一部打水機，目前這木屋已是酒店的附屬建築物。

The Cold Spring酒店能夠歷時長久，在於能確保其特殊地位，因而成為多年以來舟車勞頓的旅客心目中最好的避風港。

表5.2
經銷權的優缺點

經銷商的優點	經銷商的缺點
■ 擁有授權廠商全國性的聲望	■ 需有最小的投資額限制
■ 擁有全國性的廣告和促銷計畫	■ 在特定次數中，需支付部分毛利給母公司（可能是固定的費用）
■ 能以最小的工作場所達成最大的效率	■ 被要求許多額外的支付
■ 區位選擇的建議	■ 設立地點和店面陳設與規定有出入的存貨和菜單、可拋棄式物品和非母公司產品的購買、定價改變等諸如有關企業營運方面的種種，甚至工作時間的更改都需經由母公司的同意
■ 購買或租賃設備或其他項目，母公司時能協助條件的磋商	■ 對經銷商的管理與日常經營完全的干涉
■ 可獲得建築物建構材料的藍圖與帳單	■ 要求職員去達成特定的表現
■ 可獲得為創造最大利潤的企業管理訓練	■ 沒有業主的家族成員參與
■ 可獲得已建立的會計系統	■ 須提供詳盡的會計資料給母公司
■ 可獲得員工的訓練計畫	■ 管理技巧與方法需維持機密
■ 盛大的開幕場面，以及母公司職員的協助	■ 母公司規定有最小保險額的購買
■ 母公司會提供集體的保險計畫（會較經銷商單獨承保的保費為低）	■ 對易腐存貨的上架時間，受母公司的規定
■ 從母公司獲得較低廉的家具與設備	■ 對產品的廣告和促銷金額，每年都有最少的規定
■ 廣告與促銷的折扣	■ 母公司在特定的地點都會有定期訓練的要求
■ 搭配多樣性的全國促銷	■ 可從母公司獲得低廉成本的存貨或貨源
■ 明確且已保護的區域	■ 財務上的援助

你應該做些什麼調查？

假設你想成為一個經銷商，那麼在你簽署一份經銷權契約之前，對經銷權的充份熟悉與瞭解是非常重要的。小心地研究，並讓那些有經驗的律師和會計師提供你建議，如此你就可以避免日後可能發生的官司。

評估經銷權授權公司的高階管理階層　你可能無法對授權公司的高階經理人瞭解多少，透過其履歷去分析這家企業的經驗，詢問他們關於對這家母公司所設定的目標，如何去擴增其經銷網點，以及達成的時間表。多問問他們對於經銷產品或服務的市場趨勢監控管道與管理技巧，並注意他們一般花費多久時間來舖設經銷通路，以及其投入這間授權公司的時間。

最後，評估你的人格特質是否適合，並考慮是否能愉快地和你目前所接觸的這些經理人進行長期的合作關係？

評估行銷方面的支援　必須瞭解一旦你的經銷商開張之後，在產品行銷方面所能獲得的協助。例如：你的授權母公司能提供什麼樣的協助來張羅你的隆重開幕？

你所支付的經銷權費用裏有多少的比例是應用於促銷活動？而這個比例和其他競爭的經銷權差異如何？

你的授權母公司多久從事一次廣告活動？是採行哪一種廣告媒體？而這些廣告是出現在當地？地區性？還是全國性的廣告？

而這些問題的答案將會協助你預期授權母公司在行銷方面所能給予的援助。

詢問有關的訓練　確認授權母公司對於企業成立和其營運時對你和你的職員所能提供的訓練，瞭解有那些特殊的訓練你應該接受？在哪裡受訓？以及多久受訓一次？有些課程是在授權母公司裏實施，有些則可能在經銷商的公司裏訓練。並要求探視那些實際訓練的樣本教材，如錄影帶、手冊、印刷品以及近期的訓練計畫和議程。打聽一下授權母公司關於帶領經銷商和母公司一起成長的政策，如何使經銷商能以新的行銷技巧、產品或一些能使他們降低成本、加強生產力以及獲取更高利潤的設備方法。

檢視經銷權契約　　在你簽署經銷權的合約之後，在往後的十年或二十年，它可能控制公司的生命。也因此，詢問你的律師以便瞭解你和經銷權授權公司間權利與義務的關係是非常重要的一件事。如果你不滿意這份合約，可以要求你的律師向授權公司申請更改與增加其他條款。詢問以下的問題，以確定你的合約：

1. 什麼樣的原料、供應物和設備是你必須採購的？這些項目可以隨意四處購買嗎？還是必須直接向授權母公司採購？

2. 有那些定期性報表是必須提供給授權母公司？多久一次？需依循那種格式？授權母公司是否有一套流暢的系統來幫助你輕鬆地蒐集這些所需資訊？

3. 有哪些定期性的費用、版稅或其他支出是需要你繳納的？多久一次？如何計算－是以固定費用、毛利或淨銷售額的比例、利潤的比例還是其他的方式？若延遲支付是否有所處罰？

4. 授權母公司為了特殊目的是否有權利向經銷商收取一次性的付款？如果有，是在什麼情況下使能發生？

5. 對於菜單、門面擺設、室內裝飾、外觀、家具、固定物或設備的更換是否要徵詢授權母公司的許可？

6. 授權母公司是否向你保證一受保護的商業區域？如果有，其範圍多大且多久年限？

7. 授權母公司假設打算在你的營業範圍內再設立一家經銷商，你是否有優先設立權？

8. 在什麼情況下，經銷權合約將被終止？

安排和現有的經銷商會談　　這應該是發覺授權母公司和經銷商之間的真實關係最佳方法。詢問其他經銷商有關授權母公司在契約條件的履行情況，和他們對母公司高級管理階層的感覺。討論母公司在哪方面做得特別好，以及詢問他們之間所產生的問題和解決方法。最後，最重要的一件事就是詢問他們如果可以重來一次，願不願意做出相同的決定，再和母公司合作。

檢視授權母公司的財務狀況　一些經銷商業主當發現其母公司並沒有足夠的資金去完成其允諾的所有事時，已經是回生乏術了。有一些授權母公司開門大吉時則是除了掛在建築物外的彩色招牌外，別無他物。其實這些不幸可以透過會計師對母公司過去幾年財務資料的解析而避免之。然而，你必須對母公司的訓練、行銷以及契約上其他協助的意願和能力具有信心才是。

什麼因素造就一個成功的經銷商？

雖然經銷商較那些單打獨鬥的公司較易繁榮成功，但這些企業的成功是業主的全程參與得來的。不論企業運作的如何好，假設沒有業主全程的參與和100%的支持，沒有一間企業能獲利豐厚。

成功的經銷商具有以下的特徵：

■ 他們擁有適當的背景、經驗和教育並接受授權母公司的建議與支援，使得企業得以營運成功。

■ 他們沈醉於經銷販賣的產品與服務。

■ 他們歡迎授權母公司有建設性的批評，指導方針並接受指導，並在授權母公司建立的營運規則和綱領之內操作。

■ 他們是團隊的一員，為了大家所關心的利益，有意願和高級的經銷權管理階層和其他經銷商配合、協調。

■ 他們冒著設立企業的風險，並明瞭到經銷權並不是成功的保證，它只能將失敗的機率減至最小。

■ 他們愉悅地扮演許多經銷商的角色，包括了投資者、管理者、督導員、部屬和銷售員。

■ 他們有意願去貢獻如資金一樣的能量、腦力和時間，以確保其事業的成功。

成為一個經銷商就像開著一台有雙人控制的汽車。授權母公司就像一位有經驗的駕駛指導員，當司機遇到困難時便從中調解，而經銷商就是那位在附近找尋可靠位置的司機。表5.3顯示許多事業領域裏其它經銷權的資訊。

操之在己

回顧一下經銷商典型的需求和責任和你自己的人格特質是否有相同或不相同的地方。並思考你現在所擁有以及想透過大學經驗或其他方法培養的技術。
什麼樣的人格特質顯示你適合去從事經銷商？
什麼樣的特質顯示你若成為一位雇主或獨立工作會比較快樂？你認為成為一個成功的經銷商而所作的一切努力值得嗎？為什麼？又不為什麼？

表 5.3
經銷商：一些特殊的
廠商

經銷商	經銷商數	平均現金投資 （$）	平均總投資 （$）	首次合約 年限	經銷費用 （$）
Printing and Packaging					
Mail Boxes Etc.	14,351	55 K	75 K	10	19.5 K
Insty-Prints	312	50–100 K	170–258 K	15	24.5 K
PIP Printing	1130	77 K+	201–211 K	20	40 K
Handle With Care Packaging Store	400	25–40 K	25–40 K	Infinite	15.5 K
Retail Foods					
Baskin-Robbins	3,355	27–34 K+	135–170 K	5	0
Heavenly Ham	46	30–60 K	84–134 K	10	25 K
Steak-Out	25	10–100 K	100–135 K	10	15 K
Domino's Pizza	4,153	10–30 K	83–194 K	10	1–3 K
Godfather's Pizza	350	55–120 K	72–291 K	15	7.5–15.0 K
Kentucky Fried Chicken	5,971	150 K	600–800 K	20	20 K
McDonald's	8,284	40–250 K	610 K	20	22.5 K
Tastee-Freez	400	50–150 K	125–450 K	10	10–25 K
Maid Services					
Merry Maids	524	30–35 K	30–35 K	5	18.5 K
Molly Maid	256	25–35 K	30 K	10	16.9 K
Motels/Hotels/ Campgrounds					
Hampton Inns	233	0.6–1.5 MM	2–6 MM	20	35 K min.
KOA	620	85 K+	250 K+	5	20 K
Travelodge	361	20–150 K	4–40 MM	10	20–25 K
General Retail					
Computerland	694	250–900 K	0.2–1.0 MM	10	7.5–35.0 K
Wallpapers To Go	103	40–80 K	111–156 K	10	40 K
West Coast Video	700	240–350 K	240–350 K	10	40 K

＊只除現金和總投資的支出費用　　　　K=千；MM=百萬

資料來源：Robert E. Bond and Christopher E. Bond, *The Source Book of Franchise Opportunities,* 1991-92 ed.
(Homewood, Ill. : Business One Irwin) ; 1992.

如果你想進一步地瞭解經銷方式的過程，那麼你可能要寫信給位於華盛頓特區的企業促進聯合會（Council of Better Business Bureaus），它擁有許多經銷廠商的資料。而國際經銷協會（International Franchise Association；IFA）是另一個擁有資料的來源，這個具有高度淘汰性的組織是由超過750家著名的經銷母公司所組成，擁有要求成員們都遵守的倫理信條。凡是欲加入國際授權經銷協會的授權母公司必須至少有兩年的營業經驗、良好的財務狀況、通路數量、服從適用的州法和聯邦法令以及提供滿意的資訊提供其它企業與個人查詢。

如何檢視一家經銷授權母公司呢？

聯邦商業委員會（FTC）以1979年實行的商業規則法（Trade Regulation Rule）來幫助那些有抱負的經銷權買方。該法要求經銷權授權公司提供二十項關於該企業的資訊，包括管理經驗、重要經理人的背景、現在或過去的破產及訴訟記錄、過去一年的財務狀況以及經銷商合理的可能獲利證明。經銷商應該被告知契約上所要求的費用，以及被授權公司終止契約、賣出或更新時再發生的費用。該法亦要求母公司提供最靠近經銷商計畫選擇區域的十家已設立的經銷商、在美國設立的所有經銷商名稱，或是經銷商權買方該州的所有其他經銷商名稱。此外，現在超過十二個州已宣佈一些法則，要求授權公司報導較聯邦商業委員會規定中更多的資訊給經銷權的買方。

雖然聯邦商業委員會的要求，無法保證經銷商的成功（或即使該母公司真如所陳述的那麼有名聲），但這項文件至少將那些經銷商被詐欺或誤導的可能性降到最小。而聯邦商業委員會的規定，亦幫助經銷商有足夠的資訊在購買特定的經銷權時，做出正確決定。

摘要

有抱負的中小企業主需要一個顧問團（律師、會計師和保險顧問）協助有關法律、財務和風險管理等技術性的事務。這些人的幫助能確保公司從設立之時就能成

功。另一方面，企業的設立必須亦獲得某些執照和許可有些會隨著企業設立地點和組織型態的不同而並異。

一名中小企業主應該擁有豐富的經驗、足夠的資本、好的地點，如果建築物是租賃的話，則尚須有好的租賃條件。企業家應該要知道其產品市場的消費人口結構、確認儲備最有銷路的存貨以及發掘競爭者的經營技巧。而那些購買已現存公司的企業家則需在交易完成之前向賣方要求精確的公司狀況。最後，中小企業主必須維持準確、即時的會計記錄以監控公司的財務狀況與獲利能力。

有企圖心的中小企業主擁有許多可獲融資的管道，其中個人的儲蓄是最常見和一般的方式，但他們亦能向供應商以信用交易的方式進行貨品的購買，或是向配銷商和製造商以設備融資的方式進行，亦可向銀行或中小企業管理局申請貸款。公司則能向投資大眾或風險資本公司出售其股票。

在公司開始營運之後，中小企業管理局、全國家族企業聯合會（NFBC）和退休經理人服務團（SCORE）能提供中小企業主持續的管理建議。另外，如企業附近的商學院學生、當地的管理當局、商業協會和蔓售大盤商亦能提供協助。

有些企業家則選擇了買下經銷權的方式，即一種能夠銷售那些眾所皆知的品牌產品的執照。成為經銷商有許多的優點，但是經銷權授權公司的契約可能在經銷商的經營自由度上設定了許多不同的限制狀況。而在購買經銷權之前，最好和你的律師、會計師以及那有經驗且已在經營的經銷商諮詢，並接受他們的建議。

應用個案

個案 5.1：公司流亡者的新生命

由於公司成本的增加，使得企業必須將人事成本予以減少。因此，在美國大公司內有越來越多高階、具經驗和訓練有素的員工因而被裁撤。另外，有些員工因為在企業合作的環境下，由於管理階層結構的人員過多，也迫使這樣的員工只好到別的地方去找尋他們的出路。而這兩種型態的人，因為成功的開創新企業被稱為「公司流亡者」。

這批流亡者因為離開了原先的工作環境，帶著公司所發放的資遣費，多半試著親自購買或是設立小型的企業。雖然不是全部的人都成功，不過這批人懂得運用他們的經驗和卓越的能力去尋找商機並將之建立成有績效的公司。

舉例來說，有一位名叫 Peter A. Brewster，他在 Honeywell 資訊公司的銷售部門待了二十五年的時間，在其能力完全被壓榨光前就先被趕了出來。Brewster 運用他在 Honeywell 時所得到的獨一無二的銷售知識，適時地改進舊式印表機，帶給新電腦使用者能夠快速執行列印工作，不過價錢上則較貴了些。然而 Honeywell 並沒有推出類似的改良產品。公司銷售人員介紹這組價值 2 萬美元的升級印表機給那些有興趣的買者。當公司因為裁員，同樣的也減少了以往公司本身所提供的一些服務，因而使得這些流亡者能獲取更多的機會將這些服務提供給需求者。

另一個從高科技公司流亡出來的例子—Bruce W. Woolpert，他利用在 Packard 公司的個人軟體部的經驗，以新的方法正確地測量砂石重量，並將之運送到顧客的手上，以收取費用。他利用貨車電腦測重系統，先測量貨車的重量，再將砂石裝滿後再測量，然後將這些珍貴的砂石銷售給他的客戶。在 1992 年，他自己創立的 Granite Rock 公司獲得著名的 Malcolm Baldrige 國際品質獎。

問題

1. 公司流亡者使用什麼樣的策略可以運用在初成立的企業上？
2. 公司流亡者在成立公司之初時擁有什麼樣的優勢？
3. 公司流亡者的成功對於其他小型企業有怎樣的影響？
4. 請問公司是否能藉由訓練那些提供不可或缺服務領域的企業家們身上得到好處？為什麼能或為什麼不能呢？
5. 隨著這些突出小型企業的效率遠高於大公司的部門，大型公司未來的型態會有何改變？

個案 5.2：中小企業是國家有利的助手

　　中小企業一再的成為美國經濟的援助者，這是因為在1988年到1990年間，這些少於500人的中小企業提供了320萬個就業機會。由於這些有潛力的小企業能創造出如此龐大的就業機會，也因而受到從政者的歡迎。美國總統柯林頓提出的幾項改革工作，主要的目的也是在於提供誘因給這些中小企業。

　　美國總統柯林頓鼓勵年銷售額在500萬美元以下的中小企業，鼓勵在1992年到1994年間購置設備時得以減少其永久投資稅；另外利用借貸的方式購置設備的，也可減免50%中小企業股票所賺得的資本所得稅。此外，柯林頓也提供了五十個聯邦商業區域，給予中小企業在此設立公司。

　　儘管此項立意雖好，但這些計畫所影響的層面不足而遭受攻擊。舉例來說，投資稅的減免並無法使得服務性的企業受惠；對於製造業而言，這樣的措施通常將之排除在外；中小企業質疑這樣的計畫，到底在支持誰呢？

　　企業界人士擔心柯林頓的改革措施可能會使他們遭受傷害。目前中小企業對於政府致力於中小企業國際化、強制健保計畫等，都是他們無法做到的工作。另外，人事成本對於中小企業在創造新的工作機會方面也是一項困難的事。但從另一角度來看，創造一些不值得的低階層工作機會也同樣受到爭議。

問題

1. 政府提供給中小企業的誘因計畫，有什麼優點？
2. 你如何建構促使經濟誘因的計畫？
3. 那些以服務為導向和製造為主的中小企業，是否應包括在政府的誘因計畫之內？為什麼？
4. 政府是否應該強制企業提供健康照護的服務給員工們，甚至犧牲工作和獲利？為什麼？
5. 企業是否有道德上的責任，提供健康照護的服務給其員工？為什麼？

在General Mills 的事業機會

讓我們大聲複頌Wheaties 穀類早餐最受歡迎的廣告詞，General Mills 稱自己爲「冠軍公司」(the Company of Champions)。這家市場遍及全球的公司需要創新、積極的大學畢業生加入他們的行列當中，只要你勇於接受挑戰；不怕競爭；又願意追求永無止盡的事業契機，都可以前來應試。

General Mills 每一年的營收超過七十一億美元，所以不僅在包裝食品業中享有盛名，就連在餐飲業中，也因爲它的Red Lobster 和Olive Garden 餐飲連鎖店而使得自己聲名大噪。因此如果我們聲稱General Mills 能夠爲每個人在各個領域中提供獨特的事業契機時，這一點絕不會令人感到驚訝。該公司是採用內部拔擢的方式，管理階層保證，只要員工的表現不錯，就有在職務上晉升的可能。

在General Mills裏工作是個什麼樣的光景呢？以下就是幾個領域的寫照。

- 在行銷管理領域裏工作的員工，會有機會參與各種產品的運作。他們必須很有創意，而且行事要堅決，並具備分析理解的能力，如此才能和很多人進行合作。他們被指派的工作任務和產品，都需要用到團體分工上的管理技巧，其中包括設定策略性銷售目標和市場佔有率目標；協助發展和評估廣告活動；爲產品促銷活動制定計畫；和處理生產與配銷方面的決策事宜，以便把General Mills的產品推到市場上去。這些活動可以讓他們在工作過程中，完全發揮出自己的潛能，讓他們達到事業上的高峰。
- 從事財務方面的員工，則需負責改善公司的財務狀況，並儘量壓低生產的成本。這可需要當事者具備分析、管理和人際互動方面的技巧，再加上企業管理、會計、經濟、或文理方面的學歷背景。大學畢業生一開始

做的就是財務人員、成本會計師、或財務查帳員的職務工作。他們負責財務上的分析，以及提報公司目前運作上的資料內容等。擁有企管碩士學位的畢業生則可立刻從分析師開始作起，專門從財務上的角度評估分析各種計畫和運作。

■ 從事人力資源管理的員工通常在人力資源、產業關係、或企業管理方面都有過相關的經驗。在加入該公司之後，他們可能會負責招募人才、聘雇、職前引導、薪資行政、訓練、和勞工關係方面的活動。人力資源管理部門的員工可能會在不同的工廠或子公司裏做事，也或者在General Mills位於Minneapolis的總部分區辦公室裏上班。

■ 在資訊系統上班的員工，則有機會接觸到該公司的各個層面。一旦確認了來自於其它部門員工在決策上所需用到的主要資訊之後，他們就會設計資料上的處理系統，以便進行資料的收集和摘錄，並迅速地傳達給公司裏的同仁，後者則會利用這些資料來維繫公司在市場上的競爭力和生產力。

第二篇
企業的人力資源部份

6

企業組織的管理

為什麼需要管理者？
管理者的組織目的
對管理者的一般需要

什麼是管理？
管理者的環境
管理者工作的迷思與現實環境

管理者是哪些人？
管理的階層
管理的領域

管理功能
規劃
組織
人事
領導
控制
各階層的管理功能

管理角色
人際關係的角色
資訊溝通的角色
決策上的角色
角色與管理的功能

管理技能
專業技能
人際關係技能
概念性技能
依管理階層而決定技能的重要性

管理決策的過程

摘要

回顧與討論

應用個案

我相信只有少數人了解公司總裁的工作就是領導。

MIKE H. WALSH

Chief Executive Officer, Tenneco

章節目標

在學習本章之後,你應該能夠做到下列各點:

1. 解釋企業組織裏爲何需要管理者。
2. 描述管理者的環境。
3. 分別管理者工作的迷思與現實環境。
4. 定義並解釋一家公司裏的三個管理階層。
5. 定義並解釋五項管理的功能。
6. 解釋管理功能如何應用於所有的管理階層。
7. 描述管理者所扮演的角色。
8. 描述管理者所需的三種技能—技術性、人際關係、概念性技能
9. 解釋管理決策的本質與步驟。

前言

Sandor Schoichet

　　Sandor Schoichet已經發展出一種觀念,有關企業如何應用資訊科技—電腦和通訊—使得經營更有效率和成功。他透過管理幾家成功的小型企業以及爲大型公司創造解決問題的系統和技術的經驗而整合了這種知識。

　　Schoichet就讀於加州的Santa Cruz大學,取得哲學和資訊科學的學位,在進入麻省理工學院取得電子工程碩士學位之前,已花了三年時間,設計邏輯系統和電子電路工程。

　　Schoichet在麻省理工學院裏,發現科技可與商業結合。他在人工智慧實驗室工作,並和Michael Hammer在電腦科學實驗室的自動控制組中工作,他同時也在

麻省理工學院隸屬的Sloan管理學校研究創新管理。他回想著說，「Hammer博士是一位令人愉快且精力充沛的工作伙伴。我們嘗試模擬企業程序以瞭解專業性的辦公室工作。爲了試著取代那些不具有技術的員工，並將他們轉換爲能處理資料的辦事員，我們尋找一些方法來改變工作的型態。這是一種重新改造的概念，並不愚蠢。因此，Hammer博士總是中斷我們的論文寫作，並把我們送到紐約或是倫敦參與顧問工作。

離開麻省理工學院之後，回到舊金山海灣區，Schoichet在一家程式和系統設計公司工作，爲一些大型又複雜的顧客撰寫企劃書並協助設計資訊系統。例如將長途電話的記錄收集起來並且將之轉換成帳單。這樣的工程刺激了丹麥、英國、加拿大、日本和澳大利亞等國家的發展計畫。「我學習如何與來自不同的文化、時區、地理位置的人們，一起執行計畫，對我而言，這是件有趣的工作」。

這個工作建立了Schoichet在管理和經營一個自主單位方面的技巧。在他被引誘去協助成立Teknekron公司之前，他才從專案經理升遷至行銷副總。

這家公司在二十五年前由兩位加州柏克萊大學的教授所設立，而Teknekron公司的任務則加速學術上的技術成果轉換在商業用途上。Teknekron公司創辦超過十四項事業，包括Teknekron通訊系統（Teknekron Communication System），聘僱Schoichet掌管其網路應用部門，可以說是一項十分成功的系統，它發展出一種單一晶片數據機，並爲許多公司建立大型的網路應用，例如英國的Telecom公司和United Parcel Service公司。

但是Schoichet立刻又馬不停蹄地尋找新的機會和挑戰，設立了Teknekron製藥系統（Teknekron Pharmaceutical System）。他指出，「我們發現將改造工程（reengineering）應用在新藥推出市場的過程也是一個商機」。經過數年，他將其管理和科學技術的所學應用在新事業上。「我們是支援他們，並不是要將之取代。我們運用電腦加快商業程序，協助人們在團隊中更有效率，並使客戶能夠透過減少進入市場的時間和成本，有效地對全球性競爭做出反應」。

談到他本身的管理技巧，Schoichet指出，「我不斷地變換管理角色，在營運公司方面，我承擔了所有的職責：如察看財務報表、處理內部資源並與員工一同工作—包括雇用、考核甚至開除員工等。另外我還要持續地和客戶溝通，以使其瞭解工作的複雜性並重視彼此間的信任關係。我們一直實行專案團隊，必須要按照工作時

間表和預算進行。專案團隊通常由我們的工作人員和客戶的人員組成，所以維繫凝聚力並保持暢通的溝通管道是一直要注意的事情。針對多樣顧客的多種專案，我們運用了所有的通信設備，包括語音郵件、大哥大、電子郵件、傳真機和飛機等，做為我們和客戶之間的聯繫。在這麼多種的專案中，要分清楚什麼是重要的和什麼是不重要的細節是很難的。不過，只要記住，先做完一件事之後，才進行下一件事，因為事情的優先次序才是關鍵」。

　　Teknekron製藥系統運作的第一年，員工有十二名，業績達到$150萬美元。Schoichet希望在公元2000年前，員工達到二百名，業績則成長到$5,000萬美元。他指出，「我們將有許多的競爭者，但他們敵不過我們的團隊精神和非凡的管理運作能力」。

為什麼需要管理者？

　　管理是必要之事嗎？管理者到底在做什麼？好的管理者需具備什麼樣的技能？這一章就要告訴我們上述的答案，並提供管理一家企業的基礎。若要明瞭企業的營運，瞭解為何需要管理者是最基本的問題。

管理者的組織目的

管理者
凡是指導管理他人活動者稱之

組織
是一個兩人或兩人以上的團體，存在並經營完成其清楚規定和一般擁有的目的

　　管理者（managers），凡是指導管理他人活動者皆稱之，是伴隨組織的存在而需要。這是一個充滿各式各樣組織的世界：學校、西南航空公司、美國女童軍、路口轉角的藥局、美國國內稅收署、卡車司機公會等。組織隨著規模大小、結構、資源、人事和目的的不同而有所差異，但是仍有其相同的特徵。

　　基本上，**組織**（organization）是一個兩人或兩人以上組成的團體，存在並經營完成其清楚規定和一般擁有的目的。目的即目標經由計畫和行動所達成的結果，而這些目的必須隨著提供給組織內或組織外成員商品與服務才能實行。

若沒有任何的控制，組織內成員可能進行其主觀意識認為有助於目的完成，但實際上卻是反其道而行的行為。為了確保目的的完成並防止這種混亂失序的行為，對管理者的需求也就產生。管理者可能是該組織的業主、經營者或創立者（或三者都是），也可能是被聘雇過來指導營運的某人。無論如何，一位管理者是公司決策的制定者，亦是被委託組織各項資源（人事、資本、資訊和設備）以完成組織的目標。而管理者通常是組織內聯繫的界面、催化劑、誘因和改變、協調以及控制的導引力量。

對管理者的一般需要

在所有組織裏皆可發現管理者的存在，有時管理者被狹隘地定義為在營利性私人營利企業領域工作，但是只要有組織的存在，就產生對此等人需求。當你拜訪學院的院長時，那麼你正和一位管理者談話；當你參加美國心臟協會所舉辦的演講時，那麼你正在聆聽一位管理者說話；當你參加當地的母姐會時，你則和一群管理者交流著。

而管理者都在做什麼呢？所有管理者的工作都是一樣的嗎？如果不同，其差異如何呢？在以下的數頁裏，我們將解析這些問題的答案，好讓你能進一步瞭解管理者的工作性質。

什麼是管理？

所謂**管理**（management）是指運用五項管理功能，例如人力、財務、原料和資訊資源，以進行目標的設立和達成目標。

有關這個定義，尚有以下幾點需要注意的：

- 管理者制定理性的決策以設立並完成目標。而決策的制定是所有管理活動中具決定性的一環。
- 管理者乃透過其手下人員的合作完成任務。一旦管理者取得供組織使用的財務、原料和資訊資源，再經由組織的成員來達成所規定的目標。

管理
是指經由五項管理功能，運用人力、財務、原料和資訊資源，以進行目標設立和完成的過程

■爲達成這些目標，管理者必須執行以下五項基礎的功能。這些**管理功能**（management functions）乃管理者爲實現目標所實行的五項廣泛活動：規劃（planning）、組織（organizing）、人事（staffing）、領導（directing）和控制（controlling）。

■管理者與多數的個人和群體一同工作。管理者和每一位部屬工作，同時也組合那些部屬成爲一個工作團體。這兩項任務都需要技巧和耐心。

以上各點稍後在本章其餘部分將詳細說明。

管理者的環境

管理的眞實世界十分複雜，它是苛求的、刺激的、費力的以及充滿壓力的工作。就如同蘋果電腦的總裁John Sculley所說，「我沒有一天不是戰戰兢兢」。然而，管理者所言都是眞的嗎？

大多數管理者的回答是「沒錯」。管理者所處的環境愈來愈複雜，注意近年來打擊一些較大型企業的變動：企業的輪替（UPS公司）、結構的改變（通用電子公司）、減廠（IBM電腦公司、Sears公司）、關廠（通用汽車公司、福特汽車公司）、兼併（時代和華納公司）以及處於眞空狀態的領導階層（IBM電腦公司、Sears公司、通用汽車）等，皆清楚地顯示，這些因應改變的調整導致企業每日的管理日趨複雜和費力。今天的管理者有著許多的需求，需要時間、需要擁有吸收新科技知識的能力以及適應新文化差異的彈性。

而今日管理者需要面對另外三種問題：國際化、倫理的關懷和整體品質的管理。現在管理者處理事務的方式已經改變，企業正在國際的競技場中冒險犯難，需要管理者使現存的管理方式去適應不同的環境，並且在這些環境中採用可操作的方法。即使是小型企業，身爲那些在世界市場中競爭的較大型公司的供應商，或是那些面臨外國競爭者的企業，都受企業國際化的影響。此外，現在社會上也要求企業更多倫理行爲的承擔。

最後，管理者亦視質量與全面品質（total quality）的改善，做爲生存、競爭和長期獲利的出路。（全面品質管理將在本章的管理者筆記討論。）新的觀念、文化

差異、領導能力的要求，以及和企業組織各部門之承擔品質有關的管理技術，正在管理者的工作中進行一場革命。

　　管理者必須找出一個方法來平衡這些需要，當每一個新的重點領域被採用時，管理者就必須試著瞭解它的重要性，自覺地為它在其它關鍵的優先順序上安插一個位置，並找出其它的領域來修正以提供所需的平衡。隨著這些所有的需要，一種新式的管理者正在展露頭角，如表6.1 所示，這種類型的管理者以新的管理哲學來達成管理工作。

舊的管理者	新的管理者
認為自己是個管理者或老闆	認為自己是一位負責人、團隊領導，或內部組織的顧問
服從一連串的命令	與完成工作必要的任何人交涉
在一個設定的組織架構裏工作	隨著市場的變化而改變組織的架構
獨自制定大多數的決策	邀請他人共同制定決策
獨享資訊	與他人共享資訊
嘗試主宰某一訓練	嘗試主導團隊的管理訓練
要求長的工作時間	要求結果

表6.1
新的管理者

資料來源："The New Non-Managers," *Fortune,* February 22, 1993. © 1993 Time Inc. All rights reserved.

管理者工作的迷思與現實環境

　　當Henry Mintzberg在研究對管理者的多重要求所產生的影響時，他發現管理者實際工作的方式和圍繞在其四周的迷思呈現一個鮮明的對照。

迷思1：管理者是一位深思熟慮、有系統的計畫者。管理者在每一天，都會以他們自己的方式井然有序地計畫和工作。

實際上：典型的管理者擔負太多的任務，以致於他或她只有一點時間去考慮。每日，從瑣碎的雜事到各式各樣的重要事務，都緊跟著管理者，平均每一個活動只有九分鐘的時間。管理者須面對著常態性的干擾，就像

可口可樂的總裁Roberto Goizueta或是德州儀器的第一線管理員Gayle Patrick等，這些管理者的生活都是漫長且忙著與人交涉的。

迷思 2：有效的管理者不執行經常性的職務。按照這個迷思的說法，管理者事先把所有工作先設定好，然後輕鬆地看別人工作。

實際上：雖然他們的生活可能被某些事情所干擾，但管理者仍有經常性的職務需要去執行。這些職務包括了參加會議、接見社會和組織性的參訪，以及在經常性的原則下處理一些資訊。為了實行他們所有的職務，管理者經常需要加班完成。

迷思 3：管理者的工作很快地成為一種科學。管理者有系統地工作並經由分析決定工作計畫和程序。

實際上：管理者的工作，其技術性甚於科學性。管理者並非依靠有系統的程序和計畫，而是其直覺和判斷。即使他們和過去比較，是依靠那些已準備好的資訊，但沒有一個管理手冊能告訴Roberto Goizueta如何改變可口可樂使其更有效率。

管理者是哪些人？

管理者有許多種類的名稱和頭銜，而回答「誰是管理者？」這個問題的最好辦法，就是去解析管理的領域和階層。

管理的階層

一個組織裏的所有管理者都相同嗎？這個答案可以說「是」，也可以說「不是」。管理者實行相同的管理職能，但是在公司不同位置的管理者，其重點管理之處就有所不同。在大部分的組織裏，管理階層會制訂一套**管理階層級**（management hierarchy）或是通常以金字塔的排列方式來表示不同的管理階層，我們可以將這個層級分割為三個主要的階層，如圖6.1所示。

管理階層級
通常是以金字塔的排列方式來表示不同的管理層次

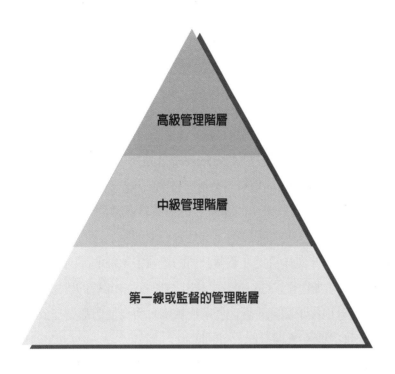

圖6.1
管理金字塔的結構

高級管理階層

中級管理階層

第一線或監督的管理階層

高級管理階層（top management），由組織裏最重要的管理者所組成—總裁（CEO）或總經理—以及他或她的有關部屬，通常是副總經理（vice-president）。高級管理階層負責組織所有的管理，建立組織性或公司的方針、目標、以及相關政策，而且領導公司處理其與外在環境的關係，如Sandor Schoichet即是Teknekron製藥股份公司的最高管理階層。

中級管理階層（middle management），包括了副總裁（vice-president）等級以下，主管（supervisory）以上層級的所有管理者。不論是區域管理者或團隊管理者，他們都有其下屬管理者。他們負責執行高級管理階層所交待的經營方針和政策。有些組織在中級管理階層裏又分為二個或三個層次，如工廠經理和銷售經理就是兩個中級管理階層的例子。

第一線管理階層或主管（first-line management or supervisors），屬作業層次的管理者，是最低層次的管理階層。他們負責管理特定的工作團隊並完成公司所交付的實際工作。他們的部屬是工人和作業性職員—即所有管理者執行其計畫所依賴的團隊。如假日酒店裏的大夜班經理就屬第一線的主管。

高級管理階層
由組織裏最重要的管理者所組成—總裁或總經理—以及他或她的有關部屬，通常是副總經理

中級管理階層
包括了副總裁等級以下，主管以上層級的所有管理者

第一線管理階層或主管
屬作業層次的管理者，是最低層次的管理階層

環球透視─可口可樂公司：管理全世界最好的品牌

可口可樂的總裁兼總經理Roberto Goizueta談到，「我們曾擁有國際性商務的美國公司，現在我們則是擁有一家龐大美國企業的大型國際公司」。可口可樂公司能顯著又順利的發展，主要是因Goizueta和他所培養出來的團隊管理得當。Roberto Goizueta在1980年代重新塑造可口可樂公司，重塑公司的文化、組織和財務狀況以符合其個人對未來的遠景。從他成為總裁開始，即在這大型、多樣、傳統的公司中投入其管理技術，並且有條理地將公司的組織詳加分析，對每個部門進行檢討，然後決定在整個公司的組織中，每個部門應扮演的角色。做為改造工程的重要因素，Goizueta培養出一批聰明、年輕的班底。他對這些班底有信心、充分地授予職責，讓他們承擔風險，而今他們都是在公司的領導階層，推動當年他們所參與設計的公司制度。

顯得更為複雜的可口可樂公司，在Goizueta重新改造下所呈現的是所有大型公司最易界定的事情。Goizueta放棄他繼承時該公司所經營的其它產品，例如，茶、咖啡、礦泉水，而只經營可口可樂的飲料。他把可口可樂公司改組成單單只是一家飲料公司─但卻是不同凡響的飲料公司！

可口可樂是一家全球性的非酒精飲料公司，它占有45%的全球碳酸飲料市場，在美國地區之外的市場占47%，不過在兩年後，其計劃達到50%的市場佔有率。目前其利潤有80%是依靠國際性的銷售，並且已將公司的資源和能力傾注於該領域的開發。Goizueta宣稱，「我們才剛開始接觸到居住在美國地區以外的消費者，我們向占有95%的世界人口市場邁進。當今，在我們最佳的十六個市場中，其銷售量佔了我們整個市場總量的80%，但這只佔世界人口的20%而已」。

為了擴大市場，可口可樂將直接投入數十億美金建造裝瓶工廠，並建立合資企業。一些在波蘭、捷克、羅馬尼亞、阿爾巴尼亞和奧地利等國的主要發展計劃都已進行或進入協商過程。在Roberto Goizueta的領導下，可口可樂公司在超過100年的歷史中，比任何一個時期都更為大眾注意。公司的意圖也更為開放和明確。

管理者的特定職稱端視工作組織和工作性質而定。在政府組織裏，行政官、部會首長是稀鬆平常的職稱。在企業裏通常使用的職稱是主管、經理和副總經理。然而，職稱一旦不在其工作的環境裏時，是沒什麼意義的。

　　一個公司的區域經理可能和其競爭對手廠商的區域性經理等同階層，圖6.2即說明了這種情況。圖6.2顯示了一個組織的三種管理階層及在各個階層裏管理者職稱。

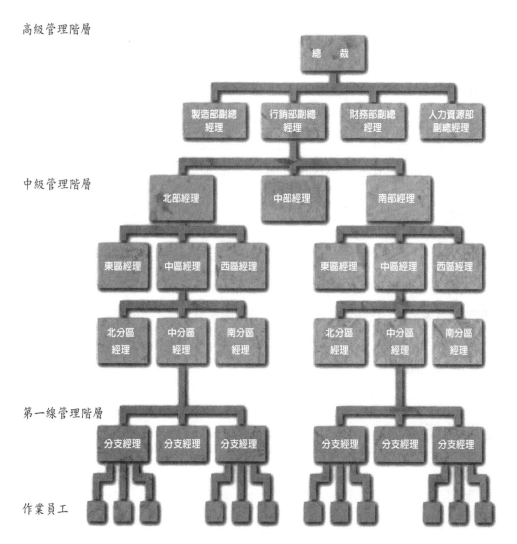

高級管理階層

中級管理階層

第一線管理階層

作業員工

圖6.2
三種管理階層裏的典型職稱

管理的領域

管理者亦可能依其工作、活動或功能性質而有所定義,而最常見的管理乃是屬於行銷、營運、財務和人力資源管理。

操之在己

哪一個管理階層對公司來說是最重要的?哪一個階層是最不重要的?爲什麼?

行銷經理 行銷經理(marketing managers)是負責組織裏研究、產品發展、定價、促銷,以及通路的策略。在圖6.2 裏,行銷副總經理是屬高級管理階層;部、區和分區的行銷經理則屬中級管理階層;而分支行銷經理則是第一線的督導員。

營運經理 營運經理(operations managers)負責組織裏所有與產品和服務製造的相關的活動。他們主要掌管存貨控制、廠房配置、產品控制和質量控制。由圖6.2 可知,有關營運的最高主管是屬高級管理階層的製造副總經理;而在這位最高管理者底下的其他經理,其管理體系就如同上述的行銷經理。

財務經理 財務經理(finance managers)負責組織的資產管理,而該領域的管理者主要負責會計、投資、預算,以及財務上的控制和調度。

人力資源經理 人力資源經理(human resources managers)負責組織內和人力資源有關的所有因素。其任務包括對未來人力資源的預測;徵才、徵選、熟悉環境、訓練,和發展人力資源;考核績效;制訂薪資系統;監管勞動關係;以及掌握人力資源的相關法律問題。

管理功能

我們已定義管理是指經由五項管理功能,運用人力、財務、物料和資訊資源,以進行目標設立和完成的過程。而這五項管理功能即規劃、組織、人事、領導和控制。

雖然我們將分別討論這五項功能，但在現實環境中它們是密不可分且相互依賴的。管理者無法說「我要在早上規劃，午飯前進行領導，下午一、二點要組織，並且從兩點半一直到下班要進行控制」。一個管理者必須協調這些功能，實行規劃需要的人力資源（人事），並建構團隊（組織）。部屬必須被引導以完成計畫（領導），且計畫的進程必須被監督（控制）。管理功能和管理者在此方面的績效是動態的、是互補的以及相互支援的，以下是各個功能的詮釋。

規劃

規劃成為第一項的管理功能有兩個原因，首先因為它是其他管理功能的基礎工作，另一方面乃因為它是實行其它功能之前的第一個步驟。**規劃是確定目標以及達成方案的一種管理功能**。它周詳擬定了將委託個人、部門，以及全部組織的未來行動方針，而規劃的決議在以下的過程中產生：

規劃
是確定目標以及達成方案的一種管理功能

1. 決定人事以及其他資源的結構（組織）。
2. 獲得所需的人力資源，並訓練他們完成任務（人事）。
3. 建立完成任務所需的組織環境基礎（領導）。
4. 決定可評估朝向目標完成的程序標準，以致於能在必須時做出更正（控制）。

計畫的期間和範圍　　管理者在規劃計畫涵蓋範圍所花費的時間方面應視其管理階層而定。高級管理階層的計畫主要考慮公司的長期規劃，可能涵蓋三至五年的時間，這些計畫可能是追求企業的所有任務或擴展。而較低管理階層所要關心的可能只有今天或下個禮拜所要進行的活動。

影響規劃的因素　　每一位管理者制訂的計畫會受其他管理者的計畫所影響。較低階層管理者的計畫應要順應較高階層的領導，除了這種垂直的影響之外，還有來自同部門同階層其他管理者的水平影響，以及政府規定及要求所產生的影響。規劃這件事，要比你所能看見的還要來得複雜，它並不是在一個真空環境下所產生。

連續性與彈性　　只要組織存在，規劃這項功能就必須持續地實行。然而計畫的實行無法每次都和當初設想的一致；由於無法預期的事件可能改變原計畫的實行，管理者必須保持計畫的彈性。Digital設備公司最近證明了一個組織如何必須隨時地修正計畫，該公司依市場的需求，設計了人員編組計畫。隨著競爭環境的改變，該公司選擇轉換其焦點以符合新的市場機會。因此，其原先的人事規劃需要修正。結果是：Digital公司改進了其營運，並縮減25%的勞動力。

組織

組織
是一項關於（1）集中和分配完成組織目標所需的資源；（2）建立組織的權力關係；（3）創造組織架構的管理功能

　　組織是一項關於（1）集中和分配完成組織目標所需的資源；（2）建立組織的權力關係；（3）創造組織架構的管理功能。規劃已建立了公司的目標，以及其完成的方法；組織則發展完成這些目標的架構。

　　將那些達成目標所需的活動，集合在不同的工作部門或其他因相關工作而集結成的任務編組。其結果就是一個組織架構，由相互依賴的單位、部門所組成的工作網路，如圖6.2、6.3 所示。而每一個單位（以及單位裏的個人）應該清楚地定義權力或責任，以及該向誰報告負責。

圖6.3
組織架構

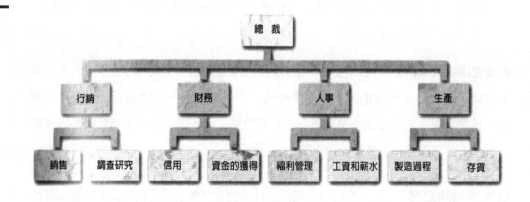

　　當公司的目標改變，其管理與組織關係的結構亦可能相應改變。不過有一件事是可以確定的─即當組織內外發生改變時，就需要新的方法、新的計畫，以及新的組織單位。第七章將專門說明組織功能。

人事

    人事是一種吸引優秀人材並將之留任的管理功能。在組織的過程中，人事乃試圖將那些有抱負的職員安置在需要的工作崗位上。人事包括決定組織內對於人力資源的需要（需要多少人員），從報紙廣告或其他來源，吸引有潛力的職員，並且檢閱配合工作所需的學經歷證明。將職員招募進來之後，人事則牽涉了引導員工適應公司環境、職業訓練並使其合乎要求。人事亦涵蓋建立和實行員工績效評定制度，並提供進步的回饋，以及決定每一個職位的適當薪資和津貼。

    這項功能所包涵的許多方面乃屬於人力資源部門的責任─通常在大型組織中屬於負責人事的部門。第八章將會詳細解釋人事這項功能。

人事
是一種吸引優秀人材並將之留任的管理功能

領導

    領導即帶領組織成員朝完成公司組織目標的方向前進。**領導是一種提供領導能力，建立良好工作氣圍，並安排機會時時激勵其屬下的管理功能**。並且，每一位管理者都必須注意其部屬。

    領導之時，管理者必須在團隊中展現其領導能力、建立一種氛圍，使每個人都能被激勵，有效率地實行其工作，並將工作績效和報酬回饋良好地加以聯結。領導是管理者和人員一同工作的能力，管理者需要靈敏地和參與人員溝通，並提供不斷的指引、諮詢和資訊給所屬人員。

    在領導的過程當中，管理者不只是單純地下命令，他或她必須決定如何經由哪些人員來達成目標。對於管理者的兩難來說，就變成如何提供指導、給伴隨人員下決策，並建立一個由不同人所組成的團隊。而解決的辦法之一就是創造一個使職員們都能達成他們自己和公司目標的工作環境。為建立這個環境，管理者必須要能讚賞工作團隊中每個人的特質不同，且提供一個能符合需要的工作環境。溫娣連鎖飯店的創立人 Dave Thomas 是藉由其所創造的公司環境，才得以使事業成功。經由不斷地嚐試學習，他瞭解到停止手邊的工作去參與人群，並讚賞他四周所有人的特質不同和才能，以創造一個領導的環境，是非常重要的。

領導
是一種提供領導能力，建立良好工作氣圍，並安排機會時時激勵其屬下的管理功能

為了實踐領導並建立如此有鼓勵性的氛圍，管理者必須保持溝通管道的暢通，積極地傾聽職員意見、反應職員所關心的事情，並提供個人績效的回饋。另方面亦必須眞誠地進行管理者與員工意見、關心事項和行爲的交流。

控制

控制
是一種管理功能，乃
建立衡量的標準來檢
視實際績效是否符
合，且分析其結果，
並視其需要進行更正
的措施

控制是一種管理功能，乃建立衡量的標準來檢視實際績效是否符合，且分析其結果，並視其需要進行更正的措施。

控制的功能是不可或缺的。控制功能嘗試促進企業的成功，並提供監督個人、部門、以及整個組織績效的衡量標準，以防止企業的失敗。它企圖防止一些問題的發生，當確定問題眞實存在時，便盡可能有效且迅速地解決這些困難。

而控制的程序由四個基礎的步驟所構成，適用於任何人、項目或正被控制的過程：

1. 在朝向目標的進程中，建立衡量的標準。
2. 評量實行的績效是否符合標準。

3. 注意和分析任何脫離標準的變異。

4. 採取必須的行動去更正所不希望的變異。

以銷售量為導向的公司如 Procter & Gamble 公司和 Frito-Lay 公司建立以銷售定額的標準來監督衡量職工的績效。在 Chapparal 鋼鐵公司中，生產定額就被確認和當作績效的評量工具。對大部分的管理者來說，預算就是監督費用的控制裝置。

各階層的管理功能

若不論頭銜、位置或管理階層，所有的管理者皆從事相同的工作。他們執行五項管理的功能並經由他人以及共同參與的方式，來達成組織的目標。當你解析圖6.4時，注意一下，雖然所有的管理者實行相同的功能，但在不同的管理階層中，花費在每一個管理功能的時間量則有所差異，且其在每一個功能所強調的重點也有所不同。

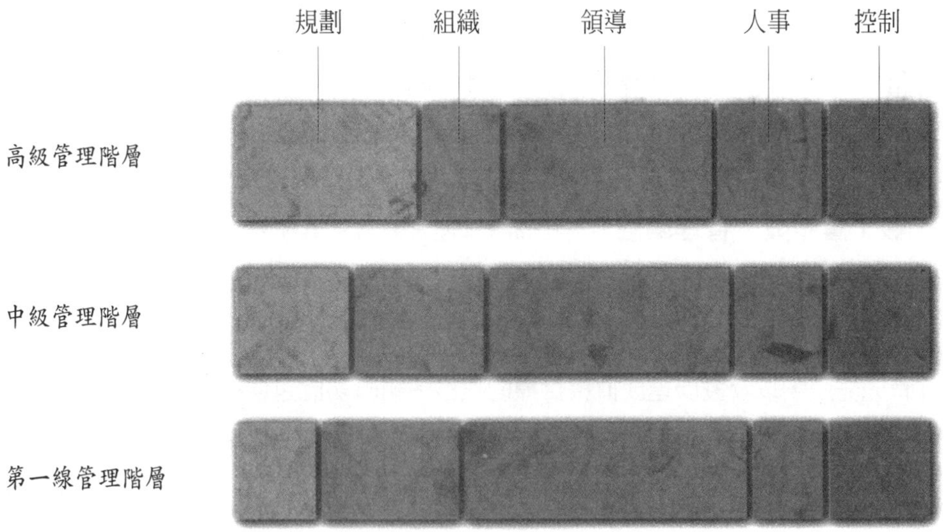

操之在己

什麼樣的功能對管理者來說是最難有效執行的？為什麼？

	規劃	組織	領導	人事	控制
高級管理階層					
中級管理階層					
第一線管理階層					

圖6.4
每一種管理功能在不同管理階層所著重的關係

高級管理階層　　高階的管理者乃關心宏觀的藍圖，而非細節部分。例如：美國航空公司高階管理者的規劃功能即包涵了建立組織主要的目標、全球目標的實現，以及交出中級和第一線管理者實行的主要政策。高級管理階層的組織事務是發展全組織的架構以支援計畫和取得資源。高級管理階層的人事功能，主要為建立一套使員工有等同機會和發展的政策。並獲得能人志士進入較高的管理階層。在領導功能方面，則包括了創造一個全公司的管理哲學和培養一種組織氛圍以擁有職員樂觀進取的表現。而這個階層的控制功能方面，則將重點擺在全公司經營績效和目標之間的關係。

中級管理階層　　中階管理者的主要任務是發展策略以執行高階管理階層所決定的廣泛構想。例如：假設戴爾（Dell）電腦公司高階管理者決定了10%的獲利目標，該公司的中階管理者就必須確定他們自己具體的目標以達成這項盈餘一不論是追蹤新的產品、新的顧客，或新的區域等等。中級管理階層的組織功能是對組織的架構進行特殊的調整以及將那些從高級管理階層所獲得的資源進行配置調節。至於人事功能則將焦點集中在實現平等機會的政策和職員的發展計畫。領導功能則是提供領導能力和支援較低階的管理階層。而控制功能是關於監督某些特定產品、地區、次單位的計畫執行結果，以及進行確保組織目標達成之過程中所需的任何調整。

第一線（督導員）管理階層　　就高階管理者而言，其所關注的是宏觀藍圖的規劃。就中階管理者而言，則是所有計畫的實行。至於第一線的管理者，其所關注的只是他們直接的責任。對第一線管理者來說，規劃功能牽涉安排員工並決定什麼工作需首先完成，以及發展達成直接目標的程序。組織功能包含授權或指派任務給特定的員工或團隊。這一階層的任用功能包括新進員工的招募並訓練這些員工實行職務。至於領導功能則包含與工作團隊和所有個人員工進行溝通與領導。而這一階層的控制功能則將焦點集中在確保團隊能符合生產、銷售或品質的目標。

管理角色

不論其階層，依我們定義所描述的管理者是那些進行規劃、組織、任用、領導和控制的人，為實現這些管理功能，管理者必須扮演不同的角色。所謂的**角色**(role)乃對管理者行為的一組預期。當一名管理者實行管理工作以及和不同的組織成員交相影響時，他或她必須戴著不同的帽子。這些角色的條件則受管理者正式的工作說明所影響，即那些所交付確定的權力和地位，以及管理者上級、部屬和同事對其價值和預期的影響。

Henry Mintzberg分析了管理行為所適切的十種可能角色。依序地，這十種角色可能被分為三種類別：主要關於人際關係、資訊的傳送和決策的制訂。這十種角色列於表6.2，並簡述一些總裁的經驗來論證這些角色。以下是每一項分類和角色的解釋。

角色
乃對管理者行為的一組預期

人際關係的角色

人際關係的角色也就是管理者與其他人之間的關係，起因於管理者直接的正式職務與權力。

- **形象代表**(figurehead) 一位管理者是其單位裏的頭頭，由於他們的職位使然，管理者必須例行地實行一些特定禮貌性的任務。例如管理者必須招待來組織參訪的訪客、參加部屬的婚禮，或團體餐會等。
- **領導者**(leader) 管理者需要創造一個環境，在改善職員績效、減少衝突、提供績效表現的回饋和鼓勵績效成長等方面，扮演一個領導者的角色。
- **聯絡者**(liaison) 管理者游走於上司和其部屬之間，並和其他部門同階層管理者、職員、專員，以及外界（供應商、顧客）接觸。在這角色裏，管理者乃建立起多元不同的聯繫。

表6.2
明茲博格的十種管理
角色

角色	說明	經理人的活動
人際關係方面		
形象代表	實行一些帶有法律或社會常情的例行性責任,是一種代表的象徵	參加一些關於公眾、法律、社會功能的慶典儀式;主持儀式
領導者	激勵部屬,並確定團隊的招募和訓練	與部屬的互動關係
聯絡者	維持所建立的資訊網絡,使與外界的資訊能持續不斷	接受與外界的信件,並與外界保持互動
資訊溝通方面		
偵察者	搜尋和接收廣泛的特殊資訊,以徹底了解組織及其環境	掌握所有關於接收資訊的所有信件和接觸
傳播者	將從外界接收到或來自部屬的資訊轉換給組織內的成員獲悉(有些資訊是事實,有些則為穿鑿附會之說)	為了資訊的目的,以書信的方式傳達給組織;或以口頭的方式告知部屬
發言人	將關於組織的計畫、政策、行動、成果等傳達給外界人士;並以組織內的專家出現	參與董事會議,並負責傳達給外界人士資訊的信件和接觸
決策方面		
企業家	為組織和環境尋求機會,並擬訂改善的計畫	實行改善計畫的策略和檢討改善的過程
衝突處理者	當組織面臨重要且非預期性的困難時,採取更正的行動	實行因應的策略以解決困難和危機
資源分配者	負責實際上組織所有的資源分配,並制定或批準決策	安排;要求授權、預算,以及設計部屬的工作
協商者	代表組織負責重要的協商	協商

資料來源:*The Nature of Managerial Work* by Henry Mintzberg. Copyright 1973. by Henry Mintzberg. Reprinted by permission of HarperCollins Publishers.

管理者必須學習如何去掌握那些須迅速確定的決策。

資訊溝通的角色

　　管理者做爲組織內外聯絡者的部分結果，自然地就擁有比組織內其成員較多的資訊。資訊溝通的三種主要角色都伴隨資訊的使用和散播。

- **偵察者**　管理者恆常地監督著環境裏所發生的事情，管理者藉由直接詢問和間接的獲得方式來蒐集資訊。
- **傳播者**　做爲一位傳播者，管理者傳遞一些部屬無法直接獲得的資訊給他們。
- **發言人**　管理者是其所屬單位向外界宣佈消息的發言人。這項角色的一部分是讓上級保持消息靈通；另一部分是與外界組織溝通。

決策上的角色

　　以下四種角色則將焦點集中在決策的制訂上。管理者若非制訂這些決策（獨自或與他人共同制訂）就是影響他人的決策。

- **企業家** 當管理者發現有助於工作團隊營運改善的構想或方法時，則擔任了企業家的角色。在這種角色裏，管理者允許並鼓勵該工作團隊有效地使用這些有助於改善營運的點子或方法。
- **衝突處理者** 當部分的工作環境失去控制時（例如：計畫困難、設備故障、罷工，或背信的契約），管理者必須掌控這些狀況。
- **資源分配者** 管理者決定了工作單位以及每個人所能獲得的資源。這些資源包括了資金、廠房、設備，以及管理者的時間。
- **協商者** 與供應商以及出售公司內資源的契約一方協商是必需的。而管理者之所以成為協商者的角色，主要是因為他們是該工作單位裏唯一擁有權力和資訊的人，這兩者都是協商者所必需的條件。

角色與管理的功能

操之在己

你希望管理者扮演何種角色？管理者成功扮演何種角色？又不成功地扮演何種角色？何者讓你和同事在工作時感覺較好？

這些管理者實際上所做的多樣性角色扮演，為的是要執行管理功能。在規劃和組織方面，管理者擔任了資源分配者的角色；人事方面則需要管理者透過提供部屬績效的報酬回饋，來扮演領導的角色；而領導方面則包含了成功的傳播者、企業家和衝突處理者的演出；最後，在控制方面則經由偵察者的角色所促成。

圖6.5，圖解員工、同事、正式工作說明書，以及管理者上司等所預期的角色行為。由是否符合這些角色的扮演，來判斷管理者是否成功與失敗。任何遭遇角色扮演問題的管理者，應該會有如圖示所延伸的狀況。

管理技能

當管理者進行規劃、組織、人事、領導和控制時，必須精通以下三種技能：專業性技能、人際關係技能，以及觀念性技能。

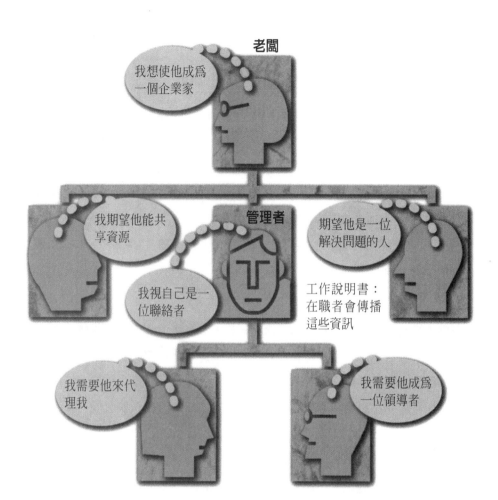

圖6.5
管理者的角色衝突

專業技能

　　專業技能（technical skills）是指管理人須具備專業知識與能力，在其指揮的特殊領域裏進行程序、操作、技術以及工具的使用。例如：一位管理會計部門的管理者就必須瞭解會計過程，但不需要成為一個專家。當然，一位管理者需要足夠的專業知識和技能才能明智地領導職員、組織任務、向別人告知自身工作團隊的需要，並且解決問題。春田再製造公司（Springfield Remanufacturing）的總裁Jack Stack 並非一位製造專家，但他擁有足夠的專業能力和營運經理、第一線主管，以及製造工人進行關於該領域的溝通。

專業技能
是指管理人須具備專業知識與能力，在其指揮的特殊領域裏進行程序、操作、技術以及工具的使用

人際關係技能

人際關係技能
意指能成功地與員工
互動和溝通的能力

　　人際關係技能（human skills）意指能成功地與員工互動和溝通的能力。管理者必須要能夠瞭解群體和員工、與他們一同工作並建立關係，進而創造一個團隊的環境。

　　人際關係技能可以再細分成兩個部分：第一部分是對管理者部屬的領導；另一部分是集團間關係的技能。管理者的人際關係技能決定其是否能以團隊成員的身份進行有效的工作，並在團隊內建立合作的努力成果。西南航空公司的總裁Herb Kellecher就以他的人際關係技能與其員工建立起一種卓越的和諧關係。

概念性技能

概念性技能
意指一種宏觀全組
織，並發現該組織與
另一個組織之間關係
的能力

　　概念性技能（conceptual skills）意指一種宏觀全組織，並發現該組織與另一個組織之間關係的能力。概念性技能主要是處理構想和解析彼此關係，亦包括了設想組織內各部分的程序、系統整合和協調的能力。管理者需要概念性的技能以明白因素之間的相互關連、明瞭其他組織的任何行動所造成的影響，並有能力執行五項管理的功能。最後，概念性技能包括了確定問題、發展解決之道、選擇最佳的方法並完成問題解決的能力。

　　Michael Armstrong是一位闡述優良概念性技能的重要性的管理者，在離開IBM電腦公司之後，成為Hughes航空器公司的總裁。由於其概念性的技能，成功地將公司帶入一個新的產業、新的公司以及有競爭力的環境。

依管理階層而決定技能的重要性

　　以上三種管理技能的重要性對管理者來說，端視其在組織內所屬的管理階層而定。技術性的技能對於第一線的管理者最為重要，且其重要性隨著組織架構內管理階層的提高而降低。例如：在西北航空公司裏的文書處理部門就必須比公司總經理對於有關系統、設備和訓練方法的專業資訊有較多的瞭解。

　　人際關係技能在組織內每一階層都屬重要。雖然如此，對第一線的管理者來說，由於其接觸多數的員工，在人際關係技能方面亦有其額外的需要。

而概念性技能則隨著管理層級的提昇而愈顯重要。第一線的管理者乃將焦點集中在所屬的工作團隊上，因此對於概念性技能的需求是最小的。而高級的管理階層則關注那些影響整個組織的宏觀長期決策，因此概念性技能對此階層來說是最重要的。圖6.6說明了在三種管理階層裏，對於三種技能的需求關係。

管理決策的過程

　　我們已解析了管理者的工作（功能）、執行工作的必須行為（角色），以及管理的技能，現在應是注意決策制訂的適當時候。決策是所有管理者的工作之一，當管理者在進行規劃、組織、人事、領導和控制的功能之時，即在進行決策制定。

　　決策（decision making）是一種確認問題和機會的過程，發展且選擇解決問題的可替代方案，並付諸實行。決策的制訂無法與管理功能分開，反而是五項管理功能內的一種思路。管理者每天都作出大大小小的決策，不論是規劃預算、組織工作日程、面試那些有抱負的職員、注意裝配線上的員工，或是進行計畫的調整，不時地進行決策制訂的過程。

決策
是一種確認問題和機會的過程，發展且選擇解決問題的可替代方案，並付諸實行

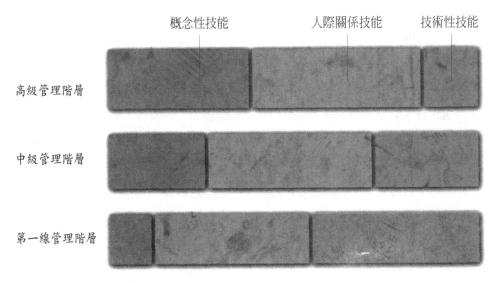

概念性技能　　　　　人際關係技能　　　　技術性技能

高級管理階層

中級管理階層

第一線管理階層

圖6.6
三種管理階層對於三種技能的需求關係

資料來源：Adapted from James A. F. Stoner /R. Edward Freeman, *Management,* 4th ed., 1989, p. 15. Used by permission of Prentice-Hall, Englewood Cliffs, N. J.

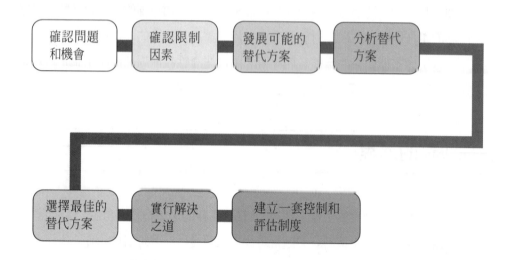

圖6.7
做決策的過程

做決策的過程

確認問題和機會 → 確認限制因素 → 發展可能的替代方案 → 分析替代方案

選擇最佳的替代方案 → 實行解決之道 → 建立一套控制和評估制度

　　決策的過程包括了七項步驟。它們本身是符合邏輯並單純的，但是卻都是過程當中不可或缺的步驟，其過程請參見圖6.7，而其概述如下：

1. **確認問題和機會。** 你遇到什麼樣的特定問題或機會？問題的界定精確與否會影響之後的決策過程。如果無法將問題準確地界定，則往後的決策過程是建立在一個錯誤的基礎上。當一位汽車駕駛者向修理工人說明其車子引擎運轉不順的徵兆或是問題時，修理工人會以其修理的經驗，從發生這個問題的可能原因開始，來診斷這部不平順的車子，而修理工人可能找出是火星塞的問題。如果這是導致引擎運轉不平順的原因，換個火星塞就可解決這個問題。如果不是，問題仍然存在，只好靠道路測試來確定問題的肇因。問題若未妥適界定，即是時間和精力的浪費，並且會讓員工們覺得灰心─「什麼，又是那個問題嗎？我們上個月才解決那個問題，或至少我們認為已解決那個問題了」。

2. **確認限制因素。** 一旦問題界定之後，則必須再去確認限制因素。所謂限制因素是指其他特定替代方案的各種約束，而最常見的限制因素就是時間。假設有一新產品在一個月內要能在銷售商店上架，其他超過一個月時間的替代方案則不予考慮。而資源、人力、資金、廠房和設備等，則是其他縮減可能替代方案的常見限制或關鍵因素。

3. 發展可能的替代方案。從這個觀點來看,你應該盡所能地尋找、發展,並列舉出其他的替代方案。而這些替代方案應該消除、更正問題的發生,或是將機會極大化。替代的解決方案可能會遭遇諸如額外的工作輪班、加班、增加招募職工,或是什麼事都不做等等問題,以維續計畫內的生產。而對於問題按兵不動,至少在問題釐清之前,有時是一種適當的替代方案。有時候,時間就是問題解決之道。

4. 分析替代方案。而下一個步驟就是判定每一種替代方案的優缺點,有什麼正面幫助以及負面影響?有那些替代方案和之前所確認的關鍵(限制)因素有衝突?如果有這種情形,則應自動地捨棄。

5. 選擇最佳的替代方案。從這個觀點來看,你已經按照其優缺點列出各種的替代方案。你該選擇那一種呢?有時候最好的解決之道是將許多的方案結合起來。在單一種或組合式的替代方案選擇過程中,你必須找出優點最多且副作用最少的替代方案,而不要在解決問題的同時又創造出新的問題。

6. 實行解決之道。管理者被授權制訂決策,同樣地需對所做的決策負責。一項決策若僅坐等某人來來付諸實行,則不如從未做此決策。每一個制訂決策的人都該知道他們必須做什麼、如何去做、為什麼以及什麼時候去做。此外,一項好的替代方案若被一個不承擔義務的人以玩票的性質來實行,通常是製造問題而非解決問題。如同計畫一般,解決的方法需要有效地實行以產生令人滿意的結果,職員們應扮演好其自身的角色,並清楚地瞭解他們要做什麼和為什麼而做。計畫、程序、規則,或政策必須徹底地有效實現才是。

7. 建立一套控制和評估制度。決策制訂過程的最後一項步驟是創造一套控制和評估制度。進行中的行動需要被監督,這個制度應提供檢視決策執行的回饋功能,檢視其有效或無效,並顯示為達成預期成果所必須的調整。

凡是運用上述決策過程的管理者,其決策成功的可能性應有所改進。為什麼呢?因為該管理者已能有系統地解決問題,而不是對問題的解決之道只有些許或毫無分析。

Total Quality Means Total Commitment

管理者筆記

全面品質意謂總體要求

在美國，企業組織的革命已經開始。這種組織性革命著重於改善品質的需要—品質意謂著通往生存、競爭性、長期生產力以及利潤的大門。

幾年來，管理者對於品質的承諾，並著手推動企業對於提高品質要求的事務—發展和傳遞產品、生產過程或服務方面。不過企業的一項產品、生產過程和服務，並不需要包含能滿足生產者或使用者所陳述（或暗示）要求的所有特色和特徵。

今天，在企業組織中各個階層的管理者皆涉入了品質的事務。這項關於品質的焦點，稱為全面品質管理（TQM），它牽涉的範圍超出了個人管理者所做的努力，更確切的說，是全公司所應做的努力，以確保品質為公司文化和營運的完整部分。一些公司如摩托羅拉、惠普、福特、德州儀器和全錄公司都已做出全面品質管理的約束。

一般來說，TQM包含四種基本的因素：

1. 致力於滿足顧客。
2. 每個關鍵的操作，都有正確的方法標準。這樣的標準會協助問題的界定和消除問題的產生。
3. 工作的關係建立在互信和團隊精神上，TQM的核心是授權—管理者賦予員工自主權、支持，並激勵他們產生最好的表現。TQM亦必須成為供應商的文化和活動的一部份。
4. 生產程序、產品，以及服務的不斷改進。

為了成功，TQM必須要每個員工百分之百的投入。過去由公司所進行的品

質改善，其失敗的原因在於他們只是孤軍奮鬥，公司的品質改善只靠一些人在努力，而不是全體員工。以下特別地指出幾個需要注意的地方：

- 高層管理者必須表示個人對於TQM的允諾，這樣的作法是要告知品質改善的必要性，並且制訂明文的敘述、價值陳述、著重於品質的政策、去除工作環境所造成的恐懼，並且TQM的價值觀長存於員工的心中。
- 中階管理者必須要積極地參與品質和品質控制的規劃，他們必須擁有的職權和職責來執行計畫，並且處理問題。中階管理者尚須發展出一套能夠鼓勵並與員工溝通的制度。這些特定的作為，可以採行建立跨功能性的團體、重新安排工作流程且重新指派任務、發展動機與報酬機制以鼓勵合作並創造對公司內部顧客的責任。
- 第一線管理階層、團隊領導者、以及員工必須要有規劃和執行計畫的發言權。第一線管理者需要使員工參與決策、消除員工對失敗和因錯誤所受責難的恐懼，並給予員工職權、訓練、提昇品質的誘因。全面品質管理是每個人所需關注的焦點，為了成功，必須要在所有階層要求總體承諾。

摘要

這是一個充滿組織的世界，而所有組織的運作為的是完成其目的。為了完成這些目的，組織內的成員必須一同工作。為了確保組織的成功，對管理者的需求因而產生。管理者提供管理—即經由五項管理功能，運用人力、財務、物料和資訊資源，以進行目標設立和完成的過程。

組織內的管理階層由高級管理階層、中級管理階層,和第一線管理階層所組成。不論管理的頭銜、位置或層級,所有的管理者都在執行五項管理功能。

管理者可能由其所負責的工作型態或活動來描述,典型的分類為行銷、營運、財務,和人力資源等部門。

而這五項管理功能—即管理者所執行,用以完成組織目標的功能—包括了規劃、組織、人事、領導和控制。規劃是一種建立組織目標和達成方案的管理功能。組織是一種管理功能,包括了(1)集中能夠達成組織目的所需資源;(2)建立組織的權力關係;(3)創建組織架構。人事乃試圖吸引優秀的職員並將其留任於組織內。領導是建立一種組織氛圍,提供領導和安排機會以激勵員工。控制乃關於建立一種標準,以衡量實際的操作是否符合要求,並在需要時採取更正。

為完成管理功能,管理需扮演不同的角色。所謂角色是對管理者行為的一組預期。而這些角色乃受管理者的工作類型、上級、部屬以及同事預期的影響,而這些角色扮演的表現則是成功與失敗管理者之間的差異。

勝任的管理者必須擁有管理技能來集中和管理人力及其它資源,以能達成組織的目標。而這些管理技能有三,專業技能、人際關係技能,以及概念性技能。人際關係技能在三個管理階層裏都同樣的重要。專業技能對第一線管理者來說是較重要的,其重要性隨著管理階層的提高而減弱。相反地,概念性技能則是對愈往上層的管理者,愈顯重要。

決策是管理者的工作之一,當管理者在進行規劃、組織、任用、領導和控制的功能之時,便是制訂決策。管理者運用七個步驟來完成決策的制訂,包括確認問題和機會、確認限制因素、發展可能的替代方案、分析替代方案、選擇最佳的替代方案、建立一套控制和評估制度實行解決之道。

回顧與討論

1. 請解釋為什麼企業組織需要管理者的存在。他們有什麼特殊的貢獻?
2. 為何管理者的環境時常被認為是複雜的?
3. 有關管理者工作的三種迷思是什麼?

4. 一個企業組織內的三種管理階層是什麼？每一個階層在管理誰呢？每一個階層負責什麼領域？

5. 哪一種管理功能是最基礎的？管理功能能互相分開嗎？為什麼？為何不可？

6. 當管理者實行規劃功能時需注意什麼？規劃有何重要性？

7. 企業組織功能包含了哪三個部份？企業組織過程的結果是什麼？

8. 人事功能的目的是什麼？人事功能包括了哪些活動？

9. 領導功能的目的是什麼？

10. 控制功能的目的是什麼？控制過程的四項步驟是什麼？

11. 角色的意義是什麼？請列出並描述管理者需扮演的四種角色。

12. 管理者需具備哪四種管理技能？並討論在企業組織階層級不同管理階層的管理者對這些技能的需求如何改變？

13. 請列出決策制訂過程的七個步驟。為何決策的制訂涵蓋了所有的管理功能？

應用個案

個案 6.1：通用汽車的瓶頸

通用汽車的高級管理階層，正奮力嘗試再度改造公司。但過了數年，通用汽車的管理部門已經變成為來自公司各角落中批評的目標。由記錄影片中可以知道，Roger Smith已被視為專制君主，人人敬而遠之。而前任董事會董事及成功企業家Ross Perot不諱地批評通用汽車支付他$七千五佰萬美元要他離開董事長的職位。然而最近幾年，公司的歷任董事長也因為無法使這家世界最大的汽車公司營運產生轉機，而時時替換。因而高級管理階層的優先目標仍是恢復通用汽車公司的生產力和利潤。通用汽車公司目前的董事長John Smith指出，「主要問題依舊是生產力的問題，當我們有很高的生產力時，我們在市場上即有很好的競爭力」。

但可惜的是，管理部門因通用汽車當前的問題遭受最大的責難。例如通用汽車公司鼓勵發展新的生產技術以試圖改善生產力。但所得到的反應是，該公司其中一家工廠的員工重新組建一條生產線以提昇生產力。結果是，機器設備較先前生產線

來的便宜，並且可使員工的生產力提昇三倍—十四個員工一天生產1000個操縱桿高於過去400個員工的生產量。同時，品質的控制也提昇了許多，使得產品不良率降低七倍。

如此熱切希望解決問題的雄心壯志是來自管理階層的反應。該公司並非以增加資本的投資來提高生產力。相反的，管理階層反而決定要裁掉三分之二的員工。解僱的行動很快地實施，引起了公司的道德問題和工會的抗爭。

另一個改善生產力的方式，是管理階層讓通用汽車公司的部門經理在其部門內有足夠的自主權，以支持公司的創造力。工程師和製造人員都讓他們自由發揮。結果呢？公司的營運變得更沒有效率。例如通用汽車公司使用了139種汽車引擎蓋的鉸鍊，其中還包括福特所使用過的。

儘管有這些挫折，Smith還是希望通用汽車公司能有所轉機，他所引導的管理部門找出一般的工具和程序來創造一般的產品。他透過在北美的關廠行動繼續裁撤過多的員工。但這些舉動都是需要時間來證明，只不過不知道通用汽車公司還有多少的時間可以等待。

問題

1. 該個案闡述了哪些關於公司中三種管理階層之間的協調的重要性？從個案中找出支持你的答案？

2. 在通用汽車公司中，五種管理功能有那些沒能在公司內有效執行？舉個例子並解釋你的答案？

3. 如果你是通用汽車公司的管理人員，你會如何建議John Smith並幫助他使公司起死回生？請解釋你的建議。

個案 6.2：化敵為友

當1980年 Geoffrey Knapp決定成立 Cam資料系統公司時，在1980年他才剛從學院畢業並在 Triad 系統公司工作。Triad 是銷售商業自動系統的公司，即使 Knapp將市場做區隔，但因仍銷售相同的產品，因此引起前任老闆的不悅，而且 Triad公司立刻以不公平競爭和違反就業契約控告 Knapp的公司，要求賠償數百萬美元的損失。這就是 Knapp和他前任老闆 Carl Smith兩人之間的關係。

在往後的十年間，Cam資料系統公司成長的十分迅速。可惜的是，Knapp雖是個優秀企業家，但是個差勁的管理者，成本成長高於收益，而且在1980年代的末期，公司即呈現持續的虧損。Knapp面臨了新成立公司所必須處理的一項挑戰：從創業階段的公司轉換成專業管理的公司。Knapp也瞭解到需要外界的協助，而尋找了一位營業主管，從財富雜誌五百大企業內雇用一位成功的年輕經理人。雖然這位經理人具有良好的履歷，由於無法使這家小型且虧損的公司產生轉機，三個月後便離職。

之後，Knapp接到 Carl Smith打來的電話，討論再度一同工作的條件問題。他們見了面並敲定相關事宜，Knapp提供 Smith總經理的職位，而 Smith則接受公司掌管所有日常營運的條件。於1990年，Knapp同意並給 Smith公司營運主管和總裁兩個頭銜。Smith先從降低人事成本著手，首先解雇20%的勞動力，接者關閉一些無營利的分公司，並設定公司營利的目標。其有條理的管理風格為公司提供了穩定的因素，公司虧損數年之後，在 Carl Smith的領導下，Cam資料系統公司已經連續六季產生盈餘。

Knapp釋出了銷售和採購方面的工作予 Smith，在最後的數年也盡力為公司奉獻，同時 Smith也將公司帶進更高層次的管理技術。然而並不是所有的企業家都有勇氣將自己的公司托付給曾是商場的敵人來管理。但 Geoffrey Knapp的行動則是證明了其成功之處。

問題

1. 個案中如何闡述管理新成立組織和舊組織之間的差異？請解釋你的答案。

2. 什麼樣的管理技巧是管理者所擁有而企業家可能缺乏的？請解釋你的答案。

3. 請問Carl Smith擁有什麼樣的管理技巧？從個案中舉個例子，以支持你的答案。

4. 在Carl Smith成為公司的總裁時，他所實行的三項措施是屬於哪些管理功能？請解釋你的答案。

7

組織架構的設計

我們遵守授權給營運經理的原則，畢竟最終公司是靠他們的。

RALPH LARSEN

CEO, Johnson & Johnson

章節目標

在學習本章之後，你應該能夠做到下列各點：

1.解釋企業組織流程的重要性。

2.列出並描述企業組織流程的五項步驟。

3.確認部門化的四種形態以及每一種適用的情況。

4.定義職權的意義，並解釋直線型、功能型、幕僚型以及團隊型職權的不同。

5.解釋威權的概念和來源。

6.建立職權授與、職責指派和責任產生的關係。

7.解釋控制幅度、集權化與分權化的概念。

8.辨別直線型、直線暨幕僚型、矩陣型、團隊型以及網絡型組織架構。

9.解釋非正式企業組織的本質。

Kevin Foley

前言

「有夢想，你就會成功」這似乎是剛起步、成長中的Radius公司的寫照。這是一家位於英屬維吉尼亞島Tortola海灘，於1982年三月成立的牙刷公司。Kevin Foley和朋友James O'Halloran兩位都是建築師，常常談論要發明一種特別的牙刷。Kevin Foley回憶著說，「牙刷看起來太像牙科用品」，「它們像牙醫清理牙齒的工具，而不像一般人想要使用或能用的東西」，現在他們倆決定將夢想付諸實際行動。

Foley和O'Halloran搬至紐約市，買下一棟建築物並開始發展新型的牙刷。設計的牙刷應該要使用舒服，讓習慣左手或是右手的人都可以使用，而且應讓

人樂意使用。因為大部份的人都是在早上刷牙,因此要使他們的嘴巴感覺十分清爽,刷起來要溫和而有效率,所以要有較大的刷頭和很多柔軟的刷毛。為了替這支牙刷命名,他們詢問了很多人,並且讓人們在二十種可能的名字上進行票選,最後則以Radius為名。

Radius公司位於辦公大樓的二樓,而Foley和O'Halloran的家人則住在同棟大樓內。Radius牙刷的模型是由麻塞諸塞州Leominster市的製造商所製作,Radius牙刷第一次出現在1984年紐約Accent的設計展中,並贏得首獎。之後Norm Thompson和Brookstone兩家郵購公司將之收錄在其目錄中,Radius第一年銷售即達到$188,636美元。

在1985年,Foley經營公司的態度變得更為積極,Foley指出,「使用個人電腦將使我們在極具競爭的商業環境下生存,因為電腦提供的良好資訊,使我們瞭解目前的銷售情形、我們的顧客、牙刷的製造成本,以及運送貨物的數量。今天,尚有許多公司仍沒有如此高品質的資訊」。隨著時間的推進,電腦將會在各個商業層面上使用-從產品的存貨、製造、訂購到運送為止。

公司成員很快地增加到四名,同時員工開始在電腦線上工作,並將四部電腦一同連線起來。1985年時,Foley回憶著說,「所有的紙上工作以及文件作業將完全被廢棄不用,公司所有的資訊都儲存於電腦之中」。

接下來的三年中,企業仍不斷地在成長,Foley重新思考公司的營運,他和O'Halloran兩人決定要併購製造商,這樣一來就能完全掌控事業的每一個層面。他指出,「我們想要知道製作牙刷的真實成本,包括物料成本、機器成本、勞動成本。如此我們就知道我們正確的利潤是多少,並且知道如何增加利潤」。

於是在1988年,Radius將公司遷移至賓州Kutztown桃子路和鐵道路轉角的一座老舊稻穀磨坊,那裏只有五名具專業知識的員工,他們直接在電腦上工作,以改善工作的生產力。O'Halloran負責產品生產的所有事務,包括牙刷成品、展示、製造機器等。Foley是公司的總經理,負責產品的銷售、行銷、管理、財務、公共關係和廣告事務。Lauren Pompilio是辦公室經理和管理會計、Bernetta Fies則處理顧客的訂購,而Suze Foley則負責訂單履行和產品運送。

Foley指出,「Radius公司因資訊而得以蒸蒸日上,但是推動它的主要動力還是在於銷售和行銷。不管妳的產品有多好,如果不能將之銷售出去,你將無法在商業

環境內生存，我們有銷售經紀商和全國的銷售代表將產品銷售至零售店－如禮品店、藥房、營養品商店和其它商店等，他們可以從銷售中獲得佣金。這是我們將Radius牙刷銷售到世界各地的主要方法，而Kutztown的每個人則成了Radius牙刷的愛用者」。

即使是如此，他們相信維繫公司成員是很重要的事，Foley和O'Halloran亦認知公司需要成長－主要透過製造和行銷新的產品。他們也一直在推出不同型的Radius牙刷和新款的梳子。如此，則需要改變組織的架構。Foley談到，「雖然目前的管理技術已將我們兩人經營公司的工作區隔，而且十年來，也提供一套運作簡單和彈性的工作形式，但這無法做為往後公司擴張的基礎。在未來，我們需要一套嚴格的管理方式來處理擴張後的不同業務。我們在銷售、行銷、廣告、產品製造的維修和監督、工業設計和電腦輔助設計等方面將需要更多的組織性架構」。

Foley繼續指出，「Radius的未來是建立在新型且創新產品的投資上。我們的產品重點在於成為相當有效、設計良好、人們樂意擁有的產品，而目標是使顧客成為Radius迷」。

「你不能指揮我該做什麼，只有我的老闆Larry才行！」

「什麼時候廣告部門要開始向Frank報告？我認為那是John部門的事。」

「請問我能在這項條件上有所選擇嗎？我該和誰談呢？這兒是誰作主？」

如果這些話聽起來很熟悉，那麼，你已實際遭遇到關於第二項管理功能的問題－組織。在第六章裏，你已經學習了規劃對一個組織的重要性，但是單單只有規劃是無法使組織成功的。公司既已花費時間、精力，以及資金去發展具品質的計畫，就必須組織其員工和那些瞭解組織功能重要性的管理幹部，以完成這些計畫。

組織功能和其它管理功能一樣，是一種需要仔細思考、設計和應用的流程。它包括了什麼任務是必須的、指派任務的目標，以及安排這些任務進入決策的架構。這個架構提供一種組織性的結構，包含了所有的任務、清楚的責任歸屬，和誰該向誰報告負責。缺乏這個架構就會導致困惑、挫敗、效率不彰，以及效能有限的缺點。

正式組織

記住一件事，一個企業就是一個組織。它是由所有者和管理者創造，以達成特定的目標：在有利可圖的前提下，提供產品和服務給消費者。當管理者創造一個組織時，他們的確建立一套架構，用來（1）有效地運作；（2）達成組織的目標；以及（3）創造利潤。這個架構建立了所有員工的關係：由誰來指導誰、誰該向誰報告、成立什麼部門以及每一個部門該執行的工作種類。而這個架構就是所謂的**正式組織**（formal organization），是指由高級管理階層構思並建立的正式組織。一個正式的組織並非曇花一現；它是管理者藉由管理功能裏的組織功能所發展出來的。

正式組織
是指由高級管理階層構思並建立的正式組織

建立一個組織：組織流程

管理者運用組織流程來建立（並修正）行動（員工該做什麼）與職權（管理者與部屬關係）之間的關係。組織流程擁有五個明顯的階段，如圖7.1 所示。當你在閱讀以下關於這五個階段的敘述時，請參考該圖為一家假想公司－頂尖桌鋸公司所設計的組織架構圖。

階段1：檢閱目標和計畫　公司的目標和計畫主導著公司的相關活動，頂尖桌鋸公司計畫生產銷售高品質的桌鋸，因此公司的活動依這個目標進行。只要公司設立，這個目標和相關活動就可能持續維持。例如：這家公司將繼續尋求利潤，並持續招募員工和其它所需的資源。但是隨著新計畫的產生，這些被執行的基本活動可能會有所改變。新的部門可能成立，而舊的部門可能被授予額外的責任，有些部門甚至可能會被裁撤。重新組織的結果使得結構和關係產生了新的變化，並且可能修正現存的關係。

規劃和組織功能之間關係的案例，尤其是計畫的改變如何影響組織，可從發生在企業界和產業裏的一些改變得知：

- Hughes航空器公司已重新組合其部門成爲針對市場的單位－以運輸和通訊單位代替科技單位。Hughes公司爲了長遠的發展而擬定這些新的計畫，並將軍事科技應用在日常的生活當中。而此新的組織結構將促使其目標的達成。
- 北方電信的總裁Paul Stern分解其公司的組織架構，將公司依地理彊界的基礎分爲數個單位。這個新的架構已建立了全球的產品團隊以進行研究、製造和指揮策劃。如此，該公司能達成其新的目標：（1）建立一個北方電信的世界，而不只是成爲加拿大的領導者而已，以及（2）協助公司創造全球性，而非地區性的產品。
- 聯合科技公司依計畫改善其獲利與競爭能力，將其分離的商業和軍事引擎設計和製造經營團隊結合。現在，如Pratt & Whitney公司、Sikorsky直升機公司，以及漢彌敦標準公司等，皆提供資本並聯合那些能存在於他們之間的公司。

除了這些特別的相關公司之外，一個企業主要的組織調整乃是－精簡化。公司一般在檢閱其營運和組織之後即實行**精簡化**（downsizing），*藉由裁撤職務、中級管理階層和整個部門，以反應競爭上、經濟上和全球的變遷*。較少的管理階層會使組織變得較爲扁平化，並減少公司員工薪資負擔。

精簡化
藉由裁撤職務、中級管理階層和整個部門，以反應競爭上、經濟上和全球的變遷

階段 2：確定活動　　第二步即是管理者對於達成公司目標所需活動的要求，首先依企業的需要，確認其任務與結果，以制訂需完成的工作清單。人員聘雇訓練和簿記都是企業營運的一般例行所需，但什麼是該組織額外的特殊需要呢？是否包括裝配、機械加工、運輸、倉儲、調查、銷售、廣告？對圖7.1的頂尖桌鋸公司來說，確認這些活動是否需要是很重要的。

階段 3：將活動分類及合併　　一旦管理者瞭解該進行什麼任務，他們就能將這些活動分類及合併到管理單位裏。如圖7.1所示，這第3階段成爲頂尖公司的一堆任務，並將類似的工作分類成具一致性的各個團體。而歸類的原則，則是依任務的流程、所需技能或功能性，以及活動的相似性來決定，這項方針在應用上既簡單又符合邏輯。

階段 1：
檢閱目標和計劃

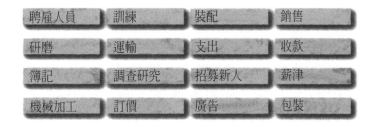

頂尖桌鋸公司
目標：以10%的投資報酬率來製造並銷售Mark IV桌鋸

圖7.1
操作中的組織流程

階段 2：
確定行動

聘雇人員	訓練	裝配	銷售
研磨	運輸	支出	收款
簿記	調查研究	招募新人	薪津
機械加工	訂價	廣告	包裝

階段 3：
將活動分類及
合併

行銷	**會計**	**人事**	**生產**
銷售	訂價	徵才	機械加工
廣告	支出	聘雇	研磨
包裝	簿記	訓練	裝配
運輸	收款	薪津	調查研究

階段 4：
指派工作和授權

Benny Salazar 負責銷售	Marcia Padilla 負責簿記	Pat McCormick 負責薪資
Jacob Finsterbush 負責聘雇人員	Saniay Patel 負責收款	Lee Mai 負責廣告
Melody Kwan 負責裝配	Renee Montaigne 負責招募新人	Bill Vlasic 負責機械加工
Joyce Sabha 負責訓練	Frank Pena 負責運輸	Celeste Golushko 負責研磨

階段 5：
設計組織層級

管理者在執行該階段的過程裏，乃依以下三個的程序：

1. 解析每一個確認的活動，以決定任務的本質（行銷、生產、財務、人事等等）。
2. 組合相關的活動到相關的領域之中。
3. 建立組織架構的基本部門。

在執行上，第1和第2的程序是同時發生的。銷售、廣告、運輸以及倉儲可視為和行銷有關的活動，於是它們就成了行銷部門所管轄的範圍。裝配、裁切、機械加工、銲接、上漆，以及驗收是屬於製造的流程，它們則集合至生產的部門之中。而人事相關的活動則包括了招募新人、聘雇、訓練，以及薪津部分。

當任務編組之後（生產、行銷、會計、人事），第三階段的部門化終告完成，它是對公司組織的格式或部門結構而實行的決策。所謂**部門化**（departmentalization）是指建立不同的團隊、部門或分部，實行並監督那些管理階層認為不可或缺的多樣性任務。而管理階層則能選擇以下四種的部門型態。

功能別部門化（functional departmentalization）是指在企業特殊活動的基礎上，所建立的部門－如財務、生產、行銷、人事部門（參見圖7.2）。功能別的方式對大多數的企業來說，是一個符合邏輯的方法，而頂尖桌鋸公司就是以此種方式來實行部門化。它很簡單，只要將相同或類似的活動集合起來，實行單一化的訓練，並使其專業化。

地區別部門化（geographical department alization）是指依區域的劃分，集合每一部門的活動與責任。擴大中的公司通常將生產計畫、銷售辦公室，以及廠房配置在其產品市場附近，以接近顧客並提供快速且有效率的服務。迪士尼（Disney）公司在安納漢姆、奧蘭多、法國，以及日本都設有主題樂園－企業在這方面是部以地區別部門化的方式來設立的。

產品別部門化（product departmentalization）乃集合每一種產品的製造、生產和行銷活動，成為獨立的部門。（如圖7.2）當公司的每一項產品需要獨立的行銷策略、生產流程、配銷系統或財務資源時，則採用這種選擇。以行銷為導向的公司，如擁有許多產品分類的Mattell公司，通常將資金運用在這種方法上。

部門化
是指建立不同的團隊、部門，或分部門，實行並監督那些管理階層認為不可或缺的多樣性任務

功能別部門化
是指在企業特殊活動的基礎上，所建立的部門－如財務、生產、行銷、人事部門

地區別部門化
是指依區域的劃分，集合每一部門的活動與責任

產品別部門化
乃調集合每一種產品的製造、生產和行銷活動，成為獨立的部門

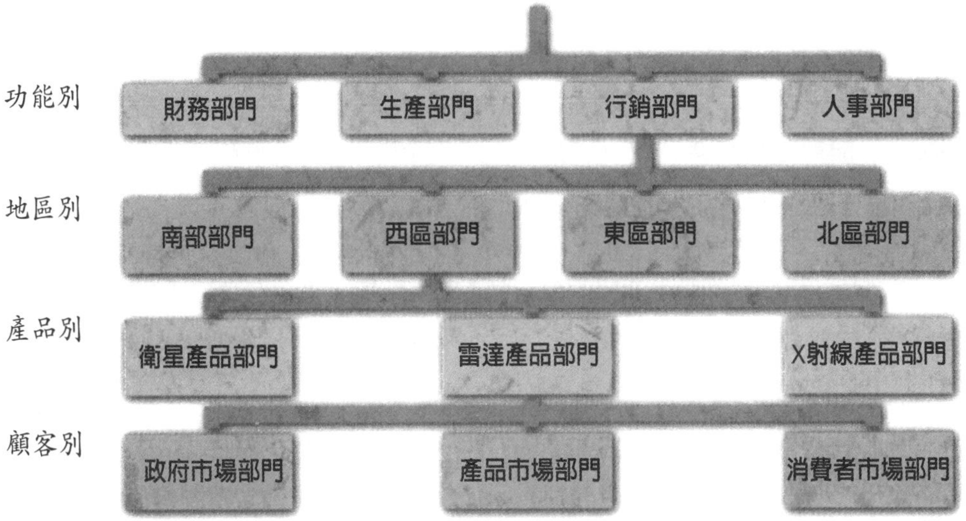

圖7.2
部門化的方法

功能別	財務部門	生產部門	行銷部門	人事部門
地區別	南部部門	西區部門	東區部門	北區部門
產品別	衛星產品部門	雷達產品部門		X射線產品部門
顧客別	政府市場部門	產品市場部門		消費者市場部門

　　顧客別部門化（customer departmentalization）是指反應特殊顧客群需要的活動和責任，而建立的部門。如圖7.2 所示，該公司將產品鎖定三種不同的顧客群－政府、企業和消費者。該公司面臨著極為困難的任務，因為每一個群體都有不同的需求、需要和偏好，每一個群體都需要獨特的策略。百貨公司即有依顧客群所建立的部門：男性、少年、女性和兒童等部門。

　　雖然我們已分別地揭示了這些部門的型態，但實際上大部分的公司則整合了這些部門化型態，以符合其自身的需要。如通用汽車、AT&T、Digital 設備等大型的公司都結合了這些部門化型態，來配合其本身的目標。

階段 4：指派工作和授權　　在確認達成公司目標的所需活動、分類及合併這些活動成為主要的營運範圍，並選擇部門的結構之後，管理階層現在必須指派這些活動並授予他們適切的職權以完成任務。這個步驟是成功組織重點所在。

　　當一家公司改革之後，新的部門或工作團隊必須被授予任務和職權。當 Procter & Gamble 公司嵌入一個新的階層進入管理架構時，部門管理者、新的活動於焉產生，並開始部門化，且被分派給該層管理者。在蘋果電腦公司的例子裏，新的組織將全球市場的軟、硬體、困難問題的解決方案，以及新的個人電子產品從美國蘋果

顧客別部門化
是指反應特殊顧客群需要的活動和責任，而建立的部門

操之在己

想一想你現在或以前的工作環境中，應用哪一種部門型態？為何使用這種型態，可否建議其他部門型態？

電腦公司轉換至每一個產品部門。結果是美國蘋果電腦公司的資深副總不用再負責產品的行銷活動。

階段 5：設計組織層級　　最後的步驟是決定全體組織的垂直和水平營運關係，事實上，也就是將所有的部份拼成完整的組織圖。

垂直的組織架構產生了決策的體系，表明每一項任務、專業領域，以及全體組織的責任該由誰負責，組織各管理階層亦被建立起來。這些階層創造了**指揮鏈**（chain of command）或公司內決策階層的層級。

而水平的組織架構則有兩個重要的影響：（1）它定義了營運部門之間的工作關係，以及（2）它決定了每一位管理者所能掌控的部屬人數。**控制幅度**（span of control）是指一位管理者所能領導的部屬人數。

這個階段促使組織架構的完成，而這個結構則以**組織架構圖**（organization chart）來表示，即指一個關於組織架構和其部門相互配合的實際陳述（參見圖7.3）。而組織架構圖說明了：

1. 誰該向誰報告－指揮鏈。
2. 每一位管理者擁有多少的部屬－控制幅度。
3. 正式溝通的管道（與每一位職員聯繫的具體管道）。
4. 公司如何部門化－例如：功能別、顧客別或產品別的部門化。
5. 每一個職位需完成的工作（就像盒子上的標籤一般）。
6. 決策的體系（問題發生時的最後決策者是誰）。
7. 組織架構的時效性如何（如果表上有註明有效日期）。
8. 職權關係的型態（線型職權、幕僚職權以及功能性職權；這些職權型態將在下個部分解釋）。

此外，組織架構圖亦是排解紛爭的工具，它能協助管理者確定因不靈活安排所造成的重複性和衝突。而組織架構圖所不能表現的是職權的等級、非正式的溝通管道，以及在本章稍後所要探討的非正式關係。

指揮鏈
公司內決策階層的層級

控制幅度
是指一位管理者所能領導的部屬人數

組織架構圖
乃指一個關於組織架構和其部門相互配合的實際陳述

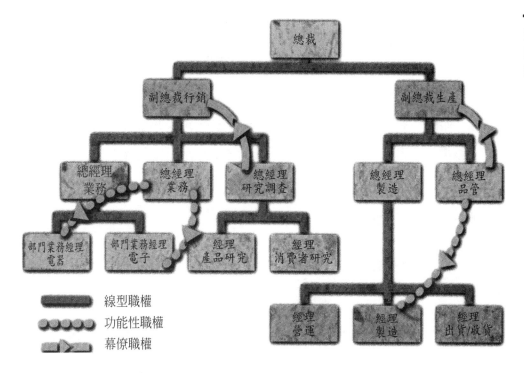

圖7.3
頂尖桌鋸公司的組織
架構

線型職權
功能性職權
幕僚職權

組織流程的益處

組織流程的重要性不單單只為協助組織達成目標，它亦提供了以下的益處：

1. 闡明工作環境。它能使每一個人知道該做什麼，所有的人、各部門，和主要的組織分部都能清楚地瞭解其任務和責任，對其職權和限制也有規定。
2. 開創一個井然有序的環境。藉由確認不同工作單位的相互關係，和建立人事互動的方針，使得混亂和績效障礙得以去除。

組織流程就如同所有的管理功能一般持續地進行著。該流程最初的應用，產生了第一次的組織架構和架構圖。當該組織開始有系統地追求其目標時，管理階層便著手監督和掌控公司的活動、成功與失敗。改變和重新指派也會隨之而來在新的組織流程產生之後，新的計畫將指揮著結構的修正，也因此，組織的改變不應被視為一次性的事件。

主要的組織概念

　　我們已討論過組織的流程，現在應是解析一些關於管理者應用在發展一個可運作系統的組織概念和原則的時候了。這些概念包含了職權、指令的一致性（unity）、權限、授權、控制幅度，以及集權與分權化的議題。而這些概念對於實行組織功能是不可或缺的。

職權：概念與應用

　　在討論組織流程的第四階段時－指派活動和授予適當的職權－我們已介紹了職權的概念。這一部分，我們將詳細地建立這個概念。

職權的本質、來源和重要性組織　　組織的所有管理者都擁有不同程度的職權，端視管理者在組織架構中所擔任的管理階層而定。**職權**（authority）是管理者在做決策、下命令，以及分配資源方面，擁有正式且合法的權利。它是維繫組織架構的「黏膠」、提供發令的管道。那麼，管理者如何獲得職權呢？

　　有句話是這麼說的「職權乃伴隨著所轄領域而產生」，其表示管理者職權的授予乃因其在組織內所擔任的位置而定，於是職權也就定義在每一個管理者的工作內容或工作特許狀，只要其仍擔任該位置，就擁有正式的職權。當工作的範圍和複雜性產生改變時，其所維持的職權也應有所調整。擁有100個獨立部門的Ferro公司總裁Albert Bersticker談到，「象牙塔不用指揮公司所有的一舉一動。我對管理團隊所強調的，是要他們制訂決策，我不會告訴一個部門經理該做什麼－我希望由他去決定如何規定它、扭轉它，或是消除它。選擇的權力為他們所擁有－這就是他們的職務。」

職權的類型　　依組織內個人與部門之間的關係，可分為三種職權類型。**直線型職權**（line authority）是指上級和部屬之間直接的管理職權。任何管理作業性員工的管理者擁有直線型的職權。即允許管理者給予其部屬直接的指令、考核員工的行為以

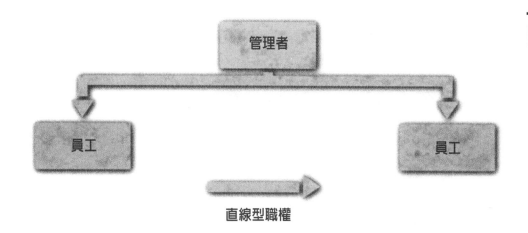

圖7.4
直線型職權的流向

及獎懲員工,如同在Fields夫人麵包店中,店長對其員工就擁有直線型職權。在一個組織內,直線型職權如圖7.4所示,是一種長官對部屬,由上到下的直接管理。

幕僚型職權(staff authority)是一種提供建議能力的職權。凡是扮演提供建議或專業協助角色的管理者,則被授與建議性職權。這類型的職權沒有任何直接控制部屬或其它部門活動的職權,只有提供諮詢的角色,然而,在幕僚管理者自身的部門裏,他們就能對其部屬實行直線型職權。幕僚型職權乃是建議諮詢,而非直接的控制,其職權的流向通常是朝向上級的決策者,如圖7.5所示,法律部門和研究部門向總經理提供建議。

功能型職權(functional authority)是一種藉由時人事部門的力量,在其它部門中進行一些特殊活動的決策。幕僚部門通常使用功能性職權在其它部門當中,控制其系統流程。這個概念可參見圖7.6,圖中可見人事經理必須監督並檢閱那些營運部門在徵才、甄選及評估系統的情況。但是人事經理並沒有職權去命令廣告部門該促銷哪種產品,或命令製造部經理該生產那一種產品。

指揮統一

所有管理者在應用幕僚和功能性職權方面所關心的是**指揮統一**(unity of command)原則的問題:即對組織內每一個員工只聽從一個人指令和向其報告的要求。

幕僚型職權
是一種提供建議能力的職權

功能型職權
是一種藉由人事部門的力量,在其它部門中進行一些特殊活動的決策

指揮統一
即組織內每一個員工只聽從一個人指令和向其報告的要求

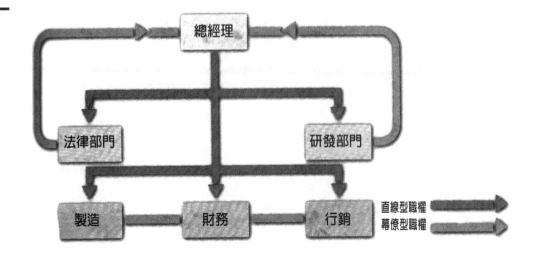

圖7.5
幕僚職權的流向

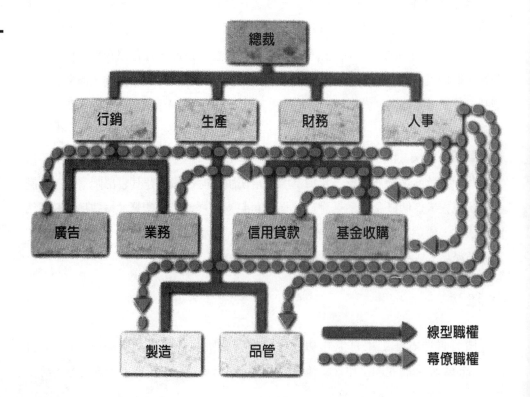

圖7.6
功能型職權的流向

指揮統一應指導任何發展營運關係的各種嘗試。但是雖說每一個員工只有一個上司是理想狀況。但是由幕僚部門所發展出的營運關係，意味著員工們在一個特定的狀況下可能擁有一個以上的管理者。一個部門管理者或部屬可能在既定的時間內接受不同的指揮和指令，可能是人事部門的徵才事務、可能是財務部門的預算問題，以及資料處理部門關於電腦程序的問題。如果可能，這些狀況應被極小化，或至少為了那些受影響的所有單位，而將其關係闡明。

權限

兩個管理者可能擔任同等的正式職權職務，員工們對該職權的接受程度也相同，但是在組織內所呈現的效果卻有所不同，這是為什麼呢？該管理者或許不具權限，以致無法和另一位管理者呈現一樣的表現。

權限（power）是一種能在組織內產生影響的能力。擁有權限能藉由那些超過正式職權而影響他人的力量來增加管理者的有效性。職權是職務性的－它隨著在職者的存在而存在，而權限是個人性的－它是因為個人的存在而存在。管理者能夠從以下不同的來源獲得權限：

權限
是一種能在組織內產生影響的能力

- **法定或職務上的權限**。擁有一個管理職務，隨著其附加的職權，能提供管理者權限的基礎。因為職務上的因素，管理者有權利去使用權限，在組織體系裏的管理層級愈高，「可察覺的權限」也就愈高－部屬所認為的權限（不論其是否存在）。職務性的權限亦包括獎賞與懲罰，主要是因為管理者握有部屬升遷和優惠待遇的職權。同樣地，管理者亦擁有合法的能力去禁止獎賞或採用嚴格紀律的行動。
- **參照性的權限**（referent power）。此權限建立在個人特質或能使大眾擁戴的領袖氣質，以及如何使他人察覺的個人特質的基礎上。敬重、認同和模仿一個人的行為皆是這類型權限的象徵，它可有效地激勵和領導他人。
- **專門知識的權限**。專門知識的權限為那些表露高人一等的技能和知識的個人所擁有。他們知道該做什麼以及如何做一件事，而其他人也喜歡和這種人接近，希望從他們經驗中得到益處。

管理者法定上的權限為透過組織所授與的職責。

操之在己

職權或權限對一位管理者來說，那一個比較重要？爲什麼？管理者能僅擁有其中一種並有效運作嗎？抑或是兩者皆需具備？爲什麼？

授權
是指一個人將其正式的職權由上往下地轉換給其他人的過程稱之

授權

　　當公司成長，管理者會有較強的需求授權予部屬，或因管理者希望培養部屬，授權的行爲亦會發生。所謂**授權**（delegation）是指一個人將其正式的職權由上往下地授予其他人的過程稱之。也就是管理者指派，或傳遞職權給部屬，以促進工作的完成。

　　管理者授權給部屬的一個原因是使其有餘力去關注更重要的事情，且授權亦是個訓練部屬的好工具，而能力好的部屬可爲授權帶來倍數效果。

授權的恐懼　　一位資深的管理顧問公司合夥人Paul Maguire談到，「當你授權失敗，你背後的猴子會愈來愈胖，直到壓扁你爲止。」有些管理者害怕放棄職權；有些人則對部屬缺乏自信，擔心部屬被授權之後，工作的表現會比管理者要來得好，他無法忍受這種事實，或是太過於事必躬親，以致於無法授權，而有些管理者是不知道如何授權給部屬。學習如何授權就像學騎腳踏車一樣－你必須學習讓它行走。授權不只是生存的工具，它亦被認爲是管理者成功或失敗的重要因素之一。

授權過程 授權程序伴隨著兩項最重要的管理概念：職責和責任。

1. 任務的指派。管理者確定特定的任務或責任指派給其部屬，然後和部屬進行該任務的交涉。例如：Sharon的管理者指派她負責公司新客戶的廣告設計任務－髮型聯想－一個美髮沙龍。

2. 職權的授予。為使部屬能完成這些責任或任務，管理者職權的授予是需要的。一個職權授予的準則就是授予能完成該任務的適當職權－不可過多，也不可過少。在上述例子裏，Sharon被授權可聘雇一名髮藝設計師並且有$10,000美元的廣告經費可供使用。

3. 職責的接受。即盡全力實行某人所指派職務的一種責任義務，稱之為**職責**（responsibility）。職責並非由管理者授予部屬，而是當員工對任務的接受時便產生其盡全力完成的責任。例如當Sharon接下髮型聯想的專案，並同意在期限和預算內完成它時，她就對其上司和該專案負責。

4. 責任之產生。某人行為所導致的結果需對他人負責，我們稱之為**責任**（accountability）。意指接受其行動的結果－不是讚譽就是責難。當一個部屬接受了任命和職權以完成工作時，他或她必須對其行動負責。同時，一個管理者亦需對其職權的使用和表現，以及部屬的績效負責。如果Sharon逾期或是超出預算的使用，抑或是未能建立為客戶所接受的廣告活動，那麼她就要對其上級負責－而其上司亦需針對將該專案授予Sharon一事向其上級負責。另一方面，如果該專案如期完成，Sharon將會獲得讚賞和表揚。

　　依照上述四個程序應可確保在授權的過程中，對管理者和部屬之間有個清楚的瞭解。管理者應該花時間去思考該授予那種必須的職權給部屬以達成目標，而部屬在接受任命之後，就有義務去實行，並瞭解他們必須對其結果負責。

控制幅度

　　當管理者設計組織架構時，他們所關心的是控制幅度的問題，也就是我們之前所提到，即管理者直接管理的部局人數。

控制幅度的寬窄　從一般性的原則來說，部屬職務愈複雜，該部屬愈不需要向管理者報告。愈是常例性的部屬工作，則有愈多的部屬有效地直接受管理者管轄。基於這一般性的原則，似乎組織內的高層結構幅度總是狹窄的，並且在較低階層的結構中是呈現寬廣的幅度，只要愈往組織層級的高階層移動，其所屬的部屬也就愈少。（參考圖7.7）。

一個工廠生產主管下轄十五名或更多的部屬是常有的事。那些受過良好訓練依照程序生產的員工一旦熟練其任務，就不需花費主管太多的時間和精力，他們都知道該做什麼和如何去做，才能符合績效的標準。

相對地，若發現一家公司裏的副總擁有超過三位或四位以上的直屬部屬，那就很不尋常了（參見圖7.7）。中級和較高層級的管理者執行的工作只有少部分是例行的公事，因為這個階層的問題都較為複雜，亦較難以解決，其任務通常需要賢明和創造力才得以應付。這些管理者需要較多的時間去規劃和組織其成果，當他們轉向其上司求援時，其上司需要有足夠的時間才能提供所需的協助。而確保有足夠時間來解決問題的不二法門，就是限制可能尋求他們支援的直屬人數－於是乎就呈現狹窄的控制幅度。

適當的控制幅度　在既定的一般性條件下，一個管理者應該擁有多少個部屬呢？這個答案應視特定的管理者和許多因素而定：

- 部屬工作的複雜性和多樣性。
- 管理者的能力。
- 部屬自身的能力和訓練。
- 管理者授權的意願。
- 公司對於做決策時採集權化或分權化的原則。

設定一個有效的控制幅度對每一個管理者來說是個達成工作有效性的重點。如果管理者有太多人要監督，部屬則會因無法直接受到上司的協助受到打擊，時間和其它資源可能就因此浪費，並且計畫、決策以及活動可能因此而延誤，抑或在制訂的過程中缺乏控制和保障。另一方面，如果一個管理者擁有過少的部屬去督導，其

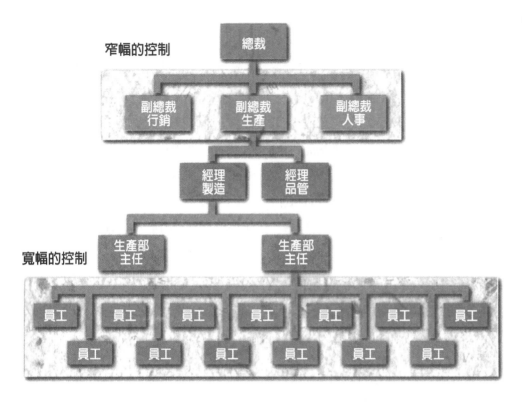

圖7.7
控制幅度的寬窄

部屬的下場可能不是操勞過度就是被盯地過緊,並可能變得滿懷挫折和不滿。

兩個在組織內同一階層工作的管理者應該不會機械式地被指派同樣的控制幅度,原因在於兩位管理者以及所屬部屬的能力都不盡相同。當設立控制幅度之時,管理者和部屬的條件和經驗均應納入考量的範疇,愈具能力和經驗的部屬,也愈能夠有效地僅讓一名能幹的管理者監督即可。花費在訓練和使員工適應環境的時間愈少,就有愈多的時間可致力於生產力上。一般來說,當人事部門在培養經驗和能力時,控制幅度可以加寬-譬如訓練和發展的持續性需要。當然,這種情況只適用至組織裏的中級管理階層;該階層因為處理較複雜的問題,因此需要有限的控制幅度。

另一個會影響管理者控制幅度的因素是公司在決策上,對於是採集權化抑或是分權化的原則之考量,在下個部分我們將會探討。

集權化與分權化

集權化
是一種組織和管理哲學，乃將職權集中在一個組織架構之內

分權化
是一種將職權分散在一個組織架構之內的組織和管理哲學

　　集權化（centralization）是一種組織和管理哲學，乃將職權集中在一個組織架構之內。而**分權化**（decentralization）是一種將職權分散在一個組織架構之內的權力組織和管理哲學。經營的管理哲學決定了職權存在於何處－不是將決策權集中在一個或少數人手上，就是將決策權下放至由許多人決定的組織架構中。

　　集權化和分權化是相對的概念。高級管理階層可能決定將所有決策權集中化：如採購、人事、營運等方面。或者可能決定將這些決策權打散至各個部門中－以資金總額來限制每一階層什麼可以採購、授予第一線管理階層管理者招募員工的職權，以及給予適當的營運決策權。

　　Honda公司的舉動即可解釋集權化或分權化在數年之間的變化。在1991年三月，Honda公司的總經理比Nobuhiko Kawamoto突然地轉變該公司以往的管理傳統，將更多的公司決策轉換，由高階的經理來決定。而在1992年的六月Kawamoto發動改革進行分權化，將職權授予較低階的管理階層。Kawamoto談到，原先集權化的動作主要是分析公司的全部方向和運作所需的過渡時期，而之後的選擇則是讓中級管理階層能擁有較多決策權的設計。他說，「我將要離開日常的管理活動，因此必須採取較為寬廣的視野來看這個問題。」

　　為了工作的效率，職權應被分配至最適當的管理階層，以便在處理問題上能立即做出決策。也就是說，一位公司的總經理不應決定何時該對推土機的引擎進行詳細的檢修。決策的職權應下放至盡可能低的層級，從上述的個案來說，職權就應下放至工廠的維修經理才是。

　　愈來愈多的組織視分權化為達成較高生產力和重建組織的方法，而分權化亦是讓管理者更接近活動現場的手段。當那些擁有較少管理階層的組織愈來愈多，且其組織架構變得「肥大」時，分權化和責任的授予就變成是成功管理的口號。較大型的公司如Mattel、General Foods和Intercraft Industries等都正朝分權化的管理哲學邁進。

環球透視

瑞典電腦巨人ASEA-Brown Boneri：為了競爭而設計

　　ABB公司是一個比西屋電器還要大的全球性的電子儀器巨大企業。三菱重工業公司的資深經理曾經描述，「ASEA的雄心壯志和我們一樣的強，這是一種讚美之意，他們和日本人一樣都是強者」。而把這種雄心壯志帶進公司的是總裁Percy Barnevik。

　　在四年內，Barnevik將瑞典電器工程集團ASEA和在瑞士最大的競爭者Brown Boveri公司結盟，在歐洲、美國聯結超過七十家公司並設立一家能夠和美國通用電子（General Electric）相抗衡的公司。

　　Barnevik有著一套方案和工作組織的設計，當ABB兼併一家企業時，對公司進行的第一步改革，即減少總部人員，並進行分權。Barnevik的經營哲學在於：「你的總公司最好擁有最少量的成員，如此可以防止干擾下層的經營人員。當併購一家公司時，乃根據下面的準則減少母公司的成員：30%的員工轉移至新的企業、30%的人員由營運單位吸收，其他的30%則請他們走路。透過廢除集權化的組織，決策權乃落在直線管理者的手中，而母公司所留下的幹部都是真正的營運教練－而不是一群官僚。

　　Barnevik已經將管理組織變為矩陣式管理架構，這樣的架構給予員工兩種的管理人員－全國式的管理者和企業部門管理者。全國式的管理者仍經營傳統的全國性公司，而企業部門管理者如電源變壓器部門的管理者－領導該部門的事務。這種矩陣式的管理架構使得每個部門對於科技運用以及來自不同國家的產品可以得到全球性的協調。舉例來說，每個月母公司會告訴分佈在世界各地的所有工廠如何按照各種方法進行生產，如果其中的一家工廠延誤生產，若是一般性的問題，可以透過跨國性的討論將之解決。

當代的組織架構

正式的公司架構被公司用來協助達成特定的目標。由於公司的資源、組織發展階段，以及管理哲學的不同，公司會有著不同的目標。因此，要符合這些目標需要所採行的組織架構型態也會不同。此外，當公司和其目標有所改變，它通常也會採用新的組織型態來因應。而管理階層在這方面有五種選擇，其中三種－直線型、直線暨幕僚型，以及矩陣型架構－成為組織性設計的基礎已行之數十年。但是其餘的兩種－團隊型和網絡型架構則在同時期的組織裏才開始展現出來。

直線型組織架構

直線型組織架構是一種最簡單和最古老的型式，乃由軍隊的組織所創始。在一個**直線型組織架構**（line organization）中，直線型的職權由最高管理者開始，聯繫著每一個可連接的管理階層，直到營運階層為止。如圖7.8 所示。直線型組織建立在直接的職權基礎上，每一位管理者都對其決策負責。在決策的過程中，管理者負責蒐集和處理其資訊，並沒有其他專業人士或幕僚顧問的協助，而這種程序可使決策快速地制定。

直線型組織對於那些營運規模有限的中小企業來說是最適合不過的。如位於Plano、德州的Tony's 咖啡屋，Tony Masillas 即是該家族企業的總經理也是管理者，他有能力掌握所有的職責，並扮演決策者的角色。

直線暨幕僚型組織架構

當一個組織的職員、複雜性，以及營運規模有所成長時，由於時間的限制和技能的缺乏，管理者會發現要以相同程度的效率來完成所有的任務是困難的。因此，大型公司發現要以直線型組織架構來達到有效營運，實際上是不可能的一件事。遍佈的設備、複雜的產品和複雜的運作都需要專家在法律上、工程上，以及人力資源上的管理建議。因此，要求利潤成長迫使公司聘請這些領域的專家，並且轉變為第二種型態的內部組織：直線暨幕僚型組織架構。

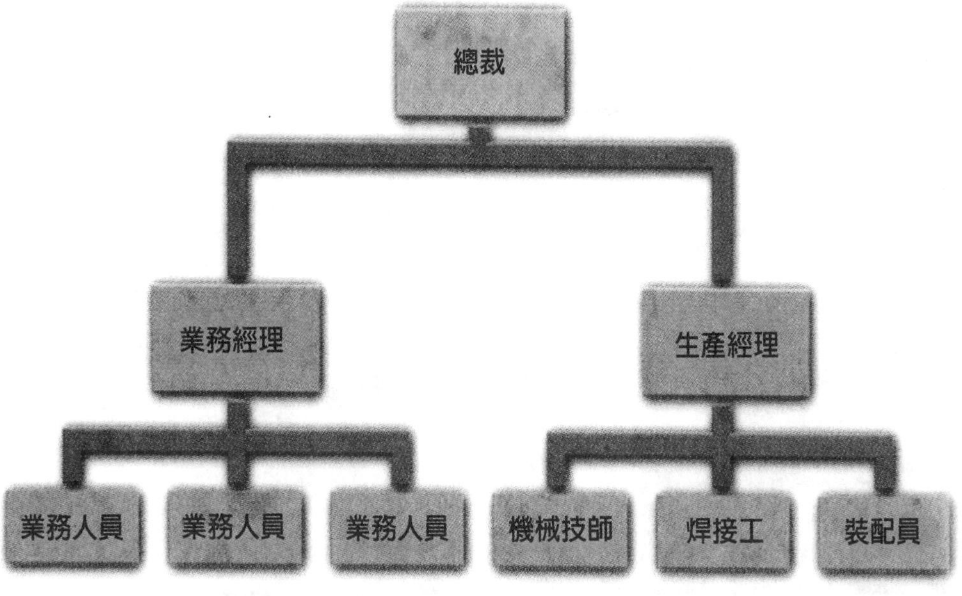

圖7.8
直線型組織

　　直線暨幕僚型組織（line-and-staff organization）乃將那些提供直線管理者建議的幕僚人員安排入直線型組織中。直線管理者制訂決策並採取那些會直接影響公司績效的行動。而幕僚部門和其員工則建議直線組織人員，並改善其決策的有效性，且幕僚部門須持有某些專業或技術性的知識，以便提供其援助和經驗給直線管理者。圖7.9則表示一個組織所發展的直線暨幕僚型組織的運用概念。該組織裏，直線管理者接受人力資源、法律，以及研究幕僚部門的協助。

　　在直線暨幕僚型架構裏，將呈現三種職權型態。直線管理者擁有直線的職權－在該部門和運作方面進行直接的監管，他們擁有做決策和強制進行的職權。幕僚管理者－人力資源、法律和研究專家擁有幕僚職權。他們可向直線管理者建議，但沒有向直線管理者下命令強迫他們制訂特定決策的職權。最後，有一些人力資源幕僚管理者被授予功能性的職權：他們擁有在其它部門中關於人事任用的職權。

直線暨幕僚型組織
乃將那些提供直線管理者建議的幕僚人員混入直線型組織中

圖7.9
直線暨幕僚型組織

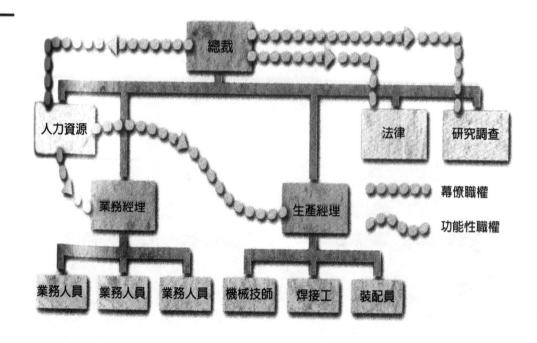

矩陣型組織架構

近年來，內部組織的矩陣型架構愈來愈受注意，有時被稱為專案組織架構（project organization structure）。**矩陣型組織**（matrix organization）是一種暫時性的組織架構，它集合了不同部門的專家進行專案計畫的工作。當專案結束後，這些專業人士不是回到原崗位就是再被指派到另一項專案計畫裏。

矩陣型組織對於那些航太公司來說是常見的組織架溝，由於其許多並存的專案需要工程師、研究和發展科學家，以及其他專業人士相互的交流。圖7.10 表示一項航太專案計畫的矩陣型組織架構。其包含了生產、物料、人力資源、專案工程和會計部門－都是組織常設的部門。不同的專案團隊－Delta、Triton、Corsair－都是因專案需要而設立，亦因專案結束而解散。

Delta專案計畫的成員從不同部門中挑選而來，並且在專案期間由Delta專案管理者監管。在該計畫期間，技術團隊的專家們有權使用其功能性部門的資源。矩陣方式的組織能在需要的時機與地點，配置其專業知識，有效地利用組織的專門性資源。

矩陣型組織
是一種暫時性的組織架構，它集合了不同部門的專家進行專案計劃的工作

依矩陣型組織，團隊裏的專家們都是爲了特殊的專案或任務，從不同部門集合而來。

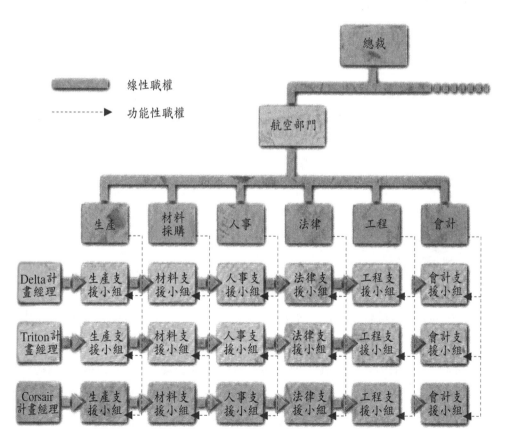

圖7.10
矩陣型組織架構

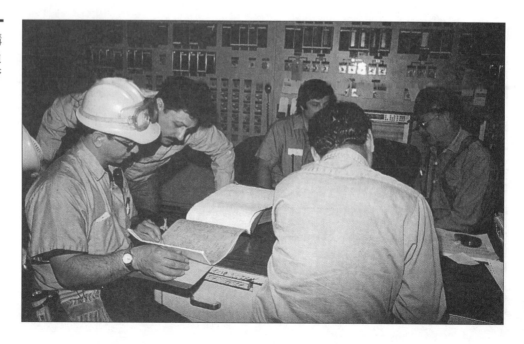

在團隊型組織架構下，重要決定由隊員共同決策，而非由管理者做決策。

團隊型組織架構

最新和最有潛力的組織架構型態就是團隊型架構。**團隊型組織架構**（team structure）—在共同目標的基礎上，將分開的功能組織成一個團體—不論是直線型、直線暨幕僚型或矩陣型組織，在傳統的組織體系內實行直接的目標。雖然垂直的指揮鏈（chain of command）是一項強而有力的控制裝置，但它需通過體系上層的決策，因而減緩了程序的速度，且這種方式亦將責任保留在高級階層之中。而團隊結構則要求授權，將責任下放到較低的管理階層裏，並且創造工作者的團隊。

並非只有部門是由功能的特殊性所構建，團隊性組織亦由此創造出來。呈現多樣性功能的團隊成員被集結一起，而且許多像這類型的團隊都向同一個管理者報告。雖然這個觀念有些變異—某些團隊負責某項產品，其他則負責一項程序—但其結果是相同的。傳統管理階層的功能被移除，並且公司轉變成分權化。圖7.11 裏圖示了由直線暨幕僚功能架構，重組成為水平的團隊生產架構。

即使團隊架構均可在Procter & Gamble公司、桂格燕麥公司和General Foods公司中發現，但通用電子公司位於Bayamon、Puerto Rico的製造工廠是一個具代表性的例子。該工廠有一個製造電容器和電力保護系統的設備，雇用了172名的時薪工人，

團隊型組織架構
在共同目標的基礎上，將分開的功能組織成一個團體

操之在己

想想在你現在或曾經工作的組織中，使用哪一種組織架構？對於公司目標有何效用？為什麼？如要改變，建議用何種型態？為什麼？

從線性和幕僚架構...

研究調查　　生產　　行銷　　財務

R　R　P　P　M　M　F　F

R R R R P P P P M M M M F F F F

...到水平式的小組架構

小組 A

R	P	M	F
RR	PP	MM	FF

小組 B

R	P	M	F
RR	PP	MM	FF

小組 C

R	P	M	F
RR	PP	MM	FF

圖7.11
團隊架構的發展

以及15名正式的管理顧問，再加上一名工廠管理者。這種組織架構轉化為三種管理階層，每一位計時薪的工人都是以十名為一個團隊，團隊負責工廠所有工作的一部分－裝配、運輸和收款等等。但是團隊成員來自工廠裏各領域，以致於每一個團體都有各自操作程序的代表。而管理顧問則是居於幕後，只有在團隊需要時才會出來大聲說話。

　　因為明白若由他人來進行折衷調停會較容易進行，團隊的概念打破了部門之間

的藩籬，且團隊架構亦加速了決策和反應的時間：它不再需要得到組織體系高層的允許之後才進行活動。另一個主要的優點是員工能被激勵，他們能為一項專案擔負職責，而不是狹隘地限定任務，如此能激發員工們的工作熱忱和承諾。此外，分權可消除不必要的階層管理者，降低管理的成本。

網絡型組織架構

網絡型組織架構
一個小型的中央組織在契約的基礎上，依賴其它的組織去執行製造、行銷、工程或其它重要的功能

外包
與外界組織簽訂契約以提供服務，並在公司內正規地執行的經營方式

最後一種建構組織的方法就是人稱的「動態網絡」組織。在**網絡型組織架構**（network structure）中，一個小型的中央組織在契約的基礎上，依賴其它的組織去執行製造、行銷、工程或其它重要的功能。換句話說，這些功能不是在一個屋簷下所實行，它們是從外界購買的服務，如圖7.12的圖示。這種與外界組織簽訂契約以提供服務，並在公司內正規地執行的經營方式就是我們所知的**外包**（outsourcing）。網絡架構組織的應用就像耐吉（Nike）公司和Esprit服飾公司一般，他們沒有製造設備，只雇用了少數的一百多名員工。他們結合了設計師、製造商和銷售代表在契約的基礎上，實行所需的功能，而非在組織內部創造其功能。本章的管理者筆記標題就是討論關於網絡型的組織。

圖7.12
網路型組織架構

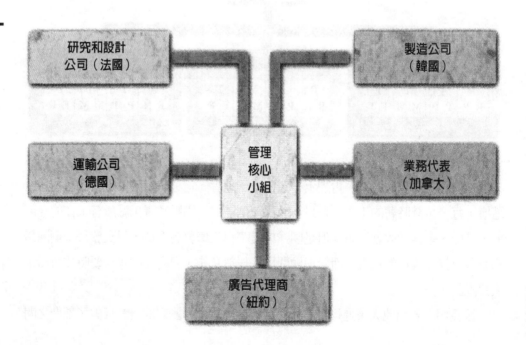

哪一種組織架構最好？

由於組織架構乃為達成組織的目標而建立，因此沒有所謂最好的組織架構，只有適合組織目標的組織架構。小型企業可經由直線型組織架構來完成目標；中型或大型企業可能就需要直線暨幕僚型組織架構所提供的專家建議。專門從事特製產品的公司－例如：按規格製作的汽車或貨車－可能選擇團隊型組織架構，而以多種專案為特徵的公司環境可以選擇矩陣型組織架構。每一種組織架構都有其正、反兩面，表7.1解析了這五種組織型態的優缺點。

非正式組織架構

管理階層已花費了很多時間去發展正式的組織－部門的架構、決策方針、職權關係和指派管理者－但在正式組織之內，一些看不到的管理仍未設計成型：那就是非正式組織。

非正式組織（informal organization）是一種當人們加入工作環境時所自動發生的個人或社會關係網絡。它是採午餐聚會、喝咖啡休息時間的團體、公司保齡球隊，或只是在工作之餘，以二人聚會的型式而進行，是一種因共同的興趣、社會和教育背景、個人特質，或需要而自我集結的團體。

非正式組織橫切了正式組織架構，它並未呈現在組織架構圖裏，不同部門和階層的人員相互的交流、找尋共同團體、彼此支援和協助、滿足需要，和提供資訊。非正式組織裏的成員資格乃是自願且由團體裏的成員所決定。

管理者必須瞭解非正式組織和它一同工作，並經由非正式組織來處理事務。為什麼呢？因為它出現在正式組織裏的每一處，忽視它的存在可能會導致嚴重的問題。管理者無法防止非正式組織的形成－人們自然地交流互動並發展關係。瞭解和學習非正式組織是管理的工作。如果方法正確，非正式組織能協助完成組織的目標、提供穩定性、支援管理者，以及協助提供組織成員們資訊。

圖7.13提供一個非正式組織溝通系統的圖示：情報網。注意一件事，非正式組織大部分的資訊是以正式管道之外的方式來傳達，該系統是以口述的方式而非書面

表7.1
五種主要正式組織型
態的優缺點

組織形態	優點	缺點
直線型	決策迅速。	忽略了採用專家。
	清楚的職權、職責和責任。	所有的決策都由高層決定，導致高層主管受限於小細節。
	由於不須幕僚人員，設計上及管理上較簡單，所費較少。	
直線暨幕僚型	幕僚者提供專業和技術性的知識協助直線管理者。	決策可能因幕僚人員研究問題和討論建議而延誤。
	直線管理者不須成為專業性問題專家。	當一些直線管理者憎惡幕僚人員的影響和專家姿態時會產生衝突。
	由於幕僚人員的加入，直線管理者的決策較佳。	如果直線和幕僚管理者職權和職責不清，將導致混亂。
		如果幕僚成員企圖指導直線人員的活動，就會衍生摩擦。
矩陣型	不同功能性的專家被指派至須其專業知識的專案計畫裡。	功能性和專案管理者之間的職權可能不清楚。
	每一個專案計畫都有一管理者，致力其時間和努力於協調。	職員可能無法同時效力於功能性和專案管理者。
	專家們可從具廣泛多樣的挑戰任務裡獲得益處。	專案和功能性管理者可能會在褒揚、地位和酬庸方面互相競爭。
		專案部門僅受限於長期專案的角色，無法於所屬部門發揮長才。
團隊型	移除部門間的藩籬。	由於為數眾多的團隊，協調的時間會增加。
	每一位員工因負有職責而被激勵。	如果公司並不提供訓練和時間來學習，其績效可能不佳。
	決策和反應時間較快。	
網路型	由於只有需要的特殊服務才要契約，如此提供了相當的彈性。	由於管理階層仰賴契約行事，導致控制力降低。
	維持低的管理費用。	供應方面的信賴度較難預測。

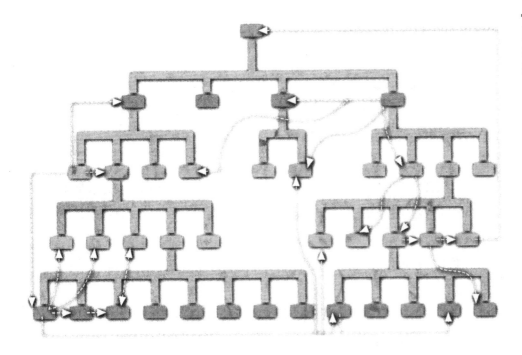

圖7.13
非正式組織的溝通系
統：情報網

管理者筆記－注意！它們沒有工廠

　　對於戴爾電腦公司、克萊斯勒、耐吉、銳跑和Brooks兄
弟公司來說，它們有那些共同的特性？除了豐碩的利潤之
外，每家公司都規避了傳統組織結構，而轉向網絡型的組織
架構。每一家公司都將焦點著重在經營核心的活動上－如設
計和行銷電腦、汽車、慢跑鞋或是服裝－並且讓外界的專家
來製造零件、處理貨物的運送或進行會計的處理。

　　直線暨幕僚型、或是調整式的組織並不是一種流行，這種流線型的結構適
合現今快速變化的市場環境，採行這種概念的公司避免龐大組織架構所帶來的
廠房和官僚負擔。取而代之的是他們受世界上最佳供應商所組成的網絡圍繞，
而成為使人興奮的事業核心。這些製造或服務的單位皆屬提供服務的組成分
子：它們能在一種正式的組合中很有彈性的被增加或被取代，就像在整件機械

中換走零件一樣。

　　採行這種的網絡組織架構並外包一些非核心的經營活動有兩種優點：(1)可以壓低單位成本以及快速推出新產品；(2)使公司能運用資本在那些競爭的優勢上－如從事行銷調查、設計新的產品、雇用最好的工程師、或是訓練銷售或服務的人員。

　　直線暨幕僚型的組織架構在公司達成兩項目標時會發揮最好的效果：與供銷商順利地合作以及將焦點放在正確的細節上。首先，直線暨幕僚型組織的公司需要有忠誠度高、可靠的、並且能快速將製造設備重組以推出新產品的供銷商。第二，外包公司須具有確認顧客需要的視野，而不是僅具有該公司所專精的事務而己。

　　最先具有網絡組織結構的先鋒是銳跑（Reebok）和戴爾電腦公司。銳跑公司的興起是將其力量著重在自己所擅長的方面：設計和行銷高科技、流行的運動鞋和健康鞋。銳跑公司沒有生產工廠，所有的生產線均是和台灣、南韓和其他亞洲國家的供應商訂定契約進行的。

　　戴爾電腦則是抓住競爭者在行銷和服務方面的弱點而成功的。戴爾租賃了兩家小型工廠，將外包的零件裝配成電腦，如此能免於設立製造工廠的資金，戴爾公司將這些費用傾注於銷售人員和服務專家的訓練，並供應最好的電腦、資料庫以及軟體給客戶使用。

　　網絡組織是適應未來趨勢的架構，瞭解其潛力的公司愈多，接受這種觀念的公司也就愈多。組成式的網絡組織型態正以迅速的速度在兩種銷售流行產品的產業中盛行者：如服飾業和電子業。但其它重要的產業也將會更以網絡組織結構做為基礎，包含了鋼鐵、化學、照相設備等產業。

的方式傳達，資訊流通橫跨整個組織。藉由確認和運用情報網，管理者可以提供適當的資訊以打擊謠言，並提供額外的資訊予員工。

摘要

　　企業是一種在有利可圖的前提下提供商品與服務給顧客的組織。為達到這些目標，它必須建立一種員工與活動的運作關係架構。而這架構就是我們所知的正式組織。

　　正式組織經由一連串的組織階段來完成：（1）檢閱目標和計畫（2）確定活動（3）將活動分類及合併（4）指派工作和授權（5）設計關係層級。如此就可創造出一個正式的組織架構，而該組織架構則以組織架構圖的形式呈現。

　　一旦組織建立後，管理者可應用許多種的組織概念來協助組織完成其目標。而這些概念包括了：

- 職權。是管理者在決策、下命令，以及分配資源方面正式且合法的權利。而職權有三種型態：直線型、幕僚型和功能型職權。
- 指揮統一。即組織內每一個員工只聽從一個人指令和向其報告的要求。
- 權限。是一種能在組織內產生影響的能力。而權限的來源有三種：法定或職務上的權限、參照性的權限，以及專門知識的權限。
- 授權是指一個人將其正式的職權由上往下地轉換給其他人的過程稱之。它牽涉了指派任務、授權、要求職責和個人責任的承擔。
- 控制幅度。即管理者直接管理的部屬人數。而一位管理者所需掌控的人數並沒有一個正確的數字。
- 集權化或分權化。是一種關於組織架構中選擇集權化或分權化的管理和組織哲學。該哲學的應用乃決定決策權是集中在少數人手上或是下放至組織架構中。

　　正式的組織架構有五種型態：直線型、直線暨幕僚型、團隊型、矩陣型和網絡

型組織架構。組織架構的選擇在於組織的目標、發展的階段和管理的哲學。

在正式組織內尚有非正式組織的存在，即一種當人們加入工作環境時所自動發生的個人或社會關係網絡。管理者需要瞭解非正式組織和它一同工作，並經由非正式組織來處理事務，協助其符合組織的目標。

回顧與討論

1. 什麼是正式的企業組織？它如何建立？
2. 請列舉和解釋企業組織流程的每一階段。
3. 部門化有那四種型態？請問每一種型態在什麼狀況下是適用的？
4. 請問從企業組織架構圖裏可發現什麼資訊？
5. 請問職權的意義是什麼？而一位管理者的職權是從何而來？
6. 請問權限意義是什麼？它和職權如何分辨？
7. 請問授權的意義是什麼？而授權、職權、職責和責任的關係如何？
8. 請問有一個正確的控制幅度嗎？如果你的答案是沒有，那麼是哪些因素影響著控制幅度呢？
9. 請分別集權化和分權化？而每一種在企業組織內的決策上有什麼影響？
10. 請問直線型組織有何優點？哪一種規模的企業應該使用直線型組織？
11. 直線型組織以及直線暨幕僚型組織主要的差別為何？
12. 請問矩陣型組織的應用在什麼時候是適當的？
13. 請問團隊型組織的優點是什麼？其缺點又是什麼？
14. 請問建立網絡型組織的基本概念是什麼？其優點有哪些？
15. 請問非正式組織如何存在？誰可以成為其成員？什麼是情報網？

應用個案

個案 7.1：精簡化：組織重塑

　　精簡組織是目前企業非常盛行的公司策略，公司大量的暫時解僱職員，以恢復預期的獲利水準。遺憾的是，裁撤公司的人力資源是種危險的任務，雖然減少人事成本的確會使公司在短期內獲取一些利潤，但這並不意謂能確保公司維持長期的成長。

　　大規模的縮減勞動力，會使得組織結構產生戲劇化的變化。很多公司無法適當地處理精簡化後的問題，因而失去關鍵技術和管理人事的技術。更重要的是，暫時解僱一些人之後，使得留下來的人工作更為繁忙，但薪水並沒有增加，因而在組織中引發士氣和壓力的相關問題。

　　當考慮精簡計畫的同時，公司的領導者必須要重新評估公司的目標和計畫，並且確立哪些活動是需要的，並重新交派指揮鏈和應負的責任。這些步驟一定要實行，因為組織在精簡化後會和過去不同，實際上，公司會自行重新改造。

　　將所有的問題和要求指出後，有些分析家會勸阻公司進行精簡化，並且認為短期的結果對公司沒有什麼好處。有人分析指出，透過精簡化使員工提早退休，會使得公司喪失許多有價值和具經驗的老職員。另外的批評也指出，一些諸如員工再訓練和實行新的管理技術，亦是重新改造組織的其它較佳方法。可惜的是，這些批評都可能被忽略掉，公司還是沒有考慮該組織所需進行的再改造，而持續的解僱職員。

問題

　　1.用什麼方法可以使精簡化後的公司組織像新的組織一樣？

　　2.公司計畫和目標如有改變，是否會導致公司組織精簡化的進行？

　　3.精簡化有什麼優點？

　　4.精簡化會產生那些風險？

個案 7.2：通用汽車的危機

通用汽車公司的未來掌握在總經理 John Jack Smith 的手中，該公司仍持續地掙扎著，幾乎所有工作效率的檢測報告皆顯示通用公司落在競爭對手之後。可以從一些重要的標準來看，如裝配一部車子所需的時間，通用公司就較福特汽車少了40%的生產力。在1991年時，350萬輛以上北美地區所製造的汽車和貨車，平均每輛就要損失$1,500美元。在1991年底，其在美國的佔有率為35%，同年，公司所銷售的新車和輕型貨車加起來少了130萬輛，若與1979年比較，那時通用公司支配了46%的市場佔有率。

為瞭解救通用公司，不管是內部或是外部觀察人士的建議，都是徹底進行組織結構的改造。公司長期以來的管理傳統是採中央集權的方式，且孤立於汽車產業之外。目前的結構反映了是否有足夠的時間去改善問題呢？事實上Smith所面臨的組織性問題包括：

■ 六個汽車部門存在分離的行銷操作：雪佛蘭、龐帝克、奧斯摩比、別克、凱迪拉克和鈚星。

■ 事實上，通用公司和世界上一般汽車公司較為不同，擁有不須向汽車製造部門報告的設計主管和研究主管，但兩者都須向研究發展部的主管負責，然後該主管再向經營太空部門的高層主管報告。這種安排使通用公司嚐到兩種苦頭。第一，因為設計者無法和汽車工程師緊切合作，發展新的車種變得耗費時間和成本。第二，科學家也不能和工程師一同合作，如此使得通用汽車即使已研發出新的技術也只能緩慢地將其應用在實務上。

■ 過去歷史告訴我們，沒有責任的管理績效是差勁的。在1977年到1983年間，每年十萬個員工中就有大約100個員工因為工作績效差而被資遣。

■ 存在一個無功能性的決策結構。中階管理人員－有時如同「被冰凍的中間階級」－通常無法或沒有意願進行決策的制定。

問題：

1. 上述的四種情況是應用了什麼樣的組織概念？請解釋？

2. 如果身爲公司總經理John Jack Smith的顧問，你要如何解決上述的各種情
   況？

8

人力資源管理

人力資源管理的重要性

人力資源流程

人力資源管理的法律和社會文化環境
法律環境
社會文化環境

人力資源規劃
職務分析
人力資源預測
人力資源調查
預測與調查的對照

徵才、甄選和職前引導
徵才的策略
甄選的過程
職前引導

職員的訓練和培養
訓練的目的
訓練的方法
培養發展的目的
培養員工的方法

績效評鑑
績效評鑑的目的
評鑑制度的構成
評鑑制度的類型

僱用決策的實行
升遷
調職
降職
離職

薪津
薪津的目的
影響薪津的因素
薪津如何設定
薪津的型態

摘要

回顧與討論

應用個案

當一個產業處於混亂時，生產力和人力就成了這場遊戲的關鍵，那也正是我們所處的優勢。

W. J. CONATY

Vice-President of Human Resources Aircraft Engines, Inc.

章節目標

在學習本章之後，你應該能夠做到下列各點：

1. 概述人力資源的本質與重要性。
2. 解釋人力資源管理領域的平等就業機會和承諾性的行動計畫。
3. 描述人力資源規劃的流程。
4. 描述人力資源徵才的內部和外部來源。
5. 概述甄選過程，並描述每一個步驟。
6. 描述職業引導計畫的目的。
7. 描述員工訓練和培養的目的與方法。
8. 定義和解釋績效評鑑的目的和型態。
9. 區分員工的升遷、調職、降職和離職差異。
10. 列出和解釋給予員工薪津的方式。

Jean Temkin

前言

Jean Temkin畢業於馬里蘭大學人際與勞工關係學系。往後的四年，她待過管理顧問公司、養老金管理公司、財產管理公司和建築公司，並在此期間學習了各領域的知識。她學到關於徵才員工、雇聘員工、職位申請、工時記錄卡、職務說明書、績效評鑑、臨時代理人、健保與教育訓練福利、聘用與解僱、年金計畫、準備季報、年報，並編寫報告、人事指南手冊和公司的新聞稿。如此豐富的工作經驗，使得她成為聯合溝通集團的人力資源經理。這是一家以提供

電子資訊和出版三十種以上簡訊的集團。UCG的總部設於馬里蘭州的Rockville，辦公室則位於紐澤西和波士頓，員工超過200人以上，其中有包括作家、編輯以及專門從電腦資料中蒐集和傳遞訊息的員工。

　　Temkin每天有著各式各樣的活動，從計畫和安排各種活動、與各公司的管理者和員工開會，到使用公司電腦化的人際關係資訊系統。她表示「我所做的很多事都利用電腦化的人際關係資訊系統，不過我花費更多的時間與人相處。我的工作必須充滿熱情和認同感，因為我要幫助UCG的員工解決各種問題，但有時候我必須要有堅定的立場，因為我也擔負著代表公司利益的責任。」

　　員工們有不同的問題求助於Temkin，她表示，「員工們通常對於工作狀況並不滿意，或對他們的主管和同事有所抱怨，但那只是人生和工作的一部份。另一方面，他們對於自己的健保、或是年金計畫亦有問題。有時我必須指導新進員工並與應徵者面談，但無論當時我在做什麼事，只要有人有問題來找我，我必定放下手邊的工作去協助他解決問題。他人至上。」

　　Temkin在工作舞台上，每天都有不同的管理責任，她表示，「你必須將每天工作的優先順序好好規劃，因為你每天要扮演不同的角色，並持續處理多樣的事務。我可能要從事健保計畫的調查、編寫新的福利手冊、規劃公司的事務或功能、管理大學學費償還計畫、更新公司的人事手冊、或是評核年金計畫。由於我們是一家快速成長的公司，我經常和人力資源主管和公司主管開會，試著改善人力資源的服務。」

　　一項正在進行的工作是研究和評估健康福利計畫，她表示「目前，服務和成本競爭地相當激烈，但你必須保持在高點上，我總是在尋找較好的計畫。對公司而言提供兩種計畫給員工是相當普遍的，一種是傳統的保障計畫如：Blue Cross/Blue Shield，是從你平常薪水中扣除的。另一種則是有管理的照顧，即是利用全民健保組織，只要付一點點的費用就可以得到服務，目前的潮流趨向於利用全民健保組織有組織的照顧。在未來的幾年當中，聯邦政府在公眾部門對私人部門的健康照護方面會扮演什麼樣的角色，將是一件有趣的事件。」

　　Jean Temkin喜歡在人力資源部門工作，因為該工作充滿相當多的變化，她表示，「有很多方法可以接近人力資源的職務，這是一個多樣化的部門，這也是企業不可或缺的一部分。雖然這不是個製造利潤的部門，但是一個不好的人力資源人員

可能會造成公司龐大的成本。現在的企業不能沒有此部門，這也是為什麼人力資源部門的主管均直接向公司最高經營責任者報告的原因。一個快樂的員工即是好的員工，而人力資源部門就是要使公司員工能夠保持快樂。」

「你只會和你的員工一樣好」是一句經常聽到的管理格言。一個組織可以擁有傑出的計畫，但是如果沒有優質的職員來實行這些計畫，那麼它就要回過頭來修正。為了組織能生存且邁向繁榮，它必須要能夠確認、選擇、培養和留住那些勝任的員工。人力是一個組織最重要的資源，他們供應才能、技能、知識以及經驗來達成組織的目標。

人力資源管理的重要性

身為公司策略專家以及Kepner-Tregoe主席的Ben Tregoe早已強調組織內人力因素的重要性：

美國缺乏競爭力，其中最重要的因素之一，即高級管理階層不瞭解人力資源和其相關問題對一個組織來說是決定性的因素。愈來愈多的公司參與全球競爭時，發現世界市場當中能夠產生差異的，只有人這個因素。原料、科技和系統每個人都可獲得，而合適的人材卻是獨一無二的商品。

藉由規劃的功能，管理階層確定了組織的目標，接著這些目標經由組織功能，確定欲達目標所需的相關活動。最後，這些活動形成了建立或調整組織職位的基礎。此時所面對的挑戰就是人盡其才的管理配合，並提供員工長期工作成長和福利的照顧。

人力資源管理
係指一個組織的人事任用功能

人力資源管理（human resources management）係指一個組織的人事任用功能。有時稱為人事管理（personnel management），它包含了人力資源規劃（human resources planning）、徵才（recruitment）、甄選（selection）、職前引導（orientation）、訓練（training）、培養（development）、績效評鑑（performance appraisal）以及薪津（compensation）。在中小型企業組織裏，一個管理者即負責人事任用的管理功能，當公司擴張營運且需要更多人手時，通常就會決定聘請一名**人力資源經理**（human resources manager）（人事經理），**即一位掌握更多專業性人力資源事務的專家**。而牽涉人力資源管理的事務則集結在人力資源或人事部門來處理，如圖8.1 所示。該部門的管理者諸如教育訓練的指揮者、藉由規劃、組織、人事、協調，控制，以及有時執行特殊人事和人力資源管理（P/HR）功能，來協助直線管理者。

人力資源經理
即一位掌握更多專業性人力資源事務的專家

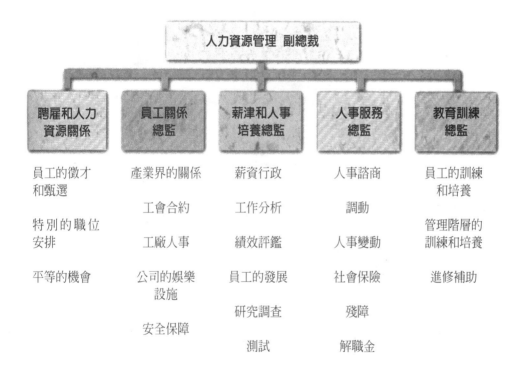

圖8.1
人力資源部職責和組織的範例

人力資源流程

　　牽涉人力資源管理的事務可歸納為由管理者和專家為組織提供職務合適人選的一連串步驟。圖8.2 圖示了人力資源的流程，而該流程有八個步驟：

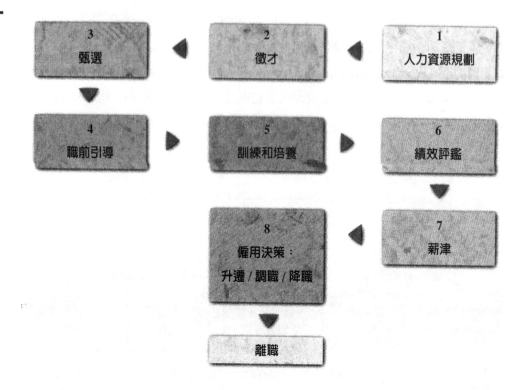

圖8.2
人力資源流程

人力資源規劃　　人力資源規劃的目的是確保達成組織人事之需要。組織規劃的分析決定了其所需要的技能,然後管理階層可以檢閱組織現有的技能,並發展具質與量的未來人事需要計畫。

徵才　　當人力資源的需要確定之後,管理者則進行徵才的活動。他們可經由報紙和專業期刊廣告、職業仲介和商業學校學院接觸,或經由組織內部來源的途徑進行職員的徵才。

甄選　　甄選過程牽涉評定並選擇符合工作要求資格的應徵者。甄選的步驟可能包括應徵表格、面試、推薦函審核和體驗。

職前引導　　該步驟整合那些獲選的人員進入企業組織,包括編入工作團體並告知該組織的政策和規定。

員工的訓練和培養　訓練和培養都是關於改善職員的工作能力以達成組織的效率。訓練包括了員工技能的改進，而培養則是進行關於員工接受額外職責和晉升的準備事務。

績效評鑑　該步驟是評鑑員工績效和職務標準的關係，並提供給員工應有的回饋。

薪津　薪津包括確定職員的起薪、調薪，以及提供附加的福利。

僱用決策　升遷、調職、降職、離職。績效評鑑之後，管理階層會做出有關工作調職、升遷、降職、暫時解僱或解僱的決策。

　　在我們深入解釋每一步驟之前，解析影響這些步驟的重要因素是必要的—法律和社會文化環境。

人力資源管理的法律和社會文化環境

　　有關人力資源管理的活動、行為和決策方面都受制於外部環境的因素，而這些特殊影響乃從法律和社會文化環境而來。

法律環境

　　法律已直接地影響管理者在任用過程的職責。由聯邦、州、郡和城市機構制定實行的行政令與法律，規範著那些擁有十五名職員以上的公司如何來進行任用的過程。繁複的規定和可能因不遵守規定而造成潛在重大傷害等因素，促使許多大型公司和機構雇請律師和專家來處理那些明文揭露的要求。

　　表8.1強調了關於三項主題的聯邦法律：平等的就業機會、矯正歧視措施，以及性騷擾。

表8.1
與人力資源管理相關
的法律

聯邦法	規定說明
1963年，平等給付法案	禁止在同等工作上因性別的不同給予差別的薪資待遇。適用於私人僱主。
1964年，人民權利法案第六條	禁止因種族、膚色、宗教、性別或國籍因素而發生任用的歧視。適用於接受聯邦府財援的僱主。
1964年，1972年修正，人民權利法案第七條	禁止因種族、膚色、宗教、性別或國籍因素而發生任用的歧視。適用於擁有15名或以上職員的僱主；聯邦、州以及當地政府；工會和職業介紹所。
1965年，11246和11375號行政命令	禁止因種族、膚色、宗教、性別或國籍因素而發生任用的歧視。建立矯正歧視措施計畫的規定。適用於聯邦政府的承包商和轉包商。
1967年，1978年修正，就業年齡歧視法案	禁止年齡上的歧視—在人事任用決策上反對40歲以上人員的任用。適用於20歲以上的所有職員。
1968年，人民權利法案第一條	禁止因種族、膚色、宗教、性別或國籍因素對個人進行人權的干擾。
1973年，身心重建法案	禁止歧視身心殘障人士的任用。
1974年，越戰時期退伍軍人適應法案	禁止歧視殘障和越戰時期退伍軍人的任用。
1974年，隱私權法案	給予員工合法權利去查閱與本身有關的書面文件。
1976、1978、1979年修正，職員甄選綱領	建立針對因種族、膚色、宗教、性別或國籍因素進行人事任用的歧視之指導綱領。該綱領包括關於僱用、升遷、降職；適用測驗，以及其它甄選程序的合法工作決策。
1978年，妊娠歧視法案	禁止於婦女懷孕、生育期間解僱之並保障其工作。
1981年，平等就業機會綱領—性騷擾	禁止性騷擾，如果該行為明示或暗示僱用與否、職員的反應成為其工作或升遷決定的基礎或干預職員的績效。該綱領同時保護男性和女性職員。
1981年，平等就業機會綱領—國籍	明確潛在的國籍歧視，包含流利英文的工作需要及因接受國外訓練和教育而遭拒絕的國籍歧視。明定國籍歧視的工作環境，包括種族的輕視和製

	造恐嚇或敵意環境或不合理地干擾工作為目的的實際行為。
1981年，平等就業機會綱領－宗教	確認僱主有義務順應職員的宗教信仰，除非能證明該行為會導致不正當的境況。而該措施是藉由自願性的更換、彈性的安排、側面的調職，以及改變職務的任命來達成。
強制退休法案－1987年修正	決議不能強迫未滿70歲的職員退休。
1990年，美國殘障人士法案	禁止因身心殘障而採取任用的歧視。
1990年，人民權利法案	允許恢復因企圖歧視而導致的懲罰和傷害補償，並且若有需要可提供給陪審團審判。

平等的就業機會　　一些聯邦法律乃為保障**平等的就業機會**（equal employment opportunity）而設計，即禁止任何公司有僱用決策的歧視。**歧視**（discrimination）意指使用非法的衡量標準進行員工的僱用。而平等就業機會委員會（Equal Employment Opportunity commission；EEOC）就極力主張訂定反對歧視的法律。

　　在目前的聯邦法律規定之下，僱主發生以下的行為均屬違法：

1. 因種族、膚色、宗教、性別、年紀、國籍或殘疾等因素，拒絕個人的僱用或解除職務。
2. 因種族、膚色、宗教、性別、年紀、國籍或殘疾等因素，限制、隔離，或將員工分類，或以任何方式企圖阻止其個人的工作機會。

聯邦法已建立不同團體的保護規範，包括女性、殘障人士和以下的少數民族。

- 西班牙人：西班牙姓氏的美國人。
- 東方人：亞洲人或太平洋群島的民族。
- 非西班牙血統的黑人：非洲裔美國人。
- 美國印地安人：北美的原住民。
- 阿拉斯加原住民：愛斯基摩人。

平等的就業機會
即禁止任何公司有僱用決策的歧視

歧視
意指使用非法的衡量標準進行員工的僱用

根據法律，管理者在僱用方面的決策必須考慮避免對那些受保護團體保護的受僱者產生迥異影響。所謂**迥異影響**（disparate impact）是指就業的任一過程所導致受保護團體遭拒的比例，明顯的比未受保護團體遭拒的比例為高的現象。例如因為應徵者是女性而不僱用，或採用就業測驗以刷下西班牙人的比例明顯較白人為高。這兩種行為都被視為法律上的歧視，而實行該歧視行為的組織和管理者都會被處以刑罰。

為避免觸犯平等就業機會的法律，管理者在進行徵才、僱用、升遷、培養、獎賞，或解僱員工時，應避免使用任何不適的標準。（本章的管理者筆記則將焦點集中在禁止歧視身心殘障人士的美國殘障人士法案）。

有七個州和大約二十個市政府已將同性戀列入受保護的團體，如此，則禁止因性別因素和性偏好進行就業歧視。許多的廠商已發展其自身的政策，如MCA公司、Fox公司、迪士尼公司等對同性戀已採用非歧視性的政策。

矯正歧視措施 有一些法律乃走在禁止歧視的行動之前，一些具**矯正歧視措施**（affirmative action）的法律，要求僱主對那些受保護團體的成員進行額外的僱用和升遷。承諾性行動的法律規定適用於那些曾經有歧視行為或未能開發代表其社會完整人口之勞動力的僱主。（在目前的法律規定下，承諾性行動尚未被要求包括那些殘障的美國人士）。然而，事實上那些具有承諾性行動計畫的組織並不表示其過去有過歧視性的行為，即使法律上並未要求，許多組織的管理者仍會選擇發展承諾性行動的計畫。承諾性行動計畫必須確定該組織在徵才、僱用、培養和升遷計畫方面，如何採行積極的步驟。最後，承諾性行動計畫亦必須確認如何來達成受保護團體權利的平等和較大的代表性。

性騷擾 人民權利法案第七條規定，以及平等就業機會委員會所建立的綱領都禁止性騷擾的行為。**性騷擾**（sexual harassment）包含了工作上不被接受的獻慇懃、性愛的要求，以及有關性方面言語或肢體上的行為。諸如：

- 順從其行為即明示或暗示僱用與否。
- 順從或拒絕上述行為則會成為任何就業決策的基礎。

迥異影響
是指就業的任一過程所導致受保護團體遭拒的比例，明顯較未受保護團體遭拒的比例為高現象

矯正歧視措施
要求僱主對那些受保護團體的成員進行額外的僱用和升遷

操之在己

你為何認為會產生就業歧視呢？如果你被歧視了，你應該怎麼做？為什麼？

性騷擾
包含了工作上不被接受的獻慇懃、性愛的要求，以及有關性方面言語或肢體上的行為

■上述行為具有不合理干涉個人工作表現的目的，或製造脅迫、敵意，或令人不悅的工作環境。

　　1991年電視廣播的司法參議委員會聽證會將這個議題爆發成全國性的焦點。該聽證會是關於奧克拉荷馬大學的法律系教授Anita Hill和其前老闆，最高法院的被提名者Clarence Thomas之間的性騷擾問題。該聽證會喚起了對關心性騷擾的重要性和影響的覺醒，每個產業裏的管理者應防止性騷擾並建立性騷擾發生時適當的處理程序。性騷擾會導致工作士氣的傷害，且削弱生產力和品質。

　　違反性騷擾法律規定的代價相當昂貴，賠償金就曾經高達$500,000美金。芝加哥的一位勞動管理辯護律師 Louis W. Brydges, Jr. 就力促各公司創立一套政策宣示，告訴工作環境裏的每個人，性騷擾行為是不被寬恕的，進行性騷擾將會受到應有的懲罰。

社會文化環境

　　社會文化環境的議題和趨勢亦會影響人力資源的管理。這些議題包括了：文化差異、玻璃頂篷、玻璃牆、愛滋病和藥品測試。

文化差異　　美國勞動力的種族組合一直在變動，少數民族的存在事實則證明了與日俱增的**文化差異**（cultural diversity）—非裔美人、西班牙人和亞洲人—共同形成了工作環境中的少數民族。而文化差異則需要新的人力資源管理方法來進行管理。

　　過去，大部分的管理者嘗試創造統一的工作團隊—以相同的方式對待，並使其適應主流的公司文化，而這些努力並沒有建立一個穩定、忠誠的員工團體。更重要的是正快速出現在開明作風的公司裡，尊重來自不同背景的員工們所帶進工作環境裏的東西。全美國的管理者參與能促進瞭解團體差異的研討會，而不只是容忍他們的存在。

　　舊金山的 Levi Strauss & Co.是致力於尊重文化差異的改革者之一。多年來該公司已舉行多次的研討會來協助員工表達抱怨並抒發工作的緊張。經由這些課程活動，員工和管理者對於不同的展望和文化價值都獲得新的瞭解和尊重。隨著對於團體的注重以及出現愈來愈多來自不同國家、文化背景的管理者，員工和管理者必須

一些公司正藉由對女性管理者提供專業性的訓練和輔導來處理玻璃頂篷的問題。

學習去開發那些來自不同觀點的力量。

玻璃頂篷和玻璃牆　　玻璃頂篷和玻璃牆意指一些封鎖女性和受保護團體的潛在歧視障礙。**玻璃頂篷**（glass ceiling）是指將女性摒除在較高層管理職務之外的一種歧視。而**玻璃牆**（glass wall）則是一種防止女性追求生涯路途之捷徑（fast-track）的歧視。這些看不見的障礙是否存在呢？一些資料顯示的確有些障礙將女性和受保護團體摒除在高級管理工作之外。一項聯邦政府的研究，其調查了96個較大的公司，在所有階層的管理者當中只有16.9%是女性，只有6.6%是少數民族團體的成員。而在高階管理者方面，只有6.6%是女性，2.6%是少數民族。這些數字表示為什麼男性每賺取$1元而女性只有賺取72分的原因之一。

玻璃頂篷
是指將女性摒除在較高層管理職務之外的一種歧視

玻璃牆
是一種防止女性追求生涯路途之捷徑的歧視

一個非營利的研究組織Catalyst將焦點擺在工作環境中的女性議題上，進行了另一項關於工作歧視的調查。該調查揭露了人力資源管理者經常引導女性離開行銷和生產部門的工作，老套地使女性成為補給的供應者而不予更動職務。其中一項原因是許多的男性職員，特別是較高階的管理階層和女性處理事務時會感到不適。Catalyst的研究建議女性應「發掘公司對管理者類型的需要，並獲得該職務」。該研究亦建議「公司應建立鼓勵輔導和職業發展計畫，並勸阻性別的刻板印象」。

歧視女性的代價，在工作士氣、承諾度、生產力方面的損失可能很高，另方面，懲罰金也很高。State Farm支付了$1.57億美元來償付由814名女性申訴的案子。這些女性聲稱因為她們的性別，State Farm拒絕她們參與獲利的銷售活動。除了賠償之外，這些女性的聲明亦導致State Farm在加州徵才和僱用方式的改變。1988年實施的矯正歧視措施計畫，要求公司在1998年前需僱用50%以上的女性擔任銷售員的職務。

許多公司瞭解玻璃頂篷和玻璃牆確實存在，並努力地清除這些歧視。美國航空要求公司高級職員提出詳細的跨功能性計畫，開發所有具高度潛力的女性擔任中級或更高層的管理階層。Anheuser-Busch公司有一項管理發展計畫，使女性和少數民族從那些乏人問津的職務轉變為協調者，然後擔任管理的職務。製藥界的巨人—嬌生公司開辦研習班以使管理者和主管們能警覺那些升遷的相關問題。該公司有頗多的女性和少數民族擔任公司的高級職務。

愛滋病　後天免疫不全症後群（AIDS）是一種由HIV病毒所引起的致命疾病，不會隨意的傳染。但是在工作環境裏對於愛滋病的恐懼是一項不爭的事實，而公司也需要政策來告訴職員和管理者如何來處理這些問題。聯邦法規定禁止歧視那些感染愛滋病和其它具傳染性疾病的職員。公司會調節那些不想和感染愛滋病職員一起工作的人嗎？當職員的身體顯現他或她是HIV帶原者時，管理階層將會如何處理呢？

藥物（毒品）測試　美國大多數的公司都曾僱用過那些具有各類藥癮職員的經驗，但是只有不到半數的公司擁有關於藥物使用的政策。職員用藥上癮除了對其自己、他人之外，亦會造成其公司的損失，而具有用藥問題的員工則會導致安全、品質，以及生產力的問題。一項研究估計美國每年因藥物相關的曠職、人事變動造成

了大約$500億美元的損失。

根據1990年的殘障法案,如果具藥癮的員工加入了法定的戒毒計畫,或完成這些計畫並脫離藥物,就不能對這些員工有所歧視。因為大部分的藥物測試牽涉了血液、尿液分析等項目,這些檢測能顯示管理者在管理範圍之外的員工狀況,藥物測試也就引起了員工隱私的議題。此外,藥物檢驗會產生錯誤的陽性反應。許多公司要求對所有應徵者進行藥物測驗,有些並要求隨機性的對目前員工進行是否會造成自己或其他人危險的測驗。

人力資源規劃

人力資源規劃
即是預測一個組織對
於人員供給需要的流
程

具良好管理的廠商必須仔細地預測未來人力的需要,它們因為相當重要以致不能以臆測的方式進行。**人力資源規劃**(human resources planning)即是預測一個組織對於人員供給與需要的流程。它包含了三個部分:(1)預測人事要求;(2)以目前職員的才能來參照這些要求;(3)針對訓練和培養(公司內部)以及對外徵才人數的多寡(公司外部),發展特定的計畫。圖8.3顯示了人力資源規劃的流程。

圖8.3
人力資源規劃的流程

職務分析

　　欲使人事需求的決策進行得有意義，所有現存的工作都須經過**職務分析**（job analysis），即一種確定和職務相關的責任以及實行該任務時所需技能的研究。有許多的方法可深入地進行職務的研究，一些公司在該研究中運用人力資源專家（稱為職務分析師）與擔任該職務的人員和每一個職務的管理者一同工作，他們運用幾種方法的結合，包括：（1）觀察在職者如何執行其職務；（2）讓在職者和其管理者填寫問卷；（3）藉由熟練的分析家進行在職者和其管理者的面談；（4）成立委員會來分析、檢閱，並總結其結果。

　　職務分析的結果即是兩種文件的準備工作：職務說明書和職務規範書。**職務說明書**（job description）概述了職務的名稱、目的、主要工作活動、職權的層級，可使用的設備、機器以及體能需求和危險狀況（任何）。請參見圖8.4 的例子。而**職務規範書**（job specification）則列舉了該項職務的人力範圍，包括了對員工成功實行該職務所要求的教育、經驗、技能、訓練以及知識。執行者必須小心地列出只和成功運作有直接連繫的部分，以避免歧視的困擾。請參見圖8.5 職務規範書的範例。

　　職務需要定期的予以研究（通常是每年）以確定說明書和規範書一直精確地反映出其實際需求。工作會隨著時間而在職務、知識基礎、設備運作方面產生改變，這些文件則需反映這些演進狀況。當組織有新的職務加入，職務說明書和規範書就必須設計產生。

人力資源預測

　　人力資源預測乃嘗試預測該組織未來對人力和職務上的需求。當預測組織的人事時，管理者必須考慮公司的策略性計畫和公司過去人員減少的一般水準。策略性計畫確定了公司的方向以及影響公司對人員的需求。一項穩定公司當前就業水準的長期計畫即意指規劃遞補那些將離職的人員。

　　我們可以看到一個公司如何將策略性計畫轉變為實際上的人事需求。假設一家家俱製造商決定增加其30%的產能以符合其所預測的長期需求成長。管理者分析了公司目前的狀況，不考慮加班，並決定在三個月內增加第三梯次的輪班。對那些新

職務分析
即一種確定和職務相關的責任以及實行該任務時所需技能的研究

職務說明書
概述了職務的名稱、目的、主要工作活動、職權的層級，可使用的設備、機器以及體能需求和危險狀況（任何）

職務規範書
列舉了該項職務的人力的範圍，包括了對員工成功實行該職務所要求的教育、經驗、技能、訓練以及知識

圖8.4
職務說明書範例

I. 職務證明

職務名稱：顧客服務代　　部門：投保人服務部　　起始日期：一九九五年三月一日

II. 功能

解決投保人的疑難問題，保單生效之後，如果有必要，可以作出一些因應性的調整。

III. 範疇

a. 內部（部門以內）和部門內的其它員工互動合作，共同尋求疑難問題的解答。

b. 外部（公司以內）處理和取消保單相關的保單事宜；和會計程序有關的保費事宜；以及和程序檢查有關的會計事宜。

c. 外部（公司以外）和投保人交涉互動，回答投保人的相關問題；處理收費事宜；擔任保單運送人；修正保單。

IV. 職責

在職責者需擔負以下責任：

a. 解決投保人對保單及其相關事宜的詢問。

b. 和運送人一起變更保單內容（在被保人的要求之下）。

c. 在變更核准之後，修正公司內部的所存記錄。

d. 回應投保人的要求變更。

e. 若是有任何無法解決的問題，可提報給部門經理。

V. 職責關係

a. 提報：向投保人服務部的經理提報。　　　　b. 管理：無。

VI. 設備、材料和機器

個人電腦、計算機和視頻顯示螢幕（VDT）。

VII. 體能需求或危險狀況

該工作有百分之九十五的機會，要在桌面或VDT上呈現出來。

VIII. 其它

其它工作依指派而定。

增人員使用最新的職務說明書和規範書，因而決定了需要多少以及哪一種員工會被僱用－九名生產工人。然後，管理者注意其員工變動率以預測現存的輪班和相關的支援人員：接下來的三個月，兩名新的職員需代替退休的工廠員工，因此管理者必須在三個月之後獲得十一名新的員工。

圖8.5
職務規範書範例

I. 職務證明

　　職務名稱：檔案／郵件辦事員

　　部門：投保人服務部

　　起始日期：一九九五年三月一日

II. 教育程度

　　最低學歷：高中畢業或同等學歷

III. 經驗

　　最低限度：至少曾有六個月專門發展、監控和保管檔案系統的經驗。

IV. 技術

　　鍵盤輸入：必須能夠獨立運作電腦和打字機，對每分鐘的字數要求沒有設限。

V. 特殊要求

　　a. 必須因應公司的要求，在工作量上有所增加和變更。

　　b. 必須能夠配合之前所定下的程序。

　　c. 必須能夠忍受工作上對細節方面的要求（例如，小心比對簽名和歸檔整理等）。

　　d. 必須能夠應用制度上的新知所學（例如，在制度變動下，對新程序需有心理上的準備）。

VI. 行為特徵

　　a. 主動性強，在行動上証明自己能夠發現問題、解決問題、並向上級提報。

　　b. 必須具備人與人之間的相處技巧，在行動上證明自己能夠從事團隊工作，並和其它部門合作無間。

人力資源調查

　　人力資源調查提供了關於組織目前人員的資訊。在進行人力資源調查的過程中，該組織將目前每一位職員的技術、能力、興趣、訓練、經驗和資格分類，管理者即可知道每一個職位該由誰擔任、他們的資格、服務年資、職責、經驗和其升遷潛力。這些資訊應被定期的更新，並附加最近的工作績效評鑑。其所表示的就和圖8.6 的管理階層置換圖相似。建立這種圖表能使管理階層瞭解目前人事基礎的強弱之處，並允許其創造一個潛在的管理接班計畫。

圖8.6
管理置換圖

總裁

副總裁人事	執行副總裁	副總裁行銷	副總裁財務
K. Addison	H. Grady	S. Morrow	G. Sleight
C. Huser	Y. Fung	M. Murray	C. Hood
S. French	E. Farley	F. Tan	

家用風扇部門　　　　　　　　　　産業用風扇部門　　準新部門

經理家用風扇	經理產業用風扇	經理空調設備
Y. Fung	E. Farley	
J. James	R. Jarvis	R. Jarvis
R. Jarvis	F. Tan	

人事經理	會計經理	人事經理	會計經理
C. Huser	C. Hood	S. French	M. Piper
A. Kyte	W. Wicks	T. Smith	
	H. Ross	J. Jones	

生產經理	業務經理	生產經理	業務經理
J. James	M. Murray	R. Jarvis	F. Goland
W. Long	E. Renfrew	C. Pitts	S. Ramos
G. Fritz	B. Storey	E. Combs	

現有績效：　▤ 卓越　　　▤ 令人滿意　　　☐ 有待改進
升遷潛力：　◖ 準備升遷中　◖ 需要更進一步的訓練　◗ 有爭議

資料來源：Adapted form Walter S. Wikstrom, *Developing Managerial Competence* (New York: The Conference Board, 1964), p.99. Used by permission.

預測與調查的對照

　　藉由調查和預測的對照，管理者可決定該組織內誰有資格擔任專案的職缺，以及那些人員的需求是要藉由對外徵才來解決。在上述的家俱公司裏，管理者決定了對外徵才所需的最多人數，因為許多的職位是屬入門層次（entry-level）的工作，而且現存的工作團隊也必須代替退休的員工。

　　如果管理者決定要以內部員工來填補一些職缺，那麼首先要考慮的是現存的職員能否勝任。如果可以勝任，管理者應在公司內部徵才該職務人員，並鼓勵員工來應徵。如果目前的員工不適任這項工作，接下來的問題就是是否要經由訓練和培養的過程來使員工符合資格。假設如此進行，且公司也能提供資金和時間，那麼管理者則應準備提供這些需要的培訓計畫。

徵才、甄選和職前引導

　　隨著預測和調查的完成，以及準備好的職務說明書和規範書，管理者開始要進行**徵才**（recruitment）─即一種安排和吸引足夠的合格應徵者來申請空缺職務的過程。而應徵者的來源應包括有已在就業和目前失業的人士，並提供暫時性的協助服務。

徵才的策略

　　在上述的家俱製造公司裏，管理者決定對外徵才需要的員工，該項決策表示了許多的選擇：他們能尋求私人或國家的職業介紹所的協助、在報紙和其它大眾刊物上刊登求才廣告，包括那些能吸引少數民族的商業期刊和報紙、詢問目前的在職員工是否有適合的朋友或親戚、（許多公司提供獎金給那些獲經錄取者的介紹人）、與學校接洽並提供訓練計畫，以及參與求才的說明會。管理者可以詢問鄰居和社區的團體協助傳達給少數民族或受保護團體，並鼓勵他們來應徵該職務。如果公司要僱用公會的勞工，管理者能和商業公會接洽，並尋求技術熟練的工人。

徵才
即一種安排和吸引足夠的合格應徵者來申請空缺職務的過程

企業徵才在校園中是
普遍的活動。

　　其它兩種來源是一種已被証實能獲得所需人才的實習（internship）和學徒
（apprenticeship）計畫。一家僱請50名員工，位於賓夕凡尼亞州的精密金屬塑造工業
─Williamsport公司，在該區域聯合了五家其它金屬加工公司建立了一個建教合作的
過渡計畫。該計畫（由私人和政府基金支助）由六名老闆、七所學校和十二名學生
參與，它授與參與學生延教學分和入門層次的金屬加工合格証書。在這兩年的計畫
期間，學生們完成了高中的課程，賺取了最低的工資，並取得金屬加工方面學徒期
滿的預備職工資格。

甄選的過程

甄選
是一種從一群應徵者
當中挑選決定符合資
格的人來擔任空缺職
務的流程

　　甄選（selection）是一種從一群應徵者當中挑選決定符合資格的人來擔任空缺
職務的流程。當徵才的活動結束，甄選活動即開始運作，它嘗試經由一連串的審查
過程來確定哪些是符合資格的候選人，如圖8.7 所示。讓我們更進一步地來探究這些
過程。

應徵表格　　通常一個有企圖心的職員填寫應徵表格就成了甄選流程中必須的一部
分。一份應徵表格概述了應徵者的教育程度、技能，以及與其應徵工作相關的經

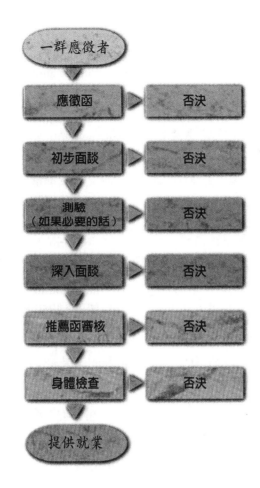

圖8.7
甄選的流程

一群應徵者

應徵函 ▷ 否決

初步面談 ▷ 否決

測驗
（如果必要的話）▷ 否決

深入面談 ▷ 否決

推薦函審核 ▷ 否決

身體檢查 ▷ 否決

提供就業

驗。在甄選過程中為避免歧視的問題發生，僱主不須詢問應徵者執行該工作能力以外的資訊。諸如那些關於家庭主權、婚姻狀況、年齡、民族或種族背景，以及出生地等都是不恰當的問題。

初步的面談　在小型企業裏，應徵者的第一次面談可能就是由未來的主管所主持；而在大型企業裏，則是由人力資源部門來設計審查，並成為面談的主考官。

　　初步的面談可能被建構成特定的形式—即依特定問題的腳本來進行—或未建構成特定的形式，而未建構成特定形式的初步面談允許應徵者有相對的自由度來表現想法與感覺。面談的主考官藉由初步的面談來查對應徵表格上的細節，並獲得甄選流程中所需的進一步資訊。面談的主考官必須避免那些和應徵者工作能力不相干的

議題。執行工作時必要的能力才是真正的職業條件。例如：如果是一份關於在男更衣室工作的面談中，一個關於應徵者性別的問題可能就不算是歧視，因為它是關於真正的職業條件問題。

　　僱主和工作應徵者在面談過程中，必須對那些歧視性問題特別敏感。圖8.8 表示一些面談時的方針，適用於應徵表格上的問題。

測驗　　根據平等就業機會委員會的綱領，測驗是任何衡量應徵者表現所運用的錄用決策依歸。這些衡量方式包括了面談、應徵表格、心理狀態和表現測驗、工作上的身體要求，以及任何適合於甄選一名應徵者可供評分的方式，而所有做為審查的測驗應該只可用來評鑑和工作表現有關的檢測。

　　不論使用那種測驗，僱主必須避免產生迥異影響。僱主亦必須確保測驗的妥當性—即一種能評鑑特定職務未來績效的良好指標。也就是說在該測驗中獲得高分的人應該能夠在相關的職務上有成功的表現。相對的，那些在測驗中失敗的人在其工作上的表現應該也是同樣地不佳。而如果測驗的結果和工作表現並不相關，則該測驗乃屬無效。

　　管理才能評估中心（assessment centers）專精於審查應徵者是否適合管理職務，而評估中心的測驗則嘗試分析一個人溝通、決定、計畫、組織、領導和解決問題的能力。所測驗的技巧包括了面談、模擬（in-basket）測驗（測驗一個人在有限的時間內決定如何掌控不同問題的能力）、一些經由設計用來發掘領導潛能和與他人共事能力的團體活動，以及不同的支配（hands-on）的任務等。該評估經常持續許多天，並在遠離工作崗位的地方舉行。許多大型的公司，特別是日本公司的老闆會以評估中心來決定誰該錄用，誰會升遷。而在評估管理能力方面，經評估中心得來的結果通常較那些紙上測驗要來得精準些。

深入面談　　深入面談幾乎是那些底定錄取的應徵者才有的過程，而深入面談的目的是為了確定應徵者對於將要進入的組織文化、工作部門的適合程度。深入面談可能是制式的模式，也可能不是。它可用來傳達與該工作相關的資訊，如福利、工時和工作狀況。那些通過初始審查且進入深入面談的應徵者需要得到未來上司的保證，若沒有該人對於這個新的僱用承諾，該應徵者在這家公司的未來可能就會處於疑慮

歧視主題

不管是申請表格或者面談，最適當無誤的辦法就是讓所提出的資料問題，都和工作表現上的資格條件有所關連。以下以粗體字列出的幾個主題，是屬於敏感性很高的問題。

年齡？出生日期？一般而言，詢問應徵者的年齡是否在十八歲以下或七十歲以上，這是被許可的。

曾遭拘捕嗎？因為被拘捕並不代表就是犯罪，也因為在比例上來說，少數種族被逮捕過的比例大過於一般人口中的其它人種，所以這類問題可能有歧視上的可能。

曾被判罪過嗎(交通違規例外)？軍隊中的記錄如何？儘管詢問有關判罪方面的問題可能很適合拿來過濾一些曾因犯罪而被判過刑的應徵者，而且對某類工作來說，這種過濾也是很必要的，可是直接提起這種問題，一般來說是非常不智的。而提及有關服役中被解職的問題，同樣也十分地不智，除非這份工作有安全上的考量。一般來說，比較恰當的方式是詢問應徵者曾在哪一個部隊服役過或是以前從事過什麼樣的工作。如果一定有必要瞭解應徵者的犯罪記錄或除役原因，也必須小心甄選字眼，以免造成歧視的印象。

可以在週六或週日上班嗎？儘管瞭解員工何時能夠工作是一件非常重要的事，可是詢問能否在某些特定日子裏上班，可能會讓有某種信仰的應徵者興趣缺缺。如果生意上的確有此必要，因而一定得提出這類問題，也要表明雇主會盡力配合應徵者在宗教上的需要。

小孩的年齡和數目？托兒方面的安排？儘管這類問題可能只是想了解一下它在工作上所造成的缺席或效率減緩的可能性，但是其結果卻往往讓人有歧視女性的感覺。所以千萬不要詢問有關小孩或托兒方面的問題。

信用記錄？有車子嗎？有房子嗎？除非被雇用的這個人必須使用到自己的信用記錄；必須利用自己的車子；或是必須在自己家裏從事生意的往來，否則不要提出這類的問題。它可能會造成對女性和少數種族的歧視。

眼睛顏色？頭髮顏色？眼睛與頭髮的顏色和工作表現並不相關，可是卻可能代表應徵者的種族或國籍。

擔保書？因為擔保書可能因獨斷或歧視等理由而予以否決，所以最好採用其它的過濾方式。

朋友或親戚？這類問題代表資方對員工的朋友或親戚有某種程度上的偏好傾向，所以有歧視的可能，因為他們往往可以反映出該公司現有人力上的人口特性。

財產扣押記錄？聯邦法庭曾經規定，薪資財產扣押並不能影響員工在工作上的表現能力。

身高？體重？除非身高和體重與工作表現有直接的關聯性，否則不可在申請表格或面談中提到這類的問題。

本姓？婚前的姓氏？喪偶？離婚？或分居？這些問題都和工作表現無關，所以有可能意指宗教或國籍方面的問題。但是如果該資料是為了錄取用的身家調查或保險方面的調

圖8.8
就業應徵表格和面談：隱含歧視的一些問題

查，則無妨。

婚姻狀況？聯邦法庭規定若是該公司在相同的工作上已雇用已婚男士，卻拒絕雇用已婚婦女的話，在法律上就犯了歧視婦女的行為。所以不要詢問應徵者的婚姻狀況。

性別？州法和聯邦法都禁止公司行號因為性別上的緣故，對員工作出任何歧視，除非就工作資格來說，性別是商業正常運作上的必要條件之一。

注意事項：如果為了聘雇上的緣故，需要用到某些資料（例如，矯正歧視措施的施行管理），該雇主可於應徵者受雇之後，再取得這些資料。並請把這些資料和事業晉昇專用的所屬資料分開來保管處理。

資料來源：Illinois Department of Employment Security

之中。在應徵表格和初步面談的過程中，面試者必須小心地避免那些會導致就業歧視困擾的議題。

推薦函審核　一份最近的報告指出，大部分的雇主會對應徵者進行廣泛的背景調查：

■ 84%求證教育和過去就業狀況。
■ 60%與列出的推薦人接觸。
■ 63%檢閱在校成績單。

檢查應徵者的過去能夠發現問題。不過首先，要避免一些會產生歧視的特殊背景調查，例如逮捕記錄的調查即是一種歧視。第二，調查背景資料是困難的，因為大多數之前的雇主不是拒絕合作就是避免談及該員工負面的資訊，此乃由於害怕離職員工對其進行誹謗的控訴。根據最近的研究指出，有41%的公司禁止提供有關離職職員的資料。

身體檢查　一篇最近的文章指出，有52%的雇主要求應徵者在甄選過程中進行職前的身體檢查（the physical exam），而19%則不要求身體檢查，只要求個人的病歷。雇主運用體檢和病歷來（1）防止職員在就業前因疾病或傷害的保險要求；（2）查明是否具傳染性的疾病；以及（3）保証該應徵者有執行該工作的體能。如果職務說明

書列舉了體能上的需求，必須是有正當理由的。根據美國殘障人士法案的規定，僱主必須合理的照顧身體損傷人士，並且不能運用身體上的障礙來做為拒絕僱用藉口。

職業的提供　在審查程序過後，管理者將工作提供給評價最高的應徵者。這個步驟牽涉了一連串包括薪津或工資、工作安排、休假時間、福利需求的類型，以及這位新手可能需要的其他特殊協助等的協商。隨著今日工作的異樣化，僱主可能必須照顧員工的傷殘、提供時間讓員工接送小孩上下學，或安排全天的照顧。聯邦法律的要求之下，新僱員工必須在24小時之內提供美國公民身份證明或適當的文件證明其為合法的外國人在美國工作。

職前引導

一旦員工獲得錄用，便就應該盡快地被帶領進公司的組織並儘速融入公司的業務裏。公司組織藉由發展**職前引導計畫**（orientation program）來達成上述的目的，**即提供新進員工資訊以協助適應該公司和其職務的一連串活動**。雖然之前在甄選過程的步驟裏已完成了許多使新進員工瞭解公司和工作的活動，然而目前這位新進人員需要的是一個溫暖的歡迎，使其盡可能地開始貢獻這家公司。

新進人員需要瞭解其工作場所和夥伴，管理者和同事應該迅速、不隱瞞地回答新進人員的問題。有人應該向其解釋工作的規定、公司政策、薪津、程序，並填寫領薪所需的書面文件。並向新進人員解釋所有職員的協助計畫，並告訴其如何利用之。

上述的各種情況在各階段，由不同的人員來完成。當管理者主持對工作領域和同事的介紹時，人力資源專家可能掌握了所需的紙上作業。而新進人員需要的所有設備、工具和補給品，在其進行工作報告時亦應準備好。

給新進人員的第一印象以及在初期的體驗盡可能給予正面印象是重要的一件事，職前引導乃是建立和接合新進員工對公司關係、態度和承諾的開始，職前引導應該徹底地計畫並有技巧地執行才是。

職前引導計劃
即提供新進員工資訊以協助適應該公司和其職務的一連串計劃活動

Americans with Disabilities Act: Revolution in the Workplace

管理者筆記

美國殘障人士法案—職場革命

1990年七月美國國會通過殘障人士法案,該法案是近三十年來有關勞工利益最重要的法規改變。該法案詳細指出,僱主必須給予殘障員工和有潛力的員工方便—雇主也要面談應徵者、制定雇用標準、以及說明工作性質。

關於僱用殘障員工,必須用另一套關於殘障員工工作的規範法規,首先是關於企業必須調整公共設施以確定所有的設備能使殘障人士行動方便。第二部分是該法規禁止對殘障人士歧視,包括身體和心理上的障礙—有長期疾病者一并適用。

法律對於殘障的定義為(a)身體或者心理上有損傷的,或是身體上有缺陷或是造成行動不方便(如行走、講話或是工作),(b)有以下的損傷記錄—例如有癌症病史且有緩和跡像,或(c)被認定為具某種損傷(患有需要藥物控制的高血壓或是在過去曾被醫師誤診為憂鬱症病人)。除此之外,此法規對於過去曾有酗酒或是有濫用藥物的任何人,經過治療後,都會受到該法規的保護。最後,員工不會因為與那些朋友、家庭成員或是需被照顧者的殘障人士有關聯而受到歧視。

該法建立一套關於雇用員工的特定程序大綱。包含了:

■建立工作資格標準。僱主要求的工作資格標準有了新指標—依據教育程度、身心標準。不過,該法同意特殊的工作可以有這樣特殊的標準。

■區分基本的工作責任。工作本身決定殘障人士是否符合工作資格,不過,僱主一定要先能區分核心及週邊的工作職責。

■測試是否適合。雇主在提供工作之前要先對應徵者測試身體的靈敏度—例如修剪樹枝工作就考驗應徵者的爬樹能力。然而,雇主不能使用諸如健康檢查的方式來測試應徵者。

■ 要求健康檢查。在雇主提供工作之前，不能要求做健康檢查。但雇主仍可對目前未受該法保護的非法使用藥物行為進行檢測。

■ 面談。雇主應該要確定殘障人士能夠完全的參與整個面談過程。工作公告和應徵表格應該要事先說明面談所要求的相關配合。雇主可能會詢問：

■ 工作任務的執行可否彈性調整。

■ 個人如何執行工作，並且需要什麼樣的彈性調整。

■ 為了証明能執行工作，如果每一位應徵者都要確實地示範工作的職務，同樣也包括殘障者。

■ 倘若該工作真的需要這麼長的工作時數，個人是否能符合該職務的要求。

■ 調整工作是合理的。如果應徵者無法徹底地執行該工作的基本功能，雇主必須詢問合理的調整是否能協助工作的執行。合理的工作調整意指除去員工不需要的障礙。合理的調整不能造成過份的困境—有顯著的困難度和費用。例如：合理的工作調整可能包括重新建構職務或是重新指派任務、改變工作程序、提供合格的解說者或翻譯人員、或是員工帶來自己的設備，不需要由老闆提供。

該法修補了人民權利法案的第七條不足的地方，它允許員工尋求其復職和其所應得的薪津。這法案開始於1992年7月，規範那些擁有25人或以上員工的雇主。如果雇主的員工在15人到24人之間，則可在二年後才實行。

職員的訓練和培養

　　訓練（training）乃教導目前和近期將應用上的技能，而培養則將焦點集中在未來的應用上，兩者都牽涉了教導員工所需的特殊態度、知識和技能；兩者都被設計成給予員工新的東西，且都具有成功的三項先決條件：（1）凡是設計訓練或培養計畫的人，必須建立需求評估以決定該計畫的內容和目的；（2）凡是執行該計畫的人必須瞭解如何教導，員工如何學習，以及他們需要被教導什麼；（3）所有的參與者—訓練者、培養者和那些接受訓練和培養的人—必須有意願參與。

　　美國的僱主每年花費超過$2,100億美元提供訓練和培養的計畫。大部分美國企業的訓練和培養計畫是一項持續性的過程，全錄（Xerox）公司是美國具有最佳訓練制度的數家公司之一，全錄公司每年大約花費員工薪資總額的4%（$2.5億至$3億美元）來訓練其110,000名員工。全錄公司在Leesburg、維吉尼亞州擁有專屬的訓練中心，公司並且僱用了120名訓練師每年訓練其12,000名員工，而另外的21,000名員工每年則在總公司接受至少40個小時的訓練課程。

訓練的目的

訓練
供給職員所需的技能、知識和態度，並改善其執行工作的能力

　　訓練即供給職員所需的技能、知識和態度，並改善其執行工作的能力。訓練有五個主要目的：增進知識和技能、增加成功的動機、改善晉升的機會、改善士氣、能力感和績效的榮譽感，以及增加品質和生產力。在今日多種文化的工作環境裏，員工們通常需要增進使用英文的能力；能夠欣賞組織的多樣文化；以及學習如何應付發生在工作上的許多變化，諸如新的科技、方法和職務等。

訓練的方法

　　一家公司能在不同的場合訓練員工，受訓者可能被送至工作崗位上、公司的訓練中心、學院裏的教室，或是不同的研討會、研究班和專業性集會等來接受訓練。當僱主在公司內（in-house）的訓練結束後，則會運用以下的方式來進行訓練：

■ 在職訓練（on-the-job training；OJT）。這是一種邊工作邊學習的訓練方式，經
由輔導或是讓受訓者觀察熟練操作者執行，然後再自我實行的訓練過程。學
徒和實習就是一種在職訓練的計畫。

■ 教室訓練（classroom training）。在該制度內，訓練遠離了工作環境的壓力，
受訓者在學習了基礎的工作技能之後，便送回工作團隊中。這種方式的例子
就好比學習電腦課程一樣，受訓者通常在一個控制的環境中與電腦進行一對
一的互動，受訓者以他們自己的步調或是訓練設備的步調來進行訓練。

■ 實習訓練（vestibule training）。此種方式乃在實驗室裏以實際的設備和工具模
擬日後的工作環境。在這裏，真實工作的噪音、雜亂心情和符合生產目標的
壓力通通消失，以使受訓者能專心的學習。

　　無論是何種訓練方法，訓練都必須是實際的操演，它必須教導必要的技能和知
識，一旦訓練結束之後，便直接地應用到工作領域上。而訓練進度應受監督，以判
定受訓者熟練教材的程度。

培養發展的目的

培養發展
是使某人在其它具更
多需求的職務上，將
遭遇新的或更大挑戰
的一種準備

培養發展（development）是讓公司某個人，在其它更具較多技術需求的職務上，將遭遇新的或更大挑戰時所接受的一種訓練準備。員工尋找培養的機會以準備接掌管理的職務；而基層主管亦需要培養以晉升為中級的管理階層。所有的培養都屬自我的培養，沒有個人的允諾，培養活動是無法發生的。員工能被迫地進行訓練乃是因為要保住其職務，但培養的提供可能會被拒絕。員工無法依賴其僱主來進行培養，小型公司無法負擔培養的經費；而在大型公司裏，若該培養計畫並未直接和職員目前工作或職務相關，其亦不會支付培養計畫的經費。

培養員工的方法

培養員工的方法包括了送員工至專業的研討會或研習班、提供職務的輪替、資助專業性協會的成員、支付員工的正式教育課程，以及同意員工留職進修或從事社會服務。職員應視公司的資助計畫為一種回饋，並視為公司對該職員價值的一種明確表述。而這種計畫亦是員工獲得威望、自信和能力肯定的管道。

對於培養員工的努力應該不可斷絕；它們應成為日常例行工作的一部分。藉由經常性的閱讀專業性期刊和商業刊物，以及與專業性會議裏的專家交流，職員們能協助自己走在時代的尖端。而另一項培養方法是自願地接受棘手任務，面對棘手的挑戰能夠激發其潛在的能力。

培養員工的其它形式也可以是非常顯著的：那就是師徒工作傳承（mentoring）。那些良師（mentors）通常是工作環境中或其它組織裏的專業人員，不論其之間的關係，他們有意願去分享經驗給新人，並願意給新人有關掌握發展機會、介紹公司政策和自我培養的適當建議。

績效評鑑

在大部分的公司組織裏，每天至少會對一些工作績效進行評定，雖然大部份是

非正式的評鑑。當在一定的時期內對員工表現的總結評定後，**績效評鑑** (performance appraisal) 就成了一份以既定標準來衡量員工實際工作績效的正式且制式化（在合法的限制內）的制度。而這些標準會在甄選和訓練過程中被告知。

績效評鑑
即一份以即定標準來衡量員工實際工作績效的正式且制式化的（在合法的限制內）制度

績效評鑑的目的

大部分的組織運用評鑑的方法是考慮到以下的目的：

■ 提供瞭解員工先前的訓練是否成功，並觀察其是否需要加強某部分的訓練。
■ 發展個人績效的改善計畫，並協助其制訂計畫。
■ 決定是否以加薪、升遷、調職或獎勵的方式做為工作績效的回饋，抑或是以警告或停職方式為之。
■ 明定一些需加強成長的領域，以及達成該目標的方法。
■ 培養並加強績效評鑑管理者與受評員工之間的關係。
■ 給予員工一個明示，以明白上司預期達成的效果。

評鑑制度的構成

績效評鑑制度包含兩個部分：衡量員工的標準（例如：工作品質、知識、態度）和表示員工在每一標準下達成比例的等級（例如 ：良好、5/10、100%）。就像是以考試和課堂參與度來衡量一名學生的表現，考試成績的度量以100分為滿分；而課堂參與度的衡量尺度則從「未主動參與」到「具創造力的參與」等。

評鑑制度的類型

評鑑制度主要有兩種基本的類型可供運用：即主觀和客觀的評鑑制度。而大部分的制度則是採上述兩種其一的變異型式。

主觀式績效評鑑制度 所謂**主觀式績效評鑑**（subjective performance appraisal）制度是指一種無法明確定義績效標準和衡量尺度的評鑑制度。圖8.9 則提供了一種主觀

主觀式績效評鑑
是指一種無法明確定義績效標準和衡量尺度的評鑑制度

圖8.9
主觀式評鑑制度

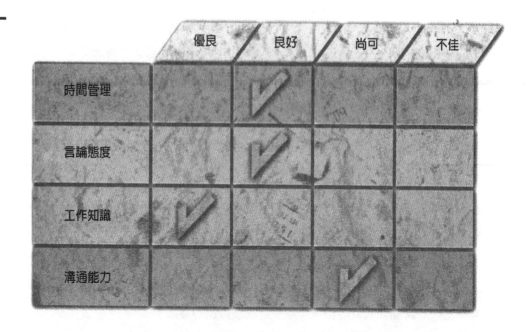

式評鑑制度的範例。請注意其衡量標準─時間管理、態度、工作知識和溝通,其每一項衡量指標無法明確定義,什麼是態度?而溝通所表示的意義又是什麼?另方面也請注意其評鑑等級─特優、良好、尚可和不佳。對該指標或你來說,什麼是特優的意義?而「良好」、「尚可」、「不佳」的定義又是如何?良好和尚可之間的差別又在哪裡呢?

　　主觀式的評鑑方法可能導致管理者和員工嘗試對工作績效進行解釋和辯護,而非是一種工作績效的客觀反應。由於缺乏明確的衡量標準(描述績效的因素)和明確的衡量等級(績效增加或減少的解說符號),主觀式評鑑制度會導致引用一些吹毛求疵的事件、與其他員工的對照和以個人特質來做為評斷的基礎。

客觀式績效評鑑
是指能以明確定義的績效衡量標準和方法所進行的評鑑

客觀式績效評鑑制度　　所謂的**客觀式績效評鑑**(objective performance appraisal)是指能以明確定義的績效衡量標準和方法所進行的評鑑。圖8.10所示,衡量指標(產量、人事變動、品質控制、曠職和安全性等)都有明確的定義。而衡量等級則以明確的達成目標或方針表示之,例如生產目標為每月15,000個單位。

　　在該制度裏,員工和管理者共同建立了目標,他們知道績效衡量的基礎和衡量的方法。經由報告的方式來進行回饋,僱主亦能隨時瞭解其所處的環境。

圖8.10
客觀式評鑑制度

目標設定範圍	六個月內的目標	實際狀況
生產：實際生產的單位數量	每個月一千五百個單位	
流動率：部門中每個月的人事留存比例	15%	
品管：每個月被退回的產品數量比例	3%	
缺席率：因為員工的缺席，而在工作上造成的工時浪費	10%	
安全保障：浪費的工時	最多不超過五十個小時	

僱用決策的實行

　　如前所述，顧用決策包括了升遷、調職、降職和離職（自願性與非自願性）。這些職務的改變則受考績和公司組織的徵才、僱用、定位及訓練所影響，所有的僱用決策表示了改變——一種在整個公司組織內產生連漪效應的改變。

升遷

　　升遷（promotions）即達到擁有較高薪資和較多職責的一種職務變動，獎賞那些致力於工作和傑出表現的員工。它做為一種激勵員工的方式，提供給那些想要追求較大個人成長和挑戰的員工一個承諾。員工們通常藉由展現較優的績效並超越預期成果的表現來獲得升遷。

　　有時過去的績效不是唯一的升遷標準。矯正歧視措施（affirmative action）要求弱勢團體如女性和少數民族等在組織內的所有階層都能有較好的職位，因此，矯正歧視措施的目標可能會指揮組織在僱用和升遷決策上授予這些群體裏的成員較特殊的地位。在許多工會協議中，資深（seniority）就是影響升遷決策最顯著的因素。

升遷
即達到擁有較高薪資和較多職責的一種職務變動

環球透視

日本式的人事任用

美國公司和日本公司對於任用員工的方法有所不同，這和其文化有關。然而，正在縮小的商業世界，意謂著各國的人力資源管理者，必須學習他國企業的強處，以下從幾個主要的面向來看日本人的方法：

- 有些在國際市場競爭的日本大型企業，提供員工終身就業的保障。一旦新進員工進入公司時，管理者將會依其所需訓練成為公司有用的員工。

- 日本人比較喜歡訓練員工接受各種工作。各職位的職務說明書，內容通常較為廣泛，且職責並沒有明確詳細的規定，反而著重於技術上。公司希望員工能適時適地了解該做什麼以及如何去做。

- 在採取行動前，日本的管理者會尋求共識─在需要完成的任務和過程上取得全體一致的同意，即使在較低階層的員工，各員工團體也會採取相同的模式。

- 日本缺少具意義的反歧視法。外籍人士和女人都會被公開地歧視。然而，在國外營運的日本公司通常都會遵守當地國家的法律。

- 在日本基層的管理工作都是從學校和大學裏挑選人才。之後，管理階層的拔擢則從公司內部任用，日本企業的僱主也會提拔願意終身奉獻公司的員工。

- 日本企業趨向於使用管理技能測試中心來篩選應徵者，也常依賴深度面談和測試以決定應徵者的態度、行為和才能。

- 在日本，工作輪調多半意謂著對員工的訓練和培養，日本員工轉換至另一個工作領域，有時亦會跨功能性的調動。而日本的管理者傾向待在同一職務的時間較典型的美國管理者為長。

- 在日本，員工評鑑也是師徒工作傳承過程的一部分，評鑑人員試著不使員工感到窘困。日本的評鑑較美國的評鑑來說，傾向於非正式的方式。

- 日本員工的薪資和升遷與其資歷和經驗相關聯，而工資和薪水則較美國員工爲低。
- 強制退休在日本依舊十分的普遍，當員工年齡超過六十歲之前，就可能會被強迫退休。

調職

　　調職（transfers）是指在擁有相似薪資和職責的同階層中，橫向地從一個職位調任至其它職位。調職的機會變得愈來愈重要，若職員在該組織內的年資僅有少數幾年，升遷的機會對他們來說是微乎其微。今天那些較爲扁平、肥大以及趨向團隊的組織架構，表示沒有太多的職缺可供升遷。根據Kennedy's職業戰略家的時事分析編輯Marilyn M . Kennedy 指出，調職可能是公司維持才能的唯一方法：

　　那些重新組織的公司已較能如願地採取橫向職務調動的步驟。紐澤西州的RJR-Nabisco's食品集團最近增加薪資的等級，使橫向職務調動的員工有較好的加薪機會而非減薪。Corning公司長久以來藉由對員工「更改職位不用換公司」的承諾來徵才職員。最近開始提供給那些參與橫向職務調動職員5%的比例晉升爲經理。而該項政策乃隨著更新組織架構的腳步而來。

　　多年來，很多各公司已運用橫向的職務調動來嘗試訓練和培養職員，如此使員工在單一操作上能從不同方向來看問題，並協助他們瞭解公司的全貌。調職經由將員工從那些存在較少機會的領域移動至較有職業發展軌跡的職務方式，協助員工有所進步。

降職

　　降職（demotions）是指從一個職位移動到另一個職位，而薪資和職責都較之前爲少。今天的企業氛圍裏，已罕於將降職當成懲罰員工的工具（那些沒有效用的職員都以解僱處理，而非留用）。反而是用來留住那些非因其自身錯誤而丟職的員工。

調職
是指在擁有相似薪資和職責的同階層中，橫向地從一個職位調任至其它職位

降職
是指從一個職位移動到另一個職位，而薪資和職責都較之前爲少

有些人寧願擔任較低職位和薪資的職務而不願被暫時解僱，有些人則選擇降職來解放自身的壓力，讓他們有較多的自由來追求外界的興趣，或面對一些諸如照顧子女或年邁雙親的挑戰。

一些公司已建立一套人稱「媽咪跑道」（mommy tracks）的制度—為父母設計的暫時性停職。媽咪跑道允許父母從懷孕到小孩上幼稚園這幾年來照顧子女，藉由提供一些工作上的調整，如兼職工作和彈性工作計畫等，公司會協助那些有價值的員工依其時間因應新的興趣和需求。

離職

離職（separation）是指職員離開一個公司組織的行為，可能是自願也可能是非自願的離職。自願性離職包括了辭職和退休，而非自願性離職則包含臨時解僱—暫時性的離職—和解僱。僱主有時會藉由提供誘因鼓勵員工提早退休。Digital設備公司在1992年5月時，提供7,000名提早退休員工買斷（buyout）的方案，有3,000名員工參與該計畫。非自願性離職似乎在美國企業當中有上升的趨勢，該因素從企業的衰退到差勁的個人績效和公司破產倒閉等，（如泛美和東方航空公司的個案）造成數以百萬計美國人的失業。

就離職的替代方案而言，許多公司正實行其它的策略，有些是停止員工的徵才，有些策略則包括禁止加班、員工的再訓練和重新部署、工作分擔、減少工時，和轉換管理者成為有償的顧問等。製造購物手推車的Unarco公司，其管理者以該公司的無暫時解僱（no-layoff）政策而感到自豪，Unarco公司的管理者發現有用的就業方案，即以員工的再訓練和正常損耗來代替員工的解僱。

該公司的管理者擁有避免解僱員工的好理由，暫時性解僱的代價可能相當昂貴。處理過程的紙上作業、設備的關閉、支付資遣的成本，以及涉及失業的保險金可能達數千美元以上。另外，員工心理上的成本亦相當高，在解僱之後所遺留下的是害怕和不安全感，這些遭解僱的員工比那些有工作的職員更有可能經歷家庭問題、離婚或自殺。

薪津

薪津是人力資源環境中一個主要的部分，**薪津**（compensation），是指對員工財務支付的所有形式：包括薪水、工資、福利、獎金、公司利潤分紅，和商品或服務形式的獎品等。不論員工是提供服務或產品，目前給予薪津的趨勢是以對公司組織績效的貢獻多寡而決定。薪津的增加是留住那些有價值員工的方法，而這種行為是合理的：因為當員工愈具價值，人才流失所造成的成本也愈大。

薪津的目的

報酬有三項主要的目的：吸引、協助發展和留住有能力的人才。一家公司所提供的報酬程度可以增加或減少對那些求職者的吸引力，報酬應會鼓勵員工不斷地改進自身以及自己對僱主的價值，並減少員工離職的意願。凡是對工作報酬公平且滿足的員工，會覺得受到認同與尊重，覺得公司組織對其時間、精力和工作上的投資給予他們公平的回報。最後，工作報酬應要給予員工一種安全感，在沒有財務需求擔憂的情況下，釋放他們所有的精力來完成工作。

影響薪津的因素

在設計員工的報酬制度時，公司應注意公平性、符合法律要求，並將多種的市場因素和報酬的原則聯結起來。當某些類型的人才供應不足時，管理者可能要提供額外的報酬來吸引或留住人才。同樣地，那些決定要提供員工最佳報酬的管理者可能會吸引和留住最好的人才。

在1938年通過，且修正多次的美國公平勞動標準法，規範了未滿18歲的員工在工資和加班方面的支付，其它聯邦法案亦規定那些與聯邦政府有合作關係的公司，其員工的最低工資限制。一些當地政府和州的法案影響了報酬制度，另方面工會合約亦設定工資和限制組織內和工會有關的報酬決策。

薪津如何設定

工作評價
即一種關於決定一項
工作對公司組織價值
的調查

　　工作評價（job evaluation），即一種關於決定一項工作對公司組織價值的調查。每項工作依其重要的等級來建立一套適當的報酬，而評估的因素包括職責、教育程度、技能、訓練和工作情況等，以協助管理階層決定其適合的薪津，最後形成一個從公司總裁到最低層員工的工作階梯（job ladder）或組織體系。

　　一旦工作被評價且依重要性安置之後，管理階層─考慮先前提到的評估因素如法律要求和市場供需等─制訂報酬支付的等級。這些都是依工作評價形成的工作階梯和對應薪資的支付項目，每項工作可能有數千元的薪資浮動範圍，所以那些固定工作者不需要升遷，也可以獲得薪資的調升。

薪津的型態

工資
是依工作時數所決定
的工作報酬

薪資
是以工作週或月的單
位來計算的工作報酬

　　報酬是依工作時間的投入或是該工作所產出的東西來決定。**工資**（wages）是依工作時數所決定的薪津，而**薪資**（salary）則是以工作週或月的單位來計算的薪津。工資和薪資都是以工作時間而非以工作的產出來計算薪津。時薪通常為那些公司組織內較低層次的工作而設計，而那些具管理性、專業性、辦公室工作性質和秘書性質的職員則通常以薪資的方式來支付。

　　決定基本的薪津型態後，管理階層也可能選擇提供獎金、利潤紅利、股票選擇權，或額外福利等為報酬的一部份。讓我們來解析每項報酬的型態吧！

獎金　　所謂獎金（bonus）是指員工正常報酬之外，另一種激勵員工的金錢支付，它可能是以超額的生產、有效的成本控制、公司盈餘，或其它績效的因素等。例如：一些業務員可能因超出銷售目標而獲得獎金。

紅利　　紅利（profit sharing）是指員工正常薪津之外，分配給員工公司的部分利潤做為激勵員工績效的方式。諸如：凱薩鋁器暨化學公司（Kaiser Aluminum & Chemical）、全錄公司和IBM電腦公司等，皆將公司利潤分享給員工，使員工感受較大的歸屬感和允諾，並提高員工工作的誘因、士氣、忠誠度和生產力。

股票選擇權　股票選擇權（stock option）是允許員工以比當期市價低的價格認購公司的股票。一些公司有從薪資扣除購買股票金額的計畫，來鼓勵員工參與認購公司的股票，並且高級管理者偶而會獲得股票選擇權、獎金和薪資作為總工作報酬。公司可能設定另外的股份直接售予員工。

福利　除了對工作的直接薪津，公司組織亦建立工作環境的**福利**（benefits）—非工資、薪資或獎金的薪津。大部分的福利不脫離以下的項目：

福利
非工資、薪資或獎金
的工作報酬

- 人壽、健康和牙齒的保險。
- 公司招待的假期。
- 疾病給付。
- 假日、葬假、緊急事假。
- 公司產品和服務的折扣。
- 午餐供應和休息時間。
- 學費的補助。

美國的僱主在全職員工福利上，平均每年每人花費\$13,126美元，提供全職員工法律上要求的福利（社會保險、員工薪津和失業保險），連同一些自願性的計畫如假日和假期招待，利潤分紅、健康和人壽險、退休計畫，和獎金等。全國的僱主平均花費39.2%的人事成本（超過一兆美元）來提供員工的福利制度上。而擁有最高福利成本的產業—平均每名員工花費\$19,375美元—是公用事業團體，而成本最低的團體是銀行業和財務公司—為\$9,797美元。

為順應多變和多樣的工作隊伍，許多公司提供許多創新的福利，現在許多員工可藉由公司資助的計畫或是孩童照顧津貼，在白天照顧他們的小孩。一些公司彈性的工作計畫允許員工決定如何來支配他們的時間，他們可以選擇早到、晚退，或一周工作四天（four-day weeks）—只要完成既定的工作時數即可。

工作分擔（job sharing）乃允許兩名員工可以分配其工作，每人皆以兼職的方式為之（工作分擔和一天工作四日將在第九章討論）。而電話聯絡（telecommuting）則允許員工在家經由電腦和傳真機來進行聯絡。父母假（parental leave）在1993年由柯

對於在職員工小孩給予看護的公司逐漸增加。

林頓總統簽署的第一聯邦法之前就已開始流行，父母假提供初為人父母休假（支薪或不支薪）以照顧新生兒。對僱主來說，這些其它計畫皆是防止流失那些必須應付生活改變的人才而實行的替代方案。

一個公司組織所提供的福利就如同其它形式的薪津一樣，可以吸引、培養和留住那些有才能和努力的員工。如工資和薪資一樣，管理者乃依組織的財務資源、策略和所面對的市場狀況來規劃其福利制度。

摘要

一旦公司組織成立，管理階層所面對的挑戰就是將公司人員安排適合的職位，並提供如公司組織成員的長遠成長空間和福利，而人力資源管理就負責該項責任。它為組織提供了任用的功能，活動範圍包括了人力資源規劃、徵才、甄選、職前引導、訓練、績效評鑑和薪津等。

人力資源的領域受法律和社會文化環境所影響，法律環境包含平等就業機會、矯正歧視措施和性騷擾議題等。而社會文化環境則牽涉到文化差異、玻璃頂篷和玻璃牆、愛滋病及毒品檢測等。

牽涉人力資源管理的活動應視為管理者和專家獲得並維持人盡其材的一連串相關步驟：

- 人力資源規劃，牽涉了人力資源預測和人力資源調查，並藉由調查和預測的對照來決定徵才的需要。人力資源規劃藉由職務分析的結果，亦包括了職務說明書和職務規範書的發展。
- 徵才，是確認和吸引應徵者並符合預期需要或實際工作職缺的過程。而徵才有兩種來源，即公司內部和外部的徵才。
- 甄選，乃從應徵者當中依與工作需要最符合的能力、技能和與人格特質，來決定入選者。應徵者在整個甄選過程當中，包括應徵表格的完成、初步面談、測驗、深入面談、推薦函審核和身體檢查等五個步驟。
- 職前引導包括了一連串提供新進職員資訊以協助適應組織和新工作的活動。
- 訓練乃補充個人所需的工作技能、知職和態度，以改善他們執行勤務的能力。而訓練的型態包括了課堂訓練、在職訓練以及實習訓練等。
- 培養是指某人因未來將迎接新的、更大挑戰以及更多需求的職務，所進行的事先準備。
- 績效評鑑乃依已建立的工作標準來檢測員工職務績效。而評鑑有兩種－主觀式和客觀式評鑑。

　　評鑑過程和員工行為的結果將產生員工的人事變動。員工可能選擇辭職或退休，而管理階層可能選擇對員工進行升遷、調職、降職、暫時解僱或辭退等動作。

　　人力資源經理乃負責員工的薪津問題，他們必須設計一套計畫來吸引並留住勝任的員工。如此，他們評估每項工作的價值並建立支付的等級。薪津乃依工作投入的時間和產出的成果而定，額外的薪津則以獎金、利潤分紅、股票選擇權和養老金等方式表示之。而福利－諸如保險和公司招待的假期－則完善了薪津的計畫。

回顧與討論

1. 人力資源管理在公司長期發展的重要性是什麼？

2. 人力資源管理包括哪些活動？

3. 什麼是平等就業機會法的目標？該法和矯正歧視措施如何區別？什麼是性騷擾？

4. 請問「玻璃頂篷」和「玻璃牆」的意義是什麼？

5. 職務分析的目的是什麼？職務說明書和職務規範書又是什麼？

6. 人力資源規劃的步驟有哪些呢？在決定訓練或徵才員工時所考慮的因素是什麼？

7. 內部徵才的來源是哪些？而外部徵才的來源又是哪些人？

8. 就業應徵表格的目的是什麼？

9. 初步面談的目的是什麼？

10. 請問就業測驗會有什麼樣的侷限？

11. 誰應該擔任深入面談的主考官？為什麼呢？

12. 推薦函審核的背後所擔心的是什麼呢？

13. 職前身體檢查的目的是什麼？

14. 職前引導計畫包括了哪些成份？職前引導的目的又是什麼呢？

15. 將在職訓練和實習訓練對照，什麼時候你會運用這些訓練？

16. 請問績效評鑑的目的是什麼？請區分主觀式和客觀式評鑑的不同。

17. 請區分調職、升遷、降職和離職的不同。

18. 請問當人力資源經理發展一套薪津計畫時，他所要分析的因素有哪些？

19. 請問兩種基本的薪津型態是什麼？它們如何區分？

應用個案

個案 8.1：員工的家庭照顧是一種工作福利

薪津不再只是一張支票而已。多年來，企業已經使用不同的方式來提供員工的薪津。很多的福利起因於美國政府額外的規定，主要是雇主需要提供一定的健康保險和退休金福利。然而，公司瞭解到充份地提供這些福利，能改善僱用員工的品質和工作表現。

愈來愈多的雇主發現提供服務給那些有家庭和為人父母的員工，可以使他們解除工作安排和家庭責任的衝突。如此，當那些為人父母的員工們在工作生活的整合感到滿意，且家庭生活也較為快樂時，他們會工作地更有效率、且更為忠誠。

如同嬌生公司提供彈性的員工工作時間安排、員工照顧家庭的休假、職務調動計畫、配偶職務調動計畫、介紹孩童的托兒地點、公司內的托兒服務（on-site）、老人照顧的介紹和收養等福利。嬌生公司的管理者發現這些計畫提供了很好的機會給那些以往會濫用這些藉口而曠職的員工，他們不再因此而曠職、遲到，且生產力也不再下降。

相反地，他們發現利用該計畫的員工，擁有最高的工作績效、且最不可能離職或遭受到懲戒等問題。的確，在嬌生公司引進「家庭和工作平衡」計畫的四年之後，有四分之三的員工認為公司的家庭政策，是他們繼續留在公司重要的因素。

問題

1. 員工家庭的照顧是否為人力資源管理者的責任？要使用什麼方法呢？
2. 公司如何衡量提供員工家庭的照顧與發現員工的利益成本？
3. 是否所有的或是部份的員工家庭的照顧計畫，如公司內的托兒服務（on-site）照顧孩童，對管理者／員工之間的關係有益？還是會使員工工作分心？
4. 家庭的照顧計畫如何改善員工的徵才？

個案 8.2：性騷擾：辦公室的瘟疫

　　Anita-Hill和Clarence Thomas的公聽會對於美國的許多人們來說，總算開了眼界。對於那些已經工作多年的老闆來說，並不需要丟去工作環境上的舊式傳統態度，但是對於那些忽視性騷擾多年的老闆來說就有必要。

　　那些持續忽視性騷擾問題或選擇不認同此想法的僱主—認為性騷擾只不過是自由主義的一時流行罷了，並且說服自己「這一定會結束的」—這種現象的比例實在是太高了。性騷擾法案不僅帶給受害人有重要的意義，對於違反者也會有所警戒。其效應的不只是讓違反者失去工作或是法院裁定的財務上賠償，並且能讓大眾和公司股東對管理者的能力有所質疑在近幾個月裏發生了以下的事件：

- 一個汽車製造商因告訴該公司一名女性員工，其處於一個由男性主導的工作環境裏，要求她最好習慣和其同僚討論「性」，此案被判賠償該名女性員工$185,000美元。
- 食品製造商被法院判處$625,000美元給受害者，因為管理者每天評論女性員工的體態和外貌，並建議女性員工帶給他「好時光」，暗示她們要穿著露大腿的服飾上班。
- 一位出版商也被控告，賠償$80萬美金給一名女性員工。主要是該員工證明，她被公司的主管要求做猥褻的行為，並且因而錯失兩次升遷機會，而僱主在升遷方面支持年輕男性，不顧該名女性職員合乎升遷的標準。
- 一家零售連鎖店，以$1400萬美元在庭外合解，原因是女員工控告公司主管持續的對她性侵犯和性攻擊。在庭外和解前呈現給陪審團的其中一項證據，是該名主管在騷擾她時，所留下的褲子。

　　這些公司的資深主管都宣稱「我們公司絕對沒有性騷擾的問題。」在其它的例子裏，這些公司對於性騷擾的議題，主管都會循非正式的管道將它了結。「我們都是成年人了，如果有問題的話，我們會解決它。」但到了最後，對於性騷擾這個問題不是將它忽略，就是依非正式管道結束它。

問題

1. 在工作環境中，什麼樣的「態度」會導致性騷擾的發生？

2. 什麼樣的管理階層行為會造成性騷擾？從個案中舉出適當的例子，以支持你的答案。

3. 如果你是公司的主管，當公司發生上述的性騷擾事件，你會採取什麼動作？為什麼？

4. 如果你被要求發展關於性騷擾議題的政策，你的政策會包含哪些？

9

員工管理：激勵與領導

發展積極的工作環境
建立一套管理哲學
視員工爲獨立的個體
提供支援
瞭解文化的差異

激勵員工
激勵模式
整合型的激勵模式
馬斯洛的需求層級理論
赫茲柏格的雙因素理論
弗洛姆的期望理論

定義領導
領導特質
管理與領導

選擇領導風格
決策風格
正面與負面的激勵
任務導向與員工導向

如何增進激勵誘因和工作士氣
提供讚賞和認同
實行目標管理
授予員工職權
發展自我引導的工作團隊
提供有效的報酬制度
重新設計工作
促進內部創業精神
設計工作彈性

摘要

回顧與討論

應用個案

若未隨時隨地思考如何使每位員工變得更有價值的話，那麼公司的發展將會受阻。什麼叫做替代方案？做白工？不敬業的員工？憤怒或無聊的勞動力？說這些話都是無意義的！如果你有更好的方法，表現給我看，我很希望知道那是什麼。

JACK WELCH

CEO, General Electric

章節目標

在學習本章之後，你應該能夠做到下列各點：

1. 解釋發展一個積極的工作環境時，管理哲學的重要性。
2. 解釋X理論和Y理論在領導、激勵及工作環境方面的影響。
3. 解釋管理者瞭解每個人的不同點和需要，及他們激勵員工的重要性。
4. 概述馬斯洛和赫茲柏格的激勵理論，並解釋每一種理論對於激勵員工的隱涵意義。
5. 描述領導對員工績效的影響。
6. 確認和解釋影響領導風格選擇的三項因素。
7. 描述三種主要的領導風格。
8. 描述管理者和組織可以用來改善工作環境和增進激勵的技巧。

William W. Wilson III

前言

威廉‧威爾森（William Wilson）在商業世界中占有獨特的一席之位。從一位基層的保險經紀人爬升至世界最悠久和最大的 Johnson & Higgins 保險經紀公司的副總經理，閱歷了所屬公司和客戶公司領導風格的轉變。他現在的職位是公司自動化和電腦系統基礎設施的主管，威爾森負責管理一群與整個公司員工一同工作的專業人士。

威爾森畢業於俄亥俄州牛津市的邁阿密大學企業管理系，在唸研究所時，

他到 Johnson & Higgins 保險經紀公司的辛辛那提辦公室上班，以賺取到 Xavier 大學攻讀MBA的學費。Johnson & Higgins 是一家私人的保險經紀公司，創立於1845年，在世界主要城市僱用了8,000名職員，該公司的經紀人協助顧客選擇適當類型的意外險、產險、員工福利險和其它的保險以提供企業保險的需要。

當威爾森的主管升遷至資訊部主管時，拔擢了威爾森並調遣他至紐約的辦公室工作。威爾森指出，「那時，我們才正要學習個人電腦而已」，「而且我對電腦能為公司所做的一切非常有興趣。首先，在電腦人士和商業人士之間有一道鴻溝，電腦尚未商業化，但我們製造了極大的利潤。事實上，電腦人士瞭解商業人士的需要，以及嘗試以自動化來改進商業運作這兩件事絕對是關鍵因素。電腦必須要影響基層，必須對企業產生正面的影響。

威爾森關心公司的生產力，並意識到個人電腦若非能協助就是阻礙目標的達成。「團隊總是有二十個職員為了一個原因而在一起工作，專家們從不同的部門前來支援－風險管理、意外險等等－且通常在不同的辦公室裏工作。這表示他們需要透過多次的電話和會議進行交涉，我們藉由個人電腦在網路上的連結，運用了Lotus Notes的群組應用軟體來協助我們的全體人員工作。然後，我們發展一套適合我們需要的應用設備名為 J & H Infoedge。J & H InfoEdge 和 Lotus Notes 這兩種設備的應用使員工在分享資訊和溝通方面，比透過電話和會議的方式更有效率。當然，這些方法仍有使用，只不過使用頻率較為減少。」

電腦系統提供的一項益處是創造一個更為平等的環境，使公司組織上下有良好的溝通管道。威爾森指出，「即使我們都在團隊中工作，我們仍然一直擁有多層級的組織架構」，「我不認為你能建立一個沒有層級架構的公司組織，你必須擁有管理者，使一些人能向他報告、向他詢問建議和諮詢。」

「我們的管理非常重視員工；他們確實是我們的資產。我們屬於一種封閉結合的組織，擁有一點點的官僚和政治活動。總經理即使忙於公務，仍想瞭解員工的心理在想什麼。電腦系統有電子郵件信箱，能讓員工透過電腦傳達訊息給公司。總經理現在擁有一個敞開的『電子大門』，每個人都能在這兒發表言論給他。我們真正擁有的是一套全新的關係網路，現在比以前有更多的員工『認識』總經理了。」

威爾森在他的部門中管理大約45名的職員，他們在公司組織中被授予特定的任務。威爾森談到，「他們加入工作團隊以安裝軟體或個人電腦，並協助各團隊接受

訓練以提昇生產力」，「這的確打破了古老的疆界，並使工作流程和操作變得更有效率。科技幫助我們從『你想做什麼』變成『你想達成什麼目標』的工作方式。」

威爾森繼續說到，「我藉由四處走走的方式來進行大多數的管理日標，我的員工一直參與工作團隊的專案計畫，這是一種巧妙的架構環境。他們被期望成為自動自發（self-starting）和知道什麼事該去完成的職員，但是我喜歡非正式的聚集團隊人員一起吃披薩和喝啤酒，並聊聊一些事情。」

「在工作上強烈的人性因素是不能被忽視的，我們需要和其他人互相交流。過去我曾在大學的研究所修過一門人性領導的課程，但那時我沒有足夠的工作經驗來瞭解它真實的價值。不過，現在我覺得那是我修過的課程中最重要的課程之一。」

第八章介紹了人事組織員工的概念，一旦員工獲得錄取，管理者便須集中心力在這些新的公司組織資源身上─培養一個健全的工作環境、激勵員工，並領導員工。員工是管理者最重要的資源─並且是管理者完成目標所必須的資源。一個公司組織若不具良好領導和工作動機的工作團隊，注定會失敗。

發展積極的工作環境

西南航空公司、Chili's餐廳、Chaparrel鋼鐵和Omni旅館的共同點是什麼？成功或許是其共同點之一。雖然這些組織在相異的市場上提供不同的產品，但它們都能成功。如果你試圖一窺究竟，進入它的工作環境，你可能就會區分其真實差異的所在。**工作士氣**（morale）─即員工對公司組織和工作生活所擁有的態度和感覺─在每個組織裏就是一個出色的指標。每個公司的總裁和其管理團隊已創造一個正面的工作環境，在方法上每個人都已推行關於工作生活品質（QWL）進程的原則和概念。隨著**工作生活品質**（quality of work life）的需求，管理部門的努力皆將焦點集中在強化員工的尊嚴、改善身心的健全，以及改善工作環境中個人需要的滿足感。這些公司裏的管理團隊藉由培養良好的工作環境，所表現出的領導能力，已贏得員工們的尊敬。這樣的結果產生了那些真正被激勵的員工與公司約定─他們希望將工

作做好。這種約定結合了執行工作的技能，並創造出一群精力旺盛、能力強的夥伴與管理部門一同工作。圖9.1 圖示促成工作生活品質的因素。

西南航空公司、Chili's餐廳、Chaparrel鋼鐵和 Omni 旅館的管理者皆面臨管理部門所遭遇的最大挑戰之一——如何領導和激勵員工。他們已認知激勵並不是魔術，而是要有良好的工作環境配合。良好工作環境的基礎包括擁有一套管理原則、視員工為獨立的個體、提供支援，並瞭解文化差異。

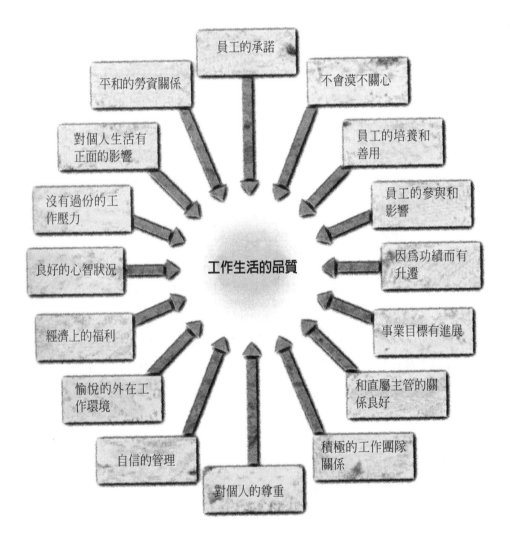

圖9.1
強化工作生活品質的因素

建立一套管理哲學

管理哲學
管理者的工作以及對
於那些工作員工的態
度

建立良好工作環境的基礎因素之一是管理者的**管理哲學**（philosophy of management）或是管理者對於工作和執行該工作的員工之態度。管理者的管理哲學結合並反應了其對於工作環境裏人性本質的信念—對於員工的態度和特質，以及管理階層的期望如何對員工行為產生影響。管理者的哲學會影響其選擇的激勵方式。那些視下屬為有抱負的、希望將工作做好的管理者，和那些視下屬為被動的、沒有抱負的管理者，勢必會採用不同的激勵方式。這種視人性本質而採截然相對的態度已被理論化，那就是X理論和Y理論。

X理論和Y理論　工業管理教授，道格拉斯・馬克瑞格（Douglas McGregor）指出，管理哲學反應了關於員工的兩項假設的其中一項：X理論或Y理論。**X理論**（Theory X）是指一種對部屬的工作潛能和工作態度採負面認知的管理哲學。該理論假設員工不喜歡工作，不具動機且需要緊密的監管，擁有這種信念的管理者傾向去控制員工，運用消極的激勵方式，並拒絕授予部屬決策權。表9.1 提供了X理論較為完整的描述。**Y理論**（Theory Y），相對地，即是一種對部屬的工作潛能和工作態度採正面認知的管理哲學。該理論如表9.1 所示，假設員工能自我引導、會尋求職責，並視工作如同遊戲或休閒一般。這種信念的自然結果，即是管理者鼓勵員工尋求職責，使員工參與決策，並與員工一同工作以完成目標。

X理論
是指一種對部屬的工
作潛能和工作態度採
負面認知的管理哲學

Y理論
即是一種對部屬的工
作潛能和工作態度採
正面認知的管理哲學

X理論或 Y 理論的重點是管理者的管理哲學影響了他們嘗試創造的工作氛圍，以及最後員工如何被對待的問題。就如同一名位於俄亥俄州Liberty市的美國本田（Honda）裝配工人Calvin Thomas所言，「你給了我們發言（say-so）的機會，我們便能將工作做好。」

發展管理階層的預期：自我實踐的預言　管理者哲學的第二部分是管理階層對於需要培養的績效和行為的期望，以及與員工的直接溝通。如此，管理者可獲得他們想要的成果。研究指出：

■部屬會從事他們相信被期望達成的事務。

表9.1
X理論和Y理論關於
員工的假設

X理論（Theory X）	Y理論（Theory Y）
員工基本上不喜歡工作，並不時地避免它。	大部分的員工喜歡工作，並以他們的經驗為基礎培養工作的態度。
因為員工不喜歡工作，他們必須密切地被監督並以懲罰做為威脅，以達成工作目標。	員工不需以懲罰做為威脅；他們自願地依約定朝公司的目標工作。
大部分的員工傾向被告知該做什麼、沒啥抱負、希望避免職責，並視安全為工作中最重要的因素。	在良好人際關係環境中工作的一般員工會接受和主動尋求職責。
大部分的員工只有些許程度的想像力和創造力，他們沒有解決問題的能力。當然，他們必須被指揮引導。	大部分的員工擁有解決公司組織問題的高度想像力、發明才能和創造力。
大部分的員工只有有限的智力潛能，工作績效超越基礎水準之上的貢獻是不被期望的。	雖然員工擁有智力潛能，管理者只有部分地運用在現代的工業生活中。

■較無效能的管理者無法發展出高的績效預期。
■出色的管理者會激勵員工去創造高績效預期。

　　這個概念通常意指一個重要的管理觀念—自我實踐的預言（self-fulfilling prophecy）。Sam Walton所篤信的「建立企業的Sam's法則中第三教條：激勵你的夥伴。金錢和所有權都不足夠…設定高目標，鼓勵競爭，然後記錄成效。」

　　把管理預期的概念結合到管理者的哲學牽涉到了兩個階段。首先，要發展並傳達管理者的績效預期、團隊成員職責和權利、個人的進取心，以及工作的創造力。第二，管理者要一貫地採用這些預期，一致性可促進穩定、減少焦慮，並由於員工們知道老闆所預期的標準而消除彼此心中的猜疑。

視員工為獨立的個體

　　培養良好工作環境的一個關鍵要素，是對待員工要和對待一般人一樣。我們都

操之在己

如何描述你的工
作環境？你的管
理者表現的是哪
種管理哲學？你
是否認爲被視爲
獨立的個體呢？
爲什麼？你是否
獲得支持呢？爲
什麼？管理部門
是否重視文化差
異呢？爲什麼？

是一般的個體，擁有不同的個人特質，不同的思考模式。我們具有不同需求、價值觀、預期和目標。每個人亦隨著時間的遷移而有所改變，因此和別人溝通、互動是當今重要的事情；瞭解過去 年中我們共同所完成的事情是很重要的。須注意的是，當今新一代的員工，把個人的概念帶入工作環境，並成爲大家注意的焦點。「嬰兒潮」、較爲年長的公民、少數民族團體成員、新移民和上班族母親等，他（她）們把自己的需要、目標和價值觀也帶到工作環境中。

管理者須視員工爲獨立的個體，認同個體上的差異，並與他們一同工作。這種認知在激勵員工方面跨升了一個階段，因爲每個人都是獨立的個體，激勵的方式也就不同。管理者對激勵的方法瞭解愈多，與員工共同工作也就愈能成功。

提供支援

刺激員工工作動機不可或缺的重要因素之一，是一個符合員工工作需要的氛圍。首先要協助員工達成他們的個人目標—藉由清除障礙、培養共同目標設定的機會、加強績效的啓蒙訓練和教育計畫、鼓勵冒險，並提供工作的穩定性。

以下兩項的行動則能提供支援和強化工作的環境。首先，管理者應公開地讚賞員工的貢獻。如美國Mattel公司的總裁 Jill Barad 所言，「花時間告訴員工他們有多好是管理部門報償員工努力的最好方法之一，管理部門往往趨向注意他們未能完成和爲何沒有執行的工作，而不注意員工正在執行的任務。我們必須時常提醒員工他們的長處在哪兒，這樣才可使他們把這些優點發揮地淋漓盡致。」

第二，管理者應對員工對公平性的需求保持敏銳的觀察。每位員工必須感到他或她投入公司所換得的報酬是公平的，並與其他員工相較亦是。這個觀點爲Chili's和 Macaroni Grill 飯店的總裁Norman Brinker 所支持：「工作報酬應該要公平。公司的薪津計畫必須能辨別，從公司組織內的最高到最底階層的每個人投入公司的價值，每個人也都知道其他人的報酬。」

瞭解文化的差異

管理者如可視每個員工爲獨立的個體，並與其他員工在同一個工作環境中工作，是需要有結合文化價值差異的能力。如第八章所示，工作團隊的種族組合一直

在工作場所中文化差異的增加,管理的方式如訓練、關懷及其他規劃上須做應有的改變。

在改變,其需求、目標和員工價值也隨之改變。少數民族—非裔美國人、西班牙人和亞洲人—都共同地成為工作環境中的主要分子。

　　管理者需要藉由對文化差異的瞭解和認同來處理這項問題。由於工作團隊的組合持續在改變,對於訓練、指導和薪津的傳統計畫可能也需要有所修正。

　　一家紐約市的麵包店Umanoff and Parsons,其工作環境已結合了文化差異的價值。該店高級的管理團隊,六名職員—三位女性和三位男性—呈現了五種文化的差異—牙買加人、美國人、海地人、西班牙人和俄羅斯人。該店一半以上的員工都是在國外出生—海地、千里達島、格瑞那達、多明尼加和俄羅斯。這種差異帶來了對工作環境的不同觀點、經驗和需要。最後,該公司已設計了訓練計畫、發展了師徒計畫和建立跨文化的工作團隊。

激勵員工

明智的管理者瞭解激勵不是對某人做些事情就可達成,而是由許多因素結合的結果,最重要的因素是個人需求、個人可進行選擇的能力,以及能提供機會來滿足這些需求,並創造機會做出這些選擇的環境。**激勵**(motivation)是個人內在需求與決定行爲的外在影響交互作用的結果。

員工們是很清楚地瞭解哪些決策會影響其自身的福利。你爲什麼會做你所做的這些事呢?爲何你會選擇就學而其他人不會呢?欲瞭解激勵的誘因必先瞭解什麼因素會促使人們採取行動、什麼因素會影響他們行爲的選擇,以及爲何他們會以特定的方式來堅持某些行爲。首先,我們藉由激勵模式的運用來瞭解一個人的需求。

激勵模式

個人需求提供了激勵模式的基礎,**需求**(needs)是指一個人在特殊的時間所體驗的不足感,因而產生一種導致想望的張力(刺激)。需求可能是生理上—身體上的需求,如食物、水和空氣—或心理上的需求—如和別人的親密關係或自尊心。個人需要形成了一個或一組的行爲來滿足被激發的需求,而該行爲則產生朝目的達成的行動。

圖9.2 表示了該行爲模式:一個人產生飢餓感(需求);意識到該需求而引起想望(食物);他或她吃了漢堡(達成目標的行動),之後他就不再感到飢餓(反饋)。這個簡單的模式會因更多的影響個人的動機因素而愈顯複雜。這個人爲什麼選擇漢堡而捨棄穀類食品呢?爲什麼他自己烹調漢堡而不向外購買呢?如果這樣,會滿足他的需求嗎?整合型的激勵模式—藉由尋求影響激勵的選擇因素—提供了上述的答案。

整合型的激勵模式

當一個人正在選擇一種行爲來滿足一種需求時,則必須評估以下幾個因素:

激勵
是個人內在需求與決定行爲的外在影響交互作用的結果

需求
是指一個人在特殊的時間所體驗的不足感,因而產生一種導致想望的張力。

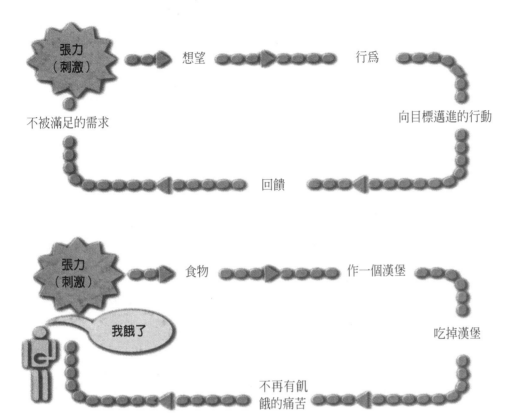

圖9.2
基本激勵模式

1. **過去的經驗**（past experience）。這個人過去在這種狀況時的所有經驗需投入到激勵的模式當中，這些經驗包括了因特定行為所得到的滿足感、任何的挫折感、需要投入的努力程度，以及績效相對於報酬之間的關係。

2. **環境的影響**（environmental influences）。由管理部門的預期計畫、行動和公司組織的認定價值所組成的工作環境會影響行為的選擇。

3. **個人的認知**（perceptions）。個人會受其對於達成該績效所需努力的預期認知影響，另外也會受到個人報酬和同僚付出同等努力所獲得報酬的影響。

除這三項變數之外，其它的二項都是工作上的因素。技能（skills）是個人執行工作的能力（通常是訓練的結果），而誘因（incentives）則是管理階層用來鼓勵員工執行任務的要素。

讓我們再一次看看這些過程，但這次是從企業的角度，我們假設通用電子（General Electric）公司第一級管理者的激勵過程如下：

1. **不滿足的心態刺激了想望。**該管理者感到一種需受人尊重的需求，她想要獲得老闆的認同，成為老闆心目中傑出的員工。

2. **確定滿足該需求的行為。**她確認了兩種能滿足該需求的行為：撰寫一份報告或自願接下一份特殊的專案。為了在兩種方法之間做出決定，她深思熟慮地評估每一種方式的獎懲程度（誘因），她執行任務的能力（技能），以及過去的經驗、環境影響和個人的認知等。

3. 以這個分析為基礎，選擇了她認為最佳的方式（行為），然後自願地接受該專案計畫。

4. **老闆的反應構建了反饋機制。**如果反應是正面的，該管理者不但符合她的需求，且往後更可能採取相似的行為來達成目標。

圖9.3表示整合型的激勵模式，圖示不同因素如何影響決策的制定。

隨著該模式，我們現在準備去探索一些關於激勵的理論。我們首先將看的兩個理論是著重於激勵員工的需求方面。如果管理者瞭解員工的需求，他們就能將這些因素放進工作環境中以符合員工的需要，因此，管理者可協助引導員工的精力放在組織的目標上。第三個理論則解釋員工的行動如何符合他們的需求，以及如何決定哪些選擇是成功有效的。

馬斯洛的需求層級理論

心理學家馬斯洛（Abraham H. Maslow）建立一種能讓管理者應用來瞭解人性需求的工具，他的理論建立在四項前提下：

1. 個人的需求依重要性而有優先順序的安排，這個順序或層級是依最基本的需要開始（水、食物、棲身之地），然後再往最複雜的需要排列（尊重和自我的實現）。

圖9.3
整合型激勵模式

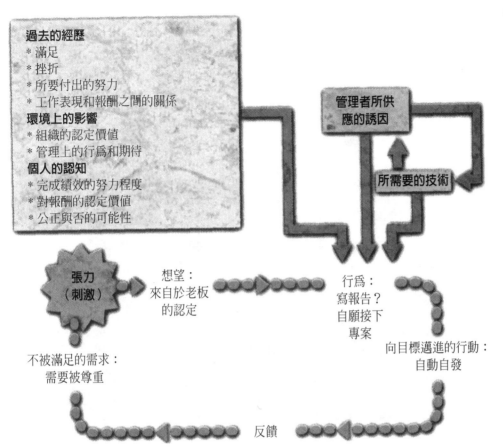

過去的經歷
* 滿足
* 挫折
* 所要付出的努力
* 工作表現和報酬之間的關係
環境上的影響
* 組織的認定價值
* 管理上的行為和期待
個人的認知
* 完成績效的努力程度
* 對報酬的認定價值
* 公正與否的可能性

管理者所供應的誘因

所需要的技術

張力
（刺激）

想望：
來自於老闆
的認定

行為：
寫報告？
自願接下
專案

向目標邁進的行動：
自動自發

不被滿足的需求：
需要被尊重

反饋

2. 唯有不滿足的需求會影響一個人的行為；如果已滿足需求，則不是激勵的因子。例如剛剛被升遷的某人不太可能會感到評價的需要。

3. 在感到更高層級的需求之前，一個人至少會滿足目前每一層級的需求。同樣，某人在渴望別人認同之前，必須先感到友誼之存在。

4. 如果無法維持需求的滿足，它又會變成一種有優先順序的需求。例如：一個人處在社交需求的層級，如果他或她被解僱，安全感就又會成為優先的需求。

馬斯洛的需求金字塔　圖9.4 表示了馬斯洛需求層級的優先順序。第一個層級由生理的（物質的）需求所組成，這些主要或基礎階層的需求包含了水、空氣、食物、

圖9.4
馬斯洛的人性需求層級

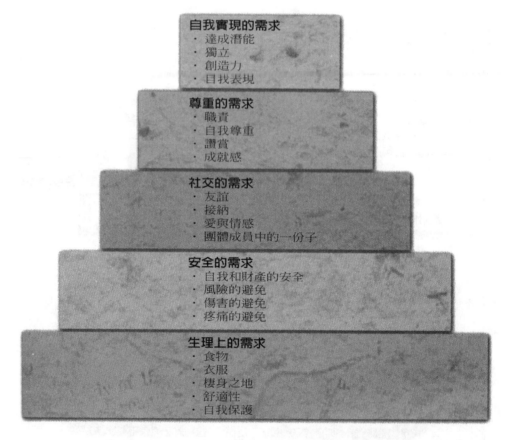

自我實現的需求
· 達成潛能
· 獨立
· 創造力
· 自我表現

尊重的需求
· 職責
· 自我尊重
· 讚賞
· 成就感

社交的需求
· 友誼
· 接納
· 愛與情感
· 團體成員中的一份子

安全的需求
· 自我和財產的安全
· 風險的避免
· 傷害的避免
· 疼痛的避免

生理上的需求
· 食物
· 衣服
· 棲身之地
· 舒適性
· 自我保護

棲身之處和舒適感。在工作環境中,管理階層主要藉由薪資和工資的發放使員工購買這些必需品,以嘗試滿足員工這方面的需求。當員工在工作時,公司以飲水機、乾淨的空氣,避免令人不悅的氣體和噪音,舒適的溫度和午餐時間來符合這些需求。

當滿足了個人的生理上需求之後,安全則成為優先的需要。反映安全需求的行為包括了參與工會、尋求工作的終身保障,並在保險和退休計畫的基礎上選擇工作。我們都企求一個工作環境能使我們遠離生理及心理上的安全威脅。管理階層主要經由薪資、福利、安全的工作狀態和工作安全程序,企圖滿足員工安全的需求。

當安全最低限度地的需求被滿足後,社交的需求就成為主要的。人們會企求友情、友誼和成為團體中的一份子,愛的需求則包括了施與受。這些需求藉由同業員工們頻繁的相互交流,以及相互的接受,以滿足需求。在下班或休閒時的熱絡交

談，反映了員工除了扮演在企業內部的角色外，也需要有社交的角色。員工們在午餐時間形成的團體亦是社交需求的結果，管理階層可藉由支持員工的聚會來配合社交的需求。

在該體系的上一個層級即是受尊重的需求，包含了自我尊重和受他人賞識能力的需求。這些需求的滿足給予了榮譽、自信和重要性的真實感，缺乏這些需求的滿足會導致自卑、軟弱和無助感。受尊重的需求在公司組織中能夠藉由因計畫成功地完成、個人工作的功績和價值被認同，以及公司組織的頭銜等來滿足需求。已故的 Sam Walton 察覺這項需求的重要性而制訂了他的第五項教條：「讚賞同事為企業所做的一切⋯沒有任何東西能代替那一點點精選的、合時宜的、誠摯的讚美話語。」

馬斯洛最高層級的需求是自我實現（self-actualization）或自我實踐（self-realization）的需求，是一種將個人的技能、能力和潛能運用到極至的表現。如果員工想要一個學院文憑，管理者可藉由提供彈性的工作時間計畫來配合上課時間、學費的減免，和操演課堂上理論的實務工作機會，來協助員工符合自我實現的需求。

對管理者的啟示　馬斯洛的理論是一般的需求理論，它的需求種類可應用到所有的環境，而不僅止於工作環境中。雖然如此，它為管理者呈現了一個工作的激勵架構。經由看法、態度、工作的質與量和個人狀況的分析，管理者可嘗試去確認一個員工企圖滿足的需求層級。然後，該管理者能試著在工作環境中建立機會使員工滿足其需求。表9.2 呈現一些範例，如員工的狀況、潛在需求以及可採取的行動。

需求理論在操作上的一個困難是人們具有獨特的認知和個人特質，所以多數員工能夠尋求不同的方法來滿足相同的需要，並且單單一項動機就能導致不同的行為，相同的行為亦有可能由不同的動機所產生。例如：在一項新的專案計畫上努力工作可能就有許多的動機，有些人想使自己成長和發展，有些人為了討上級歡喜而接下任務，有些人希望賺取更多的錢來強化安全感，有些人則想從計畫的成功而獲得讚賞。

因為這樣，當管理者打算藉由個人行為的簡單觀察來解讀動機時，必須仔細小心。

員工的需求如果沒有被滿足的話會遭受打擊，並維持對其行為的影響直到被滿足為止。它可能在上班或下班時得到滿足，亦可能在與組織目標和過程相互配合的

表9.2
員工需求和適當的管理反應

員工狀況	需求滿足的層級	滿足需求的行動
一名員工明年有兩個小孩要上大學	生理上/安全	如果正當的話，增加薪資或訓練並拔擢員工至薪資更多的職位；確認工作的安全性。
員工對於競爭者將該公司進行併購感到憂心	安全	如果可能的話，使員工安心，保證其工作不會被裁撤；否則，坦白地承認有某些工作將被裁撤。鼓勵並協助受影響的員工尋求其它的就業機會。
當員工成為一個封閉的工作群體之新進人員時，感到不自在	社交	邀請員工到家中參與社交之夜，為新進人員在非正式的場合中創造認識同僚的機會。鼓勵新進人員參與公司的娛樂活動，贊助新進人員成為專業性組織的成員。
員工感到未獲賞識	自尊	檢驗該員工的工作績效，並尋找稱讚理由，接受員工提出的可適用建議，建立更為親近的和諧關係。
員工希望在公司組織內超越別人，並擁有在公司裏最終的就業目標	自我實踐/自我實現	提供明確的方針以確定其最後的目標；協助規劃職業的路徑，促進提昇教育水準，提供工作經驗和公司賞識的機會。

情況下，或與其競爭時得到滿足。例如：尊重的需求可能就要藉由工會和非正式的團體運作得到滿足。

需求滿足的層級總是上下波動的，只要一項需求得到滿足，它就會停止對行為的影響—但只是短暫性的。需求是永遠不會被完全滿足的。

赫茲柏格的雙因素理論

第二種需求理論則由心理學家赫茲柏格（Frederick Herzberg）和同事所共同建立。該理論稱為雙因素（two-factor）或維持誘因（maintenance-motivator）理論，它揭露了一組可產生工作滿足感和激勵的因素—稱為誘因，以及另一群會導致工作不滿足感的因素—則稱為維持（maintenance）或衛生（hygiene）因素。

維持因素（maintenance factors）通常意指衛生因素—即一種必須提供足夠品質來避免員工不滿足感的工作環境。這些都是工作之外的因素—它們不直接與個人的工作及真實本質相關，且當它們以足夠品質呈現時，不見得都被當做誘因—那些刺激成長或較多努力的因素。它們只會引導員工避免經歷不滿足感。這些因素包括了：

1. 薪資：適當的工資和額外福利。
2. 工作安全：適當的公司申訴程序，以及資深員工的特權。
3. 工作狀況：適當的溫度、亮度、通風和工作時間。
4. 地位：充分的殊榮，職務頭銜和其它等級和職位的象徵。
5. 公司政策：標準的組織政策和管理這些政策的公平性。
6. 專業指導的品質：指導人的獲得，以給予和工作相關問題的解答。
7. 同僚、管理者和部屬之間的人際關係品質：適當的社交機會，如培養自在的營運關係時機。

赫茲柏格發現這些因素的存在是理所當然的，員工們感到管理階層有道德義務來提供這些因素，所以當這些因素存在的時候，員工的反應是平淡的。標準的額外福利，諸如病假、招待假期、健康和人壽保險，以及養老金計畫等，這些福利並不會使員工們付出比他們應該付出的更多努力。但是奪走這些福利—取消公司支付的醫藥保險—會使員工的不滿足感快速地產生。

激勵因素（motivation factors）是一種直接與工作執行的真實本質，並與工作滿足感相關的工作環境。當僱主無法提供這些足夠品質的因素時，員工不會產生工作滿足感；而當僱主提供足夠品質的因素時，他們則會產生滿足感和高度的工作績效。

圖9.5
赫茲柏格的工作滿足
感因素

維持因素

高度不滿意　　　　　　　　　　　　　　　　　　　　滿意

因素缺乏　　　　　　　　　　　　　　因素存在

激勵因素

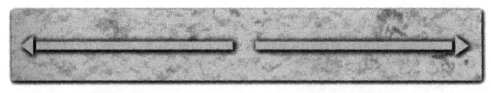

不滿意　　　　　　　　　　　　　　　　　　　高度滿意

因素缺乏　　　　　　　　　　　　　　因素存在

＊每一個因素品質的狀況會影響到每一個員工的滿意程度或不滿意程度。

員工需要不同種類和程度的激勵因素－即那些只能刺激一位員工，而對其他員工不會產生影響的因素。激勵因素亦能刺激心理和個人成長的因素，這些因素包括：

1. **成就**：完成某些任務的機會，以及出現挑戰時所能貢獻的價值。
2. **賞識**：承認這些貢獻是值得努力，並且這些努力已被注意和讚賞。
3. **職責**：獲得新的職務與責任，不是經由工作的擴展就是授權。
4. **進展**：由於工作績效而提昇職位的機會。
5. **工作本身**：自我表現的機會、個人的滿足感和工作挑戰。
6. **成長的機會**：增加知識和經由工作經驗而發展的機會。

　　圖9.5表示赫茲柏格的因素，如果維持因素出現在工作環境中，可避免不滿足感的產生；若這些因素呈現不足狀態時，就可能導致高度的不滿足感。而激勵因素如果出現在工作環境中，它會提供由低往高的滿足感，若不存在於工作環境中，則工作的滿足感不會產生。

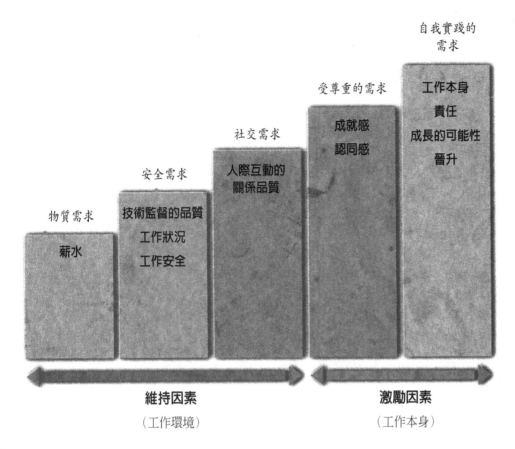

圖9.6
馬斯洛的需求層級與
赫茲柏格的維持和激
勵因素比較

自我實踐的
需求

受尊重的需求

社交需求

安全需求

物質需求

工作本身
責任
成長的可能性
晉升

成就感
認同感

人際互動的
關係品質

技術監督的品質
工作狀況
工作安全

薪水

維持因素
（工作環境）

激勵因素
（工作本身）

對管理者的啟示 赫茲柏格的理論對管理者來說有許多的啟示。管理者應運用該理論，將重點擺在確保維持因素的存在與其品質，以建立激勵行為的基礎。如果缺乏維持因素品質情況下，員工們可能面對一個不好的工作環境並會導致不滿足感。

如果你檢視一下這些維持因素，你將會發現幾乎所有的主管都擁有使部屬工作更具價值的權力，如授予員工較多職責、讚賞員工的成就、使他們覺得將要成功等等。愈來愈多的公司不論是杜邦、Tandem電腦公司或西南航空公司，都已有同樣的結論：被激勵的員工就像是擁有職責、完全沉醉於工作上的那些人，他們覺得已掌控了工作，並能做出貢獻。這項結論可做為之後在本章將要討論的團隊管理基礎和工作授權（empowerment）及內部創業精神（intrapreneurship）的概念。

圖9.6 提供了馬斯洛和赫斯柏格的觀點對照。赫茲柏格的維持因素和馬斯洛的物質、安全和社交需要的層級相似，而赫茲柏格的激勵因素則與馬斯洛的尊重和自我實現需求相仿。

弗洛姆的期望理論

目前為止，我們已討論了兩種和觸發動機有關的理論—個人的需求。現在我們準備介紹一種關於解釋為何人們會選擇特殊行為來滿足需求的理論，該理論探討如圖9.3所示，關於對行為的影響：過去經驗、環境和認知。

期望理論
表述在個人進行選擇行為之前，會在工作量和工作報酬的基礎上，評估多種的可能性

弗洛姆的**期望理論**（expectancy theory）　　表述在個人進行選擇行為之前，會在工作量和工作報酬的基礎上，評估多種的可能性。激勵—行為的刺激—是一種個人對某件事情的渴望，以及認為可能達成目標的功能，該理論包括了三種變數：

1. 努力：績效之關聯性。努力會達成績效嗎？如果可以，該績效需要多少努力的累積？並且成功的可能努力方式為何？
2. 績效：報酬之關聯性。特定績效導致期望報酬和結果的可能性是什麼？亦即這些努力的報酬可能為何？
3. 報酬吸引力：報酬有多吸引人？它能滿足個人的需要嗎？

範例：John Friedman 的老闆在星期五中午的最後一刻，要求他在星期一上午前建立一份六個月的預算報告。直覺的分析，這個案子可能要花費John四個小時的時間，他發現有兩種可能：在公司裏完成計畫，或是帶回家渡過這個週末。

狀況一：留在公司花四個小時來完成它，並在星期一以前就會有一份完整的報告（努力—績效之關聯）。John以過去的經驗可知，這個計畫完成之後會得到老闆的賞識，並獲得褒獎（績效—報酬之關聯）。因為這種賞識，最後會導致工作的升遷，所以John對於這種賞識具高度的重視。但是在星期五工作太晚會影響他的個人計畫，並引起家務的問題（吸引力）。

狀況二：將努力—績效之關聯和績效—報酬之關聯兩者，維持與狀況一相同的情況，所不同的是將工作帶回家處理，John仍能獲得老闆的賞識，但不會對其社交計畫產生負面影響（吸引力），所以John選擇了第二種方案。

在這個過程中，John已回答了一連串的問題：「我能完成這項任務嗎？」可以的，它需要花四個小時的時間，但我有能力完成它。「這件事對我有何好處？」當我從事這項任務時，產生了正面和負面的結果（狀況一）或只有正面的結果（狀況二）。「這件事值得嗎？」正面的結果是值得的，但負面的結果就不值。圖9.7 提供該範例一個簡化的期望理論圖示。

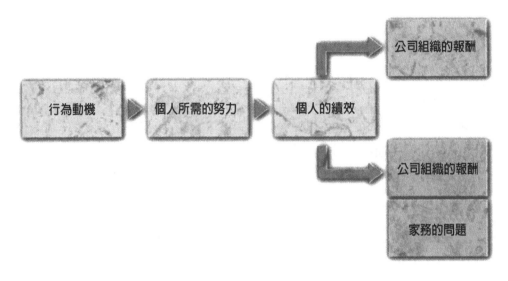

圖9.7
期望理論的例子

對管理者的啟示　根據期望理論，個人行為深受可能產生的結果所影響。如果某人預期一特定的結果，維持完成它的能力並且非常地渴望，那麼他或她就會表現其所需的行為。如果某人預期一個特殊的行為會導致他或她所預期的不良結果，那麼，他或她也就較不偏好去表現那些行為。由這種啟發可知，凡是瞭解部屬期望和需要的管理者，能夠調整那些和結果相關的特殊行為，以產生對員工的激勵。

為了激勵員工的行為，管理者需要從事以下幾件事：

■給予管理者他們應得的報酬，而非他們所要求的。員工們會衡量與任務相關的價值。

■發現哪些結果（outcome）是員工所渴望的，並提供這些結果給員工。有些結果可能是內生的（intrinsic）─如個人的直接體驗─或是外來的（extrinsic）

一如公司所提供的一切。在妥善完成一件任務之後的自我價值感是屬於內生的結果；而職位的升遷過程就屬外來的結果。對於一個能滿足員工的結果來說，它必須被員工視為一種結果，必須和他或她的需要和價值相關，且必須與個人預期所應獲得的期望一致。

- 使工作具有內生的報酬。如果這是一項有價值的結果，提供這些給員工便很重要。

- 有效且清楚地與員工渴望的行為和期望的結果溝通。員工需要知道公司組織有那些是能夠接受和無法接受的行為和結果。

- 聯結報酬與績效。一旦員工達成令人滿意的績效水準，報酬就應該快速地緊跟在後。

- 瞭解員工和其目標、需求、慾望以及績效水準並不同，管理者必須依每位員工所能達成的能力來設定績效水準。

- 藉由提供工作方針和指導，強化每位員工對執行所需行為和完成結果的能力認知。

隨著激勵基礎的建立，我們現在接下來要解析領導的行為。

定義領導

領導
一種影響個人和群體，並設定且完成目標的過程

影響
是一種依某人的意志來支配他人的能力

　　管理者藉由提供**領導**（leadership）來建立一套能鼓勵和激勵員工的工作環境一一種影響個人和群體，並設定且完成目標的過程。而**影響**（influence）是一種依某人的意志來支配他人的能力。在施放影響力的過程中，領導者會指引、引導、指示和激發部屬。

　　領導牽涉了三項變數：領導者、被領導者和執行領導時的狀況，且這三項變數不時地在變動。當NBA芝加哥公牛隊總教練 Phil Jackson 為它的球隊準備迎擊對手時，他就在執行領導的行為。每一個敵手、每一場比賽和表演使得教練、他的團隊及球員面對新的挑戰和需求。當蘋果電腦的高級科技團隊領隊 David Nagel 和他的團

創造具動機的工作環境

　　日本企業擁有他們成功的秘訣。他們已做好準備打破「我們對他們」的障礙，也就是那些因分化管理階層和勞動者的方式，而經常傷害美國工作環境的問題。當豐田（Toyota）汽車的員工思考「我們對他們」的問題時，「他們」較有可能是指日產（Nissan）汽車和通用汽車（General Motor），而非豐田（Toyota）汽車的管理部門。日本的管理者藉由創造員工和管理者為一命運共同體的方式，讓大部份的員工保有這種工作態度。而一家經營良好的日本公司是：屬於員工的公司、是員工經營的公司、也是一家為員工著想的公司。

　　日本人不會忘記企業組織乃由員工所構成，並且沒有任何資源的運作會比人力這項資源來得重要。日本管理者相信公司的員工不是他們的機器，而是重要的資產，所以員工對他們來說是有價值、可培育和保留的資源。結果是在那些成功的公司中，日本的公司會訓練員工、提供工作安全的保證，和職業的發展路徑。

　　日本的公司－雖然他們有管理架構－是由他們的員工來運作的，而許多的頂尖公司則是遵守公司一致的意見而運作。從經理到工廠最低層的員工，工作都被公司組織到團隊中。一些重要的觀念大多是由基礎往上傳到最高的管理階層，一般的員工被鼓勵能當場進行決策而非將他們的大腦留在家裡。

　　日本公司在結合這些支援誘因方面是成功的，他們亦獲得這些被激勵和受委託的工作隊伍所貢獻的報酬。

隊一同創造新的軟體和積體裝置時，他就在執行領導。該團隊的努力受其領導的品質、團隊成員的能力與工作動機、內部和外部的限制，以及在每個狀況所遭遇的挑戰所影響。

一位領導者必須擁有什麼樣的特質呢？Cleveland-based 行政調查公司的總經理兼總裁 Jeffery Christian 認為尋找的管理者須具備以下條件：

優秀的運動員、匯兌的代理商、司機和勝利者—凡是極具可塑性、聰明、善於戰術和策略，能夠掌控大量的資訊、決策快速、激勵他人，追求變動的目標，並能改革的人。先前，公司招募著重學歷和經歷，.......

前AT & T管理研究主管和應用倫理道德中心的基金主管 Robert K. Greenleaf 指出，「領導者的存在是為了服務那些平常所領導的部屬，他們視部屬任務的達成為領導目標」根據 Greenleaf 的觀念，僕役型領導者（servant-leader）視員工和工作都相當認真，並接受上面來的命令、安慰團隊、保持低調，並視自己為一名管家。

領導特質

早期關於領導的理論，建議出色的領導者要有特定的性格或個人特質，以做為領導能力的基礎。從第二次世界大戰之後，美國陸軍對士兵進行調查，嘗試從士兵處蒐集關於指揮官特質一覽表。彙總的結果含括了十四種特質，明顯地不適於用來描述領導力。沒有兩位指揮官能展現所有的特質，並且許多著名的指揮官缺乏所述的多項特質。

到了較為近期，Gray A. Yuki 建構了和有效能的領導者有關的一般特質和技能。表9.3 顯示了這些特質，該表顯示領導者有強烈的超越和成功動機。

然而，由於沒有完全相同的領導者，也就沒有一個領導特質和技能表能被確定為放諸四海皆準的依歸。不同的領導者和不同的員工在不同的狀態中一起工作，需要不同的領導特質和技能。如果負責的人能掌握部屬的需求及需求的時機的話，他們應能有效地執行領導。

管理與領導

管理和領導並非同義詞，管理者執行規劃、組織、人事、引導和控制的功能時，他們或許可以或不能有效地影響下屬或團隊成員來設定和達成目標。領導和管理技能最好能相互結合，讓管理者如一位領導者在組織中運作，如圖9.8 所示。例

特質	技能
適應性強	聰明（有智慧）
對社會環境非常警覺	很有概念能力
有企圖心而且追求成就感	有創造力
獨斷	非常擅於權謀
合作	談吐流利
堅決	對小組任務知之甚詳
可依賴	有組織（行政）能力
有支配力（想要影響他人）	有說服力
活力十足（活動性很強）	社交能力
堅持	
自信	
能夠忍受壓力	
願意擔負責任	

資料來源：Gary A. Yuki, *Leadership in Organizations,*© 1981, p. 70.
Adapted by permission of Prentice-Hall, Inc., Englewood Cliffs, NJ.

表9.3
和有效領導普遍相關的特質和技能

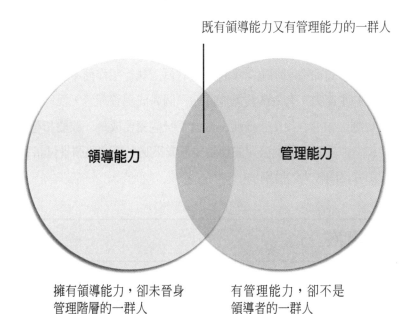

既有領導能力又有管理能力的一群人

領導能力　　　管理能力

擁有領導能力，卻未晉身
管理階層的一群人

有管理能力，卻不是
領導者的一群人

圖9.8
管理和領導之間的關係

表9.4
列出管理和領導之間
較大的區別

管理任務	領導任務
規劃和預算。建立詳盡的步驟和時間表來達成所需的成果,然後分配所需的資源來使其發生。	**建立方針。**發展對未來的願景,通常是遙遠的未來,並發展為達成願景而產生必要改變的策略。
組織和人事。建立一個架構來完成計畫要求,將人員人事至該架構之中,授予職責與職權以執行計畫,提供政策和程序以協助引導員工,並創造方法或制度來監督實行的過程。	**結合員工。**向所有必須合作的人以文字和行動的方式傳達組織方針,他們會影響瞭解組織願景和策略的團體及聯盟的設立。
控制和問題解決。以規劃的方式來監督結果,找出歧異點,然後進行規劃和組織來解決這些問題。	**激勵和鼓舞。**灌輸員工能量以克服政治、官僚和資源的障礙,藉由滿足基礎但通常未實現的人性需要。
產生可預期性和秩序感,並一致地達成由不同股東所期望的關鍵結果(如對顧客來說,需要準時;對股東來說,則需要控制預算)。	**產生改變。**通常是大幅的改變,如此會產生極有效的潛力(例如:發展顧客需要的新產品或使公司更具競爭力的新勞動關係)。

資料來源:John P. Kotter, *A Force for Change: How Leadership Differs from Management* (New York: Free Press), 1990, p. 6. Copyright © 1990 by John P. Kotter. Reprinted with permission.

如:管理者如只下達命令和明確指示有經驗的員工執行工作而不是在領導,那麼反而限制了員工的生產力。有效的規劃能協助一個人成為管理者,而領導是促使他人有效地進行規劃。領導者授權—他們交付員工一些需要成長、改變和應付改變的事務,領導者創造並分享他們對公司的願景並形成策略,將這些願景付諸實現。表9.4列出管理和領導之間較大的區別。

選擇領導風格

如先前所述,領導牽涉了三種變數:領導者、被領導者和執行領導時的狀況。

並沒有一種絕對正確的方法來領導個人或群體，領導應視情況而定。**領導風格**—即管理者用來影響部屬的方法—端視情況而定。管理者的領導風格由決策風格、激勵方式，以及在工作環境中其部門所著重的事務所組成—不論是專注在工作或是員工身上。

領導風格
即管理者用來影響部屬的方法—端視情況而定

決策風格

管理者領導風格中的一項組成要素是管理者授予部屬職權的程度。管理者決策風格的範圍從完全壟斷到完全授權不等。圖9.9 表示，分享職權的程度就像是一個閉聯集，分成三種群體：獨裁式風格、參與式風格和自由駕馭式風格。而管理者所選擇每一種的風格應和所處的狀況有關。

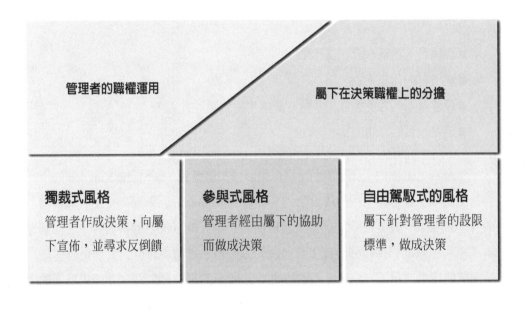

圖9.9
領導風格和決策職權的分配

獨裁式風格　擁有**獨裁式風格**（autocratic style）的管理者不會分享決策職權予部屬。這種管理者只會制訂和發佈決策，獨裁的管理者可能會詢問部屬的意見成為決策的參考，但是這種意見往往不會改變管理者的決策，除非發現嚴重的錯誤。這種決策風格的特色就是決策的過程完全由掌握所有職權的管理者來執行，所以，獨裁式的決策風格有時又稱為「個人」的決策方式。

獨裁式風格
即管理者不會分享決策職權予部屬

Walt Disney World: Living Its Philosophy

管理者筆記

華德迪士尼世界：實踐他的經營哲學

華德迪士尼世界的迪士尼大學主管Shelley Lauten指出，「是什麼因素讓我待在這兒可能是最重要的問題」，「迪士尼實際上將它的管理哲學帶進工作中—不像許多公司一樣，在公司政策中宣告的是正確的一套，但並不履行它們。迪士尼大學確定了我們關心員工的需要，這是關鍵的差異所在。」

這關鍵的差異就是華德迪士尼世界接近員工的方法。這種方法實際上很簡單—但依該方法實行卻是困難的部分。該哲學包括了：

- 訓練員工生活在公司文化中。
- 和所有的員工溝通。
- 瞭解員工的才能，並由多種方法依才能來獎賞員工。
- 確定一貫的做事方法。

Shelley Lauten的工作是協助這個哲學灌輸和培育到 The Magic Kingdom的所有員工心中。身爲迪士尼訓練設備的主管來說，Lauten領導一個由150名職員組成的全職團隊，去年教導2,500個不同班別，大約有100,000名的參與者，一從基本訓練和在職進修課程到經理主管發展的每件事—她發現自己的責任是確保訓練完成的成員（員工）快樂，以致於他們也能關心訪客（顧客）。「如果員工能被妥善的照顧，他們也會照顧這些訪客」。根據這段話，Lauten設定了她實行的哲學。

訓練計畫的目的是建立一種榮譽感，以確信員工已覺得正確的位置來進行工作。榮譽對迪士尼公司的生產力和品質服務來說，是一項不可或缺要素，對此僅記在心，每個人都能完成迪士尼的訓練—沒有例外、沒有濃縮的課程。在一些例子當中，新進人員可以經歷嚴格的公司文化調整，但該訓練是設計將新

進員工帶進組織的文化之中—並放鬆這種轉換的過程。

　　隨著它的電影作品，迪士尼已發現一項勝利的公式：定義你的公司哲學、使它活在公司當中，並為它進行訓練，那麼你就會成功。

在特定的情況下，獨裁式風格反而是適合的。例如：當管理者在訓練部屬時，訓練的內容、目標、進度和決策的執行，應由訓練師來掌控（然而，管理者應從受訓者身上尋求回饋）。在緊要關頭的期間—危險物質外洩或炸彈威脅—領導者則會被期許負責主導、命令和做決策。

　　為使獨裁風格能有效地運用，管理者必須知道什麼事必須完成，並擁有專業的技能。當管理者面對他們最拿手的問題、制訂由他人執行的解決方案，以及希望經由指令和指示來達成溝通時，獨裁式的決策風格將能有效地執行。如果不存有上述的狀況，那麼其它二種之中的一種決策風格可能會較為合適。

參與式風格　　擁有**參與式風格**（participative style）的管理者，會與部屬分享決策職權。分享的程度範圍從管理者只提供一個大的方向，到由群體或部屬來制訂詳細決策。有時稱為「我們」的決策方式，參與式管理的決策，是讓參加的人對一項問題的決策帶進他們獨特的看法、才能和經驗。由於公司有朝向精簡化、員工授權和工作團隊的趨勢，現今十分強調這種型態的決策風格。

　　這種協議和民主的方式，用來解決那些影響管理者和決策者的議題是最佳的。比起那些獨裁式的直接加諸於員工的決策來說，員工們會較熱心地支持那些他們曾參與決策制訂過程所形成的決策。同樣地，假設在同一個管理階層裏的其他人，對於該議題的瞭解比管理者還要多的話，則會促使他們成為做決策的一份子。

　　在部屬被帶進決策過程之前，管理者和部屬之間的相互信賴和尊重是必須的，部屬必須有意願來參與決策，且須被訓練成為如此。他們必須保持相關的技能和具備解決問題的知識。管理者必須擁有時間、方法和耐心讓員工來參與決策，並給予

參與式風格
即管理者會與部屬分享決策職權

員工較多的時間培養做決策的信心和能力。但是，當員工參與決策時，他們會以自己的感覺設計解決之道，而這種主觀意識會提增制定解決辦法的承諾度。

自由駕馭式的決策風格　擁有**自由駕馭式風格**（free-rein style）的管理者（通常稱爲「他們」的決策方式）會授權予部屬依他們自己的方式去運作，而不會受管理者直接地干預。這種風格強烈地依賴職權授予，並在參與者瞭解如何運用任務的所需工具和技術的情況下運作爲最佳。在這種決策風格之下，管理者會設定一些限制和留下部份的事務來和部屬協議。管理者小藉由檢閱和評估績效的方法使參與者爲他們的行爲負責。

　　自由駕馭式的風格在伴隨專業性技術、設計、研究和銷售的情況下會運作地更好，這類型的員工通常會抗拒其它種類型的管理。

　　在大部分的公司組織中，管理者必須要能在不同的狀況下，養成決策風格。例如：Lee是一位新人，需要獨裁式的領導風格，直到他能培養出信心和知識以便獨立地執行任務，或者直到他加入工作團隊之中。Kim是一位在工作上比其他人經驗老道的職員，在參與式或自由駕馭式的決策風格下，可能會有優異的表現。因爲員工和狀況不時地在改變，部屬必須爲改變做準備，所以一位有效能的管理者亦能將領導風格轉換至適合的類型。

正面與負面的激勵

　　另一種領導風格的組成要素是管理者激勵的方法，也就是用來獎懲員工的方式。圖9.10 呈現了一種包含正面和負面激勵的關聯性，擁有正面領導風格的管理者會運用讚賞、認同、金錢酬償、增加安全性或授予額外職責的方式來激勵員工。而擁有負面領導風格的管理者則會以威脅或**處罰**（sanctions）的方式來管理員工─如

罰款、停職或終止僱傭關係的懲罰。那些常說「用我的方法去做，否則就拉倒」的管理者就是使用負面的激勵方式。上述這段話所隱涵的是管理者願意執行紀律權力；而部屬若不順從，便是抗命的行爲。

　　正面的領導風格可鼓勵員工努力工作和形成更高層次的工作滿足感，負面的領導風格則是建立在不肯認定員工價值的基礎上，其結果可能產生一種不信任管理者

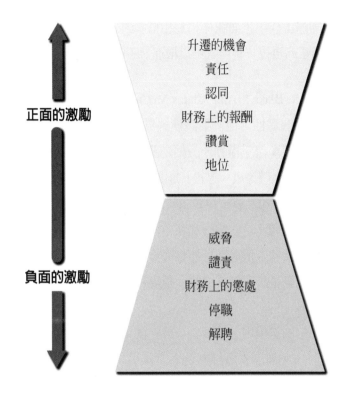

正面的激勵

升遷的機會
責任
認同
財務上的報酬
讚賞
地位

負面的激勵

威脅
譴責
財務上的懲處
停職
解聘

圖9.10
激勵的閉聯集

並視管理者為獨裁者而非領導者，或引起團隊隊員恐懼的環境。

任務導向與員工導向

另一個領導風格的組成要素是關於管理者運用最有效方法來完成任務的管理哲學。領導者能將焦點集中在工作上（任務導向）或員工身上（關係，或以員工為中心的員工導向）。視管理者的觀點和現實狀況而定，這兩種方法可以分開或結合運用。

任務導向的管理者著重技術、方法、規劃、專案、最後期限、目標和工作的完成。典型的管理者會運用獨裁式領導風格、議題方針和指示來指導部屬，就短期來說，尤其是在緊湊的工作流程表或危急狀況下，任務導向可以運作良好。然而，就長期來說，任務導向會產生人的問題，它可能引起那些渴望彈性和自由創造的員工離開工作團隊，並增加曠職和工作滿足感的減少。

以員工為中心的管理者則著重員工的需要。管理者視員工為有價值的資產並尊

重他們的看法。團隊工作、正面關係和互相信賴對一位員工導向的管理者來說都是重要的。藉由對員工的重視，管理者可以增進員工的工作滿足感並減少曠職。

領導座標　　Robert R. Blake 和 Ann Adams McCanse 創造了二維模式來透視從任務導向到員工導向之間的關聯性，他們稱該模式為領導座標（Leadership Grid）。如圖9.11 所示，該模式呈現兩個座標軸，一軸是關心員工程度的等級，另一軸則關心生產程度的等級。各分為九個等級，等級1 是關心程度最低，等級9 是關心程度最高。該方格有效地概述管理者和領導者在多種狀況下所處在的位置。

　　假設你是一位管理者，嘗試將你和特定部屬間的關係定位在該座標之中。若你不是一位管理者，則試著定位老闆可能會著重的位置，然後詢問自己該焦點位置是否適當。這種分析代表了該座標其中的一種應用方式—它是一個管理訓練和培養的有效工具。

　　在選擇領導風格的過程中，管理者在評定決策風格、激勵策略，以及任務或員工著重的價值觀時，必須調整各種狀況。管理者所選擇的風格受其管理哲學、背景、認知；員工的個人特質、背景、需要和外在壓力、作用及限制所影響。

操之在己

想想一位你所認識的管理者。該名管理者所使用的領導風格是哪一種？在什麼狀態下會使用不同的領導風格？這些風格的運用有效嗎？為什麼呢？

如何增進激勵誘因和工作士氣

　　以一個面面俱到、以人為中心的原則，去瞭解個人需求及行為應依不同狀況採不同的領導風格，則表示管理者提供了產生激勵的環境。在本章之後的數頁中，我們將解析管理者能增加激勵和士氣的額外行動：例如：提供讚賞和認同、依目標實行管理、授予員工職權、培養自我引導的團隊、提供有效的報酬制度、重新設計工作、促進內部創業精神（intrapreneurship），以及創造工作的彈性。

提供讚賞和認同

　　給予員工應得的讚賞可能是一種改進工作環境的顯著方法，但是有多少的管理者會一致地採取這種行為呢？對大部分的員工來說，實在的讚賞和認同是強而有力

圖9.11
領導座標

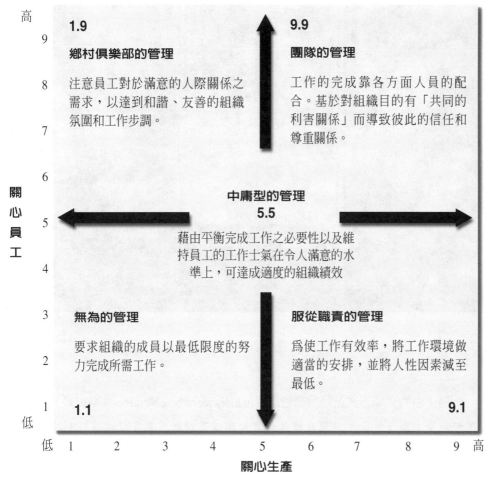

資料來源： Adapted from Robert R. Blake and Anne Adams McCanse, *Leadership Dilemmas-Grid Solutions* (Houston: Gulf Publishing), p. 29. Copyright 1991 by Scientific Methods, Inc. Used by permission.

的激勵因素，員工因優異地完成工作而接受應得的恭賀和認同之後，會更加倍地努力。讚賞和認同是春田再製造公司（Springfield Remanufacturing Corporation；SRC）的主要公司文化，個人員工對於公司的改善建議，公司不但給予金錢上的報酬，而且全部門和整個工廠會因這項殊榮而獲得認同。SRC有一個頒給傑出部門的流動獎牌，當獲得獎牌時，全部門會在氣球、音樂和舞蹈之間從先前的擁有者手上接收。當該公司在工作100,000小時後，沒有發生意外時，全公司會停工休息，以烤肉和啤酒舉行慶祝狂歡會。

獎勵對員工優異的表
現是一種特殊的表
現。

實行目標管理

　　一種出色的激勵方式就是**目標管理**（management by objectives；MBO），即藉由管理者和員工聯合設立、評估目標達成之進度以及評鑑成果等以增進激勵誘因和承諾度的方法。因為員工參與了聯合目標設定的過程，目標管理允許員工完整地瞭解目標，他們亦形成一種較大的約定以符合這些目標。最後，員工也瞭解他們是如何被評鑑的。

　　目標管理是由以下的幾個步驟來執行：

1. 員工和管理者共同開會來檢視員工的職務說明書。
2. 員工和管理者雙方同意的時間內共同地發展員工目標。
3. 員工和管理者依雙方同意的次數，定期地召開會議，以檢視員工完成目標的進展。
4. 在特定的期間內，員工和管理者共同地評鑑員工的目標達成績效。

如果目標管理運用在整個公司中，它便成為公司的規劃和績效評鑑制度。它將會聯結所有的管理階層：每位管理者將會與直屬的較低管理階層進行特定目的的協商，以協助員工和公司組織達成他們的目標。

授予員工職權

Prudential保險公司的副總經理Peter Fleming問及，「你想要有工作動機的員工嗎？」，「只要授權給他們，你就會瞭解激勵和所有權（ownership）的意思」。如，著名的管理顧問Tom Peter定義指出，**授權**（empowerment）是在組織中給予個人的自治權、職權、信賴，並鼓勵他們跳出常規快速完成工作。

授權是設計來除去員工的枷鎖，並完成員工的工作－不只是工作。例如Prudential保險公司的職員現在是工作環境中的夥伴，他們制定先前由管理者所決定的決策。授權促使員工產生更大的職責和創新，並更有意願來承擔風險。而伴隨自治權、職權而來的主權和信賴也就成了一系列激勵的政策。

發展自我引導的工作團隊

授權予每位員工即在創造**自我引導的工作團隊**（self-directed work team）－即一個工作團隊能設定自己的目標、建立自己的時間計畫表和預算，並與其它部門進行工作的配合協調。

只要有工作存在的地方，自我引導的工作團隊就會被運用－例如在生產、顧客服務、技術，和設計方面。運用該方法的公司宣稱團隊成員給予員工控制他們工作的權力，以及較大的公司利害關係。Reflexite公司的總裁Cecil Ursprung指出，「自我引導的工作團隊伴隨著授權，市場中的生產、品質和競爭力的基礎而來。他們要的不只是金錢－他們需要被委託一些事情，並且需要影響其工作生活的決策權力。授予他們這些東西，他們會回報公司一千倍以上的報酬」。在工作團隊中對生產責任和品質的授權形式，Reflexite公司（生產反射塗料如號誌之類的產品）已給予員工控制影響他們工作生活的決策。其團隊規劃生產操作、與供應商接洽、回應顧客的問題，並為第一線的決策負責。而品質團隊由所有生產操作線上的成員所組成，已建立確保符合組織要求品質的個人責任。Reflexite公司實施自我引導的工作團隊的

授權
是在組織中給予個人的自治權、職權、信賴，並鼓勵他們跳出常規以完成工作

自我引導的工作團隊
即一個工作團隊能設定自己的目標、建立自己的時間計畫表和預算，並與其它部門進行工作的協調

成果是：生產力的增加、品質的提高，以及能交付委託的工作團隊。

提供有效的報酬制度

為了激勵員工行為，公司組織必須提供一種有效的報酬制度，但要考慮所有員工都是擁有不同需要、價值觀、期望和目標的獨立個體的事實。一個有效的報酬制度擁有四項要素：

1. 報酬必須要能滿足所有員工的基礎需要。例如：薪資要適足、福利要合理假期和假日要適當。

2. 必須要和同樣領域的競爭同業組織所提供的報酬進行比較。例如：公司提供的薪資必須要和競爭公司同等職務所提供的薪資相等，福利計畫也應相等。

3. 同等職位的員工報酬應要公平且平等地分配和獲得。執行相同職務的員工須擁有相同的報酬選擇，且應參與他們所能獲得報酬的決策。當職員被要求完成一項任務或專案時，他們亦應被給予決定報酬的機會—放假一天或額外的支付。

4. 報酬制度必須是多方面的。因為每位員工都不同，報酬的範圍需要被提供，且報酬必須考量不同的方面—薪資、時間、認同、升遷。此外，組織也應提供賺取這些報酬的管道範圍。

最後一點是值得加強著重的。隨著授權的趨勢，傳統的薪資制度無法視為最好的工作報酬制度。傳統的薪資制度，員工乃依擔任的職位來受薪，並非以他們所做出的貢獻來支付。當組織朝向著重工作團隊、顧客滿意度和授權時，員工就需要獲得不同的報酬。一些公司如Monsanto公司和Procter & Gamble公司已做好反應。Monsanto公司擁有超過四十項的薪資計畫—由員工團隊所設計，而P & G公司則擁有以技術層次為基礎的報酬制度。

重新設計工作

工作是重要的激勵工具，因為它們可視為符合員工需求的重要工具之一。管理

者需要決定什麼樣的工作組成，提供什麼樣的激勵，然後進行**工作再設計**（job redesign），即將激勵理論應用於增加產出和滿足感的工作架構。

用以重新設計工作的兩個指標是工作範圍（job scope）和工作深度（job depth）。工作範圍意指結合至一項工作中的任務種類，而工作深度是指員工必須轉換工作的任意程度。工作再設計的方式包括了工作擴充、工作輪調和工作豐富化。

工作擴充　即增加工作所包含的多樣性或任務數量，而非品質或挑戰，又稱為「工作充填」（job loading），工作擴充（job enlargement）可能試圖需求員工從事更多相同的工作，或增加帶有同等或少量意義或挑戰的任務。那些能從工作擴充獲得益處的人員，不外是一些員工，他們是一些必須保持忙碌和忙於以他們所瞭解且拿手的例行任務的職員，他們的能力感亦隨著產出量的增加而有所提升。一些人會尋求更大的工作挑戰，而不是更多的工作變化；因此工作擴充就不是一個適合這些人的策略。

工作輪調　即任命員工到不同的工作崗位，或暫時給予員工不同的任務。這種觀念是增加工作的多樣性，並讓員工接觸組織裏相互依賴的工作群體。參與工作輪調的管理者可獲得不同部門的操作知識，裝配線工人可能在這一個月的時間被指派到一組裝配線上工作，到了下個月則被派到另一條線上工作。辦公室員工可能在一段時間內轉換工作崗位，以學習額外的辦公室職責、知識，並在及時需要的時候代替他人。位於厄爾帕索市的製鞋公司Tony Lama，每年都有六名顧客服務部門的員工被指派到門市店中工作，而業務員則需在運輸部門工作一個星期，這兩種經驗協助員工獲得一個更為寬廣的視野。工作輪調可用來進行交叉訓練（cross-train），促進常規的調職或升遷。凡是可從工作輪調獲得益處的員工都是些有興趣或準備升遷，和需要工作變化的職員。

工作強化　應用了赫茲柏格的激勵因素，設計一份給予員工的更大的職責、控制、反饋和做決策職權的工作。赫茲柏格提到工作強化如同垂直方向的工作充填，它應該包括以下的要素：

1. 任務的多樣性（variety of tasks）。員工應被授予新的和較為困難的任務，而非先前曾經操作過的任務。

2. 任務的重要性（task importance）。員工應被授予完整的工作本質單位（natural unit），個人應被指派特定或專門化的任務以使他們成為專家。

3. 任務職責（task responsibility）。管理者應增加員工個人對於自身工作的責任。同樣地，員工在其活動當中亦應被授予額外的職權。

4. 反饋（feedback）。週期性和專業性的評估報告應要直接給員工本人參考，而非給主管而已。

工作強化的試驗在方法上、範圍上和內容上有很大的不同。一些公司僅建立主管和員工之間的定期會議討論共同的問題，並請求員工建議改善方法。其它的公司則鼓勵員工能有較多的參與。富豪（Volvo）汽車公司開創了運用自動化裝配的員工團隊來生產單一汽車的方法，其結果是對員工有較大的約束力、增加生產力，和減少瑕疵品。許多的製造者已允許熟練的機械操作人員來設定機器、維修機器、規劃自己的工作流程和步驟，以及詳細調查他們自身的產出。

促進內部創業精神

當一個公司組織成長時，它會建立較完善的規章、政策和程序的趨勢。正式的控制系統會隨著官僚化過程的建立，而喪失其創新的能力。具企業家精神的員工一旦受絆於這種環境，通常是離開公司並成立自己的組織，因為該公司的環境抑制他們創造力的需求。

瞭解這個問題之後，許多大型公司正試著為內部的企業家精神培育一種環境，也就是眾所皆知的內部創業精神（intrapreneurship）。基本上，**內部創業精神是在一個正式組織現有的範圍之內產生的企業家精神**。這也是一個員工為何能在組織中發現需求和促進內部創業過程的本質所在。為了創造內部創業精神的氛圍，管理者可能要遵從以下的方針：

■ 鼓勵行動。
■ 無論何時，儘可能地運用非正式的集會。

內部創業精神
是在一個正式組織存在的範圍之內而產生的企業家精神

- 容許失敗─不要懲罰─，並視它為一次學習經驗。
- 要能永久存續。
- 為了創新的緣故，要獎賞創新。
- 具體的規劃並鼓勵非正式的溝通。
- 獎賞或提拔有創新功績的人員。
- 鼓勵員工減少官樣文章（red tape）。
- 消除僵硬的程序。
- 為了未來導向（future-oriented）的計畫，組織員工進入小型的工作團隊。

　　真正想培育一個內部創業氛圍的管理者是不能膽怯的。真正的內部創業家是與眾不同的。他們無法自在地存在於架構中─他們會解決那些可能會妨礙其夢想的指令，他們會從事任何能使該計畫成功的工作，並一直堅定的朝向他們的目標邁進。

設計工作彈性

　　管理者另一個能激勵員工的方法是經由彈性工時、縮短工作天，或工作分攤，配對分攤的方式提供他們工作上的彈性。

彈性工時　是一種允許員工在特定範圍內，在每個工作天中決定何時開始上下班的計畫。因此，它讓員工能在上班前或下班後來處理個人的事務，變換他們每天的時間計畫表，並享有更多的生活控制。一些已採用這種方式的公司宣稱，公司的曠職率減少、人事變動降低、遲到減少且具更高的工作士氣。

工作天的濃縮　是一種允許員工在少於傳統的五個工作天之內，實行其工作義務的計畫。最常使用的模式是四天但每天工作十小時（four ten-hour days）的方案。
　　該方法─如同彈性時間一樣─提供時間讓員工處理個人的事務和休閒。採用該方法的員工宣稱具有工作滿足感。雖然如此，並非所有的管理者都支持這個觀念。管理者變換工作時間計畫表的要求已引起關注，一些管理者認為設計這些工作時間計畫表變得更為困難，涵蓋的部門範圍可能無法一直維持運作，因為員工一直流動著；而其他人則擔心會造成失控。

彈性工時
是一種允許員工在特定範圍內，在每個工作天中決定何時開始上下班的計畫

工作天的濃縮
是一種允許員工在少於傳統的五個工作天之內，實行其工作義務的計畫

工作分攤，兩個兼職
分擔一個全職工作必
須定時交換資料及訊
息。

工作分攤或配對分攤
是一種允許兩個兼職
員工來分擔一個全職
工作的計畫

工作分攤或配對分攤　　是一種允許兩個兼職員工來分攤一個全職工作的計畫。這
種職業夥伴制度對於那些撫養學齡孩童的父母或偏好兼職職業的人來說是理想的方
式。從僱主的利益觀點出發是兩個員工分享一份薪水—如同一個利益組合—並且能
從兩個來源提供想法。

摘要

　　一旦公司組織需要最佳的人力資源來執行一項工作，管理者就面臨一個挑戰，
即創造一個能使員工成長的積極工作環境。工作環境是培養和維持那些有工作動機
並達成公司組織目標的職員的關鍵。

　　影響工作環境的一項因素是管理哲學的發展。Y理論是一種關於員工在工作上
的正面管理哲學；而X理論則是負面的管理哲學。其它在培養一個正面工作環境方
面的重要因素尚包括視員工為獨立個體、提供支持，並尊重文化的差異。

一個優秀的管理者瞭解激勵不是一個單純的動作可完成，而是由眾多因素結合的結果，其中最重要的是瞭解個人的需求、當事人做抉擇的能力，以及提供一種機會來滿足這些需求，並創造有選擇機會的環境。

馬斯洛的理論明確指出了五項主要需求的類別，並運用獨特的方法來激勵員工：生理、安全、愛或社交的、尊重，以及自我實現的需求等。雖然運用的方法不同，赫茲柏格的激勵和維持因素提供了與馬斯洛層級相同的需求。

弗洛姆的期望理論明示了影響個人為滿足需求而做出選擇的因素。一個人的行為受報酬的價值、報酬與績效的關係，和達成該績效所需付出的努力而影響。

管理者藉由提供領導來協助建立一種有支持性的工作環境。領導牽涉了三種變數：領導者、被領導者和領導行為發生時的狀況。管理者進行規劃、組織、人事、領導和控制的功能，他們也許可能或也許不能有效地影響部屬或團隊成員設計並完成目標。

管理者依他們的管理風格而有所不同—他們用來影響部屬的方式。領導風格由決策風格（獨裁式、參與式或自由駕馭式）、激勵的方式（正面或負面的）和工作環境中所著重的領域（任務導向或員工導向）所組成。

管理者可採取多種的行動來增加工作動機和士氣。這些包含了提供讚賞和認同、實行目標管理、授權予員工、培養自我引導的工作團隊、提供有效的報酬制度、重新設計工作、促進內部創業精神，以及設計工作的彈性等。

回顧與討論

1. 對管理者來說，為何發展一個積極的工作環境是重要的？

2. 當管理者表示「我們這兒有積極的工作環境」時，他或她能列舉什麼樣的因素來支持這段話呢？

3. 對管理者來說，為何發展一個正面的管理哲學是重要的？

4. 以管理哲學的角度來區分X理論與Y理論的差異。管理者所採用的每一種方式如何對工作環境產生影響？

5. 請問人在哪些方面是不同的？對管理者來說，瞭解這些不同為何是重要的？

6. 身為一個管理者，你對下面這段話有何反應：「要直到滿足員工們的需求為止；我可沒這種閒工夫。」？

7. 請解釋馬斯洛的五項需求層次。為何馬斯洛的模式被視為一種需求層級？

8. 請分辨赫茲柏格的激勵因素和維持因素。而呈現或缺乏這些因素在工作環境中所代表的意義又是什麼？

9. 什麼是弗洛姆期望理論的重要性？一個人對於潛在結果的分析如何影響激勵？

10. 什麼是領導？有哪三種因素會影響領導風格的選擇？

11. 請問是哪三種因素的互動創造了一位管理者的領導風格？

12. 在什麼情況之下領導者會運用獨裁式、參與式和自由駕馭式的領導風格？

13. 請解釋管理者如何應用以下的管理技術來改善工作環境和激勵動機。

    a. 讚賞和認同

    b. 授權

    c. 一套有效的報酬制度

    d. 目標管理

    e. 自我引導的工作團隊

14. 請區分工作擴充、工作輪調和工作強化的不同。哪一種擁有最好的激勵員工的潛能？

15. 為何僱主應考慮彈性工時的運用？這對員工來說有何益處？

16. 為何僱主不願鼓勵工作分攤？工作分攤對員工和公司組織來說有什麼益處？

17. 發展一項計畫，讓管理階層支持你的工作時間為（或者一種你已經使用的方式）四天共四十小時的工作天。該計畫包括你所能指出的優缺點。

應用個案

個案 9.1：建立約束和激勵

執著於高品質的公司，如何招攬有動力的員工呢？根據獲得Malcolm Baldridge 國家品質獎的Wallace公司總裁約翰華萊士（John Wallace）指出，「它迫使你重視所有的營運操作—員工、制度、財務、供應商和顧客關係」。

當華萊士公司在每個操作情況下都致力於追求品質時，該公司把焦點集中在視為最關鍵要素的員工身上。「如果員工沒被激勵和給予承諾，他們無法也不會追求品質，更不會對工作產生滿足」。為了應付挑戰，華萊士提供員工所要求的新工具；為辦公室和倉庫重新粉刷；並改善供外勤業務員使用的公務車計畫。

該公司藉由評估關於假期、病假和個人休假的政策，開始回應員工管理的問題。這些政策和其它公司相較變得更有競爭性，報酬制度設計成能夠反映員工的貢獻程度，且不公平的政策管理亦被減至零。

華萊士介紹了一套針對所有階層員工的廣泛計畫，一位運輸部門主管指出，「該訓練計畫對大家來說真的很重要」，「不像公司裏其它群體裏的員工一樣，在我們領域中的許多成員沒唸大學，有些甚至連高中都沒讀完。」。

管理者在改造組織的過程中採取了兩種額外的行動。首先他們瞭解公司需求並提出新的任務宣言，許多員工被要求協助參與草案的草擬。該草案分派給那些被公司要求提供建議，或那些有他們自己看法和觀點的員工們。三個草案在六個月之後產生，它也就是公司今天所使用的任務宣言。

第二個行動是創造團隊，這些團隊的建立將重點擺在品質、生產、顧客服務，和訂貨程序上。每個團隊發展自己的目標、工作評估和所需的修正。團隊使得員工開始注意他們的生產能力，以及他們的產出成果對自己和公司的價值所在。

華萊士公司所採取的這些行動產生了一支被激勵的工作隊伍。當員工瞭解他們已造成差別時，就浮現一種團結的意識。日復一日，所有階層的員工都開始挑戰舊的觀念，並嘗試新的想法。

問題：

1. 華萊士公司應用了哪一種激勵理論來培養全公司的激勵策略？請解釋你的答案。

2. 請問在每個激勵理論裏，有什麼特定的要素對應在該公司的行動中？提供一些例子來支持你的答案。

3. 請問該公司運用了哪些在「如何增進激勵誘因和工作士氣」章節裏所列出的管理技術？提供例子來支持你的答案。

個案 9.2：創造一個有品質的工作環境

提供快樂是公司對員工應盡的義務。這是位於費城的Rosenbluth國際旅行經紀公司四十一歲的總裁兼總經理Hal Rosenbluth的信仰。Rosenbluth十分重視這項哲學，所以將他的精力和領導風格都致力於創造有品質的組織氛圍。例如：

■ 該辦公室的座右銘是「顧客擺第二」，並且Rosenbluth要求凡是對員工無禮的顧客就請他到別家公司去。

■ 公司文化包含了伙伴之日（Associate of the Day）（要求員工捨去任何不公平或屈從的想法）。伙伴之日即要求員工花一天的時間和資深的經理相處，跟隨在該經理的四週，並觀察他或她如何工作。

■ 新進員工接受一定時間的訓練，以瞭解該公司及公司目標、哲學及價值觀。從那時開始，他們在自己的職權和最少的管理之下進行操作。

Rosenbluth早期的工作歷史協助造就了他的管理哲學。身為1970年代中期的大學畢業生，他從事訂位代理（reservation agent）。其中最令他印象深刻的是這些經紀人彼此互相幫忙；「我迷戀上這些人了，因為我看到他們在自然的團隊中工作，甚至不知道他們正以這種方式在工作。」

結果，Rosenbluth變成只僱用那些能在團隊中良好工作的人，然後授權給團隊。當一名應徵打字職務的應徵者沒有通過測驗，公司不會讓她通過，但是如果公

司非常喜歡這名應徵者，那麼她會被告知回去練習打字兩星期再回來接受測驗，她照做且被錄取。而一些經理職務的候選人通常要參加Rosenbluth的旅行或棒球比賽，這些活動能讓Rosenbluth評估候選人如何社交，以及他們在團隊中如何運作。有一位候選人在他沒有參與球賽之前，一直是極被看好的人選，但他因輸掉球賽而把責任怪給隊友，最後當然他未被錄用。

這種方法與哲學看起來是有效的，在Rosenbluth的領導之下，旅行代理機構已由十五年前的40名職員，年營業額$2000萬美元成長到現在有3,000名員工和$15億美元的營業額。

問題：

1. 利用圖9.1作為指引，你對Rosenbluth國際公司的工作生活品質評價是什麼？

2. 請問Hal Rosenbluth運用了什麼樣的領導風格？提供例子來支持你的答案。

3. 請問Rosenbluth國際公司所提供給員工的需求是符合哪一種馬斯洛的需求層級？提供例子來支持你的答案。

4. 請問Hal Rosenbluth運用了什麼樣的管理技術？請舉例。

10

勞工與管理階層的關係

什麼是工會？
工會存在的理由
公會的原則與目標

勞工運動簡史
早期的同業公會
美國勞工聯盟的創立
產業組織委員會的建立
AFL-CIO組織：合併

勞工與法律
Norris-LaGuardia法案（聯邦反禁止令法案）
Wagner法案（全國勞工關係法案）
Taft-Hartley法案（勞工—管理階層關係法案）
Landrum-Griffin法案（勞工—管理階層提報和揭露法案）

現今的公會
公會會員人數
數字背後的問題
未來趨勢和方向

員工為何要加入公會？
加入公會的原因
公會組織的過程

集體式交涉
管理階層和勞工交涉的議題
會員的認可

管理階層和勞工的協商工具
管理階層的工具
勞工的工具

調停和仲裁
聯邦調停暨仲裁服務處
美國仲裁協會

摘要

回顧與討論

應用個案

聯合就是力量，信念保持一致，我們將會得到勝利。

WILLIAM RUDD

President, International Union of Electronics Workers, Furniture Division

章節目標

在學習本章之後，你應該能夠做到下列各點：

1. 概述公會的基本原則和其為會員服務的主要目標。
2. 追溯勞工運動的歷史發展。
3. 概述影響勞資關係和集體式交涉的重要立法。
4. 指出當前勞工運動的趨勢和方向。
5. 討論員工加入公會的四項原因。
6. 討論公會組織過程的每個步驟。
7. 討論關於集體式交涉的目的和議題。
8. 對照勞資雙方為達成各自目標所擁有的工具。
9. 描述調停和仲裁在勞工和管理階層互動之間的角色。

Brian Evans & Corey Green

前言

　　Brian Evans和Corey Green兩人將現代的美國社會中的僱主和員工、管理階層和勞工合作的關係重新定義。他們是通用汽車公司（GM）釷星（Saturn）車廠的工作組成單位的管理者。通用汽車公司的所有事務皆一手包辦─從管理階層到勞工關係，從設計到製造─然後成為美國未來汽車製造商的表率。如果銷售量是成功的指標，我們可以宣稱每個銷售商在一年內銷售超過1,000量的釷星汽車，在美國的歷史上可說是第二大的汽車製造商。

　　雖然Evans和Green分享工作單位顧問的頭銜，他們代表了管理階層和勞工的相互關係，有如一枚硬幣的兩面。Evans負責長遠的規劃、短期問題的解

決、管理員工和回應相關產品品質的相關議題。而Green代表的是汽車工人聯合會以及工廠的員工，提供員工們關心和需要的支持和資源。

　　Green談到「我們這兒尊重員工，且比其它汽車公司在生產過程中，參與更多有關勞工的事務。」在釷星車廠中的每個工作單位是由許多的工作團隊所組成，每個團隊通常由六至十三名的成員所構成，並擔任工作單位顧問（WUC）的身份。而WUC則由團隊選出來代表他們，並成為公會的顧問。WUC向工作組成單位的顧問（WUMA）報告。在該個案中，Green和Evans都是釷星汽車裝配線上最終一站工作組的顧問（WUMA）。

　　Green在通用汽車公司中的Delco-Remy分部是一位團隊領導者、審計者，並主掌顧客和供應商的關係。在釷星車廠中，他是團隊創始人之一，在成為工作組成單位顧問（WUMA）之前即是工作單位顧問（WUC）。

　　Evans從大學的建教合作的計畫中進入釷星汽車廠，他最早在人事部門工作，協助僱請第一批的釷星員工並掌管薪資計畫。他後來成為平等就業機會（Equal Employment Opportunity）計畫案的顧問，在未到第一線工作之前，他幫助行政部門管理建設。Evans指出「我對建造汽車不太內行，所以我擔任室內的行政工作。」之後，他升遷至生產過程的最高工作單位的顧問（WUMA）。

　　Brian Evans和Corey Green共用一間辦公室，Corey談到「在那兒，有時我們的個別職責產生重疊，但普遍來說，我們試著去保持工作上共同分享的夢想。」Brian補充著說「我們每天都在挑戰自己，有時候也會意見不同，但都在檯面上解決。」他們與自己的工作團隊一起工作以確保符合釷星的目標。

　　Green指出「我們相信當員工對公司有認同感時，工作會更有效率。」「釷星汽車擁有和員工共同的價值觀，包括：持續的改進、出色的執行，團隊合作、信賴且尊重他人，並熱心地滿足顧客。」釷星的員工分享了公司的利潤，所以每位職工最終都在工作上，奮力地完成品質所要求達到的目標。因為這個原因，員工對其團隊每日所做的決策負責。 Evans談到這種制度「有許多同僚支持，也有批判。」但是，我們相信讓員工們自動自發管理自身的事務，是較有效率的。因此授權予他們去發掘「完成工作的最佳方法是什麼？」。自我的監督可鼓勵其工作，並且當既得利益產生時，同僚們就彼此趨向正確的軌道上。」

　　Evans和Green每天和他們的工作單位顧問（WUC）開會，並且只要是工作需

要，隨時會和工作團隊中的其它員工開會。他們的工作明顯地屬於強化員工的特質，其設計乃協助員工解決問題。Evans指出「另一個授權予員工的方法是，從頭往下而非從頸部往下的工作方式。」

Green補充著說「但那不是唯一的方法，因為我們亦相信工作應是有趣的事情，我就是這個觀點的大力鼓吹者。」

Evans最後總結時指出：「釷星汽車公司認同每位員工，員工因工作優良而獲得報酬，釷星汽車公司因為有優秀的人才，才能夠建造出優秀的汽車。」

以社交集會的觀點來談公會（union）這個字眼時，很難令人想像可採取中立的立場。一些人視公會為不需要、過於強勢、企業問題的肇因，以及產生美國低生產力的主要原因。有些人則視公會為保護勞工、幫助改善工作生活品質和成為管理階層獲取長遠利潤的夥伴所不可或缺的團體。

不論這些對公會的認識和觀點如何，公會和管理階層將會在工作環境中持續相互交流著。為何有些公司組織中有公會的產生而有些則沒有呢？在公司組織中，公會扮演什麼樣的角色呢？公會和管理階層如何藉由集體的協商共同運作呢？這些問題都將在這章得到解答。但是首先，我們要討論什麼是公會以及它們為何存在。

什麼是工會？

工會（labor union）是一個由員工聯合起來與公司管理階層協商他們集體的工資、工時和工作條件的組織。工會是由員工建立來與管理階層進行有效交涉的團體，而工會的「集體意見」則是抵銷管理階層力量的根本要素。

工會存在的理由

當員工感到不受公司管理階層的公平對待、傾聽，或受到管理階層支配了所有的生活時，成立工會就成為一個自然的選擇。換句話說，管理階層可以培養一個不是鼓勵就是妨礙成立公會的環境。

公會是很多人的另一種生活，它就像大家庭一般舉辦各種活動讓大家來參與。

　　聰明的管理團隊會注意員工的需求、公平對待、發展明文的政策和申訴程序，以及提供工作生活品質等方面，以防止公會的成立。一些諸如德州儀器（Texas Instruments）、摩托羅拉（Motorola）和春田再製造（Springfield Remanufacturing）公司因已滿足員工的需求而沒有公會的設立。但是，當員工感到管理階層無法履行他們的需要、他們的聲音不被傾聽和受不平等對待時，公會組織就成為一個可行的替代方案。

公會的原則與目標

勞工運動有其特定的基本原則　做為公會為其會員服務的主要目標之依歸。
基本原則─公會以三項原則為其根據：

1. 藉由聯合眾多人一致的意志做為力量的憑藉。公會是結合眾多的集體意見、想法、行動和言論所建立起的團體。
2. 同工同酬。同等工作的報酬不應受歧視或徇私而有所不同。

3. 依據年資決定職務。所有的升遷、擢升和暫時解僱等應按照組織中的年資制度做爲考量的基礎。

主要目標　當公會代表其成員和管理階層談判時，有四項特殊的目標：

■ 改善工作安全性。
■ 更高的薪資。
■ 縮短每日、每週，或以年爲基礎的工時。
■ 改善工作條件—生理和心理的狀況。

　　自從有公會後，這些原則和目標已成爲所有公會與管理階層協調和對抗所採取的活動和行動基礎。從最初到數十年之後，這些帶動勞工運動的工會爲其成員做出良好貢獻。但是近年來，公會的生存能力已遭受大眾的質疑。
　　關於這個問題，對勞工運動做個簡短的回顧應是適當的。圖10.1 可做爲勞工——管理階層關係史的重大事件指標。

圖10.1
勞工—管理階層關係
史上的大事紀

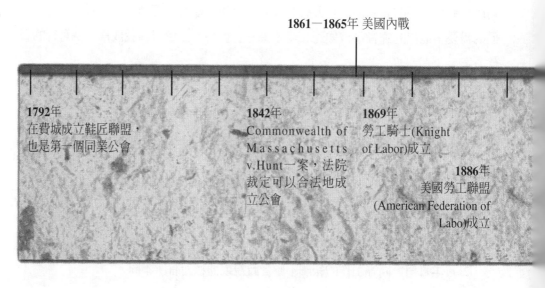

1861－1865年 美國內戰

1792年
在費城成立鞋匠聯盟，
也是第一個同業公會

1842年
Commonwealth of
Massachusetts
v.Hunt一案，法院
裁定可以合法地成
立公會

1869年
勞工騎士(Knight
of Labor)成立

1886年
美國勞工聯盟
(American Federation of
Labo)成立

勞工運動簡史

公會以一種或其它形式存在於美國已近二百年的歷史。最早的公會團體開始於
1792年在費城成立的鞋匠聯盟。大約有1,800個由木匠和排版工人結合的公會陸續在
巴的爾摩、波士頓和紐約成立。

這些剛形成的公會大多成立不久就解散，因爲當時的法庭視它們爲違法的「充
滿公共危害和私人傷害」的共謀團體。最後，在1842年Commonwealth of
Massachusetts v. Hunt 的案子裡，麻薩諸塞州上訴法庭審判長Lemuel Shaw宣告「我
們不能理解人們以共同執行其公認權利的方式是犯罪行爲，這是促進他們自身利益
的最佳方式。」因爲這個宣告，廢除了過去視公會爲非法團體的先例。這是美國歷
史上第一次的法庭判例，讓工人（這個個案是鞋匠）只要「以道德的方式來追求良
善的結果」就能合法地成立公會促進更好的工作條件。

雖然麻薩諸塞州的裁定打開了成立公會的大門，但這扇門開得並不夠寬廣。直
到1930年代，工人們極力爭取那些能影響他們工作條件、工資、工時或福利的權
力。縱使那時公會不再是非法團體已成事實，但所做的一切或所爭取到的結果，卻
成效不彰。

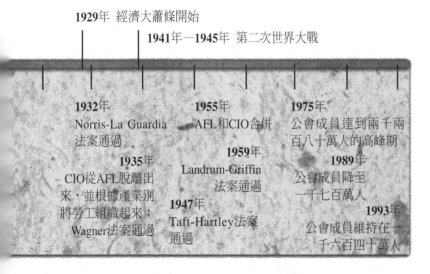

1929年 經濟大蕭條開始

1941年－1945年 第二次世界大戰

1932年
Norris-La Guardia
法案通過

1935年
CIO從AFL脫離出
來，並根據產業別
將勞工組織起來：
Wagner法案通過

1947年
Taft-Hartley法案
通過

1955年
AFL和CIO合併

1959年
Landrum-Griffin
法案通過

1975年
公會成員達到兩千兩
百八十萬人的高峰期

1989年
公會成員降至
一千七百萬人

1993年
公會成員維持在一
千六百四十萬人

早期的同業公會

大部分的早期公會被視為**同業公會**（craft unions），是指一群擁有一個特定技藝、買賣或技能的工人所成立的團體。諸如鑄鐵匠、火車技師、木匠或排版工人等。第一個真正的全國公會，勞工騎士（Knights of Labor），一個拘泥於形式的服飾裁縫師秘密幫會，成立於1869年，在1878年從幕後中走出來，並在1886年集結了700,000萬名的會員。

勞工騎士公會打算創造一個龐大、集中管理的組織來代表農民、勞動者和其它領域的工作者。他們企圖經由政治活動和社會改革來達成這項目標，結果不明確的訴求和一連串失敗的罷工活動導致其成員開始減少。到了1890年左右，其會員減少至100,000名工人；並於1893年解散。

美國勞工聯盟的創立

意見分歧導致勞工騎士公會解散，但也建立了美國勞工聯盟（American Federation of Labor；AFL）。許多勞工從勞工騎士公會中覺醒，並開始成立商業和勞工工會組織聯盟（Federation of Organized Trade and Labor Unions），最後才變為美國勞工聯盟，一個成立於1886年12月的商業公會，其成員主要由一些技術性工人所組成。

Samuel Gompers是由美國勞工聯盟成員選出的領導者—他也是創立者之一，Gompers將視野擺在其聯盟成員的生計（bread-and-butter）利益上，該會致力於會員的工資提升和改善工作條件方面。結果是：在1887年左右，有600,000名工人加入了美國勞工聯盟，到了1920年幾乎有四分之三隸屬公會的工人加入了這個聯盟。其中，該聯盟允許加入的公會能獨立處理自身事務（這和採集中控制管理的勞工騎士不同），該項決策有助於美國勞工聯盟的成長。

產業組織委員會的建立

雖然美國勞工聯盟（AFL）依職業別集結了公會組織，但好戰的煤礦工人John L. Lewis 相信應進一步將重點放在成立**產業公會**（industrial unions）—即一個由特定

產業內的受僱工人所組成的組織。不論哪種技能，諸如煤礦業、鋼鐵業或汽車製造業等等。這種觀念的差異使得Lewis在1935年脫離美國勞工聯盟成立產業組織委員會（Committee for Industrial Organization；CIO），並很快在規模上與AFL匹敵。

AFL-CIO組織：合併

AFL和CIO經過了二十年的激烈競爭之後，這兩個團體撇開了他們團體的差異，在1955年合併成一個全國性的組織：美國勞工聯盟暨產業組織大會（American Federation of Labor and Congress of Industrial Organizations；AFL-CIO）。這兩大團體的結合集結了1,600萬名的工人一超過美國當時所有公會成員的85%。這1,600萬名工人組織所選出的領導人是George Meany，先前是Bronx公司的鉛管工人，擔任AFL-CIO組織的總經理直到1979年去逝為止。

勞工與法律

在早期，組織公會一直遭遇到企業和法律制度的極力反對，導致1930年代勞工運動遭到壓制。因為許多出身富裕的法官，偏袒有同等社會、教育背景的資本家的利益。由於沒有法律和法庭裁決的協助，公會在招募會員和代表工人與管理階層談判時，一般來說，都發生不了什麼效用。此外，一直到1930年代的經濟大蕭條時期（Great Depression），許多人視公會活動為不愛國的表現。

在失業率高達25%的大蕭條時期，大眾的情感從企業轉移到公會身上。隨著1932年羅斯福（Franklin D. Roosevelt）總統的當選（一位縱使擁有富裕的背景，但同情工人的候選人），使原先搖擺不定的政策偏向到公會方面，而且Norris-LaGuardia法案的通過，促使了公會的成立有了法律基礎。結果公會成員的總數從400萬人成長到1935年的1,500萬人左右。接下來讓我們進一步瞭解這些法案和相關的法律，表10.1則概述以下的討論。

Norris-LaGuardia法案（聯邦反禁止令法案）

第一個主要支持公會的法案是1932年制訂的Norris-LaGuardia法案，又稱聯邦反禁止法案Federal Anti-Injunction Act）。在這條法律制訂之前，企業在面臨勞工罷工或罷工時公會派遣糾察員至工廠阻止員工上班的行為時，可以運用**禁止令**（injunction），即一種法院命令，禁止團體從事不法的、有害的，或不平等的行為。**Norris-LaGuardia法案**基本上禁止法院發出禁止令來對抗勞工非暴力的抗議活動，如罷工和公會派遣糾察員至工廠阻止員工上班的行為（picketing）。Norris-LaGuardia法案亦取消其它反公會的法律保護策，例如：要求員工簽署**膽小鬼合約**（yellow dog contract）—即工人受僱的同意書，聲明不會加入公會組織。如果員工違背這項協議，就會被解僱。

Wagner法案（全國勞工關係法案）

Wagner法案制訂於1935年，又稱全國勞工關係法案（National Labor Relations Act），其藉由禁止管理階層干涉員工組織、加入，或協助公會的權利，以鼓勵公會的成立與運作。該法亦藉由載明和禁止各公司**不正當的勞工策略**（unfair labor practices）—即設計防止員工參加公會的行為，以保護員工。例如：該法禁止使用**黑名單**（blacklist）：即散佈那些支持公會的工人名單至各公司中，以阻止這些工人被僱用。

最後，Wagner法案建立了**全國勞工關係委員會**（National Labor Relations Board；NLRB），是一個經授權的聯邦機構，專門督導公會選舉和調查不正當的使用勞工策略的申訴案件。

Taft-Hartley法案（勞工—管理階層關係法案）

Wagner法案被視為支持公會（pro-union）的法案，該法案授與公會權力使得管理階層黯然失色。國會企圖使政策轉向，並在1947年以**Taft-Hartley法案**（勞工—管理階層關係法案 Labor-Management Relations Act）來修正和補充Wagner法案。如表10.1 所示，該法說明由公會明確定義的不正當的勞工策略，建立緊急的罷工程序，

法案，年代	條款
Norris-LaGuardia法案	禁止法院發出禁止令來對抗勞工非暴力的抗議活動，如罷工和公會派遣糾察員至工廠阻止員工上班的行為。 在禁止令發佈之前，必須先舉辦公聽會。 宣佈膽小鬼合約（此合約要求員工同意不加入公會組織）是不合法的。
Wagner法案	禁止管理階層以威脅或質問的方式，干涉員工組織、加入，或協助公會的權利。 禁止管理階層給予公會財務上或其它的支援，以避免公會被雇主所掌控或依賴雇主。 禁止管理階層利用僱用策略來歧視那些專業的公會勞工，或是對反公會的勞工給予報酬：它禁止公司因現有員工參加過罷工的行動，就將他們解職或降職，也不得因某人是公會的成員之一而拒絕僱用，即使他具備了工作資格。 禁止管理階層因員工在勞資關係案例上進行告發或作證，而藉故解職或歧視該名員工。 要求管理階層誠心和公會協商有關薪資、工時和其它等就業條件，而公會裏的勞工也有合法選擇協商代表的權利。（管理階層未必要對公會所提的要求同意或退讓，但是必須同意在合理的時間進行公開的討論）。 成立五人小組的全國勞工關係委員會，專門督導公會選舉和調查由雇主或公會所操作下的不法行為。
Taft-Hartley法案	若是證據顯示，某罷工行動會危害到全國人民的健康和安全，則美國總統有權發出長達八天的禁止令，來延緩罷工或停工。 宣告以下幾種公會活動是不正當的勞工運作： 1. 關閉商店和間接的杯葛 2. 強迫雇用（強迫雇主雇用不必要的工人） 3. 拒絕誠意協商 授與各州通過「工作權利法案」，允許員工從事某項工作時，有權不加入公會或付費給公會。 禁止公會收取超額的入會費或是收取有差別歧視的入會費。 設立聯邦仲裁協調服務中心。
Landrum-Griffin法案	要求公會職員准許公會成員提名公會辦公室裏的候選人，並有投票選舉的權利，和駁斥選舉結果的權利。 規定公會成員有權檢閱公會和管理階層之間所協商的契約內容。 要求公會必須將它的制度慣例、條例準則、以及各式報告的影印本（包括財務明細表）歸檔整理，以便作為公開的記錄。 禁止被判重罪者擔任公會職員的規定。 若是公會財產和一年入會收入達到五千美元以上，其公會職員必須作保（接受保險）。

表10.1
自1930年代以來主要的聯邦勞工法案

Taft-Hartley法案
由公會明確定義不正
當的勞工策略，建立
緊急的罷工程序，並
禁止公會收取過高或
差別的費用或報酬

工作權利法案
亦即讓工人在不須強
制加入或支付金錢予
公會的情況下可獲得
並維持工作

**Landrum-Griffin
法案**
又稱為1959年制訂的
勞工—管理階層提報
和揭露法案，是一個
聯邦法，定義公會成
員關於公會內部操作
和接近公會組織和財
務資訊的權利

並禁止公會收取過高或差別的費用或報酬。該法亦授權各州通過**工作權利法案**（right-to-work laws），即讓工人在不須強制加入或支付金錢予公會的情況下可獲得並維持工作。最後，該法案設立了聯邦仲裁和協調服務處（Federal Mediation and Conciliation Service），本章稍後會再詳細討論該處的功能。

Landrum-Griffin法案（勞工—管理階層提報和揭露法案）

Landrum-Griffin法案，正式名稱為勞工—管理階層報告和揭露法案（Labor-Management Reporting and Disclosure Act），在國會對公會公然的選舉舞弊、賄賂行為、不良的財務管理和公會領導人之間勒索行為的調查之後，於1959年制訂該法案。該法案被視為公會成員的權利法案，給予每個公會成員下列權利：

■ 提名公會辦公室的候選人。
■ 進行公會選舉的投票。
■ 參加公會的會議。
■ 調查公會的帳目記錄。

此外，公會亦被要求由勞工秘書彙存有關組織規章、條例和財務報告的備份—成為公開的記錄。表10.1 是自從1930年代以來主要的聯邦勞工法案。

現今的公會

現今的公會面臨著一個不確定的未來，公會領導地位面臨有關公會成員人數的成長趨勢、形象和長遠策略等方面的多項挑戰。

公會會員人數

1981年公會的全盛時期擁有2,280萬名公會成員，到1993年已下降至1,640萬名。此外，屬於公會的勞工占勞工總數比例亦從1958年的33%下降至1981年的20.1%和

公會人數（以百萬計）

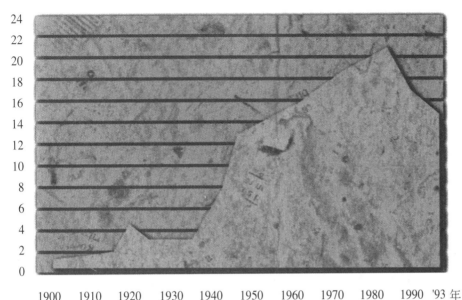

圖10.2
美國的公會成員數
(1990-1993年)

1993年的15.8%。圖10.2 描繪了這些公會成員的趨勢。

綜合來說，有970萬名公會成員在私人產業中工作，有670萬名成員在政府單位做事。在私人部門裏，產業團體中擁有最多公會成員的是製造業（370萬人），再來是服務業（140萬人）、批發和零售業（130萬人）以及運輸業（100萬人）。

在主要的職業團體、操作員、建造商、工人之間（包括機械和汽車操作員、裝配人員和助手），擁有公會成員的最高比例，達 27%。緊接在後的是精密產品、飛航、維修工人（包括機械工人和電機師），以及相似技能的貿易人員，有26%。而擁有公會成員比例最低的是專業性、銷售和管理方面的群體，以及農林漁牧業。表10.2 列出了最大的公會成員人數。

當注意勞動力的個體時，加入公會成員的男性比例（20%）較女性比例（13%）為高，而工人年齡以35歲至64歲加入公會的可能性比那些年紀超出或不足這範圍的員工來說較來得高。最後，公會成員的黑人比例（22%）較白人（16%）或西班牙人（15%）為高。

此外，以下的這些公會成員統計數據指出：

- 賺得合格工資和薪資的公會成員比例從最高的夏威夷州為 29% 到最低的北美和卡羅來納州和南卡羅來納州的 5%。
- 在一些實行工作權利法案的州裏，公會成員賺取合格工資和薪資的平均比例為 8.5%，而相較於那些實行集體自由協商的州，其平均比例為 20.3%。
- 在 33 個州和哥倫比亞特區中，公會成員數已下降，而其餘各州則維持相同的水準。

表10.2
最大勞工組織的成員數

組織	成員（千人）
全國教育協會	2,095
國際卡車駕駛員兄弟會	1510
聯合食品和商業工人國際聯盟	1300
美國州、郡和自治都市職員聯盟	1250
服務業員工國際聯盟	1000
美國汽車、航太和農具工人國際聯盟	900
美國教師聯盟	790
電子工人國際聯盟	788
機械和航太工人國際協會	729
美國鋼鐵工人聯合會	570
木匠聯合會	405

資料來源：AFL-CIO and NEA Membership Reports, 1993.

數字背後的問題

公會正處於攸關生存的時機，雖然大多數的美國人原則上支持公會，但實際上很少人會付諸實行。如以下所理解的：

公會藉由平衡管理階層與相對弱勢的員工權力在獨裁的公司中確立了民主視野，他們保證了工作環境中的正當程序，保護自由的言論，嘗試達成更為平等的報酬分配，並代表了個人的尊嚴和權利。

工會召集人愈來愈困難使新組織人員有意願加入。

但是，縱使這種意識形態的存在，公會自從1960年代早期就已漸漸喪失它們的立場。許多的原因可以證明，這些包括了：

1. 當管理者已學習變得更能反應員工需要的同時，和過去相比，員工們已較難發現加入公會的動機。

2. 公會無法和具知識的新一代工人結合。這些員工—技術專家、程式設計師，和銷售及服務的工作者—較過去一代接受更多的教育並傾向於個人職業的升遷和未來在管理階層發展的可能。他們尋求不斷的學習和個人發展，並不期望永久留在一家公司中，他們對那些妨礙個人因功績而得到更高報酬的公會規則不滿並有所批評。

3. 管理階層不再是敵人。不像過去的工人一樣，新的一代可能不會視管理者為敵人或不同社會階級的成員，而是看成執行重要工作的團隊領導者。

4. 公會面臨內部領導的問題。公會的領導地位是依靠權謀或鬥爭取得，這種方式弱化了員工—公會與管理階層的關係。

5. 公會招募成員的訊息調整緩慢。其中一項公會的基本目標是達成較高的工資。隨著國際性競爭和自由化的結果，僱主已被迫刪減成本—而向上調整的

公會工資型態則成了第一步刪減的目標。所以，公會較高工資的單一性政策無法獲得新一代職員的青睞。

6. 僱主在對抗公會的過程中變得較為強硬。因為全球性的競爭，使降低成本和在工作規則上獲得較大彈性成了急迫的一件事，也激勵各公司不得不如此。提高品質和顧客服務成為各公司的主要訴求。而公會的文化對公司上述的訴求和提高競爭力是有不良影響的。

未來趨勢和方向

眾所皆知，公會成員數呈現下降的趨勢，而目前多數企業的經營方向將會持續影響這個趨勢。最後，公會將必須追求替代方案以挽回頹勢。

趨勢　特殊的企業趨勢將持續影響公會的成員數，包括：

1. 美國企業的重建和精簡化。重建和精簡化的自然結果是工作和員工的縮減，公會的成員數亦跟著減少。

2. 由於勞工成本的因素，工廠和生產設備必須再配置。藉由對南美和西南美或延伸至其它國家的工廠或產能再配置，可進一步達成勞工成本的降低。這些舉動縮減了工作機會，並直接威脅公會的員工。

3. 製造過程的技術改變。在持續強調更有效的技術、機器和先進的電腦化前提下，導致在裝配線上的員公會愈來愈少。

4. 由於全球競爭的結果，將進一步著重效率問題。隨著市場中要求更少的錯誤偏差幅度，品質需求和更多競爭者情況下，公司正在學習如何以更少的員工和公會成員來做更多的事。

5. 勞動力組合的改變。在傳統擁有多數公會的產業中—製造業、運輸業、建築業的工人數已在減少中，而在服務業和公共部門的工人數是持續增加的。但是公會並沒有注意到這種勞動組合的改變。

方向　在處理這些趨勢問題上，公會運動在以下的數個方向上改變其所關注之事務：

- 為了維持目前已加入公會工人的比例（16%），需要平均每年增加650,000個公會成員來維持並汰舊換新。
- 組織聯邦、州，和當地政府的員工加入公會；通常有37%的公會成員是政府員工。
- 將公會成立的目標放在服務業。
- 組織保險業、銀行業和零售業的白領階級加入公會。
- 努力促進職業婦女和少數民族加入公會。
- 發展以工作安全為基礎的協商計畫。
- 透過工作生活品質、共同利益討論會（common-interest forums）和加入勞工—管理階層再教育計畫等，以探索與管理階層合作的方法。
- 設計和實行新的策略，諸如從事公司的特殊活動、善好的運用公眾意志和遊說。

表10.3
公會會員人數的變化

公會中的勝利者和失敗者	會員數(以千人計)		比例變化
	1981	1993	
勝利者			
服務業員工國際公會	600	1,000	+67%
郵務士全國協會	151	210	+39%
美國教師聯盟	575	790	+37%
美國州政、郡政、市政員工聯盟	970	1,250	+29%
全國教育聯盟	1,717	2,095	+22%
失敗者			
美國聯合鋼鐵工人公會	1,037	570	-45%
國際女性服飾從業者公會	296	130	-44%
服飾紡織工人聯合公會	239	146	-39%
美國政府員工聯盟	223	149	-33%
國際飯店員工和餐廳員工公會	362	258	-29%
國際技師和航空從業員協會	950	729	-23%

資料來源：AFL-CIO and NEA Membership Reports, 1993

表10.3 陳列了在對趨勢和新方向進行調整和反應的奮鬥過程中「勝利者」和「失敗者」的個別公會團體（另外，本章的管理者筆記提供了公會未來的分析）。

瞭解現今的趨勢之後，讓我們來解析為何人們要加入公會及它組織的過程。

員工為何要加入公會？

沒有單一的原因可以解釋為何今天幾乎有17%的勞動力是屬於公會團體的成員，但主要的原因是公會提供了員工需要而管理階層無法供給的事物。重點是，歷史上員工們已創立並維持公會許久時間，因為公會可以平衡管理者想法和行為。

環球透視

在瑞典，公會達成Lagom

在瑞典不像美國，公會和管理階層在歷史上就一直併肩合作，並企求達到公平（lagom）。lagom是一種相信合作即是財富的信念。瑞典的公會要求工資要達成 lagom以在員工之間創造團結。

據說 lagom這個字從維京海盜喝酒用的角杯來的，每個人喝酒時不希望喝太多或太少，只要將角杯內的酒喝完即可。lagom的價值觀彌漫著瑞典的文化之中—瑞典小孩亦學到在自己餐盤上盛太多或太少東西就不算 lagom—而且這是一種可以平衡管理階層和公會，將嫉妒和競爭的傷害減至最低的方法。

在瑞典的早期歷史中，員工們為了維護他們的權利而組成公會，但最後的結果是成為一紙建立在每人都參與且無人飢餓的經濟基礎上的社會合約。在1940年代和1950年代，公會、僱主和政府發展出一項即以共享財富為基礎，共同創造繁榮的協議，而這項協議支持了機動化和生產力的改善。如此，員工們獲得更高的工資和持續工作的承諾。所有的瑞典團體—公會和管理階層都共同分享了創造工作和繁榮擺在第一優先的信念。

加入公會的原因

在以下這種美好的世界中，可能就不存在同業公會的需要：

■ 管理者除了在利潤和財務考量外，亦會在公司行為對員工、員工家庭和社會
影響的基礎上做出合理的決策。

■ 在瞭解如此工作會增加公司利潤和生產力時，員工應會盡全力為公司工作。
在任何會影響員工工作決策上，他們應被諮詢，並且應在員工委員會上被告
知。

■ 以股利做為支付股東的公平利潤比例之後，管理階層應以提高工資和增加福
利的方式來酬報員工的努力。

可惜，這種完美的環境是不存在的：員工一直無法控制工作的狀況；他們總是
領取不公平的薪資；工作條件可能是不安全的；而且員工在操作上只是接受命令。
有這麼多的原因促使員工加入公會，除此之外仍包括獲得力量支援、提供工作保
障，和改善員工經濟地位和工作條件。

力量 集體的聲音比單一的聲音是較有力量的。管理階層就是管理者擁有公司的力
量和工作說明書上的職權。單一的員工在表達安全的需求、質疑工作政策，或抗議
專制的管理階層時，他可能立即面臨被解僱的可能。但是，當一個讓管理階層必須
傾聽的聯合勞動力代言人產生時，就能夠抵銷管理階層的力量，因為團結就是力
量。

工作保障 公會成員的身份提供了工作的保障，公會成員視公會為一個抵抗管理階
層做出任意人事決策的保護單位。勞工—管理階層的合約明定了管理階層在任命公
會成員工作、進行懲戒（包括解僱）、暫時解僱工人，或召回先前被暫時解僱的員工
時，所必須遵照的程序。而員工年資則成為員工暫時解僱、召回，和工作指派的依
據。

在僱主面對國際競爭和縮減成本的潮流下，公會已將工作保障視為主要的談判

在早期工廠,超時及危險的工作,造成高員工流動率。

議題。近年來,美國礦工聯合會在其它公會之中,不是透過保證所有公會成員的工作機會,就是以一定比例的工作保證方式來進行工作保障的談判。其它公會已同意提供再訓練和工作彈性計畫來確定工作保障。

經濟地位　公會制度的基本目標之一是提高員工工資和其它福利,許多員工相信擁有公會成員的資格是達成較高生活水準的最佳安排。而集體意見和拒絕服務的集體能力又一次地成為強力的談判工具。除了較高的工資之外,許多勞工─管理階層合約中要求當物價水準提高,工資亦應隨之調整;每年公司提供假日、假期;健康、人壽和牙醫保險;而且在某些產業裏,尚有保證的退休金。

工作條件　在公會運動初期,改善工作條件是公會發展中最重要的原因之一。如果早期的管理者能多關心員工福利,公會可能就無法達成現在的力量。長久的工時和不安全的工作條件是稀鬆平常的事,在1900年,每個工作天的平均工時是十小時,一星期工作六天。

十三歲的小男孩為了一星期50分美元的工資在鋼鐵鑄造廠和煤礦工廠裏出賣勞力，許多成衣工廠即使被貼上惡意剝削工人的工廠標籤亦不在意。假設員工在工作時受到傷害—即使是僱主的疏忽—當時的法庭通常應用風險假設（assumption-of-risk）的教條，裁定員工需承擔這些工作的風險。而員工們亦發現要克服這些難以忍受的狀況，唯一的方法就是組織公會。今天，所關心的是—尤其是礦工聯合會和建築業公會—建立和維持安全的工作條件和監督工作環境的品質。

現在，我們知道人們為何加入公會，讓我們來解析公會的組織過程吧！

公會組織的過程

組織一個公會有許多的步驟，如圖10.3所示。這些步驟包括了：

1. 組織活動。組織活動是由非公會組成為公會的第一步。其目的是在成立公會的過程中，在員工之間製造廣泛的興趣，該活動可能由那些與公會有接觸的員工發起，而一個全國性的公會可能會鎖定一家公司做為組織公會的力量。不論這種活動如何開始，管理階層和公會都加入了這場競賽—各方都試圖說服員工相信他們。雖然公會持反對管理階層的主張，管理階層仍企圖勸誘員工不要加入公會。

2. 授權卡。最後在活動期間，員工們會被要求簽署表示員工有意願讓公會來代表他們的授權卡（authorization cards）。這時，就像組織過程中的所有要素一樣，全國勞工關係委員會（National Labor Relations Board；NLRB）管理了公會和管理階層兩者的行為。例如：管理階層干涉授權卡宣傳活動或威脅任何簽署授權卡的員工的工作保障問題都算是違法行為。

3. 檢定選舉。假設公會得到至少30%的合格員工授權卡簽署，它就能向全國勞工關係委員會要求認證選舉（certification election）。而全國勞工關係委員會亦回應公告一個選舉聲明，並定義交涉單位（bargaining unit）—即有資格進行投票的員工。然後採無記名投票的方式進行選舉。

4. 公會合格證明。如果公會得到大多數選票，它就有資格成為為員工交涉的唯一代理人—並且合約的集體式交涉可能很快地就會開始。如果公會被投票者否決，全國勞工關係委員會在一年內不會授權其它的選舉。

圖10.3
組織一個公會的各個
步驟

而第五個步驟就是我們下一個部分要詳細探索的集體式交涉，如圖10.3 有關組織一個公會的步驟。

集體式交涉

集體式交涉
這是一個由僱主和員工代表如何共同協商關於確認工資、工時和其它就業狀況的過程

一旦公會合法組成，**集體式交涉**（collective bargaining）便發生。這是一個由僱主和員工代表共同協商關於確認工資、工時和其它就業狀況的過程。集體式交涉是一個由管理階層和勞工公會透過契約條件的協調所達成的過程和指導方針。此外，集體式交涉包含了施行和加強契約方面，管理階層和勞工之間所進行的關係。

在集體式交涉中，管理階層和勞工共同敲定契約的條件，每天、每星期，或每月，這兩個團體都根據協議的條件而工作。在法律的規定下，兩個團體都被要求以「真誠」原則進行工資、工時和就業條件及就業狀況的協商。這表示當一個團體做出提議時，另一個團體可能同意或提出相對的提議。不表示管理階層或勞工都必須同意對方所提出的計畫或做出讓步。

管理階層和勞工交涉的議題

各產業的協商內容有所不同，但通常都是交涉關於工資、工作條件、就業程序、申訴程序、工作安全、管理階層權利和公會的保障等。在這過程決定了一個組織的權力平衡，什麼是管理階層「放棄」而勞工獲得的，反之亦然。表10.4 提供了在一份契約中，通常交涉的主題列表。雖然這些交涉的內容都很重要，但有三項是

未來管理階層和勞工關係的基礎，並需要進一步的討論。公會保障、管理階層的權利和申訴程序，如**表10.4**。

表10.4
在一份勞工契約中通常包括的主題

僱用策略	管理階層和勞工的權利	基本工資
雇用程序	管理階層權利規定	**福利**
解職	公會保障	公司產品可打折
裁員計畫	**申訴**	紅利分配
復職	申訴程序	病假
終止職務	仲裁(自願；委託)	團體保險
年資	懲戒程序	休假
調職	**薪資**	養老金
工作派任策略	紅利付給	
工作指派	按件計酬	
工作量	輪班差異	
工作時數	資遣金	
休息時間	加班費	
轉包契約	工作評估	

公會保障　　公會保障（union security）的議題─界定身為員工交涉代理人的公會力量─是具決定性的。公會力量是它代表員工在集體式交涉過程中的能力，這個力量直接地從它所代表的成員數目而來。公會成員的比例愈大，公會也就愈牢固。

　　在協議契約的過程中，公會和管理階層最後藉由同意公會成員資格的條件來定義公會的保障。這些條件以不同型態的「辦事處」（shop）來命名─封閉式、聯盟、代理、維持和開放式：

■封閉式辦事處：在Taft-Hartley法案之前，強而有力的公會商訂**封閉式辦事處**（closed shop）的協議堅持員工在受僱之時就必須具有公會成員的資格。雖然該慣例今天已正式被視為非法，它通常對一個想要工作而加入公會的人來說是必須的，在一些沒有制訂工作權利法案的州裏，公會成員的資格在一些諸

封閉式辦事處
該協議堅持員工在它們受僱之時必須具有公會成員資格

如印刷和建築職業的求職過程中是被要求具備的。此外，在一些勞工—管理階層協議中，有些條款堅持管理階層要先去公會的職業介紹所填補其公司的職缺。在這種個案裏，對一個非公會成員的應徵者來說，其被僱用的可能性是微乎其微的。

■聯盟式辦事處：在沒有制訂工作權利法案的州中，可以擁有**聯盟式辦事處**（union shop）協議，即堅持新進員工在被僱用後起一些時日之內，為了維持工作必須加入公會。基本上，該協議視加入公會為就業條件。

■代理式辦事處：雖然公會成員資格不受**代理式辦事處**（agency shop）託管，非公會成員也必須支付公會費用，乃因為公會在與管理階層交涉時是他們的談判代表，這也是正式加入公會的通常原因。

■持續式辦事處：在**持續式辦事處**（maintenance shop）中，員工不需要加入公會，但已加入公會的人必須要保留和契約相同期間的成員資格。

■開放式辦事處：在**開放式辦事處**（open shop）中，員工不需加入公會或支付公會費用。

聯盟式辦事處
該協議堅持新進員工在被僱用起一些時日之內，為了維持工作必須加入公會。

代理式辦事處
即非公會成員必須支付工會報酬

持續式辦事處
員工不需要加入公會，但已加入公會的人必須要保留和契約相同期間的成員資格

開放式辦事處
員工不需加入工會或支付工會報酬

管理階層的權利　在集體式交涉的過程中，管理階層希望儘可能地保留在決策上的權利，管理階層透過協商和建立契約中條款的方式來達成這個目的。它定義管理階層將能掌控的領域—僱用、工作時間計畫表、懲戒。顯然地，這些權利都是公會欲和管理階層協商的議題。

申訴程序
即員工控拆資方破壞契約所依據的一連串步驟

申訴程序　不論契約如何明訂，由於契約變動或對契約文字的不同解釋而導致的爭論、申訴（grievance）案件不時的發生。因此，幾乎所有的合約上都包含了**申訴程序**（grievance procedure），即員工控訴資方破壞契約所依據的一連串步驟。申訴程序提供緩和勞資雙方緊張的安全活門和管理階層與員工之間引起爭論的救濟對策，並因此強化產業的關係。

申訴程序的步驟在所有的勞工—管理階層契約中並無標準化的格式，但是典型的程序如圖10.4所示：

步驟一：想要申訴的員工向**公會代表**（union steward）申訴─即經由公會成員所選出並做為他們代表的員工。公會代表和員工一同呈遞控訴給該名員工的主管，通常該控訴和主管的反應都要以文件的方式為之。

步驟二：如果公會代表和員工主管無法達成協議，該事件須上呈公會總代表和該主管的上司，該步驟由主管、公會代表和員工參與。

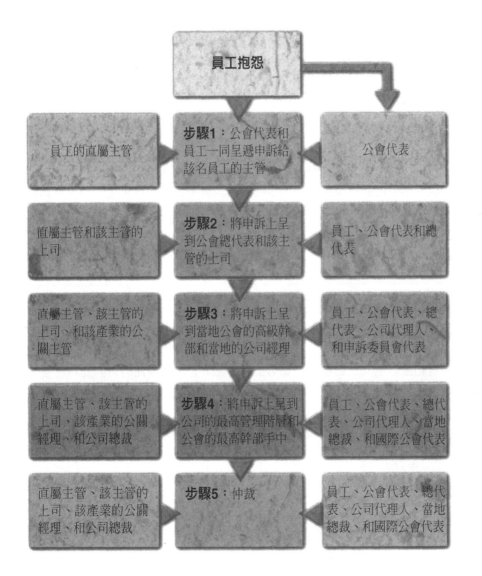

公會代表
即經由工會成員所選出並做為他們代表的員工

圖10.4
申訴程序中的各個步驟

步驟三：如果第二步驟的團體仍無法達成互相可接受的協定，該爭議就要牽涉到當地公會高級幹部和當地的公司經理，在調解委員會中解決該申訴案件。

步驟四：如果該申訴在步驟三仍未解決，則由公司的最高管理階層和公會的最高管理者來協商此事件。

步驟五：如果在步驟四仍無法達成協議，該事件一般就要付諸仲裁。所謂**仲裁**（arbitration）是指由公正的第三團體，仲裁者來為一項申訴案件做出決定的過程。

會員的認可

當管理階層和公會代表協商出暫時性契約之後，乃交付公會成員來認可。認可過程可能複雜也可能簡單，對一個全國性的公會來說（如汽車工人和卡車駕駛員聯合會），受該全國性協議影響的每個地區性公會必須投票表決是否接受或拒絕該項合約。

管理階層和勞工的協商工具

在契約協商期間，管理階層和勞工兩方都擁有影響彼此的有力工具。管理階層可能使用停工、工賊、管理階層延續操作、禁止令，和關廠的方式進行直接的行動。而公會則可能運用罷工、派遣糾察員至工廠門口阻止員工上班的行為、聯合抵制，和團體活動來做為籌碼。

管理階層的工具

停工　抵制員工要求的方法之一是**停工**（lockout）的方式，即管理階層將大門深鎖並防止員工進入公司大樓的一種策略。雖然這種方式在1930年代是一個有效打垮員工要求的工具，但由於它對管理階層會產生過多的負面宣傳，今天已鮮少被使用。

同樣地，由於停工會損失產品銷售、利潤和市場佔有率，管理階層通常無法停工。例如：波士頓瓦斯公司對1,120名鋼鐵工人實施停工的方式，在四個月之後主要基於利益的考量而終告結束。同情公會的當地市政當局已投票決定該停工若持續進行，他們則停止對瓦斯帳單的支付，所以這場停工事件很快地就宣告結束。

工賊　公司在罷工期間可能企圖透過僱用外界的破壞罷工者以使公司正常運作「罷工者和支持罷工者稱其為**工賊**（strikebreakers）」：即當罷工發生時一些僱來執行遺缺工作的工人，直到罷工工人接受管理階層的條件為止。工賊是一項有效的工具，不只能長期地代替罷工的工人，該工具亦能使勞工重回談判桌。在Caterpillar公司與汽車工人聯合會五個月的罷工期間，關鍵的進展就是Caterpillar公司僱請替代的員工來威脅公會以化解僵局。

管理階層進行操作　除了僱用破壞罷工者的替代方案，當常備操作人員離開工作崗位時，一些公司會嘗試透過管理、技術或辦公室的人員來進行設備的操作。許多大型石油公司在一些石油、化學和汽車工人的國際公會進行罷工時，運用這種方法來維持提煉設施的運轉。在通訊產業的公司如「Baby Bells」和GTE公司在契約重新談判時期也使用這種方法多年。

禁止令　在一些特定的例子裏，管理階層能獲得禁止令命令員工回去工作。如先前所提，Norris-LaGuardia法案要求管理階層在提供無法修補的潛在傷害的明確證據之前，法庭會命令工人停止他們的抗議活動。

過去，禁止令被用以防止罷工事件，其中一個使用禁止令的例子是火車技師兄弟會（Brotherhood of Locomotive Engineers）對抗Conrail公司的個案，該公司是由聯邦資助的東北走廊（Northeast Corridor）鐵路運輸線。因為罷工威脅中斷州際之間的商業和剝奪國家部分的基礎運輸服務，因此發出了禁止令命令工人停止罷工的活動。

關廠　所謂**關廠**（plant closings）是指管理階層停止營運或出售工廠並遷徙，而非屈服勞工的要求。這是紡織工業從新英格蘭遷移至南方尋求較低廉、無公會勞工的

工賊
即當罷工發生時一些僱來執行遺缺工作的工人，直到罷工工人接受管理階層的條件為止

關廠
是指管理部門停止營運或出售工廠並離開，而非屈服勞工的要求

例子。一些公司認為市場的工資需求使得他們不可能創造合理利潤。全國勞工關係委員會於是制訂了一項主要的政策，讓僱主可以遷移工廠至無公會的環境，以避免較高的公會契約成本影響下可能導致更多的工廠關閉。全國勞工關係委員會指出，只要公司能盡到和公會談判的義務，並且只要該契約並沒有特殊的限制，這些遷移就算合法。

公會相信，關廠的策略早在未合法前就已經實行，亦即當管理階層沒有盡到協商的義務時例如：Kroger公司在與代表1,700名員工的聯合食品和商業工人聯盟Local 455協商期間指出，如果公會成員不在協商契約上讓步，Kroger公司可能就從聖安東尼奧撤出，並關掉它在那兒的十五間商店。

為了提供公司合法計畫關廠的預警制度，國會在1988年通過了關廠法案。該法要求擁有100位或以上員工的僱主在工廠關閉或大量裁員的前六十天要進行公告，包括了經營單位的關閉、生產線的停止和先前在公司內（in-house）經營項目的停止。

其它的工具　　除了這些直接行動的工具之外，管理階層仍有三種其它的工具。這些包括了媒體、僱主協會，以及遊說。

例如：當引起勞工的抗爭時，管理階層可以試著藉由媒體來影響大眾的意見。這不止牽涉了要尋求宣傳機會之外，還要購買廣告欄和廣播時段。比如說，當巨型的食品商Food Lion公司及聯合食品和商業工人聯盟在使用勞工上的爭執而一籌莫展時，Food Lion公司直接傳送小傳單給各家庭，開始明示他們的立場並否認公會對於他們違法使用勞工的控訴。

有時對抗的廠商們會成立一個**僱主協會**（employers' association），即代表許多公司和那些組織其員工的公會進行交涉的團體。因為僱主的契約通常涵蓋了許多廠商和一個產業內數以千計的員工，僱主協會提供管理階層較大的談判力量。經由協會交涉的產業，通常包括煤礦、鋼鐵、建築、鐵路，和貨車運輸等，這些廠商分擔了昂貴的談判成本—對那些無法自行負擔該成本的廠商來說是顯著的好處。例如：

■鐵路運送業者成立全國鐵路勞工聯合會和代表許多鐵路工人團體的二十個公會進行交涉。

僱主協會
即代表許多公司和那些組織其員工的工會進行交涉的團體

■超過600家的貨車運輸公司成立貨車運輸管理協會作爲和龐大的國際卡車司機兄弟會進行契約協議的談判代表。

■煤礦生產者透過經由十四州130家煤礦公司授權的產煤經營者協會來和美國礦工聯合會進行交涉。

管理階層亦可能依靠正式的遊說做爲對抗的手段。**遊說**（lobbying）是指僱請一些人來影響州和聯邦的立法委員支持那些促進個人利益或禁止其對手的法案通過。許多大型公司、僱主協會和不同產業界的商業協會都會僱請專門的遊說者來向立法委員遊說管理階層的利益。

勞工的工具

勞工擁有其自身工具來還擊管理階層的行動，如：罷工、罷工糾察、聯合抵制和團體宣傳活動。

罷工　是指員工採取一種暫時性的工作中斷，向管理階層施壓以符合員工們的需要。罷工的目的是停止工作並斷絕勞工的供給，只有這樣並在持續的狀況下才會產生效用。前 AFL-CIO 組織的總裁 George Meany 曾經主張「罷工的權利是要使集體式交涉具有意義。罷工（strike）的權利是給公會代表一些在談判桌上能夠受到平等對待的工具。」，大部分的僱主不得不同意 Meany 的看法，罷工是一項對僱主、產業，甚至對整個國家產生持續性影響的有力武器─它的確是一個威脅，實際上也發生過。例如：1993年美國礦工聯合會（UMWA）──一個自始至終將罷工做爲武器的公會─運用了一連串代表性的罷工迫使僱主同意新契約。它捲入了一項喧騰一時的契約協商，和兩家最大的煤礦公司 Peabody Holding 公司和 Consol Energy 公司進行談判。到後來，UMWA 引發了包括六州14,000名工人的大罷工事件。

罷工糾察　「做廣告是划算的」是一句廣告評議會的老標語，應用在員工們的申訴上也有異曲同工之妙。**罷工糾察**（picketing）是一種策略，員工們透過在公司門外以抗議標語和解釋性的廣告傳單進行示威活動，公開地表示對僱主的不滿。雖然大

罷工是公會努力對抗
管理部門最直接的工
具。

部分的示威活動發生在罷工期間,但一些是屬於新聞性的活動,通常是在尚未擴大
演變成罷工活動時,用來告知大眾工人有關工人利益方面的訴求。圖10.5 顯示了在
示威活動期間的資料。

聯合抵制
在既定團體符合工會
特定要求之前,一種
拒絕和他進行生意往
來的方法

聯合抵制　　　另一項公會的策略是**聯合抵制**(boycott),在既定團體符合公會特定要
求之前,一種拒絕和僱主進行生意往來的方法。聯合抵制有兩種型態:主要聯合抵
制和次要聯合抵制。

主要聯合抵制
發生在當工會成員同
意不購買被抵制公司
的產品或服務時

　　　主要聯合抵制(primary boycott)發生在當公會成員同意不購買被抵制公司的產
品或服務時。例如:AFL-CIO組織最近受鋼鐵時代保護鞋公司(Iron Age Protective
Shoe)的公會成員要求,進行聯合抵制的行動。這家生產鐵頭鞋(steel-toed shoes)
的公司和Teamster Local 636公會的契約協商因意見不合而中止,因此聯合抵制的行
動成了獲得簽訂新契約的主要因素。

次要聯合抵制
乃是那些捲入勞工和
管理部門抗爭的特定
企業,工會對其上下
游廠商施加壓力的方
式

　　　次要聯合抵制(secondary boycott)乃是那些捲入勞工和管理階層抗爭的特定企
業,公會對其上下游廠商施加壓力的方式。如果這些第三者公司繼續和目標公司進

圖10.5
示威抗議文告

請勿到殖民購物廣場商店裏購物

木匠公會1765分會的男性勞工、女性勞工和退休人士等，呼籲你們請勿到殖民購物廣場商店購物，因為承建該棟大樓的各建築商：湯普森建築公司、承包建築公司、史堪迪亞公司、凱利水泥公司，它們所付給的工資完全不合標準。

殖民購物廣場商店是由湯普森建築公司、承包建築公司、史堪迪亞公司和凱利水泥公司等承建的，可是卻在工資和福利的付給上，低於該有的標準。這些承包商它們短付工資和福利的壞習慣，將會枯竭我們當地的經濟財務。因為低於標準的工資將使得工人們的購買力減弱，而這些工人也是這個社區裏的顧客和住戶。我們的公會會員因為湯普森建築公司、承包建築公司、史堪迪亞公司、和凱利水泥公司所付出的不合理工資而無法維持他們的生活水準。此外，承包商的這種惡習也會破壞了一般正當承包商的生意。

這個區域裏有這麼多的購物中心，何不到由其它承包商所承建的購物中心裏購物，因為它們可以保証旗下的勞工所領取到的工資絕對合乎標準。

我們請求你支持我們抗議這種不合標準的工資和工作條件，千萬不要到殖民購物廣場商店購物，除非湯普森建築公司、承包建築公司、史堪迪亞公司和凱利水泥公司等願意在這個區域裏以正常的工資付給工人。

此示威抗議是告知性的，並沒有組織上、認定上、工作權限上或交涉上的目標。凡從事這類工作的員工或雇主並不需要因此而停工。

請勿隨意丟棄

資料來源：Courtesy United Brotherhood of Carpenters and Joiners of America. Figure is for educational purposes only.

行生意上的往來，可能會被聯合抵制或施加壓力。雖然起初Taft-Hartley法案視次要聯合抵制為非法活動，1988年最高法院的判例給了公會運用它的權利─只要公會不牽涉任何示威抗議或罷工糾察的活動。

一個次要聯合抵制的例子是發生在全國最大的糖果連鎖公司，Archibald糖果公司不再向鑽石胡桃種植者協會（Diamond Walnut Growers' Association）購買胡桃的決策，而該公司是受到接下來所要介紹的勞工工具─團體活動（corporate campaign）的壓力而做出此項決策。

The Future of Unions

管理者筆記—公會的未來

公會是合作者還是敵人？勞工運動的未來或許可針對這問題找出答案。面對數十年來公會成員數一直持續下滑的事實，勞工領導者被迫對其策略再行評估。

這項自我分析需要對公會的目標、領導、招募事務、政治活動以及資源配置進行檢閱，對一位資深的勞工領導者來說，解析這些組成因素，並檢討勞工傳統的敵對角色不是件容易的事。

成為管理階層的敵人已被視為理所當然的一件事，但勞工領導者的傳統公會角色已不適於今日環境也是不爭的事實。企業也隨時代變遷，全球性的競爭已不是未來所要面對的遠景而是目前的事實。企業必須減少成本，變得更有效率，並擁有調整和反應的彈性。如果企業無法做到，它就會失敗—同樣的，它所產生的工作機會也會消失。

勞工領導者心理的優先順序已開始進行轉變—並非所有的領導者，但大部份的領導者是如此。他們的目標是主動積極而非被動的，他們著重保護產業的基礎而非使其自毀。他們的方法是和管理階層共同工作，運用團隊的智能和創新來創造世界級的便利，因此在行動上是合作者而非敵人。合作可採取多種的形式：工作生活團隊的品質、品質圈、員工參與計畫和授權。但這些方式都有共同的核心：即認同公會，使員工們能參與決策，並使管理階層和勞工之間互相尊重。就如服飾暨紡織品工人組織的總裁Jack Sheinkman所言「關鍵就在於員工是企業合夥人的事實，我們在公司邁向成功的過程中正扮演積極的角色。這些計畫要求公司以尊重和誠實和員工們進行溝通。」

在鋼鐵、橡膠、紡織原料和通訊產業中進行改革是艱難的。一些公司諸如固特異輪胎（Goodyear）、AT&T、全錄（Xerox）、福特汽車（Ford）和通用汽車的鈷星（Saturn）汽車廠一樣，實施了合夥計畫。但是要評斷成功與否需要長時期的合作觀察，而非僅在困難的時刻，只有時間會告訴我們合作策略是否能成功運作。

另一種罷工的方式—
聯合抵制，即會員或
其他人拒絕與僱主進
行生意上的往來。

團體活動　是一種策略，設計用來影響大型公司的供應商、顧客、貸方、董事、股東和大眾的選擇，並對與公會談判的公司施壓。運用此種策略，公會須調查該公司以確定其弱點以及力量和所得的來源。公會須探究該公司管理者和董事的背景，然後該活動便開始朝其弱點進行。

　　除了Archibald糖果公司之外，貨車駕駛員公會成功地運用團體活動的壓力與Hasbro公司進行契約的抗爭。公會在得知Hasbro公司的Playskool單位已購買了製造印有恐龍巴尼（Barney Dinosaur）的產品專利權—兒童電視的人物—之後，公會即安排寄送一個相似的紫色恐龍給位於紐約的美國國際玩具商品交易會。在那兒，恐龍巴尼（Barney）將公開聲稱Hasbro公司在羅德島州不正當地關閉八十家倉庫，貨車駕駛員公會並沒有採取行動—只是該威脅有助於其契約的簽訂。

團體活動
是一種策略，設計用
來影響大型公司的供
應商、顧客、貸方、
董事、股東和大眾的
選擇，並對與工會談
判的公司施壓

其它的工具 勞工如同管理階層一樣，擁有間接的抗爭工具。這些包括了媒體、遊說和政治活動的運用。

公會和企業一樣，均瞭解創造和投射出一種良好的公眾形象給消費者和潛在公會成員是很重要的一件事。這些例子包括勞工們正在進行的活動，要求大眾購買公會產品和藉由印刷品和電視廣告促銷等。此外，AFL-CIO組織已發展了AFL-CIO公會產業展覽會來推薦公會製的產品和其技術。

圖10.6
第103屆國會所制定
的廣泛勞工議程清單

AFL-CIO的立法議程是由執行審議會的立法優先順序委員會所決定，該議程是非獨佔的，而且並沒有依優先順序而排列。它可在第103屆國會會期內依實際情況而作變動。

航空公司員工保護案	* 健康福利稅收	鐵路勞工法案
反制經濟衰退計畫	* 教育	鐵路安全案
* 基本設施	* 法定權利	鐵路退休案
* 援助地方政府和州政府	Hatch 法案改革	既往稅收案
石棉移除案破產案	健康照護案	罷工替換案
黑肺改造計畫預算	* 退休人士的健康	稅收改革案
* 機構平衡預算修正案	高速公路/大眾運輸	* 國外公司的課稅
* 運輸路線否決案	* 公債	* 個人收入的課稅變動
購買美國競選活動財務改革案—	房屋租賃案	* 消除會導致工廠逃漏稅的誘因
煤碳課稅	室內空氣案	* 稅法修正第936條
船貨優惠待遇	海運議題	* 無形人才就業案
公民權	最低工資案	貿易案
建築安全	全國勤務案	* 中國最惠國
Davis-Bacon 改革案	NLRA修正案	* 關貿總協
經濟改造案	* 安全警衛	* 普遍優惠制度改革案
* 國防預算	* 大學教授	* 紐西蘭—澳洲自由貿易協定
教育/技術訓練案	* 表演藝術	* 紡織和成衣
家庭和醫療假	公務員/集體交涉案	* 自願管束
聯邦員工健康案	* 私人化	* 工人權
福利計畫翻修案	核廢料/有毒廢料案	* 貿易調整救濟
魚類審查案	OSHA改革案	* 減低貿易赤字
空中服務員輪值案	養老撫恤金改革案	一般選舉人註冊登記案
次要福利案	* ERISA優先購買權	失業津貼案
	* 投資	福利改革案
	* 公務員 (PERISA)	

資料來源：Courtesy of the AFL-CIO Institute of Public Affairs.

AFL-CIO工業產品展是一個促銷公會製產品給大眾的好機會。

公會就像管理階層一樣,擁有強而有力的專業性遊說力量。他們企圖影響立法的方向和徵求理解的立法委員支持勞工問題。圖10.6 提供了第103屆國會所制定的廣泛勞工議程清單。

此外,那些在公會背後具有強烈勞工視野的政治人物亦是抗爭的間接工具之一。透過財務和競選人員的提供支持,公會企圖使那些將來會促進勞工計畫的政治候選人當選。

操之在己

想想你在電視上讀過或看過的勞工和管理階層之間的情況,勞工運用了哪些工具?管理階層運用了哪些方法?在處理這些狀況時雙方的效能如何?

調停和仲裁

當勞工和管理階層的代表在協商的過程中發生僵持狀況時,他們可能會訴諸調停的方法解決。所謂**調停**(mediation)是指透過一個雙方都能接受的公正人,在勞工抗爭中鼓勵雙方溝通、交涉並朝向一個圓滿結局的過程。調停者並沒有決定抗爭議題的權力,他提供抗爭的解決方案就像雙方的朋友一樣。當勞工和管理階層的意見呈現兩極化並擁有強烈敵對立場時,調停可能會失敗。

調停
是指透過一個雙方都能接受的公正人,在勞工抗爭中鼓勵雙方溝通、交涉並朝向一個圓滿結局的過程

在劇烈的抗爭中，調停無法解決問題或被規避時，仲裁可能就會產生。在仲裁的過程中，勞工和管理階層雙方授權給一個公正的第三團體（仲裁者）來擔任評判並下達雙方事前同意接受的法律約束。仲裁是當雙方同意將爭議的議題提出最後裁定時的自願行為，在法律上，當雙方僵局出現時亦要求強制性的仲裁。例如：市政府之間和諸如消防隊員等，法律強制這些擔任攸關公眾福利和安全職務的官員或其它職員間的抗爭發生時，要求強制性的仲裁。幾乎所有勞工與管理階層的契約都包含了仲裁的條款。

當需要第三團體的協助時，勞工和管理階層可以尋訪兩個重要機構—聯邦調停和仲裁服務處，或者美國仲裁協會—來協助和平解決爭議，每個機構都可提供以下的服務：

1. 較為客觀地解析勞工和管理階層的爭議。
2. 設計雙方在爭議上都未考慮到的解決之道。
3. 推薦在過去的相似案例中，雙方都能接受的特殊契約條件和表達方式。
4. 提供一些數據來協助勞工和管理階層瞭解個別的需求，並使協商平順並成功。
5. 告知雙方在國內其它地方的勞工和管理階層之間的關係的趨勢。

聯邦調停暨仲裁服務處

聯邦調停暨仲裁服務處（the Federal Mediation and Conciliation Service；FMCS）是一個聯邦的機構，協助解決大範圍的勞資爭議。在總統指派的管理者領導下運作，如先前所提，聯邦調停暨仲裁服務處是依Taft-Hartley法案建立，用以在勞資雙方未達危機之前介入並解決抗爭，或是迅速地協助解決存在的罷工或停工問題。

調停透過聯邦調停暨仲裁服務處是免費的，勞資任何一方都能要求它協助衝突。事實上Taft-Hartley法案要求，假設勞資雙方在到期日前三十日無法同意新訂條約，則要求各團體在關於勞工和管理階層契約的爭論報告上進行備案存檔。然後聯邦調停暨仲裁服務處的調停者便會出面瞭解是否需要援助（大約有95%的個案通常不經由調停的方式解決）。

聯邦調停暨仲裁服務處亦保留和製作1,300名以上的獨立仲裁者名冊,他們都是具有掌控諸如工資、工時、工作條件、額外福利和職務派任問題的合格專家。勞工和管理階層可以共同地選擇仲裁者並平均負擔仲裁者的費用,在聯邦調停暨仲裁服務處名冊中的仲裁者,必須固守倫理道德標準和包含勞資糾紛的專業職責規則處理程序,而且他們的公正性是不容置疑的。聯邦調停暨仲裁服務處的目的和精神反映在慶祝服務三十週年紀念的火柴盒上的標語,上面寫道:「罷工之前通知我們」。

美國仲裁協會

美國仲裁協會(the American Arbitration Association;AAA)是私人的非營利性團體,用來解決勞資雙方的爭議。該組織依照和聯邦調停暨仲裁服務處相似的程序提供1,800名建議的仲裁者名冊,它處理的問題包括從財產歸屬爭議和合夥人之間的衝突到勞資雙方議題的任何事務。

美國仲裁協會依案子收取管理費用,而被挑選的仲裁者另外收取服務費用。美國仲裁協會每年協助解決超過16,000件的勞資糾紛問題。

近年來全國對於調停者和仲裁者的認同有所提高。由於在職業運動方面的罷工—美式足球、棒球和籃球—透過第三團體來進行契約的簽訂是眾所皆知的事情。在著名的個案中,1991年UMWA和Pittston公司殘酷地進行抗爭罷工,聯邦的調停者被指派進行協調,並成功地協助雙方進行協商,使結果成為雙贏的局面。另一個在飛行員聯盟協會(Allied Pilots Association)和美國航空(American Airlines)之間的罷工事件,聯邦的調停者受資方的要求來協助解決抗爭。隨著調停者的協助,使雙方都獲得圓滿的結果。

摘要

公會是一個由員工聯合組成起來和管理階層交涉工資、工時和工作條件的組織,它能提供更有效的方法與管理階層交涉,並平衡雙方的權力。公會制度建立在三項原則上:藉由聯合一致做為力量的憑藉、同工同酬和依年資分派職業工作。

美國的公會一直到1842年才被視爲合法的團體，到現在已走了相當長的一段路。最早是由一群技術純熟的工人們組成的同業公會，於1930年代已在不同的產業中吸收公會的成員。較大的公會包括了美國勞工聯盟、產業組織委員會的發展，以及最後由這兩個公會合併的AFL-CIO組織。

公會在1930年代的成長是隨著通過那些保護工人罷工權和成立公會的Norris-La Guardia法案和Wagner法案，並受到鼓勵。這些權利於1947年的Taft-Hartley法案中進行了某種程度的修正，而1959年的Landrum-Griffin法案則回應了公會高級職員的財務責任和公會成員權利的問題。

今天的勞工運動面臨了總公會成員人數持續下降的問題。導致成員數下滑的因素包括了員工較無動機參與公會、公會與新世代員工的不良溝通、管理階層不再被視爲天敵、公會內部領導問題、公會對於招募訊息的調整遲鈍，以及僱主在抵抗公會時變得較爲強硬等。

除了這些問題，公會亦受一般的企業趨勢所影響。如美國企業的重組和精簡化、因勞工成本而進行廠房和製造設備的再配置、製造技術的轉變、全球競爭和勞動力的轉變等。

員工爲了許多原因而成立公會：爲了獲得更多的力量、提供工作保障、改善經濟地位和工作條件。透過組織公會，他們可以擁有集體的聲音以便和管理階層進行交涉。

一旦員工們決定成立公會，其組織過程的步驟包括了：（1）組織活動（2）獲得足夠的授權卡簽署來進行選舉（3）舉行檢定（4）獲得全國勞工關係委員會授予成爲交涉代理的公會證書。

公會一旦合法成立，管理階層和員工之間的交涉過程即展開。這兩個團體就必須在眞誠的原則下進行交涉。一般來說，契約上包了工資、工時、休假、福利和暫時解僱或解除職務過程的條件等。

公會和管理階層擁有各自的工具來影響彼此的集體交涉。管理階層可能運用停工、破壞罷工者、管理階層持續操作、禁止令、關廠、媒體、僱主協會和遊說等。而勞工的工具則包括了罷工、示威抗議、聯合抵制、團體活動、遊說和政治活動等。

如果契約協商停擺，調停者或仲裁者的第三團體可能就會被採用。為了在調停或仲裁的過程中受到協助，勞資雙方可以向聯邦調停暨仲裁服務處或私人組織如美國仲裁協會要求協助。

回顧與討論

1. 為何有公會的存在？
2. 公會制度的三項指導原則是什麼？這些原則如何轉換為勞工的基本目標？
3. 請區分美國勞工聯盟（AFL）和產業組織委員會（CIO）之間的差異。
4. 請概述以下法案的重點：
   a. Norris-LaGuardia法案（聯邦反禁止令法案）
   b. Wagner法案 （全國勞工關係法案）
   c. Taft-Hartley法案（勞工—管理階層關係法案）
   d. Landrum-Griffin法案（勞工—管理階層提報和揭露法案）

5. 以占總勞動力的比例來看，今日公會成員的地位如何？
6. 確認四項公會成員人數持續下降的原因。
7. 請評論以下的這段話「公會制度足以餬口的日子已經結束了，公會必須發展新的方向。」
8. 請指出公會將來著重的四個新方向。
9. 公會會給予員工較大的聲量嗎？在所有的公司中這是事實嗎？為什麼？
10. 公會組織過程的步驟是什麼？
11. 集體式交涉的意義是什麼？以「真誠」原則進行交涉的意義是什麼？
12. 請評論以下這段話「集體式交涉的過程建立在組織當中力量的平衡。」
13. 什麼是聯盟式商店？什麼是代理式商店？
14. 什麼是申訴？如何申訴呢？
15. 你為何認為管理階層已增加了工賊的運用？

16. 請問資方在以關閉工廠或遷移經營作為契約協商過程中的工具的法律基礎是什麼？按照全國勞工關係委員會的規定解釋之。

17. 禁止令的目的是什麼？在什麼情況下法院允許這麼做？

18. 請區分主要的聯合抵制和次要的聯合抵制之間的差異。

19. 請區分調停和仲裁之間的差異；請區分自願性仲裁和強制性仲裁之間的差異。

應用個案

個案 10.1：罷工！你被炒魷魚了！

前 AFL-CIO 組織的總裁曾經說過「罷工的權利給了公會代表一些在談判桌上能夠和對方平等對待的工具」。從過去到現在，這段話所言不假，在 1980 年早期以前，罷工的威脅或公會採取罷工的能力已為公會提供良好的貢獻。

於 1981 年，國家航空管制員（air controller'）公會向其僱主（美國政府）做出了以下的要求─改善工資、任用和安全性。當這些要求不被美國政府理會時，公會的航空管制員採取了罷工的活動，並癱瘓了全國的空中運輸。此時，雷根總統採取了嚴厲的手段，開除了這些罷工職員，並僱請新的一批航空管制員代替。這個舉動不但破壞了航空管制員的罷工活動，而且傳達了一個強烈的訊息給未來的罷工職員─認識罷工的後果。

在 1992 年，一連串事件威脅著勞工視罷工為手段的價值觀。例如：Caterpillar 公司與汽車工人聯合會對於新契約條款歷時數月的爭執，最後雙方都不讓步，而公會工人企圖以唯一所剩的有效辦法─罷工來打破僵局。

Caterpillar 公司面臨這個威脅亦做出了反應─宣告要求員工返回工作崗位，否則所有 12,000 名工人將會永久被新一批非公會的員工所代替。為實現這項威脅，Caterpillar 公司在伊利諾州所有的報紙上發佈廣告，由於當時的失業率一直維持在高水準，該公司一天就收到 10,000 通對時薪 $16 美元的工作有興趣的求職電話─在伊利諾州算是高薪的工作。這項永久性的取代方案擊潰了公會談判的立場，並被迫讓

步。

　　許多公會支持者抗議管理階層的犯規策略，並敦促立法來重新平衡雙方的力量，且給予公會罷工的權力。如果該法通過，它將會禁止管理階層在罷工期間僱用代替的員工，如此便恢復了公會罷工的力量。

問題：

1. 請問公會進行罷工的經濟目的為何？
2. 留意公會擁有的武器和工具，請問何時公會會進行罷工？請解釋你的答案。
3. 管理階層僱用永久性的替代員工方式如何限制罷工的力量？請解釋你的答案。
4. 請問你贊成立法來禁止在罷工期間僱請永久性替代員工嗎？解釋你的答案。

個案 10.2：必要的怠工

　　位於伊利諾州 Decatur 市，公會員工在保留工作的同時正運用一種新的策略來獲取管理階層的注意－並得到契約要求的同意。由於擔心大規模罷工可能會丟掉工作的風險，員工們選擇怠工式的罷工行為來表達他們的需求，例如：

■ Caterpillar 公司位於 Decatur 市工廠裏的安裝人員 Lance Vaughn 現在正使他的工作進度落後。Vaughn 的工作是安裝由 Caterpillar 公司生產的大型貨車上的水管，他過去在安裝較大水管之前，先將小水管安裝在內，但現在他依裝配指南先裝上大水管再將小水管放進大水管之中。

■ 一家位於 Decatur 市 Staley 啤酒公司的員工 Patricia Zilz 依規定執行她的工作，一星期工作三至四天 12 小時輪班。Zilz 以時速 15 英哩的速度駕駛水試飲卡車而非以往較有生產力的 25 英哩。

　　上面兩個例子當中，這些策略導致員工在生產過程中以最低標準來執行任務，最重要的是在員工保留工作的同時，迫使管理階層回到談判桌上進行交涉。

問題：

1. 罷工對管理階層和勞工兩者來說有何風險？

2. 當怠工發生時，哪一方獲利最多？為什麼？

3. 怠工如何能傷害公司的績效？

4. 對那些參與怠工的職員來說，他們有什麼風險？

在R. R. Donnelley 的事業契機

教科書、型錄、雜誌、聖經、電腦軟體文件、地圖、電話簿…這份清單還可以一直寫下去。可想而知，R. R. Donnelley 公司所生產的刊物種類真的是應有盡有。身為全美最大型的商業印刷公司，它每一年所售出的印刷物都超過了三十五億美元，所以對大學畢業生來說，當然也是一個極大的挑戰和事業契機所在。

行政

多數的 Donnelley 行政專員都有會計或財務方面的大學學歷背景；有些則具備了企業管理碩士的學位。從事會計或財務方面的畢業生多會涉及有關成本會計、預算、存貨控制、財務評估或預測，以及投資和風險管理等方面的事宜。在Donnelley的價格管理階層做事的員工，則需要從事相當多的研究和分析工作，如此一來，才能為業務代表提供估價單，讓他們呈給準顧客做為印刷競標的投標單之用。而行政工作也提供了信用管理方面的事業契機，在那裏，員工必須評估顧客的財務狀況，並根據該份印刷生意的規模和性質，發展出一份可被接受的付款進度表。信用部的代表們可能也要負責收款的工作，並在必要的時候，和顧客洽談有關付款方面的條件事宜。

製造

在製造部門工作的員工通常都有工程、製造管理、或相關方面的學歷背景。實習生一開始會在 Donnelley的製造管理訓練計畫（Manufacturing Management TrainingGogram；MMT）裏受訓，該計畫會讓他們輪番從事工廠裏各種不同的運作，其中包括顧客服務、印刷和裝訂、配銷、人力資源、廢棄物回收、採購和運送等。一旦他們熟悉了整個製造過程之後，就會讓實習生成為其中一個單位裡的主管。要在製造行業中出人頭地的主要關鍵就在於你必須有

彈性、懂得人際關係上的技巧、具備有效溝通的能力、很主動、有活力、以及
願意全力以赴為 Donnelley 的顧客提供最高品質的服務。

業務

　　Donnellley 在全美各地和加拿大境內，共有超過兩打以上的業務辦公室。
業務專員通常都具備了商學、文理或科技方面的四年大學學歷，再加上對自己
有很高的自我期許和自信能力。一般來說，實習生一開始都要先參觀工廠，瞭
解印刷上的基本知識，並和經驗老到的技術員碰面聊聊。另外，他們也要認識
定價和信用方面的運作；知道有效的業務技巧是什麼；並深入瞭解顧客的各項
資料。這些基本動作可以讓他們更瞭解公司及其服務內容，使他們在工作展開
的時候，就能立刻地進入狀況。

　　R. R. Donnelley 對員工的承諾不只是上述提到的訓練計畫而已，因為管理
階層非常鼓勵員工在教育進修上更上一層樓，所以會提供學費補助來為員工們
達成這方面的心願。在 R. R. Donnelley 任職的好處就是可以在個人的事業生涯
當中獲得非常具報酬性的挑戰工作以及令人滿意的成長機會和個人發展的無限
空間。

第三篇
生產與行銷活動

11
產品生產

12
行銷與產品策略

13
行銷促銷策略

14
鋪貨與定價策略

11

產品生產

增加生產力的方法之一是不管做什麼都讓它更快速…第二種方法就是改變我們從事的工作本質，而不是一昧強調執行時的速度。

ANDREW S. GROVE

章節目標

在學習本章之後，你應該能夠做到下列各點：

1. 討論生產對人們生活水準的影響。
2. 區分加工和製造公司。
3. 列出選擇廠址時三種考慮的因素，並舉出每一種因素的例子。
4. 對照研究生產運轉和生產時間，並評估它們在生產管理中的運用。
5. 比較四項主要的生產方法，並舉出每一項製程的例子。
6. 概述電腦輔助設計、電腦輔助製造和電腦整合製造的本質和三者之間的關係。
7. 討論機器人如何擔任特定的工作，以及勞工與管理階層如何受惠於機器人的運用。
8. 列出典型採購程序的步驟並概述管理階層可能依循的採購方針。
9. 概述即時存貨管理的特徵和優點。
10. 描述生產控制的步驟。
11. 對照全面品質管理和公司的品質保障計畫，並解釋各部門與其它部門在應用全面品質管理時有何相關。

Tony Aiello

前言

提起美國最重要的公司之一 —通用電子（General Electric）公司，大多數的人就會想到燈泡。但是事實上，通用電子公司是一家除了生產燈泡之外，尚有製造廚房器具和噴射機引擎的高度多角化公司。就拿位於賓夕凡尼亞州伊利市的通用電子運輸系統為例，該分部是製造重型挖土機設備的電動化車輪、運輸車的驅

動系統和火車頭。下次你搭乘火車時，它可能就是通用電子運輸系統製造的Genesis Series 1型火車頭所拉的火車。

Tony Aiello監督通用電子運輸系統火車頭製造的最後階段。他在紐澤西州的澤西市長大，畢業於Hoboken的史帝文斯科技專科學校的電子工程科，他花了一個暑假在杜邦公司的尼龍工廠工作，他回憶著說，「那時，我認為選擇工廠自動化做為職業是條不錯的路，但我對製造業亦有興趣。許多人不瞭解東西製造的複雜性，我就對這兒有興趣；我打算維持工作的彈性並且一直讓自己的工作選擇能自由開放。」

在他畢業那年，Aiello參加了通用電子公司的製造管理計畫（MMP），他解釋著說，「該計畫要求你在二年內擔任不同的工作以獲得寬廣的製造經驗。第一次我被派到通用電子公司位於紐約州的雪城（Syracuse）工廠，當了六個月的品管工程師，然後另六個月督導在聲納系統配件部門的二十名員工，想當然爾，我很快就學到許多東西。」

「然後我被送到製造武器系統的佛蒙特州柏林敦市工廠，許多人並不知道通用電子公司製造噴射機、直升機和船等軍備，我在那兒擔任六個月的工廠工程師，進行改善實體（physical）工廠的專案計畫，然後成為電子配件的產品控制專家，主要的責任是確定產品能完成製造並準時地出貨。」。

完成兩年的製造管理計畫之後，Aiello得到許多不同通用電子公司部門面試的機會。他指出，「僱用的過程完全在通用電子公司中執行，你可以找尋你想要的工作。我過去曾考慮要從事科技相關的工作，但雪城市的經驗激起我在管理和與員工相處方面的興趣，在伊利市我發現了我所要的工作。」

Tony Aiello在伊利市的製造工廠中擔任維修部主管，他負責管理二十三名維修員工以及價值$200萬美元的機器工具和工廠設備。這段時間，他開始在賓州州立大學的Behrend校區研究，並得到MBA的文憑。在維修的職務之後，他轉任火車頭運轉的品管工程師。「我原先在火車頭最後檢查和測試的第二輪班，後來轉至第一輪班的駕駛室裝配工作。並非所有的火車頭駕駛室都相似，我們所製造的每輛火車頭都是由不同公司所訂製的，如Conrail、Santa Fe、Union Pacific、Amtrak以及其它公司。他們指定在駕駛室中所想要的東西以及如何設計，我們的工作是確保生產計畫和物料都正確進行，那些儀錶、控制器、無線電設備、冷卻器和電子設備都能適當地安置其上。」

從那兒，Aiello升遷至烤漆、測試和運送的事務主管，這是火車頭製造的最後步驟。「我的團隊大約有100名員工，他們執行火車頭的最後裝配到烤漆、裝配窗戶和襯墊以及最後的測試活動，我們讓火車頭在測試的軌道上運行大約100公里左右。一旦通過測試，我們請顧客檢查員驗收，然後就準備交貨的運送。」

建造一輛火車頭不是件簡單的工程，然而伊利市工廠只要花八至十週的時間就能完成。傳統的柴油火車頭擁有一座4,000匹馬力的引擎，造價$80萬到$200萬美元不等。通用電子運輸系統公司的工程師設計了兩款火車頭，一款是Genesis Series 1型火車頭，是為Amtrak公司設計的原型概念車。另一款則是GE2000型，該型結合了交流電和技術，給了火車頭更高的運作效率。Tony Aiello指出，「交流電是進入未來的方法，而技術則是捷徑。」

Tony Aiello不斷地找尋工作上的變化。「我可能打算在一些時機轉任其它的管理領域，我與公司內許多不同的員工一同工作－銷售、行銷、實地服務、工程操作或扮演其它功能的職員。這些不同的經驗幫助我拓寬視野，並引導我未來發展的方向。「一開始是雜亂無章，但當工作開始就序時，會讓你瞭解建造一輛火車頭是多麼的令人興奮。最特別的事就是看到一輛完成的火車頭開出門外的那種滿足感，遠超出之前辛苦工作和受挫折的感覺。」

本書的這一篇裡，我們將著重介紹企業的主要功能：製造、銷售、促銷和配銷產品。生產是企業活動中一個完整的部分：你無法銷售尚未製造的產品。一些有關生產的老問題皆是經營企業的重點所在：包括如何生產更多的產品、如何使產品更為便宜，以及如何使產品更為優良等。

生產的本質

美國人民享受著高生活水準，因為企業生產足夠的商品數量來滿足消費者的需求。如此，他們創造了數以百萬計的工作機會，並促進繁榮的服務業來維持和維修已生產出的商品。這有一些提供汽車產業所需相關物料、零件和供給的支持產業：

生產，有加工和製造兩種型態，均以銷售為基礎。

· 玻璃	· 橡膠	· 煤碳	· 金屬
· 皮革	· 軟木	· 纖維玻璃	· 金剛砂
· 紙張	· 塑膠	· 油漆	· 紡織物料

這些不是全部；其它不同的企業透過服務現存的汽車和車主而得以維生：

· 保養和維修企業。

· 替換零件廠商。

· 銷售音響、烤漆和輪胎的企業。

· 石化產品的銷售商。

· 保險公司。

汽車製造商協會（The Motor Vehicle Manufacturer's Association）報導指出，有14.3%的美國勞動力和汽車產業有關。也就是說在企業的世界中，生產這件事是一個顯著的要素。

什麼是生產？

　　生產（production）是指一個企業活動，運用人力和機械將物料和零件轉換成適於銷售的產品。有兩種型態的公司從事這種活動：加工公司和製造公司。**加工公司**（processing company）是一種將自然資源轉換為原料的公司。林業產品、石油、鋼鐵、鋁礦砂、肉品包裝、柑橘植物，以及製革等等都算加工業者。而**製造公司**（manufacturing company）則是一種將原材料和配件轉換成消費品和工業商品的公司。農場設備、立體音響設備、電腦和機械製造者都算製造公司。他們是大多數人一想到產品生產時心中所聯想到的企業：長長的裝配線，員工們逐一裝填零件直到最後才呈現一件完成產品的過程。但，我們的討論將集中在製造公司的身上。

　　產品通常用來製造其它的產品，所以一家公司完成的產品可能是另一家公司產品的組成部分。這種相互依賴的本質就是它一般的特性。數以千計的公司依賴其它公司生產的基礎零件、配件和支援，或是成為一項最終產品的部分零件。

生產管理

　　生產管理（production management）是指一種製造產品所需的所有協調和控制活動的工作。代表生產、行銷、財務和其它領域的管理者必須依照他們對消費者想要和需要的進行分析，共同決定要製造什麼樣的產品（第十二章將進一步討論）。一旦選定了產品，管理階層便決定生產的地點和方法。物料、零件、設備、供應物、配件和員工必須呈現正確的品質、位置和時間來配合。有效的生產管理者可以盡可能經濟且有效率地協調人員、資金、機器和物料來製造具市場性的產品。

選擇工廠的位置

　　實際的生產須到工廠完工之後才開始，但有許多著名製造公司的早期工廠規模很小，且有時是建在非法的場所。例如：立可白修正液最早是在一間廚房裏製造出來的。世界性的輪椅和其它醫療設備製造商Everest & Jennings國際公司，是於1933

環球透視

製造業：跨國性活動

　　跨國製造已成為企業生存的一種方式，美國製造業者按照慣例，在其它國家進行零件製造和最終產品的裝配，然而，他們的國外競爭者卻在美國設立商店。例如：

■ 通用汽車在墨西哥僱用了大約68,000名員工，以建造汽車和裝配美國製造的線圈零件。

■ Rubbermaid公司計畫於1993年投資$130萬至$150萬美元，來升級位於墨西哥自家的塑膠和橡膠鑄模工廠，該工廠從垃圾桶到工具箱製造大約有120項的產品。

■ Levi Strauss & Co. 在23個國家中擁有82種生產、顧客服務設備，並且通常在銷售當地國或地區進行服飾的製造。

■ Honda汽車在美國有超過1,500家和日本有關聯的工廠，大部分都完全由日本人所擁有。目前在美國已擁有超過25%以上的製造產能，該公司已投資$30億美元在美國，$2.3億美元在加拿大，建立其自身的研究與開發、工具製造、引擎生產和汽車裝配設備工廠。

■ 超過200家的德國大型公司包括BMW汽車、西門子（Siemens）公司等，已花費$40億美元以在卡羅來納州的北方和南方建立工廠。

　　這些例子隱涵著至少一件事：那些在全球舞台競爭的製造商在建立或擴張生產設備時，傾向忽視人為和地圖上的界限。在其它國家建立的零件或最終裝配產品工廠，通常促使公司獲取低廉的勞工和土地成本，並將運輸成品至主要市場的成本最小化。

年哈利（Harry Jennings）在僅能容納一輛車的車庫中發跡的。

多年以後，哈利和其夥伴賀伯特（Herbert Everest）將他們的工廠擴大三倍一移到一間可容納三輛車的車庫中。惠普公司、TeleVideo Systems公司，以及其它數百家的著名公司都是從這種簡單的生產環境中發跡的。不論其發跡是如何的意外和偶然，一家生意興隆的公司的管理階層最後必須選擇一個常設的工廠位置，這是需要經過仔細思考和調查的事務。

廠址決策

工廠位置總是需要一些條件。一個擁有充足供應技術純熟員工的位置可能會遠離首要的市場中心、原料地。而用來裝載零件和原料，並將成品運送出去的運輸工具可能不是很經濟或有效率的方式。州和當地的法律規定可以在其它有吸引力的地點編織一大串的官樣宣傳文章。重點是選擇可獲得企業所需的最佳地點—一個具有最大優點和最少缺點的位置。

地點選擇通常由高階經理委員會來決定，他們會從稅賦和運輸到社會服務和氣候等各項因素進行斟酌和權衡的。他們可能評估許多有潛力的地點，因為公司必須對未來發展有所考量。

製造多種膠帶包括受歡迎的超級膠水（Super Glue）的Loctite公司，最近在愛爾蘭建立一家工廠製造膠帶，以供給該公司在八十多個產品銷售的國家（不同的語言不是問題；電腦化的系統可印製產品銷售的當地國家語言的標籤）。

雖然工廠地點的要求隨著個別公司、產品、未來市場的不同而有所差異，位置的選擇乃建立在三種一般的考量上，即所謂的「三P」：近距離（proximity）、員工（people）和物質（physical）因素等（參見圖11.1）。

近距離因素

接近顧客或原料通常是製造商在設置廠房的二選一的選擇。例如：一些企業在日常交易中希望避免要冷藏的雞蛋和牛奶因長距離運送而腐敗，那麼，該企業就可能將工廠設置在靠近主要市場的地點。Atlantic Richfield公司的子公司ARCO管線公司最近從堪薩斯的獨立市遷移至德州的休士頓。由於休士頓具有良好的石化業基

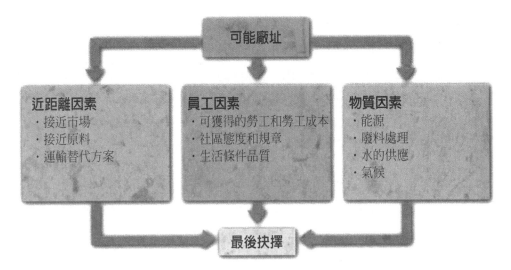

圖11.1
工廠地點的「三P」
選擇

礎,並且該城市是石油提煉和原油進口的主要中心,所以管理階層決定將工廠遷移。

另一方面,對於那些製造電視機或立體音響設備的公司來說,接近顧客就不是一個重要的考量因素,因為顧客並不注意一些特殊的區域、該商品又不會腐壞,而且運輸成本相較於銷售價格來說是相對為低的。

有時工廠靠近原料產地的好處勝過於接近市場,尤其是當這些原料的運輸成本相當昂貴時,這個優點就更為明顯。例如:木材相當笨重,而且長距離的運輸成本是十分耗費成本的,所以緬因州和喬治亞州的製紙工廠和北卡羅來納州的家俱工廠都設置於森林附近。賓夕凡尼亞州和西維吉尼亞州的鋼鐵工廠亦建立在鐵礦和煤礦附近。而玻璃罐的製造工廠則設置在賓夕凡尼亞和西維吉尼亞州靠近大型沙地的附近。

第三個影響工廠地點決策的近距離因素是運輸工具的可利用性。這包括了鐵路、高速公路、空運、水運和管線運輸等,而最佳的選擇端視個案而定。假設管理階層擔心產品易腐性或擁塞的裝貨運輸時,靠近機場或許就是重要的選擇。例如:Dole公司的鳳梨經由空運而非水運從夏威夷運送,乃是因為其易腐壞的特性。巨大沈重的產品如重型挖土設備,藉由鐵路或水運是最便宜的運輸方式。而高速公路運輸對大部分產品來說則是受歡迎的方式。

沿用主要運輸方法之外，公司亦需要替代方案來應付緊急狀況，或是當天候不良、罷工或會導致暫時停擺主要選擇的其它意外事件。例如：家俱工廠可能會選擇田納西州做為貨車工廠的所在地，因為有60%的貨車所需零件必須仰賴鐵路或高速公路來運輸，而田納西州就位於重要鐵路和州際高速公路的十字交界處。

員工因素

員工一他們的人數、技能和工作態度一都影響廠址的設置問題。雖然一些公司實際上依其它吸引人的特色已吸引了一批技術純熟的勞動力，生產者通常會試著在擁有適足熟練員工的地點設置工廠。然而，一家公司或許必須肩負一大批有意願但不具技能的應徵者的訓練計畫。

除了勞工供給和技能之外，其它的員工因素主要是工資問題。如果公司在一地區內支付比平均還要高的工資，則打算遷移公司的管理階層或許會尋找工資成本較低的地點來搬移。

社會對新企業的態度也是要考慮的問題，區域的企業領導者可能會對支付薪資比現存企業要高的新公司產生敵意，因為這會產生現存公司調薪或流失員工的壓力。而會威脅或破壞環境的生產過程亦可能對城市、郡或州的取締單位產生社會壓力因而拒絕公司營業的批准。

在進行廠址決策之前，就應該對州和當地的規章和限制有所瞭解。對特定種類的加工或製造工廠如石油提煉等，可能會花費數月到數年的時間來獲得營業許可。

環境影響研究
即一份描述該提出申請的工廠對一個區域生活品質的改變報告

管理當局通常要求廠商提出一份**環境影響研究**（environmental impact study）報告，即一份描述該提出申請的工廠對一個區域生活品質或環境的改變報告。內容包括了空氣、水質和噪音等污染；野生動物的遷移；對自然植物生命的影響；以及增加的運輸道路、污水處理和水及能源的供應等。這種預備工作是非常耗費時間和金錢的，而且完成之後並不保證這項計畫能夠被批准。

另方面，許多州和城市試著提供他們所能提供的優惠來吸引大型公司進駐，因為新的製造工廠意謂著工作機會、繁榮和收益的增加。一家大型工廠僱用數千名員工能使一些地區產生繁榮與貧苦的差別一如州、郡和當地企業團體都承認這些新公司會對當地居民帶來好處。

許多州和社區做出相當大的讓步來吸引新的製造工廠進駐。例如：南加州給了BMW一億三千萬美元（包含了$7,100萬的稅賦減免）在那建造汽車工廠。此外，該州為BMW購置了一塊地來設置工廠並同意在Greenville-Spartanburg機場延伸一條跑道以供裝載大型貨物的飛機使用。而其它的地區亦積極地廣告該地方具吸引力的條件。圖11.2展示了由佛羅里達州Volusia郡製作關於該郡提供的優惠條件廣告。

管理階層亦可能希望評估該地區的生活條件－住宅、教育程度、休閒和文化的設備等－因為這些條件能協助吸引員工，並且當一經錄用之後能留住員工。

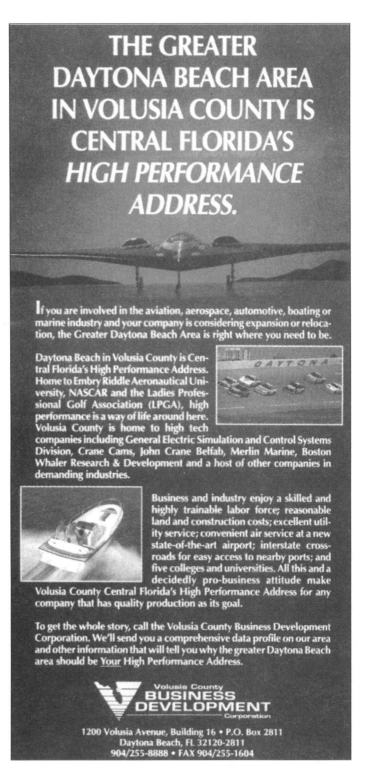

圖11.2
城市州、郡，試圖影響在當地具有決定影響力的公司。

物質因素

在沒有暖氣、燈光和能源的條件下營運一家工廠，就像開車沒有汽油、機油和水一樣的困難。那些研究合適廠址的管理者必須調查電力和其它形式能源的供給和成本狀況。如果工廠的能源需求超過現存供給的話，管理階層除了必須和供應者協調擴充其供給設備來符合工廠需要之外，仍必須尋求能提供更佳服務的工廠地點。

除了能源供應之外，其它的物質因素也必須考慮在內，端視其產品的本質而定，包括了廢料處理設備、氣候和水的供給等。

生產力研究

管理者必須在一個工作期間內估計每位員工的生產力，以僱用足夠的員工來符合生產工作時間表上特定單位所須的員工數量。生產力估計亦運用在規劃勞工成本預算和建構依每位員工產出的按件計酬制度上。

生產運轉和時間研究是必要的，管理階層必須知道在特定狀態下一個員工所能生產的單位。這些研究亦讓公司計算出依每個單位的總成本與每位員工所能增加時薪的比例。那些沒有進行動作和時間研究的公司可能會僱用過多或過少的員工來執行公司的工作，或者也有可能將單位價格計算過低，而低估了產品的成本，進而影響利潤。此外，對管理階層來說，依足夠的生產運轉和多樣性來設計生產工作，使員工們像接受挑戰一樣是重要的一件事。重複而無挑戰性的工作通常會引起高頻率的人事異動—員工們對工作產生厭煩。

生產運轉研究

生產運轉研究（motion study）是由管理先驅 Frederick W. Taylor 所提出的觀點，是確認既定的操作工作所需的工作進程種類和數目的研究。其目的是不讓員工在操作工作時感到困難，並協助他們能更聰明地執行工作—將工作壓縮成一連串既方便又經濟的步驟，較過去使用的方式更為有效且不易厭倦。然而，通常員工在學習和

生產運轉研究
是確認一個既定操作所需的進程種類和數目的研究

改進這些動作之後，他們會發現可以更少的力氣來進行生產的方法。

然而，全部簡單化並不是一個最好的結果。極為簡單、不用思考、奴役式的工作也可能完成不具激勵誘因和無聊的工作。所以當你打算清除不必要的生產運轉時，該動作應提供足夠的挑戰使員工不致機械化。雖然如此，那些目前面臨這種情況的員工或許已將其工作配置重新安排而能繼續工作，而那些需要許多工具來執行一連串操作的員工，可能就要將過去多種的舊式工具壓縮成單一的裝置，以滿足員工的工作需要。

影印機就是一項簡化生產運轉的機械設備的良好範例，它減少了過去需要人工整理和裝訂的步驟。一項產品的設計對生產運轉的研究亦有本質上的影響，透過重新設計，Hoover公司減少了該公司機器運作所需的固著物數量，從56個減少至只需12個固著物。電腦雜誌的出版者和專欄作家Bill Machrone聲稱相較於使用桌上型個人電腦（按鍵大約需要4毫米的距離），他在筆記型電腦上節省了40英尺的手指移動距離來撰寫他的專欄（按鍵需要2毫米的距離）。

生產時間研究

生產時間研究（time study）是一種確定員工在執行既定操作工作時所需的平均時間。在運用生產運轉研究來改進工作進程並獲得效率之後，對於從事同樣工作的員工橫斷面進行生產時間研究，可使管理階層決定完成特定任務所需的平均時間。該研究使公司主管們能估計每個工作班次所生產的量，並使管理階層準備相應的預算。公司依按件計酬的工資計畫（第八章已討論過）來支付生產員工薪資，運用生產運轉和時間研究來建立每位員工的平均生產總數，並從該基礎上建立支付的比率。

生產力研究的應用

許多的工作依賴著生產運轉和時間的研究，例如：計量人員每天需在典型的居住區域中讀出特定的水量或電子儀表上的數據；接線生則負責處理接通特定的號碼。當你的車修理完後，修理廠可能會運用一張平價手冊來計算勞工費用，該手冊列出了各種進行特定保養和修理車輛所需的標準次數和工作。

生產時間研究
是一種確定員工在執行既定操作所需的平均時間

也許最熟悉的生產過
程是產品配裝線。

員工們對於生產運轉和時間研究傾向小心謹慎的態度，他們認為這是管理階層以較少的薪資讓他們做更多事情的工具。他們可能試著透過不足的學習來減緩正常工作的步調，以誤導觀察員。而觀察員通常是產業的工程師，可以精確地調整一般工人對於工作的反應。管理階層應事先解釋生產運轉和時間研究所要達到的目的，強調先前提及的預算和人事規劃目的。而與產業工程師緊密合作工作的主管們，當要進行觀察時應告知員工，並再聲明進行這些研究的原因。

生產方法

並非所有的產品都能以同樣的製程製造：產品本質決定了製造的過程。傳統上，生產方法被分類為分解式、合成式、連續式和間歇式製程。接下來的部分我們將簡短地解析每一種製程。

分解式與合成式製程

在**分解式製程**（analytic process）中，原料乃被詳細分解而成新的產品。像柑橘產業一樣，柑橘經處理後轉換成許多的最終產品，如圖11.3所示。

從字面上的意義來看，**合成式製程**（synthetic process）是一種相對於分解式的生產方法，因為是將原料結合而形成一特定的產品。玻璃製造可以說明合成式的生產方法，因為它結合了石灰、沙、碳酸鉀、碳酸鈉和其它元素來製造產品，而且最終產品擁有和組成元素裁然不同的獨特外觀和特徵。鋁製產品則是另一個例子，因為經處理過的鋁礦砂結合了石灰和碳酸鈉。合成式的生產方法擁有兩種變異的形式，即製造和裝配製程的差異。

製造製程（fabrication process）是指合成式生產的變動過程中，透過改變已製造好的要素之形態來製造新的產品。例如：Levi's 501牛仔褲是依特定樣式從布料、鈕扣和縫線共同結合創造出來的產品。鞋子和手提包、廚房的餐具櫃、烘焙商品、輪胎和手電筒的電池等都是透過製造製程生產而來的。

分解式製程
原料乃被細分而形成新的產品

合成式製程
是將原料結合而形成一特定的產品

製造製程
是指一種合成式生產的變異，即透過改變這些已製造好的要素形態來製造新的產品

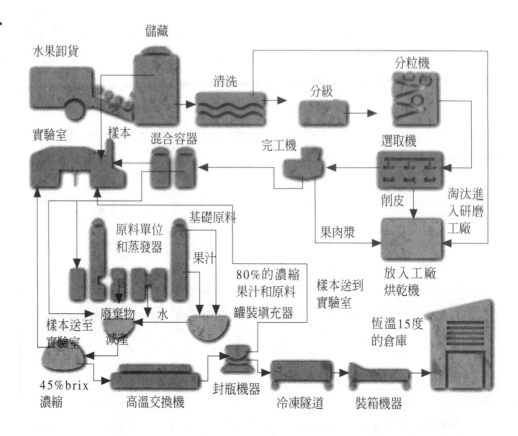

圖11.3
分解式製程：柳橙汁
和相關產品

儲藏

水果卸貨

清洗

分級

分粒機

實驗室　樣本　混合容器　完工機　選取機

削皮

淘汰進入研磨工廠

基礎原料

原料單位和蒸發器

果汁

果肉漿

80%的濃縮果汁和原料罐裝填充器

樣本送到實驗室

放入工廠烘乾機

廢棄物　水

減產

樣本送至實驗室

45%brix濃縮

高溫交換機

封瓶機器

冷凍隧道

裝箱機器

恆溫15度的倉庫

資料來源：Courtesy Florida Department of Citrus.

裝配製程
是指一種合成式生產的變異，即用來製造新產品的已製原料或零件是不經實體上改變的

　　而**裝配製程**（assembly process）是指合成式生產的變動過程中，用來製造新產品的已製原料或零件是不須再經實質改變的。例如：福特汽車公司計畫投資$12億美元來發展和建立新的V6引擎系列，而有$7億美元將要用在變更裝配引擎的克里夫蘭車廠。福特汽車公司亦花費$7億美元改變Chihuahua和墨西哥的引擎工廠，以便在1993年開始裝配四門汽缸的引擎。

　　另外，通用汽車透過減少基本架構的數目，從二十個減少至七個─減少了65%，亦簡化了汽車和貨車的裝配過程，這個舉動明顯地降低產品發展成本和生產新車款所需的時間。

Right- or Left-Hand Drive?

AT HONDA'S MARYSVILLE, OHIO PLANT, IT'S NO BIG DEAL

管理者筆記

方向盤該置於左邊還是右邊？

日本和歐洲汽車市場的右手邊方向盤（right-hand drive；RHD）汽車令人印象深刻。福特正發展一款右手邊方向盤的Probe車款；克萊斯勒也在開發RHD的Jeep Cherokee車款；而通用汽車也有計畫生產RHD的Saturn車款。

然而，製造右手邊方向盤和左手邊方向盤式的車款所需的工程和生產線改變困擾著一些製造商，他們聲稱這種差異在工程上需花兩倍的努力並會造成和引起更換生產線的問題。但是，Honda汽車公司已反其道而行，大膽地接受這項挑戰。該公司位於俄亥俄州Marysville市的工廠既沒有雙倍的工具也沒有增加員工數目，以建立同樣車型的生產線來生產兩種不同邊方向盤的車款，RHD車款在區域60的位置進行生產，並以小記號來警示員工特定的車款是要出口銷售的。為了開始生產，Honda公司把引擎區分為左右兩邊，車子的引擎並沒有更換，firewall是RHD車款唯一獨特的設備，兩種車款超過80%的零件都完全相同，設計師亦確定在儀表板底下的零件分配的空間兩種車款幾乎相同。

為了盡可能發揮生產方法，Marysville廠的工程師設計了一種能隨時移動至另一條生產線以生產RHD車款的工作站，在轉換生產線之前一小時，所有的零件就被安置在生產途程中適當的位置上。當然，員工所需的訓練是要安排的，Honda公司送員工赴日本二個月，學習該公司已成功在同一條生產線上製造兩種車款的技術。學成返國之後，員工再經歷二至三個月的訓練，從現場（on-site）訓練線開始，再進展到汽車拆解和品質檢查。

或許最令人印象深刻的事是Honda汽車考量駕駛盤的左右位置工程時，所考量的包含社會文化層面，而不只考量工程的挑戰而已。Honda北美研究發展部門的總工程師Raita Musumiya指出，「一旦你承諾以這種方法來設計一輛車，任何人都能完成它，從一開始就承諾才是重要的。」

連續式與間歇式製程

連續式製程
是指一種運用相同機器設備，經過長期重複執行相同操作的生產方法

間歇式製程
一種將生產設備進行週期性地停工並再行調整，以生產些微不同產品的生產方法

包工工廠
即一些依顧客個別的規格說明書來製造產品的公司

之所以稱為分解式或合成式的生產方法乃視其對原料的處理而定。另外生產方法的分類則是如何隨著時間來進行生產。所謂**連續式製程**（continuous process）是指一種運用相同機器設備，經過長期重複執行相同操作的生產方法。例如：合成纖維、化學品、Bic筆和吉利刮鬍刀等都是由這種方式生產的。連續式的生產方法通常運用在汽車的生產方面，可以理解地，當汽車工廠為了新車款，需將機械重新整備而閉關，這通常伴隨著　項連續式生產方式改變，且需耗時數月：許多的工具和印模必須替換，而且一些擴充性的改變也是需要的。

事實上，自動化的裝配線是由福特汽車公司所發明，在1993年就已慶祝裝配線80歲的生日。一位公司生產部門的工程師於1913年4月1日第一次運用這連續式的生產方法製造汽車的點火裝置，同年十月，這項生產方式在T型車款最後的裝配過程進行嘗試，而底盤則以繩索綑綁，沿著這條生產線拖拉，整條生產線由150名員工進行必要零件的組合。雖然它是最古老的方式，但這種技術增加了令人印象深刻的生產力，自動化裝配線馬上就成了製造大多數高數量和標準化產品的標準程序。

而運用**間歇式製程**（intermittent process）生產的公司則是以一種將生產設備進行週期性地停工並再行調整，以生產些微不同產品的生產方法來從事生產，生產並不是在同一天投入且在同一天產出。這種間歇式的生產方法通常運用在**包工工廠**（job shops），即一些依顧客個別的規格說明書來製造產品的公司。槍砲製造廠商和吉他製造商就運用這種生產方法：沒有兩個產品是完全一致的。一個極典型的包工工廠例子是James Purdey and Sons的傳奇故事，它是倫敦一家經營已有175年以上的槍砲製造商，Purdey散彈獵槍是依個人訂製的獵槍，因其獨特性所以無法大量製造和庫存，該公司每年只生產70支散彈獵槍。

隨著國際恐怖主義的盛行而生意興隆的防彈車（裝甲車）製造公司是屬間歇式生產方法的生動例子。他們進行顧客的訂製，對凱迪拉克和林肯大陸型車款進行改裝，這些改裝能將機槍隱藏至車中、在車後對追逐的車輛潑撒光滑的機油、釋放煙霧彈、以遙控裝置起動車子（檢查詭雷的裝設），以及抵抗投彈和機槍攻擊的裝甲車體和防彈玻璃。

管理階層對於連續式或間歇式生產方法的選擇端視產品本質和產品鎖定的市場

而定。訂製的產品必須由間歇式的製程製造，因為在每項單位產品完成之後就必須停止；而制式產品的大量生產就必須藉由連續式的生產方法來進行，即使某些大量生產的項目中，含有須間歇式製程生產的零件也是如此。例如：印刷機以連續式的生產方法製造數以千計的書本，但在印刷其它書本時就必須有所改變。

CAD、CAM和CIM

愈來愈多有經驗和競爭性的公司運用電腦來設計和製造他們的產品。

電腦輔助設計　是一種運用高度專業化的電腦繪圖程式在電腦螢幕上創造三度空間的產品模型。電腦輔助設計（computer-aided design；CAD）程式可製造出繪圖儀器、繪圖筆和繪圖板。將產品的設計和材料資料儲存在電腦的資料庫中，工程師和設計師可以檢索、處理和修正這些資料，運用鍵盤和滑鼠指令來產生三度空間的產品模型。然後，他們可以修正這些模型並詢問關於產品形狀、大小和材料的假設性問題，不需要建立實體（wire-and-clay）樣本。電腦輔助設計系統簡化了產品設計的工作，就像Word文書處理器簡化文件編寫的處理一樣。

在輸入需要的資料之後，電腦可以計算零件的大小，描繪線和弧形的中心，讓設計者可以從任何角度觀看模型，進入模型的橫斷面，並將它放置在鄰接的零件上（確認該零件能適合於產品中的預留空間）。工程師過去在傳統繪圖儀器中需花費數小時的時間來完成的事，現在透過電腦輔助設計只要數分鐘就可完成。所節省的時間相當可觀-一個使用電腦輔助設計系統的工程師與數名以手工進行產品設計的工程師的生產力相當。

除了生產工程用的設計圖之外，電腦輔助設計系統可以測試電腦的零件材料和設計模型，在面臨實際操作時的重力、氣壓、溫度和其它變數改變時的反應。汽車製造商已運用電腦輔助設計來模擬和分析汽車引擎中運轉時，內部空間的燃燒情況。

電腦輔助設計濃縮了設計和測試的時間，促使製造商可以更快速地改變產品設計，並在數週或數月前即可發表新的產品模型。

電腦輔助設計
是一種運用高度專業化的電腦繪圖程式在電腦螢幕上創造三度空間的產品模型

電腦輔助製造

是一種製造系統，由電腦來引導、控制和監控生產設備，來執行工作需要的所有步驟

電腦輔助製造　是一種製造系統，由電腦來引導、控制和監控生產設備（通常包括機械人），來執行工作需要的所有步驟。以電腦輔助設計（CAD）系統設計部分零件之後，電腦輔助製造（computer-aided manufacturing；CAM）便計算機器生產該零件的所需進程，並將這些進程轉換成一組使機器能瞭解的電腦指令。生產的徹底改變需要高度的自動化，電腦輔助製造系統可以擔當這項任務。電腦只要引導機器執行不同的任務即可（諸如：機器加工、碾磨、研磨、鑽孔，或裝配等），這種彈性大量減少傳統機器的計畫時間，並且使小部分的生產運作能兼顧實用與經濟的好處。

電腦整合製造

是一種從生產設計到製造，所有的生產相關活動都經由電腦控制的系統

電腦整合製造　結合了電腦輔助設計（CAD）和電腦輔助製造（CAM），是一種從生產設計到製造，所有的生產相關活動都經由電腦控制的系統。真正的電腦整合製造（computer-integrated manufacturing；CIM）系統合併了所有的生產操作，包括原料採購、實體通路、存貨控制和成本計算。全國科學基金會指出，電腦整合製造是自從有電以來，增加生產力具有最大潛力的發明，而電腦整合製造系統目前只有在最高度自動化的工廠中才看得到。

生產線上的機器人

機器人

是一個可重調程序、多功能的自動操縱者，透過不同的程式運作，可用來移動原料、零件、工具或專業化事務的裝置

近二十年來，多數製造公司運用機器人的裝配技術已有明顯的趨勢。在製造的環境中，美國機器人機構定義**機器人**（robot）是一個可重調程序、多功能的自動操縱者，透過不同的程式運作，可用來移動原料、零件、工具或專業化事務的裝置。在1961年，第一台機器人安裝在通用汽車和福特汽車裝配線上，今天，機器人被運用在反覆性的工作上，如：噴塗烤漆、焊接和碾磨等；控制放射性金屬和其它有毒原料；以及在不利於人類工作的環境中執行任務。

雖然機器人可能需要在工廠的配置和工作流程上有所改變（購買和安置一台機器人的總成本可能超過$100,000美元），但它最後節省的成本卻是令人印象深刻的—操作一台機器人需要$6美元，而支付一位汽車裝配線工人的工資和福利每小時是$19美元。如果必要的話，這些機器可以每天24小時不停地運作，生產力必然有所提昇。機器人亦可重新設定程式，以執行不同固定機械動作的順序，所以它們不僅限

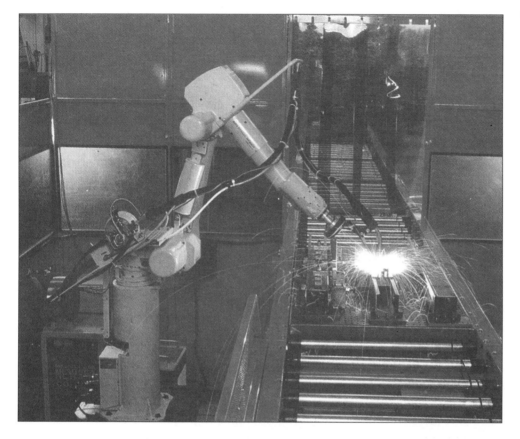

以電腦控制機械，可
使在特別的工作執行
上有高度的精確性。

於執行一項工作。製造業聲稱自從安置機器人之後，在產出方面已增加30%到300%之間。位於俄亥俄州Anna市，價值$ 6.7億美元的Honda引擎工廠，是北美最自動化的汽車引擎工廠之一。機器人填滿和卸下鑄模進入shot-blasting機器，並運送這些東西到機械加工的區域進行進一步的處理。隨著48%的自動化操作，該工廠每27秒就能輕易地生產出一座汽車引擎。

機器人在Next電腦公司最先進的（state-of-the-art）生產線上甚至是一種更為動態的影響，該線上每五位員工控制了13台機器人。Next公司的工程師建立了相當複雜的機器人，能在一英吋厚的範圍之內焊上1700個微小接合物，並且根據焊接的操作，每分鐘可以安裝150個零件，每一百萬次機器焊接當中只有15至17次的失誤率。雖然機器人代替了一些員工，但它們創造了程式工程師和一些水力和電機技術專家的工作機會。

物料管理

一旦公司選定生產一項產品、建立了廠房、規劃員工們的生產力並決定了採行的生產方式之後,它必須採購和控制所需的物料來製造產品。物料管理不論從滑板到電腦的生產中都是重點所在。假設好幾千種無關緊要的零件,如橡膠圖章、登山托架和門把等不在所需的裝配位置上結合時,則會導致生產線停擺,數以百計的員工閒置和大量的金錢損失。當然,這種問題隨時都在發生,而且很少的製造商可以免除這些困擾。企業史家和作家Harold C. Livesay曾經看過一群恐怖的克萊斯勒公司員工為了獲取他們需要的螺栓而在鐵路圍欄內破壞一台上鎖的箱型貨車,由於沒有時間拆卸這台箱型貨車,這群工人開始用乙炔燒斷車裏的螺栓,而這些工人亦誓言公司會賠償這輛被破壞的車,並接受任何相關的罰款。

採購功能

生產因機械、原物料、零件和供應物而興盛起來,當公司擴充規模時,在採購部門購買其所需的項目方面,公司將會集中和協調這方面的職責。

採購代辦人（purchasing agent）,有時稱PA或採購專員（procurement specialist）,是公司內部購買不同產品的專家。每位採購代辦人依照公司規模大小和經營種類複雜性以及最終產品的特性來決定採購產品種類的範圍,例如:在小型的機械工廠中,業主可能制訂所有的採購決策;而在如Mc Donnell Douglas這種大型的公司中,你可能在採購電子原件、採購鋼鐵,以及防盜供應和辦公室設備方面都要尋找不同的負責人。

儘管採購代辦人進行許多採購的決策,但他們的職權仍是有限,在採購超過一定金額時,可能就需要採購經理甚至是公司最高管理階層的批示。不論是誰進行採購,大部分的公司都建立了**採購流程**（purchasing procedure）,即當一家公司購買產品時所根據的一連串步驟。圖11.4表示一個典型的採購流程。

當向外界的供應商和賣主購買物品時,適當的規格說明書是相當重要的。生產者或許會採用賣主一般的規格說明書—如一些現存的標準項目,如鈕扣、鋼鐵和不

採購代辦人
是公司內部購買不同產品的專家

採購流程
即當一家公司購買產品時所根據的一連串步驟

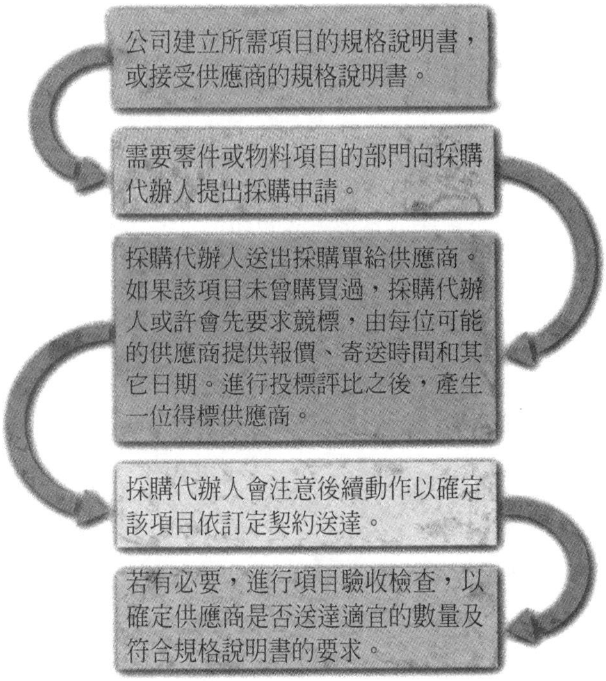

圖11.4
典型的採購流程

公司建立所需項目的規格說明書，或接受供應商的規格說明書。

需要零件或物料項目的部門向採購代辦人提出採購申請。

採購代辦人送出採購單給供應商。如果該項目未曾購買過，採購代辦人或許會先要求競標，由每位可能的供應商提供報價、寄送時間和其它日期。進行投標評比之後，產生一位得標供應商。

採購代辦人會注意後續動作以確定該項目依訂定契約送達。

若有必要，進行項目驗收檢查，以確定供應商是否送達適宜的數量及符合規格說明書的要求。

同的電子原件一但有些生產者則偏好要求賣主必須提供符合特定規格的說明書。

對一些若因產品採購失誤而引起嚴重傷害或財務上損失的公司來說，可進行**現場檢查**（on-site inspection），即買方的稽查員經由供應商的製造操作過程對採購項目進行的檢查。

現場檢查
即買方的稽查員經由供應商的製造操作過程來進行採購項目進行的檢查

採購方針

公司可能在產品本質、消費者需求、倉儲空間和可獲得資金等方面來進行多種的採購方針選擇。這些方針的前三項與採購量的決定有關；而後三項則是包括採購者決定該向誰購買的問題。

採購數量方針　從名稱上的意義來看，**小額採購**（hand-to-mouth purchasing）是指依需要項目而進行小量的購買。假設你最終產品的市場需求無法確定，依小額採購的基礎來進行零件採購或許是聰明的方法，如此便不會在需求消失時，受到大量存

小額採購
是指依需要項目而進行小量的購買

貨的困擾。建議採行此種方法的其它因素包含了缺乏資金購買大量補給、產品的易腐性或有限的商品上架生命和缺乏倉儲空間等。

預先採購
是指一種購買相對大量的物品來填補較長期間需要的採購方針

預期採購
是指採購代辦人貯備極大量的單項物品以應付事先的需要並預期未來的問題

專屬供應商
即一家賣方廠商，買方廠商對其擁有控制權益的能力，或從那獲得獨占性供給的契約者稱之

單一來源採購
即僅向一家公司採購產品

　　預先採購（forward purchasing）是指一種購買相對大量的物品以填補較長期間需要的採購方針。一般來說，進行預備採購時，採購價格、運輸價格，以及採購和接收費用會較低，因為固定生產成本被較多單位的產品分擔，所以供應商在較大的訂單上會接受要價較低的單位價格。在大量運輸方面，因過程中的紙上作業較小量多次的運輸來說，相對便宜而節省了資金，且採購和接收費用亦較為低廉。預先採購乃假設你擁有足夠的資金、空間來倉儲產品、長時間的上架生命和夠強烈的市場需求以消化這些大量的補給。

　　預期採購（anticipatory purchasing）是指採購代辦人貯備極大量的單項物品以應付事先的需要並預期未來的問題，例如產品短缺或價格激烈上漲。這算是一種對未來預期的賭注：買者對將實現的不確定狀況下注，將倉庫填滿。如果所預期的問題並未發生，該名採購代辦人可能會被批評花費過多資金並長期佔用過多倉儲空間。

　　多年以前，在傳言衛生紙短缺期間，最後消費者（final consumer）依循了這種慣例，大量的貯積衛生紙，但短缺卻從未實現。而一些最後消費者和公司以低價在私人地下室油槽中貯積石油和糖都是預期採購的例子。

對供應商的方針　　採購代辦人必須確定適合的供應商，但並不表示他們必須是供應最佳品質或是最低價格的供應商。除了品質和價格之外，適合的供應商必須能夠提供適足的產能、符合傳送時程、提供保證和可靠的服務等。採購代辦人在採購商品時，對於那些符合產品條件的供應商應留下記錄。為了確保產品的供應、品質或可靠送達，公司可能會試著建立一個**專屬供應商**（captive supplier），即一家賣方廠商，買方廠商對其擁有控制權益的能力，或從該處獲得獨占性供給的契約者稱之。往後的安排給了買方廠商合法的權利向賣方廠商採購所有的生產單位。當產業內某種物料發生供給短缺時，轉屬供應商可以解除這類問題並確保適足的存量。

　　許多採購代理商對**單一來源採購**（single-source purchasing），即僅向一家公司採購產品的方式採謹慎態度。一些公司向許多廠商購買標準產品，而非將所有雞蛋放在同一籃子內，也就是說假設一家賣方廠商無法完成訂單的數量時，可以從其它廠商進行填補。

雖然許多生產者對物料採購會採取多元管道和多種的貨品來源，以降低物料單一來源所可能產生的運輸中斷或價格詐騙的風險，但是有極少數的公司仍偏好單一來源的採購。例如：3M公司兩年之內將其供應商的數目從2,800家減少至不過300家，而其供應商對這種行為的反應則是改善產品質量、有效率的價格協商和送達時程，以及投資最先進的生產設備來生產更便宜、更快和更佳的產品。

同樣的道理，一些製造商藉由承諾採購供應商所有工廠或部門的產品方式，改善了與供應商的關係並穩固貨源。例如：一家家俱製造商透過訂單同意買下一家紡織品工廠四部織布機一天24小時不停運轉所生產的所有產品，較那些以「先來先服務」原則下單的競爭者來說，這樣的安排給了買方廠商明顯的優惠，甚至如此亦節省了90%或更多的交貨與定貨之間所需的時間。

競標採購（bid purchasing），即從許多供應商的標單中選擇最有吸引力的賣主。由於採購代辦人需考慮供應商的產能、品質、保證和其它先前提及的因素，競標採購並不總是最低廉的選擇。一所佛羅里達的私立大學在購買彩色複印機時選擇了日製產品而不買較為便宜的國內廠牌就出現過上述的情況。雖然日製機器較為昂貴，但他們能提供服務、更可靠並製造出較美國廠牌為優的複印品質。就長期來說，那些全然依賴競標方式採購的公司可能沒省下一毛錢：便宜的零件可能無法有效運作，或者賣方廠商可能會提供差勁的售後服務和維修。

競標採購
即從許多供應商的標單中選擇最有吸引力的賣主

經過數十載向主要鋼鐵公司採購物料，並支付未經協商的產品價格之後，通用汽車（GM）於1980年代初期採用了競標採購的方針來購買所需的鋼鐵。除了改善產品品質之外，該公司亦通知競標廠商必須評估如財務條件和每家公司設備所能生產產品的範圍標準。通用汽車公司在全國53家製造工廠中對超過5,000種項目採用估價單的要求。

這項由全國最大鋼鐵顧客所進行的革命性轉變，已產生正面的結果，至少有一家鋼鐵公司會提供數量折扣和延長三十天支付的信用條件，並協助通用汽車減少一半關於鋼鐵厚度的不同標準。當GM將往來廠商從341家減少至272家的同時，將貨物的運輸進行合併；對於產品品質的要求亦引起鋼鐵公司前所未有的自我品質要求，每年大約產生僅一百噸的不合格鋼鐵物料。

契約採購（contract purchasing）發生在當公司和供應商進行關於銷售價格、送達日期和其它銷售條件的契約協商。這種採購型態通常發生在與美國政府之間的交

契約採購
公司和供應商進行關於銷售價格、送達日期和其它銷售條件的契約協商

易，尤其是交易內容從戰鬥機到背箱的軍方契約。大部分的契約相當複雜，在建立和條列所有項目時可能需要律師來代表簽約雙方。如果當短缺形成時，契約採購亦是一項確保適足產品供應的好方法。

製造與購買或內部與外部採購
是一種二擇一的問題：即對於一種關鍵性產品項目是採自行製造或依賴外部生產者來製造的選擇問題

　　製造與購買或內部與外部採購（make versus buy or in-house versus out-of-house）的方針決策是一種二擇一的問題：即對於一種關鍵性產品項目是採自行製造或依賴外部生產者來製造的選擇問題。一些供應商已擁有專業化的生產設備、工程、物料和裝配人員來產出優良的零件，向他們採購產品通常較自行製造要來得實際。例如：英特爾（Intel）公司是世界上最大的個人電腦晶片供應商。而曾經製造大部分多功用木工藝機器零件的Shopsmith公司最近將許多公司訂單轉包給外部的供應商承攬。而Ball公司亦替Anheuser-Busch、百事可樂（Pepsi Co）和可口可樂（Coca-Cola）等公司製造金屬罐。

　　決定製造零件的製造商必須要能夠分配生產空間、購買物料和生產設備，並僱請或訓練員工來生產該零件，對該零件的需求必須要強到能視運用該生產資源為正當的地步，而且在公司內部的最後單位生產成本應等於或少於由外部採購的成本。通用汽車的Inland Fisher Guide子公司在內部為流行的Camaro和Firebird車款製造了許多塑膠組合配件，但是防凹（dent-resistant）塑膠門則由外部的Budd公司來鑄模生產。

　　自行製造或購買的問題應對頻繁使用的項目進行定期的查詢，因為變化的狀況可能會建議並促使公司運用其它的替代方案。

存貨控制

存貨控制
乃平衡適當存貨的需要以抵銷購買、經銷、倉儲和清點的成本

　　存貨控制（inventory control）乃平衡適當存貨的需要以抵銷購買、經銷、倉儲和清點的成本。這些控制須要求管理階層估評目前的消耗率，並預期未來的需要。存貨控制是一種維持手邊足夠物料來滿足生產要求的動作，並同時避免耗費過高的資金在存貨上面。想像福特汽車公司面臨控制50,000種產品的挑戰，即使是一些較小型的公司，像製造運用於割草機和吹風機的單汽缸Briggs & Stratton公司可能就包含了500種的零件產品。

　　如表11.1 所示，存貨也是投資時須考慮的一項因素，尤其是與存貨有關的持有

表11.1
持有存貨的相關成本

倉儲成本	管理成本	其它成本
1. 建造倉庫設備，包括借入的資金利息。 2. 倉儲存貨空間的價值。 3. 因爲現存存貨占去空間，其它項目僅能以較小的數量進行採購而導致額外的採購成本。	1. 設備和物料（堆高機、搬運器、金屬或木材之低台、存放存貨之木箱、架子、墊盤、記錄室） 2. 管理人員（倉庫工人、記錄員、督導人員）	1. 因爲廢置、季節改變、顧客需求改變和倉儲時的耗損等所導致的損失。 2. 政府課徵的存貨稅。 3. 借入資金採購存貨的利息。

成本，因此進行有效的控制就變得格外重要。存貨短缺可能引發如同存貨過剩的窘境，當生產者用盡其關鍵的生產物料時，他可能會損失銷售額以及對顧客的商譽。存貨短缺亦會增加成本，缺乏關鍵的零件將會導致生產線的停擺，而員工在所需零件到達前亦會閒置。假設由存貨短缺而引起的交貨延誤就必須透過加班來補足，若加班的工資無法轉移至消費者身上，則生產者在該訂單上可能會遭受損失。結果，那些較平常快、且需長時間的運轉，將會使生產設備遭受較爲嚴重的損耗。

存貨控制管理者通常應用**經濟訂購量**（economic order quantity）模式來管理存貨，這是產品項目成本和該產品倉儲成本的均衡點。爲導出這項數字，採購代辦人會比較不同產品採購量的成本和持有這些存貨的成本，當兩項成本交叉在相同點時就是最佳的採購量，這個計算如圖11.5所示。

一個存貨控制系統亦能決定每一項產品的消耗率，並確定需增加存貨的時點。但該點不是當所有存貨都用盡的時間點，在接獲新訂單以前，手邊應會存有一些符合生產需要的庫存單位，稱爲安全庫存量（safety stock）。在決定追加訂貨的時間點上，採購代辦人和存貨控制員必須瞭解**交貨和訂貨的時間間隔**（lead time），即供應商處理和送達訂單所需的時間。當交貨和訂貨之間所需的時間改變時，採購代辦人必須修正他們的時程，以平順地維持流程。

經濟訂購量
即產品項目成本和該產品倉儲成本的均衡點

交貨和訂貨的時間間隔
即供應商處理和送達訂單所需的時間

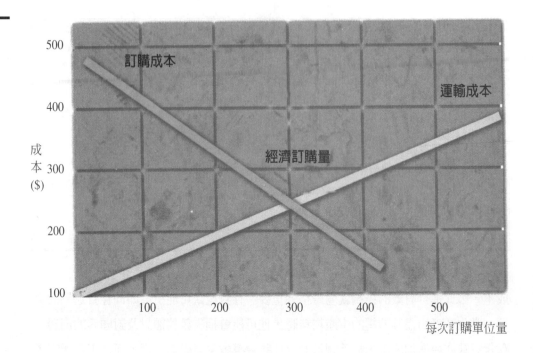

圖11.5
決定經濟訂購量

訂購成本

運輸成本

成本 ($)

經濟訂購量

100　　　　200　　　　300　　　　400　　　　500
每次訂購單位量

即時存貨系統

即時存貨系統
是一種當需要時，將零件正確傳送至生產線上的存貨系統

　　即時存貨系統（just-in-time inventory system；JIT）是一種當需要時，將零件正確送達至生產線上的存貨系統。那些以這種方法來改進採購、物料管理和製造操作的公司不是消除就是徹底地減少列於**表11.1**的存貨持有成本。更甚者，因為減少在倉庫內貯存大量的零件供給，並接近最終產品的生產線時間點，工廠空間可能變小。運用即時存貨系統的製造商必須和供應商建立極為密切合作的關係，因為物料供應不合品質標準或延誤送達可能會導致嚴重的結果。

　　除了和外界供應商維持合作無間的關係之外，使用即時存貨系統的製造商還必須確保與公司內部零件的製造流程一致。電腦輔助設計、電腦輔助製造和電腦整合製造在一些諸如工廠擺設和物料管理技術方面，貢獻了相當大的努力。例如：Harley-Davidson公司習慣在需要存貨之前，將內部原件存放至木箱三個月之久，有時零件在管理的過程中放置過久會發鏽或損壞。再者，設計和製造的缺點有時在零件抵達裝配線以前無法偵測出來。然而，透過即時存貨系統和其它現代產品及存貨

控制的方法，Harley-Davidson公司已成為傑出的成功製造操作模式：

- 零件一般在製造幾小時之內使用，表示著錯誤可以迅速地被找出和更正。
- 電腦輔助製造系統引導製造引擎的機器，其更換所需的時間是最少的。零件在很小的點上製造，並直接地被移動到下個生產步驟上。當機器損壞應被更換時，電腦會通知員工來修理。
- 生產一些零件所需的所有機器被集結在一個生產區域或「小室（cell）」中，所以它們可經由相同的操作者來進行監控，這些生產小室從開始到完成，製造了完全的零件。
- 供應商和員工兩者都更關心瑕疵品的製造，因為如果有一組零件製造錯誤，則只有少數的安全存量可依靠，所以每個人都更努力地工作來防止錯誤的發生。

操之在己

不像其它工業化國家已完成應用即時存貨系統於工廠的日本，是在什麼樣的地理條件及後二次大戰的特徵下完成的？

生產控制

　　生產控制（production control）是在製造一項產品的過程中是最為重要的一環，即協調員工、物料和機器的交互影響，以致於在要求的時間內製造適當的產品數量來供應訂單。主要包含了六項步驟：生產規劃（planning）、製程安排（routing）、時程安排（scheduling）、工作分派（dispatching）、進度監管（follow-up）和品質保障（quality assurance）等步驟。

生產控制
即協調員工、物料和機器的交互影響，以致於在要求的時間內製造適當的產品數量來供應訂單

生產規劃

　　成功的生產就像其它成功的企業活動一樣，建立在規劃的基礎上。生產規劃者知道既定的產品必須由何種的物料、設備、製程和工作時間來分配製造，通常他們自己以前是生產員工，所以可以設想在不同完成階段的最終產品，並從經驗得知有什麼是需要完成的。

生產計劃書
是一種文件，包含生產所需的物料和設備清單以製造完成的產品，並且載明哪些操作是在公司內部或外部執行

生產企劃書（production plan）是一種文件，包含生產所需的物料和設備清單以製造完成的產品，並且載明哪些操作是在公司內部或外部執行。此外，該企劃書呈現當產品到達特定完成階段時，所需的特殊機器或設備貯備或購買，以及設立等的任何操作。

生產規劃者就像管理弦樂隊的指揮家，他們協調產品採購、製造、運輸和行銷方面的績效，以及關於訂單狀況在不同完成階段時所需和有幫助的任何資訊。

製程安排

製程安排
屬於一種生產控制的步驟，即建立一種符合邏輯的生產順序，以使生產操作在這種程序下進行完成

製程安排（routing）屬於一種生產控制的步驟，即建立一種符合邏輯的生產順序，以使生產操作在這種程序下進行、完成。每個工作路徑都被明確的指出，譬如什麼樣的工作在什麼時間點將要完成等。一個釀酒廠的生產途程管理者必須算計以下所有的步驟：使大麥萌芽、清洗、磨粉、稱重、烹煮、加水混合、除去穀物的固體物以生產潔淨的液體、釀製、過濾酒花、冷卻液體、發酵、陳置、濾清，並包裝成啤酒。如圖11.6 為生產控制的步驟。

圖11.6
生產控制的步驟

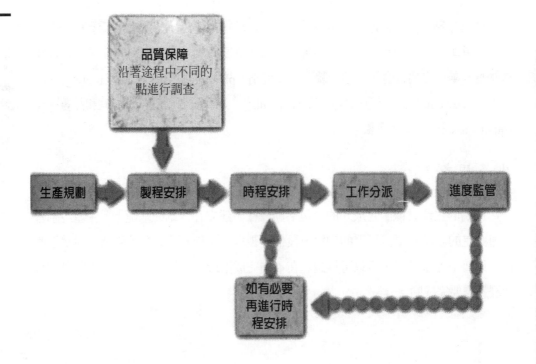

德國餐具刀叉的製造商Trident公司聲稱，在製造削皮小刀的過程中牽涉了三十八項精密的操作。需要五項製造步驟的木製鉛筆自從1973年後已開始漸漸地被塑膠鉛筆所取代，今天的塑膠鉛筆和木製鉛筆一樣的鋒利，但它只要一個步驟即可完成製造。高標準運動家輕武器公司（High-Standard Sporting Firearms）聲稱製造一支精密的手槍牽涉了超過400項的操作過程，單單槍枝結構的操作方面就花了大半部分。而勞力士鐘錶公司指出，在製造Rolex Oyster Perpetual Sea-Dweller這款手錶的過程當中，需要超過150項的生產操作，這款手錶是由堅硬的金屬所製造，其機械裝置包含超過220項的零件所組成。每項例子皆表示管理階層在生產操作上都必須承認對生產規劃和製程安排的關注。

時程安排

時程安排（scheduling），即沿著生產途程對每項操作分配時間的生產控制步驟。知識豐富的生產規劃者在這個步驟應是有價值的資產，花費過多或過少的生產時程安排會對不同部門產生懈怠的狀態、引起時間浪費或員工停歇，或在特定時間點產生工作的障礙、引起產品延誤送達和訂單取消的生產控制步驟。生產規劃者亦必須考慮非工作的時間。例如：當汽車烤漆完畢之後，在下一步的工作完成之前，汽車的車體必須待在烘乾位置一些時間。一位不知如何分配時間的生產規劃者會在生產途程中，造成下個步驟的員工閒置。

一項產品很少會依照原始的生產時程從製造的開始到結束一成不變，生產規劃者在訂單取消和顧客要求提早交貨日期，或者由於機器故障、設計改變、罷工以及險惡氣候等，所有會引起工作時間損失和關鍵物料延誤送達的情況下，必須重新安排生產時程。

工作分派

工作分派（dispatching）發生在生產工作已經計畫、生產途程和時程已安排的情況之後，是一種生產規劃者釋出職務給生產途程中第一個生產部門的生產控制步驟。在派遣任務之前，生產控制員必須依生產計畫集結所需的物料和零件，並發送給適當的生產部門。

時程安排
即沿著生產途程對每項操作分配時間的生產控制步驟

工作分派
是一種生產規劃者釋出職務給生產途程中第一個生產部門的生產控制步驟

進度監管

進度監管
是一種生產控制步
驟，即生產規劃者監
控每項工作依照生產
途程所執行的進展，
報告並嘗試處理任何
發生的延誤或困難

　　進度監管（follow-up）是一種生產控制步驟，即生產規劃者監控每項工作依照生產途程所執行的進展，報告並嘗試處理任何延誤或困難的發生。生產工作通常是以數字來確認，所以它可以從一項操作或部門追蹤至下個步驟。大型製造工廠可能在數以千計的工作同時進行下運作，許多生產線上的產品是屬於其它產品的部分配件。因此，進度監管在這些情況中是不可或缺的一個步驟，以確保工作是按照生產時程來進行的。當延誤發生時，生產規劃者應有所修正，如此才能將工作帶回生產時程上，或者再重新安排生產時程。

品質保障

　　一家公司不會總是想製造最好的產品，但是希望生產符合公司評價、顧客預期和價格上的要求。極高的品質總是伴隨著高價位，而這些最好的產品並非每個人想要或者所能負擔的。公司的品質標準乃依市場需要、公司評價和心中的預算而設定。一些日益進步的製造商已建立品管工程師（quality engineer）的職務，擔任這項職務的員工乃負責改進產品設計、生產工具、生產機器和生產操作，以使設計優良（well-designed）的產品能打從一開始就能製造出來。例如：他們或許會：

- 在現存的設備上安裝電腦化的檢測儀器，以提供快速的製程控制和檢查。
- 從製造一項零件到另一項零件，發展快速、簡單的轉換程序以切換機器。
- 使用不同顏色的零件和工具來進行裝配，以使生產員工可以毫無延誤地選擇適當的工具。
- 在許多同樣產品的模型中，進行標準化的設計、原料和組成原件（諸如配線工具、裝飾、螺釘帽、螺栓、螺旋釘或齒輪等），以使裝配工具和零件存貨的數量維持在最低的標準。

　　一些製造商已運用這些操作得到出色的成功。例如：Harley-Davidson公司發現造成兩種機軸上不同角度進油孔的原因，只因為是由分離的兩組工程團隊所設計。之後，改變了設計使角度一致，如此，鑽孔機更換的時間從114分減少至12分。Bell

在主要的生產步驟上做定期的檢查，是品質保障的其中一環。

& Howell公司設計出以塑膠模型為外殼的新型投影機，使其金屬部分從超過100項減少至只有6項。

　　被檢查的單位數量不盡相同，假設產品失敗而引起嚴重傷害、財務損失或是上述兩者同時發生，公司可能會調查每一個產品單位。在戰略性導彈、通訊衛星、太空人穿的太空裝以及複雜的電子健康醫療設備上，就是屬於這種類別。然而，檢查所有的單位通常是不符實際和不需要的，如果從機器上以每小時生產出數以千計的產品（如鉛筆、塑膠垃圾帶或圖釘之類的產品），管理階層會以隨機的方式進行抽樣檢查。這種方式可以查出任何經由生產操作或設備所引起的主要或重覆性的瑕疵，但它可能允許並視那些逃過篩檢的偶發性細微缺點為可接受的事情。

　　問題可能發生在生產途程中不同的地方，因此產生了**品質保障**（quality assurance）的需要。這是一種生產控制步驟，即沿著生產途程在不同階段對產品進

品質保障
這是一種生產控制步驟，即沿著生產途程在不同階段對產品進行檢查，以確保該產品符合標準

行檢查，以確保該產品符合標準。品質保障必須如同對產品的矯正一樣，成為防範性的檢查，它應盡快地確認脫離標準的偏差，並在產品必須被拒絕之前進行修正。

一些被拒絕的產品可能被送至修正瑕疵品的修改區域，然而如果瑕疵品無法修復，該產品就必須進行再回收或撕碎丟棄。瑕疵品發生在汽車烤漆、椅套或裝飾等方面是以修改的方式處理，瑕疵的鋼鐵鑄模則被熔化重鑄，而有問題的易開罐罐蓋則是丟棄處理。

那些沒有進行產品關鍵零件檢查或檢查不完全的廠商會遭受重大的影響。產品可能仕顧客使用過後故障，而導致全面的產品回收。在1990年初，通用汽車宣佈將計畫回收所有的龐帝克Fiero車款─全數共244,000輛─主要試圖修正引擎失火的問題，該事件影響管理階層於1988年末停產該車款。先前公司在每四百部同型車中就會有一部車會產生引擎失火的事件發生後，回收了125,000輛1984年產的Fiero車款。然而，如同一些美國的製造商指出，對國內產品進行回收是很難的一件事。Honda汽車也一度回收數以千百計的汽車，以矯正前輪懸吊系統和車體零件的劇烈腐銹。一項鮮為人知的異常回收事件發生在一所大學，因有一屆畢業生的畢業證書墨水褪色而回收3,000名以上已頒授的畢業證書。雖然該事件沒有真正的傷害製造商、或是這所大學─但瑕疵品可能促使受傷害的顧客向製造商提出高額的產品責任訴訟（product-liability）。

全面品質管理

全面品質管理（total quality management；TQM）係為改善每個部門的產品或服務，並漸進地達成較高的顧客滿意度所做的綜合性努力。全面品質管理可以運用到所有的組織型態，不論是從事何種行業的組織，例如：全面品質管理（TQM）：

■ 協助Florida Power and Light公司減少顧客的抱怨達80%。

■ 增加摩托羅拉公司30%的生產。

■ 藉由簡化病人的出院程序，Holston Valley醫院每年節省$8,985美元的開支。

■ Globe Metallurgical公司將每年的顧客抱怨從44件減少至3件，並且增加大約45%的銷售。

全面品質管理
是一種綜合性的努力以改善每個部門的產品或服務，並漸進地達成較高的顧客滿意度所做的綜合性努力

全面品質管理計畫能產生連漪效應，當一家大公司採用全面品質管理時，供應商可能會跟進。製造汽車高精密零件的Pooler Industries公司Noel Pooler指出，全面品質管理「不只是改變人們如何來經營企業，它亦改變了和這些人有生意往來的每個人。他們正試著減少目前所擁有的供應商—他們需要長期的契約，愈來愈少的供應商以及愈來愈好的產品品質。」

全面品質管理包含公司所有的面向，從秘書在電話中的應對到資料處理部門完成特殊報告的速度。全面品質管理是企業生存的一種方式；它促使整個組織對品質的約束，「顧客」不只是那些購買公司產品或服務的消費者，那些使用公司內部其它部門所生產的資訊、服務或零件的部門也算是「顧客」之一。事實上，在共同支援、連結彼此的相互依賴關係下，各部門彼此都是對方的「顧客」。員工們以團隊合作的方式消除浪費、無效率和瑕疵，他們被授予職權來確認產品品質的問題，並發展和實行那些能完全清除問題的解決之道。（全面品質管理在先前第六章的管理者筆記有所討論）

摘要

最為基礎的生產相關事務或許就屬廠址的選擇。管理者在不同的潛在廠址中解析特定的近距離因素、員工因素和實體因素所造成的影響，而最終的選擇幾乎就是一項折衷方案。

產品的本質和市場因素指引著一家公司對於生產方法的使用，分解式製程將原料分解以形成新的產品，相對的，合成式製程則將原料結合—透過製造或裝配的方式-形成新的產品。生產方法若經過長時間依同樣步驟製造完全相同產品的方式可稱為連續式製程，若產品的製造乃依顧客的規格說明書且製造程序和設備也依其調整則可稱為間歇式製程。最先進的製造商會儘可能地徹底運用電腦輔助設計、電腦輔助製造和電腦整合製造的操作方法進行產品生產。

最早使用在汽車裝配線上的機器人，現在已有愈來愈多的製造公司運用。雖然廠房規劃和生產流程的改變通常是需要的，在減低員工工資和福利成本以及在不適於人類工作的環境中，這些機器人的程序重建可以增加令人印象深刻的的生產力。

生產需要物料、零件、補給和生產設備，所以管理階層創造一個採購部門並僱請採購代辦人來購買公司所需的項目。這些採購代辦人依採購項目的本質、消費者需求、倉儲空間和可獲得的資金等來進行多種採購方針的結合。存貨控制乃平衡適足存貨需要與產品取得、管理以及清點的成本。存貨控制員和採購代辦人一同運作以確定不同產品的耗損率並確保足夠的存貨以滿足生產需要。那些能保持供應商合作關係並使生產和內部零件進程一致的製造商或許可以透過即時存貨系統將存貨持有成本及工廠空間最小化。

管理階層藉由生產規劃、生產製程安排、生產時程安排、工作分派和進度監管等步驟控制生產，所以當公司需要時能夠製造足夠的單位量以應付訂單。管理階層亦檢查產品以使產品符合接受的標準。

許多公司已採用全面品質管理的操作以試著改善所有部門和員工所生產的產品或服務品質。

回顧與討論

1. 請問生產如何對全國的經濟健康有所貢獻？

2. 請評述以下這段話：「廠址應由一個委員會來敲定，一個管理者無法正確和客觀地進行評估。」。

3. 列舉當公司選擇廠址所解析的近距離因素、員工因素和物質因素。為什麼大部分的廠址是折衷之後的產物呢？

4. 請問生產運轉研究和生產時間研究的差異為何？以你親身的經驗來表示這兩種研究如何影響你的工作或是你的個人生活。

5. 公司如何運用生產運轉和時間研究？員工對這兩項研究有何反應呢？你會如何建議管理階層來鼓勵員工採正面的反應呢？

6. 請列出由分解式製程和合成式製程生產的產品。這兩項製程有何差異？

7. 你如何描述製造製程？請與裝配製程進行比較。而對一家公司來說，使用一種或其它專有的製程來製造產品是常見的嗎？為什麼？

8. 在什麼樣的情況下，連續式的生產方法較間歇式的生產方法為佳？請找出各自運用上述兩種製程的幾家當地公司做為例子。

9. 使用電腦輔助設計系統對一家公司有何益處？

10. 使用電腦輔助製造系統對一家公司有何益處？請問一家公司較有可能先採用電腦輔助設計或電腦輔助製造系統？為什麼？

11. 電腦輔助設計系統、電腦輔助製造系統和電腦整合製造系統之間有何關聯？請問哪一種型態的公司最有可能運用所有的系統？為什麼？

12. 請證明在面臨外國競爭者時，美國製造商運用機器人裝配技術的方式是正當的。這種趨勢對員工訓練有何影響？

13. 請評論以下的陳述：「採購代辦人因為其工作的性質，可能遭受其他員工不會遭遇的多種倫理道德壓力。」這些壓力可能是什麼呢？你認為大部分的採購代辦人如何對這些壓力進行反應呢？請解釋你的答案。

14. 請描述典型的採購程序，包括那些採購代辦人要求多家供應商競標的情況。

15. 概述以下的採購方針和可能使用情況之間的特徵區別：小額採購、預先採購、預期採購、競標採購，以及契約採購和自行製造與向外購買的決策。

16. 何種因素的結合決定了經濟訂購量（EOQ）？這些統計上的數據如何影響採購代辦人的決策？什麼樣的情況會促使採購代辦人購買較經濟訂購量更多或更少的的數量呢？

17. 解釋為何採購代辦人和存貨控制員應關心追加訂貨的時間點、安全存貨量、供應商交貨與訂貨的時間間隔，以及經濟訂購量等事務。

18. 公司期望從設置即時存貨系統上得到何種益處？這種系統如何改變製造商和供應商之間的關係以及公司自行製造零件部門的職責？

19. 請問電腦輔助設計系統、電腦輔助製造系統和電腦整合製造系統能改善即時存貨系統的操作嗎？請說明理由？

20. 為何生產規劃者對成功的製造經營很重要呢？實際的生產經驗是否能協助他們從事工作呢？為什麼能或為何不能？

21. 「當我對的時候沒人會記得，當我錯的時候沒人會忘記。」為何這種悲嘆發生在生產規劃者的工作上會格外真實呢？

22. 討論至少兩種發生在工作已分派之後，需要再行安排生產時程的狀況。

23. 假設各相關部門能有效率的工作，進度監管（follow-up）會從生產控制職責中消失嗎？爲什麼？

24. 請證明品質保障有其必要性。在什麼情況下你會建議隨機抽查的方式？在什麼時候對每項產品都進行檢查或「零缺點」的哲學是較適合的？

25. 品質保障如何與全面品質管理相關？哪種類型的組織會成功地運用全面品質管理計畫？這種計畫如何影響供應商、顧客和公司內其它的部門呢？

應用個案

個案 11.1：Key Tronic 公司縮減成本的創新方法

　　由於海外的廉價勞工，致使美國公司雖然擁有堅強的創新能力，但亦有維持競爭力優勢的困難。外國製造商挾著低廉的工資，亦可忽略運輸產品至美國的昂貴成本，而在美國市場中成功生存，導致許多的美國製造商已將其營運遷移至國外，以獲得低廉的勞工成本。然而，擁有堅強的管理能力和洞察力，這種徹底的遷移是不需要的。

　　多年以前，曾經是電腦鍵盤最大製造商的Key Tronic公司幾近關門，Key Tronic公司發現它一直被那些能更便宜裝配鍵盤的外國製造商以削價競爭的方式吞噬著。於1992年公司董事會僱請一位完全沒有經營高科技公司經驗的Stanley Hiller, Jr來管理公司。

　　Hiller第一步先帶進一群高階的顧問，以提供他在電腦產業競爭中的專業和行銷知識。所有公司的問題可以溯及缺乏成本競爭力的電腦鍵盤。透過著重這基本問題，並任命一個全職的工程師團隊來解決，Hiller逆轉了Key Tronic公司的未來。

　　Hiller的工程師設計的新型鍵盤稱爲Kermit，它已經降價可與海外的製造商競爭，並且是一項設計成低成本、高品質的電腦鍵盤。Kermit只有17個零件而非過去的150個零件，如此，大大地降低裝配的成本。此外，高度自動化的裝配過程讓Key Tronic公司可以一天生產2,400台鍵盤——相較於競爭者所用的四十名員工，Key Tronic公司只用了十四名員工來進行裝配。經由設計將勞工成本從產品競爭的缺點中剔

除，Key Tronic公司發現了對抗低廉勞工的創新方法。

問題：

1. 其它產業可以運用較佳的自動化與設計來縮減勞工成本嗎？
2. 在什麼時候一家公司應將精力放在發展新型產品方面，而非試圖改造既存產品，以使公司具競爭力？
3. 管理產品的生產是否需擁有特殊領域的專業知識？為什麼或為何不？
4. 管理者如何維持所需的創新水準以保持在外國競爭者之前呢？
5. 除了勞工成本之外，尚有什麼問題會協助或阻礙美國的製造商呢？

個案 11.2：以誘因引導產業

這個工作值多少？

對肯德基州政府而言，一份工作值$350,000美元，如同其它州一樣，肯德基州極力促銷該州以吸引產業進駐。在最近的誘因當中，該州提供$1.4億美元的潛在稅賦優惠給Dofasco公司和Co-Steel公司，在北方的鄉下郡中建立能創造四百個就業機會的小型工廠。這是該州史上最大的優惠措施。

當許多產業從當地的誘因獲得好處時，航空業是最大的受惠者之一。航空業是最受州政府歡迎的產業，因為這是爭取飛航中心的大好機會。聯合航空就因為被提供了$3億美元而遷移它的維修設備至印地安那州。雖然這比肯德基州提供的優惠較佳，但它所能創造的就業機會就平均來說，就較肯德基的6,300個少了許多。

給大型企業的誘因計畫十分受那些政客所歡迎，但這只是一瞬間的收獲。雖然提供好處給較小型的企業，或者提供一個一致性的低稅結構，都可能對該州經濟提供一個較強的助力，但是很少的政客可以抵抗製造大型焦點和創造大範圍就業機會的引誘。

然而，公司應該警惕這些誘因。對企業成長來說，其它的因素可能更為重要，並且在獲取那些短期稅賦誘因之前就要考慮。這些因素中，包括接近供應商和市場

的距離、勞動力的品質和所有的生活成本。例如：加州已瞭解其很難吸引企業進駐，甚至以稅賦的誘因也無效，此乃因為該州可獲得的勞動力素質較低和昂貴的住房價格所致。

問題：

    1. 為何州政府會提供誘人的稅賦誘因給企業？

    2. 州政府會將資金投入哪些較好的誘因方案？

    3. 接受稅賦優惠有什麼缺點？

    4. 在接受一項優惠之前，公司應檢視那些因素？

    5. 對政府來說，何時提供貨幣的誘因給一些特定企業而非其它企業是適當的？

12

行銷與產品策略

我們所有的員工都了解神聖的目標是什麼，它並不是要求的底線，而是熱情關心顧客到近乎盲目的自我要求。

ARTHUR BLANK

President, Home Depot

章節目標

在學習本章之後，你應該能夠做到下列各點：

1. 描述行銷對一家公司成功與否的重要性。
2. 描述一個公司組織從生產導向轉為消費者導向的演進過程。
3. 舉出並解釋行銷方面的功能。
4. 解釋行銷概念和行銷角色對一個公司組織的影響。
5. 描述行銷程序。
6. 定義什麼是市場並區分工業市場和消費者市場。
7. 討論市場區隔的重要性和過程。
8. 描述行銷組合中的四項組成要素。
9. 解釋什麼是產品，並區分兩種主要的產品類別。
10. 解釋品牌和包裝為產品策略的重要性。
11. 解釋產品生命週期的四個階段。
12. 確認產品發展中的六個步驟。

Bill Dodge

前言

　　Bill Dodge是信仰「做你所愛，愛你所做」哲學的最好例子。Bill Dodge在紐約州離海岸較遠的地方長大，在那兒他培養了一種欣賞戶外的興趣，尤其是騎腳踏車和滑雪。唸大學時主修生物，但他很快地發現還是對商業較有興趣。當他開始在滑雪器材和腳踏車零售商店工作時，便將娛樂和職業結合在一起。他描述，

「我是狂熱的自行車騎士和滑雪者，所以夏天騎腳踏車，冬天滑雪對我來說是最好的事情」。

在滑雪器材店工作，Dodge認識一些在Salomon公司工作的職員。該公司是一家製造Alpine滑雪靴的法國公司，由Georges Salomon於1947年成立，製造滑雪用的鋼片。經過數年，Salomon公司引進了他的束帶、靴子和創新的下坡滑雪設計。今天該公司是世界最大的冬季運動器材公司，在法國和北美、斯堪地那維亞（Scandinavia）諸國、日本的子公司中擁有近3,000名員工，而Dodge是Salomon公司的北美代表。

Dodge指出，「滑雪產業其中一項著稱的事務是銷售商的訓練，而我剛開始的工作是執行教育計畫以協助零售商銷售、維修和調整雪橇的束帶」。十年後，由於在此領域中具有多種的能力，Dodge晉升為產品資訊經理。他談到，「我為Salomon雪橇和稱為「整體」（The Integral）產線發展新型產品的策略，這對Salomon公司來說是項重要的引進。剛開始我們只生產束帶，然後到了1980年引進滑雪靴，並在1990年推出一體成形的雪橇」。該公司花費收益的7%進行研發創新以期研發領導市場的產品，產品通常先介紹給職業選手使用，然後再推向廣大的消費者市場。這種策略的效果不錯：Salomon公司在滑雪束帶、靴子和雪橇市場皆為第一品牌。

Dodge談到，「Salomon公司以研發創新產品著稱，例如：我們的第一雙滑雪靴就是後進式的比賽靴。當我們引進Nordic（跨國性）滑雪設備時，便整合了滑雪靴和雪橇的功能。Salomon是家保守的公司，在進入市場前我們會進行研究，然後再創新」。在論及Salomon公司於1991年進入徒步靴市場時，Dodge指出，「我們進入一個市場的方式是耗時和昂貴的，因為我們希望學習市場中的所有事務。首先，我們藉由和消費者溝通來發現他們的需要，以瞭解市場情況。第二，我們試著提供市場調查已確認問題的解決之道，這看似符合邏輯，但許多公司並非如此，在Salomon公司，這是它第二項的本質。第三，一旦創新構想已發展出來，我們便會測試該產品，我們有超過一半的時間花費在這個領域之中，以確保新產品能被市場接受。

「這是一個保守的市場，所以當我們展示冒險九號徒步旅行靴給徒步旅行者時，他們說我們不切實際，這種靴子是賣不出去的。而我們說服他們的方法就是讓他們親身體驗，所以讓時尚者（trendsetter）和旅行家試穿。在年度的試穿會上，我們讓200位零售商試穿，並在惡劣的地形中徒步旅行，之後每位與會的試穿者再與我們進行溝通」。

Bill足以為冒險九號獲得市場接受而感到驕傲;《戶外》(*outside*) 雜誌指出,「它傳達了登山運動的特色…它在傳統皮靴的重量和績效的衝突中有不錯的表現」。打從Salomon公司的產品發行於全世界時,他就必須要確定產品能適合北美的市場。他在位於麻薩諸塞州喬治城的辦公室中談到,「我喜愛我的工作,它雖然耗時,但我確定所有的好工作都不是輕鬆的」。由於是戶外產品的經理,他廣闊地旅遊於美國與加拿大,「並且,我一年至少去Annecy五次」。Salomon公司仍不斷地探索能帶給其設計創新和優良行銷的市場機會。

Bill Dodge提供給那些有興趣投入運動和休閒產業的人士建議:「你的經驗愈多,公司對你會愈有興趣。我們尋求除了具有良好教育背景之外,亦要求在零售、製造、配銷和行銷方面有經驗的人士—經驗愈多愈好。當初進入這行是因為想要學習這個產業的事務並愉悅地建立良好的經營基礎,並不期望能很快升遷至管理階層。這是一個小型的產業,而且不容易進入,但到了西元2000年時,它的商業趨勢對我們來說看似有利,所以我相信那些具高度意願的人仍有許多的機會。」

大部分的人當被問及什麼是行銷時,可能將它定義在銷售一項產品或服務上,事實上,他們只答對了部分,銷售是行銷的一部分—但僅是一個部分而已。行銷比銷售商品的範圍大得多,它牽涉大範圍的活動包括市場調查、消費者行為、產品發展、促銷、產品配銷和產品定價等。驚訝嗎?好奇嗎?這章將會介紹行銷的動態本質。

行銷的定義

行銷
行銷的目的是確認消費者需要以進行產品或服務的發展、配銷、促銷和定價的一連串相關活動,並在有利潤的前提下來滿足這些需要

行銷(marketing)的目的是確認消費者需要,以進行產品或服務的發展、配銷、促銷和定價的一連串相關活動,並在有利潤的前提下來滿足這些需要。不論一個組織的大小,不論生產產品或提供服務,其未來都和成功的行銷操作息息相關。

「建造一個較好的捕鼠器,整個世界就會掉進你的陷阱中」,這句古老的諺語並不真實。「他們」必須需要產品、瞭解產品,當想要的時候能得到它,而且要有負

市場學包含了創造、促銷、分配產品及將產品陳列等相關活動。

擔它的能力。行銷提供了組織在長期營運中能夠成功的方法，若行銷不當會產生什麼樣的情況呢？我們可以從這三家出名的公司找到答案：可口可樂公司、J. C. Penney公司和Sear公司。

■可口可樂公司一直以它的行銷經驗著稱，在以新的可口可樂替換舊型可樂時亦經歷過失敗的行銷經驗。當引進這種較甜且改良過的可樂時—目的為趕上它的第一競爭對手百事可樂—，可口可樂公司的總裁Robert Goizueta對外宣稱：「橫跨這片土地數以千計的消費者已告訴我們這是他們喜愛的味道」，之後不久，百萬計的消費者駁斥了「千計」的聲稱，三個月之後該公司羞愧地

換回舊式的可口可樂（CoCa-Cola Classic），舊式的CoCa-Cola Classic目前主導著銷售圖表，而新式的可樂目前稱為Coke II一正在奮鬥它的一片天地。

■ J. C. Penney公司終於重新發現它的春天。糟糕透頂的新行銷決策幾乎破壞了行銷多年的公司決策。為了要成為美國中部受歡迎的百貨公司，Penney公司則銷售較高價位的商品，開始提供那些通常在較大百貨公司才看得到的流行樣式和知名宣庭式製造者的商品，而這種形象的改造並沒有得到消費者的認同一他們並沒有也無法購買Penney公司提供的高檔商品，隨著收銀機進出的步調愈來愈緩慢，Penney公司決定恢復以往那些受注意與較為活潑流行的平價商品。

■ 隨著美國成長的Sears公司，在市場中的地位已垂直下滑，招徠顧客是零售行銷的基石，但Sears公司忽視行銷、不當消費者是一回事並忘記它的市場在哪兒，扭轉這些行銷錯誤就成了奮力一搏的戰鬥。它現在才真正瞭解其目標市場一女性顧客（其服飾的銷售有40%是女性）。Sears公司亦只著重三項主要產品：服飾、家庭擺設和汽車用品。隨著其商店形象的升級，這些行動希望能提昇Sears公司的未來。

無效的行銷對企業來說可能是有害的，因為它會產生不滿意的顧客；而有效的行銷就能產生相反的功效：它能創造價值或效益。簡單來說，**效益**（utility）是指一種商品或服務的功能可滿足消費者的需要。效益可分為四種：形成效益、時間效益、地點效益和所有權效益。

形成效益 是指當公司的生產功能製成產品時所創造的價值。如汽車、牛仔褲或漢堡。雖然生產的產品主要產生形成效益（form utility），但行銷可以透過市場調查收集消費者在產品需求方面的資料一產品大小、形狀、外觀等，來促進形成效益。

行銷直接地為消費者創造時間、地點和所有權效益。**時間效益**（time utility）是指當消費者想要且需要一項產品時，該產品便產生可利用的價值。報紙在黎明初曉時已散佈在可讓讀者拿到的地點，所以人們可以在吃早餐時閱讀體育版、超級市場廣告，或商業專欄。依序地，當行銷活動在消費者想要的地方使一項產品或服務變成可利用時，**地點效益**（place utility）也就產生。當報紙送達住家或旅館時並在自

效益
是指一種商品或服務的功能可滿足消費者的需要

形成效益
是指當公司的生產功能製造成產品所創造的價值

時間效益
是指當消費者想要且需要一項產品時，該產品便產生可利用的價值

地點效益
當行銷活動在消費者想要的地方使一項商品或服務變成可利用

動販賣機、報攤、雜貨店、超級市場和便利商店出售，使消費者在想要它的任何地方都能買到報紙。

所有權效益　是指當產品的所有權（或名稱）從買方向賣方轉移時所創造出的價值。在報紙的例子中，所有權效益（possession utility）在消費者將硬幣投進自動販賣機、支付送報費或付錢給店員時就已產生。

所有權效益
是指當產品的所有權（或名稱）從買方向賣方轉移時所創造出的價值

行銷的概念

從我們的討論中可以發現，行銷對企業和消費者來說都有明顯的價值。但並不總是這樣 — 一直至今日，據我們所知，行銷並非一直存在著。然而，行銷的概念隨著時間的變遷已產生演變。

行銷的演進

行銷在1900年代早期是前所未聞的企業活動，在這時期，消費者對商品的需要遠超過公司所能製造，這種激烈的生產需求致使企業組織由生產部門所主導，各公司具有**生產導向**（production orientation），即生產產品以跟上需求為第一優先的導向。公司所有的精力和才能都被置於生產功能上，銷售一項產品是附帶發生的事；而確定消費者需求則是前所未聞的。在那時，有一家公司的召喚卡上這麼寫著：「我已拿到產品，如果你想要的話這裏有」。

生產導向
即以生產產品以跟上需求為第一優先的導向

當製造商增加他們的產能，可供應的產品增加，產品存貨也隨之產生。然後將重點轉向銷售，這就產生了**銷售導向**（sales orientation），即公司的精力著重於已製造完成的產品銷售上。銷售員的工作就是（1）使消費者產生對公司製造的產品需求（2）說服消費者購買。而公司的目標就是「送出一輛滿載的運貨車出去，並空著車回來」。

銷售導向
即公司的精力著重於已製造完成的產品銷售上

隨著愈來愈多的生產者透過製造高需求產品如：汽車、吸塵器和電冰箱來爭取消費者的購買，產品供給開始超過消費者需求，公司必須找尋方法來確認消費者的

行銷概念
是公司應採行能引導公司長期獲利的消費者導向觀念

操之在己

舉出兩個和你交易過且已採用行銷概念的公司。你為何覺得他們擁有這個概念呢？在你所認識的公司中還有尚未採行這種概念的嗎？為什麼？這對你的企業關係有何影響？

需要。各組織開始轉向**消費者導向**（consumer orientation），即著重於確認特定消費群的需求和慾望，然後生產、促銷、定價、配銷產品以滿足這些需要並賺取利潤。

實行行銷概念

那些擁有消費者導向的公司已採行所謂行銷概念的經營哲學。**行銷概念**（marketing concept）是公司應採行能引導公司長期獲利的消費者導向觀念。它包含的信念是公司組織的所有努力應放在有利可圖的情形下，盡力地確認和滿足消費者的需要。

亨利福特（Henry Ford）就是一個在開始沒有採用行銷概念（實際上是採用生產導向）的最佳例子。在1920年代早期，福特汽車公司從裝配線上大量生產超過100萬輛的T型福特汽車。當有人詢問關於變換這些車的車款、顏色或外觀時，福特的反應是「只要車子是黑色的，購買車子的人可以擁有他們所想要的顏色」。而一個更為適當的答案是由通用汽車的Alfred Sloan所指出，他開始每年在通用汽車的生產線上重新設計車款以滿足購買者無法從那些福特T型車得到的造型、附屬品和享受。

一家忘形於自身需求並無視消費者需要的現代公司是美國運通公司（American Express），它損失的不只是受尊敬的形象，還有200萬的持卡人，因為管理階層無法瞭解消費者除了偏愛聲譽的價值之外，並需要一張在任何地方都能使用的卡—不只有在華麗的餐廳。

行銷概念已被那些目前最為成功的企業所適用，這些優等生的名單包括了赫茲公司（Hertz）、Bank One銀行、新加坡航空（Singapore Airlines）、儷仕公司（Lexus）、戴爾電腦公司（Dell Computer）、四季旅館連鎖（The Four Seasons Hotel chain），以及Home Depot公司（Home Depot公司是本章管理者筆記的主題）等。它們所具有的共通特點是：

- 以顧客和顧客需求為優先，每家公司不斷地花費時間、精力和金錢來確認消費者的需求。
- 顧客需求引導產品或服務的發展，這些產品或服務亦符合他們的需要。緊接著，產品的推出乃伴隨著適當的促銷、定價和配銷策略。
- 整個公司組織不只是行銷部門在服務顧客。

管理者筆記

家庭補給站—配合消費者需要

　　參觀家庭補給站（Home Depot）你會看到它最好的市場商品，它是迪士尼樂園的居家維修工具供應站（fixer-upper），這個市場提供了三合板、油漆、電動工具和35,000種家居可能需要的其它工具。而經營這個商品陳列櫥窗的人精巧地製作低價、實在、不費事、高顧客服務的運作模式。

　　總裁Bernard Marcus和總經理Arthur Blank在十四年前於亞特蘭大建立了第一家商店，以低價格高品質服務的組合贏得了今日全美最佳行銷組織的美譽。Marcus的消費者導向經營哲學是該組織的基礎，這個哲學即「你必須對待每位顧客就像對待母親、父親、姐妹和兄弟一樣」。

　　家庭補給站由於擅長實踐這項經營哲學，致使該公司去年的淨所得提高45.6%達到$3.629億美元，銷售額為$71億美元，而這種優異表現的秘訣就是顧客維持力。

　　維持顧客的關鍵是家庭補給站除了供應最低的價格之外，並送達了超越價格的價值，該公司以最有效的方式送達這些價值：

■ 只在能直接受益顧客的方面進行投資，顧客在擁有水泥地板和飛機掛飾氣氛的倉庫中購物，但其價格比那些舊式金屬商店低20至30%，並且保証是鎮上最好的產品。

■ 鼓勵公司員工與顧客建立長期的關係，工人們被訓練成具有家庭維修的技術，並可以花費同樣的時間來教導購物者，員工們只有直接的薪資，沒有高度的業績壓力。

■ 訓練銷售員不使顧客花費過多。Marcus指出，「我喜歡當購物者告訴我他們準備花費$150美元的預算，而我的員工卻能告訴他們如何買四或五座的鋸台。」

- 視公司員工為合夥人。我們不給員工購買公司產品的折扣，而是發配公司的股票給員工。Marcus指出，「為了一致地滿足顧客，你必須擁有可託付的勞動力」。從證據顯示，該公司224名管理人員擁有家庭補給站公司的股票累計有100萬或更多的股分。

- 確認並回應購物者不斷改變需求。Marcus至少花費他四分之一的時間徘徊在各商店詢問顧客「請問你有找到想要的東西嗎？」，同樣地，家庭補給站的員工每天藉由與顧客溝通的方式進行調查，並且位於密西根州Ann Arbor市的零售研究公司Thompson協會，每年與5,000位家庭補給站的顧客進行訪談。Thompson的總經理Bob Buckner指出：「家庭補給站是我們服務的公司當中與顧客滿意度保持最近的公司，不像許多委託人，他們總是反應我們常聽到的問題」。

行銷的功能

本章一開始，我們就定義行銷為確認消費者需要，以進行產品或服務的發展、配銷、促銷和定價的一連相關活動，來滿足這些需要。這些活動是什麼呢？

圖12.1 呈現這些活動的三種分類：交換功能、實物配銷功能和促進功能，讓我們來解析每項功能吧！

交換功能

交換功能（exchange functions）是指將產品傳達給有意願使用者的購買和銷售活動。每位消費者依個人的用途而購買產品，但其它的團體必須要執行能導致最終銷售的購買功能。例如：躉售商（wholesaler）就屬配銷商品給其它銷售者的公司。而零售商（retailer）則屬於銷售產品給最終消費者的企業，零售商從製造商或躉售

交換功能
是指將產品傳達給有意願使用者的購買和銷售活動

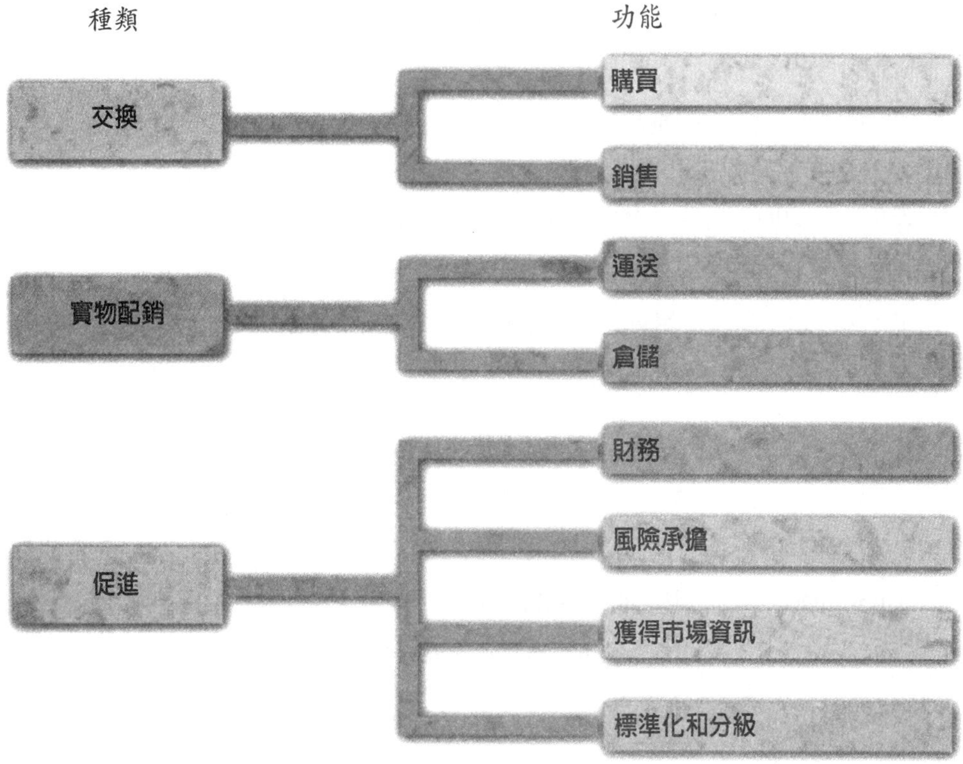

種類　　　　　　　　　　　　　功能

圖12.1
行銷活動的方針

（種類欄）
交換
實物配銷
促進

（功能欄）
購買
銷售
運送
倉儲
財務
風險承擔
獲得市場資訊
標準化和分級

商那兒獲得商品時，它就執行了購買功能（躉售商和零售商將在第十四章進行討論）。

　　銷售─另一項交換功能─是與購買極為相近的重要部份，它除了包含銷售員與潛在消費者之間面對面的接觸之外，亦包括了將在第十三章解析的銷售支援活動如廣告和促銷活動。

實物配銷功能

　　實物配銷功能（physical distribution functions）是有關運送和倉儲商品的活動。因為各個市場成員分散於全國，而這些功能則將產品送至消費者想要的地方。

　　產品通常以飛機、船、貨車、火車和管線運輸，而既定生產者運送貨物的方法則端視產品的易腐性、持久度、體積大小、商品重量、運輸費率和顧客需要的迫切性等因素而決定。活生生的緬因龍蝦是一種易腐的產品，它需用溼海藻包裝以空運

實物配銷功能
是牽涉運送和倉儲商
品的活動

運送；石油和天然氣因為其流體的特性，可以方便地藉由管線、遠洋運油船和鐵路貯油車進行運輸；林產品乃透過火車或貨車運輸，而鐵礦則以火車和水運運送。

倉儲是另一項實物配銷功能，它讓公司配銷商品至策略性的地點，並當消費者需要時置放在商店的架上，消除因季節性或不確定性需求因素所引起的協調問題。玩具在聖誕節假期中是賣得最好的商品，它可能在季節接近前數月就已運送並倉儲至賣場。倉儲促使製造商生產足夠的單位以符合該年的大半需要並釋放至需求出現的市場中，一些諸如「古銅色」防曬油和Scotts草坪肥料等產品就相當依賴實物配銷中的倉儲功能。

促進功能

其它四項能促進或協助公司執行交換和配銷功能的活動屬於**促進功能**（facilitating functions）包括—財務（financing）、風險承擔（risk bearing）、獲得市場資訊（obtaining market information）與標準化和分級（standardizing and grading）四項功能。

財務功能　財務功能藉由使交換功能（購買和銷售）更為容易完成的方式來協助行銷。企業可能提供信用給顧客，讓他們以數週或數月的分期付款方式來支付貨款，公司亦可能借取資金來購買生產最終產品的物料和零件，這使得財務功能在產品推出市場之前更顯重要。

風險承擔功能　在任何企業活動中一些風險的存在是無法避免的，尤其在行銷方面。一些銷售導向而非市場導向的公司就面臨較大的財務損失可能性，但所有的公司都會面臨因競爭者的行銷策略、產品生命週期和未如預期的銷售和利潤所引起的風險。

獲得市場資訊功能　成功的行銷不是偶然的。管理者透過進行多方面的**行銷調查**（marketing research）來獲取市場資訊，即蒐集、記錄和分析顧客需求與特徵的資料以促使公司能發展新產品和有利可圖地銷售既存產品。行銷調查在行銷過程中是一

項有力的工具，較大的消費者產品公司如Frito-Lay、Hallmark Card、麥當勞和Marriott Courtyard連鎖公司皆廣泛地運用行銷調查以蒐集關於消費者需要、市場潛力、購買力和潛在利潤的資料。表12.1 陳列行銷調查可以提供的資料。而如何將這些資料妥善運用是同等重要的一件事，精確的行銷調查則慣用以下的方法進行：

- 表明和發展新產品以符合消費者的需求和期望。漢堡王（Burger King）的用餐服務就是獨立的特許經銷商業主和該公司的行銷調查結果。
- 改進和修正現存產品，以較佳的產品滿足顧客需要。吉利（Gillette）公司以較寬的握柄和保溼葉片重新改造它爲女性設計的Sensor型刮毛刀。

---

1. 個人資料
   a. 年齡
   b. 性別
   c. 收入
   d. 職業
   e. 婚姻狀況
   f. 教育程度
   g. 嗜好、偏好的娛樂

2. 產品使用
   a. 頻率
   b. 理由（個人理由、專業上的理由、商業上的理由）
   c. 一年當中最受歡迎的時間

3. 往往在哪一類型的商店購買該產品（超級市場、五金店、折價店、百貨公司）

4. 消費者往往從哪一個來源得知該產品的消息（雜誌、電視、廣播電台或報紙廣告；朋友；郵購；店內陳列）

5. 以前曾擁有過的品牌或機型

6. 影響購買決策的各種因素（價格、保證、設計、品牌名稱、操作容易）

7. 居家狀況（擁有或租房屋／公寓；和父母同住；擁有渡假專用的房舍）

8. 可能用來購買該產品的信用卡

表12.1
行銷研究可以提供的資料

- 發展廣告活動和訊息，以對目標市場中的買方產生最大的效應。通用汽車 Camaro車款的廣告活動一鎖定「二十來歲的」傑出女性（twentysomethings）方案 就是多方面行銷調查的產物。
- 配銷一項產品至目標市場的商店和場所。以百事公司為例，這種方式，一下子到處都有饗客，而百事公司就成了一項散播的食品。百事公司的速食餐廳連鎖一必勝客披薩、Taco Bell一突然出現在機場候機處和超級市場，該公司希望「當美國人的胃隆隆作響時，能容易地在各處取得該公司的食物」。
- 依市場為基礎的定價。寶鹼（Procter & Gamble）公司仕發現其可拋棄式尿褲在市場中佔有率持續下滑的調查資料之後，將幫寶適紙尿褲的價格調降5%而Luvs的價格調降16%。

　　行銷調查提供重要行銷決策的資訊。雖然我們已在這兒討論它的重要性，其過程的使用和蒐集資料的類型將在第十八章進行描述。

標準化和分級　　標準化和分級的促進功能讓買方和賣方在進行交易上沒有檢查實物產品的困擾。假設產品並未標準化或分級，顧客可能經常有產品比較的困難。例如：想像如果一些生產者和零售店中的鞋子和衣服沒有標準化會產生什麼樣的問題，同樣地，若燈泡、床單、手電筒電池、輪胎以及早餐吃的雞蛋都沒標準化或分級會是什麼樣的情況。

行銷程序：發展行銷策略

　　我們已討論過行銷的活動，現在有一個主要問題需要回答：公司如何銷售一項產品或服務？圖12.2 提供一個有關行銷產品或服務所有過程的圖示。簡要來說，一個組織需：

- 確認一個潛在的消費者市場（年齡、所得、地點、所需利益、生活型態）。
- 分析已確定目標市場的需要。

■調查目標市場的需求、銷售、購買力和利潤潛力。

■創造商品或服務，以滿足目標市場的需要。

■配銷、定價和促銷商品或服務至目標市場。

■經由售後服務來確定消費者滿意度。

上述所有的步驟描述了一家公司如何發展**行銷策略**（marketing strategy）—**一種關於符合市場需要的行銷活動整體計畫**一個組織透過（1）選擇目標市場（2）設計一項能符合目標市場需要的行銷組合（包含產品、價格、促銷和配銷）使其成為一套行銷策略。

行銷策略
一種關於行銷活動的所有計劃以符合市場的需要

圖12.2
行銷一項產品的程序

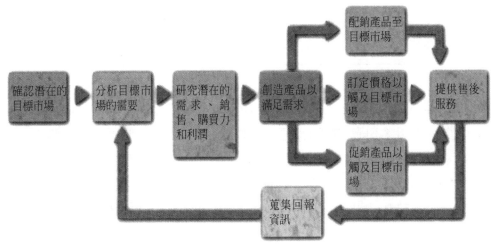

有了這個概念，第一步就是要確認市場的所在。**市場**（market）是一個擁有權力、能力和意願去購買一項能滿足其集體需求的特定商品或服務的潛在顧客群體。這個定義的重點乃單單只有人是無法成立一個市場的，市場中的人不論是獨立的消費者或個人都必須擁有制訂購買決策的權力、有錢去買並有意願進行購買，而市場中的商人必須小心地斟酌市場。

市場
是一個擁有權力、能力和意願去購買一項能滿足其集體需求的特定商品或服務的潛在顧客群體

■**消費者市場**（consumer market）由購買產品為己用的個人所組成。這個市場中鎖定的產品通常是消費產品（消費產品將稍後在本章討論）。

消費者市場
由購買產品為己用的個人所組成

工業市場
由購買產品除了運用
在經營之外亦用在製
造其它產品的企業、
政府機構和其它公共
團體所組成

■ **工業市場**（industrial market）由購買產品除了運用在經營之外亦用在製造其它產品的企業、政府機構和其它公共團體所組成。他們的購買每年通常達數十億美元的價值，直接或間接地支援著消費產品的生產以及其它工業產品項目。一些工業產品的例子有鐵礦、辦公室用品、鑽床、打包機和大部分的電腦等。

然而，如鐵礦這類的產品清楚地是屬工業用途（消費者不會購買），買主的意圖決定了其它產品成為工業產品或消費產品的分類。例如：打字用紙當由企業購買做為通信用途時屬於工業產品，而當一位大學生購買用來做為學期報告用途時則屬消費產品。肥料、敞篷小型載貨卡車和蔬菜，亦可依買主的使用而分類為兩種產品。

市場區隔：定義目標市場

不論是消費者市場或工業市場，可以得到一種觀察結論：在市場中有眾多的顧客，他們擁有相當不同和特異的需要。例如：銷售汽車的公司已認知了一個簡單的事實：同樣款式的車無法賣給所有開車的人。有些人想要經濟實惠型的，有些人則想要豪華型的車子。有些人會買保時捷，有些人則會買本田的Prelude車款。依特定群體的偏好、習慣、特殊使用或一般生活型態來發展產品並銷售是較為合理和實際的做法，如此，市場中的商人會採取**市場區隔**（market segmentation）—將全部的市場區分為數個具有相似特徵和產品需要子群的過程稱之。當一個市場被區隔之後，該組織可以決定哪個部分或部分群體將是**目標市場**（target market）—為公司行銷活動所針對的特定顧客群體。展現特定市場區隔的汽車製造商—高級燃油經濟市場、較大型家庭市場和年輕人市場—可能藉由滿足顧客的特殊需要來擭獲大部分的同質市場。表12.2圖示汽車市場可以被細分為數個較小的市場。

市場區隔
將全部的市場區分為
數個具有相似特徵和
產品需要子群的過程
稱之

目標市場
為公司行銷活動所針
對的特定顧客群體

在瞭解市場區隔和目標行銷的邏輯之後，讓我們來探視行銷過程的細節，它可分為兩個主要的步驟。

表12.2
汽車市場的區隔

生活形態/年齡	收　　　入		
	$0-$20,000	$21,000-$35,000	$35,000-$50,000
單身/22-30	迷你車	小型車	跑車
單身/31-40	小型車	中型車	國外跑車

步驟一：定義市場的特徵和需要

　　如圖12.2 所示，第一步為確認潛在目標市場的特徵和需要，藉由運用行銷調查（本章先前討論過的行銷功能之一），市場商人可以獲得消費者特徵和需要的所需資訊以區隔市場。這資訊可能包括：

■家庭所得、種族、性別和年齡。
■行為型態（例如：特定的產品消費量、希望得到的利益和品牌忠誠度）。
■心理特性（例如：個人特質、興趣、生活型態）。
■地理位置、氣候、地形。

有了這些一般的資訊，潛在市場可以下列四種方法分析和區隔：

■人口統計區隔（demographic segmentation）：依年齡、性別、教育、所得和家庭大小的基礎歸類相似群體的市場。
■地理區隔（geographic segmentation）：確認消費者實際的生活地點，如緬因州的波特蘭市或德州Dime Box市。
■精神統計區隔（psychographic segmentation）：依生活型態如人們的活動、興趣和主張來確認相似的群體。
■利益區隔（benefit segmentation）：著重於從產品或服務所預期得到的利益。例如：減肥汽水可能被一些群體預期能提供好的口味，然而另一些群體可能是看上它低熱量的益處，如圖12.3。

圖12.3
利益取向廣告

人口統計區隔（因爲能輕易觸及明確的消費者群體）和精神統計區隔（因爲能考慮消費者所領會或渴望的生活型態）是最常運用的區隔基礎。

公司花費無數的時間和大量的金錢在區隔市場方面，確認「正確的群體」就表示捕捉到金礦，市場商人通常將他們的眼界設定在三種市場區隔：種族市場、成熟的嬰兒潮市場和精力充沛的「新新人類」市場。嬰兒潮有7,600萬人，是市場商人爭取傳達商品和服務的對象。而新新人類，又稱X世代或「二十來歲的人」（twenty somethings）在美國有4,600萬人，由18歲到29歲嬰兒潮之後的下一代所組成。種族市場由亞洲人、非洲美國人西班牙人所組成，幾乎占了美國人口25%的比例。

圖12.4
許多商家都將目標瞄
準在其它種族市場的
銷售潛力上,例如:
非裔美人、拉丁裔美
人和亞裔美人。

關於種族行銷的一個例子是肯德基炸雞的「鄰居KFC」概念。爲了吸引鄰近傑
出的其它種族人士消費,肯德基炸雞重新裝潢餐廳,增加食品的項目、新的員工制
服、和更多的黑人音樂。它們將目標鎖定非裔美國人和西班牙人的區域,其成果都
不錯,實行該方案的一些肯德基炸雞速食店其營業額增加了5%至30%不等。

步驟二:分析市場的潛力

在區隔市場活動中的下個步驟是分析目標市場的(1)銷售潛力(2)需求潛力
(3)購買力和(4)利潤潛力。

銷售潛力 重要的市場區隔擁有銷售的潛力，即在區隔內存在足夠數量的未來購買者以支持製造該產品所投入的資金和人力資源。用誇大一點的例子來說，這也是為何雪車不會在夏威夷銷售，冷氣機不會在阿拉斯加販售的原因。

有遠見的公司尤其關心預測銷售潛力的改變，預測一個區隔中的人口將會減少，或以緩慢的比率增長都可能會減少這個區域對企業家的吸引力。

如先前所述，若你正瞄準嬰兒潮和新新人類的市場，其銷售潛力分別為7,600萬人和4,600萬人，而種族人口總數為6,200萬。圖12.4為一則以非裔美國人為行銷目標的廣告。

需求潛力 在評估一個市場區隔的另方面是顧客需求，顧客應當除了展現對一種特定商品的迫切需要之外，亦可以受公司的促銷活動而產生需要。這兩種的主要差異就在於最初的需求不同。例如：飛盤並不是一種必須的產品，但數以百萬計的顧客都深信需要它。而一些產品如煙霧警鈴、抗生素藥品都是依消費者需要而銷售。

對公司的需求潛力來說，銷售健康和財務服務給嬰兒潮的人們是無可限量的，嬰兒潮時代的人對那些能維持他們健康和財務穩定的商品和服務有確實的需要，他們都較為年長，而且認為自己積極並有活力而非無聊和靜止不動的。雖然如此，只有少數人在為退休而儲蓄，反而大多數人仍持續揮霍無度—但現在是需要規劃退休計畫的時候了。

購買力 人們不會單單因需要或想要一項產品而成為它的潛在顧客，他們尚須有購買力－現金或促使他們能購買該項產品的信用卡。許多大學生可能想要一輛保時捷，但沒有足夠的現金或信用卡則永遠不會得到這項產品。購買力區分了那些是真正的消費者，一個重要的市場區隔需要足夠的購買力來保證產品的生產，並且他們必須有意願花費金錢來購買。

購買力在我們已提過的三種市場中是顯而易見的：

■ 嬰兒潮市場中，「年長者」掌握了$2,500億的消費能力。
■ 種族市場呈現同樣令人印象深刻的購買力：西班牙人$1,410億美元；非裔美國人$1,720億美元；而亞裔美國人則擁有$1,960億美元的購買力。

■即使新新人類尚未進入收入年份的高峰期，但他們已有$1,250億美元的購買力。

利潤潛力　市場區隔的第四項重要因素為利潤潛力，它同時也是其它因素的關鍵，這是一種企業家從銷售單位賺取足夠利潤以應付所牽涉風險的可能性。成功的公司在他們致力於生產之前，會先透過確認該市場區隔存在這四項特徵達可接受的程度，以將不適決策的頻率和嚴重性最小化。

在區隔一個市場的過程中，我們已明確了一群擁有相似需要和特徵的消費者—目標市場—並且我們已確信他們有購買的權力和能力。現在我們必須透過建立行銷組合來發展計畫以調查目標市場或市場群。

行銷組合

市場商人用以觸及目標市場的工具和變數是生產策略、促銷策略、價格策略和配銷策略。能達到成功的生產、價格、促銷和配銷策略有效調和就是**行銷組合**（marketing mix）。圖12.5 呈現出當行銷組合要素結合以鎖定一個目標市場區隔時之間的關係。

產品策略　包括關於產品設計和品牌、稱號、商標、包裝、保證、擔保、新產品發展和產品生命週期的決策。表12.3 指出產品策略（product strategy）如何為市場區隔設計產品。

價格策略　乃著重於制訂能獲取利潤的產品價格。定價決策乃受目標市場對高價位或低價位的敏感度、價格（低價與品質相較）所創造出的心理印象，和競爭者行為等影響。William Wrigley藉由行銷一項具有低價、高數量潛力的產品成功地實行價格策略（pricing strategy）：一盒五分的口香糖（我們將在第十四章探討定價策略）。

行銷組合
即達到成功的生產、價格、促銷和配銷策略有效調和稱之

圖12.5
行銷組合中的要素

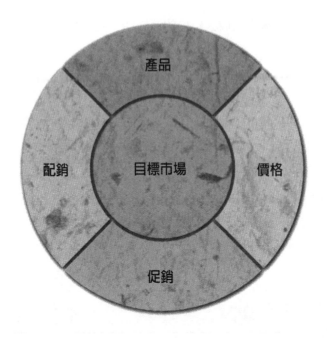

表12.3
專為各種市場區隔所
設計的不同產品

產品	市場區隔
Hero 狗食	大型狗的飼主
Cycle狗食	依飼主所養狗兒的年齡層區分
Gaines 碎肉夾餅	尋求便利性的狗飼主
CD狗食	需要特別飲食的狗飼主
美好家務（Houskeeping）	家庭主婦
職業婦女（Working Woman）	女性老闆和主管
風尚（Vogue）	非常注重時尚流行的女性
Flintstones 維他命	兒童
Fem-iron 藥片	成年婦女
Geritol	老年人

促銷策略　包含發展正確的促銷組合元素－廣告、人員推銷、銷售促銷和宣傳等。
促銷策略（promotional strategy）是行銷組合中的溝通要素（促銷是第十三章的標
題）。

配銷策略　牽涉配銷系統和將產品置於顧客手中的通路。這方面的決策制訂乃關於該使用何種運輸方式、在產品銷售出去以前要如何且在何處貯存產品，以及在全國一些特殊的區位中將運用何種的銷售據點（配銷是第十四章的標題）。

產品和產品策略

　　產品和產品策略在行銷組合規劃中扮演著重要角色。發展一項商品或服務來滿足消費者需求是關鍵的第一步，而其它的組成因素則以產品規劃為基礎。

什麼是產品？

　　一項產品乃遠超過你眼睛所看到實物，它是帶給消費者滿足的套裝組合。一項**產品**（product）指的是實物提供，並伴隨著能滿足消費者需要的形象和服務。它包含可以看見的有形特徵和看不到但能代表產品形象和服務的無形特徵。

　　例如：Panasonic公司製的VHS錄影帶：

- 是以磁帶連接到電視機的長方形盒子（實體的特徵）。
- 擁有品質保證和服務措施（服務特徵）。
- 擁有和Panasonic這個廠牌聯想的聲譽（形象）。

　　這些特徵不論有形或無形都被設計以產生消費者的滿足感。

產品的類別

　　產品策略牽涉提供產品類別的決定，不同型態的產品乃針對特定的目標市場，而產品的類別和型態則決定採用那種促銷、定價和配銷策略。產品類別有兩種：消費產品和工業產品。

產品
由基本的實體提供，以及一組伴隨的形象和尋求滿足需要的服務特徵所組成

環球透視

一份咖喱加烏賊披薩—外帶！

行銷的最終測試是創造或使產品適合於特定的目標市場。對美國披薩界的巨人達美樂和必勝客而言，他們知道即使是被視為傳統及好口味的pepperoni和起司也無法挑戰其日本市場，因此他們開發符合當地文化的產品。

每家公司都花費數百萬美元開發店面和說服日本消費者接受披薩成為受歡迎的食物，但是日本人並不全盤接受道地的「美國式」披薩—pepperoni、起司、鯷魚類，直到兩家公司聆聽消費者聲音之後，它們的收銀機才開始鈴鈴作響，然後變得勇於創造新的口味。

達美樂開始供應蘋果或米披薩、沙拉醬德國臘腸和馬鈴薯披薩、烏賊和鮪魚披薩、咖喱披薩以及煎牛蒡根烤牛肉披薩等口味，達美達亦搶先引進價格為$15美元的10吋雞肉蘸糖烤美食披薩，它包含了日式燒雞、菠菜、洋蔥和玉米。

為了不落人後，必勝客亦引進烤雞肉披薩、牛蒡根、馬鈴薯和意大利通心麵沙拉等口味的披薩。在打開消費者對這些奇異的口味之後，它很快地以小蝦和辣椒醬塗在甜的披薩表面，加上雞肉、海藻和松魚絲再撒上魚汁。

有了這些披薩喜好者的列隊，收銀機乃鈴鈴作響，而且東京的街道上充斥著披薩外送員的吵雜聲音。

消費產品
即是為消費者個人使用而設計的產品

便利商品
是一種以最少努力即可購買的產品

消費產品 為消費者個人使用而設計的產品即是**消費產品**（consumer product）。這種類別的產品可以按照從一個群體到另一個群體購買行為的差異來確認，消費產品有三種類別：便利性商品、購物性商品和特徵性商品。

便利商品（convenience goods）是一種以最少努力即可購買的產品。它們通常不昂貴且時常被購買。如牛奶、報紙、鉛筆和機油等都屬便利商品，圖12.6。

有些產品的設計是針對某些特殊需求的購買者。

　　選購商品（shopping goods）是依產品品質、設計、成本和性能為基礎的購物比較之後才購買的項目。潛在的購買者經歷多方面的購物活動之後，在競爭的商店中進行調查和比較。電視機、服飾、鞋子和器具等通常都歸為此種類別。

　　專屬商品（specialty goods）因為產品的獨特特徵或形象，買者擁有強烈偏好的產品類別稱之。消費者會有意願展開相當多的精力和時間以獲得這些商品。例如：有些人對Carver立體透視放大鏡、Martin吉他或美孚1號機油等擁有特異、無法商量的需求。一般來說，如果特殊產品無法獲得，許多顧客將不接受其它的代替品。

　　瞭解這三種商品型態的界限乃屬個人因素是重要的，某個人認為的專賣商品項目可能屬另一個人的便利商品，對產品認知上的差異有時是視可花費所得（如：珠寶）、同儕意見影響以及對買者態度的促銷努力（如：機油、刮鬍刀和運動商品）而定。一般的分類協助生產者建構那些能成功產生大多消費者都想要或需要該產品的促銷和配銷策略。

　　工業產品　凡購買用以生產其它商品和服務或用在企業經營上的商品或服務乃屬工業產品（industrial product）。工業產品的分類包括廠房設備、附屬設備、組成零件和物料、原料和工業補給品等。

選購商品
是依產品品質、設計、成本和性能為基礎的購物比較之後才購買的項目

專屬商品
因為產品的獨特特徵或形象，買者擁有強烈偏好的產品類別稱之

工業產品
凡購買以用來生產其它商品和服務或用在企業經營上的商品或服務稱之

圖12.6
便利商品的廣告

廠房設備
是屬企業主要資產的
大型、昂貴資本項目

主要設備
包括用來生產的機械
設備和大型工具

■**廠房設備**（installations）是屬企業主要資產的大型、昂貴資本項目。例如：
倉儲設備和廠房。

■**主要設備**（major equipment）包括用來生產的機械設備和大型工具。例如：
車床、碾磨機和釀造桶。

■**附屬設備**（accessory equipment）意指一些較主要設備便宜並已標準化的產品

項目。例如：手動工具、計算器和打字機。

■ **組成零件**（component parts）即一些設置於最終產品中，預先完成的產品項目。例如：汽車用的電池和火星塞就屬這類型的產品。

■ **原料**（raw materials）即成為最終產品一部分的天然和農業產品。礦物、沙、石油和大麥均屬原料的例子。

■ **補給品**（supplies）即企業日常營運所需的產品項目，它們不會成為最終產品的一部分。補給品包括燈泡、維修補給品、文具和筆。

■ **工業服務**（industrial services）是指用來規劃或支援公司營運的項目。其例子包括法律、印刷、守衛和會計服務。

產品策略：品牌的運用

發展產品策略時的重點是區分產品的差異性。一項產品的組成就如同先前所述，亦包含產品的形象。為了創造形象，公司採用了品牌策略。所謂品牌是一種名稱、象徵、設計或定義該公司商品或服務的上述組合。

有三種明顯的品牌界定：

■ **品牌名稱**（brand name），即用來定義一項產品的一個字母、字彙或一群字母或一串字。如：康寶濃湯、史密斯太太派、IBM、可口可樂和Lite啤酒等都是品牌品稱。

■ **品牌標誌**（brand mark），即用來定義並區分一項產品的象徵或設計。如：貝殼（Shell）機油公司的貝殼、麥當勞漢堡的金色拱型標誌和耐吉運動鞋的勾型標誌等。

■ **商業代表人物**（trade character），即具有人物特質的品牌商標。如：麥當勞叔叔、老虎湯尼和Pillsbury Dough Boy等。

品牌辨識對一個公司來說具有相當價值，所以它應被保護。因此，公司會取得一個**商標**（trademark）─即受法律保障的品牌名稱、品牌標誌或商業代表人物。公司可以藉由向美國專利權暨商標辦事處（U.S. Patent and Trademark Office）註冊，以

附屬設備
意指一些較主要設備便宜並已標準化的產品項目

組成零件
即一些設置於最終產品中，預先完成的產品項目

原料
即成為最終產品一部分的天然和農業產品

補給品
即企業日常營運所需的產品項目

工業服務
是指用來規劃或支援公司營運的產品項目

品牌名稱
即用來定義一項產品的一個字母、字或一群字母或一串字

品牌標誌
即用來定義並區分一項產品的象徵或設計

商業代表人物
即具有人物特質的品牌商標

商標
即受法律保障的品牌名稱、品牌標誌或商業代表人物

取得受法律保障的獨家商標。在取得商標時，該商標之後會有一個記號。這些經註冊的商標如可口可樂（Coca-Cola）和全錄（Xerox）等皆屬之。

品牌價值　在市場中，發展和保護一項品牌可擁有許多益處，設定品牌可使消費者對產品產生認知和區分。Chef-Boy-R-Dee 的笑臉和Fruit-of-the-Loom 的水果皆有助於顧客分辨這些產品與其它產品的差異。

投射訊息　品牌可投射出產品品質和內涵的訊息，這些品質的訊息試著增加消費者對產品的接受度並經由以下三種階段來提昇品牌的接受度：

1. 品牌認同（brand recognition）。新推出的產品讓破壞者大眾所熟悉。假設該產品是一項品牌的系列產品，該階段就能產生更大效用。「喔！Kellogg's有新的麥片」。
2. 品牌偏好（brand preference）。依賴先前品牌經驗的消費者會選擇該產品而不會選擇其他競爭廠商的產品。消費者會認為，「因為它所有的產品都不錯，所以我知道它是好的產品」。
3. 品牌堅持（brand insistence）。消費者不接受其它的替代產品。「如果你無法提供康寶濃湯，那麼我到其它家購買」。

　　品牌在投射訊息時十分有效，以致一個品牌可以得到根本的促銷：成為公司的代名詞。最近聯合品牌公司為紀念Chiquita這個品牌而將其名稱改為Chiquita品牌國際公司。其原因是：要反映該公司成為新鮮水果和蔬菜市場中主要交易者的地位。

品牌策略　在眾多已發展方法中品牌的運用是一項有效的策略。一些如通用電子公司運用家族品牌：該公司的產品皆以一種名稱稱之。另方面，個別品牌的策略則對公司各種產品或項目使用獨立品牌。製造商發展其自身的品牌稱為「全國性品牌」（national brands），而零售商和蔓售商則在市場中使用他們「私有」的品牌。

品牌延伸　一個成功品牌在市場中的巨大影響已造成現今行銷競技中所謂的品牌延伸或品牌效力─即運用已建立的品牌來推動一項新的，有時是毫不相關的產品進入

市場。今天的市場商人在全部的商品類別中套用品牌。Sun-Maid在麵包架上的產品標誌及紅色包裝和水果乾產品的標誌外裝相同。哈根大使（Haagen Dazs）利口酒和冰淇淋就用同一種品牌，而龜牌打臘劑（Turtle Wax）除了能清洗你的汽車之外，還有打掃家庭的清潔產品。

第二種品牌的延伸策略是爲了發展既存產品的變化，去年共有15,866種食品、家居和個人清潔用品發行，接近70%都屬品牌延伸，而比較著名的品牌延伸例子包括：

- RJR Nabisco將其擁有58年歷史的Ritz硬餅乾換裝爲Ritz Bits。
- Kellogg因Rice Krispies Treats而享有盛名，是一種擁有50年歷史的點心秘方的穀類特殊式樣。
- 桂格燕麥研發出具特殊風味的米點心，一些像起司的新口味已爲該公司創造50%的利潤。

未註冊品牌：與所有的產品競爭　一些組織在品牌名稱和品牌標誌上選擇了相反的方式—**未註冊品牌**（generic brands）。這些是屬於一些不具品牌名稱的產品。而類品牌的產品不具有昂貴的包裝或促銷的支援。

未註冊品牌和有品牌產品之間的差異通常很小，未註冊品牌的產品可能在顏色、大小或組成原料品質上稍微遜色，但在產品的營養和氣味上影響很小。由於產品等級差異以及生產者不花費資金在產品促銷上的事實，使得該類產品在銷售價格上低於有品牌商品達30%至40%的水準。製造商傳統上是以過剩的產能來生產未註冊產品，所以不會影響正常的操作。雖然未註冊產品獲取較低的單位利潤，但他們可以向連鎖超市銷售足夠大的量以使生產者享有滿足的利潤。

產品策略：包裝的運用

包裝不只是將產品裝進一個盒子、瓶子或包裝紙裏，包裝設計對公司的形象具有顯著的影響。包裝形狀、顏色和材質的適當選用在產品策略中是一項要素。可麗柔面紙（Kleenex）以一個裝飾家的盒子包裝，Pangburn的Chocolate Millionaires以

操之在己
想想你最喜愛的商品，它被接受的特點是，容易辨識？較討喜或有一定的水準？爲什麼？

未註冊品牌
屬於一些不具品牌名稱的產品

圖12.7
包裝─產品策略的一
部份

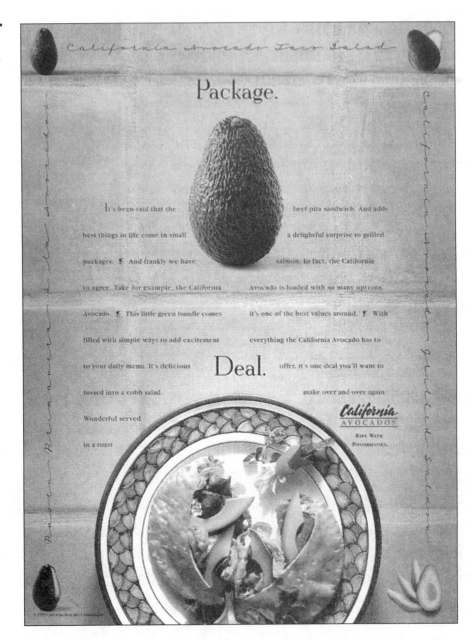

金色的盒子包裝，而Lowenbrau啤酒則以金色薄金屬襯物圍繞在瓶頸處。這些包裝都是偶然發生的嗎？應該不是吧！

　　除了顏色的使用之外，多功能和容易操作都是市場商人蓄意做出的決策。你寧願買五個1夸特的桶子或是一個5夸特的桶子來貯存舊機油嗎？在長途汽車旅行中你

是否偏好使用塑膠或玻璃瓶子來裝冷飲呢？有技巧的行銷產品設計者會協助解決你上述的選擇-並協助你購買他們的產品。

在今天的行銷計畫中，包裝扮演一個相當重要的角色。市場商人的一些評論如「包裝是最便宜的廣告」和「每個包裝就是一個五秒鐘的廣告」等，提供了包裝重要性的證明（圖12.7）。

產品生命週期

產品就像人一樣，從生到死都經歷許多不同的階段，這些階段統稱**產品生命週期**（product life cycle），**即在市場中包含銷售導入期、成長期、成熟期和衰退期的接續階段**。這些階段的長度和在每個階段獲得的利潤乃依特定產品而不同。如圖12.8所示。

成功的市場商人會關心一項產品在生命週期中所處的位置，它不但影響在任一既定進程中所應用的行銷策略，亦指出引進新產品的需要。產品生命週期對一位市場商人來說是一項有用的工具，它提醒他或她注意產品，並在不同階段依需要調整

產品生命週期
即在市場中包含銷售導入期、成長期、成熟期和衰退期的接續階段

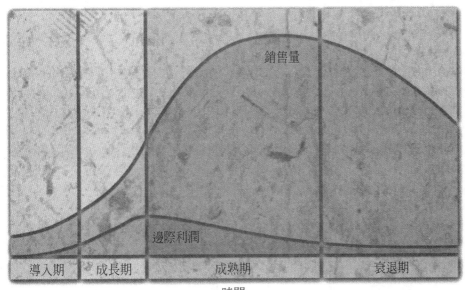

圖12.8
產品的生命周期

金額

銷售量

邊際利潤

| 導入期 | 成長期 | 成熟期 | 衰退期 |

時間

其行銷組合的組成，它亦顯示一項產品的弱點和發展新產品的需要。讓我們來解析生命週期中的每個步驟吧！

銷售導入期

傳統上，在銷售導入期間，產品的銷售和利潤處於低點，公司可能會花費大筆的經費去告知潛在顧客關於產品的特色，並說服消費者該產品將會滿足他們的需要和需求。因為人們都不熟悉該項產品，而且或許會懷疑它的有效性，銷售導入期就是一個使大眾瞭解該產品的重要階段。

經驗豐富的行銷經理通常偏好花費相對少量的金錢，在小地理區內行銷新的產品，而非一開始就在全國進行銷售。在全國性的銷售導入期中，少數的消費者回應可能會引起龐大的損失；所以，「冒的風險小，損失也少」似乎是一個較為明智的依循過程。這種小規模的銷售導入稱為**測試性行銷**（test marketing），它包括在策略性的地理位置中導入一項產品，而非到處銷售，用以評估消費者的反應。

Taco Bell公司在測試性行銷市場中是大家不陌生的公司，在激烈競爭的速食企業中，Taco Bell公司正在尋求對競爭者的優勢。依照這個想法，它正試著以taco貝殼、西班牙式辣椒醬和重炸豆類的設計對那些在家開伙的人進行攻擊。為了瞭解這是否為一項聰明的決定，Taco Bell公司在南方和西南方1,000家的超級市場進行該設計的測試。

另一方面，有時公司會選擇不進行產品的市場測試。直接進入大量生產和配銷可能是一項危險的動作，但有些公司選擇不進行市場測試是有其理由的。Owens鄉村香腸公司沒有進行測試便將一種由炒蛋、起司和香腸組合的微波速食早餐，直接引進27個市場。它的原因是：不要警告競爭者。頭六個月內，該產品在零售方面為公司贏得$300萬美元的利潤，而且該公司的生產噸量亦較其計畫超出了六倍之多。

成長期

假設新產品在測試區域銷售甚佳，證實了管理階層的預期，它則進入成長階段，它可能會被銷售至全國並伴隨著銷售和利潤的增加。

經由努力的工作，Lever Brother公司已發現其Lever 2000透過大肆宣稱該肥皂對全家的多用途功能之後，成長為肥皂類別中的第一品牌。一個家庭不用再為媽媽買保溼肥皂，為爸爸買除臭棒，為小孩買溫和的肥皂。這個方式非常成功，其年銷售額直升$1.13億美元。

成熟期

第三階段—成熟期—對原創的製造商是重要的階段。強勢的銷售和利潤達到這一時間點時，將會促使其它公司銷售相似的產品，而且激烈的削價可能會發生。例如：具有$1.095億美元的早餐三明治市場中，競爭是相當劇烈的。誘人的銷售收益已吸引Sara Lee投資的Jimmy Dean Sausage'n Biscuits公司、康寶濃湯投資的好開始早餐公司、Hormel投資的新傳統早餐公司，以及Owens Country Sausage投資的Breakfast Biscuits公司和Border Breakfasts公司等進入市場投資。

當一項產品處於成熟階段，銷售達到高峰而且利潤會急速地下滑，這時是建議導入一項新產品或使目前產品的訴求恢復生氣，並開始重新其生命週期的時候，亦是執行品牌延伸的正確時機。

衰退期

一些產品如自來水筆，這種產品在進入第四階段的衰退期前，持續流行了數十年。這個階段期間，產品的需求幾乎消失殆盡，因為該產品不再適合消費者的需要、生活型態、習慣或愛好。男性的髮油、洗衣板、刮鬍刀和計算尺等都已歷經了下滑的階段。

一些滿足慾望而不是迫切需要的產品，有時會吸引一個十分善變的市場區隔，今天非常流行，明天就遺忘是這種市場的特徵。它們的生命週期通常類似一座金字塔，例如許多玩具和食品雜貨類，具有相對為短的生命週期；今天銷售的玩具中大約有60%是二年前所買不到的，並且超級市場所陳列的商品中，有一半以上十年前是不存在的。Klackers、寵物岩石和心情戒指都是一些生命週期相當短的產品。

新產品的發展：必然性

產品生命週期具有十分高分貝的訊息：所有的產品最終要經過這些階段且必須從市場消失。一個成功的公司擁有代替現存產品的新產品計畫，或是尋求舊產品的新用法是很重要的。

一個不斷監視產品生命週期並在市場中推出新產品的出色例子就是吉力公司。該公司數十年來以創新產品來面對競爭並呈現其它替代產品給消費者的方式已成為一個慣例，這改變從吉力牌「藍刀」型和Wilkinson不銹鋼刀刮鬍刀到吉力公司的雙刀頭型，以及從旋轉式刀片到雙刀頭改良型刮鬍刀和感應器型等，都是對產品生命週期所進行的優良分析和運用。

發展新型產品不是件簡單的任務，數以千計的新產品引進，每年有60%到70%不等的失敗率，而產品失敗有幾個原因，包括設計問題、調查不足，或該產品導入市場中的時機不對等。為了將這些風險最小化，公司可以運用深思熟慮（well-thought-out）的六步驟程序來發展新型產品，如圖12.9 所示，讓我們來檢閱每個步驟吧！

圖12.9
新產品的發展過程

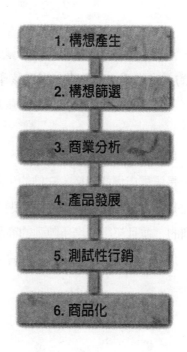

1. 構想產生

2. 構想篩選

3. 商業分析

4. 產品發展

5. 測試性行銷

6. 商品化

1. 構想產生。產生新產品的構想來協助公司達成目標，而構想可以從任何地方孕育產生─調查者、工程師、顧客和供應商。

2. 構想篩選。原始的構想需依許多標準來篩選，包括它們是否能符合公司目標、公司是否具有發展該構想的專門技術或知識，以及財務資源的可利用性。假設該構想通過這些標準，即可再進一步評估。

3. 商業分析。這個階段中，需評估產品市場的潛力，而該分析由潛在銷售、成本和利潤所組成，假設該產品前景看好，這個構想就被送至產品發展部門。

4. 產品發展。這個階段中，該公司發展一個原型或產品構想的運作模型。公司進行可行性研究以決定該產品在技術上是否可以生產，並研究進行大規模生產時所需的成本。

5. 測試性行銷。如先前所述，測試性行銷是在地區內有限的規模進行產品的引進，這個階段讓公司進行產品以及其它行銷組合變數的實驗。

6. 商品化。假設該產品在測試性行銷中有成功的表現，公司則制訂產品的生產和配銷計畫。在這個階段期間，應自我進行產品的再精煉，其行銷組合的組成也是。

摘要

行銷的目的是確認消費者需要，並發展、配銷、促銷、定價商品與服務，在有利可圖的前提下滿足這些需要的一連串相關活動。而一家公司的長遠未來則與成功的行銷運用緊密相連。

有效的行銷能創造價值和效益，而效益有四種型態：形成效益、時間效益、地點效益和所有權效益。行銷促使形成效益的改變，並直接地影響時間、位置和所有權效益。

行銷事務從生產導向變為銷售導向，最後再演變為顧客導向，一個具有顧客導向的組織乃採用了所謂的行銷概念-即公司應採行能引導公司長期獲利的消費者導向的一種觀念。

行銷包含了行銷活動和程序。行銷活動可分為主要的三種類別：交換（購買、銷售），實物配銷（運輸、倉儲）和促進（財務、風險承擔、獲取市場資訊以及標準化和分級），在完成行銷程序的過程中，這些活動都曾被執行。

行銷程序包括了發展一套行銷策略：目標市場和行銷組合，所有程序包括：

- 確認潛在的目標市場。
- 分析目標市場的需求。
- 調查目標市場的需求、銷售、購買力和利潤潛力。
- 創造產品以滿足目標市場的需求。
- 將產品配銷、定價並促銷至目標市場。
- 以售後服務來確保消費者的滿意度。

行銷受市場的引導，而市場是一群擁有權力、能力和意願來購買能滿足他們集體需求的特定商品或服務的潛在顧客，主要有兩種市場：消費者市場和工業市場。消費者市場由一些購買產品為己用的個人所組成，而工業市場則由那些購買產品除營業用之外，尚用來製造其它產品的企業、政府單位和其它公共機構所組成。

大型的工業和消費者市場需要區隔為數個較小的市場，這個將全部市場劃分為數個具相似特徵的市場過程稱為市場區隔，透過運用人口統計、地理、精神統計和利益的區分，大型市場可分被區分開來以確認目標市場的特徵和需要。然後，再進行該市場的銷售潛力、需求潛力、購買力和利潤潛力的分析。

一旦一家公司選擇了特定市場作為目標市場，就需要發展一套行銷組合。行銷組合是達成企業成功的產品、促銷、價格和配銷策略的有效調和。

產品策略是行銷組合規劃中的關鍵，而一項產品是指基本的實物提供，並伴隨形象和服務以滿足消費者的需要。產品可分為兩種類別：消費產品和工業產品。消費產品包括便利商品、選購商品和專屬商品；而工業產品則包括廠房設備、主要設備、附屬設備、組成零件、原料、補給品和工業服務。

產品策略的要素包含了品牌運用的決策，而品牌是產品的名稱、象徵、設計或定義該公司產品或服務的上述組合。公司選擇品牌來協助消費者對產品的認知並投射訊息，選擇運用品牌名稱、品牌標誌和商業代表人物。今天，未註冊品牌正和家

族、製造商以及私人的品牌競爭。

產品策略的第二項要素是包裝的選擇，外型、顏色和材質對於產品的形象、多功能以及使用的便利性來說是很重要的。

市場中的商人需要關切一項產品的生命週期，此乃市場中一項產品的銷售導入期、成長期、成熟期和衰退期的接續階段。該週期影響了產品的促銷、定價和配銷策略，亦對新產品的發展有很大的重要性。

新產品的發展牽涉了一項六步驟的過程：它包括構想產生、構想篩選、商業分析、產品發展、測試性行銷和商品化等六個步驟。

回顧與討論

1. 什麼是效益？行銷直接創造的效益有哪些型態？請舉出每種型態的例子。

2. 什麼是行銷概念？在準備採行行銷概念之前，一家公司可能會經歷哪些階段？

3. 三種主要的行銷功能是什麼？每一種功能包括了哪些活動？

4. 什麼是行銷策略？行銷策略包含了哪兩項組成要素？

5. 市場中的商人提到「行銷程序的應用」，那麼行銷程序包括了哪些過程？它試圖要完成哪些任務呢？

6. 什麼是市場？一群人需具備什麼樣的要素才能稱為市場？

7. 兩種主要的市場是什麼？它們如何區分？

8. 請問市場如何區隔？而人口統計、地理、精神統計和利益區隔能達成什麼？

9. 一旦確定了目標市場，需要分析哪些領域的潛力？

10. 請問行銷組合的目的為何？它的四項要素是什麼？

11. 什麼是產品？舉出一項你所熟悉的產品並描述它的實體、形象和服務特徵？

12. 將品牌視為產品策略的目的是什麼？

13. 請區分品牌名稱、品牌標誌和商業代表人物的差異；並區分家族品牌（family brands）、製造商品牌（manufacturers' brands）和私人品牌（private brands）之間的差異。

14. 請解釋產品生命週期對市場商人的重要性。其週期有哪四個階段？

15. 為何發展新產品對市場商人來說是重要的？在產品發展的過程中它包括了哪六個步驟？

應用個案

個案 12.1：寶鹼公司：以愛進駐俄羅斯

當 Sergei Dmitriev 買了一個完美的週年紀念禮物送給他太太—歐蕾夜用型面霜，它是歐蕾在俄羅斯的品牌—此乃寶鹼公司行銷力量的貢物。對Sergei $25美元的月薪來說，售價$2.4美元的歐蕾夜用型面霜算是不小的奢侈品，其價值超過12張 Kiren 芭蕾舞的票價總合、50條麵包或搭乘500次地鐵。

品牌界的巨人寶鹼公司已花費數百萬經費調查俄羅斯消費者的心態，寶鹼公司過去在辛辛那提州對 Ivory、Crest和Tide等產品亦進行同樣費心的市場調查。該公司聘請了當地公司進行挨家挨戶關於家庭清潔習慣的消費者訪談，並發現：

■ 俄羅斯人通常在狹窄的浴室中貯放清潔劑，所以清潔劑的包裝盒必須要足夠堅固以承受水的侵害。

■ 由於其本國製造的清潔劑去污力弱，致使俄羅斯人需要將衣物浸泡於盆中數小時；而寶鹼公司宣稱其強力去污的清潔罐可依所需清除污垢。

■ 許多俄羅斯人在清洗衣物之後會再進行煮沸，所以寶鹼宣稱其肥皂在高溫下是安全的。

集中這些行銷調查的結果，寶鹼公司在電視廣播中以對照昏暗困苦的日常生活幽默廣告進行猛烈攻勢，它以俄羅斯人習慣的褐色紙包裝，並突顯一些他們從未聽過的功效如抗頭皮屑等，以介紹給俄羅斯消費者，而且它著重一些在俄羅斯銷售被視為基本的行銷策略，如購買產品所附贈的樣本和禮物等。

為瞭解俄羅斯消費者所作的努力和行銷策略的調整，替寶鹼公司回收了報酬。在一些送禮的特殊節日如除夕夜和婦女節，俄羅斯人會包裹數條佳美（Camay）香皂和數瓶飛柔（Pert Plus）洗髮精（如已在俄羅斯銷售的維達沙宣洗髮精）送給他們心愛的人。若要一個消費者花費37分美元來購買8條佳美香皂的話，對寶鹼公司也算是不小的貢獻了。

問題：

1. 以圖12.2 為例，那些行銷程序為寶鹼公司在俄羅斯的行銷努力中採用？從個案中舉出例子以支持你的答案。
2. 對於俄羅斯消費者的行銷調查中，揭露了那些關於人口統計方面的資訊？從個案中舉出例子以支持你的答案。
3. 有那些行銷組合中的組成要素會受到行銷市場調查所影響？從個案中舉出例子以支持你的答案。

個案 12.2：不合時宜的 Timex 公司

身為國際性知名的手錶製造商與市場商人，Timex公司於1982年和一家瑞士小型公司研討了一項企劃案，這家瑞士公司研發了一種新的手錶概念，需要有人提供行銷和通路的支持。由於沒有其它能將該產品推向市場的有效辦法，這家瑞士公司希望Timex公司成為其手錶的交易商和配銷者─世界性的市場。

Timex公司那些德高望重的保守經理主管人員，雖然喜歡這項企劃但覺得這類怪異、多顏色的手錶可能會在市場中反應平淡，所以拒絕這項合作，而喪失了銷售Swatch手錶的專賣權。

這不是Timex公司第一次犯下錯誤，事實上該公司在一些新趨勢和產品方面常犯錯誤，無法從早期的成功經驗轉變過來。該公司生產的簡單、低價位手錶是該產業中的領導者，它固守「證明過的東西才是最好的」的觀念。Timex公司在1970年代無法認同與搭上數位革命，它持續製造那些類比式手錶，並喪失市場份額多年。

當C. Michael Jacobi擔任Timex公司的總經理時，他首先採取的行動之一就是擴展能使公司更為靈敏的行銷調查努力，他察覺手錶已成為流行飾物更甚於計時器的功能，從市場統計的資料可知，平均每位美國人擁有5支手錶。Timex公司需要對消費者的需求反應靈敏，而非只是生產一些可運作、低廉與可靠的手錶。

問題：

1. 個案中如何闡述符合消費者需要的重要性？
2. 個案中如何闡述產品生命週期對一家公司邁向成功的重要性？
3. Timex公司的類比式手錶在1970年代時處於產品生命週期的哪個階段？請解釋你的答案。

13

行銷促銷策略

敏銳的市場人士莫不尋找更新、更聰明的方式來促銷產品，將產品推向鎂光燈的焦點下，進而建立品牌忠誠度。

GAIL CONGER

Product Manager, Heinz U.S.A.

章節目標

在學習本章之後，你應該能夠做到下列各點：

1. 找出最終消費者與工業採購者之主要消費動機。
2. 描述促銷策略之角色與重要性。
3. 找出促銷的四大要素，並解說如何整合四大要素來擬訂有效的促銷組合。
4. 找出傳播過程的八大要素。
5. 提出「個人銷售」之定義，並說明銷售過程的七道步驟。
6. 提出「廣告」之定義，並找出廣告的兩種類型。
7. 列出至少四種廣告媒體，並說明每一種媒體的優點與缺點。
8. 提出「宣傳」的定義，並探討其重要性。
9. 提出「銷售促銷」之定義，並描述可以用於吸引中盤商與最終消費者之銷售促銷方法。

Sarah Rolph

前言

　　羅莎拉（Sarah Rolph）是一位典型的不斷充實學習自我的現代職業婦女。誠如成功的工匠一樣，從事傳播溝通的羅莎拉不僅擁有完備的技能，更能夠不斷地累積知識以便在工作上盡情發揮。

　　羅莎拉出生並成長在美國加州的洛杉磯市。爾後則離開溫暖的南加州海灘，負笈華盛頓奧林匹亞市的長青州立大學（Evergreen State College）。長青大學採取綜合教學的方式，所以學生不需要指定主修科系。相反地，學生可以選擇各項

精心設計的教學計畫下的不同課程一例如：「古雅典與現代美國之比較」課程。長青大學的教學精神強調學生必須能夠從不同的角度來思考問題，才能夠真正培養出健全的獨立思考能力。我在大學時代的最後一年裡雖然專注在撰寫論文，但是長青大學的教學精神已經成為我思考事情的方式。」

畢業之後，羅莎拉回到洛杉磯，在一家以電腦與管理資訊系統專業人士為主要讀者群的月刊雜誌社擔任編輯助理。後來，這家雜誌社遷移到紐約市，於是羅莎拉和大多數的同事也一起遷至紐約市。然而就在這裡，羅莎拉學到了社會大學的第一課：因為辦公室政治手腕的緣故而丟掉了工作。「我只知道辭掉我的那一位編輯陸續辭退了所有跟過她工作的夥伴，但是我到現在還不明白究竟發生了什麼事。那是一個非常痛苦的經驗，但回想起來卻也是很好的經驗。我學會不把自己的人格與工作混為一談，我認為這是很多人做不到的地方。一旦我擺脫被人炒魷魚的痛苦與難堪之後，我反而變得更為勇敢，而且更有創意。」

誠如許多被辭退的同業一樣，羅莎拉開始嘗試自由撰稿。雖然自由撰稿的收入不錯，但是羅莎拉發現稿約並不夠多，以至於她仍有許多空閒時間。「其實當時我還沒有準備好創業，」羅莎拉表示。「在心理上，我需要更多的鼓勵，也就是類似同事或同行之間的支持。而且從經商的角度來看，當時還欠缺銷售的經驗。我還不懂得如何推銷自己。」

後來，羅莎拉到一家位於美國麻塞諸薩州貝福市的出版商工作。任職的五年期間，羅莎拉負責相當多的計畫，包括撰寫年報到製作招募錄影帶等。「我在那裡學習到非常多」羅莎拉回憶道。「最寶貴的經驗就是專案管理，其中涵蓋了預算的擬訂，時程的安排，以及遵循時程行事等等。這樣的經驗讓我比其它競爭者優秀出色。同業間有許多自由專欄作家，但是少有人能夠從頭到尾負責專案計畫的規劃、協調和解決問題等等。」

接下來，羅莎拉進入一家甫創業的軟體公司工作，繼續社會大學的教育。「我開始學習專門替行銷副總撰寫文案，很快地，我就熟悉了行銷的各個層面。兩年後，公司就交由我全權負責行銷事宜。除了撰寫和製作產品資料以外，我也負責撰寫技術文件、主持貿易展覽、負責公關事務並提供銷售支援。」但是三年後，羅莎拉又開始尋找工作一這家軟體公司未能達到銷售目標，投資人開始感到不耐，因此公司的編制由三十位縮減為十位。「這樣的結果當然令人惋惜，但是我並不後悔。

因爲在那裡，我學習到非常多的新事物。那一份工作不僅非常具有挑戰性、非常有趣，而且也讓我明白我已經具備足夠的能力來管理自己的事業。我也學會如何推銷自己、推銷產品。」

羅莎拉在古維多利亞風格居家的一隅規劃了一處辦公空間，開始承接一些自由撰稿的計畫，同時也開始建立她的行銷傳播客戶群。「我和之前兩份工作所接觸過的所有客戶聯繫。很快地，我就已經找到許多很好的客戶，」羅莎拉再次回憶道。「我的工作當中最有趣的部份就是幫助客戶找出正確的行銷工具組合，來支援他們的銷售工作。實務上可以運用的行銷工具種類繁多，像是銷售文獻、雜誌文章、簡報、技術文件和錄影帶等等。我開始幫助客戶進行專案管理與規劃。我們分析產品是如何賣出去的，需要哪些行銷工具來達到營運目標，讀者觀眾在哪裡，以及觀眾想知道些什麼。我和管理階層、業務人員和技術人員一一訪談，找出所有必要的資訊。然後再與我的繪圖設計師提出各種想法，製作一些書面的樣品，把行銷溝通計畫展示給顧客群觀看以便獲得回應與反饋。經過適當的調整之後，我就開始執行這些行銷溝通計畫。我和其它自由撰稿者不同的地方在於所有的前置作業與規劃能力。我會儘可能地瞭解企業的需求，如此方能幫助我的客戶實現行銷傳播的益處，同時我也會用圖文並茂的方式來提供有效的資訊。最後值得一提的是，我能夠以既定的預算準時地完成客戶交待的專案工作，」羅莎拉不忘再次強調。

「現在，我開始著手建立顧問的功能。我會花費更多的時間來思考和規劃，讓客戶創造出整合的行銷工具，成功地達成甚至超過營業目標。我的原則就是：我不能夠停止銷售，」羅莎拉強調。「有時候今年度最大的客戶到了明年就不再合作—有時候是因爲客戶的財務狀況不佳，有時候則是因爲客戶的興趣消褪，所以我隨時都得準備開發新的客戶。」

「我們無法賣出人們不瞭解的東西」，這句話不僅眞切，而且強調行銷促銷策略—行銷組合的第二項要素—的重要性。無論產品如何優良、有用，無論產品如何能夠滿足消費者的需求，市場人士都必須讓潛在客戶可能實際購買之前瞭解產品的存在與優點。惟有透過規劃完善的行銷促銷計畫，消費者方能瞭解並取得他們需要和想要的產品與服務。

本章將要探討潛在消費者的購買動機、促銷策略的角色與目標、以及促銷策略四大要素所扮演的角色：個人銷售、廣告、宣傳與銷售促銷。

找出購買動機

參與行銷促銷策略的人必須瞭瞭消費者為什麼會買下他們所購買的東西。舉例來說明，你是否曾經想過為什麼會購買特定的產品或服務？是什麼原因促使你挑選某一品牌或型號，而不挑戰其它的品牌或型號？你的購買決定是否理性，或者是情緒影響了你的購買行為？如果我們和大多數消費者一樣的話，那麼我們的採購動機可能會因為我們想買的特定產品以及購買時的情緒等因素的影響而大有不同。

市場人士必須瞭解是什麼因素促使顧客購買了特定的產品，因為購買動機是有效行銷策略的基礎。最終消費者與工業購買者的購買動機並不相同。

消費者購買動機

消費者購買動機（consumer buying motives）係指促使人們購買產品以為私人用途之因素。購買動機反映出個人的需要和慾望、態度以及自我形象。購買動機同時也能反映出消費者的經驗與社會團體、文化以及家庭之影響。人們往往為了情緒、理性、或主顧等單一或綜合因素而進行購買。

情緒動機　消費者往往並未察覺影響他們購買決策的情緒動機，但是這些動機卻經常是市場人士所訴求的重要動機。**情緒動機**（emotional motives）係指由於衝動與心理需求而引發之購買原因，而非經過仔細的思考與分析。表13.1 摘錄數種產品與服務之常見情緒購買動機。某些情緒動機之間互有重疊，某些情緒動機則會同時影響同一位潛在消費者。

許多產品之所以能夠暢銷，正是因為其成功地打動某一項或更多的情緒購買動機。許多消費者購買特定品牌的牛仔褲來表現自我的流行時髦，尋求社會的認同。青少年的世界裡充斥著各種「正確的」服裝與「正確的」鞋子的消費訊息—爭取同

消費者購買動機
促使人們購買產品以為私人用途之因素

情緒動機
由於衝動與心理需求而引發之購買原因，而非經過仔細的思考與分析

表13.1
情緒性購買動機與其
訴求之產品或服務

情緒性購買動機	產品或服務	情緒性購買動機	產品或服務
恐懼與安全	火災與竊盜警報系統 滅火器 保險	尊榮與特權	豪華轎車 珠寶 女傭服務
愛與社會認同	化妝品廣告 花朵 歌唱電報	自我表達	吉他課程 訂製車牌 DIY工具書
樂趣與刺激	休閒渡假假期 搖滾演唱會 運動用品 跑車		

操之在己

試想你最近才買
的一項大件商品
—衣服、車子、
電視或錄放影機
等。你買這個東
西的動機何在？
是純粹出於理性
動機、還是情緒
動機、還是兩者
兼具？當初決定
購買的時候，你
是基於何種理
由？主顧動機是
否影響你所購買
的品牌或者在何
處購買？

理性動機
經由仔細的規劃與資
訊的分析而來的購買
理由

僑團體的認同的直接訴求。此外，各式各樣強調休閒渡假與浪漫之旅的廣告也是直接針對人們渴望趣味與刺激的需求而來。

　　某些時候消費者購買產品的原因是產品符合他們的自我形象—他們認定自己就是或希望自己成就的形象。因此，市場人士莫不竭盡所能地以此為訴求來說服消費者。舉凡喬丹籃球氣墊鞋（Air Jordan basketball shoes）、李維斯牛仔褲（Levi's 501 Jeans）和伏特加酒（Absolut Vodka）等產品均以自我形象為促銷重點。雖然情緒性購買行為並不一定符合理性邏輯，卻是市場人士不可忽略的重要因素。

理性動機　雖然消費者的心目中可能無法明確分辨情緒性購買動機與理性購買動機之間的差別，但是消費者往往比較能夠為自己找出所謂的理性購買動機：購買的產品或服務有其必要性，而且購買之後不會產生罪惡感。**理性動機**（rational motives）係指經過仔細的規劃與資訊的分析而來的購買理由。理性購買動機背後是以事實與邏輯為基礎。仔細挑選產品，一一比較價格的消費者就是理性地在做出最終的購買決策。消費者決定多付一點錢來購買可以維持七年良好狀況的上等油漆，而不購買價格較低但是只能夠維持三年的油漆，是基於品質與耐用年限的考量所做出的理性購買決策。在庭院裡安裝自動灑水系統的消費者目的不外乎是希望無論自己在家或

者外出，庭院裡的草皮都能夠固定獲得水源。說明現在投資兩千塊錢，到了十年之後可以回收可觀本利的廣告用意也是企圖提出合乎邏輯的理由，說服消費者選擇投資而不要把錢花費在養車或渡假等其它用途上。

表13.2 列出許多理性購買動機的實例。雖然這些動機看似簡單，但是少有消費者在消費的時候純粹只是出於理性的動機。

理性購買動機	產品或服務
經濟與成本	家庭用冰箱
	可以存放一天的冷凍烘焙食品
	汽車與家電用品之延期保證
品質與可靠度	高品質手錶
	終生免換汽車電池
便利	速食餐廳
	衣物乾洗
	洗碗機
	遙控電視

表13.2
理性購買動機與其訴求之產品或服務

主顧動機 另一項常見的動機，**主顧動機**（patronage motives），係指受到賣場特色或特定品牌的吸引而購買的理由。一旦我們決定購買某一產品，就可能出現主顧動機。部份消費者因為經驗的關係，而偏好特定的品牌或是特定的賣場。主顧動機使得消費者特別、甚至僅認同某一品牌。表13.3 列出一些習慣性地惠顧某一廠牌產品的常見理由。在表13.3 當中，是否有任何因素促使你習慣性地到同一處賣場消費？類似「您是All State的好朋友」等類型的廣告即以主顧動機為直接訴求。

主顧動機
受到賣場特色或特定品牌的吸引而購買的理由

工業購買動機

工業購買動機（industrial buying motives）係指引發工業購買者認同特定需求或慾望，進行消費以滿足其需求或慾望的因素。工業購買動機能夠反映企業或產業的

工業購買動機
指引發工業購買者認同特定需求或慾望，進行消費以滿足其需求或慾望的因素

表13.3
引發消費者固定在特定賣場消費的主顧動機

主顧動機
地點方便
銷售人員態度良好
公共形象或信譽良好
乾淨整潔
顧客服務（送貨、禮品包裝、產品安裝與使用之說明）
價格（高價位以社會地位為訴求，低價位以經濟動機為訴求）
商品種類繁多
賣場氣氛良好

特定需求。工業購買動機同時也反映出工業消費者購買產品所考量的層面與因素。雖然購買的動作係由承辦人員或單位負責，然則實務上可能早已建立完備的採購制度來規範其購買動機。工業消費者的購買動作通常緣於理性的基礎—最好的價格、最高的品質、最好的服務、或者綜合**表13.4**所列示的理由。

表13.4
理性工業購買動機

購買動機	理論基礎
利潤	長程獲利是企業的目標。大多數針對工業產品所進行的促銷活動最終訴求即在於此。
價格	價格又與績效及效率相關。工業購買者通常不會只注意實際價格，而會重視產品對於長期營運之影響。
品質	品質是影響工業購買決策的重要因素—然而多數時候會因為價格而在品質上妥協。企業並不希望支付多餘的金額來取得優於需要標準的品質。
可銷售性	工業購買者偏好能夠製作成對消費者更具吸引力的零組件與成份。能夠讓另一項產品外形更具吸引力、功能更好、或者別具特色的產品—例如：新車款的烤漆—往往是訴求的重點。
服務	工業購買者需要廠商保證能有效地提供重要機器設備的維護服務。工業購買者可能為了取得更好的服務而支付更高的價格。

除了理性動機之外，許多企業也會採取互惠購買的行為。**互惠購買**（reciprocal buying）係指兩家或兩家以上的企業成為彼此的顧客，向對方購買產品與服務。舉例來說明，汽車修理廠可以向同一家汽車零件商購買所有的零件；同樣地，這一家汽車零件商的公務車輛全都交由這一家汽車修理廠負責維修作業。彼此消費意味著彼此都能獲利。

最後，雖然工業消費者是為了公司（而非其個人）而進行購買，而且是花用公司的錢（而非其私人的錢），但是工業產品的行銷人員仍應瞭解情緒往往也可能成為工業購買動機。例如：負責公司印刷品採購的行政助理把所有的訂單都發給同一家印刷廠，而這家印刷廠的老闆剛好是她丈夫的好朋友。另外一個可能的例子則是承辦人員總是請同一家設計公司代為設計廣告手冊，因為這位承辦人員想要省去比較的麻煩，而且公司對於目前的設計公司還算滿意－即使這一家設計公司的價格略微偏高，而且完稿交貨時間也較久。

一旦潛在目標市場，無論是工業界或消費者，其購買動機底定，行銷經理的下一步便是設計一套以這些購買動機為訴求的促銷策略。

促銷策略： 角色與目標

促銷策略是行銷組合的第二項要素。促銷策略代表著行銷組合當中的傳播功能，以便接觸到特定的目標市場。透過擬訂**促銷組合**（promotional mix）－結合了適當比例的個人銷售、廣告、宣傳與銷售促銷的組合－的過程，企業便能夠和目標市場進行溝通。

促銷策略的角色是告知、說服、與提醒人們認識與熟悉關於企業的產品、服務與形象。藉由促銷組合裡每一項要素的長處，行銷經理可以從四個角度來強調溝通訊息，進而影響潛在消費者的購買決策。表13.5 說明了促銷策略在行銷組合當中所扮演的角色。

行銷經理如欲擬訂適當的促銷組合來達到有效的傳播，則其必須瞭解所謂的傳播過程（communication process）－將促銷訊息傳遞給消費者的方法。圖13.1 勾勒出溝通的過程。現在就讓我們一同瞭解其中的每一項要素：

互惠購買
兩家或兩家以上的企業成為彼此的顧客，向對方購買產品與服務

促銷組合
結合了適當比例的個人銷售、廣告、宣傳與銷售促銷的組合

表13.5
促銷策略在促銷組合
中扮演的角色

促銷策略之功能

- ・喚起消費者對於新產品與服務之注意
- ・提供關於產品與服務之好處與特色之資訊
- ・影響消費者去嘗試產品與服務
- ・強調企業及其產品與服務和競爭者的不同
- ・促使消費者完成購買動作
- ・提高產品或服務的使用數量與頻率
- ・告知消費者產品上市、特價活動與漲價等資訊
- ・建立企業形象
- ・向大盤業者、零售業者傳達訊息，以期開發忠誠度與合作意願

圖13.1
傳播過程

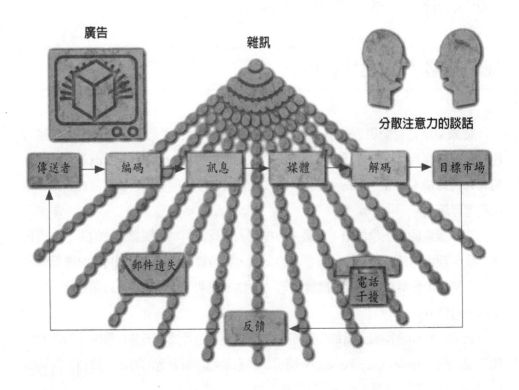

- **傳送者**（sender）是指將訊息傳遞給目標市場的企業（或代表該企業的個人）。傳送者可能是公司的員工，可能是知名的公眾人物，可能是公司聘請的演員，也可能是消費者本身。

- **編碼**（encoding）是指將觀念轉換為訊息的過程。在編碼的過程中，企業必須決定訊息的內容，像是價格、品質、尊榮、愛情、或者其它各式各樣的訊息。

- **訊息**（message）是指實際結合了文字與圖象，而傳達至目標市場的內容。

- **媒介**（medium）是指實際傳遞訊息的個人或非個人的管道。個人的媒介可能是業務員。非個人的媒介可能是電視、廣播、佈告欄、以及折價券等。

- **解碼**（decoding）係指目標市場解讀訊息的過程。目標市場解讀出來的訊息會受到其個人的經驗、文化與家庭背景等因素之影響而有所不同。

- **目標市場**（target market）是指傳送者傳遞訊息的焦點。目標市場可能是工業消費者，也可能是一般的個人消費者。

- **反饋**（feedback）係指目標市場收到訊息後的動作。反饋的內容可能是決定購買或不購買，也可能只是以另外一種全新的方式來看待促銷的產品或服務。

- **雜訊**（noise）係指傳播過程中所有可能出現的干擾。雜訊可能發生在傳播過程當中的任一時間點上。常見的雜訊例子包括廣播節目當中聽眾分心聊天、郵件遺失、以及推銷過程中的其它干擾。

由圖13.1 可以瞭解傳播過程當中所有要素—包括雜訊在內—的運作。

接下來舉例說明行銷人員如何利用**傳播過程**即將促銷訊息傳遞給消費者的方法。諾帝公司是一家專門開發與銷售運動器材與配件的公司，諾帝公司成長地十分快速，並且已經決定向目前使用同公司其它產品的消費者（也就是諾帝公司的目標市場）積極促銷其新產品諾帝黃金健身器——一項可以達到全身完全運動的器材。諾帝公司將其觀念彙整成特定的訊息—傳統的品質、全身運動、輕巧方便—傳送出去。由於諾帝公司極具企圖心，因此決定進行電視廣告、直接郵件和八百通的電話行銷。唯有當目標消費者在電視廣告播出的時候確實看到這一則廣告—而不是只在廚房裡聽到，也不是在和親友聊天而導致分心—或者是確實親自收到直接郵件包裹，或者是在接受電話訪問時沒有被人打斷，那麼消費者才有可能真正注意到諾帝

傳播過程
將促銷訊息傳遞給消費者的方法

圖13.2
避開廣告

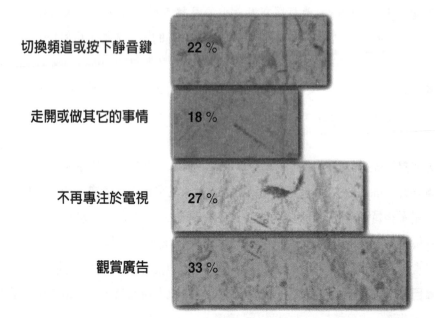

切換頻道或按下靜音鍵　22 %

走開或做其它的事情　18 %

不再專注於電視　27 %

觀賞廣告　33 %

公司的促銷訊息。如何克服雜訊是所有行銷人員的一大問題。圖13.2 列出幾項電視觀眾最常用來中斷電視廣告的技巧。您個人偏好哪一種方式？

　　在瞭解了行銷人員所面臨的溝通問題之後，接下來再由個人銷售開始，逐一探討促銷組合的要素。

促銷組合： 個人銷售

個人銷售
某一個人來說服潛在顧客購買特定產品或服務

　　促銷組合當中可以用於向目標市場傳達訊息的第一項要素是個人銷售。**個人銷售**（personal selling）係指由某一個人來說服潛在顧客購買特定產品或服務。當我們在推銷許多不同產品的時候，往往需要採取個人銷售的方式。個人銷售在行銷工業產品的時候，尤其扮演格外重要的角色。

個人銷售之價值

個人銷售的方式有助於企業：

- 密切地注意特定的目標市場
- 給予消費者個別的注意
- 找出消費者的問題，並針對問題設計解決方案
- 針對消費者的獨特需求調整訊息的內容
- 接收回應促銷訊息的立即反饋
- 提供達成銷售的機會
- 與消費者建立長期關係

如果使用恰當—用對產品與目標市場，個人銷售是一項非常有力的促銷工具。諸如杜邦公司（Du Pont）、豐田汽車（Toyota）、連鎖超市業者Wal-Mart和Home Depot、Nordstorm等企業，無論身處製藥工業或者金融服務產業，都不斷地改善其個人銷售技巧。表13.6列出許多精於個人銷售策略的企業。

銷售過程

誠如表13.6所示，雖然業務人員的職責與銷售環境各不相同，但是業務人員之間卻仍有一個共通點：**銷售過程**（selling process），亦即業務人員試圖說服潛在顧客進行購買時所遵循的七道步驟的過程。圖13.3依序列出這七道步驟。

尋找潛在顧客　雖然**尋找潛在顧客**（prospecting）係指尋找產品的潛在顧客的銷售過程。的工作很少交由零售業務員（通常消費者會直接和這些業務員接洽）來負責，但卻是銷售多數工業產品或向中盤商銷售的重要步驟。舉例來說，EDS與Travelers Insurace這兩家公司往往不會坐等潛在顧客採取主動。相反地，這些企業的業務代表往往會主動出擊，費時費力地主動開發潛在顧客。

業務人員可以透過許多管道來尋找潛在顧客：既有顧客的推薦、直接郵件和其它促銷訊息的回函、隨機的電話拜訪、或者是業務人員自行開發的潛在顧客群。尋

銷售過程
業務人員試圖說服潛在顧客進行購買時所遵循七道步驟的過程

尋找潛在顧客
尋找產品的潛在顧客的銷售過程

表13.6
個人銷售的領導廠商

廠商	致勝的銷售策略
Du Pont	十年前首創銷售團隊；由業務代表、技術人員與廠長攜手合作，共同解決顧客問題，創造與銷售新產品。
Merck	擅於將業務人員教育成為其產品的專家。Merck利用超過十二個月的期間對其業務代表施以醫藥專業知識與建立信心的技巧。業務代表亦須參加各種充電課程。
Reynolds Mertals	堅毅與創新的典範。花費二十五年的時間與坎貝爾公司周旋，才順利取得鋁罐合約。成立銷售團隊教育汽車製造商等顧客關於鋁片的新用途。
Wal-Mart Stores	藉由下列方式來建立消費者的信心；每天推出特價商品、永遠不會缺貨、櫃台收銀員隨時準備結帳。利用資料連結與整合存貨管理系統等方式來簡化與寶鹼等供應商之間的銷售作業。
Nordstrom	堪稱百貨公司也可以永續經營的最佳實例。對每一位顧客都給予高度的、個人化的注意，進而培養出顧客忠誠度與業績的穩定成長。
Home Depot	老闆也身兼業務人員的最高主管。創辦人Bernard Marcus不僅大力提倡聰明的銷售方法，也很著重各項教育訓練的施行成效。
Dell Computer	如何利用電話與郵件來推銷複雜的產品？秘訣在於；利用先進的科技來追蹤顧客的動向，並且提供密集的教育訓練。
Toyota Motor	高級車款Lexus是以顧客滿意度做為發放經銷商報酬的主要衡量指標；Lexus展示中心並成為美國汽車經銷商設計與佈置展示中心的新標準。
General Electric	訓練業務人員與顧客建立長期關係，進行以銷售團隊為單位來發放獎金的實驗，派駐全職員工到顧客的工廠服務，與供應商建立深厚的合作關係。
Vanguard Group	採取低調銷售作風的互助基金公司。利用可靠的顧客服務、清楚易懂的產品和超低的手續費來吸引不喜歡基金經紀人強勢推銷作風的投資人。

資料來源：《商業週刊》(Business Week)，1992年8月3日出刊，第48頁。版權(1992年，McGraw-Hill, Inc.。本表業已取得版權所有人之同意進行轉載。

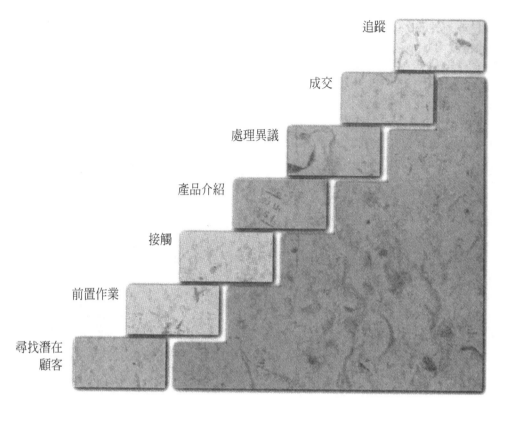

追蹤

成交

處理異議

產品介紹

接觸

前置作業

尋找潛在
顧客

圖13.3
銷售過程之步驟

找潛在顧客的時候，業務人員必須能夠確認潛在顧客的確具有特定的資格（例如：有能力購買銷售的產品、有權決定購買與否、以及真的希望或需要其所銷售的產品等等）。符合資格的潛在顧客能夠提高買賣成交的機率。

前置作業　　銷售過程的第二道步驟，**前置作業**（preapproach）即業務人員研究合格潛在顧客的背景。經由實際瞭解調查資料，業務人員可以彙整出潛在顧客的基本檔案。業務人員蒐集到的有用資訊愈多，其產品介紹就愈能夠切中要點。

前置作業
業務人員研究合格潛在顧客的背景

接觸　　銷售過程的第三道步驟，**接觸**（approach）指的是業務人員和潛在顧客實際接觸，並且準備進行業務簡報。利用前置作業蒐集而得的資訊來進行有創意、規劃完備的簡報有助於業務人員爭取潛在顧客的接受與認同。不同的潛在顧客與不同的環境可能適用不同的方法；沒有任何潛在顧客會欣賞或接受同樣的簡報方式。

接觸
業務人員和潛在顧客實際接觸，並且準備進行業務簡報

個人銷售提供企業解決問題與建立長期合作關係之機會。

簡報
業務人員向潛在顧客說明擁有特定產品可以獲得哪些好處

異議
潛在顧客對於業務人員所傳遞的訊息表達出口頭上或沉默的抗拒

成交
銷售過程中潛在顧客同意購買的時間點

簡報　銷售過程的第四道步驟，**簡報**（presentation），亦即業務人員向潛在顧客說明擁有特定產品可以獲得哪些好處。業務人員必須解說其產品何以能夠滿足潛在顧客的希望或需求。

如果業務人員能夠在簡報當中加入具有創意的表現，包括實際展示產品的使用或者利用視聽技巧（圖表、錄影帶或者比較表格等），對於業務人員和潛在顧客來說都將會是一次生動有趣的經驗。

異議　銷售過程的基本要件，**異議**（objections）意思是指潛在顧客對於業務人員所傳遞的訊息表達出口頭上或沉默的抗拒。業務人員必須克服此一抗拒事實才有可能達成交易。經驗老道的業務人員往往會預先設想所有可能出現的異議，並且在產品介紹一開始的時候就一一推翻這些異議或疑慮。常見的顧客異議多與價格、產品特色、企業服務或者業務人員本身有關。

任何一筆交易必須到實際成交的時候才告完成。**成交**（close）係指銷售過程中潛在顧客同意購買的時間點。唯有成交，業務人員的能力才算真正獲得肯定；然而

成交往往被認為是銷售過程中最具挑戰的步驟。某些業務人員很難達成交易，原因可能出於他們害怕被拒絕、誤解潛在顧客的需求或期望、誤判潛在顧客的購買動機、或者搞砸了銷售過程當中的任何其它步驟。

就大多數專業業務人員而言，重複交易才是長期利潤的來源，而重複交易往往來自於感受到強烈的主顧動機、對於產品與服務滿意的顧客。因此，追蹤也是相當重要的工作。**追蹤**（follow-up）是銷售過程的最後一道步驟，用以建立與維護顧客忠誠度與企業商譽。在追蹤過程中，業務人員必須確認買主已經實現業務人員先前的所有承諾，而且買主清楚地瞭解擁有特定產品或服務的好處。

促銷組合： 廣告

促銷組合的第二項要素是廣告。**廣告**（advertising）係指任何非由個人所傳遞、且由特定贊助人支付，用以促銷產品、服務或觀念的訊息。對於許多企業而言，廣告已經成為促銷組合當中非常重要的一環。

為什麼要廣告？

能夠確實觸及正確目標市場的廣告即為有效的廣告。有效的廣告能夠提高消費者購買產品或服務的可能性。廣告的目的在於告知、說服與提醒目標市場關於產品或服務的存在與優點。廣告可以增加消費者的注意，並且提供關於產品或服務的使用、品質與績效等資訊。此外，由於廣告可以回答潛在顧客的問題與購買的異議，因此可以創造潛在顧客對於產品的需求。廣告也能夠在業務人員拜訪的間隔期間，適時提醒消費者注意企業的存在與形象。

如果考量企業在廣告上面的花費與收到的效果，可以明顯看出廣告的價值。即使在經濟衰退或蕭條期間，諸如飛利浦（Philip Morris）、寶鹼公司（Procter & Gamble）、百事可樂（Pepsi Co）和麥當勞（McDonald's）等企業仍然相信廣告的促銷效果，持續地投注大筆資金（依序分別為二十一億美金、十八億美金、七億九千萬美金和七億八千萬美金）在廣告上面。

廣告的類型

企業多半採取兩種廣告類型：產品廣告與企業廣告。這兩種類型的廣告各有其特色與目標。

產品廣告　用以提昇產品或服務之需求的廣告，可口可樂的廣告就是一例—**產品廣告**（product advertising）的目的不外乎告知、說服或提醒目標市場。例如：如果行銷研究結果指出特定市場區隔並不瞭解某家銀行所提供的服務，那麼這家銀行便可製作廣告來提供相關資訊。某些情況下，企業可以透過廣告來專門強調產品或服務的好處，或者比較自家產品與競爭者的產品，來說服消費者相信其產品或服務的好處。最後值得一提的是，在產品生命週期的成熟階段尤其可以利用提醒式的廣告喚醒社會大眾的印象和記憶。圖13.4 係一則產品廣告，這一則廣告試圖傳遞什麼樣的訊息？

企業廣告　用以提昇企業的社會形象，而非用以銷售產品的廣告—**企業廣告**（institutional advertising）的長程目標在於建立商譽與鮮明的印象。舉凡強調女性的平等就業機會、環保、能源節約和公平競爭等，公眾議題等等的企業廣告莫不強調企業努力成為負責、用心的社會公民的形象。一旦決定廣告類型之後，便須決定能夠確實傳遞訊息的最佳方式或媒介。（圖13.5）

在何處刊登廣告：廣告媒體

廣告媒體（advertising media）係指並非透過人來傳遞促銷訊息給目標市場的管道。可供行銷人員選擇的媒體相當地多，包括報紙、雜誌、電視、廣播、直接郵件和戶外廣告等等。行銷人員在決定哪一個媒體才是最佳選擇的時候，必須考慮目標觀眾的習性、成本、前置時間和企業的整體促銷預算等因素。接下來將要逐一介紹各種媒體選擇。

報紙　在美國，最受（尤其是零售業者）歡迎的廣告媒體當屬報紙。企業花費在報紙（newspapers）上面的費用平均約為總廣告費用的百分之二十六（26%）。

Advertising Is
Alive with
Hollywood's
Legends

管理者筆記

美國知名影星詹姆士·狄恩（James Dean）和瑪麗蓮·夢露（Marilyn Monroe）雖然已經辭世多年，然而他們的行銷潛力卻在近年才開始展露頭角。這兩位已故明星和馬克斯兄弟（Marx Brothers）以及馬爾克（Malcolm X）等都是死後仍然在廠商廣告明星排行榜中居高不下的主角。

許多已故的公眾人物仍然是行銷人員藉以提高產品與服務知名度的最佳代言人。較為人熟悉的實例尚有：

- 伯帝·賀利（Buddy Holly）是麥斯爾錄音帶的代言人。這位歌星不久將會發行以自己為名的樂透彩券。這項名為「就是這麼簡單（It's So Easy）」的愛荷華州樂透彩券遊戲將推出以伯帝·賀利為主角的廣告計畫。
- 通用食品公司（General Mills）將邀請美國職棒傳奇人物Lou Gehrig與Babe Ruth擔任其麥片產品包裝的封面人物。
- 瑪麗蓮·夢露登上美國阿拉斯加旅遊協會平面廣告。這則平面廣告是一幅瑪麗蓮·夢露的照片，但照片上並沒有她唇上的那一顆「性感美人痣」。廣告上的文宣寫道：「照片雖然可能改變，但是她的美亙古流傳。阿拉斯加的美也是一樣。」
- 難以數計的產品都曾經使用過詹姆士狄恩的影象。在日本，李維斯牛仔褲也以詹姆士狄恩做為行銷計畫的主角。李維斯牛仔褲選擇詹姆士狄恩的原因不外乎是著眼於該公司的年輕消費群對於這位明星的認同。

企業偏好起用明星做為企業或產品代言人的主要原因包括了立即的認同與社會大眾對於名利的渴望。「我們面對的不是已經過世的明星，而是美國好萊塢的傳奇人物，」羅傑李奇曼表示。羅傑李奇曼開設的比佛利山莊經紀公司代理了許多知名人物的肖相權，其中包括愛因斯坦、馬克斯兄弟、瑪麗蓮·夢露和W. C. Fields等等。

除了高知名度的優點之外，這些已故明星廣受歡迎的原因在於沒有道德問題的困擾—所有的人都已經知道關於這些明星所有應該知道的事情。行銷人員不致因為代言人的言行而遭受難堪，甚至停播廣告，就像百事可樂和流行音樂之王麥克‧傑克森之間的合作經驗一樣。

圖13.4
產品廣告

圖13.5
企業廣告

從正面意義來看，報紙比較能夠深入地區性或特定區隔的市場。企業不會因此浪費金錢在其市場範圍以外的消費大眾身上。相較之下，刊登報紙廣告的成本較低—以整體讀者數目而言。此外，前置作業時間最短—企業能夠很快地刊登廣告或者變更廣告內容。

　　報紙的主要缺點是行銷人員無法鎖定特定的市場—報紙的讀者群非常廣泛。此外，由於市場競爭激烈—除了報紙之外，還有電視和廣播。最後，彩色圖片的重製效果往往不甚理想，而且報紙廣告的創意較為有限。

雜誌　　經過仔細挑選的雜誌（magazines）可以觸及特定的目標市場。出版市場上有慢跑、家居裝潢修繕、流行商品、投資理財和任何可以想像的專題雜誌。雜誌可以提供高品質的重製效果和各式各樣的豐富顏色，而且雜誌的壽命也比報紙來得長。如果能夠仔細挑選正確的雜誌，實際上每一位讀者的成本會低於報紙廣告。

　　雖然雜誌的好處不少，但是前置作業時間冗長—因此較不具有彈性。此外，雜誌發行的頻率也遠低於報紙。

電視　　電視廣告是企業花費在廣告費用上，僅次於報紙，排名第二的媒體，其比例約為總廣告費用的百分之二十三（23%）。電視廣告較為全國性製造業者與大型零售業者所青睞。電視（television）可以深入廣大的觀眾群，企業花費在每一位觀眾身上的平均成本較低，而且可以提供豐富的創意。電視廣告的主要缺點包括了製作廣告的前置作業時間過長、為了接觸某一市場區隔所必須花費的成本較高，而且此一市場區隔大可輕易地切換頻道，甚至從來沒有看過或聽過企業想要傳遞的訊息。最後，電視廣告的時間非常地短—通常為十五、三十或六十秒。如果消費者錯過一次廣告，可能就永遠沒有機會再看到同一則廣告。

廣播　　誠如雜誌一樣，廣播媒體也需要經過仔細的挑選。廣播電台擁有各式各樣的節目來吸引特定的聽眾—新聞、西部鄉村樂、搖滾樂和古典音樂等等。廣播節目的廣告成本較低，而且頗具彈性—企業可以輕易地改變廣告內容。

　　然則廣播（radio）也有某些缺點。廣播節目的廣告，其主要缺點在於沒有視覺效果，而且聽眾極有可能在播放廣告的時候轉台。

直接郵件　採用直接郵件（direct mail）—直接由廣告商郵寄給消費者的促銷資料—的成效端視其是否能夠準確地送達目標市場。如果郵寄名單與促銷資料的品質優良，那麼直接郵件可謂最具效果的媒介。直接郵件的潛力和成效相當令人動心，因此多數企業投注了總廣告金額的百分之十八（18%）在直接郵件上面。

　　然而遺憾的是，消費者不太相信大多數直接郵件的廣告內容，因此收件人往往看都不看就丟進垃圾桶裡去了。

戶外廣告　戶外廣告（outdoor）的形式包括了公佈欄、海報、公車車體廣告、計程車車體廣告和空中廣告等等。基本上，戶外廣告的成本不高、相當具有彈性、而且製作時間不長，但是礙於消費者閱讀、吸收促銷訊息的時間有限，因此內容往往只有短短的隻字片語。

　　前述六種媒體各有其優點與限制。因此，行銷人員所做的決定往往對於促銷效果具有關鍵影響。表13.7針對前述六種媒體，進行概括性的比較。

廣告的真實性

　　長久以來，許多行銷人員濫用廣告的力量與消費者容易受騙上當的弱點，賣出許多並不如廣告宣稱地那麼好的產品。圖13.6就列舉出早期廣告界曾經出現過的許多誇大不實的廣告內容。由於報紙與雜誌的流通率不斷增加，廣播電台也逐漸擴大成為全國性的節目，不實廣告自然而然也隨之增加。可想而知的是，消費者的不信賴程度也與日俱增。

　　消費者的信賴程度從未見改善。根據最近的一項研究調查結果顯示：

■超過百分之五十（50%）的消費者不相信大多數的促銷廣告內容
■只有百分之二（2%）的美國消費者相信食品包裝上的營養成份說明
■百分之二十五（25%）的消費者認為廠商誇大其產品的好處與優點
■百分之七十（70%）的消費者不相信廠商的環保訴求

　　不單只是消費者的不信任程度沒有改善，近年來消費者向美國聯邦貿易委員會

表13.7
廣告媒體之比較

媒體	市場範圍	適用對象	優點	缺點
報紙	全部都會區；有些時候也會刊登地區性版面	大型零售商	前置作業時間短 市場集中 較具彈性，內容豐富	讀者群不明確 廣告競爭激烈 顏色有限，創意有限
雜誌	全國性(大多數爲地區性)或地方性	全國性製造商 郵購公司 地區性服務零售商	顏色與創意選擇多 讀者群較明確 較具彈性，內容豐富	前置作業時間較長，讀者群地理區域分散
電視	全國性或地區性	地區性製造商與大型零售商 全國性製造商與最大零售商	涵蓋範圍較廣 單位成本較低 說服影響較深 具彈性與創意，內容豐富	最低總成本過高 觀眾群不明確 前置作業時間較長 訊息簡短
廣播	全部都會區	地方性或地區性零售商	成本較低，聽眾群較明確 頻率較高，具有立即傳送時效，內容豐富	不具視覺效果 聽眾隨意轉台 聽眾易受干擾而分心
戶外	全部都會區或單一特定地點	自有品牌產品 鄰近零售商 提醒式廣告	規模較大，顏色與創意選擇多，頻率較高 不易受競爭者之影響 維持期間較長	法令限制，消費者易受干擾而分心，消費群不明確，較不具彈性

資料來源：Adapted from *Essentials of Marketing*, 4th edition, by Joel R. Evans and Barry Berman. Copyright 1990 by Macmillan Publishing Company.

（FTC）一負責處理廣告內容不實或具有誤導作用的政府機構一的案件也逐年增加。美國聯邦貿易委員會有權發出歇業與關廠的命令。如果促銷訊息可能帶給消費者誤信其產品功能的長期不實印象，美國聯邦貿易委員會亦可要求廠商修正廣告內容。爲了遵循聯邦貿易委員會的規定，廣告業者在播送廣告的同時必須能夠隨時充份證明廣告內容的眞實性。未能遵守前述規定一而且曾經遭到消費者向聯邦貿易委員會投訴一的案例計有：

- 坎貝爾濃湯（Campbell Soup），其廣告宣稱他們的雞湯有助於避免心臟疾病
- 沛綠雅礦泉水（Perrier），其廣告宣稱他們的礦泉水完全是天然礦泉水
- Kraft，其廣告宣稱他們的起士片每一片含有超過五盎斯的鈣質

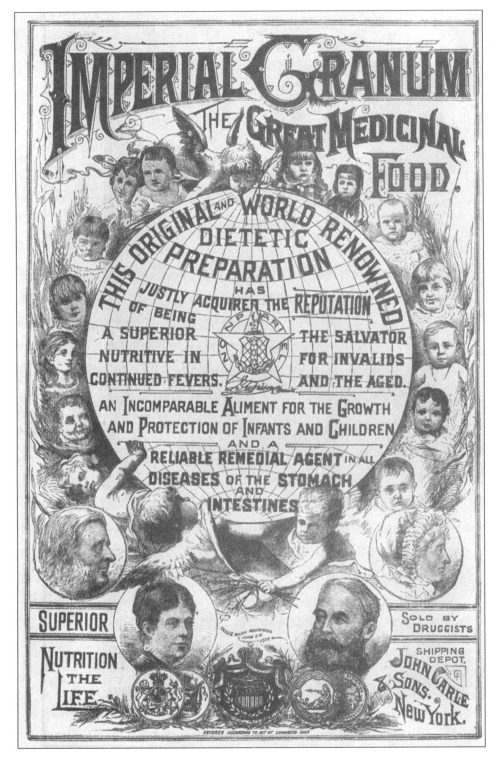

圖13.6
明顯不實的廣告

環球透視—哈雷機車：呼嘯全球

英文當中的「Angel Mama」，如果轉換成日語或德語，應該如何表達？哈雷‧戴維森的促銷計畫雄心勃勃，打算將哈雷機車推向全球市場。無論是在日本的鄉間道路上、澳洲的沙漠、德國的黑森林區，或是墨西哥市的繁華街道，都可以見到哈雷機車騎士呼嘯而過，體驗風馳電掣的快感。哈雷機車預期今年度海外的機車銷售將可達到兩億八千五百萬美金〔佔了該公司當年度總銷貨收入的百分之二十四（24%）〕，較一九八九年的一億一千五百萬美元〔或百分之十四（14%）〕成長許多。

哈雷機車的全球行銷觀點是針對不同的文化風俗來修正美國本土的促銷策略。哈雷機車成立哈雷機車海外俱樂部（Harley Overseas Club），提供會員交換意見與資訊的園地。哈雷機車也發行雜誌，並舉辦啤酒與樂團的遊行活動。此外，哈雷機車也不斷地更新廣告內容，嘗試各種方法來建立消費者忠誠度。

例如，長久以來，哈雷機車總公司始終堅持日本的事業部門應該沿用美國市場的平面廣告與促銷計畫。但是沙漠曠野的景象和「在加速毀壞的世界裡不變的真理」的標題文字卻無法打動日本的機車騎士。這項計畫必須進行修正─哈雷機車也修正了此一計畫。美國的荒野大漠變成日本當地的景緻，主角也由金髮碧眼的外國人換成道地的日本明星。經過一番修正之後，這一則廣告果然對於銷售量大有幫助─消費者訂製哈雷機車的名單已經排到六個月以後。

同樣地，哈雷機車也必須修正其在歐洲推動的促銷計畫。在歐洲，比較不盛行機車車隊遊街的作法─消費者不同。為了克服第一道限制，哈雷機車鼓勵經銷商舉辦開放參觀與演講等活動。由於消費者習性不同的關係，哈雷機車第一次在法國東南部舉辦機車遊行的時候，就遠遠超出預定的時間─因為這裡的人們習慣遲到。哈雷機車提供遊行人士啤酒和搖滾音樂。到了午夜十二點，主辦單位就關閉所有的燈光和電源。然而對法國人而言，夜晚才正要開始。最後，哈雷機車的主辦人員不得不重新開啓電源，並要求搖滾樂團繼續演奏下去，直到凌晨四點才告結束。

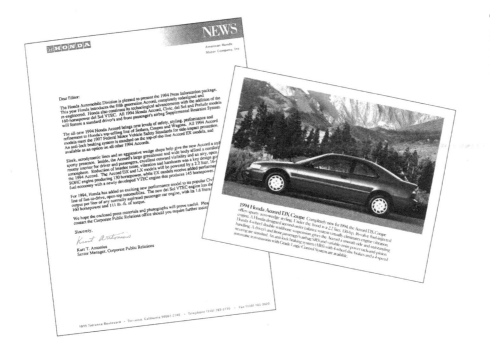

　　另一種廠商涉及違法與欺騙不實的廣告行為是在廣告當中模仿知名人物的形象
或聲音。如果廠商並未事先徵得被模仿人的同意，而在廣告當中模仿或抄襲特定名
人的聲音或歌唱的風格，就可能遭到當事人或消費者的投訴。廣告界曾經喧騰一時
的案例則是福特汽車公司與知名歌星貝蒂‧米勒之間的控訴。福特汽車公司在邀請
貝蒂‧米勒在其廣告當中演唱其已經發表的歌曲而遭到婉拒之後，福特汽車公司便
僱用另外一位歌星，並要求這位歌星儘可能地模仿貝蒂‧米勒的唱腔。這位歌星的
表現果然稱職，以致於非常多的消費者以為廣告歌曲就是由貝蒂‧米勒所演唱。貝
蒂‧米勒於是提出控訴，並且要求美金四十萬元的賠償。

促銷組合：宣傳

　　促銷組合的第三項要素是宣傳。**宣傳**（publicity）係指為了促銷產品或服務，
或為了提昇企業形象所進行的無報酬、非個人所進行的傳播。宣傳是促銷組合當中
相當重要，但是卻常為人所忽略的一環。

宣傳
為了促銷產品或服
務，或為了提昇企業
形象所進行的無報
酬、非個人所進行的
傳播

宣傳的本質

產品、服務或企業形象的宣傳工作是行銷經理們必須不斷達成的目標,然而宣傳的成功與否卻往往難以衡量。舉例來說,當您聽到很受歡迎的廣播談話節目主持人宣稱「亨利餐廳真是棒極了,它有我所看過最好的食物、服務和氣氛」時,或者看到知名的報紙專欄作家寫道「髮藝髮廊是各位剪、燙髮的唯一選擇」時,您該如何衡量其效果或影響呢?宣傳擁有許多獨到的優點:

- **時效**(timeliness)。宣傳能夠即時傳遞。拜衛星科技之賜,舉凡開幕和記者會等事件均可進行現場立即轉播。
- **彈性**(adaptability)。宣傳可與廣告、個人銷售與銷售促銷等活動搭配進行。
- **可信度**(credibility)。宣傳的一大特色是擁有「第三人的背書」或者「月暈效果」。當記者提及某項產品的時候,無異於替該項產品背書保證。您會相信影評人的介紹,還是寧可相信電影廣告的內容?
- **成本效益**(cost efficiency)。相較於廣告,宣傳的成本最低。
- **機動性**(mobility)。宣傳活動可以在任何想像得到的地方或場合—無論是地區性或全國性的地點或場合—進行。

宣傳可以做為獨立的媒介。舉凡電視、廣播、報紙或雜誌等都是獨立的媒體,因為藉由這些媒體所達到的宣傳效果是毋須另外付費的。為了善用宣傳的機會,企業必須準備值得報導的內容,將其送至媒體,提供媒體人士參與特定事件的機會,主持記者會,並以電話或親自拜訪等方式維持與媒體之間的良好關係。

宣傳的類型

企業可以透過許多不同的方式來進行宣傳,其中包括:

- 以地方或全國重大事件的新聞方式處理
- 提供給商業媒體的企業專題報導—關於企業或產品的專文介紹
- 以商業雜誌和報紙財經記者發放財務消息

宣傳的正反兩面

宣傳活動具有兩種層面：正面與負面。企業必須努力達成正面的宣傳。然而負面宣傳卻也往往無可避免。

正面宣傳　企業可以不斷地進行正面宣傳：發表新產品、重大成就、或其它類似的資訊。位於美國洛杉磯的Frieda's Finest公司的菲莉妲‧凱柏琳（Frieda Caplan）就是一個很好的例子。Frieda Caplan非常瞭解哪裡以及如何可以達成正面宣傳（positive publicity）。凱柏琳總是隨時接受記者的採訪，經常登上各種報章雜誌的封面「例如：《莎薇雜誌》（*Savvy*）、*Ladies Home Journal, Inc.*、《洛杉磯時報》（*Los Angeles Times*）等」，而且還參加大衛‧賴德曼的深夜談話節目，展示她的豐功偉業。凱柏琳的確深諳宣傳之道。其它成功的宣傳實例尚有：

- 加州葡萄乾（California raisins）。雖然加州葡萄乾公司推出的電視廣告非常成功，但是公司的董事會仍然決定進一步加強廣泛的宣傳活動。為了爭取重複消費並刺激現有消費者的消費，他們的宣傳活動當中成立了會員俱樂部，凡是重複購買一定數量的促銷產品，並持空盒至其專櫃門市的消費者，即有機會在該公司的電視廣告中亮相。

- 紐頓無花果（fig Newtons）。最近，紐頓無花果公司才以盛大的露天烤肉結合歌星潔絲‧紐頓的特別表演的活動，慶祝該公司成立一百週年。此一週年慶活動不僅使得紐頓公司成為全國民眾矚目的焦點，更因此登上《新聞週刊雜誌》（*Newsweek*）、有線新聞網（CNN）與大衛‧賴得曼深夜談話節目（David Letterman）。

負面宣傳　有些企業可能不幸地成為負面宣傳的受害者。負面宣傳（negative publicity）的最輕後果是喪失可信度，而最糟的後果則是失去生意。曾受負面宣傳之累的企業計有：

- **Jack in the box**。這一件悲劇起源於美國華盛頓州大科馬市一位兩歲幼童食用

該公司推出的美金2.69元的「兒童特餐」。十天後,這位男童死於腎臟與心臟衰竭。另外亦有超過三百位食用過前述兒童特餐的消費者因爲感染了這些漢堡的病菌而陸續出現不適症狀。雖然這家公司立即銷毀可能受到細菌感染的工廠所製作的兩萬英磅的漢堡肉餡,但是緊張的消費者仍然立即轉向其它的漢堡店。這家公司位於洛杉磯市威爾郡大道上曾經大排長龍的店面,頓時門可羅雀,而其它門市的銷貨數量也減少了超過百分之二十(20%)。

■ 通用汽車(General Motors)。美國喬治亞州亞特蘭大市的法院判決通用汽車必須賠償美金四百二十四萬元給一位青年的父母,這名青年駕駛通用汽車生產的貨車在被酒醉駕車的另一位駕駛人撞上之後,汽車燃燒爆炸而死亡。消息一經批露,通用汽車立刻陷入另一場審判—來自輿論的審判。在前述法院判決成立之前的數年期間,通用汽車總共賣出了將近六十萬輛同型貨車,平均每一輛貨車的利潤高達四千至五千美元。然則法院判決確定之後,通用汽車的形象岌岌可危,而業績也受到可觀影響。

促銷組合: 銷售促銷

促銷組合的第四項要素是銷售組合。美國行銷協會將**銷售促銷**(sales promotion)定義爲「**除了個人銷售與廣告之外的付費行銷活動**」。此一定義包含多種方法—折價券、樣品、貿易展覽,其中某些是針對中盤商所設計,某些則是針對最終消費者而設計。

銷售促銷可以支援行銷組合當中的其它三項要素。如以最終消費者爲目標,銷售促銷有助於:(1)增加品牌知名度,(2)開發衝動型購買,(3)開啓新產品或新服務的消費趨勢,以及(4)鼓勵消費者再次購買。如以中盤商爲目標,則銷售促銷有助於鼓勵通路,取得賣場的上架位置,爭取中盤商的合作,以及提高業績。

向最終消費者促銷

製造業者和零售業者都會利用銷售促銷方法來觸發最終消費者的購買動機。

折價券　實務上將潛在顧客與產品結合在一起的常用方法是在產品包裝外或包裝內放置可以節省一定金額的折價券（coupons）。雜誌與報紙，以及直接郵寄到消費者家中的郵件上也常印有折價券。折價券也可以在零售商店的結帳櫃台分送。舉凡加工食品、速食、民生清潔用品和專利藥品等都是常用折價券進行促銷的產品。生產廠商希望藉由此一促銷方式來提高銷貨數量，進而打平折扣的部份。

日新月異的科技帶來折價券的新用途。為了鼓勵消費者由購買另一品牌的餅乾，轉而消費，譬如說，Nabisco's Chips Ahoy的餅乾，廠商或店家可以採用一套電腦系統，每當結帳櫃台的條碼機讀出其它品牌的餅乾的時候，就會自動列印折價券給結帳的消費者。圖13.7 即為利用折價券進行促銷的實例。

樣品　有些企業會贈送樣品（samples），將產品直接送到消費者手中。General Mills公司的綜合穀類食品、Delicare的冷洗精和Lever Brothers的衣物柔軟精等，都曾採用贈送樣品的促銷方法。贈送樣品的用意在於使消費者熟悉促銷的產品，進而在樣品使用完畢之後比較可能願意購買一般容量或包裝的產品。與特定家電用品搭

圖13.7
促銷折價券的一種

一年一度的烘烤大賽可謂用以促銷公司產品的競賽活動當中最為人熟悉的例子。

配使用或其它耐用品的生產廠商可能會在銷售大件產品的時候，贈送相關的樣品—例如購買乾衣機就贈送衣物柔軟精。在超市購物的消費者往往可以一路從頭「試吃」到底。消費者可能先由起士、比薩、開胃菜嚐起，再到雞肉或火腿片、土司、餐包或餅乾，最後還有果汁和冰淇淋、優格或餅乾等點心。如果試吃活動能與折價券搭配得宜—理想狀況下，消費者會當場使用掉這些折價券，那麼促銷活動即告成功。

贈品
免費給予或低價賣出具有一定價格的物品，以做為消費者購買產品的誘因。

贈品 另一種直接吸引最終消費者的作法是給予贈品（premium），亦即免費給予或低價賣出具有一定價格的物品，以做為消費者購買產品的誘因。贈品對於兒童特別有效，進而影響其父母親購買產品。《Sports Illustrated雜誌》便提供訂閱戶免費的運動教學錄影帶和新奇的運動用品。Oscar de la Renta則是贈送購買金額滿美金三十五元的消費者一瓶女性香水禮盒。最典型的贈品例子當屬每一包Crackerjacks的餅乾裡面都會附贈價值不等的贈品。

特別服務　某些企業會以提供消費者特別服務（special services）的方式，來觸動消費者的主顧動機。舉例來說，五金和園藝用品店可能舉辦免費課程，教授家居裝潢，或者免費租借花草施肥機給消費者。銷售油漆和壁紙的商店可以舉辦免費課程，示範如何黏貼壁紙。銀行可以提供存款戶免費的旅行支票和匯款服務。百貨公司則可不定期舉辦化妝或髮型說明會等活動。

競賽與抽獎　競賽是另一種常用的促銷產品方法。競賽活動是要求參賽者說出新產品的名稱、寫下包含公司或產品名稱在內的流行語、完成一首詩，或者甚至烘烤蛋糕等以爭取獎項。舉凡《讀者文摘》（*Reader's Digest*）、可口可樂（Coca-Cola）和許多連鎖超市業者均曾舉辦類似競賽，來提高產品使用率和消費者忠誠度。電視購物業者QVC Network也曾提供觀眾贏得到比佛利山莊的羅迪大道免費購物美金一萬元的大獎。此外，得獎人還可以獲得和喜劇明星一起用餐的機會。

抽獎活動則是由消費者填寫抽獎表格後寄到指定地點參加抽獎。獎品種類繁多，從海外休閒渡假假期到隨身聽等都包括在內。一項由Cruise Line International Association贊助、為期三個月的抽獎活動就吸引了十三萬封抽獎函來競爭一百一十二個免費的海上渡假假期。

累積消費點數　一旦加油站、超市、和其它零售據點成功地利用促銷手法建立消費者的主顧動機之後，大多數的業者都會取消累積消費點數（trading stamps）的活動以控制節節升高的價格。然而實務上仍有許多例外的情況─尤其常見於超市業者─也就是業者繼續使用累積消費點數的活動來做為促銷手法。零售商店根據消費金額給於一定點數。消費者累積一定點數之後，便可兌換贈品目錄或展示在櫥窗內的商品。

現金回饋或退費　實務上曾有Purina狗食、Kraft食品、甚至是新款汽車（直接向車廠訂購）等採取現金回饋的手法來鼓勵消費。所謂現金回饋或退費（rebate or refund offers）的方式，即消費者只要提出確實的消費證明，生產者就會退回部份消費金額。

操之在己

試回想最近一次您到超市購物的情況。您是否看見任何食品─軟性飲料、香腸、起士和餅乾─的樣品？您是否使用了任何折價券？這家超市是否正在舉辦任何競賽？您認為這些促銷技巧的成效如何？

向中盤商促銷

製造業者會使用各種銷售促銷手法來提高批發商與零售商—將產品由生產者移轉至消費者的企業—的購買意願。

購買點展示　許多製造商利用購買點展示來促銷其產品。所謂**購買點展示**（point-of-purchase displays）係指在實際發生交易的地點所進行的促銷手法。購買點展示包括海報、真人大小的廣告明星看板、展售架和特殊包裝等。雖然這些手法的最終目的是要吸引最終消費者的注意，但是仍可視為吸引中盤商的促銷手法，因為許多零售業者往往要求製造商提供有效的展示物品或方法才願意銷售其產品。

銷售時點策略的最新概念之一是錄影帶廣告。消費者在櫃台結帳的同時，可以欣賞螢幕播放的簡短廣告。

合作廣告計畫　許多製造商會進行**合作廣告計畫**（cooperative advertising programs），也就是製造商同意負擔其產品的部份廣告成本。舉例來說，Teledyne就針對經常銷售其口腔清潔用品的零售商，擬訂了合作廣告計畫。生產者願意負擔經銷商的廣告成本，使得經銷商更願意促銷其產品。合作廣告尤其適用規模較小的獨立零售商，因為小規模的獨立零售商可能無法負擔廣告費用，進而無法與連鎖業者競爭。

重點廣告　另一項經常用於中盤商與最終消費者的促銷手法是**重點廣告**（specialty advertising），也就是「經常性地提供重點產品」以建立商譽，加強潛在顧客對於企業或產品名稱的印象。重點廣告的內容可能是廉價的原子筆，月曆、火柴盒、釘書機、咖啡杯、或者甚至是空中廣告。重點廣告的內容都有一項共通特點：清楚地標示出產品或企業的名稱。

重點廣告的內容不勝枚舉。達美樂比薩（Domino's Pizza）贈送外送比薩紙盒形狀的磁鐵；Coors啤酒公司、Mack卡車公司和紅人（Red Man）煙草公司贈送印有公司標幟的帽子；汽車保險桿上的貼紙印有參加廣播節目抽獎比賽的文字；美國全國各地的運動比賽隊伍都可能使用印有Mobil標幟的水杯；可口可樂、必勝客比薩

購買點展示
在實際發生交易的地點所進行的促銷手法

合作廣告計畫
製造商同意負擔其產品的部份廣告成本

重點廣告
「經常性地提供重點產品」以建立商譽，加強潛在顧客對於企業或產品名稱的印象

（Pizza Hut）和Chili's餐廳則是分送印有稱讚自己產品內容的運動襯衫。

貿易展覽　生產者與零售商對於參加貿易展覽（trade shows）都顯得相當踴躍。展覽會場上，單獨一家或多家企業精心展示其產品，足以吸引上千位潛在顧客蒞臨觀賞。典型的貿易展覽包括船隻、汽車或貨櫃房屋等產品。由於貿易展覽可以吸引大量的觀眾入場，因此參展廠商往往可以在會場上完成金額可觀的交易。參展廠商可以利用觀眾填寫基本資料參加抽獎的方式，蒐集潛在顧客的姓名，會後再做進一步的接觸。填寫了姓名與地址的觀眾名單就成為展覽結束之後郵寄促銷資料的重要依據。

動力獎金　為了鼓勵業務人員更加努力地銷售其品牌產品，某些生產廠商會提供**動力獎金**（push money），凡是銷售特定品牌超過其它所有品牌的業務人員即可獲得製造商發放的佣金。此一佣金即為激勵業務人員的誘因或「動力」。

動力獎金
銷售特定品牌超過其它所有品牌的業務人員即可獲得製造商發放的佣金

研擬促銷策略

為了能有效地向目標市場傳達訊息，行銷人員必須融合使用行銷組合的四大要素。每一種促銷手法的功能不同，因此可以用於支援其它三項要素。

表13.8摘錄了每一種促銷手法的功能與價值。

融合所有要素之後便可擬出促銷策略。實務上經常見到的兩種促銷策略分別為：推動策略與拉動策略。

推動策略　以行銷通路為目標，非以消費者為目標的促銷策略—**推動策略**（push strategy）主要以個人銷售為主，輔以合作廣告計畫與動力獎金等銷售促銷手法。例如：製造商可能認為促銷產品的最佳方法是先將「觀念」推銷給批發商，然後批發商自然而然會將觀念（和誘因）推銷給零售商。接下來，零售商—利用購買點展示和合作廣告計畫—再將產品「推」進消費者的口袋當中。

推動策略
以行銷通路為目標，非以消費者為目標的促銷策略

表13.8
促銷組合要素之功能
與價值

評定標準	個人銷售	廣告	宣傳	銷售促銷
目標	傳遞個別的訊息 解決問題 達成交易	接觸龐大消費群 告知、說服 與提醒	提供廣大消費群 無偏頗的資訊	搭配 其它促銷要素； 增加衝動購買
訊息類型	個別的 特定內容的	所有的個體都 接收同樣的訊息	所有的個體都 接收同樣的訊息	視特定銷售促銷 手法而有不同
彈性	彈性高	彈性中等	彈性低	彈性中等
成本	每次銷售拜訪 的單位成本高	每接觸一人的 單位成本低	成本低 或者毋須成本	每一位顧客的 成本中等
訊息資料 之控制	控制程度高	控制程度高	沒有控制可言	控制程度高

拉動策略
促使消費者要求在特定通路購買產品的促銷策略。

拉動策略　促使消費者要求在特定通路能購買到產品的促銷策略。為了達成**拉動策略**（pull stategy），行銷人員只能使用行銷組合當中的廣告、銷售促銷與宣傳要素。舉例來說，製造商可能刻意避開批發商與零售商，直接向消費者進行訴求。製造商利用密集的廣告轟炸消費者，利用直接郵件與雜誌提供折價券，並在週日報紙內附贈樣品。如此一來，消費者會向零售商反應其需求，零售商自然而然會從製造商那兒「拉」取產品。

摘要

　　負責研擬促銷策略的管理者必須瞭解消費者與工業購買者購買產品的原因。消費者購買產品往往出於情緒性、理性與主顧動機的交互影響。工業購買者的動機多以理性為主—基於價格、利潤、品質、可出售能力、以及服務等考量—再佐以少部份互惠動機與情緒動機等因素。

一旦找出購買動機之後,接下來的步驟就是擬訂促銷策略─行銷組合當中的傳播部分。促銷策略包含促銷組合的四大要素:個人銷售、廣告、宣傳與銷售促銷。研擬促銷策略時,必須確實瞭解傳播過程之運作。傳播過程係由傳送者、編碼、訊息、媒介、解碼、目標市場、反饋與雜訊等環節組合而成。

促銷組合的第一項要素是個人銷售,亦即說服潛在顧客購買產品的動作。業務人員可以採用七道步驟的銷售方法來促銷產品。這七道步驟分別為尋找潛在顧客、前置作業、接觸、產品介紹、處理異議、成交和追蹤。

促銷組合的第二項要素是廣告,亦即由特定贊助人負擔,非由個人所進行的促銷產品、服務或觀念之動作。廣告計有兩種類型:產品廣告(用以提昇產品或服務之需求)與企業廣告(用以提昇企業公眾形象)。一旦決定廣告類型之後,行銷人員必須選擇展示訊息的媒介。常見的媒體包括了報紙、雜誌、電視、廣播、直接郵件和戶外廣告等。每一種媒體都各其優點與缺點。無論選擇哪一種媒體,所有的廣告內容均應符合法令規範,避免不實或誤導的廣告內容。

促銷組合的第三項要素是宣傳。宣傳活動係指毋須付費,非由個人所進行之提昇產品、服務或企業形象之傳播活動。企業必須善用所有機會,向各種媒體展示相關的資料。常見的宣傳類型包括新聞宣傳、企業專題報導與發佈財務消息等。

促銷組合的第四項要素是銷售促銷。銷售促銷係指除了個人銷售與廣告以外的付費行銷活動。某些銷售促銷手法係針對消費者所設計,例如:折價券、樣品、贈品、特別服務、競賽與抽獎、累積消費點數和現金回饋與退費等。某些銷售促銷手法則係針對中盤商所設計,例如:購買點展示、合作廣告計畫、重點廣告、貿易展覽和動力獎金等。

行銷人員必須融合促銷組合的四大要素,以便有效地向目標市場傳播訊息。管理者可以融合四項要素,擬訂出兩種不同的促銷策略:推動策略或拉動策略。推動策略係以行銷通路為目標,而拉動策略則以消費者為目標。

回顧與討論

1. 購買動機與促銷策略之間有何關係？
2. 請就下列內容提出您的看法：「消費者購買動機當中的情緒性成份往往比工業購買動機較高。」
3. 請解說促銷策略在行銷組合當中所扮演的角色。
4. 請找出傳播過程的每一項要素，並說明傳播過程的每一個階段會發生哪一項要素。
5. 請扼要說明銷售過程的七道步驟。是否有哪一道步驟會比其它步驟更為重要？為什麼有或為什麼沒有？
6. 企業為什麼要廣告？
7. 請分別說明兩種不同類型的廣告。
8. 請說出四種廣告媒體，並探討每一種媒體的優點與缺點。
9. 宣傳活動在促銷組合當中扮演何種角色？企業如何確定其達到宣傳效果？
10. 何謂「宣傳的正反兩面」？並請提出最近發生的負面宣傳的實例。
11. 銷售促銷在促銷組合當中具有何種功能？銷售促銷的目標為何？
12. 請解說用以吸引中盤商的四種促銷手法與用以吸引最終消費者的四種促銷手法的目的。
13. 請解說如何融合促銷的四大要素來擬訂促銷組合。
14. 請探討促銷推動策略與促銷拉動策略之目的。

應用個案

個案 13.1：買下一個市場？

　　近來，企業發現想要溫熱消費者的購買慾望，往往必須硬生生地投注大筆金錢─或者至少必須贈送大量的贈品。許多企業紛紛試圖增加產品的附加價值，而不再

改變產品本身的內容。

最近市場上出現的促銷活動計有：

- 漢堡王（Burger King）與迪士尼（Disney）合作，向速食店消費者提出總金額達每金一百萬元的獎項，其中包括了免費用餐、至迪士尼世界遊玩的兩百位名額、和高達現金美金十萬元的特獎。
- 百事食品公司（PepsiCo's Frito-Lay）提供價值達八百萬美元的獎項，其中包括了免費的薯條餐券、和美金五十元抵用二盎斯或三盎斯裝零食抵用券。
- M & M/Mars公司推出每寄回一個空的糖果罐包裝，即可獲得美金五分的現金回饋。
- Coors Beer公司在十二瓶啤酒裝的產品內隨機放入三萬個會說話的啤酒罐。這三萬個啤酒罐裡面裝的並不是啤酒，而是利用感光晶片告訴消費者他們中了光碟唱片或者音響等各種不同的獎品。
- 百事可樂（PepsiCo）與寶麗來照相公司（Polaroid）合作推出消費者有機會可以和明星並肩拍照的機會。在這一項由百事可樂推出的「啊呀！」活動當中，消費者可以在全美四千個門市，和真人大小的明星看板或「啊呀」女郎一起拍攝照片留念。

就某些類別的產品而言，前述促銷活動對業者而言可謂慣例，而非例外。由於競爭產品種類繁多，行銷成本日益升高，企業反倒認為競賽活動和其它銷售促銷手法才是推動產品銷售的廉價方法。然則企業或許更應關心的是這些方法是否有效。

問題

1. 除了競賽活動之外，行銷人員在整合促銷計畫的時候還會採用哪些銷售促銷手法？並請舉出個案的內容來支持你的答案。
2. 個案當中的銷售促銷活動是以刺激短期還是長期銷貨收入為主？並請解說你的理由。

3. 個案當中的銷售促銷手法有助於或有害於企業建立長期的品牌忠誠度？並請解說你的理由。

個案 13.2：大哥和小弟都在密切注意

　　行銷人員務必注意：大哥（政府）正在密切注意你的一舉一動，而小弟（消費者）則希望大哥能夠做得更多、更好。根據研究調查結果指出，超過半數的消費者不相信廣告的內容，因此行銷人員在擬訂促銷策略的時候必須格外謹慎小心：行銷人員必須誠實無欺，否則政府將會介入，替行銷人員執行清除謊言工作。

　　大部份的責任都會落在行銷人員的身上。從消費者的角度觀之，行銷人員是深諳產品好處的專家。消費者不需要深入瞭解產品的功能與特性。消費者必須仰賴行銷機制透過正確的管道，將正確的資訊傳遞給正確的目標市場。

　　遺憾的是，行銷人員往往無法面面俱到。根據研究資料顯示，消費者多半認為行銷人員有欺騙兒童、婦女和弱勢族群之嫌；不尊重社會大眾的智慧；產品包裝所宣稱的內容、成份與重量不實；針對競爭者所製作的廣告內容不實；誇大產品的健康與環保功效；整體而言就是沒有提供正確的資訊。

　　雖然並非所有的行銷人員都涉及不法、不實言行，但畢竟一顆老鼠屎會壞了一鍋粥。行銷人員務必謹記：大哥隨時都在密切注意。

問題

1. 行銷人員在擬訂與傳遞促銷訊息的時候，必須對消費者負有何種責任？
2. 行銷人員如欲避免個案當中提出的問題，應該採取哪些行動？請針對特定的問題，一一提出解決方法。
3. 遇此情況，政府應該扮演何種角色？
4. 政府介入行銷機制的優點與缺點分別為何？

14

鋪貨與定價策略

我們試著不以成本來擬訂服務的價格—而以我們的服務在消費者心目中的價值為依據。如此一來，價格便與利潤無關。

LESTER M. ABERTHAL

Chairman, Electronic Data Systems Corp.

章節目標

在學習本章之後，你應該能夠做到下列各點：

1. 描述鋪貨策略之重要性。
2. 列舉並解說工業產品與消費產品之主要鋪貨通路。
3. 探討不同類型的中間商及其扮演之通路成員角色。
4. 解說實物鋪貨系統之內容。
5. 描述定價策略之重要性。
6. 解說如何藉由供給需求法、外加與損益兩平分析之成本導向法、以及市場法來擬訂價格。
7. 描述行銷人員可以採取的定價策略。

David Bond

前言

大衛邦德（David Bond）的事業生涯適足以驗證其在美國麻塞諸薩州大學取得傳播學士學位時所設定的目標。「我特意規劃了大學時代的課程，期許自己成為更為圓融的人。我希望自己在很多方面都能有所涉獵。我猜想各位可能認為我接受的是正統的教育。但是這並不代表著畢業之後我就可以開始建立自己的事業，或者很快就能夠致富。但是我仍然相當滿意自己的抉擇。我並不希望自己成為閉門造車的大專寶寶。」

大學畢業之後，從小生長在鄰近麻塞諸薩州海岸的一個小鎮上的邦德搬到波士頓，並接觸到了他平生的第一個最愛：音樂。他的學士學位讓他在一個錄音工作室裡順利找到一份工作，擔任搖滾樂團的經紀人。「我一向喜歡高科技

的東西，因此我曾經在電腦業待過一陣子。然而真正改變我一生的是我稱之為『蛻變的夏天的時光』」邦德回憶道。「那一年，我的母親罹患了肺癌。我下定決心戒了菸，開始注意健康，也開始培養騎腳踏車運動的習慣。我幾乎是告別了以前的生活型態。」

無巧不成書。邦德巧遇一位大學時代的室友凱爾史密爾。對方恰巧向他提起他的新興趣。「凱爾經營一間腳踏車店，並且提到他知道有一家腳踏車業者正在尋找業務代表。我向史密爾表示我對這個工作機會頗有興趣。幾天後，我接到中大西洋自行車公司打來的電話，問我是否有興趣談一談他們的新英格蘭業務代表的工作機會。一個星期之後，我便搭上飛機前往加州的安那罕市（Anaheim），參加自行車業的大型貿易展覽。」

「我永遠都記得史密爾曾經一再強調自行車業的規模非常之小。然而當我實際走進安那罕會議中心的時候，映入眼簾的竟是諾大的空間裡面陳設了各式各樣的自行車。我一一走過每一個展覽館，仔細觀賞一部又一部的自行車。那一次的經驗完全推翻了之前關於自行車工業疲弱不振的印象。事實上，它是一個充滿無限商機的產業」邦德表示。

經過一段時間之後，邦德負責的銷售區域逐漸加大，責任也日益加重；現在，邦德必須負責麻塞諸薩州、羅德島、康乃狄克州、緬因州、新罕普雪、維蒙特和上紐約州等地的腳踏車零售店。「基本上，我就像是在替十五名員工進行電訊傳播，擔任他們產品的業務與行銷代表一樣。身為地區經理，我幾乎必須負責所有的事情：引進新產品、擬訂價格與付款條件、決定折扣和鋪貨及完成訂單等等。我必須確保所有的顧客在需要的時候都能夠得到他們想要的。」

「這個產業當中有許多公司－例如：自行車製造商－都擁有自己的工廠代表。我卻是獨立的業務代表，而在新英格蘭地區大約還有十到十五位獨立作業的業務代表。我代理許多不同的產品線：自行車、自行車服飾、頭盔、鞋子、踏板、車體支架等等，幾乎所有和自行車相關的產品。我們代理的產品線往往逐年更新。」

「我會例行性地拜訪一百家左右的經銷商，但是我服務的經銷商總共多達四百家」邦德繼續陳述。「我的工作是隨時告知經銷商新產品的資訊，並確定經銷商隨時都擁有足夠的存貨。基本上，我會開車載著一些產品去拜訪經銷商，讓他們實際瞭解這些產品。例如：一位客戶引進一種新的電腦化換檔系統，於是我就把這套系

統安裝在自行車上，然後開車載給經銷商試騎。一旦經銷商決定訂購新產品的時候，可以打電話給我或者直接打電話給製造商。由於訂購作業多已電腦化，因此製造商可以迅速完成訂單，並且直接從工廠或倉庫送貨給經銷商。」

雖然在美國東北部，只有特定季節適合騎自行車，但是大衛邦德的工作卻是一年到頭從不間斷。「八月到十一月是訂購新一季訂單的時候，如此一來製造商才能夠掌握生產數量。經銷商也可以爭取比較優惠的付款條件和折扣。一月到三月屬於「立即下單」期間。我會親自或透過電話承接訂單，安排工廠立即交貨。夏天是新訂單與追加訂單重疊的季節。我也會趁這個時候拜訪經銷商的店面、參加經銷商的試騎活動，和經銷商保持聯絡，維持良好的顧客關係。」

「我一直努力地提供給經銷商最高品質的服務。我手上總共擁有多達八百種的產品供其選購；我總是立即回覆經銷商的電話；也總是可以很快地拿到訂單；一旦某項產品缺貨，我一定立刻報告經銷商。對於那些沒有辦法經常拜訪的小型經銷商，我會利用個人電腦與特殊電訊軟體來和他們保持聯繫。」

大衛邦德究竟如何看待自行車工業的未來？「我很喜歡這個產業，我也喜歡這個產業裡面的人」邦德表示道。「他們都很重視健康和家庭。我可以看見的一個問題是由於整體經濟情勢並不活絡，零售業績下滑，所有的業務代表的收入也變少了。但是市場上仍然需要獨立業務代表來推銷銷貨數量較少的產品。一個星期內有四天的時間，我都在路上沿途拜訪自行車店，因為業務人員能夠做的事情當中莫不以讓經銷商實際摸到、看到產品最為基本而重要。新英格蘭是一個很美的地方，很適合開著車在大街小巷裡穿梭。我喜歡獨立業務代表的自由。我可以自己安排時間，也可以選擇在家裡辦公。但是自由有時候卻也意味著你必須付出比在一般店面裡工作還要更多的時間！」

鋪貨策略與定價策略屬於企業行銷組合的第三項與第四項主要成份。當這些成份與產品和促銷策略（分別在第十二和第十三章介紹過）「混合」之後，組織便可創造出行銷策略以接觸選定的目標市場。本章將逐一檢視鋪貨策略的重要性、目標及其主要內容；此外，本章也將介紹定價的目標、方法以及可行的定價策略。

鋪貨策略之重要性

　　鋪貨策略涵蓋了實體鋪貨系統與用以將產品交置顧客手中的通路。鋪貨策略的意義在於在正確的時間將產品放在正確的地點。企業可能擁有全世界最好的產品（取決於其產品策略），而且人們可能都知道也想要這些產品（取決於其促銷策略），但是如果人們不能夠在想要購買的時間和地點獲得這些產品，那麼品質再好的產品或者效果再轟動的廣告都屬枉然。

　　鋪貨策略涵蓋了（1）產品流通的路徑和參與此一過程的人，以及（2）將產品交給顧客的過程當中的活動—實體鋪貨系統。第一項要素涉及通路、通路的選擇和通路成員。第二項要素則涉及實體鋪貨系統的實際內容—運輸、倉儲、訂單處理、物料處理和存貨控制。

鋪貨通路

　　鋪貨通路（channel of distribution），**又稱行銷通路**（marketing channel），係指產品由製造者轉到消費者手中所經過的路徑。鋪貨通路包括了俗稱為通路成員、中間商或中介等的組織或個人：**批發商**（wholesalers）—將產品賣給同一產品的其它銷售商與**零售商**（retailers）—將產品賣給最終消費者的銷售商。這些通路與組織猶如綿密的管線一般，方便製造商將產品送達最終消費者—可能是個人消費者，也可能是工業購買者—手中。

　　由於面對的消費者類型不同，便依市場類型—工業產品市場與消費產品市場—區分出兩種主要的鋪貨通路。

工業產品的通路

　　工業產品的通路通常比消費產品通路更為直接—許多工業產品係專為特定最終使用者所設計。舉例來說，歐帝斯模具公司專為康敏製具公司設計與生產工具模

鋪貨通路或行銷通路
產品由製造者轉到消費者手中所經過的路徑

批發商
將產品賣給同一產品的其它銷售商

零售商
將產品賣給最終消費者

型。然而某些情況—附屬設備、耗用物料—則需要較長的通路。圖14.1 列舉出生產可以用來接觸工業產品市場的四種主要通路。接下來即一一探討這四種主要通路：

1. 製造商對工業購買者。製造商鋪貨給工業購買者最簡短、往往也最實際的方式就是將產品直接出售予工業消費者。當產品較難處理、市場區隔小、出售者必須訓練購買者的員工來操作產品或—誠如前述—產品係專為特定最終使用者所設計時，則採直接鋪貨的方式。舉凡電腦、紡織業生產設備和鐵礦等多採此法。

2. 製造商對工業批發商再對工業購買者。市場廣大的工業產品—例如焊槍、印刷紙張和建築材料等—需要選擇更多的鋪貨通路。這些產品的鋪貨通路多以稱為工業鋪貨商（industrial distributors）的批發商為主。這些工業鋪貨商再將產品銷售予工業購買者。

3. 製造商對代理商或仲介商再對工業購買者。某些情況下，出售的工業產品並不需要批發商所提供的仲介倉儲服務，但仍需要某種中介機制來代銷其產品。代理商或仲介商可以擔任製造商的窗口。代理商或仲介商毋須實際持有這些產品，但可提供必要的銷售支援功能。

4. 製造商對代理商或仲介商再對工業批發商最後對工業購買者。小型製造業者

圖14.1
工業產品的鋪貨通路

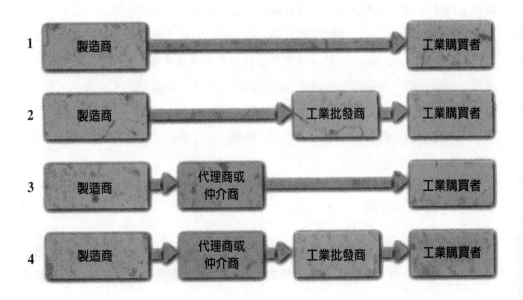

往往需要代理商或仲介商來代理其產品銷售予批發商的工作。代理商擔任批發商與製造商之間的橋樑，但是並未真正擁有其代理的工業產品。

消費產品的通路

相較於工業產品的通路，消費產品的通路往往比較長且複雜。由於相當多的消費產品屬於價格較低的便利產品，因此需要較多的中間商。像是口香糖、刮鬍刀、和紙餐具等產品的製造商就很難能夠有效地將其產品直接交到消費者手中。圖14.2 列舉出消費產品製造商可以採用的四種鋪貨通路。接下來即一一探討這四種通路：

1. 製造商對消費者。雖然工業產品製造業者比較偏好直接鋪貨通路，但是只有大約百分之五（5%）的消費產品採取直接通路。舉凡花圃的植物、農產市場的蔬菜和展覽會上的藝術工藝品等多半直接賣給消費者。諸如 L. L. Bean、Omaha Steaks、Wolverman's（糕餅業者）等都是利用郵購目錄來直接銷售產品給消費者。

2. 製造商對零售商再對消費者。許多製造商選擇在自己的零售據點陳列銷售產品。傳統上，汽車和大型家電都是由製造商直接鋪貨給零售商，而不再經過

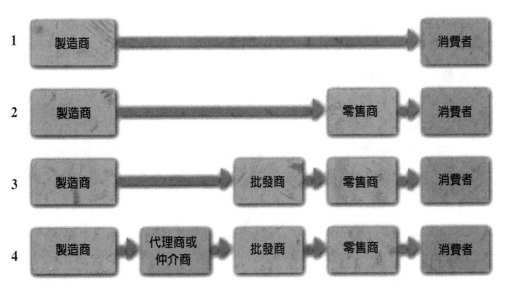

圖14.2
消費產品的鋪貨通路

批發商。

3. 製造商對批發商再對零售商最後對消費者。許多產品—雜誌、梳子、口紅、髮膠—都需要較多選擇的鋪貨通路。在通路當中加入批發商與零售商的網路,由批發商負責將產品送至零售商手中,再由零售商於消費者需要的時間與地點提供其所需的產品。許多成功的消費產品製造商,諸如吉利公司(Gillette and Schick),就與其所開發出來的鋪貨網路保持直接密切的合作關係。至於便利產品的部份,則多鋪貨在全國各地的超市、便利商店、藥局和折扣商店等處。

4. 製造商對代理商或仲介商再對批發商再對零售商最後對消費者。當產品是由一大群小型企業所生產—例如:製罐業者、冷凍食品包裝業者、肉品包裝業者等,則是交由代理商或仲介商來擔任買賣雙方之間的橋樑。某些情況下,代理商或仲介商也會與批發商合作,由批發商向生產者購買產品。

鋪貨通路的選擇

製造商究竟應該採取哪一種鋪貨通路?選擇鋪貨通路的決策多與下列變數有關:

■ **市場區隔**(market segment)。誠如前述,影響鋪貨通路決策的主要因素在於產品的對象是消費市場抑或工業市場。工業購買者通常會與製造商直接接觸,而一般消費大眾則多在零售商店消費。

■ **市場區隔之規模與地理範圍**(the size and geographic location of the market segment)。規模較大且分散各地的市場—誠如許多消費產品一樣—必須透過行銷中間商的協助。相反地,當製造商的潛在市場規模較小且地點集中的時候,則比較適合採用直接通路。

■ **產品種類**(the type of product)。產品的種類同樣也會影響通路的選擇。便利產品需要較廣的鋪貨通路才能夠將產品送到消費者手中—形成由許多中間商組合而成的冗長通路。專業類的產品則是採直接鋪貨給零售商店的方式。

- **執行行銷功能的能力**（the ability to perform the marketing function）。影響通路選擇的關鍵因素之一在於製造商是否能夠執行必要的行銷功能（銷售、運輸、儲存、融資、風險承擔等）或者製造商是否需要其它人—例如：中間商—來代為執行必要的行銷功能。如果企業擁有足夠的資源—管理、財務、行銷等資源，則其透過中間商來執行行銷功能的壓力就會相對降低。
- **競爭者的鋪貨策略**（the competitor's distribution strategy）。某些情況下，企業必須適時回應競爭者的鋪貨策略。戴爾電腦公司（Dell Computers）終止與零售商合作、直接面對消費者的作法成功地帶動了電腦銷售的業績，更迫使其競爭者IBM公司採取類似的行動。
- **市場密度**（degree of market coverage）。市場密度係指消費者可以購買到產品的經銷商數量或零售據點的數目。在某些情況下，理想的市場密度可能意味著一個據點涵蓋七萬名消費者；然而在其它情況下，理想的市場密度則可能意味著一個據點涵蓋二十萬名消費者。圖14.3 列出三種市場密度：密集鋪貨、選擇性鋪貨和獨家鋪貨。

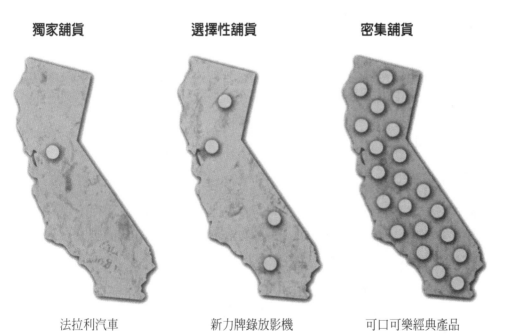

獨家鋪貨　　　　**選擇性鋪貨**　　　　**密集鋪貨**

法拉利汽車　　　　新力牌錄放影機　　　　可口可樂經典產品

圖14.3
市場範圍之大小

密集鋪貨
利用數目龐大的批發
商與零售商來建立廣
大的市場範圍

選擇性鋪貨
選擇一定數目的批發
商與零售商

獨家鋪貨
在特定地理區域內只
鋪貨給單獨一家零售
商或批發商

銷售便利產品的企業會偏好採用**密集鋪貨**（intensive distribution）的方式，也就是利用數目龐大的批發商與零售商來建立廣大的市場範圍。有些製造商可能希望透過**選擇性鋪貨**（selective distribution）的方式—亦即選擇一定數目的批發商與零售商—來強調企業與產品形象。最後，製造商可能會利用**獨家鋪貨**（exclusive distribution）的方式來銷售特定的專業，亦即在特定地理區域內只鋪貨給單獨一家零售商或批發商。

接下來，找們便可根據前述各項因素來分析兩種主要通路成員之角色。

通路成員

誠如本章開宗明義表示，不同的鋪貨通路是由不同的組織或個人所組合而成。這些通路成員通常稱為通路成員、中間商或仲介機構，負責執行採購、銷售、倉儲、運輸與風險承擔等功能，並為製造商蒐集行銷資訊。此外，行銷仲介機構能夠創造行銷活動所需要的時間與空間，確定產品能在消費者需要的時間與地點交付其手中。

製造商與消費者或工業使用者之間存在兩種中間商：批發商與零售商。接下來即將分別解說這兩種類型的中間商。

批發中間商

銷售產品給零售商、給其它批發商以及給工業使用者，但是與最終消費者往來金額並不大的中間商稱為批發商。如圖14.4所示，如果批發商並不存在，那麼零售業者必須耗費相當多的時間和各家不同的製造商接觸，購買不同的產品，並安排個別廠商的交貨事宜，甚至必須買進和維持龐大的存貨。

實務上並非所有的批發商都一模一樣。某些批發商會取得產品的所有權（銷售批發商）；某些則否（代理商與仲介商）。部份批發商會提供完整的服務。如表14.1所示，服務完整的銷售批發商會提供信用、倉儲與送貨等服務，同時也會輔助製造商進行銷售與促銷活動。相反地，只提供有限服務的銷售批發商則僅單純地代銷產

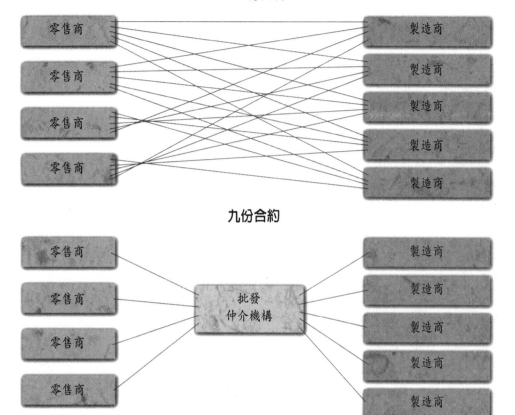

二十份合約

零售商
零售商
零售商
零售商

製造商
製造商
製造商
製造商
製造商

九份合約

零售商
零售商
零售商
零售商

批發
仲介機構

製造商
製造商
製造商
製造商
製造商

圖14.4
批發中介人之價值

提供給製造商之服務	提供給零售商之服務
將得自於零售商的市場資訊傳遞給製造商	提供佈置、促銷活動、簿記、存貨規劃與信用來源貸款等建議
僱用銷售人員來推銷產品	告知製造商準備上市的新產品
延長零售商的信用貸款	比生產者更迅速地遞送較少量的產品
以節省製造商之麻煩，在出售之前儲存產品，在售出同時補送產品	將多項製造商的產品彙整成單次交貨與帳單，簡化零售商的文書與存貨處理作業
承擔可能會造成產品需求下滑的市場變動風險	

表14.1
全方位服務之批發商
所提供之典型服務

品，提供的額外服務相當有限，甚至完全沒有。表14.2 舉例說明不同類型的批發商以及個別的特色。

表14.2
批發商之類型及其特色

批發商	特色	產品所有權
製造商之代理商*	銷售由多家製造商生產的產品的代理商對於顧客的降價、交貨、或賒購的要求不具決定權	無
銷售代理商*	銷售一家生產者所有產品的代理商對於顧客的降價、交貨或賒購的要求具有相當決定權	無
拍賣場*	將買賣雙方聚集在同一地點讓購買者在購買之前可以檢查產品	無
佣金銷售商*	代表生產者的代理商以最好的價格出售產品；實際持有代銷的產品銷售農產品	無
仲介商	根據銷貨金額或消費金額來收取佣金，代表買方或賣方的仲介商安排將產品直接運送給購買者鋪設煤礦、稻穀和農產品等產品之通路	無
上架業者	消費者產品批發商的一種建立製造商在銷售店面的購買點，並在需要的時候補充貨源鋪設雜誌、糖果等產品之通路	有
送貨到府業者	未實際持有產品的中間商提供銷售與信用貸款服務並未提供廣告或銷售支援服務以鋪設原料之通路為主	有
貨運批發商	依固定銷售路線同時銷售與遞送產品的中間商有提供銷售與促銷支援服務鋪設馬鈴薯片、麵包蛋糕、乳製品等產品之通路	有

＊製造商之代理商、銷售代理商、拍賣場與佣金銷售商都歸類為鋪貨的代理商通路。

零售中間商

零售商位於鋪貨通路當中的最後階段；零售商負責將產品與服務銷售給最終消費者以為私人用途。零售商的作業可能包括了產品的買賣、運輸或送貨、存貨的儲存、融資以及風險承擔等等。零售商可以根據所有權與營業地點的不同來予以劃分。

零售商店之所有權　區別零售商的方式之一是根據企業所擁有與經營的據點或店面的數目，區分為獨立零售商或連鎖零售商。**獨立零售商**（independent retailer）係指僅經營一間零售商店的企業。獨立零售商通常為家族企業—例如：Nelson's Donut Shop、Tony's Cafe、以及Hardy's Mower Sales and Service等等均屬之。美國的零售業者當中，逾四分之三屬於獨立零售商店。此一結構之特色在於經營零售商店並不需要龐大的投資或者專業知識技能。但也由於管理技巧不佳和資源不足等原因，使得許多獨立零售業者表現並不理想—大約有三分之一的新零售業者開幕之後無法維持一年的時間，另有三分之二的業者無法經營超過三年的時間。

相較之下，大多數的獨立零售業者所銷售的產品種類並不多，例如汽車零件或唱片與錄影帶等。極少數零售業者—例如：J. C. Penney或其它規模較大的獨立零售業者—仍然採行複雜的管理訓練計畫。大多數獨立零售業者是從批發商處取得產品，並不具有足夠的資本、銷貨數量、或者儲藏空間來直接向製造商購買大量產品。

第二種類型的零售業者稱為**連鎖零售商**（chain store）—同一家企業擁有兩家或兩家以上類似的系列零售店面。常見的連鎖零售業者包括了全國連鎖性質的麥當勞（McDonald's）和地區連鎖性的Winn-Dixie Grocery Stores。雖然連鎖零售業者所經營的零售據點不到全國零售據點的四分之一（25%），然而其營業額卻已超過全國零售業績的二分之一（50%）。雖然只有大約數百家的連鎖零售業者經營超過一百家的連鎖店面，但是這些規模較大的連鎖零售業者的營業額卻超過了美國全國零售業銷貨收入的百分之三十（30%）。

相較於獨立零售業者而言，諸如美國國內最大的零售業者Wal-Mart、或K mart、Target等具有一項很大的優勢—這些連鎖業者可以透過集中採購的方式進行大

獨立零售商
只經營一間零售商店的企業

連鎖零售業者
同一家企業擁有兩家或兩家以上類似的系列零售店面

量購買，取得比獨立零售業者更低的價格。此外，連鎖零售業者亦多會利用特殊的展示空間、銷售訓練、以及電腦化商品存貨與訂購等技術。

　　且不論所有權的差異，獨立零售業者和連鎖零售業者都可能在店面內或店面外進行銷售活動。

店鋪零售業者　　店鋪零售業者（in-store retailers）利用店面內的設備，提供產品與服務給最終消費者。店鋪零售業者經營不同型態的商店，包括百貨公司、折扣商店、專賣商店、低價商店、超級市場、大型綜合賣場、便利商店、型錄商店、倉儲專區和切貨工廠等等。

　　諸如知名業者Dillard's、Nordstrorm和Macy's等**百貨公司**（department stores）係由提供各式各樣商品的部門組合而成的商店，其商品內容可能包括了家居飾品、服飾、家電用品、化妝品、傢俱和乾貨食品等。百貨公司同樣也提供多元化的服務，像是禮品包裝、送貨到府和信用卡購物等等。此外，某些百貨公司甚至還會推出美食烹飪課程、服裝表演、座談會和投資與職業生涯諮商等活動來吸引女性消費者。

百貨公司
由提供各式各樣商品的部門組合而成的商店

至於商品價格低廉、商品種類齊全、服務有限或以自助消費型態為主的商店，則稱為**折扣商店**（discount store）。折扣商店雖然接受消費者以威士卡與萬士達卡消費購物，但是卻少有發行自己的信用卡的例子。一般而言，折扣商店業者都會儘可能地避免送貨到府和禮品包裝等等可能迫使其調高價格的服務。折扣商店生存的利基主要在於（1）能夠以大量購買的方式來爭取更低的價格，以及（2）願意以正常價格買進商品，再以折扣價格賣出商品，賺取較少的利潤。因此，折扣商店每一年的營業額往往高達數十億美金，其主要產品項目計有玩具、家居用品、禮品、小型家電、珠寶和服飾等。舉例來說，單就 K mart、Wal-Mart 和 Target 等業者在美國地區的據點每一年的總營業額就高達一千零四十億美金。

低價零售店　則是直接向製造商購買過季、規格不齊和停止生產的商品，然後以極低的價格轉售—**低價零售店**（off-price retailer）。舉凡 Ross、T. J. Max 和 Marshalls 等業者都是以低於傳統百貨公司訂價百分之二十五（25%）甚至更多的價格來銷售類似的競爭產品。

類似玩具反斗城（Toys 'R' Us）、Pier I Imports 和 Circuit City 等**專賣商店**（specialty stores）則是提供特定商品的完整規格或型號，例如：玩具、家用飾品、或電子商品等。一般而言，百貨公司所形成的購物商圈週邊往往都會聚集這一類的專賣商店。專賣商店多以服飾、美食、家電用品、玩具、電子產品和運動用品較受歡迎。

另一類消費者耳熟能詳的零售業者則是超級市場（supermarket）。**超級市場**提供大型的自助購物工具，讓消費者自行選取各式各樣的食品和部份家庭用品。許多大型超市連鎖業者—例如：Kroger、Safeway、Winn-Dixie、A&P 和 Jewel 等—莫不以地點方便、停車容易和價格低廉等等誘因來吸引消費者一次購足商品。

早期的超級市場已經演進成為新一代的**大型綜合賣場**（superstore），亦即除了食品與非食品產品外，也銷售消費者經常採購的其它產品的綜合零售店面。大型綜合賣場不僅銷售超級市場內的食品與家庭用品，也包括了五金、園藝用品、服飾、健康保養用品器具、汽車用品、寵物用品和小型家電等等。大型綜合賣場的空間往往多達二萬五千平方英呎到五萬平方英呎。有鑑於大型綜合賣場的潛力無窮，連鎖超市龍頭業者 Wal-Mart 也正積極地摩拳擦掌準備分食這一塊年營業額高達三千八百

折扣商店
商品價格低廉、商品種類齊全、服務有限或以自助消費型態為主的商店

低價零售店
直接向製造商購買流行季已過、規格不齊和停止生產的商品，然後以極低的價格轉售

專賣商店
提供特定商品的完整規格或型號

超級市場
提供大型的自助購物工具，讓消費者自行選取各式各樣的食品和部份家庭用品

大型綜合賣場
除了食品與非食品產品外，也銷售消費者經常採購的其它產品的綜合零售店面

倉庫賣場的佈置雖然並不美觀，但是消費者更在乎是否能夠買到價格更便宜的東西。

三十億美金的大餅。目前 Wal-Mart 已經開設四十二處賣場，並計畫於一九九四年中再增加九十四處。

超大綜合賣場
把超級市場、百貨公司和專業商店等特色集結在同一屋簷下的超大型折扣零售綜合賣場

在法國、日本和德國相當受到歡迎的**超大綜合賣場**，其實就是把超級市場、百貨公司和專賣商店等特色集結在同一屋簷下的超大型折扣零售綜合賣場。這一類的賣場面積動輒多達二十萬平方英呎，前一類的二萬五千至五萬平方英呎的大型綜合賣場相較之下還算遜色許多。位於美國底特律市郊的超大綜合賣場（hypermarket），Meijers Thrifty Acres 就是一個非常成功的個案。面積多達二十四萬五千平方英呎的賣場當中總共設置四十處結帳櫃台，賣場內銷售食物、五金、軟體、建材、汽車用品、家電用品和醫師處方藥品等等。此外，這座賣場也有餐廳、美容沙龍、銀行和現場烘焙的麵包店。但是一般而言，美國市場尚不風行超大綜合賣場。

便利商店
地點方便、營業時間較長、以銷售常用民生用品為主的零售商店

另一類造成傳統雜貨店逐漸式微的零售據點則為便利商店（convenience store）。**便利商店**係指地點方便、營業時間較長、以銷售常用民生用品為主的零售商店。誠如其名稱所示，便利商店的最大誘因就是方便：許多便利商店採取一天二十

四小時，全年無休的營業時間，而且位處人口密集或交通便利的地點。舉凡Speedy Mart、7-Eleven、Mini-Market和Jiffy Stores等都是美國消費者耳熟能詳的便利商店。雖然便利商店所銷售的大多數商品價格偏高，但是愈來愈多的消費者仍爲其全年無休的營業時間、流行性強的商品和交通便利的地點等所深深吸引。

寄送目錄給顧客，並在店面內展售型錄商品的零售店面稱爲**型錄商店**（catalog stores）。包括Service Merchandise、Best Products、Lurias等在內的業者在店面內展售樣品商品、僱用職員處理訂單、然後再由倉庫中取出訂購商品交由顧客。

僅對會員開放的**倉庫賣場**（warehouse clubs）是以極低的折扣價格銷售各式各樣的品牌商品。以Sam's Wholesale Club、PACE Membership Warehouse和Costco Wholesale Club等業者爲例，其會員通常只要支付美金二十五元的會費，就能以低於折扣商店或超級市場百分之二十至四十（20-40%）的價格買到食品、飲料、家電用品、輪胎和衣服等商品。

切貨工廠（factory outlets）係指由製造商自行設置，直接銷售商品給零售消費者的零售店面。包括Levi Strauss、Dansk和Ship'n Shore等業者都在自己的店面銷售停止生產的商品、次級商品以及客戶退貨的商品。

無店鋪零售業者　無店鋪零售業者（out-of-store retailer）有別於採取傳統銷售型態的零售業者。無店鋪零售業者包括了到府銷售、郵購、電視購物和自動販賣機銷售等。

直接到潛在顧客家中拜訪的零售業者稱爲**到府銷售零售業**（in-home or door-to-door retailer）。業務人員可以挨家挨戶拜訪、可以利用電話過濾潛在顧客、亦可安排業務展售活動等。舉凡牙刷、化妝品、百科全書、廚房用品和吸塵器等產品多半利用此一方式進行銷售。Fuller Brush、Amway、Avon、Encyclopaedia Britannica、Mary Kay Cosmetics和Electrolux等都是相當成功的到府銷售零售業者。

要求購買人利用寄送到其家裡的型錄或報紙和雜誌上的空白表格來訂購商品的零售業者稱爲**郵購零售業**（mail-order retailing）。諸如Lands End（服飾業者）、Omaha Steaks（一般肉品與高級肉品業者）、Clifty Farm（高級肉品與起士業者）、及Arlene's（自一九五五年以來便利用郵購方式銷售精美的餐具）等業者都是利用郵購方式來銷售其大部份或全部的產品。其它諸如Hammacher Schlemmer、I. Magnin &

型錄商店
寄送目錄給顧客，並在店面內展售型錄商品的零售店面

倉庫賣場
僅對會員開放，以極低的折扣價格銷售各式各樣的品牌商品

切貨工廠
由製造商自行設置，直接銷售商品給零售消費者的零售店面

到府銷售零售業者
直接到潛在顧客家中拜訪的零售業者

郵購零售業者
要求購買人利用寄送到其家裡的型錄或報紙和雜誌上的空白表格來訂購商品的零售業者

操之在己

試回想最近一次你買衣服的地方。您認爲那個地方屬於一家百貨公司、折扣商店、專賣商店、還是低價零售店？是哪些特定的因素讓您將它歸類爲特定的零售型態？您爲什麼選擇在那裡購物？

管理者筆記

大型零售業者掌控市場

零售業的面貌正在經歷劇烈的改變。不論類別,大型的零售業「鉅子」莫不採用複雜的存貨管理、採購管理和內部成本管理方式來驅逐弱小的競爭者。如果此一情勢繼續維持下去,預料到了公元兩千年,目前佔零售業營業額一半的業者將會因為破產、購併或其它組織重整等原因而消失。弱肉強食的競爭結果將只有Wal-Mart、K mart、Toys 'R' Us、Home Depot、Circuit City Stores、Dillard's Department Stores、Target Stores和Costco等超級玩家繼續下一世紀的零售戰爭。

領導這一場零售業革命的業者是Wal-Mart。這一家排名全美第一的零售業者估計今年度將可成長百分之二十五(25%),提高大約五百五十億美金的營業額。相較之下,如果幸運的話,整體零售業的成長率將為百分之四(4%)。

消費者不僅惟獨偏好Wal-Mart而已,同時他們也不斷湧向新的零售通路。現在,消費者尤其熱衷倉儲賣場與「型錄殺手」—販賣包括輪胎與玩具等在內的各式各樣商品的大可專賣商店。

凡此種種原因促成了市場力量的消長。漸漸地,零售業者可以指定大型製造商—例如惠而浦公司(Whirlpool Corp.)、寶鹼公司、以及盧本梅(Rubbermaid)等—生產什麼樣的產品、什麼樣的顏色和規格、以及什麼時候送多少貨。零售業者可以要求供應商重新思考應該賣東西給誰、應該如何擬訂價格、應該如何促銷產品、甚至如何設計公司組織等等。這些大型零售業者的不二法門就是「我們要這個東西。你不做,我們可以找別人做。」

除了施以供應商壓力之外,零售業者也不斷地設法削減鋪貨系統當中的成本。Wal-Mart的目標是將營業與銷售費用維持在銷貨收入的百分之十五(15%),遠低於同業Sears的百分之二十八(28%)。業者節省下來的成本多半以更好的服務或更低的價格等型式,回饋給消費者。諸如Costco和Sam's等倉儲賣場的價格就比傳統超市的價格低了百分之二十六(26%)。

最後一項值得注意的現象是最好的零售業者正在採用功能強大的資訊系統來儲存消費者想要何種商品、何時想要等資訊，並且期望供應商根據這些資訊做出迅速的回應。以Wal-Mart為例，五千家零售商當中超過半數採用了Wal-Mart的購買點資料。而K mart的三千家供應商當中，亦有兩千家具備電子資料連結的功能。

　　這些集各家大成的技巧具有多重效果。企業可以主導市場，進而控制許多供應商與製造商的未來和命運。當供應商的大部份銷貨收入來自於這些大型零售業「鉅子」的時候，其議價地位就相對減弱許多。下列銷貨資料可以支持前述推論：

- Haggar的銷貨收入當中有百分之二十二點六（22.6%）來自於J. C. Penny，百分之十（10%）來自於Wal-Mart。
- Mr. Coffee的銷貨收入當中有百分之二十一（21%）來自於Wal-Mart，百分之十（10%）來自於K mart。
- Hasbo的銷貨收入當中有百分之七十五（75%）來自十家顧客，其中百分之十七（17%）的銷貨收入是來自於Toys 'R' Us。
- Royal Appliances的銷貨收入當中有百分之五十二（52%）來自五家零售商，其中百分之二十六（26%）的銷貨收入是來自於Wal-Mart，百分之十六（16%）則是來自於K mart。
- Huffy的銷貨收入當中有百分之二十三（23%）是來自於K mart和Toys 'R' Us。

　　這些大型零售業者確確實實地掌握著市場。

環球透視—墨西哥的折扣零售業者

帶動美國零售業興革的折扣零售業者正在積極進軍墨西哥，並已產生令人振奮的結果：美國折扣零售業者的業績已經超越當地的百貨公司、專賣商店、甚至街道攤販等等。

這一波進軍墨西哥的動作開始於墨西哥政府取消大多數美國消費產品的進口限制，以符合北美自由貿易組織的規定。美國連鎖超市業者Wal-Mart隨即在墨西哥市內之前的一處糖果工廠開設第一個據點，而另一家業者Price Club則在墨西哥市的另一端開設類似倉庫的零售據點。

折扣零售業者的兩大主要目標分別為（1）吸引所有的墨西哥民眾，包括數千名已經移民美國並且在美國居住了一段時間，在返鄉探親之前會先到倉庫賣場採購的消費者，以及（2）銷貨給批發商、小型零售商、傳統雜貨店和利用貨車或卡車兜售生意的街道攤販等。

第二項目標對於零售業的興革的影響最鉅。在墨西哥，街道攤販佔全國經濟活動的比重超過百分之十五（15%），但是新的零售業者正在不斷威脅傳統街道攤販的地位。這些零售業者所提供的品質、零件、服務和保證都是傳統街道攤販無法與之相提並論的地方。

Company、Victoria's Secret和Nordstorm等業者則是利用型錄來進行無店鋪銷售。

電視購物
利用電話來訂購有線電視頻道上廣告的商品

另一種成長快速的無店鋪銷售方式則是**電視購物**（home shopping），亦即利用電話來訂購有線電視頻道上廣告的商品。電視購物最早是由Home Shopping Network, Inc. 公司所引進；時至今日，半數擁有電視機的美國家庭會固定收看至少一個特定的購物頻道。有鑑於電視購物市場的雄厚潛力，美國最大的女性服飾製造商Liz Claiborne也正力圖分食這一塊二十億美金的大餅。

另外兩大零售業者也已相當成功—R. H. Macy & Co. 以及Nordstrom。Macy正在建立自己的購物通路—並計畫成為零售業的龍頭業者。以相對有限的資金——至兩

年內投注一千到兩千萬美元，Macy可以接觸到新的消費群，尤其是目前該公司沒有設立據點的中部地區。另一方面，Norsdtorm則宣佈「我們正在積極開發互動式電視與電腦網路購物通路，期許自己成為這一個新的通路領域的翹楚。」

另一種常用於銷售軟性飲料、零食、報紙、糖果和口香糖等便利商品的方式則是**自動販賣機零售**（vending-machine retailing），亦即利用硬幣或卡片即可銷售商品給顧客。雖然自動販賣機所銷售的商品單價不高，但是由於幾乎處處都可以見到自動販賣機的存在，因此自動販賣機的總銷貨收入其實相當驚人。

自動販賣機零售
利用硬幣或卡片即可銷售商品給顧客

自動販賣機銷售的商品有限。全美地區的自動販賣機所銷售的產品當中，飲料、香菸和食品，就佔了高達百分之九十七（97%）的比例。業者不斷研發的技術更使得自動販賣機已經具備辨識紙鈔、語音對話、利用影象螢幕來展示商品、以及烹煮食品的功能。

另一項藉助自動販賣機來銷售的產品是飲用水—也就是全世界最暢銷的飲料。Water Point Systems已經和Cadbury Beverages簽訂一項二十年的獨家代理合約，前者可以利用特殊的自動販賣機來銷售一加侖裝、且印有後者商標的純水。

實物鋪貨系統

欲將產品送達目標市場—無論是工業市場或是消費者市場，企業必須建立實物的鋪貨系統。**實物鋪貨系統**（physical distribution system）係由產品在通路中移動所發生的作業組合而成。這些作業內容涵蓋了倉儲、訂單處理、物料處理、運輸與存貨控制。接下來便逐一扼要說明之。

實物鋪貨系統
由產品在通路中移動所發生的作業組合而成

倉儲

倉儲（warehousing）係指產品之接收、檢驗與分類。倉儲功能可以由民營或公營倉庫來提供。通常在倉儲功能當中會發生下列作業：

倉儲
產品之接收、檢驗與分類

■ 收貨（receiving goods）。產品送達倉庫之後，便交由倉庫負責人員簽收保管。

在鋪貨商的倉庫裡面，所有進貨的商品都分門別類放置整齊。等到需要交貨給消費者的時候，再分別取出。

■ 驗貨（identifying goods）。簽收完成的產品分別黏貼標籤或編寫條碼以利分辨，並同時更新存貨記錄。

■ 分類（sorting goods）。產品可依規格、顏色、數量或其它標準，予以分門別類。

■ 包裝（picking goods）。收到訂單之後，便將訂購產品自存放位置取出，交貨給顧客。

訂單處理

訂單處理
彙整顧客指定的產品及其相關文書作業

訂單處理（order processing）係指彙整顧客指定的產品及其相關文書作業。訂單處理作業包括送貨單與存貨出貨單的製作、以及實際取得產品。每當顧客下訂單—可能是利用傳真、電話、郵件或電腦—的同時，隨即開始訂單處理作業。訂單送至倉庫後，自存放處「挑選」出指定的產品，彙整之後進行包裝，便可送出。

物料處理

物料處理（materials handling）係指產品存放在倉庫的時候，實際處理產品的相關作業。建立完備的物料處理系統，其目標在於儘可能迅速地移動產品，將產品移動次數減至最低。實務上可以利用輸送帶、棧板和外箱包裝—將產品裝入統一規格的外箱，然後將整個外箱送給顧客，而不需要分別處理每一項產品的外包裝—等方式來提高物料處理的效率。

物料處理
產品存放在倉庫的時候，實際處理產品的相關作業

運輸

運輸（transportation）係指運送產品的方式或方法。運送產品的主要方式計有五種：火車、卡車、海運、空運、管線輸送。圖14.5 分別列出每一種運輸方式的優點與缺點。

運輸
運送產品的方式或方法

火車　約有百分之四十（40%）的商品是利用火車（railroad）來運輸。鐵路運輸可以載送各式各樣的貨物，像是煤礦、原木、化學物質和汽車等等。鐵路運輸的優點是可以送達很多地點，而且相對成本不高。

卡車　卡車（truck）是最具彈性的貨物運輸工具。在美國，只要有道路的地方，卡車都可以抵達，而且幾乎可以深入每一個社區或鄉鎮。卡車可以載運牲畜、衣服、農產品、傢俱和其它價值較高的散裝貨物。卡車如能與標準裝箱作業結合—在「物料處理」一節當中已經介紹過—將可大幅提高效率。裝入標準規格外箱的貨物可以放進卡車內，再將卡車裝上火車、船舶或飛機上，到了目的地之後，再將卡車駛出，便可將貨物送達顧客手中。

海運　海路運輸可以利用一般船舶的貨艙和貨輪。海運（waterway）雖然是五大運輸方式當中成本最低的方式，但卻也是速度最慢、風險最高的方式，而且只能停泊在擁有海港的城市。經常利用海路運輸的貨物包括了化學物質、石油和鋼鐵產品等。

図14.5
基本運輸方式之優點

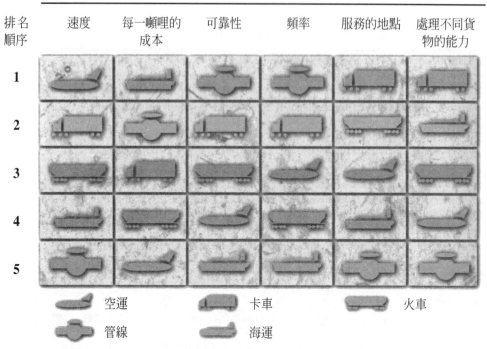

排名順序	因素					
	速度	每一噸哩的成本	可靠性	頻率	服務的地點	處理不同貨物的能力
1						
2						
3						
4						
5						

空運　　卡車　　火車
管線　　海運

空運　　基本上，運輸貨物最快速的方式當屬空運（airways）─同時也是最昂貴的方式。利用航空運輸的方式遞送的貨物通常價值較高（緊急備用零件和診斷或專業儀器設備等）、或者存放時間較短（花卉和龍蝦等）。

管線　　利用管線運輸的貨物包括了石油和天然氣等。管線（pipelines）能讓貨物通暢地流動，但也具有管線網路不具彈性且流量有限的缺點。

存貨控制

存貨控制
監督產品的實際存貨、監督存貨水準並將再訂購成本降至最低程度

　　存貨控制（inventory control）係指監督產品的實際存貨、監督存貨水準並將再訂購成本降至最低程度。存貨控制的目標在於發揮可用存貨之最大效益，並將持有存貨之組織的成本降至最低程度。

　　舉凡Wal-Mart和本章管理者筆記當中提及的「零售業鉅子」等業者均已採行先進的存貨科技以滿足消費者的需求。藉由掌上型終端機、個人電腦網路和衛星通訊

等科技的輔助，零售業者可以直接向供應商訂貨，毋須空等中央處理機制的冗長回應。

定價策略之重要性

行銷組合的第四項要素是定價策略，亦即擬訂產品的價格以獲取一定的利潤。定價決策對於企業的長期存續具有攸關影響。價格與銷貨數量決定企業所能賺取的收入和利潤。如果訂定的價格不妥，產品將可能遭到市場淘汰。

就消費者的觀點觀之，定價決策同樣重要。對於消費者而言，**價格** 係指以金額表示的產品交換價值。在消費者的眼裡，究竟什麼價格（price）才是公平或不公平的價格？ 惟有消費者真正在購買的時候，才能回答此一問題。消費者所支付的價格不僅僅是為交換有形的商品而已，其中還包括了無形的因素，像是搶先擁有新產品的第一位消費者或者是擁有最新的產品等等。

價格
以金額表示的產品交換價值

企業必須研擬定價策略來達成組織的目標。企業可以參考三種常見的定價目標，從中選擇其一： 銷貨數量目標、獲利目標與現狀目標。

- 銷貨數量目標（sales volume objectives）強調銷貨數量或市場佔有率的成長。
- 獲利目標（profit objectives）強調利潤最大化或賺取一定的投資報酬率。
- 現狀目標（status quo objectives）多見於希望維持目前競爭地位的企業。現狀目標可能源於配合競爭者價格、與政府機構和通路成員維持良好關係、以及創造良好的公共形象等需求，而強調創造出公平合理的定價。

擬訂價格

行銷人員如何擬訂產品或服務的價格？ 常用的定價方法計有三種：供需法、成本導向法以及市價法。雖然每一種方法的內容均不相同，然而基本上每一種方法都

各有優缺點。藉由這些定價方法，企業可以確保自己能夠回收成本、賺取利潤、因應競爭、進而調整消費者認為產品所值得的價格。

供需法

供給與需求可以用來說明市場情況。供給與需求之間的互動關係如同一張隱形的非正式談判桌，生產者和消費者聚集在此，商議在特定價格下願意生產或消費多少數量的產品。在特定價格之下，能夠也願意滿足消費者需求的生產者勢必會超越不能夠或不願意調整價格來配合消費者的其它競爭者。

供給
生產者願意以既定價格來生產產品的數量

供給　代表生產者願意以既定價格來生產產品的數量—**供給**（supply）。價格上漲的時候，生產者願意供給更多的產品。價格下跌則會減低生產者的供給意願。圖14.6 當中的A圖假設為掌上型電子計算機的供給曲線。值得注意的是，當價格是$5的時候，企業願意生產的數量低於價格是$25的時候。

需求
消費者願意以既定價格來購買產品的數量

需求　代表消費者願意以既定價格來購買產品的數量—**需求**（demand）。價格過高會減低消費者購買意願，促使消費者不願意支付生產者索取的費用，轉而尋找替代品或者乾脆不再使用特定產品。如果是掌上型電子計算機的價格過高的話，消費者可能寧願改用紙筆來做人工運算。相反地，較低的價格可能吸引新的消費者或者鼓勵現有的消費者增加消費。圖14.6 的B圖假設為掌上型電子計算機的需求曲線。值得注意的是，如果企業將價格由$25降至$5，則消費者會增加20,000台的消費。

均衡價格
消費者願意支付的價格等於生產者願意接受的價格之交點

均衡價格　係指消費者願意支付的價格等於生產者願意接受的價格之交點—**均衡價格**（equilibrium price）。在此一交點上，供給數量等於需求數量。圖14.6 當中的圖C即說明了供給曲線和需求曲線如何相交並決定均衡價格。

決定均衡點與價格需要經過不斷的調整。當價格位在均衡點上方時，生產者製造與銷售產品的意願較高，而消費者的購買意願則較低，於是產生供給過剩。為了消化過多的存貨，製造商可能會採取降價的方式來因應。如此一來，價格將趨近均衡價格—買賣雙方均可接受的價格。反之亦然。當價格位在均衡點下方時，消費者

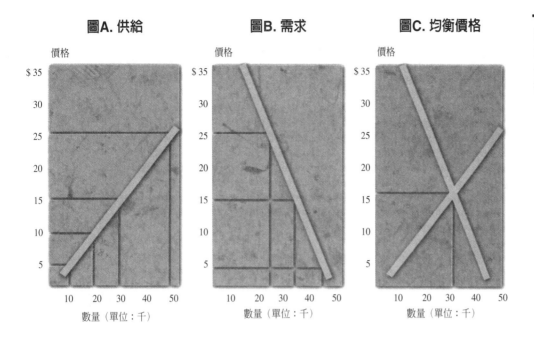

圖14.6
掌上型電子計算機的
供給、需求曲線和均
衡價格

圖A. 供給

價格

$ 35

30

25

20

15

10

5

10　20　30　40　50

數量（單位：千）

圖B. 需求

價格

$ 35

30

25

20

15

10

5

10　20　30　40　50

數量（單位：千）

圖C. 均衡價格

價格

$ 35

30

25

20

15

10

5

10　20　30　40　50

數量（單位：千）

的購買意願增強，導致供不應求的狀況。製造商於是提高產量，增加供給並索取較高的價格。最後，價格便會逐漸向上升至均衡價格。

　　供給和需求的互動尤可見於新廠商進入市場和既有廠商競爭的時候。由於新廠商的加入，使得整體市場的總供給增加，超過消費者的需求。為了吸引消費者，某些廠商可能會採取降價的方式。供給、價格與需求便如此週而復始地循環，直到定價趨近市價或均衡價格為止。

　　供給和需求的分析雖然適用產品的整體市場，但是企業仍會面臨個別產品的定價問題。企業往往很難預見在特定價格下所能賺取的收入。因此，許多企業傾向於採用成本導向法。

成本導向法

　　實務上有許多企業採取成本導向法來擬訂產品的價格。**成本導向法**（cost-oriented approach）係指企業根據商品、附加服務與費用等成本為基準，然後外加一定利潤做為定價的方法。成本導向法又可細分為兩類：外加定價法與損益兩平分析法。

成本導向法
企業根據商品、附加
服務與費用等成本為
基準，然後外加一定
利潤做為定價的方法

外加定價法
計算與產品相關的所
有成本,然後外加一
定的比例一如此方能
打平成本與賺取預期
利潤一做為定價

外加定價法　所謂**外加定價法**(markup pricing)係指計算與產品相關的所有成本,然後外加一定的比例—如此方能打平成本與賺取預期利潤—做為定價。外加比例的計算方式如下:

外加比例 = (售價 - 產品成本) / 售價

舉例來說,假設某項產品的所有成本(運輸、費用與製造等等)是$6,而售價為$8,外加部份是$2,那麼外加比例就是百分之二十五(25%):

外加比例 = (8 - 6) / 8 = 25%

許多零售業者與批發商都採用外加定價法。外加定價法可謂鋪貨通路的傳統作法,而且實務上應用起來相當容易。然而外加定價法卻有一項主要的缺點:實務上很難決定正確的絕對外加比例。沿用傳統外加百分之四十(40%)或百分之五十(50%)的作法並未將消費者的期望或競爭者的動作納入考量。

損益兩平分析法
找出在特定價格之
下,為打平成本並賺
取一定的利潤所必須
賣出的銷貨數量

總成本
固定成本與變動成本
的總和

固定成本
無論產量多寡,都維
持不變的成本

變動成本
因為開始生產而發
生,且會隨著產量增
加而增加的成本

總收入
價格乘上銷貨數量之
後的乘積

損益兩平點
銷貨收入等於總成本
的交點

損益兩平分析法　企業亦可選擇損益兩平分析法來擬訂價格。所謂的**損益兩平分析法**(break-even analysis)係指找出在特定價格之下,為打平成本並賺取一定的利潤所必須賣出的銷貨數量。如此一來,企業將可比較不同價格所能帶來的利潤。

進行損益兩平分析的時候,企業亦可針對總成本與總收入進行比較。**總成本**(total costs)係指固定成本與變動成本的總和。**固定成本**(fixed costs)係指無論產量多寡,都維持不變的成本。舉凡租金、火險保費、生產設備的費用與經理人的薪資等都是常見的固定成本。**變動成本**(variable costs)係指因為開始生產而發生,且會隨著產量增加而增加的成本。業務人員的薪資、生產線直接員工的工資、原料和用以啟動生產設備的電力等等都屬於變動成本。**總收入**(total revenue)則為價格乘上銷貨數量之後的乘積。

圖14.7 說明了固定成本、變動成本與總銷貨收入如何決定**損益兩平點**(break-even point)—銷貨收入等於總成本的交點。當價格高於損益兩平點時,額外的收入會帶來遞增的利潤;當價格低於損益兩平點時,企業則已產生虧損。沿用前文當中的例子來看,當圖14.7 的價格是$16的時候,必須賣出22,000台掌上型電子計算機才

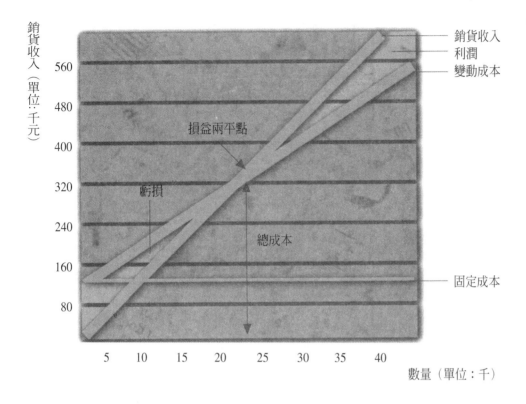

圖14.7
找出損益兩平點

能夠達到損益兩平。

實務上亦可利用下列公式來求算損益兩平點:

損益兩平點(銷貨數量)=總固定成本/(單價-單位變動成本)

如果某項產品的售價是$15,總固定成本是$30,000,變動成本是每一單位$5。
如果生產這項產品的企業希望達到損益兩平,則必須賣出3,000單位的產品:

損益兩平的銷貨數量 = 30,000 /(15 - 5)

= 30000 / 10

= 3,000

前述兩種成本導向法都必須考量產品的市場需求。採用外加定價法的時候,必

須考慮消費者的反應來調整外加的比例。企業必須願意賺取較少的利潤。採用損益兩平分析法的時候，企業可以評估不同的價格對於潛在利潤的影響。企業必須利用市調來瞭解每一種價格所可能帶來的利潤水準。

市價法

市價法
認為市場變數會影響
價格的定價方法

　　企業在擬訂商品或服務的價格時所必須考量的另一項變數則是目前的市價。**市價法**（market approach）係指認為市場變數會影響價格的定價方法。這些變數包括了競爭、政治因素、社會與文化環境、個人認知與時機等等。市價法尤其適用於電腦產業。身處電腦業的持續價格戰當中，主要電腦業者如蘋果電腦（Apple）、戴爾電腦（Dell）和IBM等公司為了提高銷貨數量而採取的激烈降價行動使得消費者受惠許多。其中，蘋果電腦便曾經在兩個月的期間內兩度宣佈降價。第一波的降價行動當中，部份電腦價格降了百分之十六（16%），部份印表機的價格則調降了百分之二十九（29%）。第二波的降價行動當中，電腦與印表機的價格又都降了百分之十（10%）。

　　企業必須結合前述幾種定價方法－供需定價法、外加定價法、損益兩平分析定價法和市價法－方能有效地訂定出合理的價格。每一種定價方法都各有其優點。如果企業單獨偏好採用其中一種方法，將會導致資訊失真的結果。圖14.8 說明了擬訂價格的整體考量因素。

潛在定價策略

　　一旦利用供需、成本和市場狀況等變數而定出基本的價格之後，接下來的步驟便是應用不同的定價策略。實務上企業可以採行各種不同的定價策略。至於究竟應該採用哪一種定價策略，端視企業的目標、產品生命週期階段與市場競爭而定。

新產品策略　　企業在引進新產品進入市場的時候，可以選擇吸脂定價法或滲透定價法。

吸脂定價法
產品以高價方式首度
出現在市場上

　　吸脂定價法（skimming pricing）係指產品以高價方式首度出現在市場上。生產發明成本、改善成本與製造成本較高的新高科技產品的廠商，必然希望能夠儘快回

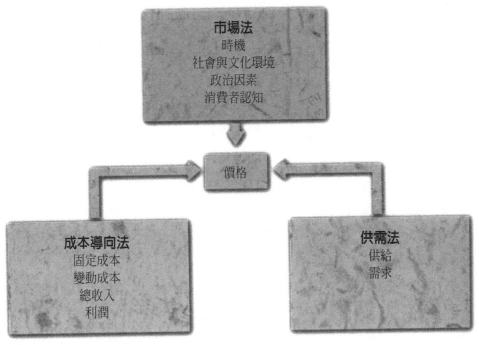

圖14.8
擬訂價格的因素

市場法
時機
社會與文化環境
政治因素
消費者認知

價格

成本導向法
固定成本
變動成本
總收入
利潤

供需法
供給
需求

收產品研發成本,因此採取吸脂定價法不失為合理的政策。舉凡蘋果電腦、惠普印表機和任天堂遊樂器等,都是採取吸脂定價法來引進新產品的實例。

　　另一項用於產品進入階段的定價策略則是**滲透定價法**(penetration pricing),亦即以低價引進產品以便取得市場佔有率。滲透定價法的目的在於儘可能地滲透市場並建立品牌忠誠度。總公司位於美國舊金山的製造商Lewis Galoob Toys在引進洋娃娃玩具的時候,便是採用滲透定價法,以每一組洋娃娃美金十元的低價,儘可能地提高銷貨數量。

滲透定價法
以低價引進產品以便取得市場佔有率

心理定價策略(psychological pricing strategies)用意在於鼓勵消費者以情緒性動因—而非理性動機—來做出購買決策。心理定價策略包括了尊榮定價法、奇數定價法、多量定價法、差異定價法以及領導定價法。

　　尊榮定價法(prestige pricing)係指以高價來塑造高品質的形象。雖然價格與品質並不總是全然相關(也就是說一分錢不儘然可以買到一分貨),許多消費者卻始終深信不疑,因此生產者當然樂於從善如流。事實上,許多消費產品與專業產品在價

尊榮定價法
以高價來塑造高品質的形象

格提高後，銷貨數量的確隨之增加。勞力士手錶便是尊榮定價法的受惠廠商。勞力士手錶不僅生產品質優異的產品，更成為消費者眼中高價代表高品質的象徵。勞力士手錶成功地利用尊榮定價法使得其它競爭者望塵莫及。

奇數定價法（odd pricing）係指賣方採用9元、95元、990元等差一點點就會進位的價格。雖然消費者心知肚明這些價格其實幾乎等於再進一位數，但是仍舊樂於撿到些許便宜。舉凡男用古龍水到二手車等，都可能採用奇數定價法來吸引消費者。

同時採購特定數量產品的單價比只採購一個單位產品的單價低的作法稱為**多量定價法**（multiple-unit pricing）。例如：一次購買六個，價格是$1.50或者一次購買兩個，價格是$0.99的定價就會比一次購買一個，單價分別是$0.30或$0.50的作法更為消費者所喜歡。

企業開發出同一產品的不同款式時，便可採用差異定價法。**差異定價法**（pricing lining）係指針對同一產品線的不同款式，擬訂不同的價格。同一產品線的不同款式品質並不相同，價格亦不相同。Sears公司便是採用差異定價法來銷售該公司的油漆；不同等級的油漆售價可能為每加侖美金$9.98、$14.98以及$19.96等。

零售業者也可能採用**領導定價法**（leader pricing），亦即以低於正常水準的價格來銷售熱門商品。領導定價法的用意在於增加消費人潮。企業可以利用低價促銷軟性飲料、糖和咖啡等商品來吸引消費者。

折扣策略　幾乎所有的企業不可免俗地都會利用價格折扣，來激勵消費者的購買意願。**價格折扣**（price discounts）係指既定價格的扣減部份。折扣內容包括現金折扣（即時付款）、交易折扣（通路成員給予另一通路成員，做為執行行銷服務之回饋）和數量折扣〔購買五十箱，即可獲得百分之十（10%）的折扣〕。

競爭定價策略（competitive pricing strategies）企業通常會視競爭情況來擬訂價格。基本上，因應競爭的定價策略可以分為兩類：相對定價（relative pricing）策略與跟隨定價（follow-the-leader pricing）策略。

相對定價策略係指擬訂高於競爭者、低於競爭者或與競爭者相同的價格。企業參考直接競爭者的動作，刻意地擬訂定價策略決策。

採取**跟隨定價**策略的企業並不自行擬訂價格，而是根據其它廠商的價格起起浮浮。規模較小的企業或是作風較為保守的企業寧可交由其它廠商來擬訂價格。例如：鋼鐵工業多半是由具有經濟優勢、能夠控制市場的廠商來擬訂價格。鋼鐵工業

跟隨定價
企業並不自行擬訂價格，而是根據其它廠商的價格起起浮浮

多半是由歷史悠久、能夠控制市場的廠商來擬訂價格。此一情形通常稱為價格領導（price leadership）與管制價格（administered prices）。為了規避擾亂市場行情的小型企業會跟隨產業領導者的調價動作，以避免自己的低價引發﹍場價格戰爭。

摘要

鋪貨策略屬於行銷組合的第三項要素。鋪貨包括了（1）產品的路徑和（2）將產品交到消費者手中所需的作業—也就是實物鋪貨系統。

鋪貨的兩大主要通路分別為工業產品通路和消費產品通路。每一類產品都有四種可能的鋪貨通路。每一種通路都可能由製造商直接鋪貨給實際使用者。此外，每一種通路亦均可利用批發商與代理商。惟有消費產品通路使用零售商。

製造商所選擇的實物鋪貨路徑係由許多因素所共同決定，其中計有市場區隔、市場區隔的地理位置、產品種類、執行行銷功能的能力、競爭者的鋪貨策略和市場密集程度等。

鋪貨通路係由批發商與零售商組合而成。批發商會將商品賣給零售商、其它批發商或工業使用者，但是不會將大部份的商品直接賣給最終消費者。零售商則是參與將產品與服務賣給最終消費者或使用者的相關作業。

產品經由實物鋪貨系統在通路當中移動。實物鋪貨系統包括了倉儲、訂單處理、物料處理、運輸和存貨控制等作業。

定價策略屬於行銷組合的第四項要素。定價策略係指擬訂能夠回收一定利潤的價格（以金錢表示的產品交換價值）。價格必須配合組織的目標：銷貨數量、獲利或現狀目標。

擬訂價格的方法有三：供需定價法、成本導向定價法（外加定價法與損益兩平分析定價法）以及市價法。每一種定價方法的內容雖然各不相同，基本上企業必須將這些方法同時列入考量。每一種方法各有優缺點，分別可以提供企業關於回收成本、賺取利潤、因應競爭和調整消費者心目中認定的產品價值等資訊。

企業得視企業目標、產品生命週期和競爭情況等因素來選擇不同的定價策略。這些可能的定價策略可以分為新產品策略（吸脂定價策略和滲透定價策略）、心理定

價策略（尊榮定價策略、奇數定價策略、多量定價策略、差異定價策略和領導定價策略）、折扣定價策略與競爭定價策略（相對定價策略和跟隨定價策略）等等。

回顧與討論

1. 請就下列內容提出您的看法：「企業可能擁有全世界最好的產品，而且人們可能都知道也想要這些產品，但是如果人們不能夠在想要購買的時間和地點獲得這些產品，那麼品質再好的產品或者效果再轟動的廣告都屬枉然。」

2. 工業產品的通路有哪四種？分別適用何種情況？

3. 製造商為什麼會選擇直接鋪貨給最終消費者？

4. 製造商為什麼會選擇採用包含代理商和批發商在內的通路？

5. 影響鋪貨通路選擇的變數為何？

6. 「密集鋪貨」、「選擇性鋪貨」和「獨家鋪貨」的意義分別為何？

7. 請區分批發商與零售商之差異。

8. 請列出六種店面零售的類型。並請以您住家附近的店家為例，各舉一個代表性的實例。

9. 哪一類的商品通常是經由郵購零售方式來銷售？

10. 數量目標與利潤價格目標之間有何差異？企業為什麼會選擇設定數量目標，而非利潤目標？

11. 請解說供給與需求如何互動，進而導出均衡點與均衡價格。

12. 外加定價法與損益兩平分析定價法忽略了哪一項重要的因素？企業如何克服此一問題？

13. 市價法可以提供管理階層什麼樣的資訊？市價法如何與成本導向定價法和供需定價法互相搭配？

14. 吸脂定價策略與尊榮定價策略之間是否具有任何差異？如果有的話，其差異為何？

15. 採用差異定價策略之優點為何？

應用個案

個案 14.1：價值定價—又是另一種型式的折扣技巧？

美國的汽車製造商正在實驗一項價格策略，以簡化製造成本的方式來降低售價。這項名為價值定價的策略—增列暢銷的配備、大幅調降車價—看似與潮流背道而馳。此外，令美國汽車製造商驚喜的是—這一項策略是礙於外匯匯率的日本汽車製造業者所無法跟進的。

價值定價策略與傳統商業交易習慣大不相同。新的作法是以相對較低的價格提供消費者想要的配備，而且通常是針對車價最低的車款。這項策略也已幫助國產汽車（GM）、福特汽車（Ford）和克萊斯勒汽車（Chrysler）取得比日本同級車款便宜將近美金$3,000的價格優勢。

長久以來，美國的汽車製造業卻是採行好—更好—最好制度。換言之，車商利用廣告大力促銷低價車款來吸引消費人潮。然而當消費者實際到展示中心看車的時候，業務人員則會表示，便宜的車款固然不錯，但是他們會建議消費者購買配備更多、價格稍微高出一點的較好車款。如果消費者對於業務人員的提議感到興趣，這時候業務人員就會接著建議考慮具有所有配備與功能—消費者不想要、但必須付費的配備與功能也包括在內—的頂級車款。最後，消費者常常買了惠而不實的配備，口袋裡剩下一點現金，心裡則大不是滋味。

價值定價策略可以同時解決消費者與製造商的問題。消費者可以在心中設定價格與價值之間的公式，不致於一想到買車就大傷腦筋。另一方面，製造商在減少配備變化的同時，亦可減少所需零件，進而降低存貨成本，節省裝配時間。

除了價值定價策略之外，製造商還必須進行兩項重要的變革。首先，汽車製造業者必須除去定價上所預留的議價空間—許多車款甚至高達四千美金，避免損及製造業者本身提供真實售價的能力。經銷商則必須接受縮減的利潤邊際，避免損及與消費者談判的能力。這些變革可能並非輕而易舉之事—但卻可能為業者帶來更多的長期利潤。

問題

1. 為了讓價值定價策略能夠發揮成效，製造業者在擬訂價格的時候必須考慮哪些關於消費者的因素？並請解說你的理由。

2. 如果你是汽車製造商，你對於「價值定價策略只是另一種折扣技巧」的說法有何見解？並請解說你的理由。

3. 汽車製造業者是否考量供給與需求、成本和市場狀況等因素來擬訂價格？請就個案的內容，舉出實例來支持你的答案。

個案 14.2： 失去競爭能力的 Price Club

經營成功的企業經常會面臨兩難的局面： 企業成長與擴張的期望—新事業通常很難抗拒更多的利潤、更大的市場和更多的店面，和維持零負債的需求。某些情況下，企業能夠藉由仔細的規劃而同時達成兩項目標。然而在多數情況下，企業往往只能達成其中一項目標而在另一項目標上讓步。Price Club 便曾經歷這樣的情況。

一九七六年，Sol Price 在美國的聖地牙哥市開設了一座十萬平方英呎的折扣倉儲賣場，命名為「Price Club」。這座折扣倉儲賣場的行銷觀念雖然簡單、但是卻具有革命性的影響，隨即在零售業掀起一陣騷動。Price Club 的策略是只銷售一定種類的產品（大約只有一般超級市場銷售的商品種類的十分之一），並且以折扣價格一次銷售較大包裝/容量的產品。Price Club 很快地就攏獲個別消費者和企業消費者的喜愛。到了一九八〇年，Price Club 的營業額已經高達美金一億四千八百萬元。往後連續十一年的期間，Price Club 的營業額和獲利都呈現同步成長的佳績。

儘管佳績不斷，Price Club 在一九八〇年代都很謹慎地儘量不超出美國加州地區。雖然在八〇年代初期，其它競爭者陸續加入折扣倉儲賣場的經營行列，Price Club 卻沒有以擴張至其它市場的方式來因應威脅。相反地，Sol Price 為了能夠嚴謹地控制成本與整體企業經營，採取了緩和的擴張步調。

一九九〇年代初期，Price Club 才終於大手筆地進行擴張，卻驚覺全國市場早已被其它倉儲賣場業者—像是 Sam's、PACE 和 Costco 等—所瓜分。由於無法和新的大型倉儲賣場競爭，Price Club 被迫為 Costco 購併。經過大約二十年的榮景，Price Club

現在已經成爲Costco執行長James Sinegal旗下的一員，並且以全新的面貌Price/Costco再度出發。

問題

1. 與快速擴張策略相關的風險爲何？
2. 企業是否應將成長目標與零負債目標視爲互斥—企業是否能夠同時達成這兩項目標？並請解說你的理由。
3. 如果你是一位行銷顧問，你會給予Sol Price什麼建議？你會對他提出哪些看法？
4. 如果你是Sol Price，你會怎麼做？並請解說你的策略和執行細節。

Agway Inc. 公司的管理機會

凡是與農業相關的生意，Agway, Inc. 幾乎都會湊上一腳。舉凡農產品、消費產品、能源、食物和金融服務等，Agway 都有涉足。每一天，Agway 公司的數萬名員工都在為數萬名顧客製造、處理、銷售與遞送各式各樣的產品和服務。

Agway 對於其提供給其大專程度的新進員工的生涯發展機會與工作環境感到相當自豪。Agway 不僅已經具有相當規模，產品與事業項目眾多，更具有其規模相當之競爭者所缺乏的家庭和諧氣氛。

Agway 設計的管理發展計畫除了給予受訓員工十二個月的完整訓練之外，也傳授許多成為管理領導人物所必須具備的實務經驗。訓練計畫一開始，每一位受訓員工都會被分派到一位合格的訓練師，負責瞭解與掌握每一位學員的發展與進步。在此同時，學員還必須到 Agway 位於美國紐約州的訓練中心參加為期十週的講習活動。這一套結合實務與課堂授課的訓練經驗有助於學員在其個別的工作職能上發揮所學。

Agway 對於受訓學員的遴選工作相當謹慎嚴格。理由很簡單：Agway 在每一位受訓學員身上的投資超過五萬美元。這一套管理發展計畫造就了許多優秀的員工，與公司分享其專業知識與技能。結果呢？每當內部有晉升機會的時候，這些具有豐富自信、紮實經驗與專業知識的員工往往就是不二人選。

完成管理發展計畫之後，學員可以擔任許多不同領域的管理工作，包括在 Agway 的店面或者是煉油廠。Agway 表示大多數接受過其管理發展計畫的大專程度員工在課程結束五年後，多半仍都留在公司繼續服務貢獻。此一事實顯示出 Agway 以人為導向的哲學不僅成功地讓員工對於工作與事業感到滿意，亦激勵他們不斷向前邁進。

第四篇
財務與管理資訊

15
貨幣與金融機構

16
利潤融資

17
風險和保險

18
管理資訊

19
利潤之會計處理

15

貨幣與金融機構

貨幣面面觀
貨幣的功能
美國的貨幣
通貨膨脹
消費者物價指數

商業銀行
銀行的借貸角色
可轉讓定存單

主要的儲蓄機構
儲蓄暨貸款合作社
信用合作社
儲蓄銀行

聯邦儲備體系
組織與成員
加入聯邦儲備體系的理由
銀行審查員
調節貨幣供給

聯邦存款保險公司
保險的項目與審查
銀行倒閉之處理

州際銀行業務的獲利要素

摘要

回顧與討論

應用個案

擁有金錢及金錢所能買到的東西是很好，但偶爾，檢視一下，確定自己沒有失去那些金錢所無法買到的東西，也不錯。

GEORGE LORIMER

章節目標

仕學習本章之後，你應該能夠做到下列各點．

1. 描述貨幣在社會上的功能，並能列舉構成美國貨幣供給的項目。
2. 比較造成通貨膨脹的兩個因素，並討論消費者物價指數。
3. 簡述商業銀行之營運內容。
4. 定義三種儲蓄機構並比較他們的營運內容。
5. 評估美國聯邦準備制度所扮演的角色，並討論他的組織及運作。
6. 列出並評估美國聯邦儲備局用以調節貨幣供給之法。
7. 評估美國聯邦存款保險公司存在之必要性，並描述其在建立銀行體系公信力方面所扮演的角色。
8. 簡述州際銀行業務的地位。

James Howard

前言

Jim Howard是一個道地的新罕布夏州人，在新罕布夏州達拉模的新罕布夏大學，取得了鋼琴演奏的學士學位。畢業後，他瞭解到他可能無法獲得鋼琴演奏家的工作，因此找了一份暑期工作－當銀行出納員。他回憶說：我很快發現我喜歡銀行業。所以他很快地在家鄉的一家儲蓄銀行的借貸部門工作。

Howard在剛開始的幾年就學到很多關於商業貸款及消費貸款的事務。但很快的，他瞭解到自己需要更多商學知識，才能做好工作，所以他進入新罕布夏大學修習MBA的課程。在接下來的兩年當中，他接受一般的管理訓練，並習得高等會計、財務及商業法規。那是嚴格的課程，除了做一些正規的功課外，MBA候選人

必須每個暑期花一整週，每月花兩個週末在學校裡，最大的好處之一就是學會如何有效管理時間，大部分必須在全職的工作、學校、功課和家庭間取得平衡。懂得如何巧妙安排這三件事，才能學會管理好時間的技巧。

1991年，新倫敦信託（New London Trust）決定在新罕布夏州的Upper Valley地帶開一家貸款公司，Jim Howard憑著他的銀行經驗以及對該地區的瞭解，被聘請去當該公司的主管。Howard說，銀行的成功之道，祕訣之一就是要瞭解你所服務的市場，所指的就是那個地區及那個地區的人。工作最大快樂之一就是看到所幫助的公司成長繁榮，並看到那些人因此買房子、養家活口。

Howard他們在Hanover還有一家分行，也就是隔Dartmouth College幾條街的地方，而這家分公司的貸款都是由Howard來做決定。他觀察貸款人過去的信用、收入、償還能力、擔保品及其個人本身。新倫敦信託（New London Trust）在貸款方面很保守，而且堅守基本的信用標準來決定貸款與否，所以在1970年到1980年代間，很少給予投機性貸款。

Jim Howard說：我覺得我可以把新倫敦信託的貸款工作做得更好，因為我是本地人，我可以察覺到這個社區的脈動，尤其當我在拓展業務或貸款給新行業時，我常將這種哲理用於貸款業務，我也看到有時我下定決心拒絕貸款時，那也是個正確決定。辦理貸款這種業務，大多數時候，你必須是對的，沒有太多機會讓你犯錯。

大多數的國家都可在他們的歷史上指出一段施行以物易物的時期。**以物易物制度**（barter system），是指雙方互相交換自己生存所必須的物品或服務的一種經濟制度。農夫可用牛去換種子，鞋匠用鞋子換麵粉，而地區的醫生，因大家對他的服務有很大的需求，所以可提供醫療服務，來換取任何物品。

這種盛行於農業社會的經濟制度，隨著家庭越來越無法自給自足，以及工業革命所帶來的專業化，而顯得老舊不合時宜，隨著經濟的發展，社會上開始需要某種貨幣。

貨幣是一群人購買他們所需的物品或獲得服務時用以支付款項的物品。然而，除了貨幣外，一個進步的社會體系，必須有金融機構來調節貨幣的需求，以及因應他們日常交易的資金移轉。本章我們將討論貨幣以及會影響經濟上貨幣流量的各種

以物易物制度
是指雙方互相交換自己生存所必須的物品或服務的一種經濟制度

貨幣
是一群人購買他們所需的物品或獲得服務用以支付款項的物品

金融機構，例如：商業銀行、主要儲蓄機構、美國聯邦儲備體系和聯邦存款保險公司。

貨幣面面觀

貨幣對公司或個人都有著重要功能。它的價值關係著他們能否購買所需的物品以及提高生活水準。

貨幣的功能

貨幣在一個社會中是交易的媒介、價值的計算標準以及保值的工具（如圖15.1所示）。因此它必須是稀少而且廣被接受的。為了能常時間方便地使用，這個充當貨幣的物品必須是耐用，可攜帶的，可拆開使用的。

交易的媒介　從第十二章中，我們瞭解到貨幣使我們在市場中的交易更容易進行，如買賣東西時。雖然我們有時候想到的貨幣，僅是皮夾和錢包中的鈔票硬幣，但某些社會卻使用一些罕見的物品當貨幣，例如：

- 野牛皮
- 天堂鳥的羽毛
- 茶磚
- 啄木鳥的頭皮
- 大象尾巴的毛

價值的計算標準　一個社會所使用的貨幣是一種共通的價值計算標準，任何東西的價值都可用共同的標準來表示。這使得彼此的交流更容易，因為交易的雙方使用相同的單位來衡量價值。

圖15.1
貨幣的功能

交易的媒介

我將用馬來交換你的車

我以支票購車

價值的計算標準

我的牛值多少隻山羊

母牛一頭兩佰元

COW FOR SALE $200.00

保值的工具

我將蕃茄當成貨幣來儲存，但這些貨幣一直腐爛

Bank Account

保值的工具　　我們可將我們所擁有的東西換成貨幣儲存起來。人們通常用房地產、珍貴金屬、寶石及稀有硬幣來保值，但這些東西都不如貨幣好用。如果你以非貨幣物品來保值，而你想買某些東西，如立體音響時，你必須將這些有價值的東西換成貨幣，這個過程相當費時。你必須先估算它的價值，並找買主，而貨幣是最易流通的，很容易轉手。

顯然的，貨幣必須有相當穩定的價值，人們才願意用它來保值。當貨幣貶值時，人們迫不及待將它換成其他可保值或增值的東西。

容易偽造是降低流通貨幣價值的主因。這是好幾個世紀以來的一個問題，最近有一些有趣的發明來遏止紙鈔的偽造，例如：澳洲的儲備銀行開發出一種工具，在

澳洲的十元鈔票上加上特殊圖案。在美國，過去許多年來，彩色影印機被偽造者所利用，但Canon最近發明一種能辨識偽鈔的電腦晶片。因此若要印紙鈔，則只會出現一張白紙。

美國聯邦儲備體系的高科技錢幣分類設備，能檢測出精密的偽鈔，例如：真鈔含有紅藍色纖維，而黑色和綠色的墨裡含有一種能檢測出的特殊的磁性成份。此外印真鈔的設備所費不貲，印刷技術相當複雜。

美國的貨幣

美國的貨幣供給有三種，硬幣、紙鈔和支票存款帳戶。聯邦法律聲明硬幣和紙鈔是法定貨幣，也就是他們可用來償付債務。

印紙鈔要花三天，一天印正面，一天印背面，另一天套印鈔票的編號及聯邦儲備銀行的戳記。鈔票鑄造印刷局每年約印了十六億元的一元鈔票。

紙鈔是由美國鑄造印刷局印製，而由聯邦儲備銀行所發行。

紙鈔的印刷及更換是件麻煩的事，一元紙鈔不斷轉手，在十八個月內就毀損，而金額較大的可用久一點，商業銀行將當地破損、髒汙的鈔票退回聯邦儲備銀行，而財政部則將舊鈔銷毀，換以新鈔，而受損的硬幣則由鑄造局將他們融化再次鑄造。

支票或活期存款　是美國的第三種貨幣供給。它是指銀行存款人開立支票通知銀行支付一定金額給第三人。銀行會替存款戶付給第三人這筆款項，通常是某些費用或是服務費。雖然他們不是法定貨幣，但百分之九十的錢是用支票來支付的。在美國，每四人中就有三人有支票存款戶頭。

支票或活期存款
銀行存款人開立支票，通知銀行支付一定金額給第三人

儲蓄存款帳戶與定期存款　是指一筆儲存在銀行的錢，無法憑支票隨時提領。要提領時，需預先通知銀行，因此定期存款不被視為貨幣供給之一部份。

儲蓄存款帳戶或定期存款
儲存在銀行的錢，無法憑票隨時提領

通貨膨脹

通貨膨脹　是指貨幣貶值，影響團體及個人的購買力。若通貨膨脹（inflation）嚴重，則大眾對貨幣的價值瓦解，而造成經濟混亂，通貨膨脹有兩個成因。

通貨膨脹
指貨幣貶值

需求拉動式通貨膨脹　生產者為因應消費者的強烈需求而調高價格。這類商品的需求較無彈性。當消費者願付更高價格或視這些產品為特製品時，商家便會索價抬高。而本質上消費者的容忍無異鼓勵生產者提高價格，就如在拍賣時一樣。

需求拉動式通貨膨脹
生產者為因應消費者的強烈需求而調高價格

成本推動式通貨膨脹　通貨膨脹的第二種類型，生產者將工資、原料及其他費用的漲價轉嫁給消費者。這種通貨膨脹是對價格的一種反映。在過去二十年來，通貨膨脹影響了世界上每一個國家，主要原因之一是能源價格提高。因此是一種成本推動式的通貨膨脹（cost-push inflation）。

成本推動式通貨膨脹
生產者將工資、原料及其他費用的漲價轉嫁給消費者

通貨膨脹導致資方、勞方、及消費者相互責難。資方譴責勞方要求高工資及更多利益，而勞方批評資方坐享穩定成長的利潤。而消費者更大聲抱怨物價上漲，實質上，每個人或多或少該對通貨膨脹負點責任，然而，這對紓解公司及個人的預算壓力是沒有任何助益的。

消費者物價指數

消費者物價指數　　是由美國政府的勞工局所計算，此數據是以1982～1984年爲標準來計算現今的購買力及通貨膨脹率的變化。我們將1982~1984這段時間的物價表示爲100%，而拿目前的物價來做比較，例如：消費者物價指數（Consumer Price Index；CPI）若爲126，表示在1982到1984年間，一件10元的東西，目前是12.6元。

雖然政府也爲了某些人的需求，而以更早期的時間1967年來做爲消費者物價指數的標準，並自1988年一月起才以1982~1984年的數據作爲標準值。但是把消費價格拿來和較接近的時間做比較，才算是比較有意義的作法。

實際上消費者的物價指數有兩種，廣義的稱爲CPI-U，是以都市消費者爲對象，約佔全部公民的80%，另一種是CPI-W，以勞工及一般僱員爲對象，而不考慮自營商及專業人員。

早在1983年勞工局就改變CPI-U的計算方式，其一是調整住屋所有權的範圍，以便更眞實地反映房價，目前的CPI-U並不包括利息負擔，土地稅及其他相關費用。而且計算消費能力的364種消費項目，也做了調整，現在較爲注重在汽車、食品及服裝方面的消費。

從消費者物價指數，我們看出通貨膨脹如何削弱購買力，而CPI-W則是退伍軍人、退休公務員及領取救濟金者，在福利上所得的計算標準。除此之外，攸關八百五十萬名勞工薪資的勞資合約，也是依照這個計算標準來衡量薪資的幅度高低。只要在CPI上增加一個百分點，就表示要多付出十億美元的薪資給這些團體。

商業銀行

　　商業銀行（commercial bank）為一營利機構，他們接受存款，然後再貸款給商家或個人。這些銀行也接受活期存款（支票存款）和定期存款（儲蓄存款），並付利息給後者。自1980年12月31日起，各銀行和各儲蓄暨貸款合作社（會在稍後討論之）被允許可以提供顧客一種能支付利息的支票帳戶，稱之為可轉讓提款指定帳戶（now accounts）（「negotiable order of withdrawal」的字母縮寫）。

銀行的借貸角色

　　商業銀行的收入大部分來自貸款利息，但他們也大量投資在可以生息的美國政府證券。而存款戶的帳戶餘額則是銀行在未來所必須付出的借款，因此若許多存款戶在同一時間內提領，則銀行就會發生困難。

　　商業銀行既然是個放款者，他們在我們的經濟體制上就佔有了一個非常重要的地位。他們的大量放款動作會對通貨膨脹會產生加速或抑制的效果，進而影響全國的發展趨勢與大眾心態。

　　商業銀行通常會給法人機構基本利率（prime rate of interest）的貸款，傳統上，**基本利率**是指低於多數一般借款人的利率。雖然這定義並無不當，但在過去幾年已有改變，根據House Banking Committee的調查，前十大銀行的貸款，常有低於一般基本利率的情形，也就是大客戶可以和銀行商議貸款利息。聯邦儲備委員會也發現，在紐約，銀行對半數以上大公司的貸款，一個月的利率通常低於基本利率。

　　這種差別待遇也表示出，基本利率只是一個基準數據或者是一個參考方向而已，絕不代表最低的利率數值。

可轉讓定存單

　　商業銀行也發行**可轉讓定存單**（certificates of deposit；CDs），它是指銀行的一種契約，存款戶將錢存放一段特定時間，而銀行則應允會付出比一般存款要來得高的利息。存款戶若是在存款到期前需要這筆資金，可提領出來，但此時的利息就會

商業銀行
為一營利機構，他們接受存款，然後在貸款給商家或個人

基本利率
是指低於多數一般借款人的利率

操之在己

在什麼樣的情況下，會讓人們把錢放到可轉讓定存帳戶裏，而不是獲利可能性很高的普通股票上。

可轉讓定存單
是指銀行的一種契約，存款戶將錢存放一段特定時間，而銀行則應允會付出比一般存款要來得高的利息

較低。可轉讓定存單的金額從100美元至100,000美元甚至更多，期限則由六個月至五年都有。

環球透視─跨國銀行

銀行業是全球性的行業，自從腓尼基時代的商人就有了，事實上，最大的一些銀行都在遠東，根據他們的資產，以下是全球前十大銀行的排名。（金額單位為10億美元）

1. Agricultural Bank of China （$919.88）
2. Dai-Ichi Kangyo Bank （$425.51）
3. Sumitomo Bank （$406.11）
4. Sakura Bank （$405.96）
5. Sanwa Bank （$400.74）
6. Fuji Bank （$396.45）
7. Mitsubishi Bank （$380.44）
8. Credit Lyonnais （$306.33）
9. Deutsche Bank （$298.16）
10. Banque National de Paris （$289.75）

資料來源：Data from *Euromoney 500* (annual), June 1992, p.108.

主要的儲蓄機構

儲蓄機構有三種，儲蓄暨貸款合作社、信用合作社和儲蓄銀行。這些機構都鼓勵人們平時儲蓄，以備不時之需，他們將存款戶的存款貸給那些想買房子或消費品的人。

儲蓄暨貸款合作社

儲蓄暨貸款合作社（savings and loan associations；S & Ls），1831年創始於費城，它是一種儲蓄機構，接受定期存款，並將錢貸給需要的人，尤其是購屋者。這些機構有兩種組成方式：

共同儲蓄暨貸款合作社　共同儲蓄與貸款合作社將存款視為股份，它不同於商業銀行，因為後者將存款視為一種債務。他們付給存款戶的錢稱為股息，而非利息。可是最近，儲蓄帳戶這個專有名詞則漸漸取代了股份的說法，來代表存款的意義。

股票儲蓄暨貸款合作社　此合作社由股東所擁有，就像一般的營利公司一樣。共同儲蓄暨貸款合作社可由聯邦政府或州政府授權（超過一半以上是由州政府授權），但是卻沒有聯邦條例可為股票儲蓄暨貸款合作社進行授權。

儲蓄暨貸款合作社
一種儲蓄機構，接受定期存款，並將錢貸給需要的人，尤其是購屋者

儲蓄暨貸款合作社的危機：反彈的產業　　1980年代，各儲蓄暨貸款合作社像感染流行傳染病一樣，接二連三地紛紛發生倒閉。其問題始於1970年代早期，聯邦政府對商業銀行及儲蓄暨貸款合作社作出嚴格的規範，使得利率突然地上揚，導致儲蓄暨貸款合作社接連倒閉。

隨著利率的走高，存款戶將錢從儲蓄暨貸款合作社提領出來，存入較高利息的地方（因為法律規定儲蓄暨貸款合作社不能付較高的利息），此一動作，造成合作社資金短絀。而同樣的情況並沒有對商業銀行造成很大傷害，因為商業銀行的存款戶有許多是沒有利息的支票存款戶，儲蓄暨貸款合作社因不准有支票存款，所以在競爭上自然居於劣勢。

儲蓄暨貸款合作社為因應資金外流而不得不去借錢，到1980年，國會解除對利率的管制後，他們的情況才好轉，但他們的金融困境仍持續，根本的原因之一是他們用來吸收存款戶的利息高於他們在長期房屋貸款上所賺來的固定利息。

儲蓄暨貸款合作社賤價出售了許多屬於他們自己的舊低利率貸款，來因應政府的自由化借貸條例，為的是要拿到一些錢來進行事業投資，以期能助自己彌補一些損失，重新回到財務穩定的局面。可是卻事與願違。

儲蓄暨貸款合作社中的許多執行人員，並不擅長於處理一些風險較高的貸款與投資，由於管理不當、經濟衰退、高風險的貸款業務等，使他們在1980年代期間損失了數十億美元。1985年，聯邦儲蓄與貸款保險公司（Federal Savings and Loan Insurance Corporation；FSLIC），用盡資金來賠償存款戶，國會也發行了高達一百億美元的政府公債來賠償存款戶的損失，可是到了這個地步，許多儲蓄暨貸款合作社都已經是欲振乏力了。

這種普遍性的緊急疏困作法只能避免產業的崩潰，而國會則在1989年通過了金融機構改革、復甦和執行法案（Financial Institutions Reform, Recovery and Enforcement Act）作為因應。在該法案的條件之下，可以取締規範儲蓄暨貸款合作社的聯邦住宅貸款銀行理事會（the Federal Home Loan Bank Board）（就像聯邦政府有權力去規範商業銀行一樣），其功能被轉型成為一個全新的財政部組織，稱之為儲蓄機構監理局（Office of Thrift Supervision）。FSLIC的破產情形總算打住了，它的角色功能也被新設立的儲蓄機構保險基金會（Savings Association Insurance Fund；

SAIF）所取代，後者是由聯邦存款保險公司所管轄。這項立法也創造出了清算信託公司（Resolution Trust Corporation；RTC），該機構負責的是拍賣行將倒閉的儲蓄機構旗下的商業不動產或住宅不動產以及其它各種持有的擔保品。這類商業財產的種類繁多，其中包括位在路易斯安那州的空手道館和賓果遊戲室；位在德州的停屍間；位在科羅拉多州的機場；還有各式各樣的飯店、餐廳、高爾夫球場、教堂、私人醫院以及遊艇小港等。

觀察家回顧道，FSLIC之所以失敗是因為它不能嚴格地規範儲蓄暨貸款合作社，並在貸款出現危機徵兆時，沒有即時發出警告。有關借貸的規定和管理辦法都沒有落實執行，再加上引人誤解的會計運作方式，才使得儲蓄暨貸款合作社的危機看起來隱晦不明，直到整個產業陷入絕境的時候，這才爆發出來。

儘管原先預估對儲蓄暨貸款合作社的拯救行動可能要花上五千億美元左右，可是現在看起來大概花不到三千億美元。RTC希望能在一兩年之內出清完所有倒閉合作社所持有的擔保品。而它在最近一舉拍賣掉許多巨型資產的這個動作，也讓工作簡化了不少。該機構希望在1996年以前完成所有和儲蓄暨貸款合作社危機有關的事宜，而這也是法律上所要求的最後處理期限。

信用合作社

所謂**信用合作社**（credit union）是指一個可以讓人們儲蓄和借貸的團體，而參加這個團體的人們都持有一個共同基金。他們的存款利率和儲蓄暨貸款合作社所提供的利率相當，而且也以合理的放款利率借貸給社員。信用合作社的概念起源於1849年，是由德國Flammersfeld市的市長Friedrich Wilhelm Raiffeisen所創，為的是要讓那些深受旱災之苦的農民們不用再去借高利貸來渡日。技術上來說，社員的存款就代表了其在該組織裏所持有的股份。這個團體會選出一個總監理事會，而各社員也可以自願負起該團體的辦公行政工作。比較大型複雜的信用合作社則會聘請一名有給職的總經理和一名全職付薪的內部員工。

多數信用合作社的貸款可以用一些消費性產品來擔保，例如電器和汽車等，但是有些社員也可以獲得一定上限的無擔保「簽名」貸款。較大型的信用合作社則同時承辦了消費性產品貸款和不動產貸款。

信用合作社
一個可以讓人們儲蓄和借貸的團體，而參加這個團體的人們都持有一個共同基金

就像商業銀行和儲蓄暨貸款合作社一樣，信用合作社可能需要經過聯邦政府或州政府的授權才准經營。大約有七千八百家左右的信用合作社擁有聯邦的授權許可；另外五千四百家則是得自於州政府的許可。全國信用協會管理局（the National Credit Union Administration；NCUA）是創立於1970年的聯邦機構，專門審查和監督由聯邦許可授權的一些團體，並像FDIC承接商業銀行的存款保險一樣，也承辦這些團體的存款保險業務。所有經過聯邦授權許可的信用合作社，都要參加這個保險。

儲蓄銀行

儲蓄銀行（savings bank）在以前被人稱之爲共同儲蓄銀行，基本上就像儲蓄暨貸款合作社一樣：是一種儲蓄機構，接受定期存款，並將錢貸給有各種不同需求的人，尤其是購買自用住宅的人和購買建築物的人。很多州的儲蓄銀行都承辦活期存款和定期存款的業務。如果資格條件符合的話，它們也可能成爲聯邦存款保險公司的會員之一。

雖然聯邦法現在已准許儲蓄銀行可以接受來自於聯邦的授權許可，可是多數儲蓄銀行還是從十五個左右的州政府那裏取得授權許可，其中多取自於新英格蘭州、紐約州和新澤西州。根據聯邦儲備體系的報告指出，目前約有四百二十家由州政府授權存在的儲蓄銀行。其中幾家比較大型的儲蓄銀行都座落在紐約市。

管理者筆記

毀損貨幣？或許財政部幫得上忙

如果古怪的休曼叔叔硬是要把一些經不起歲月的洗禮而早已毀損的紙鈔儲存起來怎麼辦？其實情況並不如表面看起來的那麼嚴重。因為財政部的鑄印局每年都要處理三萬件左右的這類事件，取回的毀損貨幣總金額相當於三千萬美元。

紙鈔被破壞毀損的情況千奇百種，鑄印局通貨標準處（Office of Currency Standards）裏有一組專家，他們所檢定過的貨幣毀損情況包括被焚燒、被炸過、被埋在土裏、被囓齒類動物咬壞、被液體浸濕或化學品侵蝕過、或是從一疊全新的紙鈔變成一堆支離破碎的殘駭等。如果這些被毀損的貨幣符合鑄印局的新鈔更換標準，該局就會發出一張國庫支票，相當於買回該毀損紙鈔的票面價值。

根據鑄印局的說法，如果貨幣只剩下不到一半的面積或是毀損情況糟到無法辨識出它的票面價值，必須用特殊的檢測方式才能確定價值的話，就必須銷燬重印。（你可以把髒污或被撕破的票據拿到當地銀行去兌換新的，它們會將這些票據寄到當地所在的聯邦儲備銀行）。

發現毀損貨幣的人必須將它送到鑄印局裏，同時附上一封信，裏頭註明該貨幣的預估價值，並解釋這些貨幣是如何被毀損的。每一件個案都會由一名貨幣毀損專家來進行詳細的檢查。檢查時間的長短不一，端看檢查員的工作量和貨幣的毀損程度而定。舉例來說，人們曾經發現過紙鈔被親戚用咖啡罐裝起來埋在後院裏，或者是被藏在老舊建築物的牆內夾縫，更或者是被松鼠叼走藏在外頭的小木屋裏長達一個世紀之久。

雖然檢查員通常可以判定出這些毀損貨幣的數量和價值，可是以下幾點有關包裝上的注意事項，可以讓整個過程比較容易一點：

■ 除非絕對必要，否則儘可能不要再搖晃這些紙鈔碎片。

■請將易碎的貨幣裝在塑膠製品或棉製品裏，再裝進安全穩固的容器裏。
■如果貨幣在某個容器裏被毀損，就把它留在原來的容器中，以減低進一步的傷害。如果你必須移動它，請連同此容器和貨幣碎片以及貨幣在容器中可能沾黏到的一些東西，一起送過來。
■如果貨幣在被毀損的當時是平直的，請不要捲它或折疊它；若是捲的，則請不要把它打開。

寄件人必須以掛號的方式來郵寄這些貨幣，並且以預估價值要求郵局為郵件投保。如果不想用郵寄的方式，則可以在指定營業時間內親自送到通貨標準處，鑄印局會提供確認的收據執條。整個檢查過程大概要花四個禮拜以上。鑄印局的局長擁有確認毀損貨幣價值的最後決定權。

聯邦儲備體系

商業銀行通常只儲備一小部分存款，而將其餘的都借貸出去，因此，不尋常的大量提領，會使銀行一時籌不出錢來，當這種事發生時，存款戶奔相走告，因此大家一窩蜂提領，導致銀行破產。

1907年的破產恐慌，使得國會通過了**1913年的聯邦儲備法**（Federal Reserve Act of 1913），**此法創立了聯邦儲備體系，一般稱為the Fed.，由它來負責管理國家貨幣的供給與信用貸款。**聯邦儲備局，又稱為國家的銀行，監控全國資金的需求及信用貸款，並規範這些運作的效益性，以促進經濟的發展。

1913年的聯邦儲備法
此法創立了聯邦儲備體系，一般稱為the Fed，由它來負責管理國家貨幣的供給與信用貸款

組織與成員

　　聯邦儲備體系的委員會成員共有七個，由總統任命，國會批准，任期為十四年，但是因為任期是輪流的，所以每兩年就會空下一個席次。正如圖15.2所示，聯邦儲備體系已在全國的策略性區域設立了十二家聯邦儲備銀行。它們對商業銀行來說，就像是「銀行家的銀行」一樣，直屬於聯邦儲備體系。

　　商業銀行可依自己的創立地點所在，選擇由聯邦政府或由州政府授權。經過聯邦政府授權的稱之為國家銀行（national bank），隸屬於聯邦儲備體系。這些銀行在名稱上有national或N. A字樣，我們可由名稱中辨識出來。由州政府授權的則稱作為州立銀行（state bank），他們如果有意願，也可加入聯邦儲備體系，事實上大多數的大型銀行都已加入了。

　　在全國12000家商業銀行中，約有38%隸屬於聯邦儲備體系，這些銀行共持有了所有商業銀行存款部份的百分之七十二。在這些聯邦成員裏，只有不到一千家左右的銀行是由州政府授權許可的，另外卻有超過七千家以上的州政府許可銀行並不屬於聯邦的成員。一般來說，商業銀行在兩種銀行體系下運作，他們必須遵守聯邦銀行法和州銀行法以及一些管理機構的規範。聯邦儲備體系的職責包括設定旗下所屬

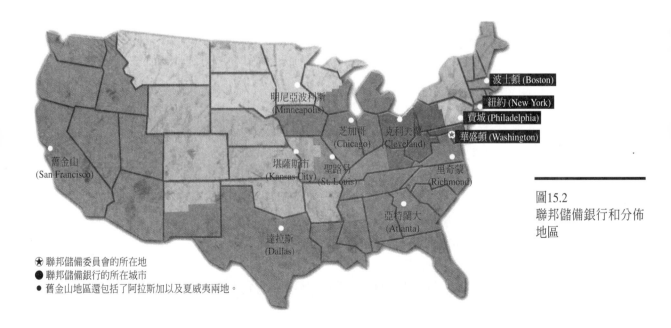

圖15.2
聯邦儲備銀行和分佈地區

✹ 聯邦儲備委員會的所在地
● 聯邦儲備銀行的所在城市
● 舊金山地區還包括了阿拉斯加以及夏威夷兩地。

銀行的定存最高利率；審核銀行合併；制定銀行管理法規讓成員們遵守。

加入聯邦儲備體系的理由

商業銀行加入聯邦儲備體系主要是爲了可以向聯邦儲備體系借錢，來紓解暫時的資金短缺。並可以收到存款戶所開立的支票。聯邦儲備體系的所屬銀行碰到存款戶大量提取資金時，會借錢給他們，例如：過聖誕節、交所得稅、暑假時，人們會大量提領存款，因此就會削弱了銀行裏的現金供給。此外，聯邦儲備「銀行家的銀行」擁有一套全國性的支票收款網路系統，可以加速支票在銀行業務系統間的往返速度。Minneapolis的聯邦儲備銀行估計一半以上的支票都是郵寄到外地，因此必須回到原銀行來兌現。聯邦儲備體系的支票兌現服務，可以節省它所屬銀行不少時間、成本和花費，不必將支票郵寄回原開立的銀行，而由聯邦儲備銀行來接手處理，估計每年都要處理將近三百五十億美元的支票。

銀行審查員

爲了確定所屬的州政府銀行，確實遵守規範，聯邦儲備體系的銀行審查員隨時會無預警地視察銀行的記錄和管理事宜。而由聯邦政府授權許可下的國家銀行則必須接受貨幣主計官的檢查。審查員至少每年去一次，每次停留時間少則一週，多則數月，端看該銀行的規模大小。

調節貨幣供給

聯邦儲備體系對全國貨幣的供給具有調節的功能，進而抑制通貨膨脹率，它有三項輔助工具：

1. 公開市場操作（在公開市場買賣美國政府債券）
2. 爲所屬銀行記管儲備準備金
3. 對所屬銀行實施優惠貸款

同時採用以上工具可以用來增減銀行可資貸款的額度。

公開市場操作　　此操作可彈性調節貨幣供給，聯邦儲備體系透過紐約的證券商每天買進和賣出數十億美元的美國國庫證券。進行方式如下：

當聯邦儲備體系想降低貨幣供給時，它就售出國庫證券，把採購商所付的金額置於流通市場之外，由聯邦儲備體系自行保存。最後一旦借貸人發現銀行資金趨緊，無法因應借貸人的需求時，借款就會衰退，利率也跟著調高。

當聯邦儲備體系想提高貨幣供給時，它就買進國庫證券。當它付錢給證券商的時候，貨幣就被創造出來了，這些貨幣隨著證券商付錢給出售國庫證券的各個企業體和個體戶，流入到一般經濟市場中。圖15.3 簡要說明了公開市場操作（open market operations）的效果。

美國國庫證券有三種：短期國庫券（分三、六、九個月到期）、中期國庫券（1年至10年到期）及長期國庫券（7年到期或更長）。雖然實際憑證已有很常一段歷史，美國財政部還是在1986年停止印行了，而改採用一種類似銀行明細表的簡式文件。財政部估計這種作法可以節省四千六百萬美元的印刷及郵寄費用，因為不用再印刷一些華而不實的銅版證券，也不用再以掛號的方式來郵寄。

短期國庫券，類似美國國庫證券，因政府的信用所以被認為是一種公認的安全投資，每週以5000美元為單位售出（最小交易金額為10,000美元），乃因其金額小且期限短（三個月、六個月或一年），廣受個人、銀行及公司的歡迎。首次交易是由財政部賣出，之後，在到期日前可在銀行及證券商以一般的市場價格進行交易。

公開市場操作
聯邦儲備體系透過紐約的證券商，每天買進和賣出數十億美元的美國國庫證券

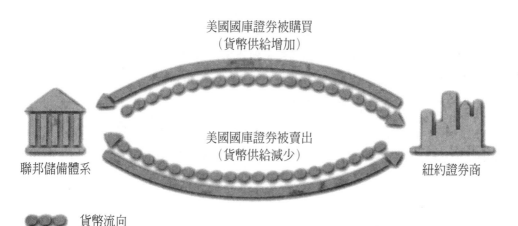

美國國庫證券被購買
（貨幣供給增加）

美國國庫證券被賣出
（貨幣供給減少）

聯邦儲備體系　　　　　　　　　　　　　　　　　紐約證券商

貨幣流向
美國國庫證券流向

圖15.3
聯邦儲備的公開市場操作

儲備準備金　聯邦儲備體系規定其所加盟銀行必須在自己銀行或其他地區的聯邦銀行內保留一定比率的存款。當聯邦儲備體系提高**儲備準備金**（reserve requirement）時，就會縮減貨幣供給，因為加盟銀行需保留更高比例的存款，因此貸款需付更多利息。反之，調降儲備準備金，則釋出一些儲備金可供市場上的借貸。然而聯邦儲備體系很少用此方法來調節資金供給，因為這是一種激烈的手段，只有稍微改變一下，銀行體系內的儲備金就會釋出或緊縮數百萬元的資金，正如前面所述，聯邦儲備體系下的加盟銀行持有大約百分之七十二的貨幣供給額。

加盟銀行的儲備金並沒有利息，而且若其儲備金低於所要求的水準時，聯邦儲備體系則會加以罰款。而儲備金的要求則隨其加盟銀行的存款額度而有所改變，約佔活期存款的3%至10%之間，但儲備金的要求則不適用於定期存款。

若是儲備準備金與公開市場操作一起合用時，則會對資金供給造成相當大的影響。假設在儲備金的要求比例是10%的情況下，聯邦儲備體系想要增加貨幣供給，並在公開市場上買進一百萬美金的國庫證券，於是隨著這些貨幣在各家銀行間存入和借出時，就會在每個階段上造成一些影響，請看圖15.4所示。

優惠利率　如前所述，聯邦儲備體系的加盟銀行在面臨大量提款，危及銀行的儲備金規定時，他們可以向地區銀行貸款，而**優惠利率**（discount rate）就是指聯邦儲備體系貸款給加盟銀行的利率。通常這種貸款的優惠利率只用於危急時，所以優惠利率對調節貨幣供給而言，並沒有扮演什麼重要的角色。在寫本書的此時，優惠利率正值百分之三，也是近二十五年來的最低優惠利率。

因為優惠利率可顯示出聯邦儲備體系對貨幣供給的態度，因而任何變化都會讓一般利率產生骨牌效應。例如：優惠利率的調降通常會在數小時內引發基本利率的調降，如此一來，放款利率也跟著調降。

但值得一提的是，雖然其他利率調降，但銀行信用卡的利率仍維持高檔，銀行辯稱是因為信用卡的呆帳未減少，使他們不得不維持最高的利率。

階段一 聯邦儲備體系因為買了美國國庫證券，而付給證券商一百萬美元	$1,000,000
階段二 收到證券商一百萬美元的銀行，將百分之九十的金額借貸出去	$900,000
階段三 拿到第二階段貸款的銀行又將百分之九十的金額借貸出去	$819,000
階段四 拿到第三階段貸款的銀行又將百分之九十的金額借貸出去	$729,000
階段五 拿到第四階段貸款的銀行又將百分之九十的金額借貸出去	$656,100
階段六 拿到第五階段貸款的銀行又將百分之九十的金額借貸出去	$590,490
階段七 拿到第六階段貸款的銀行又將百分之九十的金額借貸出去	$531,441
階段八 拿到第七階段貸款的銀行又將百分之九十的金額借貸出去	$478,297
所有轉讓下的總金額	$4,695,328

圖15.4
公開市場運作和儲備準備金會如何地影響貨幣的供給

聯邦存款保險公司

在1921到1933年間，美國半數以上的商業銀行倒閉，其中有九千家是在1929年之後倒閉的。這個現象迫使國會在1933年通過銀行法，並設立**聯邦存款保險公司**（Federal Deposit Insurance Corporation；FDIC），該公營組織有三個目標：建立國家銀行體系的公信力、確保存款戶的帳目餘額並促進健全的銀行管理。

聯邦儲備體系下的加盟銀行也都須加入聯邦存款保險公司（FDIC）其他銀行若符合標準，亦可加入，如圖15.5所示，100%的商業銀行都是FDIC的會員。

聯邦存款保險公司
公營組織，有三個目標：建立國家銀行體系的公信力、確保存款戶的帳目餘額並促進健全的銀行管理

圖15.5
接受FDIC擔保的銀
行比例

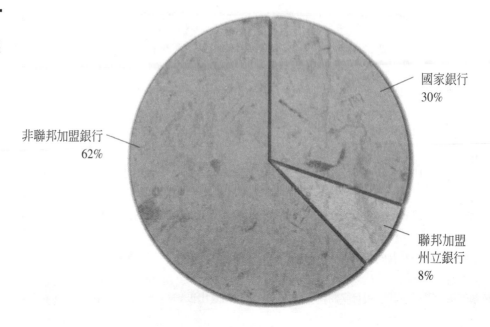

國家銀行
30%

非聯邦加盟銀行
62%

聯邦加盟
州立銀行
8%

保險的項目與審查

　　FDIC投保的個人及聯合帳戶達十萬美元，如果銀行倒閉，則FDIC通常會在倒閉期間內開始支付該存款戶的賠償。該機構是以加盟銀行的保險費爲準備基金。

　　FDIC就像聯邦儲備體系一樣，有審查人員，加盟的銀行遵從他們監察與管理的方針，若審查員發現銀行沒遵守，則FDIC就會下終止命令。它甚至被授權可以將州立許可銀行（不隸屬於聯邦）的辦事員免職，如果他們個人的詐欺傷及了銀行。FDIC把某些銀行列入問題名單中，它們可能有高風險的貸款、員工盜用公款或違反了管理規定。這些有問題的銀行，都會受到監控，直到它們的財務恢復正常，目前約有1000家銀行在FDIC的問題名單中。

　　在1991年，聯邦存款保險公司促進法（Federal Deposit Insurance Corporation Improvement Act；FDICIA）正式被通過立法，該法試著提昇FDIC的權力來規範商業銀行的運作。它要求審查員評估銀行的資產，並瞭解他們放款的利率及契約的規定。此外，FDICIA還要求FDIC在一個銀行遭損失，資金低於一定水準時，採取適當方法來幫助銀行渡過難關。FDICIA也提高FDIC向美國財政部貸款的能力，從50億美元提高爲300億美元，以平衡FDIC銀行保險金的損失（向財政部借的款項需在

當某家銀行倒閉的時候，FDIC會清算它的所有資產，並接管銀行，成為該銀行貸款繳納的收款人。

15年內償還）。FDICIA授權給FDIC，若有需要可提高其加盟銀行的保險費率，而且可超過每半年一次的調整，若FDIC需償還財政部的貸款時，則可向加盟銀行徵收特別會費。

銀行業者並不喜歡FDICIA，他們抱怨在評估與決定放款的過程中，需填寫表格與清單，這些文書的工作妨礙他們和客戶的互動及推廣更多業務。不管放款金額的大小，都要填一定份量的文件。（若是和某個價值一千一百萬美元的建築貸款案有關的話—此乃一極端誇大的案例—據傳聞的說法，光是文件就塞得滿一整打的紙箱和兩個輕便型的檔案推車。）

銀行倒閉之處理

如果銀行的放款及資產價值衰退，甚至低於存款戶索賠金額時，就會面臨危機。此時，FDIC會借給銀行更多的錢，且接收某資產當作擔保品，若該銀行無法恢復正常運作，則FDIC會替銀行還清存款戶的錢，而且銀行也同時接收該銀行的放款，並在到期時收回款項。FDIC也可拍賣該銀行的資產，例如：土地和設備。FDIC的清算者曾拍賣過的項目如下：休士頓妓院，賓州一家燒毀的煤礦，一家X級戲院，一個狗屋，一艘下沉的拖船，一個山羊牧場，一群得病的純種馬。這些都是

貸款時的抵押品，後來被沒收了。FDIC付出最高的賠償金額是發生在1992年的元月，那時加州的Encino獨立銀行倒閉，FDIC付給存款戶的賠償金高達五億多美元。

如圖15.6所示，近來商業銀行倒閉的數目已有下降的趨勢。

圖15.6
1981～1992年商業銀行的倒閉數目

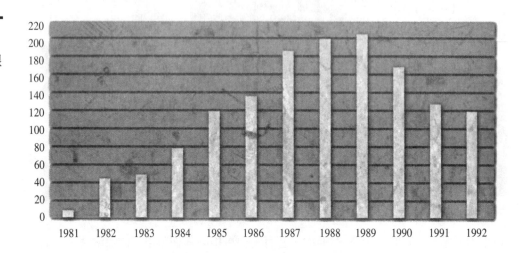

州際銀行業務的獲利要素

在八0年代早期，紐約市的許多大型金融中心跨州拓展他們的業務，因而興起一股州與州之間的銀行業務潮流。聯邦政府對銀行業務的鬆綁，使得大型銀行（例如：花旗集團，Citicorp）可以買下各當地銀行或儲蓄暨貸款合作社的控股，然後在許多州同時推出類似雜燴自助餐式的各種金融服務。花旗集團以及其它來自於紐約的大型銀行都屬於電腦化櫃員機系統（例如：CIRRUS和PULSE）中的一員，該系統可以讓自動櫃員機形成全國網路。顧客有了電腦編碼的塑膠提款卡和個人的辨識密碼（personal identification number；PIN），就可以在該州以外的銀行領錢、付款、轉帳和執行各種不同的交易功能（除了存款以外）。

有了州法的護航，銀行也可以收購其它州的競爭對手。現在麻州、康乃狄克州和羅德島（Rhode Island）也都有了互惠協定，可允許地區性的合併。南部各州以及大西洋沿岸各州也都有類似協定的存在。舉例來說，國家銀行就透過了一連串的合

併來達到設立一千八百家分行的目的，這些分行遍佈於馬里蘭州到德州之間的九個州境之內。儘管這類地區性的合併可能會阻擾真正的州際銀行業務成長，可是觀察家都相信，若是把所有對州際銀行業務有所妨礙的合法性障礙移除掉的話，就可以阻止像花旗集團和Manufacturers Hanover Trust等這類大型銀行吞併掉許多小型銀行的行動了。

摘要

貨幣使得現代人方便購買物品，而不須以物易物。貨幣是交易的媒介、價值的計量標準和保值的工具。美國目前使用的貨幣有硬幣和紙鈔（統稱為流通貨幣，currecny），以及商業銀行裏的支票帳戶（又稱之為活期存款）。

通貨膨脹會降低貨幣的價值，對購買力造成很大傷害，製造商常會因應強烈的消費需求而提高價格，或是把上漲的勞工、物料和服務成本轉嫁給消費者。美國勞工局所計算的消費者物價指數（CPI）是通貨膨脹的一個指針，它以1982～1984的美元標準來看今日的物價，所以政府相關單位時時監看，並在必要的時候，採取行動來控制。

而商業銀行也透過借貸操作在控制通貨膨脹上扮演一個重要的角色，大多數的大型商業銀行都隸屬聯邦儲備體系，這些銀行共持有所有商銀72%的存款。

除了商業銀行外，儲蓄暨貸款合作社，信用合作社和儲蓄銀行（統稱為儲蓄機構）也都鼓勵存戶開立儲蓄帳戶。這些機構也提供自用住宅貸款和建築物貸款，以及各種不同的消費性貸款。

聯邦儲備體系（簡稱the Fed）與國家銀行政策相輔相成。它可監控通貨膨脹，藉由公開市場操作來調節貨幣和信用的供給，調整儲備準備金與加盟銀行的優惠利率等規定，作為因應。

許多商業銀行選擇不加入聯邦儲備體系，但他們幾乎都加入聯邦存款保險公司（FDIC），FDIC是一個聯邦政府機構，當銀行倒閉時，它會付給存款戶最高100,000美元的賠償。FDIC、聯邦儲備體系和州立銀行業務監察員會共同監督商業銀行的管理和資金狀況，以降低他們倒閉的可能。

雖然聯邦法律仍禁止銀行跨州接受存款戶，但最近鬆綁了，因此許多大型銀行在其他州買下當地銀行或儲蓄暨貸款合作社的控股權，以便在好幾個州同時推出許多金融服務。而且銀行也可以加入全國性的自動櫃員機服務網，進行跨州的服務。有些地區甚至有互惠協定，允許銀行收購隔壁州的競爭對手。

回顧與討論

1. 以物易物制度在何種情況下，才會運作？試舉出數個在我們社會中可採行以物易物的情況。

2. 貨幣對社會的三種功能為何？

3. 美國的貨幣供給有哪三種？

4. 需求拉動式通貨膨脹與成本推動式通貨膨脹之區別為何？各舉一些例子說明。

5. 如何利用消費者物價指數來監控通貨膨脹？

6. 說明商業銀行的功能與目標。

7. 儲蓄機構與商業銀行的區別何在？

8. 說明兩種不同類型的儲蓄暨貸款合作社。

9. 說明信用合作社和儲蓄暨貸款合作社、儲蓄銀行之區別？

10. 比較儲蓄銀行與儲蓄暨貸款合作社的貸款政策。

11. 描述聯邦儲備體系的組織。何以銀行會加入？它對加盟銀行有何的規範？

12. 簡述聯邦儲備體系如何運用公開市場操作，儲備準備金的規定及優惠利率來調節資金供給。

13. 聯邦存款保險公司如何產生的？它對存款戶產生何種影響？

14. FDIC如何監控商業銀行？若銀行面臨危機或倒閉了，FDIC會如何處理？

15. 在法律限制下，銀行如何跨州經營？州政府如何推展跨州銀行？

應用個案

個案 15.1：銀行會有差別歧視嗎？

1993年的時候，波士頓的聯邦儲備銀行發佈了一份研究報告，報告中指出各銀行在審核自用住宅貸款案的時候，有歧視非裔和拉丁裔美人的嫌疑。這份報告是根據白人和少數種族在相同收入和信用記錄的背景下，所產生的不同否決率而來的。這份報告也顯示雖然拉丁裔和非裔美人在申請貸款案時，經常遭拒，可是亞裔美人卻比白人更容易獲得貸款案的通過。

但是批評這份研究報告的評論家卻注意到，這些申請人的特性並沒有經過評估。舉例來說，在判定少數種族是否得到和白人一樣同等的貸款機會時，並沒有考慮到長期延遲付款的過去記錄和其它因素。因為蒐集這類資料很困難，所以許多認定銀行有歧視嫌疑的研究報告並不盡然皆正確。波士頓的聯邦研究檢查了波士頓當地的平均違約率，並沒有發現在少數種族這一部份有重大的違約率產生，但是個人資料的不足卻是個相當重要的缺失。此外，評論家也注意到，專營非裔美人貸款案的銀行，獲利表現並不佳。

有一名叫做Gary Becker 的評論家，使用一種他稱之為「簡易方法」的辦法來評定市場上的差別歧視。他堅稱只有一個辦法可以看出銀行究竟是否歧視少數種族，那就是如果沒有差別歧視的話，該銀行就會賺更多的錢。只要研究報告能夠證明銀行因為種族的考量而放棄掉許多非常有價值的顧客，就可以確定這其中的確有不公平和不合理的運作事實。

問題：

1. 借貸時若有歧視的情形，會引起什麼樣的傷害？
2. 你認為政府機關應該找出並勸阻這類歧視性的銀行業務運作嗎？為什麼應該或為什麼不應該？
3. 討論Gary Becker所提出的歧視研究辦法，其中的優缺點是什麼？

個案 15.2：銀行分行變少了

位在加州的Mendocino是一個很不錯的小城鎮，鎮上有一家來自於舊金山的美國銀行分行，所以對鎮民來說非常方便。遺憾的是，就像其它地區一樣，這家位在Mendocino的分行關門了，鎮上現在只剩下自動櫃員機可以利用。不只是當地人覺得不便，就連顧客和商人也都面臨到一個問題，那就是用來進行衝動性購買的現金也變少了。

整個美國境內，很多分行都紛紛關門大吉。從1990年到1992年，將近有四千家左右的銀行和儲蓄分行關上大門不再營業。美國銀行（Bank of America）收購了太平洋證券（Security Pacific）之後，就在1993年之前整頓關閉了568家分行，而且計畫還要結束更多的分行。銀行界愈來愈無法容忍維持一家分行所要付出的經常性開支。除此之外，合併的作風也讓許多分行變得多餘礙眼。分析家預測，在這個世紀結束以前，將會有一萬五千家的分行遭到關門的命運。

隨著各分行的關門大吉，銀行界開始把注意力從小型的地方性分行轉移到大型的分行辦公室上。理想的分行其存款目標是四千萬美元到五千萬美元之間，這和十年前的標準，一千五百萬美元到兩千萬美元之間比較起來，簡直有天壤之別。銀行業也捨棄了行員駐守分行的老辦法，而改以裝設大型的自動櫃員機網路，並鼓勵顧客使用電話來進行銀行業務。花旗銀行就在紐約市的中央車站設置了一個電子銀行，行內裝有二十台自動櫃員機，而且沒有任何行員駐守。電子銀行的運作也許可以證明自己比分行的存在更具成本效益性，可是就目前而言，住在Mendocino的人們，還是領不到任何現金。

問題：

1. 使用電子銀行來取代行員服務，對消費者而言會有什麼好處？

2. 銀行有責任為顧客提供當地的服務嗎？為什麼有或為什麼沒有？

3. 就整體而言，全國性的銀行業務系統應該為顧客在某一定距離範圍內，提供分行服務嗎？為什麼應該或為什麼不應該？

16

利潤融資

股市的利多與利空情勢對於股票交易之影響不及市場消息之嚴重。

OLIN MILLER

章節目標

在學習本章之後，你應該能夠做到下列各點：

1. 描述企業可以採用的短期融資工具，並比較藉以提高資本的融資機構。

2. 探討保留盈餘對於募集長期資金之貢獻。

3. 扼要說明規範股票交易之四種主要法令。

4. 分辨普通股、優先股與共同基金之異同，並且扼要說明每一項之特色。

5. 描述償債基金之性質。

6. 計算證券之當期收益與到期收益。

7. 列出並定義企業可能發行之不同類型的證券。

8. 列舉投資基金和投資普通股或優先股之理由。

9. 列出企業出售普通股、優先股與證券之優點和缺點。

10. 解說槓桿之概念。

11. 比較紐約和美國的股票交易市場與上櫃交易市場之差別。

12. 探討股票經紀商之角色。

13. 描述三種不同的投資目標、投資專家的角色以及持有股票的方式。

14. 扼要說明融資與融券操作之投資策略。

前言

　　Clarke Kawakami並非想像中的典型財務長。同樣地，知名的黑鑽設備公司（Black Diamond Equipment Ltd.）也不是想像中的典型事業。Kawakami自美國哈佛大學畢業之後，便加入海軍服役。海軍退役之後，他又進入賓州大學的華頓商學院，取得財務與會計的管理碩士學位。之後順其自然地，他便開始從事與電腦系統相關的工作。

Clarke K. Kawakami

　　在這一段期間內，Kawakami喜歡上攀岩的活動。有一天，他正在閱讀攀岩雜誌的時候，不經意瞥見一家攀岩設備公司正在徵求財務長的人事廣告。Kawakami應徵了這一份工作，也順利地成為這家位於美國猶他州鹽湖城的黑鑽設備公司的財務長。「我認為我對攀岩活動的認識對於我的工作幫助很多。但是這一份工作實在累人，以至於我現在攀岩的時間比從前少了許多。」

　　黑鑽設備公司是一家高品質攀岩設備、登山配備、滑雪設備的美國製造商與經銷商。黑鑽設備公司係一獨資公司，員工約有一百位左右。黑鑽設備公司成立於一九八九年，其前身是一家大型的企業。這家大型企業宣告破產之後，原有的員工買下公司，並將營業地址由洛杉磯遷移至猶他州的鹽湖城，一則是為了節省成本，另則是為了更接近滑雪與攀岩勝地。「在這裡，大多數的居民都喜愛戶外活動，而且都是使用我們公司的配備，」Kawakami提到。黑鑽公司不僅製造攀岩和登山用的配備，也從事自家產品與其它公司生產的滑雪板、滑雪鞋等產品的經銷工作。「我剛到職的時候，公司正處於建立內部財務結構的階段。在當時，公司經營得相當辛苦；我們的製造能力非常優秀，但是我的責任就是設置一個財務部門。」

　　公司的財務報表系統成型之後，Kawakami便開始著手建立財務部門。「我必須挑戰和僱用適合的人選，像是簿記、會計、會計長和信用經理人等等。幸運的是，我的員工都非常優秀。我可以放心地休一整年的假，讓這一套系統自行正常運作。」

　　然而這些並非Kawakami的全部工作。接下來，Kawakami利用他在電腦業的經驗，建立黑鑽公司的管理資訊系統（MIS）。「我認為基於自己對於電腦系統的接觸瞭解，使我成為推展電腦自動化的當然人選，」Kawakami表示。「但是我在到職的第一年就引進電腦作業，並且建立一套連接訂單、存貨與會計作業的電腦系統。我可以很自豪地說，我們不僅準時達成目標，而且是在預算之內完成。」

目前財務部門的四位主管必須向Kawakami報告；此外， Kawakami還負責人事部門與管理資訊系統部門。「相較於其它規模相當的企業，我們的財務狀況非常紮實。」

黑鑽公司的成長相當迅速。「登山設備市場的需求非常強烈」Kawakami表示。「我們的產品在美國、日本和澳洲都是領導品牌。但是我們預料未來幾年內來自歐洲的老字號公司將會積極進入這些市場，成為不容忽視的競爭者。」

短期或營業資金
企業用以購買存貨，支付工資與薪資、保險費用、租金和水電費等例行性營業費用的資金

長期或固定資金
用以購買長期存續、製造產品與服務的固定資產（土地除外）

企業的經營必須仰賴兩種資金─依其用途分為兩類。第一類資金稱為**短期或營業資金**（short-term or working capital），亦即企業用以購買存貨，支付工資與薪資、保險費用、租金和水電費等例行性營業費用的資金。企業對於營業資金的需求可能非常龐大。大型企業每一個工作天所需要的資金甚至可能超過五千萬美金。

第二類資金稱為**長期或固定資金**（long-term or fixed capital），代表用以購買長期存續、製造產品與服務的固定資產（土地除外）。常見的固定資產像是連接所有紡織廠的微電腦系統；福特汽車裝配線的電腦控制機器人焊接機器和聯邦快遞公司的三架新貨機等等。短期資金的用途在於延續企業每一天的生存；長期或固定資金則是用於追求長期的改善，提供企業生產比競爭者更好的產品或服務、改善或擴大現有的生產線、發明新產品或者購買相關產業當中其它公司的股票（誠如第四章所介紹的內容）。

資金的來源和去向可能大不相同。本章除了探討取得兩種資金的管道之外，也將介紹取得這兩種資金的相關作法與金融工具。

短期資金

企業需要短期資金來增強購買力與增加利潤。企業利用短期資金來購買較多的商品以避免缺貨缺料。這些資金可以向外借貸；數量較多的存貨在出售之後應可賺取更多的利潤，即使扣除利息支出之後仍有剩餘。因此，以借貸方式購買商品的企業往往比以現金購買商品的企業賺取更多的利潤。

當銷貨收入的現金與賒購客戶支付的現金不如預期的時候，短期資金亦可在用於償付目前的債務。企業的經營就和人們的日常生活一樣，必須發生經常性的費用—例如保費、水電費、租金和管理人員的薪資等等。然而某些情況下—尤其是生意清淡的時候，現金流入的金額可能不及費用支出的水準，於是，管理階層可能必須尋找短期內的資金來源。

短期資金亦可在銷貨收入維持穩定的時候，幫助企業支付意料之外的費用。甚至當銷貨收入與現金收入維持穩定的時候，管理階層也可能必須應付意料之外的設備維護修理費用、調漲的保費、超出預期的稅賦或者律師或會計師的費用等等。如果這些費用超出企業手中持有的現金，企業勢必設法募集足夠的短期基金。

短期融資工具

表16.1 扼要說明了企業在募集短期或營業資金時，可以考慮採用的工具。首先讓我們一起來瞭解這些融資工具的特色，接下來再介紹這些融資工具的內容。

表16.1
短期融資工具

融資工具	特色
本票	債務人承諾於未來指定日期支付一定金額的憑證。通常是以固定利率計息。可分為有擔保或無擔保商業本票。
匯票	債權人要求債務人支付一定金額的憑證。如果未獲債務人之同意，則不具效力。即期匯票係指見票即付的匯票；定期匯票則是要求債務人於明定的期間後償付債務的匯票。
商業本票	大型企業發行的無擔保本票（通常稱為企業 IOU）。用以籌措短期的大筆資金。
支票	用於金融交易當中支付金錢的一種憑證。企業可以利用銀行帳戶來簽發兩種支票。銀行本票係指由商業銀行開立之支票，一般認為是最有保障的票據，多為指定金額外加少許的手續費。另一類則是由債務人利用自己的銀行帳號所簽發的個人支票。由於銀行本票較受歡迎，而且取得方便，因此有逐漸取代個人支票的趨勢。

本票　　第一種也是最常見的融資工具稱為**本票**（promissory note），係指由債務人（又稱開票人）開立給債權人（又稱受票人），做為在指定的未來日期支付一定金額（通常會加計固定利率）之具有法律效力的憑證。本票可以分為有擔保本票（有特定的資產做擔保，如果本票到期時未獲償付的話，債權人可以要求擔保品的權利）或無擔保本票（僅以開票人的聲譽為擔保）。圖16.1即為無擔保本票之範例。

　　許多本票的到期日多在一年或一年以內，因此可以做為短期融資工具；然則部份本票的到期日卻可能超過一年。消費者可以開立長期本票來購買汽車、音響或者傢俱等等。

匯票　　本票是指債務人償付債務的憑證，而匯票則恰好相反。**匯票**（draft）係指債權人要求債務人支付一定金額的憑證。要求債務人即刻支付指定金額的匯票稱為即期匯票（sight draft）；給予債務人一定期間來支付指定金額的匯票稱為定期匯票（time draft）。除非債務人在匯票上親筆書寫「承兌」並且簽名蓋章，否則匯票不具法律效力。圖16.2即為匯票之範例。

　　當買賣雙方必須隔著較長距離來進行交易的時候，經常選擇匯票做為交換貨款與商品所有權的方法。從未謀面的汽車經銷商就經常利用匯票的方式，在單筆交易中就買賣數百輛的汽車。圖16.3說明適用匯票的交易，以及匯票的優點。

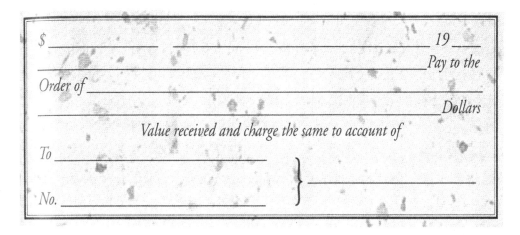

圖16.2
匯票之格式

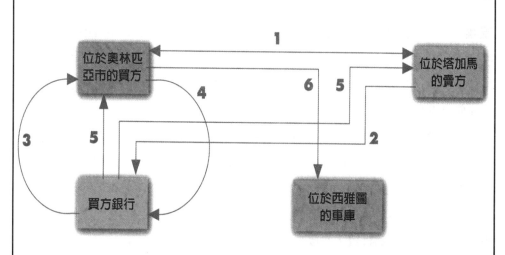

圖16.3
以匯票進行之交易

1. 買賣雙方經由電話聯繫，針對五十輛存放在西雅圖市的車價達成共識。

2. 位於塔加馬市的賣方寄送匯票給買方的銀行，要求位奧林匹亞市的買方支付協議的
   總金額。（汽車所有權會隨匯票附上。）

3. 銀行收到匯票和汽車所有權之後，即通知買方。

4. 買方承兌匯票，付款給銀行。

5. 銀行移轉汽車所有權，將汽車交給買方，在扣除手續費之後將款項送給賣方。

6. 買方取得汽車所有權之後，便可至西雅圖的倉庫取車。

商業本票　　用以借貸短期較大金額款項的融資工具稱爲**商業本票**（commercial paper），亦即財務健全的大型企業所發行的無擔保本票，也被稱爲企業 IOUs。商業本票的發行面額多爲美金五萬元、十萬元或五十萬元不等。企業可以藉此一次募集到數千萬元的短期資金。商業本票的到期日可以短至一周，長到九個月，或者更長的時間。

　　商業本票交換擔任中間媒介的角色，以低於面值的價格向需要資金的企業購買商業本票，再將這些商業本票賣給擁有多餘資金的組織。借貸雙方少有直接接觸的情況。商業本票的貸方通常是大型企業、大專院校、甚至是擁有大額短期自由資金的醫療院所等法人投資人。根據金融報告指出，無論在任何時間點上，幾乎都有五千億美金的企業IOUs尚未到期。

支票　　屬於匯票的一種，因爲開票人就是銀行的債權人（誠如本書第十五章的說明）。開票人（債權人）開立支票（a check）要求銀行（債務人）支付一定金額的款項給第三者。企業進行交易的時候，除了公司本身的支票以外，尚可利用另外兩種不同型式的支票。

　　第一種稱爲**現金支票**（cashier's check），係由商業銀行開立，自銀行帳戶中支付款項的支票。一般而言，現金支票被視爲是最安全的票據。凡遇債權人質疑債務人的償債能力或者以往從未與債務人往來過的時候，債權人便可要求債務人出示銀行的現金支票。取得銀行現金支票的方法非常簡單：只要到銀行櫃台，把現金（外加少許的手續費）交給行員，然後指名現金支票的受款人即可。銀行會將我們繳交的現金視爲銀行的存款，開立指名的現金支票，然後交還給我們。希望將資金由某一銀行永遠移轉至另一銀行的存款人即可利用此一方式，要求原銀行開立所有存款餘額的現金支票。

　　第二種稱爲**保付支票**（certified check），現今已經不多見。保付支票是由銀行保證可以兌現的個人支票，通常會在支票上面以機器打印「保付」字樣。銀行通常會在存款人帳戶中保留一定的餘額，待保付支票存入交換的時候，便可兌現該張支票。大多數的商業銀行認爲沒有必要同時開立現金支票和保付支票，所以當我們向銀行要求開立保付支票的時候，銀行可能會改以現金支票處理。

短期融資的機構與方法

　　許多機構會以不同的方式提供短期資金給需要融資的企業。企業通常會視實際情況需要，向不同的融資機構以不同的方式取得短期資金。實務上少有企業只用單一方法，向一種融資機構取得資金。表16.2 扼要說明了本節所介紹的各種融資機構。

短期融資機構	交易方式
供應商提供之信用交易或開放式帳戶	以信用方式取得商品存貨、原物料和耗用物品
商業銀行	信用借貸或者更新貸款契約
商業金融公司	利用存貨、設備或應收帳款進行抵押貸款
代理公司	打折出售往來客戶的開放式帳戶或消費者信用帳戶來換取現金
貿易融資公司	打折出售消費者的分期付款契約以換取現金
消費融資公司	承兌消費者向這些融資公司借來購買商品的現金

表16.2
短期融資機構

信用交易　舉凡物料、耗材和商品存貨等，經常利用信用交易或開放帳戶的方式進行買賣。**信用交易或開放帳戶**（trade credit or open-book accounts）係指賣方給予買方的商業記帳帳戶。債務人必須在一定期限內—多為三十天、六十天或九十天—償付購買商品的貨款。

　　本書第十四章介紹過的鋪貨通路成員之間（製造商、批發商與零售商）就經常使用信用交易的方式。信用交易並非實際的金錢借貸，但卻是延遲付款的一種方式，待買方將商品賣給鋪貨通路的下一個環節時再行付款。

　　採用信用交易或開放帳戶的賣方可以給予買方一個**現金折扣**（cash discount），也就是為了鼓勵信用交易債務人在期限到期之前提前償還貨款的折扣。例如：買賣雙方可能設定2/10, n/30的付款條件，意思就是說如果買方在指定日期（通常是帳單

信用交易或開放帳戶
賣方給予買方的商業記帳帳戶

現金折扣
也就是為了鼓勵信用交易債務人在期限到期之前提前償還貨款的折扣

日期）後十天內付款的話，可以享有百分之二（2%）的折扣；然而買方也可以選擇
在指定日期後三十天內支付全額的貨款（全部的帳單金額扣除任何發生的退回或折
讓）。一般而言，買方多半會妥善地調度財務，把握折扣期限內的現金折扣。一整年
度下來所獲得的現金折扣往往可以節省一筆可觀的成本。

向商業銀行借貸　　本書第十五章所介紹過的商業銀行當屬短期商業借貸的最常見
來源。自商業銀行取得短期資金的企業通常會設定**信用額度**（line of credit），也就是
商業銀行在擁有足夠資金的情況下會同意借貸給企業的最高金額。換言之，只要銀
行的營運狀況正常，信用額度幾乎是可以確定的短期資金來源。

　　信用額度是相當便利的短期資金來源。只要借貸金額沒有超過銀行核准的上
限，企業可以借貸任意金額的資金。銀行將只針對借貸的部份收取利息。大型企業
的信用額度可能多達數十萬美金，並且可以向不同的銀行申請信用額度以滿足短期
現金的需求。以克萊斯勒公司為例，這家公司就曾經向一百五十二家銀行聯合取得
了六十八億美金的信用額度，不僅幫助經銷商解決了購買龐大數量的汽車存貨的問
題，亦可提供給向經銷商購車車主貸款融資的機會。

除了信用額度之外，企業亦可與銀行簽訂循環信用契約。**循環信用契約**（revolving credit agreement）是指商業銀行承諾只要借款公司提出請求，就可以借到需要的資金。大多數的銀行會要求借款公司將借款金額的百分之十到二十（10-20%）的比例存入其在該銀行開設的帳戶裡。

商業融資公司　短期資金的另一項重要來源則為商業融資公司。**商業融資公司**（commercial finance company）要求以信用交易帳戶、存貨或設備為擔保，再將現金借給需要短期資金的企業。由於商業融資公司所承擔的風險可能高於商業銀行，因此收取的利率較高。然而當企業向銀行取得的信用額度已經用罄的時候，就可以向商業融資公司週轉現金，而且商業融資並不要求保留一定比例的週轉金額。

債權買賣公司　某些企業會向債權買賣公司融資。**債權買賣公司**（factoring company）買進企業的開放帳戶（有時候也會買進消費者信用帳戶），並且依慣例自行吸收所有的損失—如果債務人沒有償還債務的話，一般而言，債權買賣公司負責買進帳戶的所有帳單與簿記作業。債權買賣公司最早源於紡織業，現在也經常為貨櫃業、傢俱業和服飾業所採用。某些商業銀行甚至成立自己的債權買賣公司。

債權買賣公司會視帳戶交易商品或服務的品質，以折扣價買進這些帳戶。如果企業的財務健全、債信良好，折扣的成數較低；然而如果企業的付款速度慢或者財務狀況不穩，那麼折扣的成數就會拉高。

債務人會接獲通知，表示其原始債權人業已將其帳戶賣給債權買賣公司，爾後債務人必須將款項償還給債權買賣公司。當然原債權人亦可同意繼續處理這些帳戶，然後將款項移轉給債權買賣公司，如此一來，後者即可省卻簿記作業的負擔。此一作法稱為不告知計畫（nonnotification plan）。

近年來由於大型零售商紛紛將信用卡消費者的到期帳款賣給債權買賣公司以減少簿記作業負擔，增加短期資金，因此債權買賣公司有逐漸普及的趨勢。

銷售融資公司　短期資金的另一項來源是銷售融資公司。**銷售融資公司**（sales finance company）買進零售商已經承兌的分期銷售合約（本票），再提供短期資金給零售商。茲以接受消費者之商業本票的傢俱商或大型家電業者為例說明之。當這些

循環信用契約
商業銀行承諾只要借款公司提出請求，就可以借到需要的資金

操之在己
本書第十五章論及的法令規章對於銀行是否核准信用貸款之決定有何影響？

商業融資公司
要求以信用交易帳戶、存貨或設備為擔保，再將現金借給需要短期資金的企業

債權買賣公司
買進企業的開放帳戶（有時候也會買進消費者信用帳戶），並且自行吸收所有的損失—如果債務人沒有償還債務的話

銷售融資公司
買進零售商已經承兌的分期銷售合約（本票），再提供短期資金給零售商

業者需要額外的短期資金的時候，可以將其手中持有的消費者本票打折賣給銷售融資公司，將本票折換成現金。銷售融資公司多採一次買進消費者本票的方式，而代理公司則是自公司買進其它公司尚未還清的開放帳戶餘額。兩種作法的概念一致；然而出售本票給銷售融資公司的賣方則是將未來的債務轉換為現金。

出售消費者的本票給銷售融資公司對於零售業者的資金調度頗有助益；零售業者可以省卻每個月寄送對帳單給消費者的作業負擔，直接將債務換成現金，因此零售業者多半能夠接受銷售融資公司折價收購的條件。銷售融資公司以低於面值的價格買進債權，待債務人清償之後，即可賺取中間的差價。

消費融資公司　並非直接與企業短期融資作業相關之融資管道稱為消費融資公司。**消費融資公司**（consumer finance company）係指要求最終消費者出示本票，再借錢給最終消費者的公司。這些貸款可能以消費者打算購買的產品或者消費者持有的其它有價物品為擔保。不願意接受消費者本票的商家，可以要求消費者先向消費融資公司〔例如：商業信用公司（Commercial Credit Corporation）或家庭融資公司（Household Finance Corporation）〕借錢，再以現金購買其商品。債信良好的消費者甚至可以憑無擔保本票向消費融資公司借到現金。

凡在商業銀行或信用機構的信用額度均已用罄的個人，或許可以將消費融資公司視為最後管道。同樣地，如果曾有延遲付款記錄的個人亦可考慮向消費融資公司取得短期週轉基金。由於消費融資的風險較高，因此收取的利率也會較高。

長期資金

各位應當記得，長期或固定資金係用以購買能夠長期存續（土地除外）、能夠在數年內製造商品或服務的固定資產。舉凡興建新廠房、購買新設備、取得開設零售商店所需的土地、或者重新規劃已經不具效率或已經過時的工廠設施等等，都需要為數龐大的資金。舉例來說，歐洲的最大汽車製造商福斯汽車公司曾經宣佈在一九九七年度，該公司將花費總計高達四百六十七億美金的預算來改良工廠與設備。企業利用保留盈餘和股票等長期融資工具來募集長期資金。

以長期融資工具來購買固定資產。

保留盈餘

保留盈餘（retained earnings）係指爲了改善與擴張等目的而重新投資在公司身上的利潤。企業可以根據其預期成長率和長期資金需求，保留當年度的部份（有時候甚至是全部）利潤做爲擴張之用。然而單單依靠企業的獲利來因應快速擴張的需求—即使可行—似乎稍嫌不切實際，因爲這就好比我們想要先存夠了錢，再用現金買房子一樣。因此，保留盈餘雖然可以爲企業帶來重要貢獻，但是股份有限公司型態的企業多會利用發行股票和公司債的方式來籌措長期資金。股票和公司債總稱爲證券。

保留盈餘
爲了改善與擴張等目的而重新投資在公司身上的利潤

Updating
Equipment Versus
Placating
Stockholders

管理者筆記

更新設備與取悅股東

　　許多美國籍企業的高階經理人往往會避免將保留盈餘投資在購買新的機器設備上。原可用於添購新機器設備的利潤多半用於增加發放給股東的股利----以便滿足股東對於高階管理階層逐年提高獲利的期望,而不顧企業的機器設備已經如何老舊、不堪使用。此一討喜作法業已造成許多問題,致使這些企業無法與具有遠見的企業一例如排名世界第三大汽車製造商的豐田汽車一相提並論。豐田汽車的管理階層並未受限於短期獲利的數字遊戲,反而不斷地努力削減成本,以急切的步調來改善製造流程。提高生產效率。豐田汽車刻正興建與改良其位於全球的六座製造廠房,以便達到每一年一百萬輛汽車的產能目標。

　　雖然更新製造設備的成本可能令人咋舌(而且可能遭致想要分配股利的股東的極度不滿),然而大幅提升的生產力與競爭力卻仍值回票價。相較於可以生產數百種不同規格零件的現代化多功能電腦數值控制機具,那些在一九五O與六O年代所使用的單一功能的機器無異於成為博物館的古董。(豐田汽車位於美國辛辛那提州米拉康市工廠的新式電腦數值控制機具一次可以進行多達一百八十種不同的鑽孔沖壓與金屬切割動作。)操作人員只要輸入新的指令或切換電腦磁帶,就可以輕鬆地改變機器的設定與動作。

　　這些先進的機器設備所費不貲(前述廠房的設備至少都要三十萬美元),但是不進行此類長期資本投資的代價卻更驚人。舉例來說,僅有百分之十五的機具改用電腦數值控制機具的美國業者,其製造利潤已由一九八八年的一千一百八十億美元縮減為一九九一年的八百九十億美元。此一現象意味著許多製造業的高階管理階層必須鼓足勇氣,以企業的最佳利益為考量,立即將長期資金投注於機器設備的現代化上。如稍有遲疑恐怕企業的生存大計都將岌岌可危。

證券

本書第四章曾經提及，企業可以利用出售股票給願意承擔股東風險的投資人的方式，來取得大筆資金。股票即為股東權益證券。「股東權益」（equity）一字的意思是代表所有權；換言之，股東就是企業的法定所有人，而出售股票所取得的長期資金則稱為**股東權益資金**（equity capital）。

企業亦可利用出售公司債的方式來募集資金。**公司債**（bonds）即為附息的長期本票。公司債的到期期限可以長至二十五年。公司債代表了企業在某一未來指定日期必須償付一定金額的債務。

法令與證券交易

一九三三年之前，美國只有各州政府針對企業如何出售證券訂有規定。然而潛在投資人在面對林林種種的證券行銷計畫時，卻無法獲得聯邦政府的保障。然而在歷經一九二九年股市崩盤的浩劫之後，新交易法（the New Deal）施行的前幾年已經具有目前關於企業融資與保護投資人等的聯邦法令規章的雛型。表16.3 列出目前關於企業股票與公司債交易之重要規定。

企業在出售股票之前通常必須刊登公報。**公報**（prospectus）係指詳列企業連續數年的財務資料，探討其在產業中的地位，說明其將如何利用出售股票所募集到的資金，以及摘錄其它投資人必須知道的資訊等的文件。歷史上美國電話電報公司就曾經為其公司的重組而進行了一次大規模的的公報印刷工程。原公司所有的兩百九十萬名股東都必須收到重組公報，瞭解關於新的七家公司的股權結構等細節。於是，美國電話電報公司為了印製這一份兩百六十七頁的文件，總共使用了一千九百五十公噸的紙張。如果將這些紙張一一連接起來，將可環繞地球三點四圈。

除了表16.3 列舉的證券法之外，一九九三年由證券交易委員會通過施行的法條也規定公營事業必須在委託書（本書第四章曾經介紹過）內提供更多的資訊。這些資訊必須包括：

- 顯示股票市價在過去五年期間的變化圖表。
- 清楚扼要地說明過去三年期間高階主管所有的總年度薪酬的表格。

股東權益資金
出售股票所取的長期資金

公司債
附息的長期本票

公報
詳列企業連續數年的財務資料，探討其在產業中的地位，說明其將如何利用出售股票所募集到的資金，以及摘錄其它投資人必須知道的資訊等的文件

表16.3
規範證券交易之聯邦
法令

法案	條文內容
一九三三年證券法	規定企業在公開發售新股之前，必須向聯邦政府申請登記，並以公報方式告知潛在投資人 違反本法規定之企業得依刑法起訴；刻意揭露不實資訊的企業，其相關主管得處以罰鍰或刑期*
一九三四年證券交易法	成立證券交易委員會（簡稱SEC），成為執行本法與一九三三年證券法之聯邦政府主管機關擬訂規範上市上櫃股票交易之法令，以避免人為操縱與其它違法情事 禁止「當日沖銷」—即在同日買進與賣出同一股票，目的乃維護投資人權益 禁止發表鼓勵他人買進或賣出股票之不實聲明 禁止企業員工或內部人士利用社會大眾無法取得的資訊，有計劃地買進或賣出股票 賦予聯邦準備理事會設定融資規定—亦即投資人買進證券時必須支付的款項下限（其餘部份可以融資方式借貸）
一九四〇年投資公司法	規範以證券投資與交易為主要營業項目之企業，規定公開發售股票之前必須向證券交易委員會登記 規定管理階層在大幅變更公司營業內容或投資政策之前，必須先取得股東之同意 避免承購人、投資銀行人士或券商，在董事會中佔有多數席次 規定企業與專業經紀人之間的契約變更時，必須取得股東之同意 除經證券交易委員會核准外，禁止企業和董事、中高階主管或關係企業和個人間之交易 禁止前述企業之間共同持有證券
一九四〇年投資顧問法	規定凡提供證券投資諮詢的個人或企業必須向證券交易委員會登記，並遵守保護投資人的相關法令規定 規定提供證券投資意見給客戶的投資顧問，必須向證券交易委員會申請登記，並遵守保護投資人的相關法令規定

*根據這些法規向聯邦政府申請登記並不代表聯邦政府支持其申請人，亦不代表聯邦政府為申請人背書，僅代表發行公司業已揭露有助於潛在投資人做出完備決策的資訊。

■由公司的薪酬委員會發表聲明，解釋高階主管薪酬計畫的施行成效以及爲什麼採用現行薪酬計畫的理由。

■揭露公司董事之間可能出現的利益衝突（例如：是否有任何高階主管擔任彼此公司的董事或者擔任彼此公司的高階主管薪酬委員會委員？是否有任何薪酬委員會委員也是母公司或子公司的員工？）

雖然公報形同正式的法律文件，然而企業通常會在特定報章雜誌上—例如華爾街日報—刊登公報的廣告，告知潛在投資人公司即將發售股票的消息。

證券交易機制

企業很少直接出售證券給社會大眾，否則整個發售過程將可耗費長達數月的時間。通常企業會洽談一家或多家投資金融機構來購買所有的證券，然後再由這些投資金融機構零售給一般社會大眾。**投資金融機構**（investment banking firm）和商業銀行並不相同，係指向發售證券的企業購買所有的新證券，然後出售給一般社會大眾的企業。如果單一一家投資金融機構無法或不願承擔買賣所有新證券交易的風險，也可以聯合數家投資金融機構共同承購，再依約定比例分配證券，最後再轉賣出去。當證券銷售完畢之後，聯合銷購組織便自動解散。

聯合銷購組織利用風險分散的觀念，避免由單獨一家投資金融機構承擔買賣所有證券的風險。對於發行公司而言，聯合銷購的方式也較爲方便，發行公司可以一次取回新發行證券的全數金額。

市場狀況對於企業發行新證券所能回收的金額具有重要影響。舉例來說，美國的Chase Manhattan Corporation在一九八九年發行新股時，受到同年十月份股市大跌的波及，承銷商以美金40.125的價格承購新股，每股股價比股市大跌之前的成交價格低了美金3.50元，造成這家公司虧損了大約美金五千萬元。

股票登記與移轉代理商

大型企業的股東往往動輒上千位，證券相關記錄的處理往往會是一大負擔。因此，企業通常會聘請大型銀行擔任證券的承銷商與交易商。**股票登記代理**（registrar）

投資金融機構
向發售證券的企業購買所有的新證券，然後出售給一般社會大眾的企業

股票登記代理
監督企業發售的股票數量以確保企業發售的股份沒有超過法定上限限額的機構

係指監督企業發售的股票數量以確保企業發售的股份沒有超過法定上限限額的機構。**移轉代理商**（transfer agent）則指企業每一次交易股票或特定公司債時，代為變更買主姓名與地址等記錄的商業銀行。交易商會註銷舊股東的姓名與權益，登錄新股東的姓名。

普通股

　　所有以營利為目的的股份有限公司都必須發行普通股。**普通股**（common stock certificate）係指企業股東持有的一種證券。普通股股票上會註明股東姓名、持有股數和發行企業的相關資料。普通股的購買與持有可以分為**整股**（round lot）—股數恰為一百股或一百股之倍數或**零股**（odd lot）—不足一百股的股數。本書第四章曾介紹過股票憑證的範例。最近克萊斯勒公司便曾發售四千六百萬新股，募集到了十億七千八百萬美元的長期資金。此次發行新股在美國證券市場上名列第二，僅次於一九九二年五月通用汽車公司發售新股募集二十億一千五百萬美元長期資金的規模。

　　普通股持股人其實就是企業的真正股東，依法有權選舉董事會成員。法律賦予普通股股東的投票權可以做為股東控制企業經營的手段。

股利

　　普通股股東可以收到企業發放的**股利**（dividend），亦即企業發放一定比例的利潤做為股東持有股份的風險報酬。然而保留盈餘做為固定資本之用的企業卻可能只會發放少許股利、甚至完全不發股利。由於企業可以彈性決定是否發放普通股股利，因此當企業未來財務狀況不盡理想的時候，往往偏好發行普通股來籌措資金。普通股不像其它某些證券，必須連帶支付固定費用。法令規章並未強制企業發放股利，因為基本上股利屬於企業可資分配的利潤。

　　股利發放通常採取每季一次的方式。企業或其交易商會寄送現金股利的支票給在特定日期具有股東身分的股東。董事會通過發放的股利總金額除以普通股股數，便是每股發放股利。

希望保留現金但又顧及投資人權益的企業可以選擇配發**股票股利**（stock dividend），亦即發放企業的股票或其持有其它企業的股票做為股利。

股票股利
發放企業的股票或其持有其它企業的股票做為股利

優先認購權

美國大多數州政府制訂的公司法都規定，企業增資發售新股，在公開發售之前，應給予現有股東依其持股比例優先認購新股的**優先認購權**（preemptive right）。此一規定背後的意義在於股東如果願意，可以維持目前對於持股公司的控制程度。如果沒有優先認購權的保障，那麼每當企業發行新股的時候，原有股東的控制水準就會形同被稀釋一次。

優先認購權
企業增資發售新股，在公開發售之前，應給予現有股東依其持股比例優先認購新股的權利

優先認購權證（warrant）係指載明現有股東的優先認購權的憑證。優先認購權證上面會註明股東可以認購的股數和每股價格。優先認購權證通常會加註認購期限，超過此一期限之後，企業即可出售新股給任何法人或自然人；如果優先認購權證的價格低於目前流通的普通股的市價，那麼股東則可出售其優先認購權證。

優先認購權證
載明現有股東的優先認購權的憑證

股票分割

股票的市價係經由買賣雙方協議所達成。股票市價反映出投資人對於企業在產業內的地位以及國內與全球政經情勢的看法。如果樂觀的投資人願意以高價購買某一股票，則發行該股票之公司召開董事會徵求現有股東同意之後，可以公告進行股票分割。**股票分割**（stock split）係指將已發行股份進行分割，以便抑制過高股票來吸引更多投資人購買股票。舉例來說，假設由於買方積極進場而賣方惜售的情況下使得某公司的股價攀升至每股美金350元。如果這家公司決議進行股票分割，比例為一比五，而且你目前恰好持有一百股，那麼在分割之後你將持有五百股的股份。每股市價也會由原先的350元降為70元（$350）。雖然你的投資總市價並未改變，但是每股市價可以降到投資人比較能夠負擔的水準。藉由股票分割的方式，這家公司可以降低每股市價，吸引更多投資人購買整張股票而非零股，或可有助於將價格導回許多企業認定的心理上之合理交易範圍—也就是每股價格在$20在$40之間。

股票分割
將已發行股份進行分割，以便抑制過高股票來吸引更多投資人購買股票

股票股利與股票分割的主要差異在於企業進行股票分割時，是降低每股股票的面值（企業認定並印製在股票上面的主觀價值）。企業發放股利的時候，並未創造新

的股票，因此股票面值並未降低。

　　長期來看，股票分割、股票股利、再加上企業的健全財務績效不僅可以增加投資人持有的股份，亦可提高投資人持有股份的價值。舉例來說，一九一九年可口可樂公司每股股價爲$40。經過七十三年的股票分割與股票股利的發放，到了一九九二年底就會增爲2,304股。這些股數的總市價在一九九二年底總計爲美金$96,480。另外，在一九八一年購買一百股Home Depot的股票，經過九次股票分割之後，到了一九九二年中就成長爲5,679股－單單在一九八二年間就發生了三次比例分別爲二比三、四比五、和一比二的股票分割。

人們爲什麼購買普通股？

資本增值
股票市價因爲投資人
抱持樂觀態度而增値

　　基於獲利考量的投資人會購買連續數年甚至數十年都會依慣例發放股利的公司的股票。然而持有普通股票的最大誘因卻是**資本增值**（capital appreciation），也就是股票市價因爲投資人抱持樂觀態度而增值。

　　如果追溯至起源的話，許多知名企業的普通股價格就是資本增值的最佳說明。例如：麥當勞公司成立的前幾年間，公司的簿計會計同意公司以普通股票替代現金來發放其部份薪資。到了這位會計退休的時候，她手中持有的股票價值竟已高達美金七千萬元。一九六五年投資一千美元在百事可樂公司的身上，到了一九九二年底市價則爲美金六萬四千元。而在一九八二至一九九二年間，百事可樂公司投資人的總報酬率（資本增值加上再投資的股利）更以百分之三十（30%）的年度複利成長。

　　創新的產品與服務以及預料之外的事件多會影響企業股票市價的表現。例如：當歷史悠久的基因分離公司Genentech, Inc.首度公開發行上市的時候，樂觀的投資人在開盤後的前二十分鐘就把股價由$35炒至$89。此外，在一九八九年美國加州發生大地震的隔天，投資人就眼明手快地搶購木材、水泥、建築工程等產業以及經常承攬道路橋樑工程的企業的股票，有趣的是，股價和電梯具有一個共同特點：兩者都會上下移動，但不同的是足以影響投資人對股價表現的信心的事件似乎永無止盡。舉例來說，當柯達公司意外地發佈該公司一位頗受敬重的主財務長已經離職的消息之後，股價頓時跌落五又八分之一個百分點（亦即每股下跌美金$5.125）。同一期

間，由於市場上謠傳該位主財務長可能跳槽到IBM擔任類似職務，致使IBM的每股股價上漲了美金1.50元。Tenneco, Inc.在發佈該公司董事長兼執行長罹患腦部腫瘤的消息後，該公司的股價每股下跌了美金$2。在一九二○年代經濟大蕭條的年代，投資人的信心掃地，許多股票幾乎是以想像不到的低價賤賣給投資人。美國電話電報公司的股價由每股310.25美金滑落至69.75美金，紐約中央鐵路公司的股價更由每股256.50美金慘跌為8.75美金。但是情況最為悲慘的應當算是零售業者Montgomery Ward，這家公司的股票由156.875美金跌到3.50美金。在那個年代裡，股價是以零點一二五美元來計算。當股價普遍下跌時，稱為利空市場（bear market）；當股價普遍上漲時，則稱為利多市場。

共同基金

共同基金（mutual fund）係指由投資人集資購買或由投資公司專業操盤買賣的數種股票、公司債或其它證券的組合。購買共同基金股票的投資人間接擁有許多不同產業的企業所有權。持有少數企業或僅從事單一產業—例如：航空業、零售業或電腦業—的股票往往具有相當的風險，而共同基金投資人則能規避此類風險。表16.4 說明了近年來投資普通股票的共同基金如何利用不同的產業標的分散風險。

操作共同基金的公司會以特定時間點的每股淨資產價值（簡稱NAV）—基金的債務與總市價的差異除以未贖回股數—來贖回投資人的持股。

許多共同基金會收取交易手續費來支付管理成本與營業員的佣金。投資公司協會聲明，這些交易手續費—視投資金額而定—不致超過期初投資金額的百分之八點五（8.5%）。**前端費用**（front-end load）係指買進共同基金持股時所收取的交易手續費。**後端費用**（back-end load）—也稱為遞延交易手續費—則指贖回共同基金持股時所收取的交易手續費。後端費用可能隨著持股時間的增加而減少。投資人亦可購買沒有收取任何手續費的共同基金。前端基金與後端基金都會收取每年12b-1（根據一九八○年證券交易委員會頒佈施行的條款而命名）的年費來支付管理成本與銷售佣金。這項條款規定基金公告必須說明向持股人或基金本身所收取的所有費用，以及基金的年度績效（相較於整體證券市場）、投資策略與影響最近績效之市場因素和主要負責操作此一基金的基金經紀人姓名等資料。圖16.4 列出一九五○年以來出現

共同基金
由投資人集資購買或由投資公司專業操盤買賣的數種股票、公司債或其它證券的組合

前端費用
買進互助基金持股時所收取的交易手續費

後端費用
贖回互助基金持股時所收取的交易手續費

表16.4
不同類型之共同基金
目錄（產業持有普通
股之比例）

	1991	1992
農業機具業	0.63%	0.66%
飛機製造與航太工業	1.68	1.23
航空運輸業	0.9	0.95
汽車與零配件業（輪胎業除外）	1.83	2.68
建築材料與設備業	1.84	0.88
化學工業	4.57	4.70
通訊業（電視、廣播、電影、電話）	7.38	7.59
電腦服務*	3.37	3.67
集團企業	3.30	3.00
貨櫃業	0.13	0.29
藥物與化妝品業	7.31	6.48
電子儀器業（電視與廣播除外）	4.67	5.04
金融業（包括銀行與保險業）	16.29	17.65
食品飲料業	3.20	3.12
醫療用品與醫療服務業	4.19	3.80
休閒業	1.71	2.64
工業機具業	1.59	1.99
金屬冶礦業	2.53	2.21
辦公設備業	2.47	2.00
石油工業	8.11	8.02
造紙業	1.69	1.59
印刷與出版業	2.02	2.23
公共事業（包括天然氣）	5.13	3.83
鐵路與鐵路設備業	1.27	1.67
零售業	6.10	6.04
橡膠業（包括輪胎業）	0.35	0.37
鋼鐵業	0.68	0.61
紡織業	0.92	0.71
菸草業	1.27	2.26
路運與海運業	0.48	0.48
其它	2.39	1.61
總計	100.00%	100.00%

注意事項：此處資料節錄自一九九二整年底六十家最大投資公司的產業投資檔案。這六十家投資公司的總淨資產佔了同時間所有上市上櫃公司總淨資產的百分之三十七點七（37.7%）。
　　　　*包括電腦軟體業、電腦顧問業、電腦分時業。

資料來源：*1993 Mutual Fund Fact Book*. p. 43. The Investment Company Institute, Washington, D. C. 獲得同意轉載。

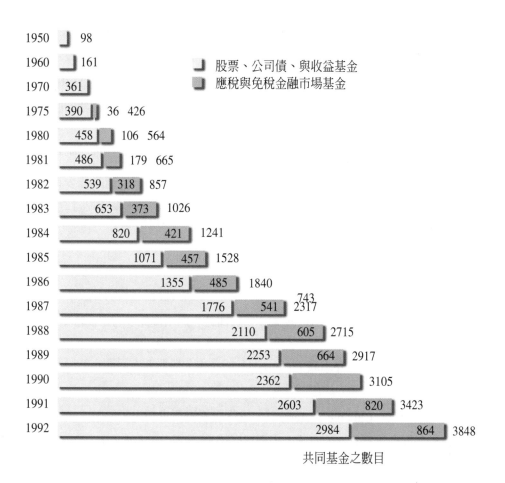

圖16.4
一九五〇至一九九二
年間，共同基金之成
長

股票、公司債、與收益基金
應稅與免稅金融市場基金

年份		
1950	98	
1960	161	
1970	361	
1975	390	36　426
1980	458	106　564
1981	486	179　665
1982	539	318　857
1983	653	373　1026
1984	820	421　1241
1985	1071	457　1528
1986	1355	485　1840
1987	1776	541　2317　743
1988	2110	605　2715
1989	2253	664　2917
1990	2362	3105
1991	2603	820　3423
1992	2984	864　3848

共同基金之數目

資料來源：*1993 Mutual Fund Fact Book.* p. 29.　The Investment Company Institute,, Washington, D. C. 獲得同意轉載。

的共同基金的數目和類型。根據估計，約有四千七百萬名美國民眾持有股票或者投資股票的共同基金。

優先股

　　某些企業經過普通股股東同意之後發行的**優先股**（Preferred stock）係指對於企業的資產擁有的分配權利優於普通股的股票。優先股也是股東權益證券的一種，惟當企業發放股利或進行清算而非配現金的時候，優先股的位階優於普通股。

優先股
對於企業的資產擁有的分配權利優於普通股的股票

優先股股利係以面值或名目價值的百分比例計之。大多數的面值為美金$25、$50、或$100。然而某些企業並未指定股票的面值,遇此情況,則改以每股金額來計發股利。圖16.5 為優先股票的一種,股票上面已經清楚地註明其面值為$100美金,且股利發放比率為百分之七點三七五(7.375%)。換言之,持有該張股票的股東每一年每一股將可收到美金$7.375的股利。

優先股雖然具有優先分配股利的權利,但並不保證一定會得到這些股利。董事會可以決議不發放任何股利,或者考量企業支付大額股利的能力而改發少許股利。優先股的股利屬於固定金額,只有在進行股票分割的時候才會改變。

優先股之專業術語

優先股具有許多普通股所沒有的特點。這些特點其實已經載明於股票上面,持股人亦可直接洽詢發售該優先股的企業。一般而言,適用優先股的主要特點有:

- 優先參與權(Participating preferred)。除了優先股股票上面明定的股利之外,優先股亦可享有額外的股利分配。
- 優先召回權(Callable preferred)。發行企業得要求優先股持股人繳回持股,以稍微高於施行召回的時候的市價買回優先股。
- 優先轉換權(Convertible preferred)。優先股得依持股人意願轉換為普通股。轉換比例(可以交換一股普通股的優先股股數)則由發行企業訂定。由於優先股僅能轉換為普通股,因此優先股的股票市價可以反映出普通股股價的波動。
- 優先累積權(Cumulative preferred)。企業在發放普通股股利之前,必須優先支付優先股的股利。(多數優先股都具有此一特點)。
- 非優先累積權(Noncumulative preferred)。此類優先股所未支付的股利並不遞延至下一年度。
- 優先調整或浮動利率權(Adjustable or floating-rate preferred)。此乃一九八二年首度發行的創新的優先股。和傳統優先股分配固定股利不同的是,這一類的優先股是根據美國國庫證券(本書第十五章曾經介紹過)支付的利率來按

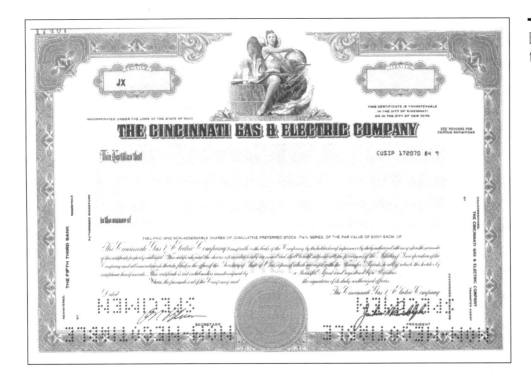

圖16.5
優先股股票之範例

季發放股利。浮動利率優先股的股利在最低百分之七點五（7.5%）到最高百分之十六（16%）的範圍間變動。

圖16.5 列示的是Cincinnati Gas & Electric Company所發行的具有優先累積權的優先股。

人們為什麼購買優先股？

購買優先股的投資人希望承擔的風險小於購買普通股。由於優先股可以分配固定的股利，再加上資本增值的潛力，因此往往為保守的個別投資人、退休基金和其它擁有大筆投資資金的個人或團體所偏愛。

公司債融資

債務資金
出售公司債所募集長期資金

企業利用發行公司債的方式可以取得**債務資金**（debt capital），亦即出售公司債來募集長期資金。（各位應當記得，出售股票所募集到的資金稱爲股東權益資金。）公司債的持有人是債權人；而發行公司債的企業是借貸人或債務人。公司債通常是以美金$1,000或其整數倍數的面值或名目價值來發行，然而實務上也有面值是美金$500或甚至美金$100的面值的公司債。**公司債權證**（bond indenture）係指發行公司債的企業與公司債持有人之間約定公司債發行利率、到期日以及其它條件和規定之書面合約。

公司債權證
發行公司債的企業與公司債持有人之間約定公司債發行利率、到期日與其它條件和規定之書面合約

利息與市價行情

身爲債權人，公司債持有人有權向發行公司債的企業收取利息。利息是以公司債面值—如果沒另行告知，則應爲美金$1,000—的百分比例表示。公司債的市價也是以面值的百分比例表示。表16.5舉例說明如何將利率與市價轉換爲實際的金額。

投資人在買進公司債之後，不必等到到期日再賣出手中持有的公司債。公司債和股票一樣，其投資人通常會參考其它投資工具的短期利率來評估固定利率的公司債的相對獲利能力，而進行公司債的買賣。由於公司債的利率固定，而用以比較獲利能力的其它投資工具的利率或高或低，因此公司債的買賣可能出現溢價出售或折價出售的現象。**溢價**（premium）係指公司債的市價超過面值的金額；**折價**（discount）係指公司債的面值超過市價的金額。公司債的買賣少有以面值成交的例子。

溢價
公司債的市價超過面值的金額

折價
公司債的面值超過市價的金額

表16.5
解讀公司債利率與市價行情

利率	年利	目前市價行情	公司債之市價
$8\frac{1}{2}$	$85.00	$91\frac{1}{8}$	$ 911.25
$11\frac{1}{4}$	112.50	$119\frac{3}{4}$	1,197.50
$10\frac{1}{2}$	105.00	100	1,000.00
$9\frac{3}{4}$	97.50	$97\frac{1}{2}$	875.00

償債基金

發行公司債的企業會發生一筆在未來指定到期日必須償付的高額債務。為了準備償還未來的債務，企業通常會設置**償債基金**（sinking fund），企業在公司債到期前之期間提撥的特別基金，待公司債到期的時候便可用其償付公司債。公司債的償債基金通常會投資於其它企業的股票和公司證券，以及政府公債等—償債基金的獲利愈高，公司償債所須支付的金額就愈少。

由於投資人可以確保公司債到期時，發行公司可以利用償債基金來償付公司債，因此償債基金可以降低公司債投資人借錢給公司的風險。

面值與格式

和股票一樣，公司債的面值也是印刷在證券上面；面值與市價之間並無關連。公司證券上面會註明公司名稱、公司債的序號（以利發行公司追蹤）、利率、面值〔也時候也稱為本金（principal）〕和到期日期—發行公司將會償付投資人面值的日期。

一九八二年之前，公司債分為兩種格式。其中一種稱為**記名計息公司債**（registered bond），也就是會註明持有人姓名的公司債。記名公司債會附帶一份加註日期的利息券，每一次支付利息的時候，就撕下一張利息券；待公司債到期的時候，發行公司會自動將面值金額支付給公司債上與公司帳冊上登記的持有人。**完全記名計息公司債**（fully registered bond）是指沒有附帶利息券的公司債。發行公司自動將利息支付給公司帳冊上登錄的持有人，待公司債到期時，再將本金還給這一位持有人。一九八二年通過施行的稅務與財政法案（Tax Equity and Fiscal Responsibility Act）規定在美國發行，一年內或一年以上到期的公司債必須採用完全記名計息公司債。企業必須向聯邦政府報備支付給公司債持有人的利息，以避免公司債持有人在申報所得稅的時候漏報利息所得。

第二種型式稱為**計息公司債**（coupon or bearer bond），也就是這一類公司債的持有人將附帶的利息券撕下來郵寄給發行企業以收取利息。當所有的利息券都撕完的時候，公司債也就已經到期；這時候，持有人將公司證券寄給發行企業以收回本

償債基金
企業在公司債到期前之期間提撥的特別基金，待公司債到期的時候便可用其償付公司債

記名計息公司債
註明持有人姓名的公司債

完全記名計息公司債
沒有附帶利息券的公司債。發行公司自動將利息支付給公司帳冊上登錄的持有人，待公司債到期時，再將本金還給這一位持有人

計息公司債
這一類公司債的持有人將附帶的利息券撕下來郵寄給發行企業以收取利息

金。計息公司債並未註明持有人的身分資料；計息公司債是以郵寄方式遞送，換言之，正常情況下均假設持有人就是合法的所有人。企業通常不會登錄收取利息的人的姓名，因此持有人或可藉此規避申報利息收入。然而由於現在企業新發行的公司債均採記名計息的型式，因此在一九八二年稅務與財政法案通過施行以前發行的公司債將隨其逐漸到期贖回而不再出現。

公司債收益

公司債收益
投資人將可回收的報酬比例

當期收益
以市價或購價的百分比例表示的年利

到期收益
待公司債到期時，投資人可以回收的報酬比例

　　公司債收益（bond yield）係指投資人將可回收的報酬比例。以面值買進的公司債回收的利率就是證券上面載明的利率，然而由於多數公司債係採溢價或折價方式發售，因此實際報酬會少於或多於原定的利率。實務上可以計算出**當期收益**（current yield）—以市價或購價的百分比例表示的年利和**到期收益**（yield to maturity）—待公司債到期時，投資人可以回收的報酬比例。圖16.6列出收益公式，並說明如何計算公司債收益。

公司債類型

　　實務上可以根據擔保資產和其它因素，將公司債分為數種不同的類型。公司債憑證上會註明該公司債所屬類型（如圖16.7所示）。表16.6摘錄了不同類型的公司債。

公司債之相關決策

　　一般而言，公司債多被視為比優先股和普通股更為安全的投資工具，因為公司債持有人是發行企業的債權人而非所有人。企業定期支付公司債的利息，而且公司債到期時還可取回指定的價值。因此，相較於風險較高的股票，保守投資人可能比較偏好購買公司債。雖然實務上難有一種證券可以滿足所有人的需求，但是表16.7仍然列出了三種主要的證券類型，並針對其安全性、成長潛力與收益做一比較。

　　就發行債券的企業而言，究竟是否發行股票或公司債是相當複雜的決策。企業的長期融資組合可能由股票或公司債或兩者同時組成。管理階層在決定發行哪一種債券的時候，必須比較每一種債券的固定成本及其對於企業的目標與預估盈餘之影

圖16.6
計算當期收益和到期
收益

當期收益

$$當期收益 = \frac{年度利息}{購買價格}$$

以$105買進，利率為9.5%，面值為$1,000的公司債，其當期收益為：

$$\frac{95}{1050} = 0.0905 = 9.05\%$$

假設以$90買進，利率為9.5%，面值為$1,000的公司債，其當期收益為：

$$\frac{95}{900} = 0.1056 = 10.56\%$$

到期收益

$$到期收益 = \frac{年度利息 \left\{ \begin{matrix} - 年度溢價金額* \\ 或 + 年度折價金額 \end{matrix} \right\}}{平均本金（購買 + 面值 + 2）}$$

假設十年前以$90買進，利率為8%，面值為$1,000的公司債，其到期收益為：

$$\frac{80 + (100 / 10)}{1900 \div 2} = \frac{80 + 10}{950} = \frac{90}{950} = 0.0947 = 9.47\%$$

假設十年前以$110買進，利率為8%，面值為$1,000的公司債，其到期收益為：

$$\frac{80 - (100 / 10)}{2100 \div 2} = \frac{80 - 10}{950} = \frac{70}{1050} = 0.0666 = 6.67\%$$

*將溢價或折價金額除以到期年數即可求得年度溢價金額或折價金額。

表16.6
公司債之類型

類型	特點
抵押公司債	以特定企業的資產—例如：建築或土地—為擔保之公司債。是所有公司債當中最有保障的一種。
設備信託公司債	通常稱為設備信託憑證。企業為籌資購買設備所發行的公司債。為保障此類公司債持有人，購買的設備係交由信託人持有。多為鐵路和航空業者採用的長期融資工具（參閱圖16.7）。
收益公司債	只在發行公司確有足夠盈餘的時候才會發放利息。應付而未付的利息在未來可能會也可能不會實現，端視發行公司的營運狀況而定。實務上並不常見。
無償公司債	無擔保公司債的一種，僅以發行公司的信譽為保障。是所有公司債當中風險最高的一種。
可贖回公司債	發行公司得以贖回—通常採溢價方式—的公司債。如果償債基金的獲利超出預期水準的話，發行公司可以藉此提前解除債務。利息計算到贖回日期為止。
可轉換公司債	可以轉換成發行公司的普通股的公司債。可轉換公司債的市價會隨發行公司普通股股價而漲跌。可轉換公司債的利率通常低於不可轉換公司債。
分期公司債	在數年度內按每一年或每半年到期的公司債。基本上，發行公司係以分期方式償付其所發行的公司債。到期日較晚的公司債利率會稍微高於到期日較早的公司債利率。
零利息公司債	無息公司債最早出現於一九八〇年代初期。這一類的公司債是以極低的折扣〔面值的百分之七十（70%）甚至更低〕出售，然後在到期的時候再以面值贖回。發行公司可以享有到期前毋須支付任何款項的好處。雖然持有人的風險較高（到期前沒有回收任何金額），但是未來需要現金的法人—例如：提撥員工退休基金的企業—仍會購買此類公司債。

圖16.7
信託公司債之範例
（亦稱爲設備信託公
司債）

	安全性	成長潛力	收益
公司債	最高	無	相對而言較爲確定
優先股	良好	高	多有保證
普通股	不佳	最高	相對而言較不確定

表16.7
三種主要類型之證券
的比較

響。出售普通股票的企業通常會犧牲對於公司的控制（亦即投票表決權）以籌措沒
有固定成本的資金。如果獲利過低或時好時壞，或者董事會決定利用盈餘重新投
資，那麼企業可以不發放股利給普通股股東，因此對於未來較不確定或計畫快速成
長的新企業常會採用發行普通股的方式來募集資金。

　　另一方面，發售優先股卻會帶來支付股利的義務。企業如果沒有發放優先股股
利的話，其財務信譽往往會受到影響。然而從樂觀的角度來看，優先股通常不具投
票表決權，因此普通股股東既可投票表決出售優先股來籌措長期資金，又不至於喪
失其對於公司的控制。

公司債通常伴隨著許多強制義務，像是定期的利息支出、到期日償還面值金額或本金等。因此，管理階層必須十分確信發行公司債將可創造足夠的收益來支付舉債資金的固定利息費用，並可累積足夠的基金（通常是償債基金）來贖回到期的債務。當然從樂觀的角度來看，公司債利息屬於企業支出—借貸資金的租金，因此可以抵減企業的應稅收益。例如：時代華納公司（Time Warner Inc.）最近發行了美金十億元的公司債，用以買回支付高額股利的普通股票。根據分析結果估計，此舉將可為時代華納公司節省下每一年三億美元的股利支出。菲利普石油公司（Phillips Petroleum Company）發行浮動利率的公司債，用以贖回一九八五年發行、價值十三億美元、平均年利為百分之十四（14%）的公司債。根據估計，此一決策將可為公司節省下每一年一億美元的利息支出。

槓桿

槓桿或股東權益交易
企業利用其普通股的健全市場信譽來發售公司債、然後利用取得的資金來改善公司營運，並回收比公司支付的利率更高的報酬

利用**槓桿或股東權益交易**（leverage or trading on the equity）係指企業利用其普通股的健全市場信譽來發售公司債、然後利用取得的資金來改善公司營運，並回收比公司支付的利率更高的報酬。舉例說明之，如果發行的證券利率為百分之十（10%），但是發行證券所籌措到的資金是用於購買新的廠房、改良現有廠房、或只購買效率更高的新設備，公司或可賺回借貸基金的百分之二十（20%）。無可諱言地，槓桿有如雙面利刃。公司債從發行到贖回期間的年利是固定的，然而每一年借貸而來的資金的年度報酬卻須視企業情況而定。如遇業績下滑或費用增加，企業可能會發覺借貸資金的報酬反倒低於支付的利息。

證券市場與個人投資

想要投資股票和公司債的學生們必須瞭解這些證券買賣的市場特性。此外，投資人也必須瞭解如何解讀價格資訊和證券的相關資料，並且接受營業員協助投資人設定投資目標與擬訂其它重要決策之角色。

證券交易地點

　　證券買賣可以在股票交易市場或者營業商櫃台進行，端視發行公司的性質而定。

股票交易市場　　投資人決定賣出股票或公司債時，必須和可能願意購買的潛在投資人接洽。這些買賣交易發生的場所就稱爲**股票交易市場**（stock exchanges），亦即證券買賣雙方代表聚集以達成交易的場所。絕大多數的證券交易必須受到證券交易委員會之規範。股票和公司債均在股票交易市場進行交易。

股票交易市場
即證券買賣雙方代表聚集以達成交易的場所

　　企業可以將其證券交由有組織的證券交易市場進行買賣，一則可以彰顯其地位，另則可以方便買賣雙方進行交易。企業如能加入兩大全國性的證券交易市場－紐約證交所（New York Stock Exchange；NYSE）和美國證交所（American Stock Exchanges；ASE或Amex）－無異於說明其企業規模、獲利能力和知名度均在水準之上。此外，投資人亦可在這些集中拍賣市場上迅速便捷地買賣證券。目前紐約證交所約有1,700家企業列名榜上有名，而美國證交所則約有860家企業。

　　美國幾處主要都市亦設有地區性的證券交易所，例如：東部的費城、中西部的芝加哥、西部的舊金山，甚至包括檀香山、匹茲堡和鹽湖城等。地區性的證交所主要是以當地企業的證券買賣爲主，但是亦可進行大型全國性企業的證券買賣。

　　股票在上市之前，證交所官員會要求發行企業提供特定的營業資訊，並支付上市費用外加上市時未發行股數中每一股數分美金的費用。每一處證交所的上市資格不一，但主要是針對公開持有股數、總市價、股東總人數和企業盈餘等因素進行考量。屬於特定證交所的證券營業商可以透過其代駐於證交所的營業員來替客戶進行交易。表16.8列出前述兩大證交所之上市規定。

店頭市場　　沒有集中交易場所的**店頭市場**（over-the-counter market）係指由利用電話與電腦進行溝通的營業員所組合而成的非正式市場。目前美國大約有一萬六千家企業的股票是在店頭市場進行買賣。上櫃股票的股價與其它交易資料係由NASDAQ－由美國證券營業商協會所設置的電腦化報價系統－所提供。上櫃股票選擇此一交易方式的原因在於企業可能不符合或不願意遵守上市股票之規定。然而這並不代表

店頭市場
由利用電話與電腦進行溝通的營業員所組合而成的非正式市場

表16.8
兩大全國性證券交易
市場之上市規定。
（其它情況亦可能適
用）

	美國證交所	紐約證交所
公開發行股數	500,000	1,100,000
公開持股之市價	$3,000,000	$18,000,000
持股人人數	800	2,000位持有整張股票的持股人
稅前收益	最近一個會計年度達$750,000，或最近三個會計年度中有兩年達到同樣水準	最近一個會計年度達$2,500,000，或最近連續兩個會計年度均達$2,000,000，或最近三個會計年度總計達$6,500,000，且最近一個會計年度達$4,500,000；且最近三個會計年度均處於獲利狀態
淨有形資產	$4,000,000	$18,000,000

資料來源：美國證券交易股份有限公司；紐約證券交易股份有限公司。

上櫃股票比上市股票遜色。許多全國性的知名企業也都發行上櫃股票，例如：蘋果電腦、Adolph Coors Company、Hoover Company和Pabst Brewing Company等等。

認識證券

消息靈通的投資人知道如何解讀報紙財經版面上關於其手中持股的價格與相關資訊。他們也應該瞭解道瓊工業平均指數如何反映出股票市場的狀況。

瞭解財經報導　　投資人可以從每一天的報紙或《華爾街日報》（*The Wall Street Journal*）當中的財經版面來瞭解關於某家企業股票的事實。這些報紙會說明紐約證交所、美國證交所、地區性證交所和櫃台買賣等股票與公司債之最新資訊。

雖然報紙並不見得會報導企業本身的財務資料，然而卻可反映出股票在特定交易日的表現，以及其它諸多相關資訊。表16.9 說明了投資人如何解讀報紙財經版面的上市股票。

表16.9
解讀上市股票

	1		2	3	4	5	6		7	8	9
今年以來					收益	價格收益	成交量				漲跌
最高	最低		股票	股利	率	比率	張數	最高	最低	收盤	幅度
113.25	65.25		Digital	..	..	16	593	98.50	98.625	98	+.875
67.125	41.50		Disney	1	1.6	16	354	64.25	63.875	64	+.75
15.25	10.25		DrPepp	.76	5.7	10	303	3.50	13.25	13.25	..
43	28.75		Donnly	1.28	3.2	11	301	41	40.25	40.50	+.375
31	12.75		Dorsey	1	3.7	9	12	27.50	27	27	-.50
64.75	37.875		Dover	1.04	1.8	14	66	58.50	58.25	58.25	-.125
39	30.25		DowCh	1.80	5.4	9	1962	34.875	33.50	33.50	-.50
56	36		duPont	2.40	4.6	12	654	53.875	52.50	52.625	-.375
39	30		duPont	pf3.50	11	..	30	30.50	30.125	30.50	-.50
50.50	38.25		duPont	pf4.50	11	..	116	30.875	38.875	40	..

1. 過去一年以來每股出現的最高與最低價。
2. 上市股票企業之簡稱。舉例來說，Digital代表Digital Equipment Corporation，Disney代表Walt Disney Productions，DowCh代表Dow Chemical Company。
3. 企業發放的年度每股股利。最後兩種股票採用的縮寫pf係代表優先股。
4. 以收盤價計算的投資人報酬率—係將每股股利除以收盤價。
5. 根據企業最近的盈收所計算的價格收益比率。此一比率反映出投資人對於企業的信心水準。價格收益比率係將股票市價除以最近每股盈收所求得的數據。如果股票成交價格是$25.25，而公司公告的每股盈收是$2.50，那麼其價格收益比率就是10.10（$25.25 / $2.50 = 10.10）。高價格收益比率代表投資人對於企業的表現深具信心。投資人願意付出相對高價來成為企業的所有人，以分享企業的盈餘。低價格收益比率則代表投資人對於企業的表現持悲觀看法。
6. 當日賣出的股數，以每百股計算。
7. 當日交易的最高與最低價格。
8. 當日最後一筆交易的成交價格。
9. 當日收盤價與前一日收盤價的淨變化。

為了說明之便，僅以du Pont為例。今年度以來的最高成交價格與最低成交價格分別為$56和$36。這家公司最近的年度利為每股$2.40，如以當天的收盤價$56.625來看，代表著百分之四點六（4.6%）的收益。目前這支股票的價格收益比率為12，亦即每股可以賺取$4.385（$52.625 / $4.385 = 12）。當天投資人總共交易了65,400股（654張整股股票）。當天的最高成交價是每股$53.375，最低成交價是每股$52.50。當天的收盤價是$52.625，比前一收盤價跌了$.375。

道瓊工業平均指數
說明股票市場的一般
趨勢與狀況的數據

道瓊工業平均指數　　係說明股票市場的一般趨勢與狀況的數據。首度出現於一八
九六年的道瓊工業平均指數（Dow-Jones Industrial Average）有助於投資人比較目前
股票市場與前幾年度股票市場的異同，瞭解產生差異的原因。雖然道瓊平均指數可
以細分為三類－工業、運輸業、公用事業，但以工業指數最常為人引用。道瓊工業
平均指數係參考價格收益比率、股票分割與三十家足以代表美國產業的樣本企業的
股利所計算出來的平均指數。表16.10 列出經常用以計算此一平均指數的企業名稱。

表16.10
用以計算道瓊工業平
均指數之股票

	Coca-Cola Company	Merck & Co., Inc.
	The Walt Disney Company	Minnesota Mining and Manufacturing Company
	E. I. du Pont de Nemours & Company	J. P. Morgan & Co. Inc.
	Eastman Kodak Company	Philip Morris, Inc.
Allied-Signal, Inc.	Exxon Corporation	Procter & Gamble Company
Aluminum Co. of America	General Electric Corporation	Sears, Roebuck & Company
American Express Company	General Motors Corporation	Texaco Inc.
American Telephone and Telegraph Company	Goodyear Tire & Rubber Company	Union Carbide Corporation
Bethlehem Steel Corporation	International Business Machines Corporation	United Technologies Corporation
Boeing Company	International Paper Company	Westinghouse Electric Corporation
Caterpillar Inc.	McDonald's Corporation	F. W. Woolworth Company
Chevron Corporation		

計算道瓊平均指數是數學上的一大挑戰，因為上市股票數目、每一交易日的交易量、和偶爾出現的股票分割等使得計算起來格外困難。儘管如此，參考了近年來股票股利與股票分割而修正的公式仍然有助於投資人比較目前的指數與前年度的指數表現。

股票營業員

股票營業員　係指代理一般社會大眾買賣證券的人。許多營業員都具有大專學歷，而且主修商學科系。

　　股票營業員（stockbroker）必須通過營業商所提供的訓練計畫，而且必須取得證券交易委員會、國家證券營業員協會與紐約證交所等舉辦的執照考試。這些考試的目的在於確保營業員對於企業財務與證券業均有一定瞭解，如此方能提供投資人買賣證券的良好建議。

　　營業員在完成必要的訓練並取得營業員執照之後，便可在上櫃或上市市場替客戶進行股票的買賣。每一次營業員替客戶買賣證券的時候，均可收取佣金，惟營業員不得只是為了獲得佣金的私利，在沒有正當理由的情況下鼓動客戶買賣股票。換言之，營業員不得涉及**私利行為**（churning）。

　　雖然法律明文禁止營業員的私利行為，並不表示不會發生。一位曾在美國加州帝國海灘市政府買賣股票的營業員就曾經在四個月內為自己和公司賺進十萬四千美

股票營業員
代理一般社會大眾買賣證券的人

私利行為
在沒有正當理由的情況下鼓動客戶買賣股票

金的佣金，而同時之間，海灘市政府卻損失了一萬零一百二十元美金的資金。

證券業的另一個重要人物稱為**穩定市場秩序專員**（specialist），亦即替證交所工作以維持市場秩序，並協助營業員進行交易的人。穩定市場秩序專員並非證券營業商的員工，而是單獨或與其它專員一起工作。每一位專員都負責監督一種或數種股票的交易情況（例如：Home Depot 或 Disney 都只有一位專員負責）；每一支上市上櫃股票都有一位專員負責其買賣交易。穩定市場秩序專員主要扮演下列兩種角色。

首先，穩定市場秩序專員能以調整上市股票的供需，來確保證券市場的正義與穩定。換言之，當大多數投資人出清手中持股的時候，專員必須買進自家的股票；而當大多數投資人搶購熱門股票的時候，專員必須賣出手中的存股。藉由穩定市場秩序，這些專員得以確保營業商與證交所的利益。舉凡利空、利多等消息或是單純的信心問題，都可能使得買賣情勢驟變，造成供需失調。

其次，穩定市場秩序專員的角色有如營業員的營業員。舉例來說，這些專員可以保留某一營業員的賣單，直到另一位營業員想要買進同樣的股票才脫手。換言之，這些專員就像代理商一樣，向無暇等到其它營業員恰巧想要買賣同一支股票的時候才出單的營業員收取代為收單的佣金。

想要成為穩定市場秩序專員必須通過證交所的同意。穩定市場秩序專員必須擁有龐大資金，因為他們隨時都需要在必要的時候買進指定的股票以因應市場變化。

投資證券

股票營業員要求投資人從三種投資目標當中選擇其一。投資人在開戶之後，亦可針對如何買賣證券給予營業員特定的指示。

投資目標　　投資人在開設證券帳戶之後，便可向營業員指定一種投資目標（investment objective）：成長、安全或收益。投資人的決策會受到年齡、所得、財務狀況、目前和期望的生活水準、冒險程度等因素之影響。

以成長（或資本增值）為目標的投資人，希望投資的價值能夠儘可能地倍數成長。營業員可能會建議這一類的投資人購買可能賺取高額收益的企業的股票（這些

企業的產品或服務可能還處於開發階段，在市場上也可能還是相當新的產品或服務）。舉例來說，一九七〇年投資美金$1,000於Wal-Mart，到了一九八九年已經價值美金$500,000。Food Lion公司的四百股股票在一九七〇年代初期價值僅數千美元，然而到了一九八八年卻已經超過三百萬美元。

以安全為目標的投資人，希望能夠保守地運用其所投入的資金。營業員可能建議這一類的投資人購買大型企業—財務健全的產業領導者，穩定，獲利正常，但是營業績效並不突出的企業—的股票。營業員亦可能建議此類投資人購買財務健全的企業發行的公司債或由各市政府、州政府或聯邦政府發行的國庫公債。

至於以收益為目標的投資人，營業員可能建議其購買連續數年都發放股利的企業的股票，或者財務健全的企業發行的公司債。無論採取哪一種投資方式，投資人均可定期回收本金或利息。

誠如前述，營業員必須接受適當的訓練、取得法定的執照，方能具備評估與建議符合投資人投資目標的證券買賣的資格。

如何購買證券　　向營業員設定投資目標之後，投資人便可要求營業員根據投資目標進行證券買賣。投資人可以利用電話方式提出買賣要求。投資人可以要求營業員賣進一張Dow Chemical的股票。營業員利用電腦查詢這一支股票的價格，然後告訴投資人這一支股票目前的成交單價是$35。投資人便可進一步提出以「最好價格」或「最高價格」買進股票的指示。

所謂「**最好價格成交**」（market order）係指要求營業員以最可能的低價買進股票。沿用前例，最好價格大約是在營業員報價的$35左右。假設到了最後營業員以每股$34.5的價格成交---那麼投資人的成本就是$3,450外加營業員的佣金。至於所謂的「**最高價格成交**」（limit order）係指要求營業員以不超過特定價位的價格買進股票。假設是每股$33的話，那麼在股價沒有達到或低於此一價位的時候，營業員不得買進任何股票。通常在收盤的時候才能看出當天的最高價格，但是投資人可以改以「開放成交」（open order）的方式，要求營業員繼續注意股價直到投資人取消為止。

無論投資人指定哪一種成交方式，營業員都必須將客戶的下單轉給其營業商派駐於證交所的代表。這位代表會到指定股票的櫃台，尋找是否剛好會有想以同樣價位出售股票的其它代表。一旦交易完成，這些代表會將相關資訊傳回給營業員，然

最好價格成交
要求營業員以最可能的低價買進股票

最高價格成交
要求營業員以不超過特定價位的價格買進股票

後再由營業員口頭通知客戶。隨後，營業員會將成交資訊列印出來，寄給客戶；客戶必須在成交後五個營業日內開具支票給營業員。（一九九五年起改為三個營業日內。）通常一項簡單的買賣交易在客戶下單後不超過五分鐘的時間內即可成交。

如何持有證券　投資人可以要求營業員郵寄新購的股票。由於證券憑證遺失或遭竊之後，換發的手續相當繁複，因此建議投資人在銀行租用保險箱，將收到的股票存放在保險箱內。

　　為了避免自行保管證券的問題與困擾（以及賣出時又必須將證券寄回給營業員），因此建議投資人可以開設**集保帳戶**（street name account），亦即由營業員統一保管客戶的證券，然後營業員在每一季都會定期寄送對帳單給客戶。客戶每一次進行買賣的時候，都會收到一份成交確認通知書。如果投資人設有集保帳戶，那麼成交確認通知書內會加註客戶所持有的股票或公司債的股數，以及購買的價格。股利或利息可以直接郵寄給客戶，亦可轉入集保帳戶當中。

　　雖然集保帳戶亦不免可能遺失或被竊，但是營業商必須擔負完全的保管責任，而且必須投保產險來吸收這些風險。大多數進出頻繁的投資人多採開設集保帳戶的交易方式，而且預期開設集保交易的投資人還會繼續增加。針對堅持收到實際股票憑證的客戶，某些營業商還會收取額外的費用。許多大型企業業已要求股東將其姓名、地址與持有股數輸入電腦檔案中，而不再發放實際的股票憑證。根據梅林證券公司（Merrill Lynch）估計，目前僅有百分之二點一（2.1%）的客戶要求必須持有實際的股票憑證。

自行擬訂投資決策　許多投資人偏好聽取營業員的意見來買賣證券。規模完整的營業商設有龐大的研究部門，提供營業員數百家上市上櫃企業的詳細財務資訊。

　　然而投資人亦可自行研究，自行決定買賣哪一種證券。遇此情況，投資人可以參考許多重要的財務資訊刊物。這些刊物當中涵蓋了企業營業收入、利潤、股利支出、預期成長、產業地位、購併、產品線以及預期財務績效等重要資訊。大多數的大專院校與公立圖書館都有此類刊物。當然在自行研究之餘，投資人還是應該參考營業員的意見。投資人必須參考最新的刊物或版本。常見的產業資訊來源計有：

- Standard & Poor's Stock Reports
- Moody's Handbook of Common Stocks
- The Value Line Investment Survey
- Moody's Manuals（依照工業、上櫃、運輸、水電、銀行與金融等類股而分類）
- Moody's Dividend Record
- Moody's Bond Record
- Standard & Poor's Security Owner's Stock Guide
- Standard & Poor's Bond Guide
- Moody's Handbook of Over-the-Counter Stocks

投資策略

投資人可以採用兩種專業的投資策略：融資和融券。這兩種投資策略（investment strategies）的風險都相當地高。投資人惟有在備齊最好的專業投資建議，經過審慎的思考與評估之後，方得採行這兩種投資策略。

融資　　從事**融資**（short seller）交易的投資人先向營業員預借股票，然後賣出，希望在股價下跌的時候以較低的價格賣回預借的股票。換言之，融資行為係利用利空市場來賺取價差。當投資人相信股票價格過高的時候，希望利用價差獲利，因而進行融資。融資交易的過程如下：

以每股$32的價格預借並出售甲公司的股票。	$3,200
再以每股$10的價格（假設該股市價跌至此一價位）	
買進同樣股數的甲公司股票，然後還給營業員。	1,000
利潤（扣除營業員佣金之後）	$2,200

融資交易的風險極高。投資人向營業員預借的是股票而非現金，因此如果股價不降反升，那麼投資人必須以更高的代價買回預借的股票。因此，惟有當投資人擁

有充份資訊相信股價看跌的時候，方得採取融資的方式進行交易。這一類的資訊可能是某上市企業面臨產品有害的訴訟或者面臨政府反托辣斯的懲罰，才可能宣佈嚴重的財務虧損。

投資人無法在毫無資金準備的情況下進行融資交易。進行融資交易的投資人必須存放與股票市價等值的準備金在營業商處，必要時候營業商得以準備金來支付預借股票的款項。「想要賺錢就必須花錢」的說法在融資交易上尤其適用。

為了避免人為操縱股價，使融資交易造成投資人喪失信心的錯誤印象，每一筆融資交易都必須進行申報。證交所可以藉此監控每一支股票的融資交易情形；如果融資交易過多，則可暫停特定股票的融資交易，以保障無法取得特殊資訊的少數投資人。

融券
投資人預借買進股票的部份金額

融券比例
投資人必須支付之股價總金額的一定比例

融券　　從事**融券**（margin buyer）交易的投資人則是預借買進股票的部份金額。**融券比例**（margin）則為投資人必須支付之股價總金額的一定比例。由於融券交易會影響通膨率和投資行為，因此應受聯邦準備理事會之規範。融券比例可以低達百分之四十（40%），亦可高達百分之百（100%）；換言之，投資人可以利用預借資金的百分之六十（60%）來進行股票交易。近年來，融券比例多在百之五十五（55%）左右的水準。圖16.8 說明的融券交易的過程。

圖16.8
融券交易之過程
〔假設融券買進市價$50,000的股票，融券比例規定為百分之六十（60%）〕

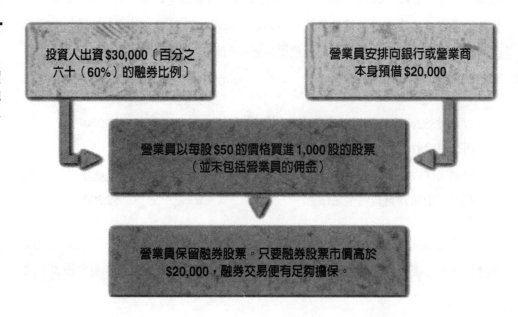

從事融券交易的投資人係於利多情況下獲利。以圖16.8 的例子來看，如果股票市價漲到每股$80，投資人只要賣出250股即可償付預借的金額（250×$80 ＝$20,000），而手上仍然持有市價$60,000的股票。雖然股價僅僅上漲百分之六十（60%），然而由於部份購買股票的金額係採預借現金並以現金償還的方式，因此$30,000的原始投資反倒增加了一倍。此外，如果買進的股票發放股利的話，至少應可打平融券的利息。

只要融券股票的市價大於融券金額，借款人－可能是銀行或者營業商本身－就不至於虧損。即便股票市價低於融券金額，營業商亦可要求投資人提供現金或其它證券來補足差額。如果投資人無法提供現金或其它證券來補足差額，負責保管融券證券的營業商可以逕行出售持股，而投資人仍須負擔出售所得金額與融券金額之間的差價。如果融券股票的價格低於原始價值的百分之七十五（75%），則投資人應有償還差價的心理準備。舉凡股票、公司債或特定的政府證券等，均可進行融券交易。

摘要

企業必須籌措短期與長期資金，才能夠在現今競爭激烈的環境當中與人競爭。用以支付每天的例行作業的短期資金用途在於提高企業的購買力，在現金收入不如預期的時候償付債務，以及支付意外之外所發生的費用。企業可以利用商業本票、匯票、和支票等來募集短期資金。企業亦可與其它企業進行信用交易或開放式帳戶，並向商業銀行、商業融資公司、銷售融資公司和客戶融資公司等合作。

企業募集長期資金或固定資本的用意在於購買能夠長期生產產品與服務的機器設備。保留盈餘屬於長期資本的來源之一，但是實務上少有企業能夠單靠利潤來進行重要擴張計畫。大多數的企業會選擇出售股東權益證券－稱為股票，或債務證券－稱為公司債等方式。

四項主要的聯邦法令規範了企業向一般社會大眾出售證券的行為。企業通常會將新發行的證券賣給一家或數家投資銀行，再由這些銀行轉賣給一般投資大眾。

如果企業賺取足夠的利潤，其普通股股東可收取現金股利或股票股利，以做為

承擔擁有這家企業的風險的報酬。此外,普通股股東多半具有優先認購權,根據其持股比例優先認購企業新發售的股票。某些情況下,企業亦可發行優先股,亦即可以優先分配股利與資產的股票。

發行公司債的企業是利用長期本票來借貸資金。身為企業的債權人,公司債持有人又比普通股股東和優先股股東具有優先分配企業資產的權利。公司債持有人得以溢價或折價方式買賣公司債,以打平可能高於或低於目前其它投資工具之利率的公司債利率。企業通常會成立償債基金,以便在公司債到期時備齊足夠的金額來贖回公司債。

企業發行公司債來取得資金時,係基於槓桿原理,以支付較低的公司債利息來賺取更高的報酬。然而當企業績效每下愈況,而借貸資金的報酬率低於應付利息的時候,則可能得不償失。

投資人可以在上市市場或店頭市場買賣股票。投資人必須瞭解如何解讀財經消息,以便取得其有興趣的證券之相關事實。股票營業員代理投資人進行買賣股票,但是營業員在實際進行買賣之前,必須先與投資人確認其投資目標為何—成長、安全或收益。

各種股票集中拍賣的證券交易所會僱用專業人員在必要時刻買進或賣出特定股票,以維持股票市場的穩定。這些專業人員亦可代理無暇處理所有客戶下單的營業員來進行買賣,並可收取一定的佣金。

買進股票的投資人可能實際收到買進的股票憑證,亦可能存放在集保帳戶內。對於安全性較不在意的投資人可以依據市場狀況與目前的經濟趨勢來決定是否從事融資或融券交易。

回顧與討論

1. 企業如何運用短期或營運資金?企業經常募集短期資金的理由為何?
2. 請說明下列短期融資工具之異同,並就每一項融資工具提出至少一種適用情況:本票、匯票、商業本票和支票。

3. 請列出並探討六種短期融資管道,以及每一種融資管道的交易型式。

4. 企業爲什麼需要籌措長期或固定資金?哪兩種長期資金的管道最受歡迎?

5. 請就下列內容提出你的看法:「管理制度健全的企業應該可由其盈餘來應付擴張之需求。」

6. 請說出四項規範證券交易之法令。這些法令對於發行證券之企業有何影響?這些法令對於投資人與潛在投資人有何好處?

7. 股票登記代理商與移轉代理商之差異爲何?爲什麼大型企業會兩種同時採用?

8. 普通股股東擁有哪些好處與優勢?法律賦予普通股股東哪些權利來維持其對於企業的控制程度?

9. 企業爲什麼需要分割股票?持股人應將股票分割視爲短期或長期的好處?並請解說你的理由。

10. 請描述共同基金的內容。爲什麼投資人會投資共同基金,而不購買個別企業的股票或公司債?

11. 共同基金收取哪些交易費用或其它費用?對於正在評估持有共同基金之股票的相關成本的投資人,你會提出什麼建議?

12. 試比較優先股與普通股。優先股股東可以享有哪些特別待遇?

13. 請就某些優先股的特色提出定義:參與權、召回權、轉換權、累積權、無累積權。

14. 試比較公司債與本票。兩者的主要差異爲何?兩種的共通點爲何?

15. 請以實際金額表示下列之公司債利率與融資價格公式。然後再請計算每一種公司債的溢價或折價金額。

利率	市價
8.25	87
11.125	113
5.50	71
9	101

16. 對於正要發行公司債以成立償債基金的企業,你會提出什麼建議?爲什麼?

17. 記名計息公司債與計息公司債有何不同？吾人應當如何分辨本金計息公司債與完全計息公司債？

18. 假設以$115的價格，買進還有十年到期，利率為百分之十（10%），面值為$1,000的公司債，請計算當期收益與到期收益。另假設以$90買進同一公司債，請計算其當期收益與到期收益。

19. 簡要說明下列各項之主要特點：抵押公司債、設備信託公司債、收益公司債、可贖回公司債、可轉換公司債、分期公司債和無息公司債。

20. 試以安全、成長潛力、與收益等因素來比較三種主要類型的證券。哪一種最適合現在的你？並請解說你的理由。

21. 企業運用槓桿原理的目的為何？並請說明槓桿原理的風險與好處。

22. 成為主要證券交易市場的上市股票對於企業而言有何意義？證券交易所的功能為何？

23. 道瓊工業平均指數的功能為何？

24. 股票營業員通常必須接受何種訓練？營業員如何取得其工作報酬？

25. 請列出三種可能的投資目標。這三種投資目標當中是否有「最好的」選擇？並請解說你的理由。

26. 證交所專員扮演哪兩種角色？

27. 投資人可以選擇哪兩種方法來持有其購買的股票？哪一種方法最為方便？

28. 請描述融資與融券交易之投資策略，以及其主要特點。

應用個案

個案 16.1： 積極行使權益的股東

一九八〇年代可謂企業購併風行的年代。關係良好的企業家會聚集投資人來買進高額比例的企業普通股票。當這些企業家擁有足夠的股數之後，便利用委託書來推選自己的董事會成員。一旦成功，新的董事會便可進行改組，出售持股或利用其它方式來回饋投資人。

到了一九九○年代，投資人發現了新方法，大批買進股票來影響企業的營運，提高投資報酬率。羅伯·蒙克斯（Robert Monks）就是這一波趨勢的領導人。他所成立的藍斯基金（Lens Fund）以具有獲利潛力的企業為投資標的，買進大量持股。羅伯·蒙克斯利用投票權來確保他的意見獲得採納，進而建議公司董事以賺取更多利潤為營運目標。

可想而知，這些企業並不儘然全部都歡迎羅伯·蒙克斯的介入。一九九○年，羅伯·蒙克斯鎖定他的第一個目標：席爾斯公司（Sears, Roebuck）。這家公司未能達成十年內達到百分之十五（15%）投資報酬率的目標。由於席爾斯公司事前的嚴密佈局，羅伯·蒙克斯雖然大舉蒐集委託書，卻仍然在競選董事席次的時候失利。

為了平復股東的不滿，羅伯·蒙克斯採取了一些重大的變革，其中包括了取消董事長兼執行長愛德華·比南的職權。受到羅伯·蒙克斯影響的股東並不因此而感到滿意，甚至進一步向董事會施壓。一九九二年秋天，受到極大壓力的愛德華·比南被迫進行重新改組。就在宣佈公司重新改組的同一天，這家公司的股票成交量暴增了超過十億美元。

羅伯·蒙克斯相當自豪地表示，藍斯基金在席爾斯和柯達公司的成功經驗證明了他的積極行使股東權益的理論正確。然而，法人投資機構對於羅伯·蒙克斯仍持保留態度。對於羅伯·蒙克斯的近乎激進的作法與自滿的心態，法人投資機構莫不表示擔心。就現階段的情勢觀之，法人投資機構寧可採取比較緩和的作法。

長期觀之，事實終會證明究竟孰優孰劣。

問題：

1. 你是否認為羅伯·蒙克斯所提出的積極行使股東權益的作法是否可能會逐漸普及？並請解說你的理由。

2. 除了競選董事席次之外，手中握有大批持股的大股東還可能利用哪些其它方式來影響企業的經營管理？

3. 請列出至少三種，管理階層對於企業股價少有或完全沒有控制的事實，對於股價之影響。管理階層試圖向股東說明這些因素的影響的時候，可能遭遇哪些問題？

4. 企業的管理階層與董事可以採取哪些行動來改善其與羅伯‧蒙克斯這一類股東之間的關係？

個案 16.2：全球投資

自一九八○年代末尾以來，美國對於投資市場的主宰力量逐漸式微。此一現象反映出全球經濟體系快速成長，沒有任何一個國家能夠主導企業經營環境的事實——美國不能，日本也不能。放眼世界，不斷有新的市場開始提供產品給消費者；這些新市場的規模與收入均以倍數成長。因此，全球投資遂成為世界各國最關心的話題。

一九九三年，一項由熱門的企業籌措，專以股東權益收益為標的全球性基金Janus Worldwide Fund成立。這支基金的獲利超過了美國SP五百大企業股價總價值的兩倍。英國倫敦的投資公司Barclays de Zoete Wedd Ltd.相信，歐洲股票市場的年報酬率將可超過百分之十六（16%），而美國股市的成長率卻只有百分之七（7%）的水準。身處這一波企業重整趨勢核心的日本也已經開始走出蕭條的陰影，每一年的獲利將近百分之五十（50%）。

凡此種種現象促使美國企業紛紛湧向海外市場。例如：美國退休基金經理人在一九九三年的前六個月當中，就在海外市場投資了超過一百八十億美元的龐大資金。消費者的個人投資亦然。在同一期間內，個人投資人也在海外股票市場上投注了超過十億美元的資金。截至目前為止，美國民眾所從事的海外投資金額估計由每年的六百一十億美元攀升至一千億美元。

雖然政府機構民營化的融資活動也很熱絡，但是共同基金的成長主要還是來自於民間企業。舉凡國外的汽車業、啤酒業、電腦業、通訊業和休閒業等都為共同基金帶來可觀的報酬。隨著各個國家逐漸遠離蕭條景象，也由於利率仍然維持在相對低檔，全球經濟也在不斷地蓬勃成長。

問題：

1. 投資行為—尤其是投資股市—往往風險很高。截至目前為止，哪一種投資行為的風險相對而言較低？

2. 海外投資的熱潮對於美國本土企業的長期投資有何影響？

3. 東歐與前蘇聯的民主風潮對於全球企業經營與投資環境有何影響？

17

風險和保儉

每一份生意和每一個產品都有風險，這是你無法避免的。

LEE IACOCCA

章節目標

在讀完本章之後，你應該能夠做到下列各點：

1. 將企業遭遇的兩種風險做比較。
2. 描述在公司營運中風險管理者的角色，並能概述他（或她）在處理單純風險時所能使用的方法。
3. 解釋可保險利率、可保險的風險和大數法則如何影響一家保險公司接受一個單純風險時所做的決策。
4. 描述共同保險公司與股票保險公司間的差異。
5. 決定一個保險公司的健全狀況如何被州管理者和私人評等公司所評定。
6. 解釋保險統計員和避損工程師的工作。
7. 總結一個可保險風險所需的規範。
8. 描述公司會購買的各種保險，並解釋每一種保險在保護公司對抗單純風險時所扮演的角色。
9. 討論倫敦的Lloyd's的組織與營運，並解釋它在提供保險項目盈餘線的角色。

Joseph Wells

前言

　　當Joseph Wells從德州A&M大學畢業，取得企管學士學位時，他對職場做了長遠的觀察，並決定了到底要在零售業還是在保險業工作。他說：「保險聽起來似乎較有趣，我不確定我擅長銷售」，所以他選擇的第一個工作是在USF&G公司工作，從事一般企業保險的工作。他持續地為許多其他的保險公司工作，不僅獲取了經驗，同時也發現真正使他感興趣的一種感覺。「我在災難保險業接受訓練，同時學習一般責任、汽車、災難賠償和勞工賠償。最後專精

在勞工的相關保險事務上。我們較不重視定價，而較重視風險選擇。那樣較有趣。而且它存在較多人的因素－人不是車子或無形的。我喜歡它，而勞工理賠成為我的專長。我在德州的一家保險公司工作，當我從全美人壽得到一個到San Diego為它們工作時的機會時，我決定把握機會。

勞工賠償在加州有110億美元的市場。光是工作傷害一年就有80億美元的市場。Wells說背部受傷是傷害原因的第一位，而職場的暴力則在過去幾年躍升至第二位。「它同時是第三個意外死亡的原因，僅次於建築和意外。」他補充說。

勞工賠償著重的是工作環境－如機器架設鷹架的安全維護員等那類事物。現在我們同時也參與工作說明、雇用的業務、訓練、監督，以及我們客戶為他們工人所掛慮的一般事務。我們發現有更多的方法去控制損失。舉例來說，教人們如何去伸展和運動，除了穿腰帶，能減少背部的傷害，我們也教他們去為他們正從事的工作思考更多或是採取一些人事手段。例如：如果適當的告知工人他們暫時被停職，當事人將會瞭解福利被終止，這樣人們拿散彈槍回來尋仇的機會將較少。當人們離開工作時，人們應該有權利去商議，同時也應該被有尊嚴地對待。你對待職工的做法將影響繼續留任的員工。

勞工賠償的其它領域已經改變，包括對環境和辦公室工作的要求。石綿是一個最受關心的環境因素，但是我們同時也要處理有害的化學物質和被污染的環境。評估這些領域的損失是困難的，而且也很難去決定保險費。腕骨穴症候群是一種影響使用電腦的辦公室工作者手腕關節的小毛病。我們經常有涉及電腦工作的累積性外傷的案子。

Wells指揮一個八個人的團隊，他們伴隨著全美保險集團的企業一起成長。事實上，由於業績穩定成長，所以在1993年全美保險集團從全美公司中分離出來成為一個獨立的公司。Wells說：「保險業經常被說成是有害的」，「顧客經常抱怨保險金，卻沒看到保險利益，我們這行業提供了相當龐大數額的資本給其他公司去創造工作機會，但更重要的，我們幫忙救人命，我們隨時預防一個損失，它意味著某人不會受傷」。

「我們選擇我們的風險－我們的客戶－非常小心」。我們不只看他們從事的是哪一類型的行業，同時也看他們職工的素質。「在提出一項策略前，我們的損失控制部門和他們的雇主面談，討論雇用策略」。如果這家公司是可受理的案子，但需要一

些幫助，我們便會提供」。「這是一個利益，雖然在一開始它會花掉我們許多錢，但最後它為每個人省錢。我們相信一盎司的預防值回一英磅的治療」。

Wells在一般工作日從事很多種活動。除了和他的保險從業幕僚一起工作之外，他也和避損及理賠部門有往來，以便掌握各種不同風險的最新狀況。政策必須定期的做評估，而每年也必須做是否更新一特定政策的決心。雖然我們一直試著想要避免訴訟的發生，但仍免不了和律師接觸頻繁。我和我們的生產者合作－保險代理人和保險經紀人－為我們提供一個可以考慮的新生意線。我同時也偶爾遇到我們的被保險人，經常是在損失或索賠發生時，去討論改善損失控制或索賠的處理。在你已經失去客戶的生意時，你卻未竭盡所能為你的客戶提供服務，那可不是一件好事。

Joseph Wells想到很多學生誤解保險業的本質。「許多人是由於工作穩定性才入保險業，因為它不需要事前的訓練或經驗。但如果你不能認知這個工作是多麼重要，你將不能完成很多事。這個產業是為人們擔憂在先。如果你能感覺到對這份產業的熱情，則必須先瞭解自己。如果你能鞭策自己並投入，你將有很多機會」。

風險，一個損失的機會，存在於大部分的企業決策和交易中，它是資本主義社會的標誌。很少企業能完全的規避風險。事實上，很多擺空架子的事業主，很有氣魄的擁抱潛在獲利的風險。然而，過度的風險同樣能損害人們和企業，所以管理者不但要是利益認知者也要是風險認知者。

在本章裡，我們將討論企業經營者所面臨風險的種類，和處理風險的方法。

認識風險

有兩種風險是企業活動固有的，每一種都有它自身的特徵和它對公司組織的密切關係。

投機風險

投機風險是一個可能導致損失或利得的狀況。為你自己而投入事業是一種投機風險（speculative risk），但你可以決定是否接受該風險，並期望稱為利潤的報酬。其他投機性風險的例子，每一項最終都是帶有某種利潤的期望。

- 為生產一種新產品所投資的時間、設備、資金和人力資源
- 投資在股票市場或不動產
- 花你兩到四年的生命、精力和金錢去獲得一個大學學位

如這些例子所提示的，人們經常自願的接受投機性風險－他們選擇去創業、買股票或拿一個大學學位。這都由他們自己決定。

投機風險
一個可能導致損失或利得的狀況

單純風險

單純風險（pure risk）是一個只能成為損失的狀態，一些單純風險和損失的例子如下：

- 天然災害、罷工、火災和野蠻行為所造成實質資產的破壞
- 車禍所造成的受傷
- 法院裁定於店面的購買行為對顧客造成傷害，或公司製造對顧客有害的產品
- 一位重要的企業執行長之死
- 嚴重的疾病所造成的醫藥費

單純風險
一個只能成為損失的狀態

我們不能自願的接受單純風險，但如果我們過正常的生活，我們必須在早上起床，同時出門接觸外界。雖然我們也許不會使自己成為挺而走險的人，但我們不斷地在稱為生存的冒險中遭遇單純風險。（即使是一個高爾夫球賽，也會變得要人命，就像曾經有位加拿大球員的司機撞到一輛馬車，部分的球桿折斷，插入他的脖子，並切斷他的頸動脈），每個人共同分擔很多企業中的單純風險，雖然很多其他的風險對企業狀況而言都是獨一無二。在本章裡，我們將把重點放在企業如何能移除、減少或投保單純風險。

企業如何處理單純風險

很多公司現在都雇用一個全職的**風險管理者**(risk manager),也就是雇用一個人去辨識一個公司面臨的顯著單純風險,同時採取有效的技巧去處理它們。風險管理者的責任是去建議一個對抗風險的行動:避免、減少、轉換或假設。首先是避免,當一個公司選擇不去承擔風險,因此就會去避免風險。我們來檢查其他三項對抗風險的行動。

降低風險

在理想的狀況下,管理能大幅減少一個單純風險,以至於發生損失的可能性極低,或是－每一個風險管理者的夢想－是不存在的。有效的風險降低方案可以節省公司在員工傷害上、生產損失上和保險成本上相當多的花費。風險降低行動和努力的例子如下:

- 使用減阻火燄或防火建築材料
- 在不同地點的許多倉庫儲存存貨,將因火災或天然災害導致的損失減至最小
- 實施安全措施,教導工人適當的使用機器
- 在零售商店和加油站安裝升降梯
- 以隱藏式的閉路電視觀看顧客買賣,以嚇阻入店偷竊
- 提供後支柱、活動吊床、起重機、手推車、手推小平台車、輸送帶,以減少因為處理原料所造成背部受傷的可能性

根據St. Paul公司的Jim Abraham所述,未受灑水系統保護的辦公室設備的平均火災損失超過裝設有灑水系統的辦公室之損失四倍以上。有灑水設備的製造工廠遭受的火災損失約為沒有灑水設備工廠損失的百分之二十。餐廳特別容易遭火災,而裝設灑水系統、靈敏灑水頭、在油料輸送管中的防火設備、高科技的煙霧和熱感偵測器等可以減少保險的成本四倍左右。

降低風險的辦法之
一，就是要求員工穿
著安全配備。

企業經常遭受可預期的風險所造成的嚴重損失。一個悲慘的例子Texasgulf公司在一次墜機事件中，損失了七名管理者和一名飛行員，每一個人都有十七年的服務經歷，這些管理者包括了公司的總裁和主要的執行長及三名副總裁。雖然去團體旅遊的地方是一般地方，但如果這些主管不是共搭一架飛機去旅遊，那麼損失便不致如此嚴重。

大企業開始察覺到讓關鍵性主管分開旅行的明智決定，Trump集體因為沒這項政策，三個俱樂部的經理搭直升機從紐約往大西洋城的旅程中墜機身亡。最近，小阿拉巴馬州超市連鎖Bruno's公司的六位高階經理，包括總裁Angelo Bruno，在他們公司的飛機空難中死去。很多大公司，包括Quaker Oats和通用汽車，皆有政策規定多少的董事和高階經理可以搭乘相同的班機旅行。

此外，很多大公司已經採取措施去減少高曝光率的主管被綁架勒贖的風險。安全措施包括把一般的座車變成有防護鋼板的座車、變更每天往返公司的路線、雇用保鑣當接待員、改變休閒型態（如每週打高爾夫的時間），同時，把家中的一個房間變成防彈的房間。

未保險人風險的轉移

由另一個團體（不是保險公司）研判特定風險是可能的。一家出租汽車的公司，可要求租賃的公司為車子投保。公司可能使用運送服務去分配貨車所產生的風險。一家企業的老闆可以要求房東為他所租的房子投保。而賣方可以要求買者支付運送過程中產品的保險費。

一家企業經常以這種方法為轉移風險而付費。當然，另一方可能為了付保險費而索費更多。然而，企業因為轉移風險到一個非保險業者身上，因而降低簿記、提報和其它伴隨保險協議所產生的文書費用和保險理賠的事宜。

自我保險的風險假設

大公司有時以設立**自我保險基金**（self-insurance fund）來保護公司避免遭受某種單純風險，它是一種特殊的現金基金和可銷售證券，皆將可被用來支付因為火災、水災和地震等天然災害所導致的損失。只有當風險非常類似（如相同建材的建

築物、及一些存貨、裝置、家具和設備）或當相同的風險是被分散到很廣泛的範圍時，這個方法才是安全而且實際的。有了自我保險基金，企業便承擔起風險的責任。

　　第二個狀況是，只有當公司企業不受重大地區性天然災害損失影響時，自我保險基金是合適的。自我保險對於那些只擁有少數廠房或店面的公司，或廠房設備放置於一個比較小的地理區域的公司，是不可取的策略。

　　有些公司可能會認為下列情況下採取自我保險較為實際：

- 有很多相似店面的零售商店（如Sears）
- 有很多相似倉庫的製造商或批發商
- 有很多相似的辦公室散佈在許多州的服務業者（如消費性財務公司）

　　當然，自我保險不必侷限於實質的損害。很多公司自我保險是為了員工健康保險和勞工賠償的理賠金。（將在本章的後面討論）

　　自我保險可以比在一家保險公司投保來得便宜。試想一個有一千家零售店面的連鎖業，在過去十年平均一年遭受兩萬美元的火災損失。管理者可以估算大概每家店面一年約僅損失20美元，那麼可以將在特別基金累積的平均每年損失投資在股票和債券上。這些有價證券的一部分可以在火災發生時被賣掉來支付因火災而發生的費用。除了比購買火險便宜之外，這項制度也可刺激公司採取比轉移風險到保險公司更嚴厲的安全方案和減損措施。

　　有個自我保險的問題是，損失可能發生在基金多到可以涵蓋它之前。要處理這個可能損失，必須做相當大的期初基金投入或買保險去補足基金餘額直到定期的現金投入能使基金達到較高水平為止。

　　一家公司自我保險就能完全對抗風險的情形是罕見的。比較常見的是公司買保險去涵蓋超過它們自我保險金額的損失部分。一般而言，如果（1）財務不健全；（2）經常性的現金短缺；（3）企業才剛開業，則這家公司應避免自我保險。

轉移風險到保險公司

　　在探討了處理風險的替代方法並使用了其中的一種或更多種之後，管理者可能

仍然希望把剩餘的風險轉移給保險公司。如果公司同意去接受風險，它將提出一份**保險單**（insurance policy），這份單據是一個把風險由一個團體（被保險人）轉移到另一個團體（保險人）並支付保險金的法定契約。保險是對抗單純風險的主要防禦措施。如果損失發生時，保險公司將會補償被保險人在保險政策中所設定的最大數額。

大數法則或平均數法
則
這是一個數學的法
則，係指當數量眾多
的相同的物或人面臨
相同的風險時，一個
可預期數額的損失在
一段特定時間內將會
發生

保險金是保險公司根據**大數法則**（law of large numbers or law of averages）承擔風險時索取的費用，有時**又稱平均數法則**。這個數學的法則是說當數量眾多的相同的物或人面臨相同的風險時，一個可預期數額的損失在一段特定時間內將會發生。它是保險工作的一個概念。一旦保險公司累積可歸因於一特定風險的損失資料足夠之後，它將能預測損失的可能性和每一筆損失的平均金額。然後公司將計算索取保險金的數額。保險金將大得可以涵蓋可預期的索賠要求，去擴展和增進它的營運活動，（一些保險公司）同時對它的股東分派股利。

這個平均數法則顯示，下列兩者是真的

- 每天抽煙超過一包的人心臟病發作的機會為一般人的兩倍
- 第二次心臟病發死亡的機率約為五成

根據統計，保險業者為抽煙者設定人壽和健康保險的保險費率反映了為他們投保增加的風險。圖17.1 說明在汽車保險費率上平均數法則的結果。因為年輕的人比較多意外，他們的保險費率就高些。當他們年紀漸長時，發生汽車意外的風險降低，保險費率也隨之下降。

保險利益
其概念就是被保險人
（付保費的人）在被
允許去購買一特定風
險的保險之前，必先
承擔財務損失

另外兩個法則在瞭解保險時也是必要的。第一是**保險利益**（insurable interest）。其概念就是被保險人（付保費的人）在被允許去購買一特定風險的保險之前，必先承擔財務損失。這項措施可防止居心不當的人以付保費的方式打賭一個特定風險將變成一個損失，而他如果投保的話便會贏得賭金。如果保險業者不設保險利益，人們將因個人私利，以任何人的名義投保壽險或產險。如果大數法則未奏效的話，一些不道德的人們便會製造損失的情況。

一般而言，已婚夫婦在彼此的壽險上，公司在它關鍵主管的壽險上，合夥人在

彼此的壽險上都有保險利益。然而，你不能為遠親或為與你不相干的人購買人壽保險，同時如果你沒有財務投資或風險時，也不能為你的房子、車子或其他財產投保。

另一重要的保險法則是**損害賠償法則**（principle of indemnity），被保險人不能因保險而獲利。你可以為你房子的實質損失投保，以支付房子的更換費用或是該保單的帳面價值，但必須是少於房子的價值，你不能買多過房子價值的保險。如果你想為估價$300,000的房子投保$600,000，保險公司將拒絕你的申請。你無法收到兩倍於毀壞財產的價值。當毀壞的房子比可用的房子值錢時，這種保險無異於鼓勵你去主導意外的發生。

因為損失的金額不同，保險公司覺得提供一個**扣除額**（deductible）是實際的，它是一筆被保險人同意支付的損失金額。扣除額是一種自我保險的方式，它對被保險人和保險業者都有利。被保險人因為扣除額而降低了保險公司索取的保險費而得利。個人汽車保險單上有$500的扣除額可能比保單上扣除額只有$100元的每年要省幾百元。扣除額，特別是一筆龐大的扣除額，會促使管理者工作更努力去避免損

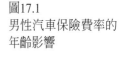

損害賠償法則
被保險人不能因保險而獲利

扣除額
它是一筆被保險人同意支付的損失金額

圖17.1
男性汽車保險費率的年齡影響

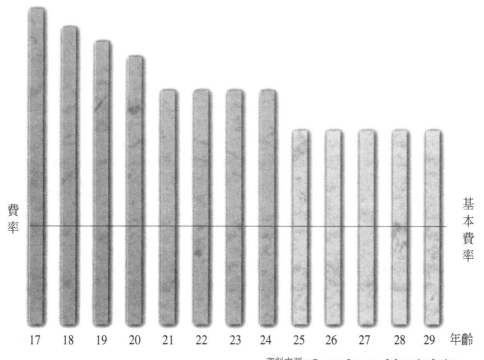

資料來源：Courtesy Insurance Information Institute

失，因為公司必須在保險公司接手之前，付一筆龐大費用。保險業得利是因為扣除額減少了昂貴的調查、文書作業和小麻煩索賠的簿記，同時減少了損失發生時需要的支出。

保險公司將支付只相當於保單的帳面價值（減去扣除額）給被保險人。如果你投保額低於實際價值，一次財務的損失可能迫使你由自身資源來補足差額。在舊金山一座七十八年之久的Larraburu Brothers發酵麵包廠在它的一輛運貨卡車撞傷小孩後損失了兩百萬元的訴訟費。因為這公司的保險單上只有帳面價值一百二十五萬，不夠彌補損失，公司必須彌補差額部分。唯一也是最徹底的解決方法就是：賣掉公司。

保險公司和他們的人員

根據所有權來分類，有兩種類型的保險公司。兩種公司雇用兩種受過特殊訓練的專家，以協助他們的營運活動有效率、精確和健全。

共同保險公司和股份保險公司

共同保險公司（mutual insurance company）是由被保險人所擁有，選出董事會董事去監督公司的營業活動。除了被保險人被保險之外，他們也扮演像股東一樣的角色。有許多共同保險公司例子，如美國公平人壽保險協會、麻薩諸塞州共同人壽保險公司、康乃迪克州共同人壽保險公司、紐約共同人壽保險公司和美國諮詢保險有限公司。就如前述公司名稱所意味的，共同保險公司在人壽保險領域中實力雄厚。

股份保險公司（stock insurance company）是由股東所擁有，就像你在第四章所學的傳統公司一樣。雖然原理不同，然而，共同公司同一保險項目的成本和類似規模的股份公司大約相等。

儲備金

保險公司被法律要求須保有足夠支付單戶需求的儲備金。這些儲備金，就像是商業銀行的存款一樣，以負債的方式呈現在公司的財務報表上。不以儲備金方式持有的資金就用來投資，使得保險業者躋身全國最大的團體投資者之列。他們投資數百萬在營利性資產如股票和債券、辦公大樓、住屋設施和購物中心等。**表17.1** 可看出保險業的前四家共同與股份保險公司總資產和保單帳面價值。**圖17.2** 顯示了人壽保險公司在最近一年如何投資而不需動用儲備金。

調查保險公司是否健全

許多顧客擔心他們投保的保險公司的財務健全程度，和伴隨一個災難而來的緊急理賠能力。

管理單位監督在各州營業的公司是否健全，將保險業者未經警告就破產的可能性降到最低。如果一家公司倒了，州政府單位將試著拍賣部份或全部的公司給一家健全的保險公司，就如同FDIC（第十五章）會試著以較強勢的銀行購併較弱勢的銀

	資產（十億）	保險資本（十億）
共同保險公司		
美國Prudential保險公司	148.4	820.7
大都會人壽保險公司	110.8	948.0
Equitable人壽保險協會	50.4	308.2
紐約人壽保險公司	42.7	311.5
股份保險公司		
教師保險和退休金協會	55.6	29.8
安泰人壽保險公司	52.4	311.1
康乃迪克州一般保險公司	41.7	421.4
旅行者保險公司	35.7	214.9

表17.1
總資產排名前四家的共同保險公司和股份保險公司

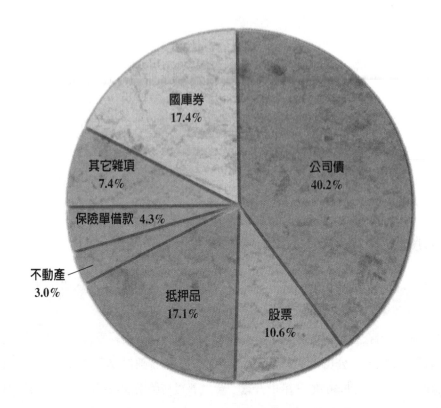

圖17.2
美國人壽保險公司的
資產分配

國庫券
17.4%

公司債
40.2%

其它雜項
7.4%

保險單借款 4.3%

不動產
3.0%

抵押品
17.1%

股票
10.6%

行。如果所有的努力都無效，被保險人將必須依賴每州保險業的緊急還款方案，去概括承受他們被保險人的索賠。雖然大部份州的方案沒有足夠的資金，但他們可以透過對財務健全保險公司的財務評估的方式來籌資。

消費者想要確認保險公司的財務健全與否可透過許多專門評估保險公司的理賠能力的公司來瞭解評等。這些公司包括：A. M Best；Moody's；Standard & Poor's；Duff & Phelps；The Insurance Forum；Weiss Research。

保險統計員和避損工程師

保險統計員（actuary）乃分析損失的可能性和單純風險所生災害的平均數額，同時運用平均數法則，計算保險公司承擔風險必須索取的保險費。保險統計員通常擁有大學教育程度，同時也有數學和統計上的課程背景。保險統計員計算報表如**表17.2**所示，它是以數家大型人壽保險公司對被保險人生與死的統計為基礎。

保險統計員
此人會分析損失的可能性和單純風險所生災害的平均數額，同時運用平均數法則，計算保險公司承擔風險必須索取的保險費

	投保人1980年的普通標準（1979~1975）				美國人口（1979~1981）	
	男性		女性			
年齡	每一千人的死亡人數	預期存活壽命（年）	每一千人的死亡人數	預期存活壽命（年）	每一千人的死亡人數	預期存活壽命（年）
20	1.90	52.37	1.05	57.04	1.20	55.46
22	1.89	50.57	1.09	55.16	1.32	53.60
24	1.82	48.75	1.14	53.28	1.33	51.74
26	1.73	46.93	1.19	51.40	1.31	49.87
28	1.70	45.09	1.26	49.52	1.30	48.00
30	1.73	43.24	1.35	47.65	1.66	46.12
32	1.83	41.38	1.45	45.78	1.37	44.24
34	2.00	39.54	1.58	43.91	1.50	42.36
36	2.24	37.69	1.76	42.05	1.70	40.49
38	2.58	35.87	2.04	40.20	1.97	38.63
40	3.02	34.05	2.42	38.36	2.32	36.79
42	3.56	32.26	2.87	36.55	2.79	34.96
44	4.19	30.50	3.32	34.77	3.35	33.16
46	4.92	28.76	3.80	33.00	4.01	31.39
48	5.74	27.04	4.33	31.25	4.88	29.65
50	6.71	25.36	4.96	29.53	5.89	27.94
52	7.96	23.70	5.70	27.82	6.99	26.28
54	9.56	22.08	6.61	26.14	8.30	24.65
56	11.46	20.51	7.57	24.49	9.78	23.06
58	13.59	18.99	8.47	22.86	11.51	21.52
60	16.08	17.51	9.47	21.25	13.68	20.02
62	19.19	16.08	10.96	19.65	16.28	18.58
64	23.14	14.70	13.25	18.08	19.11	17.19
66	27.85	13.39	16.00	16.57	22.16	15.85
68	33.19	12.1	18.84	15.10	25.85	14.56
70	39.51	10.96	22.11	13.67	30.52	13.32
72	47.65	9.84	26.87	12.28	35.93	12.14
74	58.19	8.79	33.93	10.95	41.84	11.02
76	70.53	7.84	42.97	9.71	48.67	9.95
78	83.90	6.97	53.45	8.55	57.42	8.93
80	98.84	6.18	65.99	7.48	68.82	7.98

資料來源：*1992 Life Insurance Fact Book* (Washington, D. C.: American Council of Life Insurance), 1992, pp. 126-127.

表17.2
保險統計員提供的死亡人數表：不同年紀每一千人中死亡的人數

避損工程師（loss prevention engineer；LPE），是專門排除或減少風險的工程師。這些工程師通常有四年制大學的學位，經常被保險公司或任何面臨廣泛不確定性風險的公司所雇用，如一個對化學品、炸藥、製造和採礦，都有興趣的綜合公司。因爲他們知道如何去使用機器、設備、原料和儀器去排除或降低風險，LPEs可以在危險的營運活動中顯著地降低一個組織所需保險的金額。他們同時可以建立損失預防計畫去降低所需支付的保險費。

當一家公司第一次申請保險時，LPE可能被委託去調查它的營運活動，並建議意外預防措施。這程序對被保險人、保險業者和社會全體都有益處。當 Marineland of Florida 向 Hartford 保險集團申請保險時，Hartford的損失控制專家調查了Marinland's能降低或減少危險的營運活動。Marinland回應了他們的建議，重新設計了停車區域，使行人受到比較好的保護，免受行進車輛之危險，並改進他們的行人行走路線，同時安裝警告號誌提醒停車場駕駛人注意穿越馬路的行人。

可保險之風險的標準

保險業對於挑選保險的風險項目相當謹慎。他們的理由相當充份，因爲一家保險公司如果忽略去小心的評估風險或不分青紅皂白的提出保單，可能會發現最後無法支付索賠金額。一般來說，在保險公司承擔風險之前，企業必定遭遇過數種狀況。（然而，未遭遇這些情況的公司可以透過提供盈餘保險項目的公司或透過倫敦的Lloyd's公司被接受保險，這些將在這章的後面被討論到。）這些狀況包括：

1. 平均數法則必須存在。
2. 損失必須能以貨幣表示。
3. 風險必須能分散到廣泛的地理區。
4. 保險公司保留了提高保險金、刪除保險項目或當不利狀況發生時不去更新等權利。
5. 保險公司保留了在特定情況下拒絕付款的權利。

環球透視─保險走向全世界

一家主要的保險公司如何將它的服務延伸到全球？St. Paul公司透過倫敦保險公司Minet集團公司，成立於1920年，而在1988年完全成爲St. Paul的子公司。

根據St. Paul說，Minet公司在42個國家超過100個辦公室共雇用了3,500人，該公司提供了一種經過分類集團式的保險經紀服務，並專門賣責任險給跨國的會計、法律、建築和工程的公司。並且提供保險給擁有藝術品和珠寶的那些全球性的，有鑑識力的收藏家和博物館。

平均數法則必須存在，因爲保險公司擁有足夠的風險資料去預測損失如何會發生、每一筆索賠的平均支出和其它計算最適保費所需的其他因子。如果評估每一筆的風險不應用存在平均數法則（如行星間的太空旅遊），保險公司將有如「眼盲」─它將必須猜測損失的可能性。

商業衛星發射公司像麥克道格拉斯和通用動力公司會投保超過一億美元的費用，將衛星放在運行軌道上。因爲這些公司使用Cape Canaveral空軍基地的政府設備，運輸部要求他們去購買8千萬美元的設備損害險。隨著飛行經驗的增加，公司願支付的保險最大金額也會增加。

可保險風險的二個狀況是損失必須能以貨幣衡量。如同我們在十五章所學的，貨幣給我們一種方法去計算數不盡的財貨與服務。如果一個損失不能以貨幣表示，保險公司和準備要保險的人就缺少一種能表現被保險項目價值的依據。試想，舉例來說，一幅你的高曾祖母的祖母在高中所畫的圖。雖然它能一代一代流傳下來，而且也被家族成員所保存，但它只對他們家族成員有價值，對街上人們則無價值。因此，對這幅畫的毀壞、損失、遭竊或其它只有情感價值的財產保險是不可行的。

可保險風險的第三個狀況是，風險必須是能夠分散到廣泛的地區範圍。這個概念，可以參考我們較早有關自我保險的討論，對於保險公司同樣很重要。舉例來說，一個天然災害所導致的損失定期發生在這個國家的某些地區。北部各州冰冷的

溫度可能使管線爆破。房子也可能會遭漏水所損害就如被屋頂上的雪和冰所損害一樣。加州的部分地區經常發生大火災或泥流滑動，而在中西部則是經常被龍捲風所破壞，在沿墨西哥灣各州和大西洋沿岸各州則是遭受颶風的肆虐。如果保險公司將它所承保的風險分散到全國去，在一些州的高額損失索償可以被其他州較低的數額所抵銷－這樣就能使平均數法則有效運作。

第四個狀況是，保險公司可能保留了提高保險金、刪除保險項目、或當不利狀況發生時不去更新等權利，從保險公司的角度來看是合理的。當風險的特性改變時，公司必須改變它的標準來接受這風險。試想，某人有「乾淨」的駕駛記錄（沒有違規）。如果他犯了重大的違規（如酒醉駕車、超速、駕駛注意力不集中）大部分的保險公司會很顯著的提高保險金、刪除保險項目、在滿一週年時拒絕更新，這都視公司的營運政策和犯規嚴重程度而定。

可保險風險的最後一個狀況是，公司可保有特定狀況下拒絕理賠的權利。發生的狀況可能是保險公司成為他們自己保險項目的受害者，或需要他們為沒有任何保險公司可理性預期涵蓋的大災難做理賠。

舉例來說，如果被保險人在戰爭中陣亡，一般典型的人壽保險不做理賠。這規定是合邏輯的。因為在戰爭期間導致的索賠案將比平均數法則壽命預期所能預測到的更多。同樣的，當被保險人駕駛飛機，飛滑翔機，參加賽車，或是其他保單中所規定的高危險性活動，則保險公司將不會理賠。保險也不會為自殺而理賠，因為自我損害被視為一種故意的而非意外的發生。健康保險通常排除了先前存在的狀況（在保險之前就有的疾病）因為這些疾病不再是風險，它們對那些特定的人是必然的。此外，人壽保險公司可能拒絕去賣保險給那些有健康問題的人們，因為顯著地減少了預期壽命。就像籃球明星魔術強森，在接受身體檢查發現得有愛滋病之後，就與他的人壽保險的申請發生關聯。

一家公司需要哪些保險？

很多公司所面臨的單純保險可以透過保險來防護。一家大公司必須處理單純保單的數量和範圍是很龐大的。舉例來說，一家製造商很可能所擁有的百萬機器、設

備、裝置、原料和產品在一次廠房火災中被毀。企業當他們擁有或駕駛車子時，同時也面臨多種不同的風險。顧客、推銷員和其它非勞工可能提出彌補損失的訴訟，而那些被公司製造、安裝或配送的產品所傷的顧客可能也會有法律行為。這些例子只是公司在經營企業時所遭遇的數種潛在危險的一部分，而它們也是支持健全而完整的保險方案的有力證明。這部分將提供你一些常被企業買來防禦風險的保險類型的操作知識。

火災保險

火險保單涵蓋的範圍為建築物發生火災所導致的損害。它的措詞排除了建築物的內容物。雖然一個基本的火災險只涵蓋火災導致的損害，但人們可以用購買**同屬保險項目或延伸保險項目**（allied lines or extended coverage）來擴大範圍。此乃可以被附加到火災保單上的特點，包括由暴動、市民騷亂、冰雹、風、墜落物、車子、水、煙、可能的破壞行為、惡意的搗亂所導致的財務損失。

一個針對實質損害保險項目所做的廣泛類別稱為**全風險實質損害或複合式保險項目**（all-risk physical damage or multiple-line coverage），火災保險公司已經提供了這類保險超過四十年。它是附加了火險的保險，其範圍涵蓋所有風險，但保單上若有特別註明排除的項目，則不算在內。它可能被加到一個基本的保險項目上，通常比那種只涵蓋特別指定風險，也就是所謂的重大危險保險更為可靠。建築物損害經常不是全風險實質損害保險項目的一部分（因為建築物是被基本的保險所涵蓋）但這項延伸補償了存貨、原料、庫存、設備或裝置的損害所造成的財務損失。對於連鎖業者而言，從一個巨大的區域性倉庫供應商品給在許多州的店面是常見的。這習慣自然使得這些大公司易受火災之害。歷史記載了美國許多由火災和地震所導致的重大損失。

- 1906年舊金山地震和併發的火災，摧毀了28,000棟建築物並造成大約50億美元的損失
- 1871年芝加哥火災摧毀了17,340棟建築物並造成20億美元的損失
- 1989年保險公司總共給付舊金山大地震的求償960,000,000元和給付Santa Barbara火災求償的234,000,000元

同屬保險項目或延伸保險項目
一個特質可以被加到火災保險上去，包括由暴動、市民騷亂、冰雹、風、墜落物、車子、水、煙、可能的破壞行為、惡意的搗亂所導致的財務損失

全風險實質損害或複合式保險項目
附加了火險的保險，其範圍涵蓋所有風險，但保單上若有特別註明排除的項目，則不算在內

火災是造成企業界實質傷害最常見的原因。

■1991年保險公司與加州奧克蘭城有關的火險賠償約15億美元

　　最近Andrew颶風於1992年8月在南佛羅里達州引起的索賠申請超過155億美元，包括對Allstate保險公司索賠的27億美元和對State Farm公司索賠的21億美元。當其他公司提高費率去抵消損失的成本和預期未來會因颶風發生所導致的索賠時，龐大的給付促使Allstate減少了30萬佛羅里達州被保險人。佛羅里達保險部門統計要支付Andrwe所帶來的損失約相當於佛羅里達州保險公司在過去二十年對每戶所收取保險金的總和。如果颶風再偏北40哩，它的損失將達500億美元。

　　一個公司的保險措詞和對那些保險措詞不同的解釋常會造成混淆。一個企業主必須對一個火災保險中所投保的資產和損失及其附帶條款全盤瞭解。例如：火災保險不支付蒸汽鍋爆炸所造成的損失。一家公司可能須要分別為蒸汽鍋和機器保險。

　　一般說來，大部分的火險保單包括一個**共同保險條款**（coinsurance clause），規定一家公司在該企業被完全賠償一個局部損失前，必須對一個財產總價值的最低額（經常是百分之八十或更多）投保。不購買規定數額的公司必須自行承擔風險，在扣

共同保險條款
規定一家公司在這企業被完全賠償一個局部損失前，必須對一個財產總價值的最低額（經常是百分之八十或更多）投保

除額之上或超過扣除額。

　　保險公司判定是否為共同條款並無困難。大部分的火災損失是局部的，全部毀壞是少見的。沒有共同條款的要求，企業將只購買足夠支付那些根據平均數法則最容易造成毀壞的保險。如果保險公司所賣的每個保險只有典型的保險，那麼他們將很難生存。

　　一家購有共同保險條款的公司將收到等同保險帳面價值的全額損失賠償（減去扣除額）。一家投保額低於實際價值（所購買的保險比共同保險條款所規定的要少）的公司，若有損失將獲得根據共同保險條款規定最低水準之實際繳納保費的比例賠償。圖17.3說明共同保險條款如何運作。

　　營業中斷保險（business interruption insurance），就像同屬保險項目和複合保險項目一樣，是可以被附加在基本火災保險的保險項目。它支付相應而生的損失，包括那些因為火災或其他在火災危險所造成的損失。例如：相應而生的損失保險會支付員工薪資、營業稅、貸款的分期付款，及其他因為火災或其他災難導致公司停業所產生的固定費用。而當企業被重整時，公司仍須付出正常利潤給公司的擁有者，

營業中斷保險
是可被加上火災保險的保險項目。它支付相應而生的損失，包括那些因為火災或其他在火災危險所造成的損失

圖17.3
說明共同保險條款如何運作

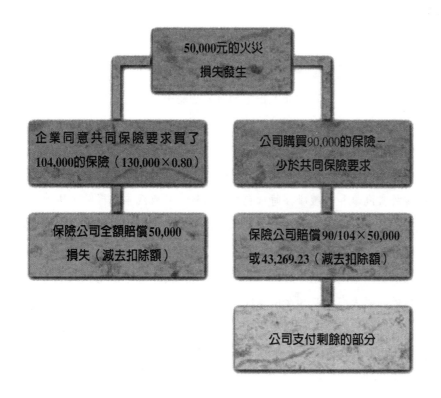

而當原始設備重建時，公司也必須付租賃設備和租用暫時地點的費用。一個電影院的螢幕被暴風雨所損壞使電影院在盛夏時期關閉了26天。從公司的會計記錄的資料中可以看出在災害前的盈餘與費用，使保險公司願為他們規劃未來。這家公司的保險公司對他們的營業中斷保險支付了2,990元，數額為歇業期間損失的淨收益。

發生在1989年晚期最慘重的一次產業意外事件是菲利普石油公司在德州Pasadena化學工廠發生火災和爆炸時，造成了12人受傷、15人死亡或失蹤的慘劇。這場爆炸產生了15哩內都看得見的火球，爆炸範圍約一哩，其威力約相當於10噸TNT炸藥。十五英畝的設備被摧毀。公司對財產投保了不同的項目，包括營業中斷保險，但其扣除額有七千萬美元。一直到悲劇發生前，公司保有石油產業最好的安全記錄。

偶發營業中斷保險
當企業主要供應者或主要客戶的企業發生危機時，可用來支付企業的損失

有種變異的保險叫做**偶發營業中斷保險**（contingent business interruption insurance），它是當企業主要供應者或主要客戶的企業發生危機時支付企業的損失，有些東西雖然本身不會造成實質損失但會對公司造成財務性的傷害。這保險不被包括在標準營業中斷保險中。

汽車保險

很多州要求多種汽車保險（最顯著有形傷害責任險）並有其它選擇性保險。然而考慮汽車意外所導致的損失，企業和個人應避免只購買最低要求的保險。在這一節，我們將探討最常見的汽車險並敘述它們如何發揮功能。扣除額被應用在大多數這類的保險中。

碰撞或翻車理賠
一種汽車保險，它必須支付的修理汽車損害相當於當汽車和物體碰撞時（包括其它輛車）或汽車翻覆時，所發生的實際現金值減去扣除額

碰撞或翻車理賠（collision and upset）是一種汽車保險，它必須支付的修理汽車損害相當於當汽車和物體碰撞時（包括其它輛車）或汽車翻覆時，所發生的實際現金值減去扣除額。財產損傷或個人傷害都可由財產損害和有形傷害責任保險所理賠（將在這節的後面討論）。汽車貸款的債權人以要求借款人提供汽車碰撞翻覆險保障來保護它們對汽車的索賠。該保障確保汽車在意外事件中損傷或毀壞時，汽車將被修理或付給債權人汽車的現金價。因為現在的汽車都有高度複雜的小型電腦，被安裝在車頂下或儀表板下，而儀表板監控車燈、煞車、汽油油表和其它系統下，因此許多保險公司碰到汽車儀表板弄濕便宣稱全車都受損。

財產損失責任險（property damage liability）是一種汽車保險，它支付被保險人車子損害他人財產所產生費用，約相當於保險的帳面金額。一個被保險的車子很容易造成比保險給付額更多的財產損失。當這種狀況發生時，被保險人必須負擔差額部分。一個倒霉的駕駛人車子失控闖越停車場護欄，並撞擊停在經銷商停車廠的一排凱迪拉克車子的前端。另一個駕駛人衝撞並撞壞了一輛古董Packard－估計約值10萬美元－它將被運到一個高級車展示會。也沒有足夠的財產損失責任險能完全支付該損失。

　　有形損失責任險（bodily injury liability），有時叫做PIP（個人損失保障）保險，是一種汽車險，如果被保險人被判決須對汽車意外負責時，它要給付那些法院裁定的有形傷害所造成損失，相當於保險的帳面價值。如果你對意外有責任，而且造成另一方永遠的損失時，另一方將會對你提出告訴。如果你敗訴，而法庭的判決超過你保險項目的面值，你必須在你的餘生定期付款給你傷害到的人。因為有形損害責任經常需清償數百萬，因此企業和個人都必須有很好的保險來防範這種風險。

　　直到最近，在有形損害責任保險理賠被收到前，汽車意外的當事人都必須參與決定哪一個人應為意外負責的訴訟。這過程花費不貲，同時也會延遲保險理賠達數年之久。在1970年代早期，許多州通過**無過失汽車保險**（no-fault auto insurance）的法律，這是一種汽車保險，它使汽車意外的參與人能從個別的保險公司收到有形損害賠償，不論誰有錯。這些法律想要簡化有形損失保險索賠的清償並降低堆積在法院的汽車意外訴訟。

　　各州的無過失保險法各有不同。不同主要有下列幾點：

- 一個人所能收到醫藥費和喪葬費的最大數額
- 補償一個殘廢的人收到失去所得的最大數額
- 有權力去訴訟（參與人可能被法院禁止彼此訴訟，除了當意外涉及到死亡、永久殘廢、缺陷或是超過一定數額的醫藥費）

　　提案人指出，禁止或嚴格限制一方控告另一方的權利將使無過失保險便宜些，因為保險公司將不會支付其受理案件之被保險人的律師費。州的無過失法律將限制或禁止所謂的受傷或因意外所導致的索賠，保險公司。保險分析員相信，除了意外

事件雙方將因訴訟無過失而從他們的保險公司收到有形損害賠償，其他狀況下保險的成本都將減少。

　　在實際的操作上，無過失保險並沒有顯著的成功，因爲許多州並沒有取消受傷或受損的任何一方訴訟的權利。除非醫藥費用達到互相訴訟的門檻，否則其它的州禁止這類訴訟，但在許多其他州，一方可以因爲受傷的醫藥費只超過500元而對另一方提出訴訟。該法給予一些受傷的人們一個動機去提高不必要的醫藥費以使能有資格去興起傷害訴訟控告另一方。

　　醫療給付（medical payments）是一種汽車保險，它支付被保險人的醫藥費，同時也支付被保險人在駕駛汽車時傷害的其它人的醫藥費，相當於保險的數額。受傷的一方同時可以提起有形損害責任的訴訟，但在健康保險成本固定下，受該保險保護免於遭受此風險是明智的。

　　全險（comprehensive physical damage）是一種汽車保險，它保護被保險人車子免受大部分的損害，除了因爲碰撞或翻車所導致的損傷之外。許多危險的例子經常由全險所支付，如火災、水災、冰雹和風暴、汽車本體失竊、汽車配備失竊（錄音座和CB收音機除外）、野蠻行爲和不是因爲正常磨損的內部損壞。保險排除了正常的消耗如因日光而生的退漆或車體鐵板生鏽，它也將不支付因操作者疏忽所導致的機械傷害（如沒有適當的油，因而導致機械受損）。

　　未保險的乘車者保護（uninsured motorist protection）也是一種保險，它支付受保險人身體受傷損失，而這損失是由未投保人或投保額低於實際價值的駕駛人過失所造成。車子本身的損傷則由碰撞和翻覆險所支付。如果你或其他人在自己車上，爲一個沒有保險又沒什麼資產的駕駛人所傷，法院只會對這人判決支付少許醫藥費的慰問金。投保額低於實際價值的概念是支付事件中的費用，你或其他駕駛你車子的人受的傷害超過另一方駕駛人的保險金額限制。汽車保險項目彙總列示如表17.3。

勞工賠償保險

　　在所有五十州的大多數雇主都被要求投保**勞工賠償保險**（workers' compensation insurance）。如果一個工人因工作意外而受傷或得了與工作有關的病，它會支付該名

表17.3
汽車保險的涵蓋項目

有形損害的保險範圍	涵蓋投保人	涵蓋其它人	財產損失的保險範圍	涵蓋投保人的汽車	涵蓋其它人的財產
有形損失責任		∨	財產損失責任險		∨
醫療給付	∨	∨	全險	∨	
未保險的乘車者保護	∨	∨	碰撞或翻車	∨	

勞工部分的薪資加上醫藥費和任何需要的復健、再訓練、工作介紹或諮商,它同時支付一筆金額給因工作身亡者的配偶和小孩。

　　該保險對雇主和職工都有好處。雇主得利是因爲勞工賠償法禁止勞工人因工作受傷或得病而控告雇主。(他們的救濟是透過保險索賠的提出)。工人得利是因爲他們可以即時收到醫療、工資損失和其他與工作傷害或疾病有關的保險索賠的給付,而不需透過昂貴的訴訟證明雇主是否有過失。

　　被保險企業可以採取一種嚴格的風險降低措施,特別是勞工安全方案來節省很多錢。勞工賠償保險的保險金以下列統計爲基礎。

　　1.員工意外索賠率。
　　2.工作產生危險或風險的程度。
　　3.員工薪資的多寡。

　　一個在像炸藥製造廠一樣的危險企業工作的員工,將支付比在零售服飾店工作者爲高的保險金。費率差距由薪水的百分之一到百分之二十不等。根據勞工統計局的統計,製造業的安全和健康的風險比其它大多數產業爲高。而生產木材和木製品、食物和金屬合成等產業的費率是最高的。

　　在最近幾年,勞工的賠償費率成長比通貨膨脹率來得高。產生這種狀況部份可能是因爲較高的醫療成本和與賠償有關的費用。

　　在許多州,勞工的賠償法允許員工去自我保險或參加由貿易組織所資助的自我保險基金。然而,很多公司選擇以購買保險來支付風險。

公共責任保險

公共責任保險（public liability insurance）是一種保險，它支付因公司疏忽所導致的或發生在公司土地上的非公司員工受傷。（它同時可適用於屋主）。被發現有疏忽之責，並不意味著雇主故意導致一個傷害，而是沒有以應有的關心去防止它。

公共責任索賠可以因最簡單的意外所導致。舉例來說，控告南卡羅萊納超市的一個顧客，因一顆綠豆導致他的頭和背受傷，獲賠了五萬美元。

企業主有責任保持他的土地上安全的責任，但當一個受傷的人控告他公共責任罪時，陪審團會決定「合理安全」的意義。如果發現這家公司疏忽，陪審團也會訂定一個受傷的金額支付給受傷的一方。因為陪審團認為公司對保持土地房屋的安全負有完全的責任，判決可能很容易超過一家公司保險的面值，使得公司必須財務緊縮或被迫清算資產來支付差額。

產品責任保險

產品責任保險（product liability insurance）是一種保險，它支付公司產品所造成消費者受傷索賠之財務損失。和公共責任訴訟一樣，陪審團會判斷產品造成的傷害是否為公司的過錯。如果是，受傷的一方將被支付賠償。陪審團認為製造商有責任，因為產品不如廣告中所宣傳的一樣，同時因為顧客並沒有被警告使用產品的危險，或因為雖然有警告，但顯然不夠。

假設法庭判決的現行趨勢有利於產品責任保險訴訟中的原告，保險金將會變得非常的龐大。生產航空器和刈草機、研磨的輪子等產品的製造商很難去尋找肯承擔產品責任風險的保險公司。產品責任的索賠促使Cessna航空器公司在1986年停止製造小型飛機。這些索賠當然不僅限於機器。舉例來說，一名消費者在復活節晚餐內的四盎司草菇罐頭裡，發現一根斷指，則可控告食品公司。

消費者和陪審團對於由一些產品不良所產生的一些不必要或可避免的傷害感到憤怒。企業對這明顯的懲罰態度感到不安，並將消費者的訴訟歸咎於製造商。某家主人控告刈草機製造商，因為他在修剪圍籬時切斷了自己的手指。他的訴訟獲勝了。產品責任案件的增加使審判的價格提高，也使生產者把他們的成本轉嫁到消費

Jack-in-the-Box曾面
臨昂貴的法律訴訟案
件，因為這家位在北
西雅圖的分店股東，
被控店中的肉類食品
含有大腸桿菌而被監
禁。

者身上。舉例來說，對抗白喉、百日咳和破傷風的三合一牛痘疫苗每劑的價格，在這五年來從0.15元，漲到7.69元。主要是因為在這段期間，產品的責任訴訟約相當50億美元，增加了成本費用。

忠誠保證保險

忠誠保證保險
一種補償雇主因為員工不誠實所導致的財務損失的保險項目

不是一個財務上的工具，**忠誠保證保險**（fidelity bond）是一種補償雇主因為員工不誠實所導致的財務損失的保險項目。保險公司（或稱保證人）對替雇主（債權人）工作的第二方（如員工或當事人）做保證或保險。如果員工被證明有偷竊行為，保險公司必須補償員工相當數額並彌補員工偷竊所造成的設備損失。這邊有三種忠誠保證保險；

1. 對現在與未來的員工保險的全體保證。
2. 僅對特定員工保險的個人保證。
3. 對一特定群體的人或工作保險的附表保證。

雇主一般購買忠誠保證是針對零售商店銷售人員、銀行出納員、攜帶高價樣品的出差售貨員，和任何其他保護和有權接近現金和高價存貨的其他工作者加以保險。

擔保保證保險

擔保保證保險
有時又稱做成就保證，就是保證一項契約將被完成

一個**擔保保證保險**（surety bond），有時又稱做績效保證，就是保證一項契約將被完成。經常被用在那些承辦房屋、公路、橋樑和船隻的營建業身上。多種方式可以用來保證銀行的償付能力，或是那些自我保險的公司能支付一筆自我保險的損失。擔保保證是根據保證項目對委託人完成合約的品格、技術和能力加以保險。如果一個合約沒有被很滿意的完成，客戶會向保險公司提出訴願，以保證履約人可將事情做好。這至少有三種方法。保險公司可以：

1. 如果履約人用光了資金時，保險公司提供貸款。
2. 雇用另一位履約人去完成工作。

3. 支付客戶擔保保證的面值。

　　假設你雇用了一家有保證的建築公司去蓋你的房子，稍後，你發現建築公司僅使用一般等級的原料，而不花你契約中所付的額外金額，同時也不能依照設計藍圖正確的進行。如果建築商不能補救這些缺點，你將可提出違約的訴願，要求這家公司將擔保保證傳遞過來讓你去找另一家公司來正確的執行。

　　想要獲得擔保保證的公司必須提供多方面的資訊給提供保證的公司，以便進行調查，並判斷是否支持這家公司的工作。曾有偽造記錄或經常有客戶紛爭的履約人會發現取得一擔保保證將會遭遇重重困難。

人壽保險

　　人壽保險（life insurance）是一種保險，保護被保險人免受因死亡而產生的經濟損失。當被保險人死亡，保險的面值將被付給**受益人**（beneficiary），即被保險人所指定的一個人或超過一人或一組織接受人壽保險金的現金支付。很多保險提供**雙重損害賠償**（double indemnity），有一項特質就是如果被保險人意外死亡的話，人壽保險的面值將被給付兩次。人壽保險是一個彈性的工具，應該是每一個人財務保障的一部分。「保險公司賭你將不死，而你賭你自己會死」的信念是被扭曲和不正確的。有很多不同種類的人壽保險可以被修改去適合被保險人的財務目標和環境。一般來說財務保險能夠：

- 提供金錢去支付死亡負債和喪葬成本
- 在被保險人死亡後給遺族一筆收入
- 保證在未來某一段時間將會支付一筆金錢給被保險人或在被保險人死後給受益人
- 提供一筆退休收入，以補社會保險、員工養老金和任何其他來源的不足
- 建立一筆基金使在緊急狀況下可以出借或變現

　　有時基金（見**表17.4**）是包括在較高階管理者的薪資中。由公司支付保險費，是一種對於基於聯邦所得稅考量的有效企業花費。當主管退休，龐大的保險金將支

表17.4
人壽保險的種類

保單	特徵
定期保險	被保險人只有在一特定期間內死亡,才支付保險金。這是最便宜的保險項目。保險項目經常被更新(當被保險人越老,保險金就愈高。同時可以被轉換成終身壽險或捐款)。
信用壽險	期間保險的一種,如果債務人死亡,保險公司會支付剩餘的債務。
終身壽險	被保險人的一生都有效,支付死亡保險金。
永續壽險	終生人壽的一種。支付保險金直到被保險人死亡。對困頓的退休人員給付固定金額。
有限支付人壽	終身人壽的一種。根據大數法則,總保險金將會分配在被保險人死亡前一特定的年數中支付完。意味著保險金在一特定年數內已被支付完直到被保險人死亡,雖然保險依然持續存在。
一般壽險	經過大幅修改的一種終身保險的方式。部份保險費購買保險,此部份保險當被保險人死亡時將被支付。保費的剩餘部份投資在高利得的有價證券上,這樣能較傳統終身人壽更快速增加貨幣價值。
團體壽險	透過雇主的保險,對員工也有利。是一種邊緣利益。
可調整壽險	被保險人可以提高或降低面值,延長或縮短保險期間,或當環境需要時,改變保險的種類。
退休金	在一段特定期間內,每固定一段時間支付被保險人(領養老金者)一固定數額。如果被保險人在收到保險面值前就死亡,受益人可以收到保險的餘額部份。如果投資利得超過預期時,保險公司可保證一特定百分比的報酬和支付更多。
基金	結合存款和保險的特質。當保險到期時,如果被保險人還活著的話,他會收到一固定的金額。如果被保險人在保險被完全支付前死去,則受益人收到的基金將會不斷累積。

付給主管,而如果主管死亡則將支付給受益人。因為這基金是保險的一種形式,公司支付保險金的數額也可當作一種賺錢的投資。這樣雇主就能避免完全負擔主管所須得到的款額。這種在基金或退休金上的報酬或投資經常因為通貨膨脹而降低,意味著他們並不如一般投資那樣令人滿意。然而,固定支付的法則和固定報酬率的保證使它們吸引一些人。從圖17.4可以看出美國一般人壽業的成長。

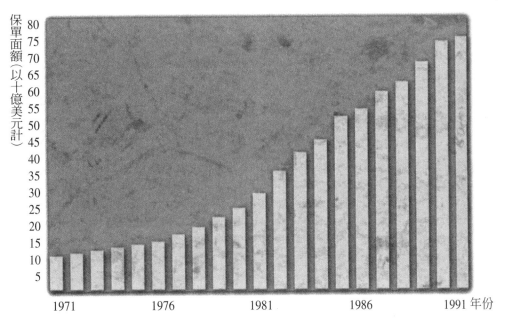

保單面額（以十億美元計）

80
75
70
65
60
55
50
45
40
35
30
25
20
15
10
5

1971　　　　1976　　　　1981　　　　1986　　　　1991 年份

資料來源：*1992 Life Insurance Fact Book* (Washington, D. C.：American Council of Life Insurance), 1992, p.11.

圖17.4
在美國購買普通人壽
保單的平均金額

健康保險

健康保險（health insurance）是一種保險，支付被保險人和其家人的醫療費用。他對每個個體都有用，因爲他經常被雇主提供當作一種邊際利益。保險公司會發布一項主要政策，建立保險的條件和狀況，並敘述合於保險的員工資格。大數法則使得團體健康保險的成本低於員工個人購買的相同保險。

每年全國花在團體健康保險的保險金超過1050億美元。簡言之，健康保險花掉雇主的花費多於任何其他員工的福利。

團體健康保險經常包括一個主要的醫療條款，支付災難疾病所造成的漫長和昂貴的治療與復原費用。一些保險設定了保險的最高額，如25萬，但其他項目則沒有上限。在根據主要保險政策投保後，員工經常需支付一項扣除額。醫生、護士、醫院和其他費用是根據一項計畫來支付，被保險人負責差額部份。圖17.5 說明了公共和私人保險到2000年的預期成長率。

操之在己

紐約州和佛蒙特州通過了一些條例，要求健康保險公司出售保單給所有的人，並規定收取相同的保費。這種作法又稱之爲共同定價法（common rating），爲的是要將保險範圍涵蓋到具有高風險的個人，例如長期病患和老年人。但是反對者卻認爲，這種共同定價的作法把每個人的保費都提高了，而且強迫較健康的人爲高風險的人們承擔財務上的責任。你認爲共同定價的作法會成爲一種趨勢嗎？爲什麼？

健康保險
一種保險，支付被保險人和其家人的醫療費用。它對每個個體都有用，因爲它經常被雇主提供當作一種邊際利益

圖17.5
全國健康成本的成長

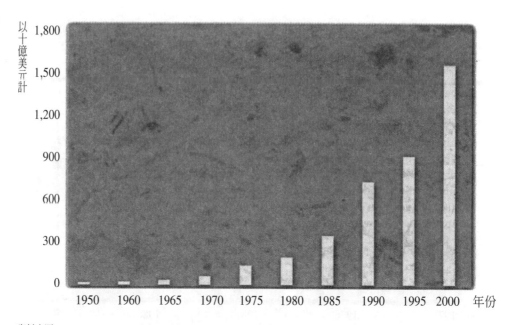

以十億美元計

1,800
1,500
1,200
900
600
300
0

1950　1960　1965　1970　1975　1980　1985　1990　1995　2000　年份

資料來源：Health Insurance Association of America, *Source Book of Health Insurance Data 1992*, p.49.

殘疾收入保險

殘疾收入保險
是當他或他因為生病
或受傷不能工作時，
支付給被保險人一筆
金額

　　殘疾收入保險（disability income insurance）是當被保險人因為生病或受傷不能工作時，支付給被保險人一筆金額。該保險可以補足與工人工作有關的疾病或受傷所產生的補償性花費，他取代了被保險人所能賺取的所得。在許多案例中，殘疾經常被延伸包括懷孕在內。

運輸保險

運輸保險
用來支付，運輸中因
汙染、掠奪、偷竊、
破損、碰撞所造成貨
物危險的損失

　　運輸保險（transportation insurance）是用來支付運輸中因汙染、掠奪、偷竊、破損、碰撞所造成貨物危險的損失。這類保險對於R. T. French公司非常重要，據報導該公司一年運送到全球的芥菜和其他產品的總值約1000萬美元。依據運輸保險條件，保險對於因為載運者疏忽所造成的損失負責，但不對洪水、地震或其他天然災害所造成的損失負責，大部分的保單上都有這樣的措詞。當然如果一個受損設備超過保險的面值的話，該載運人即使有保險也會發生損失。

有兩種運輸保險。第一種是**海洋船舶保險**（ocean marine insurance），其目的為保護貨物避免在大海中發生損失。這種保險是現存最古老的一種保險。當一個十六層的紙漿由日本漂浮了15000公里來到巴西，船舶保險公司開始被要求受理不尋常的風險。第二種是**內地運輸保險**（inland transit insurance），其可承擔由災難或非人為所導致陸地運輸的損失。它通常承擔一些特定的風險，如碰撞、風、閃電、火車出軌和搶劫。

Reducing Risks with Computers

HARTFORD STEAM BOILER INSPECTION AND INSURANCE COMPANY

管理者筆記

蒸氣鍋和機器保險業也許不是迷人的行業，但是Hartford蒸氣鍋已經使他成為成功的事業。這個並不知名的公司，有蒸氣鍋及機械保險市場百分之三十五的佔有率，它已經在這競爭中的財產和災害市場開拓了成功的利基。

公司設立於1866年，Hartford對風險的分析與降低的承諾，已經使該公司成為該領域的傳奇。在他公司的4000名員工裡，有2500人是工程師、科學家和技術人員。在這家公司居最大多數的技術幕僚，使用了先進的電腦模擬（包括人工智慧）去分析和降低設備破壞所產生的風險，因為如此客戶將比付錢給公司更能避免損失。

回到較早的1980年代，Hartford決定建立和維護電腦資料庫，用渦輪發電機和其他高速機器，以使能記錄和分析運作與維修問題。這個先進的資料庫，包括有4900台機器的運作特質，9000個機器軸承，2500個測量點，和100,000種運作測量。公司的專家使用這些資訊去替被保險人防禦潛在問題的發生。這資料庫最近也受到Datalert的捐助，這是由Hartford所構想出的一家獨特的監督服務公司，該資料庫蒐集和記錄了客戶高速渦輪發動機的震動資料，可以每分鐘2000轉的速度運行。這些機器的運作資料在由客戶工廠蒐集後，傳送到Hartford公司的迷你電腦上。這些電腦使用先前記錄的客戶發動機的震動資料來分析和比較這些資料，如果發電機產生一種不正常的震動，Datalert就會印出一張可能原因

的列表和避免停工的修正行動。這最後的一項服務特別有價值，因為一台受損的渦輪發動機通常會減少製造工廠約50%的生產力。

　　Hartford的顧問也建議採用一種考慮機器運作特質、故障記錄、目前狀況的預防維修養生法。這方案降低了客戶的保險金和營業損失，及Hartford所承擔的風險。

　　「我們僅辦理財產保險，而避免意外和導致損失是我們工作哲學的一部分。」副總裁James C. Rowan, Jr 說：「我們僅辦理那些透過我們領域的稽查員和工程師可降低風險的保險。」實際上，這項哲學已經在貫徹執行。在這領域內，競爭者支付了70～80的保險金在保險理賠上，而Hartford的一般範圍則是在30~40之間。

動力工廠保險

　　動力工廠保險（power plant insurance），又稱鍋爐和機械保險，支付發生爆炸的蒸氣鍋爐、火爐、加熱工廠和其他設備的損失。火災保險經常把這些危險排除在外，因此有必要增設個別的保險項目。保險公司會定期檢查被保險人的機器設備，以確認機器是正常的被維修並在安全運作範圍內。

信用保險

　　信用保險（credit insurance），是在一個最大限額或貿易信用帳上保護公司免於壞帳損失的一種保險。企業可對特定的債務人買保險，但一般是針對帳冊所有的貿易信用帳。保險公司在針對保險費報價時，會重新檢查帳冊上應收帳款的品質。

　　以信用保險來降低風險，是相當實用的，同時也可以節省一些保險金成本。永續公開帳有比較高的平均餘額，對於監督債務人的財務健全程度相當實用。壞帳風險損失可以賣給不同種類的行業來縮小損失，避免單一行業突然的經濟衰退而導致損失。

地理因素的災難如颶風或旱災可能也會影響貿易信用帳的收取，將保險賣給廣大地理區域上的顧客是較為明智的作法。降低壞帳風險的另一個方法是在採取貨到付現基礎或是賣給政府仲介機構的那些客戶也許是較為安全的貿易信用客戶。

危險廢棄物保險

危險廢棄物保險（hazardous waste insurance）是一種被環保署要求的責任保險，是支付補償那些因為危險廢棄物發生意外因而導致身體受傷或財產損失的人們。自1982年中開始，這則法條適用於儲存和處理汙染物的7000個設備的擁有者或操作者。公司必須對每一事件至少投保100萬美元，對每年突然的意外事件如漏出、火災和爆炸投保200萬美元，每一事件投保300萬美元，及對排放致癌或有毒物質到大氣中，每年投保600萬美元，這些金額必須是償還的保險金，不能包括法律的費用。

因為在過去沒有保險業者對漸進性事件提供保險，EPA要求保險公司在三年內能提供此項保險。

危險廢棄物保險
一種被環保署要求的責任保險，是支付補償那些因為危險廢棄物發生意外因而導致身體受傷或財產損失的人們

盈餘線保險

盈餘線保險（surplus lines coverage）是一種沒有大數法則存在之風險的保險。這種保險是當風險少或沒有風險歷史、無損失的可能性時可被購買，或如果損失發生時，風險承擔者亦不會蒙受財務損失。下列有一些例子：

盈餘線保險
一種沒有大數法則存在之風險的保險

- 潛在風險保險，如果公司在外國的資產被當地政府沒收時。這類型保險在伊朗發生革命後變得常見
- 衛星保險，承擔一個衛星的破壞與損失。衛星從太空梭發射也有5億美元的責任保險，以防衛星在接近地球時解體
- 性騷擾或性別歧視保險。如果被判定有罪，需付出相當於保險面值的金額

只有少數美國保險公司，如：Prudential美國保險公司、Allstate保險公司、INA保險公司和美國國際集團，發行這類保險。

倫敦的勞依茲海上保險業者團體

倫敦勞依茲（Lloyd's of London）有300年歷史的傳奇性風險承擔機構，於1687年由Edward Lloyd在倫敦一家咖啡屋所創建。這家咖啡屋，是水手和船長聚集的地方，根據他們的經驗，他們能評估航運風險，而精確地的在有利潤之下對貨運提供保險。

就技術上來說，保險並非Lloyd's of London所提供，而是透過：Lloyd's。這組織有超過19000會員。以企業家財團的方式組成，以他們個人的財富背負風險責任。企業想要透過Lloyd's投保必須與經授權的保險仲介商（全球超出1200位保險仲介商）接觸。同時描述所欲保險的類型。仲介人會找Lloyd總部的經紀人商量。接下來就是找想要承擔此保險的保險業者商量。保險業者將風險分散在他們多人身上，同意負擔保險的一部分。萬一風險會變成損失，the Names將按期、按百分比來支付被保險的費用。

當查理王子和黛安娜王妃準備要結婚時，英國很多公司製造紀念獎章和玻璃器具，美國則舉辦可免費到倫敦旅行的比賽。加拿大和澳洲的企業也開始推測婚禮將在哪邊舉行。Lloyd's被要求提供2200萬美元的保險，以防這些公司因婚禮延期或取消時發生損失。

在等待三年的保險理賠期間，Lloyd's在1990年提報有43.8億美元的損失（其中39.8億美元的損失是發生在1988和1989年）。這些損失不只是因為保險索賠，也是因為Names公司控告Lloyd's主管，在1980年代晚期對各種保險不負責任所發生的訴訟費用。這些保險損失造成Names破產。

Lloyd's高階主管已經裁減了27%，減少營業預算24%，賣掉總裁的勞斯萊斯，並改變評估保險的程序。管理者希望這些修正行動能使他們的財務恢復健全，並恢復該機構已經持續三個世紀的名聲。

摘要

企業處理兩種風險。投機性風險，就像是經營企業的風險，結果有可能賺錢或

賠錢。單純風險則只會導致損失。為了幫忙解決單純風險，較大型的公司通常會雇用風險管理師。他可以找到規避風險的方法，把風險轉移給非保險業者，或以自我保險來對抗。風險管理者如果發現一個特定風險無法被消除時，就會尋找保險項目來保障風險。

身為專業的風險承擔者，保險公司會為了保險費的設定而先假設某種風險。保險是根據大數法則來預估損失的可能性。保險公司可以是共同公司的組織架構，由投保人整體所擁有；也可以是股份公司的組織架構，由股東所擁有。保險公司的財務狀況是由該公司運作所在的州政府管理機構來進行監管，另外也受到一些私人評估公司的監督。所有的保險公司都要雇用保險統計員來分析大數法則，並計算出不同單純風險下的保費多寡，而且它們還雇有避損工程師來為客戶輔導諮商，教他們如何降低或移除風險。如果投保人對被保的人或物件有保險利益的話，保險公司只要寫一份保單即可。而且保險公司只可以讓保險範圍涵蓋到某物件的更換價值為止，也就是說，投保人不能因損失而獲利。

保險公司所承擔的風險必須符合以下幾種狀況：平均數法則必須存在於風險之中；損失必須要能以金額來表示；風險必須被擴散到廣泛的地理區域上。除此之外，保險公司也保留有調高保費、取消保單、或者是因為不利情況的產生而不予更新保單以及在某種情況下，拒絕賠償的種種權利。

公司行號可以根據它們所面臨到的風險，投保幾種保險。火災險涵蓋了因火災所引起的建築物損失，可是卻不包含建築物內的東西以及因其它災難所引起的損失。駕駛汽車也會遇到各種不同的風險，所以也可以加入保險。另外五十個州的州法都要求雇主購買勞工賠償保險，而且大多數的公司也都有投保公共責任險。許多企業（大多數是製造商）都有投保產品責任險。若是公司的員工需要處理現金或有價物品，該公司也會投保忠誠保證險，承包商則有擔保保證險。幾乎所有公司都會為員工投保健康人壽險。另外還有殘疾收入險、運輸險和信用保險等。環保署現在也要求廢棄物處理設施的所有人或操作者都要進行投保，如此一來，才能賠償原告因偶發事件或非偶發事件而造成的有形損失和財產損失。對那些面臨風險，但卻沒有大數法則可依循的公司來說，它們可以透過類似像倫敦的Lloyd's這樣的保險仲介商購買盈餘線保險。

回顧與討論

1. 為什麼任何事業投資都有風險存在？有哪些風險是商業人士所願意接受的？有哪些風險是不管他們喜歡或不喜歡，都得接受的？請為每一個回答舉出一個實例。

2. 請描述風險管理者的工作，並列出有哪些當地公司的確需要有這類職務的設立？

3. 請建議一些公司可以採用的行動，好避免下列的損失風險：火災、員工偷竊、搶劫、爆炸、汽車事故、顧客的順手牽羊或者是因顧客的損失而造成的法律訴訟等。

4. 你如何將風險轉移到非保險公司的身上？誰會長期付出成本？為什麼這個方式仍然是有益的？

5. 請描述在哪些情況下，自我保險仍是用來處理風險的合理辦法。請至少提出兩種適用於這個情況下的風險。

6. 請解釋下列聲明：「大多數的保險公司不會賣出有風險的保險，除非它們有足夠的資料來運用大數法則。」

7. 什麼是保險利益？它如何保護保險公司以及被保人和財產等。

8. 請定義損害賠償法則。

9. 扣除額對保險公司和被保人有什麼好處？

10. 共同保險公司和股份保險公司有什麼不同？

11. 請評論下面這段話：「保險公司在我們的社會有相當大的經濟力量」。

12. 如果保險公司倒閉的話，州政府管理機構可能代表投保人採取什麼行動？如果這樣的努力失敗的話，還能做些什麼？

13. 請列出至少三家公司，它們可以檢定出保險公司賠償能力。

14. 為什麼保險統計員、避險工程師對保險公司來說很重要？他們的工作會如何影響到被保人？

15. 請列出在保險公司接受投保之前，其風險所必須符合的一些狀況是什麼？若是有不利的情況產生，保險公司可能會怎麼做？

16. 請列出並討論可加入到火災險保單裏的額外保險有哪些，而這些保險可以擴張原來的保險範圍。

17. 保險公司為什麼要在保單中加入共同保險條款？這些條款有何功用？

18. 請作出一份表格，摘要列出目前市面上的各種不同汽車保險。

19. 為什麼有許多州都通過無過失汽車保險的立法？有什麼東西已經傷害到這個保險在某些州的有效性？

20. 請摘要說出下列幾項保險的主要特性並評估每一項保險的需求是什麼：勞工賠償險、公共責任險、產品責任險、忠誠保證、擔保保證、人壽險（各種人壽）、健康險、殘疾收入險、運輸險、動力工廠險、信用保險和危險廢棄物保險。

21. 什麼樣的人壽保險會累計中途解約的保險費？這對投保人有什麼意義？

22. 是什麼讓盈餘線保險不同於本章所討論的其它保險？請舉出有關這方面風險的實例。

23. 倫敦的Lloyd's如何將風險擴張到它所處理的保險當中？請描述如果你要透過Lloyd's來投保某個風險，你所遵循的程序是什麼？

應用個案

個案 17.1：災難年

碰！你的車子撞上那台漂亮紅色法拉利的尾部。當然，你的保險公司會幫你付錢，可是天曉得保險費會提高到多少？沒錯！一定會直線往上衝，像天一般高。在1992年的時候，保險公司必須為安德魯颱風、洛杉磯暴動、芝加哥洪水、一堆的龍捲風、Iniki 颶風和十二月的東北風，付出一大筆的賠償金。可想而知，承保財產／意外險的保險公司都被這一連串的天災人禍給重創了，可是它們的保費卻出乎意料之外的完全沒有調漲。因為預期保費會提高，所以保險公司的股票也隨之大漲，卻

不料保費聞風不動，使得投資客失望透了。該產業的某些部份，例如：再保險公司，都已經將價格往上調漲了，可是財產／意外險的保費卻頂多只是地區性地漲一點而已。所以，我們可以說先前對這個產業有著強烈影響的各種外力並沒有掌控一切。

有些產業觀察家說道，這個「問題」乃源自於保險公司本來就擁有太多的資金了。有了這麼多的錢可以為人們、公司行號以及各種財產保險，也難怪保險價格可以維持低檔的局面，就像石油過剩時，油價滑落，保費仍舊紋風不動的景況一樣。可是這個觀點理由卻不被廣泛接受。就拿安德魯颶風作為例子吧，分析家指出在單一事件中損失資本百分之十的某個產業，是不會有太多資金拿來投資的。事實上，1992年之後，許多保險公司都必須供應它們的財產／意外險子公司一些資金。

因此，這個問題仍然無解：為什麼保險公司在經歷了有史以來最糟糕的一年之後，卻不能如大家所預期的一樣提高保費呢？經過更仔細的分析之後，這個答案漸漸呼之欲出。這次的資本萎縮是由幾家主要公司所持有的投資票券目錄所協助撐起的。保險公司利用低利率，把手中持有的四千億美元債券賣掉了一半以上。這項出售舉動造成了很大的影響，使得該產業的公積金在1992年增加了百分之二點七。經過了這樣的執行運用，保險產業終於把自己拉出了危機之中。不幸的是，如果有更多的災難年出現在他們眼前的話，保險公司可能就會發現到它們的資源耗盡了。

碰！保費得提高了。

問題：

1. 為什麼當保險公司有所損失時，保險費就得提高？
2. 你認為政府應該規定保險公司的資本額度嗎？為什麼？
3. 你會如何描述保險公司的最終財務目標？
4. 你認為保險公司拿投資收入來彌補保費的提高，這種作法明智嗎？為什麼？

個案 17.2：為保險公司再投保

再保險公司專門為一般保險公司分擔風險。若想為保險再投保，就要付正常保費。可是最近一連串的天災人禍已重創了許多再保險公司，然而也有許多再保險公司仍然挺立於市場之中。

American Reliance公司是一家小型的佛羅里達產物保險公司，它在1992年以前，一直稱不上是保險業中的一個要角。在1992年，該保險公司才剛收到兩千九百萬美元的保費，就被因安德魯颶風所造成的五億七千四百萬美元求償金給陷住了。該公司把五億美元的損失分攤給四十六家再保險司，其中包括了Prudential保險公司。一點也不令人驚訝的是，Prudential在1992年的再保險損受當中，受創了三億兩千四百萬美元，就像其它許多公司一樣，只想關門大吉算了。

隨著類似像Prudential和倫敦的Lloyd's在分保上的提供日益減少，第一線上的保險公司也都發現要把風險分攤出去是愈來愈難了。儘管包容量縮減了，需求卻日益地提高，保險公司只得為保險範圍付出更高的保費。此外，再保險公司也在保險範圍上加入了額外的限制條件。以前，它們答應以成比例條件式的項目範圍涵蓋所有的損失，可是現在有愈來愈多的分保項目規定要求最大值的費用。

即使目前的分保容納量有限，第一線上的保險公司還是努力想找出保險的涵蓋項目。這些保險公司對1992年接二連三的災難仍然餘悸猶存，所以紛紛改變它們原先規避分保公司，以求最大利潤值的作法。同時，再保險公司為了要從保險公司身上拿到好處，也利用了多頭市場來提高自己的資本。但是一旦分保市場的容量成長太快的話，就會造成投保的個體戶和公司行號得付出更高保費的結果了。

問題：

1. 再保險公司會如何影響保險公司的利潤？
2. 再保險保費提高，而涵蓋項目卻縮水了，這是什麼意思？
3. 再保險的作法是個好點子嗎？或者它已走到盡頭了呢？請解釋你的理由。

18

管理資訊

我們需要一套同時具有遠見與價值的資訊系統—如果一套資訊系統能夠輔助企業的策略目標，那麼這套資訊系統就是具有遠見的，如果一套資訊系統能夠協助企業提供高品質、低成本的產品與服務給顧客，那麼這套系統就是具有價值的。

JAMES WOGSLAND

Vice Chairman, Caterpillar, Inc.

章節目標

在讀完本章之後，你應該能夠做到下列各點：

1. 解說正式的資訊管理系統的目的、開發與用途。
2. 找出管理者使用的兩種資料，並描述可能同時需要這兩種資料的情況。
3. 舉例說明可以經由觀察而取得的資料，以及需要進行調查方可取得的資料。
4. 描述資料蒐集者可以採用的三種調查型式。
5. 探討如何利用平均數據、相關係數和指數來摘錄資料。
6. 分辨類比電腦與數位電腦之差異。
7. 舉例說明電腦硬體與軟體。
8. 扼要說明微處理器的功能，並提出應用微處理器的實例。
9. 提出至少三種中小企業與個人能夠使用電腦的方式，並提出至少兩種因素說明近年來電腦大行其道的原因。
10. 列出電腦的普遍用途。
11. 描述兩種主要型式的電腦網路。
12. 比較以服務處、分時與租賃等方式取得電腦使用權的優點與缺點。

前言

無論從穿著訂製剪裁很合身的西裝到電話的交談，都可以看出George Borhegyi舉手投足之間充滿了自信，表現出是一位典型的專業人士。身為Cambridge Technology Partners（簡稱為CT Partners）的資訊管理主管，Borhegyi正試著像服務客戶一樣地，替自己的公司設計一套能夠配合企業策略目標的資訊管理系統。CT Partners是一家位於美國麻塞諸塞州劍橋市的資訊整合公司。CT Partners採用最先進的系統開發技術，替客戶設計與建立電腦科技的策略性應用功能。

George Borhegyi

Borhegyi自麻塞諸塞科技大學（亦即知名的MIT）取得電子工程學位畢業之後不久，隨即於一九八七年進入CT Partners服務。「我其實不是一般人所認知的『理工人才』，」Borhegyi謙虛地表示。「我雖然向來對於科技的東西很感興趣，但是我的家裡從來沒有買過電腦。我在求學的時候，就很喜歡商業、心理和科技的課程。而現在我的工作，恰巧都與這三者有關。」

自踏入社會開始，Borhegyi就發現了結合這三者的作法。CT Partners交派給他的第一項任務是擔任企業主管與銷售人員的講師，教導這些人如何使用電腦系統。Borhegyi同樣也是CT Partners能夠快速開發新系統的功臣之一。Borhegyi和辦公室的職員與資訊系統工程師合作，共同撰寫程式，設計功能項目與螢幕畫面。自此，Borhegyi開始著手成立系統開發團隊，替客戶建立電腦系統。「一套好的電腦系統其實並不複雜。在客戶需要資訊的時候，能夠提供他們所需要的資訊，就是很好的電腦系統。這是任何電腦系統都必須具備的主要特色。」

Borhegyi在企業諮詢、現場示範、系統設計與開發、顧客服務、以及授權等方面均有相當深入的參與和優秀的成績。隨著知識與技能的不斷成長，Borhegyi的角色開始轉換，擔負的責任也逐漸加重。「我現在的目標是讓CT Partners本身的員工都能夠利用電腦來處理所有他們可以想到的工作。我們將這項目標稱為「開放系統、共同標準」的概念。CT Partners擁有各式各樣的電腦，像是迷你電腦、工作站、筆記型電腦等等。我們鼓勵員工使用最適合他們自己的電腦系統。

「我們也是一家典型的網路整合企業。所有的電腦均登錄在公司的網路上，甚至可以和世界各地的分支機構連線。如果員工帶著筆記型電腦出差，只要把電話線插入電腦，就可以接收自己的電子郵件。現代化的企業必須具備四通八達的網路。」

Borhegyi認為現代化的管理資訊系統或MIS的定義應為「有策略地善用資訊科技」。此一理念必須搭配不同類型的電腦系統。CT Partners為客戶設計與安裝電腦系統之外，Borhegyi還負責讓自己的公司內部均能全面確實採用這些電腦系統。「除了操作簡單的資訊科技之外，還必須擁有容易取得的資訊。」公司的高階主管可能會問：「我們目前正在進行幾項計畫？利潤是多少？目前的銷售預測是多少？哪些人在負責哪些計畫等等。管理階層只須簡單地按下幾個鍵盤按鍵，就可以在電腦螢幕上看到需要的資訊。CT Partners正在朝著這個方向努力，簡化公司的所有作業執行過程，建立操作簡便的標準化科技平台。」

資訊科技業已成為Borhegyi對於工作最感興趣的部份。或許這也正是為什麼Borhegyi不斷地重新定義工作內容，職責不斷改變與成長的原因。「近年來日新月異的科技，其影響層面愈來愈大，人們可以不斷地發覺科技的商業用途，」Borhegyi如此表示。「當我們利用科技來提昇企業的各項功能的時候，往往可以看到非常真實的回饋。我們甚至不必親身參與電腦科技的創新或改良，但是我們絕對可以利用電腦科技來解決企業的問題。」

各位在第六章已經學習過決策的過程，而資料的蒐集與處理則是決策過程的基礎。如果組織希望成長壯大，就必須提供各個層級的決策者及時的、正確的而且清晰易懂的資料。本章將要介紹企業為了蒐集資料，並將蒐集到的資料轉換成為有用的資訊所採用的系統與方法。本章亦將探討電腦在為企業與個人處理龐大資料時所扮演的角色。

管理資訊系統之重要性

管理資訊系統
一種有組織的方法，用以蒐集企業內部與外部的資料，並利用電腦來處理這些資料而產生最新的、正確的、且對所有決策者具有意義的報告

大型企業為瞭解決資料蒐集的需求，會建立一套管理資訊系統（簡稱MIS）。**管理資訊系統**（management informational system）是一種有組織的方法，用以蒐集企業內部與外部的資料，並利用電腦來處理這些資料而產生最新的、正確的、且對所有決策者具有意義的報告。

管理資訊系統具有兩種功能。首先，管理資訊系統有系統地蒐集企業內部資料
—各種有關企業銷售、存貨、費用、價格、生產比率和員工人數等事實—與外部資
料—各種有關競爭者動作、市場趨勢、統計趨勢、法令規章、供應商變動等企業所
身處的環境的事實。管理資訊系統再將這些資料加以處理，把相關的資料組合在一
起，分析這些資料，最後以標準的格式統整這些資料的意義。經過前述兩道動作之
後，零散的資料便轉換成為有意義的資訊。圖18.1即以圖表說明管理資訊系統的意
涵。

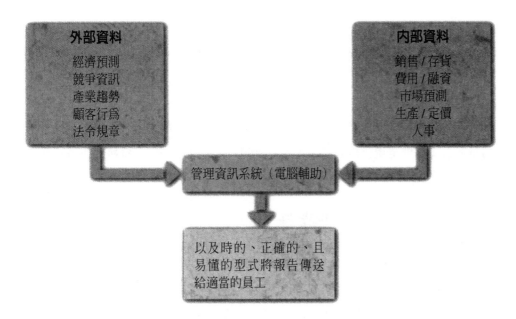

圖18.1
管理資訊系統

　　在獨資或合夥的小型企業裡，老闆往往一手包辦了所有的管理資訊功能。然而
對於通用食品（General Foods）或聯合科技（United Technologies）等大型企業而
言，管理資訊系統的角色與結構卻複雜了上百倍。管理資訊系統必須能夠處理來自
每一座工廠與每一處辦公室的資料，也必須能夠處理中央政府機構、貿易組織、主
要客戶群與特殊利益團體等相關外部來源的資料。各個層級的員工如欲做出聰明
的、完善的決定，就必須能夠取得這些內部的與外部的資訊。每一天，管理資訊系
統都會協助組織完成上上下下數千件事情的決定。舉例來說，年度營業額高達一百
億美元的Caterpillar Inc.，其產品銷往全球一百四十個國家。為了成功地管理此一企

業帝國，Caterpillar Inc. 便建立了一套電腦化的管理資訊系統，總計橫跨了二十三個時區，並可支援六萬台終端機和工作站。Caterpillar Inc. 的員工可以和九百家的供應商與全球超過一千處的經銷點交換資料。

為了滿足員工對於資訊的需求，大型規模的管理資訊系統必須能夠迅速正確地處理自所有相關人員有系統地蒐集到的資料，提供給需要這些資料的使用者。換言之，管理資訊系統的設計必須能夠找出相關資料的來源，將這些來源的資料輸入中央處理器（在大型企業則爲電腦），判斷報告製作的格式與頻率，及時地、正確地將資料轉換成這些報告，最後再將報告傳送給需要的使用者。

資料的蒐集、彙整與報告

為了創造資料的價值，管理資訊系統必須利用適當的技巧來蒐集與彙整資料，清楚並且正確地呈現分析的結果，讓所有的員工均能瞭解這些資料，並將其應用於每一天的決策當中。

第一手資料與第二手資料

第一手資料
企業必須自行蒐集或委託其它企業代以蒐集的資料

第二手資料
以前存在，可以輕易取得的資料

企業會接觸到兩種資料：第一手資料與第二手資料。**第一手資料**（primary data）係指企業必須自行蒐集或委託其它企業代爲蒐集的資料。舉凡消費者購買動機、企業與產品的形象、以及員工對於工作的態度等都是第一手資料的實例。

第二手資料（secondary data）係指以前存在，可以輕易取得的資料。換言之，取得和使用第二手資料的成本較低。舉凡中央政府機構等公共來源和公會刊物與雜誌等民間來源等，均可取得第二手資料。大學的圖書館就有大量來自於政府與民間等管道的第二手資料。各位應當已經察覺，本書其實也採用了爲數眾多的第二手資料。誠如前人所言，教育的過程中往往不是學習新知，而是學習如何找到自己需要的資料與數據。

企業也和我們個人一樣，莫不重視第二手資料的低廉成本和取得與使用上的便利。然而，單憑第二手資料往往無法解答管理階層的所有疑問，企業仍然需要第一

手資料。企業在選擇經銷中心或是製造廠房的地點時，可能會向戶政單位索取不同地區或城市的人口成長與薪資收入等數據，然後針對根據本書第十一章所介紹的考量層面來分析比較每一處地點的優缺強弱。

　　管理者必須根據下列三道步驟來處理資料：（1）利用適當的技巧來蒐集資料；（2）選擇適當的方法來分析或彙整資料；（3）導出結論，並根據結論來擬訂決策。圖18.2 說明了這三道步驟的內容與順序。

資料蒐集技巧

　　管理階層可以利用兩項技巧來蒐集資料。至於應該選擇哪一項技巧，端視其所處環境與其所面臨的問題而定。

觀察　　如果我們尋找的資訊已經存在或者已經記錄在某一來源，那麼我們便可藉由觀察（observation）來蒐集資料。如果情況允許，我們應該儘可能地利用電子儀器

操之在己

請說明您認為當企業由在單獨一處地點獨資經營的型式，逐漸成長為橫跨許多國度的跨國企業集團時，其管理資訊系統應做如何的變革。

圖18.2
處理資料的三道步驟

或機器設備來進行觀察。電子儀器的費用往往低於人工，而且不會因為疲倦、無聊、和其它人為因素而影響觀察結果的準確性。此外，機器往往比較不會引起受測者的注意，進而影響觀察中的行為。實務上較常用於觀察的電子儀器計有：

- 自動點唱機，可以記錄每一張唱片播放的次數
- 十字轉門，可以記錄進入與離開遊樂場所的遊客人次
- 計數器，可以記錄經過十字路口的車流數量

意見調查　企業需要意見、反應或其它無法藉由觀察與記錄得知的資訊時，往往會進行調查來蒐集資料。調查的目的在於瞭解：

- 消費者對於包裝設計或新產品口味的反應
- 特定地理區域的四口家庭的年平均收入
- 員工對於公司的訓練計畫、升遷機會與薪資水準等的感受

管理階層必須提出問題，方能取得無法藉由觀察而得的資料。企業可以利用郵件、電話與人員來進行意見調查。然而無論採用何種調查方式，均應仔細地斟酌問題的字句，以免影響答案的正確性。受訪者的偏見往往會造成調查結果失真。

雖然利用郵件來進行意見調查能夠接觸到最多的目標團體，然而結果卻往往令人失望。尤其是當調查的內容需要受訪者填寫冗長的答案，或者需要受訪者進行計算或四處搜尋答案的情況下，受訪者往往寧可直接把問卷丟到垃圾桶裡。

為了克服此一問題，企業必須提供誘因，鼓勵受訪者回答問題。凡是不介意提供個人資料或意見，並且將填寫完的問卷寄回的受訪者可以獲得特定的禮物。另一種方法則是直接將禮物連同問卷一併交寄，讓受訪者覺得自己有義務回答問卷上的問題。舉凡Fortune、Rudder和Aviation Week等刊物均曾在進行市調的時候，提供受訪者現金回饋的誘因。

消費者為了取得保證服務所寄回的回函卡，也是企業蒐集產品的新使用者資料的方法之一。這些回函卡上面可能印製了「為什麼購買本項產品？」、「在哪裡購得本項產品？」、「是否擁有本公司的其它產品？」等問題。誠如本書第八章所述，這

些資料均可用以幫助生產廠商找出消費者的購買動機、較受歡迎的銷售據點、品牌忠誠度、以及各個市場區隔的其它特色。圖18.3即為回函卡的範例之一。

　　電話訪查的成本較高，因為訪查員必須一一打電話向受訪者詢問問題，然而卻也可以深入範圍較廣的地理區域。電話公司會提供類似的服務，僅收取每月的定額費用。

　　企業往往無法透過電話來要求受訪者試聞新的刮鬍水的香味，或者透過郵件來要求收件人品嚐新的果凍口味。遇此情況，企業必須改採人員訪查的方式－也是成本最高的調查方法。訓練有素的訪查員可以面對面地與受訪者個別接觸，要求受訪者觀看、聆聽、感覺或嗅聞特定產品，然後提出他們的反應。

　　回顧一九六〇年之間，美國的人口調查工作都是透過調查員挨家挨戶地來進行。直到一九六〇年，美國戶政機關才改用郵件調查的方式。到了一九八〇年，超過百分之九十（90%）的人口調查工作都已改用郵件調查。美國聯邦政府在一九九〇年進行人口調查的時候，就編列了二十六億美元的經費－平均每一人10.40美元的費用。單是郵資就花費了七千萬美元，而印製八千一百萬份內容包括了十四道問題的調查表格則花費了一千八百萬美元。（另外每六戶就有一戶會收到長達五十九道

大部份的市調是經由個人訪談得來。

圖18.3
回函卡

產品回函卡

為了能夠在未來提供您更好的服務,希望您能夠填寫下列資訊,並將回函卡寄回本公司。感謝您的惠顧與配合。

1.您是　□男性　□女性　□已婚　□未婚

姓名＿＿＿＿＿＿＿＿＿＿＿＿

地址＿＿＿＿＿＿＿＿＿＿＿＿＿＿＿＿＿＿＿＿＿＿＿＿＿＿＿

購買日期＿＿＿年＿＿＿月＿＿＿日　　　　產品型號＿＿＿＿＿＿＿＿＿＿＿＿＿

A.購買地點:

1.□藥局	2.□折扣商店
3.□型錄產示處	4.□百貨公司
5.□雜貨店	6.□美容沙龍
7.□五金店	8.□親友贈送
9.□其它	

B.如果是親友贈送的禮物,是否是您自己要求指定的?

1.□是　　　　　2.□否

C.您曾經擁有哪些其它品牌的同樣產品?

1.□這是第一次擁有的同樣產品
2.□Conair
3.□Clairol
4.□Gillette
5.□G.E.
6.□Norelco
7.□Pollenex
8.□Schick
9.□Sunbeam
10.□Water Pik
11.□其它,請指明＿＿＿＿＿＿＿＿＿＿＿

D.目前您家裡總共擁有多少同樣的產品(無論類型的差異)?

1.□只有一個	2.□兩個
3.□三個	4.□四個
5.□五個	6.□五個以上

E.您第一次聽說本公司的產品是在何處?

1.□雜誌廣告	2.□朋友推薦
3.□店員推薦	4.□報紙廣告
5.□電視廣告	6.□美容師推薦
7.□其它	

F.請勾選兩項您在購買本公司產品時,認為最重要的兩項因素:

1.□品牌
2.□價格
3.□風格 / 外觀
4.□重量較輕
5.□耐用程度
6.□特殊功能
7.□保證服務
8.□以前使用本公司產品的經驗

G.過去六個月期間,您曾經做過下列哪些動作?(複選)

1.□使用產品折價券
2.□購買郵購目錄的商品
3.□寄回雜誌上的產品調查問卷
4.□購買郵件介紹的折扣商品
5.□參加現金促銷或競賽活動

H.您的年齡是?

1.□12歲以下	2.□12-17歲
3.□18-24歲	4.□25-34歲
5.□35-44歲	6.□45-54歲
7.□55-64歲	8.□64歲以上

I. 您的婚姻狀況：

   1.□已婚   2.□未婚

J. 您的家庭年收入最接近？

   1.□十萬美金以下
   2.□$10,000-$14,999美金之間
   3.□$15,000-$19,999美金之間
   4.□$20,000-$24,999美金之間
   5.□$25,000-$29,999美金之間
   6.□$30,000-$34,999美金之間
   7.□$35,000-$39,999美金之間
   8.□$40,000-$44,999美金之間
   9.□$45,000-$49,999美金之間
   10.□$50,000美金以上

K. 您的家庭裡是否有以下的年齡層的小孩？

   1.□2歲以下   2.□2-4歲
   3.□5-7歲   4.□8-10歲
   5.□11-12歲   6.□13-15歲
   7.□16-18歲

L. 您目前居住的地方，是

   1.□自有獨棟房屋？   2.□承租獨棟房屋？
   3.□自有公寓？   4.□承租公寓？

M. 您使用下列何種信用卡？

   1.□獨立發卡機構(美國運通、大來卡)
   2.□銀行(萬事達卡、威士卡)
   3.□百貨公司認同卡等其它信用卡

N. 您的工作是：（單選）

   1.□專業技術人士
   2.□高階管理人員/行政人員
   3.□業務人員、服務業從業人員、中階管理人員
   4.□辦公職員、白領人士
   5.□工匠、藍領人士   6.□學生
   7.□家庭主婦   8.□退休

O. 您和您的家人有哪些興趣及嗜好？

   1.□網球   2.□高爾夫球
   3.□滑雪   4.□跑步 / 慢跑
   5.□露營 / 登山   6.□打獵 / 射擊
   7.□釣魚   8.□騎腳踏車
   9.□板球   10.□滑水 / 滑船
   11.□蒐集郵票 / 硬幣 12.□賽車
   13.□觀賞錄影帶   14.□健身 / 運動
   15.□拍攝家庭錄影帶
   16.□駕駛休閒車輛 / 四輪傳動車輛
   17.□拍照   18.□收聽廣播
   19.□家庭DIY   20.□園藝 / 盆栽
   21.□電器用品   22.□修理汽車
   23.□縫紉   24.□手工藝
   25.□收藏   26.□藝術與古董
   27.□視聽設備   28.□國外旅遊
   29.□參加文化活動   30.□品嚐美食 / 烹飪
   31.□健康 / 自然食物 32.□品酒
   33.□流行服飾   34.□家居裝潢
   35.□唱片與錄音帶   36.□閱讀
   37.□科幻小說   38.□天文 / 占星
   39.□股票/債券投資 40.□不動產投資
   41.□自我提升活動   42.□社區 / 民生活動

非常感謝您的填答；您所提供的資訊將可協助本公司在未來提供更好的服務給您。本公司會和許多企業共同合作，將可針對您所填答的資訊，提供新產品、流行趨勢等相關資訊給您。如果您不願意收到這些產品與服務的相關資訊，請在框內打勾註明。□

對於我們的產品，您是否還有其它的意見與建議：

_____

_____

_____

_____

_____

_____

問題的調查表格。）戶政機關僱用了四十八萬名臨時員工來支援既有的九千名員工，成立四百八十四處地區性辦事處，使用6,885台電腦終端機，68,000張辦公桌，和75,000張辦公椅。估計收到調查表的家庭當中，百分之二十八（38%）不會寄回調查表，因此戶政機關必須派員親自調查這些沒有填寫調查表以及另外六百五十萬戶沒有郵政服務的家庭的人口數據。

根據瞭解，通用汽車每一個月都會針對美國與其它市場的一千名新客戶進行調查，以瞭解這些新客戶對於購買通用汽車的感想，以及他們對於通用汽車經銷商的銷售與服務人員的評價。

抽樣

實務上想要接觸目標團體的每一個人是不切實際─即使可能─的想法。因此，企業必須設法從樣本當中取得所需資料。所謂**樣本**（sample）係指在想要瞭解的較大（或整體）群體當中，挑選出具有相同特色分佈情形的較小群體。藉由較小群體的資料，可以獲得關於較大群體的相關結論。

舉例來說，本書第十一章曾經介紹過企業會測試其購買與製造的不同產品的可靠度。然而有鑑於產品種類與數量可能非常龐大，管理階層可能會決定只抽取一定數量的樣本來進行測試，而不一一測試每一種與每一個產品。如果抽樣方法正確，那麼結果可以和全檢一樣精確，而且時間較短、成本較低。對於大量生產的同質產品而言，尤其適用抽樣檢查方法。

樣本通常分為兩類。企業可以採取**隨機抽樣**（random sample）的方法，也就是整體母數的個體被抽到的機率完全相等。假設母體是特定區域內的所有超級市場。研究人員將每一個超市的名稱寫在一張紙上，然後將紙條丟入箱子裡面，再從箱內抽出二十張紙條，那麼被抽出來的超市就是隨機樣本─還沒有被抽到的紙條被抽出的機率皆相等。

研究人員往往希望抽樣的結果能更為精確，因此亦採用**分組隨機抽樣**（stratified random sample）的方法，亦即將母體根據某一或某些特性，區分為不同的組別，再從每一組當中進行隨機抽樣。分組樣本較能顯示出某一市場區隔的詳細資料。分組隨機抽樣方法可以找出不同性別、年齡或地理區域的目標團體的特性。舉

樣本
在想要瞭解的較大（或整體）群體當中，挑選出具有相同特色分佈情形的較小群體

隨機抽樣
整體母數的個體被抽到的機率完全相等

分組隨機抽樣
將母體根據某一或某些特性，區分為不同的組別，再從每一組當中進行隨機抽樣

例來說，假設研究人員想要瞭解低熱量啤酒消費者的習慣與偏好，尤其是住在東北部（地理區域）的二十五歲（年齡）以上的女性（性別）消費者。一旦定義出目標團體之後，便可將分組後的樣本視爲母體，再就此一母體進行隨機抽樣調查。

如果樣本不具代表性，那麼管理階層所獲得的關於母體的結論與認知將會失眞。因此，如何設計樣本便成爲資料蒐集活動的關鍵步驟。例如：一項針對美國企業界進行的研究找出了許多關於企業活動以及高階主管的特質與工作習慣的種種結論。然而這項研究的資料蒐集方法卻備受批評，因爲研究人員僅抽樣十三家企業，接受調查的管理者也不到一千一百位。這些受訪企業不僅全部都在年度營業額排名一百大的榜單之外，而且僅有百分之二十三（26%）的受訪企業年營業額超過十億美元。

資料的彙整

無論利用觀察法或意見調查法，一旦資料蒐齊之後，接下來的步驟便是彙整這些資料所代表的意義。實務上經常利用三種方法來彙整蒐集到的資料：平均法（averages）、相關法（correlations）與指數法（index numbers）。

平均法　求算資料的平均數值的方法有三。至於應該採用何種方法，多半須視資料的性質而定。每一種方法都是先將得到的數據排成**數列**（array），也就是將數據由高而低或由低而高依序排列。

第一種計算方法稱爲**算術平均法**（arithmetic mean），也就是將數列當中的所有數據加總起來，然後除以所有數據的總數。假設某位業務經理正在審核去年度每一位業務人員的年度業績，分別爲$15,000、$18,000、$23,000、$27,000、$30,000、$48,000和$56,000。總業績是$217,000。爲了求算平均業績，這位業務經理直接將總業績除以業務員的總人數，求算出平均數爲$31,000。

然而當數列當中出現異常高或異常低的數據時，算術平均數往往會出現偏高或偏低的現象。假設前例當中的某位業務員的業積不是$56,000，而是$91,000。於是年度總業績增加到$252,000，新的算數平均數則爲$36,000—比原先的平均數增加了$5,000。如果不細究數列當中的數值分佈情形，恐怕很難判斷算數平均數是否合理

數列
將數據由高而低或由
低而高依序排列

算術平均法
將數列當中的所有數
據加總起來，然後除
以所有的數據的總個
數

地反映出整體的平均表現。

中位數法
以數列當中位於最高值與最低值中間位置的數值爲平均數

第二項平均法則避免了此一缺點。第二項平均法不會受到異常數值的影響。**中位數法**（median）係指以數列當中位於最高值與最低值中間位置的數值爲平均數。沿用前例，數列應爲：

$15,000

$18,000

$23,000

$27,000

$30,000

$48,000

$91,000

中位數爲$27,000，因爲其恰好介於最低值$15,000和最高値$91,000的中間位置。中位數係由數列當中的位置而定，因此不會受到極值失眞的影響。如果數列當中共有偶數個數據，那麼便將位於中間位置的兩個數據加總起來除以二，便可求出中位數。

重數法
以數列當中最常出現的數據爲平均法

第三項平均法則**重數法**（mode），亦即以數列當中最常出現的數據爲平均數。然而在某些情況下，數列當中並無重複出現的數據，或者同時擁有重複出現次數相同的數據。重位數法是三種平均法中最不常用的方法。舉例來說，假設我們現在位於美國亞特蘭大市或拉斯維加市的賭場內（當然僅僅爲了研究的目的），在觀察了俄羅斯輪盤幾分鐘以後，我們發現最常出現的是下列點數：

5

17

46

30

11

12

17

38

17

遇此情況，計算算術平均數或中位數並沒有任何意義。而重位數17卻可以讓我們看出俄羅斯輪盤的點數機率。如果我們在17這個點數上持續下賭的話，贏錢的機率應該是最高的。

相關法（correlation）

相關法
一群資料當中兩種或兩種以上的特性之間的因果關係

係指一群資料當中兩種或兩種以上的特性之間的因果關係。仔細分析蒐集或抽樣而得的資料當中，亦可找出一種或一種以上的關聯，相關性的研究可以讓我們瞭解因變數隨著自變數改變的情形。本書第十七章曾經介紹過大數法則，而相關係數正是大數法則的核心。如果我們可以找出兩種或兩種以上變數之間的關聯，便可獲得相當重要的預測能力。

一般而言，相關性必須具有嚴謹的邏輯基礎。特性甲的改變造成特性乙的改變，且特性甲與特性乙之間必須具有符合邏輯的關聯。如果我們無法解釋明顯關聯之間的邏輯基礎，那麼這樣的關聯可能僅限於數據之間的機率巧合而已。舉例來說，許多人認為餐廳外圍停放的車輛數目和餐廳食物的品質之間具有一定關聯；然而細究之下卻可能發現，停放車輛的數目可能其實和另一餐廳的距離或者這家餐廳也附加加油設備等因素之間的關係更為密切。

美國的國家高速公路交通安全局曾經針對四個州強制摩托車騎士戴安全帽的規定進行研究，結果發現這些州取消強制戴安全帽的規定之後，機車事故死亡率攀升至百分之二十三（23%），而新領牌照的機車數量卻只增加百分之一（1%），且機車行駛的總距離卻沒有明顯的增加。以美國科羅拉多州為例，自從取消強制戴安全帽的規定之後，機車騎士戴安全帽的比例降為百分之六十，而嚴重頭部外傷的事故卻增加了百分之兩百六十（260%），機車事故死亡率也攀升了百分之五十七（57%）。種種現象之間似乎具有某種關聯。

吸煙與肺癌之間也具有一定的關聯。傢俱、窗簾、和地毯的需求也和新屋推案有關。哈雷機車公司也曾指出年輕男性的失業率和機車銷售量之間具有相當程度的關聯，而零售商則指出失業率和機車失竊率之間也出現某種關聯。各大報紙的求才廣告不僅透露出企業的招募計畫，更與經濟景氣的枯榮息息相關。

指數法　第三種彙整資料的方法稱爲**指數法**（index number），亦即將具有某些特性的資料予以量化，以單一的數據來表達。指數法有助於吾人比較不同期間的特定複雜情況，或比較同一期間的不同樣本資料。

本書第十五章曾經介紹過美國的勞工統計局爲了監督通貨膨脹率，會發佈兩種消費者物價指數，亦即CPI-U與CPI-W。勞工統計局僱用了四百五十位調查人員，每一個月都會針對全國八十五座都會區的零售商店與服務進行抽樣調查，瞭解至少三百五十種民生用品的價格。勞工統計局以一九八二年至八四年的平均價格爲基期，來比較當期的物價，瞭解消費者物價指數的變動情形。美國聯邦政府亦可參考每一個月發佈的物價指數，監督通膨率，並適時採取適當措施來控制人民的生活成本。圖18.4即爲近年來CPI-U的變動圖表。

除了消費者物價指數之外，勞工統計局亦會編製生產者物價指數（以往均稱爲「躉售物價指數」）。生產者物價指數同樣是以一九八二年至八四年的平均價格爲基期，來反映零售價格的變動情形。勞工統計局在調查生產者物價指數的時候，是利用郵件與電話以及少數的調查人員，針對抽樣出來的零售廠商進行調查。躉售價格

圖18.4
消費者物價指數，
1970-1992年

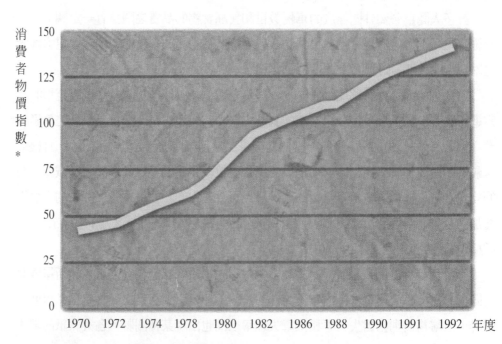

* 消費者物價指數(CPI-U)僅代表都會區消費者。
　資料來源：美國勞工部，勞工統計局

與消費者物價之間具有相當的關聯程度。當生產者價格指數上漲的時候，消費者物價指數通常在短期內也會隨之上漲，乃因製造商與零售商均會將增加的成本轉嫁予消費者所致。

資料的報告

資料的彙整必須力求精確，才不會令使用者毫無頭緒地淹沒在堆積如山的報告當中。彙整後的資料可以藉由許多常用的方式予以呈現，至於採用哪一種型式端視資料的特性而定：

- 圓餅圖（pie chart）每一單位的變數分佈情形。圖18.5a 即為圓餅圖的釋例。
- 橫長條圖（horizontal bar chart）比較同一期間的不同項目。（參閱圖18.5b）
- 直長條圖（vertical bar chart）比較不同期間的同一項目，或同一項目的不同特性。（參閱圖18.5c）
- 曲線圖（line graph）顯示出一種或一種以上的特性在一定期間內的變動趨勢。圖18.4 即為曲線圖的型式。
- 統計圖（statistical map）係以一項或一項以上的因素為基礎，來比較不同地理區域的特性。（參閱圖18.5d）
- 統計繪圖表（pictograph）則以圖片來比較或表達資料。（參閱圖18.5e）

認識電腦

利用電腦來處理管理資訊系統中的龐大資料，實為最常用也最有效率的方法。**電腦**（computer）係指能以極高的速度，自動執行大量重複計算的工作，而且準確度通常很高的機器。常見的電子計算機也可以執行類似的計算功能，但是使用者必須自行輸入資料，而且必須指定執行的功能。相反地，電腦卻能夠自動執行一連串的功能直到資料處理完畢為止，而不需要不斷的人工設定命令。電腦可以應用於：

電腦
能以極高的速度，自動執行大量重複計算工作，而且準確度通常很高的機器

圖18.5
呈現資料的常用方法

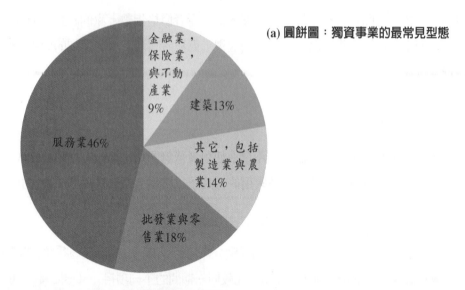

(a) 圓餅圖：獨資事業的最常見型態

金融業，
保險業，
與不動
產業
9%

建築13%

服務業46%

其它，包括
製造業與農
業14%

批發業與零
售業18%

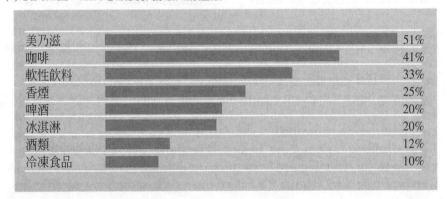

(b) 橫長條圖：品牌忠誠度影響最大的產品

美乃滋	51%
咖啡	41%
軟性飲料	33%
香煙	25%
啤酒	20%
冰淇淋	20%
酒類	12%
冷凍食品	10%

(c) 直長條圖：企業組織型態之比較

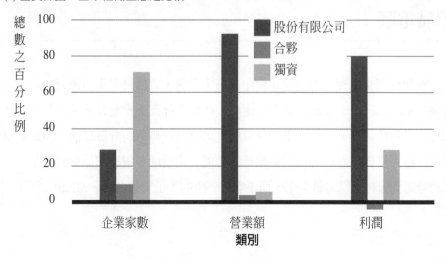

總數之百分比例

股份有限公司
合夥
獨資

企業家數　　營業額　　利潤

類別

(d) 統計圖：執行就業權利法規的州

續圖18.5

■ 沒有就業權利法規的州
■ 有就業權利法規的州

(e) 統計繪圖表：家庭使用的折價券數目

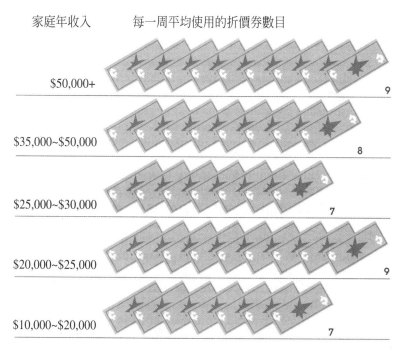

家庭年收入	每一周平均使用的折價券數目
$50,000+	9
$35,000~$50,000	8
$25,000~$30,000	7
$20,000~$25,000	9
$10,000~$20,000	7

資料來源：Lawrence J. Gitman and Carl McDaniel, *The World of Business* (Cincinnati: South-Western), 1992.

■ 加減存貨數據，計算目前餘額

■ 將銷貨金額加入應收帳款帳戶，將收到貨款自應收帳款帳戶中扣除

■ 計算薪資，包括扣減代繳所得稅、保險費、工會會費等

雖然電腦無法像人類一樣地思考（think），但是卻可以利用分析、比較等方法來判斷（decide）兩個元素之間的大小多寡。

人們並不需要用特別的機器來處理資料。資料自然而然就會在使用電腦的過程中被處理掉。就像各位在計算每一個月的銀行帳戶餘額的時候，電腦就會主動處理相關資料。小型企業往往也會僱用專門的職員，利用紙筆來處理薪資和其它記錄。然而隨著企業的規模不斷成長，需要處理的資料數量之龐大往往超出人工所能負擔的範圍。舉例說明，美國在輸入一八八〇年的戶口普查（美國歷史上最後一次利用人工來處理戶口普查資料）資料進入電腦，前後總共花費了七年的時間才完成彙整的耗大工程。整個資料的彙整完成、僅距離下一次的戶口普查時間僅剩兩年。這次經驗，也促使美國政府努力地尋找更有效地處理龐大資料的方法。

電腦的類型

企業使用的電腦可以分為類比式電腦與數位式電腦兩類。

類比式電腦

類比式電腦
以相對於問題或情況的模式的比較方式來處理資料的電腦

類比式電腦（analog computer）係指以相對於問題或情況的模式的比較方式來處理資料的電腦。舉凡由線路連結的計速器、彈簧帶動的鐘錶和汽車行進路線的控制等都是類比式電腦的應用實例。

企業廣泛地採用類比式電腦來控制複雜的製造設備。設定好預定的速度、壓力、溫度或其它作業變數之後，類比式電腦便可自動監控與調整機器的績效，以確保機器的運作符合規定。在典型的自動化引擎裝配線上，可以利用電腦來調整刺耳的引擎組來達到預定的工程水準，而不需要太多的人工作業。

身處能源意識普遍高漲的時代，類比式電腦也出現了更具遠景的應用功能，也就是自動控制大型建築物的溫度。只要在建築物的重要位置安裝感應器來讀取溫度，電腦便可自動調節冷氣、暖氣和通風系統。近年來，市場上最便宜的電腦溫控系統的成本至少都超過美金$20,000，但是IBM和Honeywell 等公司仍能成功地賣出至少2,500套。

數位式電腦

數位式電腦
根據一組指令來處理
精確的資料的電腦

　　數位式電腦和類比式電腦不同之處在於**數位式電腦**（digital computer）係根據一組指令來處理精確的資料的電腦。只要符合下列條件，數位式電腦可達百分之百（100%）的準確度：

1. 資料百分之百（100%）正確。
2. 處理資料的指令正確而且完整。
3. 電腦的電子零組件不會失誤（雖然故障機率不大，但仍可能發生）。

　　由於數位式電腦可以處理存貨控制和薪資記錄等重複運算的工作，因此實務上的應用更為廣泛。因數位式電腦的功能強大，端視管理階層能夠善用與否。

　　歷史上首台數位式電腦係於一九四六年由美國賓州大學所製造，並且命名為電子數位整合器與計算機（Electronic Numerical Integrator and Calculator；ENIAC）。這台數位電腦的始祖不僅體積龐大，而且重量高達三十公噸，裡面共有70,000個電阻、10,000個電容器和6,000個轉換器。平均每七分鐘，18,000個真空管中就有一個真空管會燒壞。

　　相較於今天體積輕巧的電腦，這台數位電腦的始祖簡直有如恐龍怪獸。爾後拜貝爾實驗室在一九五〇年代後期開發出電晶體之賜，電腦的體積逐漸縮小，運算時間也大幅縮短為以百萬分之一秒為單位。現代化的微處理器（將在本章後面的段落再行探討）的運算時間是以百萬分之一秒為計算單位，目前更朝著三百萬分之一秒的運算單位目標前進。當今電腦的高速運算速度其實多半歸功於零組件的迷你化。隨著電子零組件的體積不斷縮小，其用以完成計算工作所需的時間也不斷地縮短。

讀者或許已經在許多地方接觸到數位式電腦，因為數位式電腦的商業用途已經相當廣泛而普遍。接下來的段落將以介紹數位式電腦的零組件為主。

硬體 一般提到電腦**硬體**（hardware）的時候，其實係指數位式電腦外觀上可以分辨出來的五大單位（圖18.6）：

硬體
數位式電腦外觀上可以分辨出來的五大單位

圖18.6
數位式電腦系統的單位與專有名詞

輸入單位
輸入資料到電腦裡以進行處理的部份

記憶單位
也就是電腦的電子倉庫，可以根據程式的指令來儲存資料

運算單位
負責執行資料的計算工作

控制單位
亦即電腦的協調單位，負責命令其它單位各司其職以完成資料處理工作

輸出單位
將處理完畢的資料以管理階層能夠使用的格式呈現出來

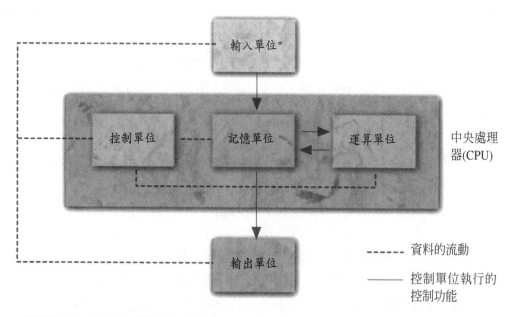

*介面設備（不一定和中央處理器位於同一位置）

- **輸入單位**（input unit），亦即輸入資料到電腦裡以進行處理的部份
- **記憶單位**（memory unit），也就是電腦的電子倉庫，可以根據程式的指令來儲存資料
- **運算單位**（arithmetic unit），負責執行資料的計算工作
- **控制單位**（control unit），亦即電腦的協調單位，負責命令其它單位各司其職以完成資料處理工作
- **輸出單位**（output unit），將處理完畢的資料以管理階層能夠使用的格式呈現出來

前述的記憶單位、運算單位與控制單位均位於電腦的中央處理器（簡稱CPU）裡面。輸入與輸出單位—也時候亦稱為介面設備—則不一定位於中央處理器內；一般情況是，輸入與輸出單位多半另設它處，再以電話線或其它電子設備與中央處理器相連。

資料通常是經由鍵盤或光學掃瞄器—直接「閱讀」來源文件上的資料的儀器—來輸入電腦。處理完畢的資料則經由輸出媒介，轉換成為有用的資訊。影像顯示終端機（簡稱VDTs）將處理過的資料顯示在螢幕上，原理就好比電視台把畫面傳送至電視螢光幕上一樣。資訊亦可列印在紙張上面，或者複製到磁片或磁帶上。

軟體　通常可以定義為除了硬體之外，電腦化資料處理系統的所有其它部份。更明確地來看，軟體（software）包括了操作手冊和其它印刷文件、顧客訓練計畫、維護服務與程式設計協助等。然而實務上軟體一詞常被視為程式本身。**程式**（program）係指儲存在記憶單位的軟體內容，用以按部就班地向控制單位發出指令，讓控制單位要求其它硬體執行任何必要的作業。每一項資料處理工作都需要個別的程式；沒有程式的電腦，則形同廢物。

撰寫程式不僅曠日費時、而且成本高昂。程式設計師必須能夠預見每一種可能出現的決策或計算需求，然後編寫程式來告訴電腦在何種情況下應該進行何種動作。某些電腦製造商並不提供程式撰寫的服務，使得其生產出來的電腦就好比沒有駕駛員的汽車一樣：所有的硬體設備一應俱全，但是缺乏開始動作的關鍵要素。某些企業因為其計算工作需要特殊的運算過程或條件，因此無法使用既有的套裝程式，而必須自行聘請程式設計師或軟體公司來撰寫訂製的軟體程式。舉例來說，每一年在電腦系統上編列的經費估計高達十億五千萬美元的花旗銀行，便在全球各地僱用了四千位全職的程式設計師與資訊管理人員來撰寫量身訂製的軟體程式，處理每一年多達數百萬筆的交易。

電腦語言　撰寫程式必須利用與電腦本身以及其所將處理的資料類型（可能是商業資料，可能是科學資料）等相容的語言。這一類的語言其實就是一連串機器能夠理解的符號，是人類與電腦之間的溝通橋樑。最常用的電腦語言（computer languages）計有：

軟體
除了硬體之外，電腦化資料處理系統的所有其它部份

程式
儲存在記憶單位的軟體內容，用以按部就班地向控制單位發出指令，讓控制單位要求其它硬體執行任何必要的作業

- FORTRAN （亦即formula translation的簡稱）。此一語言可以用於撰寫需要處理龐大的科學性資料之程式。FORTRAN語言學習起來相當簡單，而其之所以廣為人所學習的原因之一，不外這個語言是由IBM員工為該公司的電腦設備—目前最常見的電腦硬體—於一九五七年開發成功的程式。當然FORTRAN亦可用於其它品牌的電腦。除了科學上的應用之外，FORTRAN也是用於撰寫許多動畫與影象等編輯程式的常用語言。知名的電影「侏儸紀公園」當中許多精彩的電腦化特殊效果就是利用FORTRAN語言所撰寫的軟體程式編輯而成

- COBOL （亦即common business-oriented languages的簡稱）。此一語言係於一九五〇年代後期，為了因應美國國防部—在當時是美國全國最大的電腦使用者—的需求所開發出來的電腦語言。回顧當年，美國國防部希望能夠開發出一種電腦語言，能夠和不同地區的不同廠牌與型號的電腦相容。COBOL主要係為處理商用資料，而非為高科技資料所設計

- PL/1 （亦即Programming Language One的簡稱）。此一語言可謂FORTRAN與COBOL之間的橋樑，結合了兩者的優點。PL/1具有相當高的彈性，可以同時處理科學性資料與商用資料

- BASIC （Beginner's All-purpose Symbolic Instruction Code）。此一語言的應用相當簡便，因此多被視為程式設計語言的入門。BASIC的簡便與技術能力特別適用於複雜的企業資料處理工作，包括薪資、應收帳款和其它會計功能等。BASIC可謂當今最受歡迎的電腦程式語言

微處理器

　　微處理器也稱為晶片電腦，其實也就是嵌在四分之一平方英吋的半導體上的迷你積體電路板。這些發明於西元一九七四年，形狀僅如雪片般大小的超高功能積體電路上包含了數千個小到難以想像的電子零組件。用於現今桌上型電腦記憶儲存的晶片能夠利用相當於人類頭髮細胞三十分之一的空間，輕鬆地儲存二十五萬六千位元（256K bits）的資訊—相當於大城市的整本電話簿。微處理器每一分鐘可以執行

六百萬次運算，遠比每分鐘僅能執行三十萬次運算的電腦始祖ENIAC超前許多。拜晶片速度大增之賜，在短短不到十年的期間內，電腦運算的成本已經下跌了好幾番。

　　過去八年期間，不斷改良的生產方法與工程技術大幅提昇了微處理器的可靠度與功能。由於技術的不斷改良，再加上製造廠商之間的競爭日趨激烈，促使電腦的價格呈現穩定下滑的局面。一九八三年，一位研究人員表示，如果這些技術能夠應用於汽車工業上，那麼一台勞斯萊斯的豪華轎車每一加侖的汽油將可以跑三千萬英哩的路程。

　　生產高容量積體電路非常講求精確與清潔。在製造過程中，迴路的長度通常會拉長為成品實際大小的數百倍，然後再利用複雜的光學技術將其縮小並轉移至半導

體晶片上。實務上並已開發出另一項更為精密的生產技術，利用電子光束來畫出顯微鏡下才能夠看得到的線條。英代爾公司將其包含了三萬個電晶體的8088型晶片，汰換成為包含有一百二十萬個電晶體的486型晶片。展望不久的未來，英代爾公司極有可能再度淘汰486晶片，改用功能更為強大的Pentium晶片。Pentium晶片除了包含多達三百一十萬個電晶體之外，每一秒鐘更能夠執行超過一億個指令—相當於一部大電腦的速度。英代爾公司並計畫投入二十億至三十億的經費來從事研發與工廠改善等工作，以生產特別適用於處理影像的Pentium晶片。

生產這些肉眼幾乎無法辨識的零組件，必須在無塵的環境當中進行。任何細小的塵埃均可能使微處理器的迴路故障，使得整個晶片就此報廢。迴路板的組裝必須在「白屋」裡面進行，所有的工作人員不得塗抹任何化妝品，而且必須穿著不會產生靜電或棉絮的工作服。

目前常見的收銀機、微波爐、電子打字機和交通號誌系統等，均為內含半導體晶片的微處理器。更有甚者，尖端科技更已開始入侵手工具市場。

某些汽車也已配備了微處理器，可以讓駕駛人瞭解在特定的速度之下，現有的油量可以再跑多少里程的路途，並具有讓車內溫度的變化維持在攝氏一度之內的恆溫功能。微處理器可以控制汽車的發動、化油器和污染控制配備。

福特汽車公司的電子事業部門業已開發出一套行車用微電腦。這套行車電腦每一秒鐘可以處理超過一百萬道控制指令，包括偵測油料的和火星塞等的狀況。許多福特汽車公司生產的賽車上面均已安裝這一類的微處理器，用以儲存每一輛賽車在特定車道的表現。微處理器的資料可以下載（移轉）至設於休息站的電腦，以利分析。更精密的電傳系統甚至可以將行車電腦上的資料，轉成訊號電波以無線的方式直接傳輸至休息站的電腦，方便分析人員隨時掌握十五種不同的引擎功能的最新資料。

個人電腦的興革

目前常用的電腦可以分為三大類別。第一類的大電腦動輒需要數百萬美元的成本，堪稱大型企業的管理資訊系統的心臟。第二類的迷你電腦成本約為美金十萬

元，是一般中小企業的最愛。而第三類的個人電腦（簡稱PC）的價格可能只要數百
美元，但也可能多達三萬美元。由於電子零組件的尺寸急速縮小，因此近年來的個
人電腦早已脫離巨大笨重的形象。個人電腦又可依外觀細分為攜帶型電腦（重量約
在八至十五英磅之間）、筆記型電腦（重量約在四至七英磅之間）以及掌上型電腦
（重量僅約八盎斯至三英磅之間）等三種。美國的聯合包裹服務處的每一位駕駛都配
有掌上型電腦來記錄送貨次數，亦可在客戶的家門口現場記錄其它的必要資料。微
電腦的愛用者除了電腦「駭客族」或電腦玩家之外，也包括了好奇的消費者、工程
師、小型企業的企業主和作家等等—本書的作者群恰巧也是微電腦的愛用者之一。

　　個人電腦首度問世可以追溯至一九七七年。早期個人電腦的記憶體僅能儲存兩
頁的資料。相較之下，現今個人電腦的記憶體容量和處理速度早已遠遠超前早期的
個人電腦。許多觀察家估計，目前平均每三位白領員工就有一台個人電腦終端機。

　　拜微處理器之賜，個人電腦已經改變了數百萬現代人工作、學習、溝通、決策
和處理資料的方式。個人電腦業已成為有力的教學工具，不論是實用的外國語言或
者理論的物理學科均可藉由個人電腦來達到事半功倍的效果。電腦能力—使用個人
電腦的能力—業已成為許多教學機構的要件。部份觀察家相信，未來的人類必須具
備必要的電腦知識才能夠存活在處處可見電腦的世界。

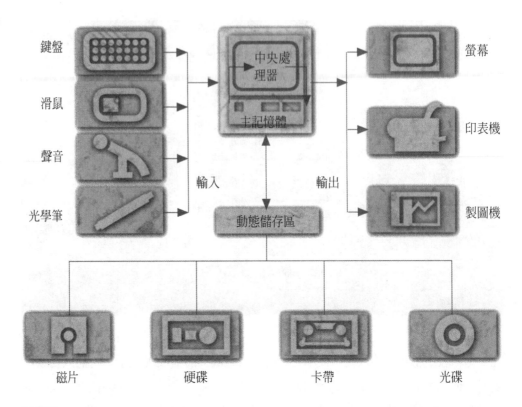

圖18.7
個人電腦的內容及其
功能

鍵盤
滑鼠
聲音
光學筆

中央處
理器

主記憶體

螢幕
印表機
製圖機

輸入   輸出

動態儲存區

磁片   硬碟   卡帶   光碟

資料來源：Jack B. Rochester and Jon Rochester, *Computers for People: Concepts and Applications* (Homewood, Ill.: Richard D. Irwin, 1991), p. 40。

　　除了教育和遊樂的功能之外，電腦使用者更已將這些外型精簡、功能強大、移動方便的機器擴大應用在中小企業會計、投資分析、個人預算、複雜的工程運算、文字處理以及彩色影像處理等層面。個人電腦的價格不斷下跌，促使銷售量不斷提高，然而操作容易同樣也是個人電腦當道的重要因素之一。大多數的機器走向人性化（user friendly）的趨勢，亦即使用者毋須費心瞭解電腦內部的運作原理以及如何設計程式，也可以活用電腦的種種功能。製造商紛紛利用以使用者為導向的指令和操作手冊來簡化專業術語、指令密碼和複雜的鍵盤操作步驟，第一次接觸電腦的使用者不再心生畏懼。事實上，隨著聲音辨識程式的不斷沿革進步，個人電腦的人性化的特性逐漸提昇，個人電腦已經可以辨認、執行並回應使用者的聲音命令。如此一來，無論是否具備鍵盤輸入的能力，使用者都可以自由自在地善用個人電腦。圖18.7即一一列出個人電腦應具備的人性化特性。

如以執行能力範圍內的相同功能來看，個人電腦的成本往往遠低於大電腦，因為個人電腦並不需要搭配訓練有素的專業操作人員或者是特殊的設施（例如：地下管線和用以保持零組件的恆溫空調設備等）。知名的電腦軟體廠商也會提供按部就班的操作手冊，方便第一次的使用者在短短數小時內就學會執行程式，而毋須鑽研程式設計的種種訣竅。實務上便曾經有一家企業宣稱，其利用個人電腦來印製財務預測的圖表只需要美金$0.06，倘若利用大電腦來印製的話，卻需要美金$36之譜。

讀者可能業已猜測到，個人電腦市場的蓬勃發展業已帶動支援產品與服務的市場，以及傢俱、磁碟機清潔產品、防塵套、磁碟片整理盒、印表機色帶和紙張等等與個人電腦相關產品的市場同步加溫。

電腦的用途

電腦可以扮演組織裡的許多角色。唯有管理階層無法構思或不願意進行變革，電腦的功能才會受到限制與挑戰。

模擬

隨著企業經營內容日漸複雜而不斷成長的電腦模擬應用功能需要將特定的經營項目、設備或者條件寫成數學模式，然後電腦將可重製數學模式。舉例來說，通用汽車公司可以利用電腦模擬技術來複製汽車撞擊測試的情況，避免實車測試的高昂成本。通用汽車公司也利用模擬技術來分析特定玻璃的太陽輻射功能對於乘坐舒適性的影響、找出製造過程的可能瓶頸、比較不同產品設計的優缺點，以及預測製造系統在不同的運作狀態下的生產情況。

電腦亦可利用控制Link飛行模擬器模擬實際的飛行狀況，來訓練飛行員。由於電腦的飛行模擬技術相當精進，以至於美國的聯邦飛行管理委員會甚至表示可將Link的飛行訓練時數列入正式的實際飛行時數。電腦可以複製自然的引擎與高空中的自然聲響，可以將各種天候、光源和速度條件下的實際機場跑道畫面投射在駕駛的前方，可以跟隨著駕駛員的每一個操作動作命令模擬飛行器做出真實的反應動

電腦模擬技術廣爲軍
方所採用，以訓練軍
事人員。

作。微處理器每一秒鐘可以執行超過五十萬次的運算，使得Link模擬飛行器能夠精確地複製駕駛高速飛行器的眞實感受與反應。

應用於鐵路工程師訓練的模擬訓練車廂造價高達美金八百萬元。這套最新的電腦模擬車廂可以忠實地呈現火車在所有車道狀況下，拉動不同數量車廂的感受與表現。對於受訓者而言，眞實與模擬之間幾乎沒有任何差別，模擬的撞擊力量除了會使車廂脫軌之外，同樣也可能造成受訓者因而膝蓋受傷。

模擬技術同樣適用於船隻駕駛的訓練。Seamen's Church Institute擁有一台價值八十萬美金的電腦模擬船隻，用以訓練商務海員、海岸巡防隊的隊員或者遊艇的所有人。教練可以藉由改變模擬的風向、天候或者水面上的交通狀況等設定，訓練學員如何處理引擎故障、航海系統故障或者暴風雨逼近等問題。

最複雜的模擬技術需要能夠執行高速運算的電腦來創造工程師或管理者希望複製的假設情況。由於模擬技術的要求已經超過傳統機器的功能，因此企業必須採用所謂的超級電腦—例如：美國明尼蘇達州明尼亞波里市的Cray Research所製造的超級電腦即屬之。這台造價高達一千一百萬美元的超級電腦重達數公噸，擁有二十四

*Virtual Reality:
With Computers,
Seeing Is
(Almost)
Believing*

管理者筆記

虛擬實境：電腦讓你眞假莫辨

　　只要戴上一頂嵌滿微處理器的頭盔、一雙高科技手套、再連接上一台Amiga 3000電腦，我們就可以遊走在現實與幻想之間。快看！迎面走來的不正是某位大明星嗎？這一趟旅途全程都是最高級的享受。這樣的經驗稱爲虛擬實境（virtual reality），可謂「秀才不出門也能盡知天下事」的極致表現。虛擬實境業已被喻爲有史以來離開身體以外最眞實的感官經驗。

　　以美國航太中心的科技爲基礎的虛擬實境技術，道理其實就是一個簡單的事實：我們的大腦相信我們所看見的東西。一台灌有虛擬實境遊戲的Amiga電腦（目前功能最強的繪圖電腦）負責處理三D立體影象，並將這些影象傳送至眼罩的螢幕上，眼罩再將這些影象直接投射入觀賞者的眼睛與大腦。換言之，凡是親眼所見之物，大腦也就全盤照收。虛擬實境技術能夠追蹤並分解參與者的所有動作（奔跑、躲藏、發射想像中的武器等等），電腦將這些動作加以處理之後，便將影像與聲音分別傳送至參加者頭盔上的眼罩與耳機上。在虛擬實境的遊戲當中，沒有任何人是旁觀者，每一個人都置身其中。想嘗試一下阿諾史瓦辛格在終極戰警裡面的火爆場面嗎？沒問題！想體驗克林伊斯威特的神勇角色嗎？虛擬實境絕對可以辦到！

　　各位或許會問，虛擬實境的技術究竟什麼時候才能夠普及？事實上，虛擬實境技術尚未完全成熟。目前市場上千呼萬喚也只有一台虛擬實境遊戲機，但是售價高達美金五萬五千元。短暫的未來之內，虛擬實境技術恐怕還無法眞正普及，因爲美國全國也只有不到一百台的虛擬實境遊戲機。另一方面，對於租賃業者而言卻是一個利多消息。一家位於美國奧蘭多市的業者購買了兩台虛擬實境的遊戲機，每出租一天的平均收費是美金一萬零五百元。

　　除了尚未普及之外，虛擬實境遊戲的圖片製作同樣仍然處於萌芽階段。電玩玩家並將目前的虛擬實境遊戲比喻爲早期的任天堂遊戲。然而預料在不久的

將來，由於科技的不斷改良，虛擬遊戲的設備將可生產出高品質的影像，而碩大的頭盔和眼罩也將縮小全太陽眼鏡般的大小。

在不久的將來，虛擬實境的用途不再限於假想中影象的瀏覽：

■ 虛擬實境設備的使用者可以瀏覽家中的每一個角落─甚至不需要離開辦公桌

■ 醫師毋須實際接觸病患，便可利用新的醫療設備來進行各項精密複雜的手術

■ 學生可以預覽所有他們有意願升學的大學校園

■ 殘障人士不需要離開家裡，就可以遊覽各大城市的風光

凡此種種都可歸功於電腦的虛擬實境技術。

萬片半導體晶片，每一秒鐘可以執行四億次運算工作（相較之下，擁有三十一片晶片、每秒僅可執行五十萬次運算的蘋果電腦也遜色許多）。這一類的超級電腦由於操作過程中會釋放出可觀的熱量，因此需要內建冷卻設備以避免機器故障。儘管如此，現代人實不宜輕忽超級電腦的強大功能。諸如通用汽車等企業可以利用超級電腦來真實地模擬固體物體，模擬出來的圖片─例如：包括汽車表面烤漆的反光效果─幾乎可以亂真。工程師不需要離開辦公桌，就可以模擬汽車的風速流動測試，或者創造出運轉中的引擎所會產生的熱氣與壓力─畫面的真實程度有如工程師們在實驗室裡親眼所見一般。企業亦可利用超級電腦來判斷空氣污染對於森林的影響，研究愛滋病毒的散佈情形，甚至瞭解心律不整的原因。

檔案維護

電腦不僅精於模擬技術，同樣也善於維護應收、應付帳款、營業額、薪資以及存貨等資料檔案─相較之下它較不困難，同時也比模擬技術更為普及。美國的社會

保險當局定期更新每一位公民的就業檔案中的資料，就是最常見的檔案維護實例之一。如果美國社會保險機構採用人工來處理這項工作的話，勢必需要可以組成有如軍隊陣容般的無數職員，並且需要龐大的空間來存放堆積如山的手寫文件。

鄧白氏公司（Dun & Bradstreet）便曾指出每一個營業日裡，超過九百七十萬家的企業大約會更新資料庫當中三萬五千筆的記錄。鄧白氏公司的國家商業資訊中心的員工必須不斷地登錄新設企業的名稱、刪除倒閉或結束營業的企業名稱、更新企業名稱的變動以及輸入新的財務資訊。

彙整

電腦亦可用以彙整報告所需的資料，例如：某一部門的加班時數、實際和預算銷貨收入與費用之比較、部門別或產品別的收益等等。紡織業者Crompton Company便擁有一套電腦化系統，可以彙整其位於美國阿拉巴馬州的工廠所生產的織布數量。這套系統業已成功地創造出良性的競爭氣氛，讓織布機的操作員能夠透過電腦瞭解自己與同事的生產效率。

自動化控制

另一項常見的電腦應用功能是執行重複動作的機器之自動化控制—本章在「類比式電腦」一節當中亦曾提及。許多城市利用電腦來同步控制交通流量龐大的街道的交通號誌。交通管理當局在街道的上方裝置電子感應器，來監控特定時間的車流量，將資料傳給電腦，電腦便可自動調整交通號誌的變換，好讓動線上的車輛能夠通暢地行進。Georgia Institute of Technology的研究人員將用以訓練軍方戰鬥機飛行員的電腦程式，修正成名為Terminus（Traffic Event Response and Management for Intelligent Navigation Utilizing Signals，智慧型航海訊號轉用交通事件回應與管理系統之簡稱）。這套預定於一九九六年發表的程式，不僅可以用於改變車流週期，亦可在監控與評估車輛數目與方向的同時來改變對向車道的行車方向，將車禍意外事故現場或大型運動比賽場地週邊的交通癱瘓問題的影響減至最低。此舉所能節省的時間與油料，預料將十分可觀。

電腦化的控制系統也相當適用於複雜的製造情況。諸如Honeywell、Leeds &

Northrop和Foxboro等知名企業都會根據客戶的特定需求來設計電腦控制的自動化製造系統。舉例來說，A. E. Staley Manufacturing Company便是利用Foxboro公司的系統來生產糖漿。這套Foxboro系統可以讓操作員隨時取得液體流動與生產糖漿相關的動作之資料。Atlantic Richfield Company的員工則是在提煉石油的過程中，利用Honeywell公司的系統來控制多達三千種變數。精確地控制機器運作可以確保最終提煉出來的產品符合品質保證的標準。

分類

操之在己

部份觀察家認為，電腦化的儲存與讀取系統最終將會取代傳統的書籍與文件。這樣的發展趨勢在未來可能引發哪些問題？可能帶來哪些好處？

　　許多企業會利用電腦進行分類，將資料分門別類予以儲存。大專院校可以利用電腦，將學生名單依姓名字母、居住地址或主修科系等條件的筆劃順序予以排列。對於校園分散在不同地點的大學而言，也可以利用電腦將不同校區的學生名單整理出來。執法機關也可以利用電腦，根據牌照號碼與車主姓名來分類車輛登記資料。執法員警在攔檢車輛之前，便可快速地查詢駕照是否過期及其它重要資訊。

電腦網路

　　由於最新的個人電腦功能號稱幾乎與大電腦不相上下，許多企業業已能夠將同一地點或者分散不同地點的數百台個人電腦終端機連結起來，形成極具彈性的網路。由大電腦分散成為個人電腦網路的作法，能夠大幅縮減軟體與硬體成本。網路上的所有個人電腦均可共同分享一套價值昂貴的程式，以及其它諸如製圖機、高容量的儲存記憶體和雷射印表機等成本高昂的資源。

　　電腦網路計有兩種主要型式。**區域網路**（local area network；LAN）係指連接同一地點—例如：大型的辦公室或者廠房的電腦與印表機的網路連結—。舉例來說，Christian Broadcasting Network 將其位於維吉尼亞州維吉尼亞海灘市總部的日立大電腦，換成連接六百台功能強大的桌上型個人電腦的地區性網路。此舉不僅使得年度軟體成本由四十五萬美元縮減為八萬美元，更使得電腦操作人員精減了百分之五十（50%）。美國銀行也利用地區性網路來連接其設置於美國各大城市的分行，超過二萬五千台的桌上型電腦。

　　根據各方報導指出，當今企業使用的所有個人電腦當中，半數均已連上地區性

網路。大多數的地區性網路電腦是利用電話線或光纖電纜彼此連接，另外亦有部份地區性網路電腦是利用電波訊號來傳輸資料。除了分享成本可觀的軟體與硬體資源的優點之外，地區性網路亦有助於員工迅速便捷地取得所需的必要資料。

第二類的電腦網路稱為**廣域網路**（wide area network；WAN），亦即連接距離較遠的電腦與印表機的網路。大型區域網路不受實體障礙或地理隔閡的限制，可以利用電話線或衛星來連接千里以外的電腦。如跨國企業位於世界各地的員工都透過大型區域網路來進行溝通或交換資料。圖18.8即為企業的大型區域網路的釋例。

服務處、分時與租賃

並非所有想要使用電腦的企業都必須購買電腦。近年來市場上出現另外三種使用電腦的方式，小型企業不再需要為了自行購置電腦而大傷腦筋，同樣可以擁有強大的電腦計算能力。

電腦服務處正是中小企業取得自動化資料處理能力的管道之一。**電腦服務處**（service bureau）係指利用自己的電腦（或自己可以設法取得的電腦）向客戶收取費用而替客戶處理資料的電腦服務處。電腦服務處替客戶撰寫處理客戶資料所需的程式之後，客戶只須將其文件交給電腦服務處，電腦服務處便會依照約定將處理完成的資訊或約定形式的文件交還給客戶。利用人工來記錄資料，以及僱用大量人力來處理龐大資料的企業會發現透過電腦服務處來分擔資料處理的工作反倒可以節省更多的時間與成本。電腦服務處可以代為開立支票、可以維護薪資記錄、可以更新存貨記錄、可以向賒購客戶寄送帳單並記錄收到貨款、可以開立支票給應付帳款的廠商、可以記錄與彙整銷貨與支出資料、更可以製作提供管理階層評估企業財務狀況的財務報表等等。表18.1列出許多中小企業在決定是否轉請電腦服務處代勞時的考量因素。

客戶支付程式設計費用給電腦服務處之後，或者客戶選擇標準程式以避免此一先期費用之後，電腦服務處便針對每一次用於處理資料的時間來收取費用。透過電腦服務處來處理資料的企業必須配合電腦服務處的時間表，準時地交付完整而且正確的資料。如果客戶未能配合此一要求，那麼便可能耽誤電腦服務處的進度，進而

區域網路
連接同一地點的電腦與印表機的網路連結

廣域網路
連接距離較遠的電腦與印表機的網路

電腦服務處
利用自己的電腦（或自己可以設法取得的電腦）向客戶收取費用而替客戶處理資料的電腦服務處

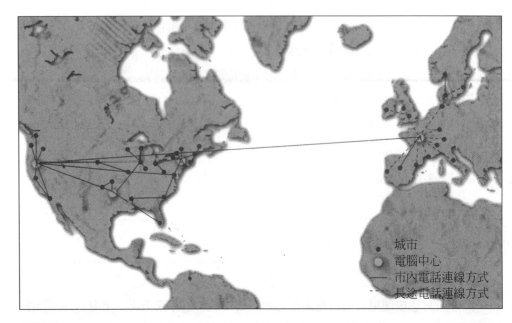

圖18.8
企業的大型區域網路

城市
電腦中心
市內電話連線方式
長途電話連線方式

資料來源：Jack B. Rochester and Jon Rochester, *Computers for People: Concepts and Applications* (Homewood, I11.: Richard D. Irwin, 1991), p.363。

無法在必要的時間得到重要的資訊。

擁有過剩的資料處理產能的大型企業亦可扮演電腦服務處的角色，而實務上資料處理業已成為許多大型企業的副業。由於已經具備某些標準的套裝程式，這些企業在代替客戶處理資料的同時不僅可以獲得相當的副業收入，亦可避免電腦設備閒置浪費。

分時
許多企業購買或承租其它企業所擁有的電腦的使用權利

分時　係指許多企業購買或承租其它企業所擁有的電腦的使用權利。客戶可以利用電話線或其它方式，將自己的輸入輸出硬體設備連接到開放分時企業所設置的中央處理機器。分時（time sharing）和電腦服務處一樣，是處理例行性資料—例如製作薪資、更新存貨記錄以及印製月報表等等—的常見替代方式。

分時市場會受到適用中小企業資料處理工作的微電腦市場的成長率的影響。儘管如此，許多中小企業主在決定添購自有的電腦之前，往往會先採用分時的過渡方式，而某些中小企業則是礙於其資料處理工作需要的儲存容量遠大於個人電腦而不得不求助於時間分享的方式。軟體則是分時的一大優點。大多數開放分時的企業擁

每一個月的工作份量	記分分式	得 分
開立的支票張數	每一百張支票十分	＿＿＿
員工人數（包括業務人員）	每一位員工一分	＿＿＿
應收帳款的客戶家數	每一百家十分	＿＿＿
開立的發票張數	每一百張十分	＿＿＿
購買次數或訂購單份數	每一百份十分	＿＿＿
存貨項目	每一百項十分	＿＿＿
存貨當中是否有較大的項目，例如卡車等？	如有，則為十分	＿＿＿
追蹤存貨時是否需要任何協助？	如有，則為十分	＿＿＿
總分		

如果誠實做答的結果得到的總分達一百分，那麼透過電腦服務公司來負責資料處理工作或許是較為有利的作法。即便得分並未超過一百分，電腦服務公司可能還是有利的選擇。當然單憑這樣一個簡單的測驗結果並不能為您做出任何決定。請仔細分析每一項相關作業。請各位記住，電子資料處理作業所減少的成本或增加的收益必須能夠打平為此投入的每一分錢。

資料來源：John D. Caley, *Computers for Small Business,* Small Business Administration, Small Marketers Aids, No. 149, p.4。

表18.1
判斷透過電腦服務公司來處理資料是否有利的考量因素

有的程式的資料處理能力遠遠超過一般個人電腦的文書處理軟體或會計軟體。

分時比電腦服務處提供更多的彈性。基本上，利用分時的客戶可以隨時取得電腦的使用權，而且電腦的速度能夠同時處理許多客戶的資料。客戶通常會租用介面設備，並根據特定期間內使用電腦的時間來支付費用。

有鑑於電腦產業的科技日新月異的特質，許多企業寧可選擇租用而不願購買自己的電腦儀器設備。此舉可以避免企業擁有年份尚新、但是技術上已經落伍的電腦的窘境，因為租賃公司通常允許客戶在數年後以現有的電腦來交換更新的機器設備。和分時與電腦服務處不同的是，租賃方式可以讓企業完全控制其電腦化資料處理作業。

租賃成本會依電腦的規模與能力而有所不同。管理階層應當選擇可以配合未來數年間，企業資料處理需求與營運需求變動的電腦配備。

摘要

　　大型企業利用制式化的管理資訊系統來蒐集與處理內部與外部資料。這一類的資料如果未曾經過整理，則稱為第一手資料；反之，則稱為第二手資料。管理者在檢視問題或搜尋商機的時候，必須善用這兩類的資料。

　　觀察是一種蒐集資料的方法，適用於毋須詢問問題的情況。然而當企業需要意見、回應或其它無法經由觀察而得的資料時，則可利用郵件、電話或人員訪談等方式來進行。

　　平均數、相關數或指數，均可反映出彙整資料後的特定意義。至於採用哪一種彙整方法端視資料的特性而定。舉凡餅圖、長條圖、統計圖與統計圖表等視覺輔助工具，均可便於使用者更清楚地瞭解資料的意義。

　　由於電腦能夠迅速確實地執行許多重複的運算工作，因此可以用於處理大量的資料。廣泛用於控制製造設備的類比式電腦會根據問題或狀況的模式來處理各種數據。現今企業較常採用的數位式電腦則能處理薪資計算、存貨記錄和應收帳款帳單印製等資料處理工作。數位式電腦和類比式電腦都需要程式，才能夠按部就班地執行命令。電腦程式的撰寫必須藉助和電腦本身以及需要處理的資料相容的電腦語言。

　　微處理器是由燒錄在如雪片般大小的半導體晶片上的迴路所組成的精密儀器。微處理器的功能業已大幅超越了一九五○年代電腦的資料處理速度。

　　拜功能強大的微處理器之賜，個人電腦業已改變了人類處理資料的方式。事實上，許多教學機構已將電腦技能列為學生畢業的條件之一。價格的下跌再加上操作的簡便促使個別消費者與中小企業購買個人電腦的市場日益蓬勃。個人電腦的普及同時也帶動了相關產業—例如：磁碟片、軟體和附屬配備等等—的崛起。

　　企業可以利用電腦來進行模擬、檔案維護、資訊彙整、自動化設備的控制，以及資訊分類等工作。大型企業將分佈在世界各地的個人電腦終端機連接在一起，形成龐大而綿密的電腦網路。許多企業透過電腦服務處、分時與租賃等方式來間接使用電腦。至於採用何種方式，端視企業的規模、電腦化資料處理作業所需要的彈性，以及電腦必須處理的資料特性等因素而定。

回顧與討論

1. 請描述大型企業（例如：通用食品公司）與地區性小型企業所採用的管理資訊系統之間的差異，並請分別列舉三種大型企業與小型企業所必須蒐集與處理的內部與外部資料。

2. 請探討至少一項您所做過的個人重要決定，而且這項決定是需要你蒐集第一手資料的。另外亦請舉例說明您只利用第二手資料所做的決定，以及同時利用第一手與第二手資料所做的決定。

3. 請指出在下列情況下，您會利用觀察法還是調查法來蒐集資料以及您的理由為何：經過一處適合做為零售店面前的車流量；青少年消費者可以支出在唱片與錄音帶方面的收入；行走市區道路而不願意走收取過路費的新的快速道路的駕駛人數；知名速食店的尖峰消費人數；以及某一寵物店裡最受歡迎的貓狗品種。

4. 請就下列各項因素來評估郵件、電話與人員訪談等調查方式：涵蓋的地理範圍、成本、訓練訪談人員的必要、控制受訪者回應的正確性、語言的偏見，以及彈性程度。

5. 為什麼具有代表性的樣本對於觀察或調查結果的正確性具有重要影響？請舉例說明需要隨機抽樣的情況，以及需要分組隨機抽樣的情況。

6. 請計算下列數列的平均數、中位數以及重位數：

12

15

23

34

40

40

56

72

95

7. 在何種情況下，平均數可能會產生誤導作用？遇此情況，哪些其它的平均數可能更具代表性？爲什麼？在何種情況下，重數會比平均數或中位數更有意義？爲什麼？

8. 請至少舉出兩個例子來說明彼此之間具有關聯的資訊。您如何解釋此一關聯的特性？爲什麼需要瞭解資訊之間的關聯？

9. 在何種情況下，指數是用以彙整資料的有用方法？相較於平均數或相關係數而言，指數是否較爲複雜？爲什麼是，或爲什麼不是？

10. 請分別舉出一個可以利用下列視覺輔助工具來表現的資料：餅圖、橫長條圖、直長條圖、統計圖與統計圖表。

11. 電腦與手提式電子計算機之間有何差異？此一差異有何重要性？

12. 類比式電腦與數位式電腦之間有何差異？哪一種電腦比較適合商業用途？爲什麼？

13. 請分別列舉並扼要描述類比式電腦硬體的五大單位的功能。

14. 請舉實例說明一般熟知的電腦軟體名稱。在電腦實際操作過程中，最重要的軟體內容爲何？爲什麼？

15. 請列出幾項微處理器的可能用途。您是否擁有或使用任何含有微處理器的產品？如果有，是什麼產品？

16. 主電腦、迷你電腦與微電腦或個人電腦之間有何差異？

17. 個人電腦大行其道的原因爲何？請列出至少三種個人與中小企業主可以使用個人電腦的用途。

18. 請就下列各種情況，分別至少舉出一個實例說明如何應用電腦：模擬、檔案維護、彙整、自動化控制以及分類。

19. 請描述地區性網路與區域性網路之間的差異。這兩種網路對於企業及其員工有何好處？這兩種網路對於主電腦的銷售量與普及程度有何影響？

20. 電腦服務處可以提供中小企業哪些資料處理上的服務？客戶在採用電腦服務處的服務時，會面臨哪些限制與情況？

21. 請比較電腦服務處與微電腦兩者，在分時特點上的差異。企業在選擇藉助電腦服務處或自行購買個人電腦的時候，是否應該考慮企業本身的規模？爲什麼應該，或爲什麼不應該？

22. 電腦產業的哪些特點使得租賃方式較自行購買電腦配備更受歡迎？管理階層在選擇承租或購買電腦配備時，應該考慮哪些因素？

應用個案

個案 18.1： 教育管理資訊系統專才

雖然電腦為現代社會造成了奇蹟式的影響，然而職場上卻愈來愈少有人以程式設計師做為職業生涯規劃的目標。過去十年間，有志投入電腦產業的學生人數明顯減少。此一趨勢迫使企業的管理資訊部門不得另闢求才管道，並且積極地設法挽留與教育現有的管理資訊人員。

為了提供企業管理資訊人員的在職訓練，美國的華盛頓大學於一九七六年和電腦業者聯合成立了資料處理研究中心（簡稱CSDP）。

CSDP總共擁有四十處分支機構，以終生學習為主要的訴求。由於大學裡面的電腦科學教育無法隨時反映科技與電腦應用功能的變化，因此類似CSDP的組織不斷出現，旨在提供企業以更有效的方式留住現有的專業人才。除了提供專業人才的訓練與招募之外，CSDP也不斷地研究與開發管理資訊系統的用途。企業如能策略性地運用其管理資訊系統，則能更有效地善用其投資，不再為了害怕落伍而一味地添購最新最貴的設備。

問題：

1. 您為什麼認為企業主在尋找優秀的管理資訊系統專才的時候，會遇到一定的困難？
2. 企業應當如何鼓勵青年學子進入電腦產業？
3. 為什麼加入管理資訊系統的訓練與研究組織，對企業整體而言會有幫助？
4. 企業為確保其管理資訊系統服務的長期效率，還必須付出哪些努力？

個案 18.2： 軟體業者的哀嚎

　　過去十年間，電腦的價格下滑許多。雖然許多企業仍然採用集中式電腦架構來支援龐大人數的員工的資料處理作業，然而大多數的企業紛紛體認到利用桌上型個人電腦來處理資料才是更具效率的方法。這些桌上型電腦一旦連接成網路之後，不僅可以提供中央電腦的許多優點，亦可容許每一位員工依照個人偏好的方式來工作。

　　美中不足的是，個人電腦所帶來的工作彈性卻也令管理資訊系統部門的主管大傷腦筋。中央電腦可以讓不同的使用者共用同一套版本的程式，然而每一台個人電腦卻必須配備專屬的版本，而且每一套版本的軟體都必須付費購買。試想每一套軟體或程式都有數百個、甚至數千個版本，而企業動輒往往需要數十種軟體，管理工作不僅費時，而且費力。此外，因為這些軟體往往每隔不久就會更新（或升級）一次，管理資訊系統部門的主管勢必仔細評估升級的成本以及升級之後所能帶來的好處。

　　軟體業者已經想出簡化資料處理工作的方法。企業可以針對特定的軟體程式來購買使用權利。使用權利係指只要企業支付定額費用，便可以在許多電腦上自由使用約定的軟體程式。一般而言，使用權利合約並不指定電腦的數量，而是限定可以重複使用軟體版本的次數。儘管如此，使用權利合約仍然有其缺點。簽訂使用權利合約的企業，其管理資訊部門通常只會收到一套軟體磁片與操作手冊。換言之，管理資訊部門必須負責大部份的軟體安裝以及教育訓練工作，而無法要求個人員工自行處理。

　　管理資訊系統部門所面臨的最後一個問題，是員工可能任意使用未付費軟體的情況。由於個人電腦之間普遍相容，因此使用者很容易把住家電腦裡的軟體或程式複製到工作場合裡的電腦。除非獲得授權，否則一套軟體重複使用在不同的電腦上面乃屬於違法的侵權行為，因此企業可能因為員工使用非法軟體而遭到控告。所以，管理資訊系統部門務必確保員工沒有使用任何未經授權的非法軟體。

問題：

1. 軟體使用權利合約有何優點？

2. 企業爲什麼應該購買個別的軟體版本，而非取得軟體的使用權利？

3. 管理資訊系統部門如何確保員工沒有使用任何未經授權的非法軟體？

19

利潤之會計處理

會計面面觀
哪些人需要會計資料？
簿記與會計
註冊公共合格會計師
稽核功能
會計人員之自由裁量權
會計年度

會計報表
損益表
資產負債表
現金流量表

財務分析
損益表分析
資產負債表分析
聯合報表分析
比較性資料之來源

摘要

回顧與討論

應用個案

我真的不知道。這件事對我來說始終像謎一樣。

ROGER SMITH

Former Chairman, General Motors

（《財富雜誌》請其解說通用汽車公司財務問題的發生原因時，他做出上述答覆。）

章節目標

在讀完本章之後，你應該能夠做到下列各點：

1. 探討會計專業的歷史。
2. 探討會計制度所執行的功能。
3. 描述需要會計資料來做決策的六類團體。
4. 比較簿記人員與會計人員之工作。
5. 扼要說明註冊公共合格會計師與其它會計人員在資格審查上之差異。
6. 解說註冊公共合格會計師的稽核功能之目的與重要性。
7. 列舉企業選擇曆年以外的期間做為會計年度的理由。
8. 說明損益表的內容及其所涵蓋的資訊。
9. 說明資產負債表的內容及其所涵蓋的資訊。
10. 解說現金流量表的目的。
11. 根據損益表與資產負債表的內容，分別進行特定的財務分析，並且進行同時需要這兩種報表的資料分析。
12. 列出比較財務分析的資訊來源。

Joseph T. Wells

前言

「我們有一點像會計人員，也有一點像偵探，其實也就是詐欺的剋星。我們希望削弱邪惡的力量」Joseph T. Wells笑著表示。「白領階層的犯罪其實是最近五到十年間才浮現的問題。然而白領階層的罪行卻遠比街道上的暴力犯罪

來得嚴重。如果以金錢來衡量，白領罪行所造成的損失大約是街頭暴力損失的一百倍」Wells又回復嚴肅的態度，一本正經地表示道：「打擊白領犯罪將是二十一世紀成長最為快速的專業領域之一。」

　　Joseph Wells理所當然地瞭解此一特色。目前，Wells是合格的詐欺偵查員協會（簡稱ACFE）的會長。ACFE是一家總部位於美國德州奧斯丁市的法人組織，僱用逾一萬名專業人員從事商業詐欺的商業詐欺偵測與防止之訓練、教育以及認證工作。Wells自奧克拉荷馬大學企管系畢業之後，到名列美國前六大會計師事務所的Coopers & Lybrand擔任會計工作。「第一份工作讓我學習到了企業經營運作的來龍去脈。這樣的經歷實在非常寶貴。但是那一份工作非常耗費心力。有一次我和同事聊天的時候，無意間聽到聯邦調查局僱用合格公共會計師來處理商業詐欺的事情。我突然對於打擊詐欺犯罪的工作感到興趣，所以就這麼進了這一行。」

　　Wells在聯邦調查局工作了十年之久。多半是處理政治貪瀆的案件。「我把很多接受賄賂的官員送進牢裡」Wells回憶道。「我經手了超過兩百件的刑事案件，其中包括轟動一時的一九七二年水門弊案。回想當年，尼克森總統的競選連任委員會就在白宮的民主黨總部遭到逮捕。離開聯邦調查局之後，Wells在奧斯丁市開設自己的顧問公司，領導一群專業的犯罪學學家繼續打擊商業犯罪的志業。

　　「工作職場裡其實充斥著欺騙不實的言行」Wells表示。「有誰能說自己在工作上從未遇過說謊、偷竊或欺騙的事情？根據我們的估計，大約有百分之八十的人或多或少都曾經有過欺騙的言行，只是程度輕重不同而已。會計師事務所的會計師理論上應該是負責把關的人，但是他們往往沒有足夠的權力。愈來愈多會計師因為沒有及時發覺出財務弊端與企業的不法行為而遭人詬病一例如：一九八〇年代末期的超額借貸風潮。某些稽核公司甚至設置「打擊犯罪小組」專門偵查可能的詐欺行為，但是這些人員卻可能欠缺必要的技能。取得認證資格的專業犯罪偵查員不僅能夠偵查不法行為，也能夠設計預防不法行為的計畫。ACFE將查緝不法商業行為視為專門職業，並彙整出一系列的技能，將會成為下一世紀偵查白領犯罪的全球性標準。」

　　沒有任何人能夠精確地計算出企業究竟為了白領犯罪付出多少代價，因為絕大部份的白領犯罪不是沒有被察覺就是沒有公開揭發。「但是如果粗略估計來看」Wells表示，「企業每花費一塊錢當中，就有兩分錢會因為企業本身或員工個人的不

法行為而損失，等於因為白領犯罪而平白損失了百分之七十的稅前利潤一或者換算成每一年一千八百億美元的驚人數字。」無論實際的正確數字為何，白領犯罪的氾濫確實已經危及美國企業的全球競爭優勢。

這些受過專業訓練的合格公共會計師偵查犯罪的工作也稱為法務會計。Wells認為這是一項非常專業的—而且非常有價值的一職業。「對於會計系的學生來說，這是非常好的工作機會。大多數的大學生並不知道單是聯邦調查局就有十萬個負責商業詐欺的調查工作機會。這些工作的要求是必須具備會計學位，而且最好具有ACFE的認證資格和兩年的實務經驗。」

「打擊商業犯罪是一個非常刺激、而且完全以人為導向的職業。」Wells繼續談道。「這個行業不是空談理論而已。這份工作不僅能夠帶來理想的收入，更能夠帶來令人滿意的心理回饋，因為我們創造了更為誠實且道德的職場。」

Wells成立的ACFE不僅在美國廣受歡迎，目前更已獲得全球另外二十三個國家的採用。Wells大部份的時間都在負責教育、演講、研究和出書評論白領犯罪等現象與問題。Wells已經撰寫了三本相關書籍，而且在多所大學裡講授相關課程。「超過六百所的大專院校採用我們的ACFE課程教材，而且已經有三所大學的研究所開設了犯罪稽核的相關課程。相信不久的將來，所有的會計科系都會提供這些課程。」

回顧十五世紀，義大利是當時的世界商業中心，商業技術的發展遠遠領先其它國家。舉凡會計等商業慣例就是在這樣的情況下，自然而然地發展出來，並漸臻成熟。

一位來自威尼斯、名為帕西羅（Luca Paciolo）的僧侶根據其擔任富商公子的家教經驗，於一四九四年寫成第一本關於簿記的書籍。這本書除了清楚地反映出作者的數學背景之外，更已具備了現今會計實務當中大部份簿記規定與程序的雛型。帕西羅在書中介紹了複式簿記的原則，也就是每一筆交易至少都必須記入兩個帳目。此一重複註記的原則便於簿記人員發現錯誤，確保記錄的正確性。複式簿記的原則有時候也稱為「威尼斯法」。帕西羅的描述說明不僅清楚明瞭，而且相當精確，不僅成為當代簿記工作標準的參考依據，他所提出的觀念即使在五百年後的今天也不曾出現過很大的改變。

管理階層向來將會計資料視為企業獲利的指標，然而自從美國聯邦政府通過並施行證券交易法—請參閱本書第十六章的內容—之後，大型企業對於會計資料更加重視。根據規定，公開發行企業必須向聯邦與各州政府提交財務報表。此外，加之以管理技巧與企業組織結構日趨複雜，企業對於會計專業的需求也就隨之與日俱增。

會計面面觀

所謂的企業**會計制度**（accounting system）係指有組織地蒐集、記錄、分析、彙整與闡釋財務資料，以判斷企業財務狀況的方法。會計屬於企業管理資訊系統—請參閱本書第十八章的內容—當中高度專業的部份。誠如定義所言，企業往往必須僱用相當人數的員工以確保其會計制度確實發揮其效率與效能。就規模較大的企業而言，每一座廠房或每一處辦公室都會有一位或數位員工專門負責會計功能。這些員工必須蒐集、記錄、分析、彙整與闡釋會計資料，並將彙整後的報告或報表送至總公司以供高階管理階層審查核閱。

圖19.1 當中的會計循環適足以說明會計部門的工作職掌。就中小企業而言，這些作業可能採取人工方式進行。誠如本書第十八章所述，大型企業的資料數量相當龐大，因此許多工作均已交由電腦代勞。然而無論究竟採用人工或電腦作業，會計循環的工作成果都是編製報表，輔助管理階層執行本書第六章所介紹的控制功能。這些報告有助於決策者比較企業目前的財務狀況以及預期發生的財務異動，進而評估實際結果與預期效果之間產生差異的原因和影響。

哪些人需要會計資料？

會計資料必須兼顧企業內部與外部的個人和團體之需求。這些相關人士或團體的決策當中，許多是以財務報表和其它會計文件當中的資訊為主要的（如果不是唯一的）依據。

圖19.1
會計循環

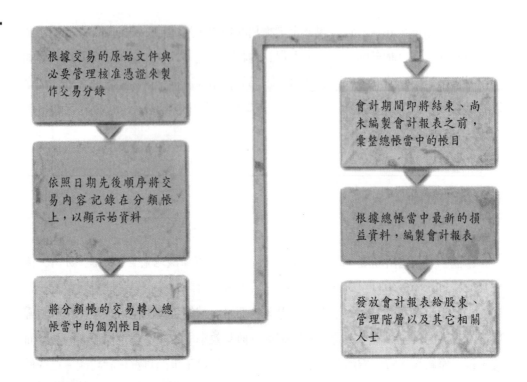

根據交易的原始文件與必要管理核准憑證來製作交易分錄

依照日期先後順序將交易內容記錄在分類帳上,以顯示始資料

將分類帳的交易轉入總帳當中的個別帳目

會計期間即將結束、尚未編製會計報表之前,彙整總帳當中的帳目

根據總帳當中最新的損益資料,編製會計報表

發放會計報表給股東、管理階層以及其它相關人士

管理階層　不同層級的管理者都需要會計資料來監督計畫的成效以及目標達成情況。舉例來說,會計資料可以顯示特定期間內的銷貨數量、銷貨收入、銷售費用、一般行政管理費用、生產成本、存貨水準以及其它諸多重要事實。如果沒有這一類定期的回報,管理者恐怕難以做出任何正確的決策。

　　當會計資料顯示出利潤下跌或其它財務問題等徵兆時,管理階層(management)往往必須採取必要但可能不甚討好的行動。例如:由於受到國外廠商的競爭、行銷手法、管理技巧以及製造技術等因素(再加上為了反映健保福利而大幅修正會計程序)的影響,通用汽車、西爾斯百貨公司、IBM 和 Roebuck 等曾經被市場公認為產業領導者的知名美國企業在一九九二年都紛紛出現了巨額的財務虧損。這些企業的虧損金額總計高達三百二十億四千萬美元,相較之下,居然是一九九〇年至一九九二年期間美國政府為了波斯灣戰爭所投注的經費的四倍之多。

企業主　可以利用會計資料來評估成為企業主(owners)的決策效益。能夠顯示出企業體質是否健全的會計資料有助於企業主(無論是獨資、合資或有限公司的企業

主均然）根據其所獲得的投資報酬來判斷是否值得承擔投資的風險。如果企業主對於企業的財務績效感到滿意，便可能決定（藉由投注更多的資金或買進更多的股票等方式）提高風險。如果會計資料顯示出企業面臨了財務問題，那麼企業主或許會以降低成本、增加銷售或其它行動來解決這些問題。如果在可見的未來，企業可能出現虧損或者獲利不佳等狀態，那麼企業的企業主便可考慮出售手中的持股。

潛在投資人　　潛在的企業主亦可憑藉會計資料來判斷企業未來的財務是否健全。儘管某些企業可能不斷推出動人的廣告，可能擁有極具競爭實力的產品、可能員工士氣高昂，但是潛在投資人（potential investors）仍然必須根據目前與未來的財務狀況來做為投資決策的最終依據。

債權人　　潛在的債權人（creditors）需要會計資料來評估是否同意或拒絕給予貸款。舉例來說，本書第十六章曾經介紹過商業銀行在決定是否承做信用貸款之前，會要求申請貸款的企業提供會計資料。

公會　　公會（unions）在與資方談判新的勞資契約之前，會先審閱企業的會計資料。舉凡企業過去的、現在的以及未來的財務狀況都是公會建議調整工資與福利的參考依據。

政府　　各級政府機構（goverment）均會要求企業根據法律規定來提交會計資料。政府機關會根據企業財務報表上申報的資產價值來課徵某些稅項。

簿記與會計

　　許多人都把簿記與會計視為同義字而混淆使用，然而具有商科背景的學生應該瞭解兩者之間其實存在著重大差異。簿記屬於會計專業當中例行性的文書作業，而**簿記人員**（bookkeeper）則指負責製作財務記錄以利會計人員彙整成為有用資訊的文書人員。相較之下，會計工作的範疇顯得深遠許多。**會計人員**（accountant）係指擁有足夠的教育和經驗而能評估企業財務記錄當中的資訊之重要性、闡釋財務資訊對於企業營運的影響，進而參與高階管理決策的專業人員。

簿記人員
負責製作財務記錄以利會計人員彙整成為有用的資訊的文書人員

會計人員
擁有足夠的教育和經驗而能評估企業財務記錄當中的資訊的重要性，闡釋財務資訊對於企業營運的影響，進而參與高階管理決策的專業人員

和簿記人員不同的是
會計人員必須審核、
分析並闡釋企業的財
務記錄。

註冊公共合格會計師

　　由會計人員的定義可以看出，會計人員通常擁有較爲完整的訓練。實務上雖然
有人並不將會計工作視爲高度專業的技能，然而註冊公共合格會計師（簡稱CPA）
卻和律師或醫師一樣，都是必須接受特殊訓練而且符合特定規定的專業人士。註冊
公共合格會計師至少必須完成規定的學科教育（通常必須取得四年制大學會計科系
的學位），並且通過由註冊公共合格會計師協會（簡稱AICPA）所主辦的爲期三天的
資格考試。資格考試通常涵蓋了會計理論、會計實務、稽核以及法令規章等範圍的
內容。唯有通過資格考試，才能取得註冊公共合格會計師的執照。

美國的許多州政府甚至規定會計師在自行執業之前，除了取得執照之外，還必須具備至少兩年的會計師事務所的實務經驗。此外，某些州政府還訂有在職訓練的規定，要求註冊公共合格會計師必須定期參加課程或座談會，才能夠更新執照。美國各州政府對於實務工作經驗和在職教育的規定並不一致，讀者如有興趣，可以向各州政府的會計主管機關直接洽詢詳細規定。

稽核功能

　　美國中央與各州政府均規定企業的帳冊必須交由獨立的會計師事務所予以稽核，而且每年至少一次。在一九三〇年代以前，會計師事務所的稽核工作大部份只針對客戶所提供的帳冊上的數學運算錯誤予以糾正。曾有一家大型製藥公司McKesson & Robbins的財務報表上出現許多不存在的倉庫裡存放了大量存貨的情況，經會計師事務所發現之後才予以修正。會計師事務所的例行稽核工作並不強調偵測弊端，同時也不負責企業財務報表是否正確。然而經由會計師事務所的稽核，可以瞭解企業的會計人員是否遵守一般公認會計原則，並可針對企業的財務報表是否反映出企業的財務狀況提出專業的看法。這些依法只有註冊公共合格會計師得以提出的意見常成為債權人、目前與潛在的企業主、證交會等政府機關、準備談判動作契約的公會、主要供應商、顧客以及想要進行併購的企業之主要參考依據。

　　一九七〇年代末尾企業界掀起一陣破產風潮的時候，會計師事務所稽核企業財務報表的責任顯得格外重要。許多受到波及的債權人與企業主紛紛提出告訴，表示由於會計師事務所的稽核工作不實以致於他們無法察覺企業破產的風險，因此轉而向負責稽核工作的會計師事務所求償。為此，註冊合格公共會計師協會遂公告協會成員，會計師事務所有責任注意企業財務報表不實的弊端，必須稟持「合理的專業懷疑態度」來稽核客戶的會計記錄。雖然發現弊端仍然只是會計師事務所的稽核工作的一小部份，然而可以想見的是，未來的會計人員必須格外注意是否可能出現弊端的問題。

　　儘管會計人員對於財務報表不實的敏感程度提高，也不斷地投注心力來修正不實的財務報表，然而許多舞弊情形卻可能僥倖過關。舉例來說，曾有一家總公司位於美國新澤西州的電子產品折扣零售商在連續近十五年財務報表都顯示獲利良好的

情況下，突然宣佈結束營業。這家公司的股票價位原本是每股美金$43.25，然而當結束營業的消息一經披露之後，立刻慘跌至每股美金$0.25。根據調查發現，這家公司的會計記錄有一筆價值約達美金六千五百萬的存貨盤損，因此侵蝕掉了這家在一九八○年代美國東北部最大的電子產品零售商的所有利潤。此舉似有做假之嫌。這家零售業者的總經理安艾迪（Eddie Antar）和他的兩位兄弟隨後遭到起訴，涉嫌因爲出售價格遭到哄抬的股價而謀取美金八千萬的不法利益。如果起訴罪名成立，安艾迪的刑期可能多達一百年之久，而且必須繳交超過美金一億六千萬的罰鍰。另有一家電腦磁碟機的製造商也曾被控以在整個電腦週邊產業萎靡不振的時候，將其運往倉庫的貨物記做銷貨以製造銷貨成長的錯誤印象。此外，這家公司還被控涉嫌故意超交貨物給顧客，使得單筆交易就高達美金九百萬元。雖然客戶會將超交的數量退回，然而這家公司的帳冊上面卻只記載了超交的銷貨數量與銷貨金額。於是，這家公司的管理階層被控涉嫌做假，意圖使稽核人員誤信其未曾眞正出貨的產品被列記爲銷貨收入。

會計人員之自由裁量權

　　雖然會計工作處理的是量化的數據（通常是金額），但是會計人員在運用一般公認會計原則的時候，卻仍享有相當的自由裁量權。在符合稅法與會計專業原則的前提之下，企業在製作財務報表的時候可以合法地運用某一套會計原則，而在計算營利事業所得稅的時候又可以合法地運用另一套會計原則。舉例來說，企業在計算年終商品存貨價值、銷貨成本或資產的年度折舊時，可以視情況選擇不同的方法。每一種方法都會產生不同的淨利數據，同時也會改變財務報表上的其它金額。

　　一般公認會計原則係由財務會計標準委員會所擬訂、解釋與修正。**財務會計標準委員會**（Financial Accounting Standards Board；FASB）係於一九七三年成立，由美國註冊公共合格會計師協會以及其它會計專業組織所聯合籌設。財務會計標準委員會的定期公告對於會計人員在設計會計制度、解釋財務報表與提供財務決策的專業意見等行爲上，往往具有重大影響。

環球透視

某些國家的高階主管薪酬非僅限於薪資

高階主管的薪資待遇是否放諸四海皆準？答案是肯定的，同時也是否定的。根據薪資會計記錄顯示，美國的中階主管的薪資較其它國家為高，然而單憑此一數據無法完全看出真實的情況。

諸如德國與日本的會計原則與傳統會利用某些變通方法來設計執行長以下的經理人員的薪酬。舉例來說，德國與日本的中高階主管可以駕駛公司配發的公務車輛，可以享有公司付費的休閒俱樂部的會員資格，可以收到僱主贈送的昂貴禮物，甚至可以報銷個人的渡假費用。這一類的作法不僅完全符合會計原則，更是一般業界視為理所當然。

相反地，美國的中高階主管的薪資可能較高，但是整體薪酬卻可能較少。《華爾街日報》曾經和一家企管顧問公司合作調查高階管理階層的整體薪酬（包括福利與津貼）的價值，結果如下：

國家	執行長以下的高階主管的平均薪酬
義大利	$219,573
法國	190,354
日本	185,437
英國	162,190
美國	159,575
德國	145,627
加拿大	132,877

資料來源：Amanda Bennett, 「Managers' Incomes Aren't Worlds Apart,」 *The Wall Street Journal*, October 12, 1992, p.B1。

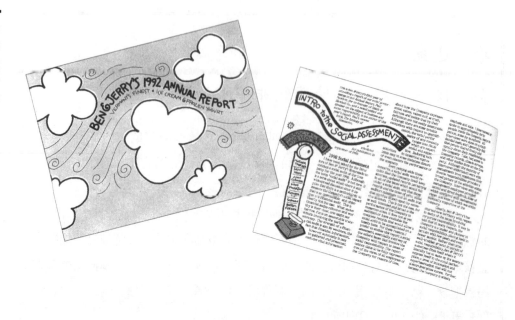

雖然年報的主要目的
在於向股東揭示財務
資訊,然而許多企業
往往會利用此一機會
將年報與別出心裁的
促銷手法合而爲一。

會計年度

會計年度
企業爲財務會計目的
所採用的十二個月的
固定期間

　　會計年度(亦稱爲預算年度或管理年度)係指企業爲財務會計目的所採用的十二個月的固定期間。雖然會計年度常爲曆年制,但是企業也可能爲了因應顧客習性(例如:旅遊業的淡旺季)或產品型號或外觀的改變(例如:服飾、汽車業的換季)而選擇不同的期初與期末月份。

　　如果會計年度開始與結束的時間在商業交易行爲最少的月份,那麼管理階層在彙整財務數據的時候就不至於對於人力與設備造成過大的負擔。汽車經銷業者可能選擇九月一日至翌年八月三十一日的會計年度,在新舊車款交替、銷售活動與存貨數量最少的時候來彙整財務報表。玩具製造業者與銷售業者往往選擇七月一日至翌年六月三十日的會計年度,將耶誕節的旺季放在年度當中。

會計報表

年報
企業每一年度將其財
務狀況彙集整理而成
的正式報表

　　企業每一年度將其財務狀況彙集整理而成的正式報表稱爲**年報**(annual

每一年度的報表把公司財務狀況告訴股東，很多公司利用這個機會印製精美的財務報告書，廣爲宣傳。

report）。可想而知，管理階層爲了有效地掌控企業的經營，往往需要更多的財務資訊，因此企業也會按季編製其它的財務報表文件。企業主通常都會收到這些月報、季報以及年報等定期的財務報告。

然而實務上並非長久以來就有定期編製財務報表的慣例。回溯十九世紀以前，許多企業並未發行年報。原因之一當然是在當時大多數的企業是由親朋好友合夥經營，企業主很容易就能夠瞭解企業經營的狀況。直到十九世紀初，企業逐漸吸納散居各地、彼此之間並不熟識的企業主之後，法律才開始規定企業必須發行年報，定期地彙整並公佈正式財務報表。

企業年報當中的會計報表所出現的專業術語和格式不儘相同；不同的產業採用的專業術語和格式也不一樣。因此，本書將不沿用引證實例來解說的方式，而改採舉例說明的方式來代替。

完整財務報表包含三種主要的會計報表，每種會計報表都有其特定目的與意義。這三種會計報表分別爲損益表、資產負債表與現金流量表。

損益表

損益表　也常稱爲P&L（profit and loss），係指彙整企業於特定期間內的銷貨收入、銷貨成本（適用於銷售商品的企業）、費用以及淨利或淨損的會計報表。損益表

損益表
彙整企業於特定期間內的銷貨收入、銷貨成本（適用於銷售商品的企業）、費用以及淨利或淨損的會計報表

（income statement）所涵蓋的期間可以是一個月或一季，而圖19.2的範例當中的損益表則是跨越一整年的期間。

收入（revenue） 部份代表為交換商品或服務所收取的現金或其它項目。就買賣業而言，顧客可能會退回部份商品或為了買到瑕疵品而收取銷貨折讓。遇此情況，這些退貨與折讓的金額必須自毛銷貨收入當中扣除，以反映當期的真實淨銷貨收入。

銷貨成本 係指為取得產生銷貨收入的商品所付出的成本。銷貨成本（cost of goods sold）的計算必須符合嚴謹的邏輯。會計期初的商品存貨加上當期的淨銷貨之後，就是當期可供銷售商品的總額。當期可供銷售商品的總額再減去期末存貨，就是當期實際銷售的商品成本。

銷貨毛利（gross profit on sales） 係指企業的淨銷貨收入扣除銷貨成本之後，但在扣除營業費用之前所賺取的利潤。

營業費用（operating expenses） 係指企業在會計期間內正常營運所使用或消耗的項目或服務的價值。本書的範例當中將費用分為兩大類別：銷售費用與一般管理行政費用。每一類別均設有獨立的帳目。此一分類方式有助於管理階層監督並控制不同性質的費用，進而判斷是否應該抑制或增加個別的費用。**稅前淨利**（net income before taxes）係指企業在扣除各項稅賦之前所賺取的利潤。**淨利**（net income）則指企業在特定會計期間內所賺取的利潤。本章曾經提到過會計人員具有相當的自由裁量權；換言之，會計人員為了節稅之故，可以減少帳面上的淨利數據。然而當企業在短期的未來需要動用龐大的一次性費用，進而希望其財務報表能夠反映出此一決策的成效時，或可考慮減少帳面上列記的淨利。

由圖19.2 可以發現，舉凡會影響企業的銷貨收入、銷貨成本、營業費用或稅賦的因素往往會影響到其淨利。

企業通常會儘早將這些影響公告週知，讓企業主、債權人和其它相關人士瞭解實際情況。舉例來說，Anheuser-Busch曾經宣佈其為了因應競爭者的動作，而決定調降主要品牌的啤酒的價格，預估將會影響連續兩年的獲利。

圖19.2
損益表範例

百利公司
損益表
一九九X年十二月三十一日

收入

銷貨		$778,918
減項：退回與折讓		14,872
淨銷貨		$764,046

銷貨成本

期初存貨（一九九X年一月一日）	$37,258	
加項：淨採購	593,674	
可供銷售商品	$630,932	
減項：期末存貨（一九九X年十二月三十一日）	41,540	
銷貨成本		589,392
銷貨毛利		$174,654

營業費用

銷售費用

銷售人員薪資	$56,718	
廣告費用	7,418	
銷售促銷費用	5,780	
總銷售費用	$69,916	

一般行政管理費用

管理人員薪資	$14,378	
行政人員薪資	26,612	
電話費	700	
保險費	2,100	
折舊費用，辦公室建築物	3,250	
折舊費用，辦公室傢俱	1,780	
水電費	6,250	
一般行政管理總費用	55,070	
總營業費用		$124,986

稅前淨利		$49,668
減項：稅賦		18,315
淨利		**$31,353**

此一消息發佈之後，該公司的股價立刻跌至每股$4.375美元。同樣地，美國的汽車業者曾經調降預估銷貨數量。這樣的動作產生了一連串的骨牌效應，使得鋼鐵業者宣佈減少百分之十五（15%）的出貨，整體產業的營業額估計縮減了七億美元。

資產負債表

資產負債表（balance sheet）係指顯示出企業在會計期間最後一天的財務狀況的會計報表。如果我們將企業的會計期間視為一卷電影膠帶，每一格代表著每一天的營運，那麼資產負債表就是膠卷上的最後一格。為了編製報表的目的，我們將那一天的財務狀況視為凍結狀態。

資產負債表分別列示三種常見類別的加總金額：資產、負債和企業主權益。這三者得以基本的會計公式表達之：

資產 = 負債 + 企業主權益

（視企業的型態之不同，第三類亦可稱為資本、淨值或合夥人權益等）無論其名稱為何，均代表著企業主在編製資產負債表的那一天，所擁有的權益。

資產負債表即為上述公式的詳細說明。誠如損益表一般，資產負債表也設有許多不同的帳目。圖19.3即為資產負債表的釋例。讀者務必詳讀表中的每一個項目。

資產 亦可定義為企業、政府、或個人所擁有的具有價值的東西。此處的資產則專指企業所擁有的有價物品。**資產**（assets）的分類方式相當地多，此處的釋例則舉出兩種常見的資產類別。**流動資產**（current assets）包含了現金、一年內可以轉成現金的項目（例如：存貨與應收帳款）以及預付費用（例如：保費、租金與辦公耗用物品）等等。**廠房與設備**（plant and equipment）（有時候也稱為固定資產）則指包括土地與昂貴製造設備—企業用於營運用途長達數年的項目—等在內的資產類別。圖19.3當中的資產負債表釋例所列舉的幾項建築與辦公傢俱，即屬於固定資產類別。

所有的廠房與設備—除了土地之外—都必須攤提折舊（depreciation）。**折舊**是管理階層為了在昂貴的固定資產預期使用年限內逐漸回收其成本所使用的會計技巧。

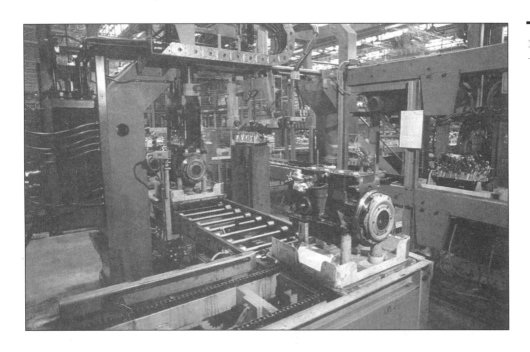

企業最重要的資產之一是廠房與設備。

攤提折舊有助於吾人瞭解資產因為使用與年限而縮減的價值。攤提的折舊在每一年的損益表上是以支出列記；而每一年攤提的折舊金額加總起來稱爲累積折舊（accumulated depreciation），在資產負債表上是以資產的原始成本的減項列記（如圖19.3 所示）。原始成本與累積折舊之間的差額即爲資產的帳面價值（book value），亦即編製資產負債表當日，該項資產對於企業的價值。固定資產的年度折舊金額不盡然能夠反映出該項資產的市價的變動，因此帳面價值並不一定就代表著編製資產負債表當日出售該項資產所能收取的金額。

負債　係指在編製資產負債表當日，債權人對企業所能主張的權利。圖19.3 當中列出兩種類別的負債（liabilities）。**流動負債**（current liabilities）係指一年內必須償還的債務。**長期負債**（long-term liabilities）則指超過一年才會到期的債務。沿用圖19.3 的例子，百利公司的帳面上尙有\$8,000的貸款和\$3,280的公司債必須在未來的年度裡清償。這些便屬於長期負債。

　　資產負債表上顯示出企業主對於企業所能主張的權利的部份稱爲**股東權益**（stockholders' equity）。資產負債表上的企業主權益代表企業出售普通股所獲得的總

負債
在編製資產負債表當日，債權人對企業所能主張的權利

流動負債
一年內必須償還的債務

長期負債
超過一年才會到期的債務

股東權益
資產負債表上顯示出股東對於企業所能主張的權利的部份

圖19.3
資產負債表範例

百利公司
資產負債表
一九九X年十二月三十一日

資產

流動資產

現金	$17,280	
應收帳款	84,280	
存貨	41,540	
預付費用	12,368	
總流動資產		$155,468

廠房與設備

建築	$43,980		
減項:累積折舊	10,550	$33,430	
辦公傢俱	$19,200		
減項:累積折舊	5,250	13,950	
土地		14,000	
廠房與設備總資產			61,380
總資產			**$216,848**

負債

流動負債

應付費用	$10,000	
應付帳款	41,288	
應付薪資	400	
應付稅賦	14,000	
總流動負債		$65,688

長期負債

應付貸款	$8,000	
應付公司債	3,280	
總長期負債		11,280
總負債		$76,968

股東權益

普通股,每一千股(每股一百美元)面值	$100,000	
保留盈餘	39,880	
總股東權益		$139,880
總負債與股東權益		**$216,848**

資金—如圖19.3 所示，百利公司以每股一美元的面值出售了一千股普通股，總計募集到了十萬美元的資金。此外，保留盈餘餘額係指在編製資產負債表當日，企業重新投資於營運的累積利潤總額。此一金額通常也被視為企業主權益的一種，使得圖19.3 當中的企業主可以對百利公司另外主張$139,880美元的權利。

值得注意的是，圖19.3 當中的會計公式的餘額分別為：資產$216,848，相當於負債加上企業主權益之後的總額$216,848。會計公式的兩端恆等。資產係指企業所擁有的有價物品，然而這些東西必定來自某處，亦即必定取自於公司內部或外部的某些人。資產究竟得自於公司內部或公司外部，分別顯示於會計公式的企業主權益與負債。會計公式的兩端必須相等；換言之，資產必定等於負債與企業主權益的總和。

現金流量表

現金流量表（cash flow statement）係指顯示出特定會計期間內，企業的現金來源以及用途的文件。現金流量表對於輔助管理階層瞭解會計期間內營運資金的變化尤有裨益。營運資金（working capital）即為企業的流動資產減去流動負債之後的餘額。

企業因為營運狀況的良窳對於營運資金的增減影響與年度變化，是管理階層規劃日常營運的必要參考依據。企業必須備有足夠的營運資金來購買存貨與其它必要的流動資產，以及支付到期的債務。營運資金不足可能造成企業窒礙難伸的窘境，使得企業無法償還到期的債務，無法爭取供應商的現金折扣，無法採購足夠的存貨以爭取數量折扣等等。管理階層應當監控每一個會計期間營運資金的變化，以確保企業的穩健經營能力。圖19.4 即為現金流量表的範例。

財務分析

損益表與資產負債表均能顯示出許多彙整之後的總金額與帳目餘額，但是卻也忽略了許多重要的事實。單憑這些報表往往很難全面地深入瞭解特定的財務關係。於是，財務分析的重要性逐漸為人重視。

現金流量表
顯示出特定會計期間內，企業的現金來源以及用途的文件

圖19.4
現金流量表範例

百利公司
現金流量表
一九九X年十二月三十一日

使淨收益與營業所得現金一致之調整

淨收益	$31,353	
營業所得淨現金之加項:		
折舊,辦公傢俱	1,780	
折舊,建築物	3,250	
營業所得淨現金		$36,383

投資所得與支出的現金

辦公傢俱的採購	(5,110)	
建築物的裝修	(18,710)	
出售財產與設備所得	1,215	
投資支出的淨現金		(22,605)

融資所得與支出的現金

出售普通股所得	3,000	
支付現金股利	(580)	
貸款支出	(6,000)	
融資所得的淨現金		(3,580)

現金以及與現金等值資產的增加	10,198
期初的現金以及與現金等值的資產	7,082
期末的現金以及與現金等值的資產	$17,280

*折舊並未眞正影響企業資金的流入,但因其亦未造成資金的流出,因此屬於特殊的費用。正確的會計步驟必須
將折舊視爲現金流量表上淨收益的加項。

財務分析
利用數學來強調重要
的事實以及會計報表
之間的關係

比率
表示出不同項目之間
的關係或比例的數據

　　財務分析(financial analysis)係指利用數學來強調重要的事實以及會計報表之
間的關係,裨使管理階層與其它相關人士更精確、更清楚地判斷企業的財務健全與
否。大多數的計算過程均會產生各種不同的**比率**(ratio),亦即表示出不同項目之間
的關係或比例的數據。根據這些比率和其它結果擬訂出來的決策往往足以影響企業
的每一個層面。

損益表分析

下列計算過程有助於讀者更深入地瞭解圖19.2 所示範的損益表。由損益表當中的數據計算而得的比率常以銷貨收入為百分之百（100%）或稱基數，然後再來比較損益表中的其它項目相對於銷貨收入的比率。

淨收益對淨銷貨收入之比率

$$\frac{\text{淨收益}}{\text{淨銷貨收入}} = \frac{31,353}{764,046} = 0.04 ：1 \text{ 或 } \$0.04 ：\$1$$

淨收益對淨銷貨收入之比率（ratio of net income to net sales）代表特定會計期間內，企業每達到一塊錢的銷貨收入所真正賺取的淨益。誠如大多數的財務分析數據一般，吾人可以將本身的數據和規模相當的同業做一比較。淨收益對淨銷貨收入比率可以衡量出企業的效率，亦即解答了「每獲得一塊錢的銷貨收入，最後可以賺得多少利潤？」的問題。

淨收益對淨銷貨收入比率過低，並不儘然是不好的現象。倘若企業的銷貨數量龐大，儘管單位利潤較低，只要地點適當、採購決策正確、管理與行銷技巧良好，仍然可以屹立不搖。

淨收益對淨銷貨收入之比率
特定會計期間內，企業每達到一塊錢的銷貨收入所真正賺取的淨益

淨銷貨收入對淨收益之比率

$$\frac{\text{淨銷貨收入}}{\text{淨收益}} = \frac{764,046}{31,353} = 24.37 ：1 \text{ 或 } \$24.37 ：\$1$$

淨銷貨收入對淨收益之比率（ratio of net sales to net income）恰與前者相反，代表著企業為了真正賺到一塊錢的淨收益所必須達到的銷貨收入金額。如果競爭者同樣賺取一塊錢的利潤所必須達到的銷貨收入金額較低（或者每達到一塊錢的銷貨收入金額所能賺到的利潤較高），那麼管理階層就必須重新評估其採購慣例、行銷技巧、並設法控制費用，以找出真正的原因。

淨銷貨收入對淨收益之比率
企業為了真正賺到一塊錢的淨收益所必須達到的銷貨收入金額

存貨週轉率

$$\frac{銷貨成本}{平均存貨 [（期初存貨 + 期末存貨）÷2]}$$

$$= \frac{589,392}{（37,258 + 41,540）÷ 2}$$

$$= \frac{589,392}{39,399} = 14.96倍$$

存貨週轉率
指特定期間內，企業出售並替換（或稱週轉）其平均商品數量的次數

　　存貨週轉率（inventory turnover）係指特定期間內，企業出售並替換（或稱週轉）其平均商品數量的次數。如果企業的存貨週轉率高於或低於競爭者，那麼或可考慮慶祝一番或者應該嚴加檢討—端視差異的成因。存貨週轉率高或可歸功於地點優良或者行銷手法奏效；存貨週轉率高也可能是因為企業商品的採購數量幾乎與使用的數量相當，或者致使企業喪失數量折扣的機會，致使企業必須處理更多的文書作業，甚至在通貨膨漲期間必須支付更高的價格。存貨週轉率的高低除了會受商品本身的性質的影響之外，亦會受到管理階層的採購與行銷決策的影響。例如：銷售珠寶首飾、鐘錶或鋼琴的商店的存貨週轉率往往較低，而銷售健康食品、鞋子或輪胎等商店的存貨週轉率則往往較高。

資產負債表分析

　　下列計算過程有助於讀者分析如**圖19.3** 所示範的資產負債表。

流動比率

$$\frac{流動資產}{流動負債} = \frac{155,468}{65,688} = 2.37：1 \text{ 或 } \$2.37：\$1$$

流動比率爲安全性的衡量指標，亦即表示企業利用流動資產來償付流動負債的能力。流動比率（current ratio）偏低可能意味著企業將會面臨財務困難，亦即企業可能無法順利償還到期的流動負債。另一方面，流動比率偏高則可能意味著企業保留過多的現金、存貨或其它流動資產。遇此情況，企業其實大可以將這些資金用以購買更具效率的機器設備或者更新老舊的生產設備等等。如果流動比率偏高主要是因爲存貨過多所造成，那麼這些商品在出售之前可能就已過時。堆積過多的季節性商品必須在旺季結束之前就設法出清，否則就需要留待隔年再行出售。許多專家學者認爲理想的安全流動比率應爲2：1。

<aside>
流動比率
表示企業利用流動資產來償付流動負債的能力
</aside>

嚴格檢驗比率

$$\frac{現金 + 應收帳款 + 可供出售債券}{流動負債}$$

$$= \frac{17,280 + 84,280}{65,688} = \frac{101,560}{65,688} = 1.55 : 1 = \$1.55 : \$1$$

相較於流動比率更能夠反映出眞實情況的**嚴格檢驗比率**（acid test ratio）可以計算出企業利用最流動、最快速的資產—現金與接近現金的資產—來償付流動負債的能力。諸如存貨與預付費用等非流動性資產則不在考慮之列。前例當中的百利公司的資產負債表上每出現\$1.00的流動負債，背後其實代表其擁有\$1.55的流動資產。嚴格檢驗比率亦可能趨近於1：1的比例，然而如果比率不超過1：1，那麼管理階層務必迅速地決定流動負債到期時間，以便確保屆時能從銷貨收入與應收帳款當中取得足夠的現金來償付債務。如果嚴格檢驗比率過低，那麼企業可能必須向商業銀行爭取信用貸款或尋找其它募集短期現金的方法，來應付到期的流動債務。

<aside>
嚴格檢驗比率
衡量出企業利用最流動、最快速的資產—現金與接近現金的資產—來償付流動負債的能力
</aside>

負債對企業主權益之比率

$$\frac{負債}{企業主權益} = \frac{76,968}{139,880} = 0.55 : 1 = \$0.55 : \$1$$

相對於企業主對公司主張的每一塊錢的權利，債權人對於企業的資產所能主張的價值

負債對企業主權益之比率（ratio of debt to stockholders' equity）係指相對於企業主對公司主張的每一塊錢的權利，債權人對於企業的資產所能主張的價值。負債對企業主權益比率可以表達出企業的不同相關人士所擁有的相對控制或權利。財務槓桿較高的企業其負債對企業主權益比率也較高，因為這樣的企業多半會利用發行公司債的方式來籌措長期資金。負債對企業主權益比率偏高往往暗示著企業可能無法償還短期債務，無法支付公司債的利息，以及無法提撥足額的公司債償債基金—參閱本書第十六章的說明—等問題。本章範例當中的百利公司，其企業主權益約為債務人所能主張的權利之兩倍。

普通股面值

$$\frac{\text{企業主權益}}{\text{尚未贖回的普通股股數}} = \frac{139,880}{1,000} = \$139.88 / \text{每股}$$

普通股面值

編製資產負債表當日，企業出售資產的話，股東每持有一股理論上所能分配到的金額

普通股面值（book value of common stock）代表著編製資產負債表當日，企業出售資產的話，企業主每持有一股理論上所能分配到的金額。當股票市場呈現利空時，由於心理上較不確定的投資人不斷出清持股，某些股票的面值會超過市場價格。換言之，投資人不願意以目前股東根據資產負債表上的數據所能分配到的金額—如果企業出售其資產時—之價格在公開市場上購買股票。如果股票的面值超過目前的市價，多數投資人才會考慮買進。

聯合報表分析

某些分析計算過程會同時採用損益表上的某個項目和資產負債表上的另一項目，其中，經常被視為最重要的是：

企業主權益報酬率

$$\frac{\text{淨收益}}{\text{企業主權益}} = \frac{31,353}{139,880} = 0.224 = 22.4\%$$

企業主權益報酬率（rate of return on stockholders' equity）係指前一會計期間，企業爲其所有人每投資一塊錢所賺取的報酬比例。企業主權益報酬率能用以衡量管理階層是否有效地運用企業主的投資金額的能力。企業主權益報酬率長期偏低，可能暗示著企業主大可將資金投資於其它用途，或者暗示著企業主可能需要撤換掉現有的高階管理者，另尋能夠提昇領導效能與經營績效的高階管理人員。本例當中的百利公司，企業主每投資一塊錢，百利公司就爲企業主賺回$0.224元一換言之，企業主權益報酬率爲百分之二十二點四（22.4%）。

　　如果單憑某一個數據就能夠全盤瞭解企業的財務狀況，的確再好不過。然而實務上卻難有此一可能。財務分析能讓吾人從不同的角度來觀察一個企業；一般而言，企業在某些指標上會顯得較爲優秀，在另一些指標上則會顯得較爲薄弱。如果財務分析的結果顯示出目前或未來可能出現問題，管理階層不應單單解決表面問題而已。面對眼前的或潛在的問題，管理階層應該設法治本，和相關部門齊集協商、分析問題、進而採取適當的行動來儘可能地鞏固公司的財務實力。

比較性資料之來源

　　如果將前文當中介紹過的所有計算數據與企業所處產業的平均標準或與整體經濟情勢做一比較，都能產生極具意義的結果。事實上，某些數據如果不與競爭者做一比較，這些數據甚至於不具任何意義。瞭解企業相對於競爭者的地位和瞭解企業本身的狀況同樣重要。

　　企業主可以透過許多不同的管道來取得比較性的資料。實務上最好的管道可能要屬同業公會。這一類的組織有如企業所屬產業的財務數據倉庫，可以計算出各式各樣典型的分析數據、存貨週轉率和其它抽樣資料。圖19.5 即爲超過五金同業公會針對超過三百五十家民營五金商店的樣本所計算出來的各項營業比率（以淨銷貨收入爲基準）。

　　知名的鄧白氏也是常見的產業資料來源之一。每一年，鄧白氏針對零售業、批發業、製造業與建築業等一百二十五家業者，發行重要的商業數據。由銀行貸款主管組成的Robert Morris Associates則會提出超過三百五十種行業的統計數據。此外，The Accounting Corporation of America與NCR Corporation也會發佈各種產業比率。

企業主權益報酬率
前一會計期間，企業爲其所有人每投資一塊錢所賺取的報酬比例

圖19.5
五金店營業比率範例

淨銷貨收入		100.00*
銷貨成本		64.92
邊際（銷貨毛利）		35.08
費用		
薪資與其它員工費用	16.23	
房租費用	3.23	
辦公耗用物品與郵資	0.40	
廣告	1.49	
捐贈	0.08	
電話	0.24	
壞帳	0.30	
送貨	0.47	
保險	0.66	
稅賦（除了房屋稅與薪資稅之外）	0.46	
利息	0.61	
折舊（除了房屋與土地之外）	0.57	
耗用物品	0.37	
律師和會計師費用	0.31	
書報雜誌	0.08	
差旅、採購和交際	0.19	
未分類費用	0.64	
總營業費用		26.33
淨營業利潤		8.75
其它收益		1.65
稅前淨收益		**10.40**

*圖中的數據均以其佔銷貨收入的百分比例表示之。
資料來源：Courtesy National Retail Hardware Association提供。

最後值得一提的是，會計師也會推薦其它取得比較性資料的管道。

摘要

　　管理階層往往會對會計資料感到相當興趣，原因不外乎透過這些資料可以瞭解
企業獲利的眞實情況。由於法令規定企業依法必須報告其財務狀況，因此會計專業
逐漸突顯出其重要性。實務上最常需要會計資料的個人或團體可以分爲六大類：管
理階層、企業主、潛在投資人、債權人、公會以及政府機關。

　　企業可以藉由會計制度，有組織、有系統地來蒐集、記錄、分析、彙整與闡釋

FAS 106 Pinches
Bottom Line

管理者筆記

第106條財務會計準則規定的最低底限

　　財務會計標準委員會業已公佈了數十條規範會計步驟
的準則，但是其影響均不及第106條財務會計準則。

　　以往，企業均採逐年計算退休員工的健保福利的方
式，因而模糊了企業最終必須支付的總成本。對於通用汽
車、福特汽車與克萊斯勒等動輒會有上萬名員工已具退休資格的大型企業而
言，退休金的總額相當駭人。此外，由於健保福利的成本逐年攀升，使得每一
年的健保費用實際上又增加了百分之十五（15%）。

　　第106條財務會計準則的通過使得企業的財務主管與退休員工莫不大感頭
痛。第106條財務會計準則規定，企業必須依照下列方式之一來計算健保福利的
預估總成本，（1）一次性地提撥預估的總費用（如此一來將使得某一會計年度
的「帳面上」出現高達數百萬美元的鉅額虧損），或者（2）將預估的總成本平
均分二十年攤提。財務會計標準委員會頒佈這項規定的理由是在未來必須支付
高額健保福利的企業必須預先瞭解此一義務背後所代表的負擔。如果企業不設

法預先掌握此一成本，製作出來的財務報表恐有誤導之虞。

　　許多大型企業索性在某一特定年度內，一次提列健保福利的所有預估未來成本。結果如何？通用汽車公司在一九九二年度的帳面上出現了兩百二十二億美元的鉅額稅後損失，而克萊斯勒汽車公司（退休員工人數為在職員工人數的三倍）也因此認列了四十七億美元的健保福利成本。福特汽車公司在一九九二年度同樣提撥了七十九億美元的健保福利成本，致使該年度出現七十四億美元的帳面虧損。

　　退休員工與在職員工對於第106條財務會計準則同樣感到疑惑。諸如Navistar International Corp等，曾經支付多達四萬名退休員工的醫療費用的企業莫不採取縮減非公會退休員工健保福利支出或者要求這些員工負擔部份健保醫療成本等變通方式。麥道公司（McDonnell Douglas Corp.）則是採取一次給付白領退休員工美金一萬八千元的方式，來取代負擔退休員工健保醫療費用的舊制。根據財務報表結果指出，此舉可使該公司未來的健保福利義務由十四億美元大幅縮減為七億美元。

　　讀者或者會問，第106條財務會計準則對於在職員工又有何影響？觀察家表示，第106條財務會計準則將會導致三分之二的美國企業縮減甚至刪除退休員工的健保福利，尤其是那些不受勞資合約保障的員工受害最深。目前在職的勞動人口在未來退休的時候，第106條財務會計準則或許業已將健保醫療成本轉嫁到員工身上。

財務資料。會計專業的範疇遠比例行性的簿記工作來得深遠：會計人員必須評估財務資訊、闡釋財務資訊對於企業營運的影響、甚至參與以這些財務資訊為基礎的高階管理決策的擬訂。

　　會計師事務所是由一群會計專業人員組合而成的專業組織。註冊合格公共會計師必須通過國家資格考試，並且必須達到各州政府規定的標準。惟有註冊合格公共會計師方能具有評估企業是否遵守一般公認會計原則，以及表達企業的財務報表是

否誠實地反映出其眞實財務狀況的意見的資格。會計工作雖然多與量化的數據有關，但是會計人員在應用一般公認會計原則的時候仍然享有相當的自主自由裁量權。財務會計標準委員會（簡稱爲FASB）爲一專業立法機構，其所制訂通過的會計準則對於企業採用何種會計制度以及記錄交易的方式具有重要影響。

　　企業每一年度將其財務狀況彙整而成的報表稱爲年報。年報的內容涵蓋損益表、資產負債表以及現金流量表。彙整企業於特定會計年度當中的銷貨收入、銷貨成本與費用的損益表可以反映出企業在各該期間內的淨收益或淨虧損。資產負債表則是藉由資產、負債與企業主權益的餘額等數據，顯示出企業在會計年度最後一天的財務狀況。現金流量表則是記錄了企業經過特定會計年度後，其淨營業資金的增減情況。

　　實務上如果單單憑藉會計報表，很難評斷企業的眞實財務狀況。爲了眞正瞭解企業的財務狀況，吾人必須學習利用財務分析。財務分析的數據有助於吾人釐清企業會計報表當中重要項目之間的關連（通常以比率來表示），進而強調出企業的財務狀況究竟是否健全。最新的產業資料—可以透過同業公會或其它可靠的管道來取得—則有助於企業判斷其在所屬產業當中的相對財務地位。

回顧與討論

1. 企業的會計制度與其管理資訊系統之間有何關聯？會計制度與管理階層的控制功能之間又有何關聯？

2. 請先將下列各項步驟依先後順序排列，再說明每一道步驟與會計制度的功能之間的關聯：彙整、闡釋、記錄、蒐集與分析。

3. 請分別就下列各類人士，至少舉出一個例子說明其如何使用會計資料：管理階層、企業主、潛在投資人、債權人、公會與政府。

4. 請分辨簿記人員與會計人員的差異。從事哪一項工作必須具備較多的知識與技能？爲什麼？

5. 如欲成爲註冊公共合格會計師，必須具備哪些資格與條件？美國各州如何規範註冊公共合格會計師的執業行爲？

6. 請說明會計師事務所針對企業進行一般稽核的目的。為什麼試圖要求會計師為稽核過的財務報表的正確與否背書，是不切實際的要求？

7. 哪些人士與團體會針對會計師對於企業財務報表所提出的意見感到興趣？並請就其關心的焦點，逐項提出理由說明之。

8. 請解說下列評論的意義：「會計人員在應用一般公認會計原則時，享有某些自主自由裁量權。」

9. 財務會計標準委員會對於會計實務有何影響？

10. 請說明至少一種情況，致使企業可能採用曆年以外的會計年度。並請舉出實例說明選擇不同於曆年的會計年度的企業。

11. 損益表通常會涵蓋多久的期間？請列舉並探討損益表所能提供的各類資訊。

12. 資產負債表通常涵蓋多久的期間？資產負債表何以是會計公式（資產 = 負債 + 企業主權益）的詳細說明？

13. 哪些類型的資產會產生折舊？攤提折舊的意義何在？

14. 請說明現金流量表所扮演的角色。現金流量表上通常會出現哪些類別的資訊？

15. 請就下列談話提出您的見解：「如果你無法進行財務分析、進而解讀財務分析的結果，那麼你就無法真正深入瞭解企業的財務狀況。」

16. 下列計算過程可以用於分析損益表。請解說計算這些比率所必須取得的資訊，以及這些比率分別代表何種意義：淨收益對淨銷貨收入之比率、淨銷貨收入對淨收益之比率、以及存貨週轉率。

17. 下列計算過程可以用於分析資產負債表。請解說計算這些比率所必須取得的資訊，以及這些比率分別代表何種意義：流動比率、嚴格檢驗比率、負債對企業主權益之比率、以及普通股面值。

18. 企業主權益報酬率代表何種意義？如何計算企業主權益報酬率？

19. 為什麼正確而又完整的財務分析會需要正確的比較性資訊？

20. 企業主可以自何處取得比較性財務分析所需要的資訊？哪一種管道最有價值？並請解說你的理由。

應用個案

個案 19.1：股票選擇權的會計處理

　　會計作業的良窳可能會影響企業的成敗。仔細而詳實地追蹤資產、費用、債務與銷貨等變動,企業便得以瞭解其成功與失敗之處,更重要的是能夠瞭解企業是否賺錢。如果不考慮企業必須投注在會計作業上的時間與心力,會計作業似乎易如反掌。不幸的是,根據美國的財務會計標準委員會所面臨的種種問題觀之,會計作業毫不簡單。

　　股票選擇權是目前時下許多企業提供給員工與主管的薪酬的形式之一。在公司股價上漲的時候行使股票選擇權的員工,往往可以獲得一筆可觀的收入。因此,對於許多規模不斷成長、獲利表現良好的企業而言,股票選擇權便成為廣受歡迎的薪酬方式。股票選擇權也常用於企業高階主管身上,理由不外乎是企業毋須支付額外的成本。

　　相較於每個月固定支領的薪水,舉凡退休金計畫、健保醫療福利、乃至公司聚餐等等在現行會計實務上並不認列為成本。許多企業便利用此一會計準則上的漏洞,大方地給予員工非薪水型式的酬庸,卻又不至於影響會計報表的帳面美觀。

　　然而就在企業高階主管行使股票選擇權而取得近乎暴利的收入的同時—迪士尼的執行長Michael Eisner就曾經創下實現了一億九千七百萬美元的股票選擇權的記錄,財務會計標準委員會開始擬訂法規,要求企業的盈餘必須扣除股票選擇權。此法實非各方所樂見。此一會計準則的變更將為企業帶來數十億美元的帳面虧損。企業在構思如何獎勵績效優異的員工時,也會面臨更大的難題。行使股票選擇權的高階主管也必須和企業主一樣,申報利息所得。最後值得一提的是,究竟如何才能夠正確地反映出股票選擇權的價值,也將是企業的頭痛問題。

　　雖然企業界對於以股票選擇權的方式來變相給予員工高額收入的作法感到關切與質疑。然而幾乎所有的人都同意改變會計準則絕非治本之道。其它諸如確實申報等方式,或許才是解決問題的方法。

問題：

1. 大型企業為什麼偏好採用股票選擇權來做為員工薪酬的一種？
2. 為什麼企業的盈餘必須扣除股票選擇權？
3. 為了平息多數人對於高階主管變相領取鉅額薪酬的不滿，企業可以採取哪些其它作法？

個案 19.2： 控制機制的怪獸

財務控制是簿計工具的一種，有助於企業正確地追蹤其資產與銷貨的變動情形。企業想要有效地控制財務狀況，往往必須耗用可觀的金錢與人力。然而如果控制不當，企業卻可能面臨法律的嚴苛懲處。

在一九八四年至八八年間，企業因為違反稅法等相關法令而被課徵的罰鍰平均為一萬美元。到了一九九○年，平均罰鍰金額攀升至二十萬美元。實際上不僅罰款的金額增加，因此入獄的個案與服刑期間也同樣增加了許多。有鑑於此，企業高階主管莫不更加小心謹慎地來控制企業的資產。

企業往往並不注重防範不實詐欺與貪瀆弊端等工作。企業最關心的往往只是如何將產品銷售一空。

即便是施行強烈的財務控制手段的企業，實務上也很難貫徹始終。屬於奇異電子集團旗下成員之一的奇異照明公司，就實施了一套相當複雜的控制制度，旨在監督全公司的資產變動。可惜事與願違，由於控制制度的內容必須不斷更新，以至於奇異照明公司不得不放棄這些動用過多金錢與人力的內部控制方法。

前述種種問題似乎都與財務控制的擬訂方式有關。內部控制的責任往往落在會計人員的身上，使得會計人員必須負責審核正常的工作流程。根據某一專業組織的報告指出，將內控責任交給會計人員負責實為開倒車的作法。這個專業組織轉而建議企業將內控功能落實在每一筆交易的所有流程當中，而不要一味地把內控工作丟給會計人員。然而在這樣的觀念落實之前，如何教導企業上上下下每一份子來監督企業的財務狀況，恐怕仍將會是會計人員的工作。

問題：

1. 爲什麼企業必須施行財務控制方法？
2. 在一個企業當中，除了會計部門之外，還有哪些其它人員可以分擔財務控制的責任？
3. 爲什麼許多財務控制方法必須耗費龐大的人力與金錢？

事業錦囊 4

Texaco的工作機會

在一家全球知名的石油公司工作，會是什麼樣的光景？本篇事業錦囊將會帶領各位一探究竟。

Texaco Inc.是全球公認的石油產業的菁英企業。身為生產與提煉二十世紀初期發現的美國德州油田的眾多元老之一，為了因應過去數十年間全球人類對於能源生產與環境保護的意識高漲的趨勢，Texaco公司業已成功地進行了許多變革。

Texaco公司向近來加入其陣容的大專畢業生表示，公司就是他們的事業。每一位員工都應該能夠擬訂出有意義的決策，分擔重要的工作職掌，並且從一開始就把自己的能力發揮到極限。為了因應石油產業的特性，Texaco公司會針對不同工程背景的大專畢業生，提供不同的工作機會。除此之外，Texaco公司同樣也非常歡迎非工程科系畢業的優秀社會新鮮人。

行銷

Texaco公司的行銷代表除了行銷本科系畢業的大專生之外，同樣也有來自其它背景的專才。這些行銷代表具有豐富的專業知識，來回覆龐大的零售與批發業者對於石油與石化產品的種種疑問。就Texaco公司的理念而言，這些行銷代表不僅是業務尖兵，更是專業的管理人才。負責零售業的行銷代表會提供行銷、服務、定價、促銷策略、規劃、乃至一般商品銷售技巧等意見給各個服務據點的老闆與管理者。至於負責批發業的行銷代表則與經營連鎖服務據點的企業、燃料油經銷商、卡車運送站經理和Texaco公司本身的客戶等等保持著密切的聯絡。Texaco公司的行銷同時身兼了產業分析師與管理顧問等兩種角色，提供他們的實務經驗與專業知識來輔導客戶的生意蒸蒸日上。一開始擔任行銷工作的社會新鮮人經過一番磨練之後，往往會有機會晉升至信用卡行銷、顧客服務、廣告與銷售促銷、以及地區業務與行銷管理等領域。

734 企業概論

資訊科技

電腦科系畢業生可以至Texaco公司位於美國休士頓的資訊科技部門找到職業生涯的最佳起點。Texaco公司的資訊科技部門設置了非常精密的管理資訊系統，提供管理階層用以整合Texaco公司位於全球各地的分支機構的龐大資料。資訊科技部門負責設計、開發與維護全公司與個別分支機構所需要的資訊與溝通系統，以便精確地掌握其所服務的形形色色的客戶。

會計與財務

對於擁有多達約四百五十處分支機構的企業而言，蒐集、分析、整合與闡釋財務與營業資料是困難度相當高的工作。主修會計與財務的大專畢業生或研究所碩士可以在總公司的天然氣與石油會計部門工作，亦可分派至生產石化產品與化學產品的分支機構的會計部門工作。除了傳統的界定之外，財務與會計人員亦可能屬於專案編制，負責建立、維護與改善財務控制，管理公司的短期投資，甚或成為總公司的稽核人員。除了專業職責之外，Texaco公司的財會人員亦必須和管理階層密切合作，共同設法提升公司的獲利能力和效率，以期因應市場的激烈競爭。

人力資源

Texaco的員工是企業成功的關鍵要素。Texaco的管理階層業已實施一項適用全體員工的計畫，目的在於提高員工參與決策的程度，並且改善工作相關技能，以期提升每一位員工的整體效能。人力資源或其它相關科系的大專畢業生在這裡擔負著整合的功能，擬訂與維護各項適當的政策與計畫來增加所有員工之間的互動。此外，人力資源部門也必須負責人力資源的招募、訓練、開發或留任。

第五篇
特殊的難題和議題

20
商事法及商業的法律環境

21
國際商業

20

商事法及商業的法律環境

在特定的時間地點是否對社會做到或是沒做到所謂「善」的事情，最終均可由法律判決。

ALBERT CAMUS

章節目標

在讀完本章之後，你應該能夠做到下列各點：

1. 分辨成文法與不成文法的差異。
2. 分辨刑法與民法的差異，並瞭解兩者的範圍。
3. 討論美國法院體系的組織與運作
4. 敘述統一商事法規（Uniform Commercial Code）的主要分類，包括合約法、代理人法、銷售法、財產法、流通票據法及破產法，並討論商標、機密、商標及版權的特色。
5. 總結今日商業經營的法律及法規環境。

Carolyn Veal-Hunter

前言

Carolyn Veal-Hunter回憶說「當我十三歲時，我決定長大以後要像Perry Mason一樣，但在我進入法學院後，卻發現律師的生活並不適合我，與其在法庭上打那些民事及刑事官司，不如影響政策真正地改變這個世界。」

在法律的觀點上來看，政策乃實施於政府的活動，Veal-Hunter說「一個好的律師應該瞭解法律和政府政策幾乎對社會的每一方面都有影響，尤其是對商業。政策具有影響生活品質的能力，就連我們喝的水也是受規章及政策的管制，我們在Cordoba Corporation工作，必須懂得與我們的顧客有關及與我們為顧客所做的工作有關的政策，同時，我們也要瞭解會影響我們經營公司的政策。」

Cordoba Corporation 是一個設立於洛杉磯的多元化的公司，成立於1938年，由少數人擁有和經營，以Veal-Hunter的話來說是一個「公共建設公司，我

們和企業及承包加州公共設施的廠商合作，建設商業辦公大樓、聯邦及州立建築、監獄、公路、鐵路之類的。我們協助三個工作，第一是規劃項目，像都市土地使用、交通運輸計畫，第二項是開發項目，像建築物、方案管理，第三則是系統項目，像軟體的設計與開發。」

Cordoba's Sacramento 辦事處是由Veal-Hunter 所負責，她帶有政府法令及商業法的背景來到這個公司。在加州土生土長的Veal-Hunter 在 San Diego 的加州大學取得心理學及社會學的學位，並進入UCLA法學院，當時她活躍於黑人法學學生會，再加上在華盛頓實習的經驗引起了她對法令的興趣。當她在國家有線電視協會實習時，參與了1984年有線電視法案的制定，這個經驗帶來了第二次在聯邦通訊協會當職員的實習機會。 Veal-Hunter說「實習讓我上了最好的一課並把我帶入工作場所，我沒有被限制只到圖書館找資料或是記錄摘要，並且真正影響了電視及電信的政策。」

她離開了FCC回到加州，為州議會公共設施及商業委員會起草並分析制定法令，「這個委員會是關心公共設施和公共運輸，而且他們讓我有機會繼續我的電信管理工作。」她同時負責協助小型承包商在州政府及公共設施招標時有同等的投標機會。在這四年裡，她將小型承包商的比例由百分之七提昇至百分之二十，「我可以說我幫助小企業成長並且創造新的工作機會，同時也滿足我自己的成就感。」

接下來Veal-Hunter以她的技術自己成立諮詢服務公司，幫助婦女及新成立的公司瞭解公家的業務。「後來，我捨棄了大量的客戶，一家擁有許多企業的公司Cordoba's Sacramento吸引了我去協助他們，Cordoba's Sacramento就像是我自己的公司一樣，我看著它成立，從原點起步，招募員工，負責使它獲利，經過兩年的經營，我們開始賺錢。」

現在，她管理這些由她的公司培訓出來的顧問，並監督所有Cordoba's和客戶的契約。她說「我們正在快速地成長，有時候我們是主顧問，然後再聘請副顧問為我們工作，有時候我們也扮演副顧問。我檢視所有的工作合約，以確保Cordoba's的利益被照顧到。舉例來說，我們簽了一個合約要幫客戶開發電腦系統，客戶通常會在合約中要求我們派人到客戶的公司擔任顧問或其他工作，這時如果我們很快地就簽下，也許我們就簽到一個不利的合約，儘管大部分的合約都簽得很順利，通常還是有許多的細節需要仔細地討論。」

將雙方的共識清楚明確地寫下來是避免爭議的最好方法，沒有人喜歡對爭論提出訴訟，有時訴訟所發生的費用比競爭的費用還高，最重要的是和顧客維持良好的關係。我們是一個小公司，並且仍在成長中，我們可以將事情做得更好而不需上法院，有一份對我們很有幫助的文件，我們稱之為契約核對表，它包括了所有以上提到的重要問題。Veal-Hunter運用她的法律背景和工作經驗成為一位成功的企業管理人，她是否建議取得法律學位以進入商業領域呢？她說「最好的法學院教導你一套思考過程，使你可以容易的轉移至商業的領域，而法學院所教你的分析過程則是針對公平且公正的結果，得到這樣的結果在商場中是一樣重要的。」

許多法律上的利害關係考量會影響到企業的經營。事實上，在本書前面幾個章節所提到的，像公司組織、勞工關係、行銷及財務等都與法律有著密不可分的關係。在這個章節中，我們不只要讓你對法律與商業間的關係有一個理解性的概念，更要介紹美國法律系統中的幾個基本的觀點，總結商業法的主要範圍，並探索對我們的社會影響愈來愈大的商業界所處的法律環境。

美國的法律體系

不成文法
根據早期英國法庭對關於人民及財產的爭執的判決記錄所制定的法律體制

成文法
由一群人所創造通過並寫下的法條文，大概地陳述了它所代表的人民的意願

在美國的民主制度下，企業條款及個人經營可分為不成文法及成文法。所謂**不成文法**（common law）指的是根據早期英國法庭對關於人民及財產的爭執的判決記錄所制定的法律體制，不同於一般成文法。不成文法是歷史的遺產，在美國革命戰爭以前即影響美國法院的判決，以過去的判決紀錄作為未來發生相同的紛爭或是相似的情況時裁決的參考先例。

成文法（statutory law）是由一群人所創制通過並寫下的法律條文，大概地陳述了它所代表的人民之意願，成文法在適當的法院被實行，並且被執法人員及他的法定代理人所執行，這些人包括警政人員、典獄長、巡邏隊及警長，成文法需要制定特定的刑罰以打擊違背者。

在地方法院中,法官審理觸犯聯邦法律的案件。

民事案件與刑事案件

　　民事案件(tort)是由原告提出適當的證據,證明被告有妨礙或傷害原告的人身或財產,包括有意圖性的及過失性的,法院再依此證據判決被告有罪或無罪,人身傷害罪是指對個人的不當傷害,包括名譽及感覺。例如:當有人惡意的散播有關他人私生活的謠言時,就構成了傷害罪,財產傷害罪則是傷害他人的財產,當農藥公司不小心將農藥灑在別人的田裡時即構成此罪,大多數的民事案件的發生都是疏忽所造成的。

　　相反的,**刑事案件**(crime)則是**觸犯了一個法體所通過的法令**,適當的政府組織(聯邦政府或州政府)會裁定違法者的罪名,刑事法令需包括傷害他人或他人財產,如綁架或謀殺,有時候,有些商人的行為也會觸犯刑法,如縱火、詐欺、盜用公款或賄賂。

民事案件
由原告提出適當的證據證明被告有妨礙或傷害其人身或財產,包括有意圖性的及過失性的,法院再依此證據判決被告有罪或無罪,人身傷害罪是指對個人的不當傷害,包括名譽及感覺

刑事案件
觸犯了一個法體所通過的法令

牽涉到刑法的案件由刑事法庭審判，民事案件則由民事法庭處理，成文法給與特定的法庭對於少年犯罪、緩刑及家庭事件具有特別的判決權，在刑事案件中，原告（通常是政府）必須在合理的懷疑下證明被告有罪，民事案件則不需要合理的懷疑，只要原告提出佔優勢的證據證明有不法行為的發生即可。刑事案件是由陪審團依審判過程及技術性的法律問題來判決，民事案件則較簡單，但如果雙方同意也可以交由法官裁決。

聯邦法院體系

觸犯聯邦成文法的刑事案件由聯邦法院審理，（每一州有一個相似的法院體系負責審理違反州立法的案件），最基層的地方法院由陪審團裁決有關違反聯邦法規的爭執及案件，法官代表法院裁決法律問題並確定原告及被告人的代理人陳述適當的法律程序，每一州依照大小有一到四個聯邦地方法院。

介於地方法院及最高法院間還有一個緩衝的上訴法庭，專門處理地方法院在審理案件時所發生的程序錯誤，在最高法庭及上訴法庭所審理的案件只由法官審判，除非美國最高法院同意重審，否則上訴法院為最後審理階層，最高法院為最後裁決，它的裁決只能被往後的最高法院決定及憲法修正案所改變，上訴法庭還負責復審及實行類似的法律機構的條文、規則，像聯邦貿易委員會（FTC）、國家勞工關係局（NLRB）。圖20.1 說明了美國聯邦法院體系的層級，最高法院亦可決定受審州立法院的申訴。

商事法

Uniform Commercial Code (UCC)
一部包含各種交易的商事法

Uniform Commercial Code（UCC）是一部包含各種交易的商事法，由統一州立法的國家委員會所制定，被路易西安那州以外的各州所承認，以確保州與州之間的每一件商業交易都能被處理，在這個部分我們將審查幾個UCC所涵蓋的商事法領域。

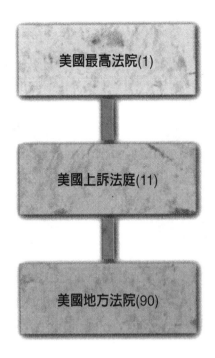

圖20.1
美國聯邦法院體系的
層級

美國最高法院(1)

美國上訴法庭(11)

美國地方法院(90)

合約法

　　合約　是兩個或兩個以上的團體間所定下的法律約束，用以迫使去做或是避免去做某些事情，當你簽下一份合約（contract）的同時，你也放棄了一些權利，雖然有些合約全部或部分是口頭的，但當有牽涉到下列幾項情形時就必須以書面記載：

■ 土地的買賣
■ 販售超過$500的物品
■ 同意償還他人的債務
■ 在一年內無法執行的契約

　　一份有效的合約必須包含圖20.2及下一個段落所包含的所有內容。

提案　不需要特別詳細但是必須夠清楚讓一般人看得懂，另外，提案人必須有意願作這個提案（offer），並且與被提案人溝通，像玩笑一般的提案或一般的談論，或是未作溝通過的提案可能被法庭宣佈無效。

合約
兩個或兩個以上的團體間所定下的法律約束，用以迫使去做或是避免去做某些事情

圖20.2
一份有效的合約所包
合的內容

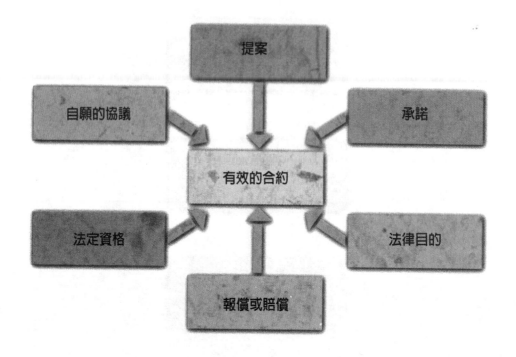

承諾 一個有效的承諾需包含一般有效提案的條件，要有意願的、清楚的、且要溝通過的承諾。

法律目的 一合約的目的或主題需合法，合約的一方不能用非法的行為來對付違約的另一方。

報償或賠償 一份有效的合約需要雙方交換某些有價值的東西，稱為賠償或報償或補償（quid pro quo）（拉丁語「以物易物」的意思），作為此協定的導引，每一方需對另一方有義務，報償或賠償可能是與財產、金錢、貨物或服務有關的行為，或結合這些東西交換某一方的義務，通常不必要是有形資產或是具有經濟價值，法律通常不會試著去衡量每一方報償或賠償的比較價值。

華德迪士尼公司和可口可樂簽訂了一份合約，將約束雙方直到2005年，根據這份合約，迪士尼同意，可口可樂是迪士尼樂園中唯一的飲料，而可口可樂公司有權使用迪士尼公司目前及未來創造的卡通人物作宣傳廣告，據一位迪士尼的執行者表示，兩個公司有著互利的關係。

法定資格　簽約的雙方必須有健全的心智能力，瞭解他們之間所作的協定是什麼，並且必須到達法定年齡。若某人可以提出證據證明他在簽署合約時是受酒精、藥物影響，或是年邁、神智不清，未達法定年齡時，他便可以不執行合約上的義務。

雖然未成年者也許在到達法定年齡之前不必履行他們所簽下的合約，但如果他們是自我供給者，則對於爲獲得生活必需品（食物、租賃、衣物、醫藥）所定下的合約有責任。

自願的協議（voluntary agreement）　一份有效的合約所須具備的最後一個條件是雙方都必須是自願的，沒有勉強、影響，完全是出自於自由的意志，一個人若是在恐嚇或是監禁下簽的合約，法院則沒有權力強制他履行這份協議。

如果你所簽的合約符合以上每一點，不管你有沒有弄懂上面的每一點，你都必須履行你的協議，當你簽署時法律便假設你瞭解整份合約。

代理人法

代理人（agent）指的是一個被授權去與另一團體的利益進行交易及執行權力的人，其所代表的**授權者**（principal）授權給代理者去扮演他的角色。

代理人法之所以存在是因爲有時候必須或想聘請一些有特殊知識或技術的人來代理自己，因爲你不能同時出現在兩個不同的地方，因此你也許會請一個人在遠方替你完成一筆交易，代理人通常替人買賣房地產、保險、旅遊規劃、爲明星及音樂家找工作、販賣各式各樣產品或完成許多其他各種商業交易。

銷售法

銷售法亦涵蓋於統一商事法（Uniform Commercial Code）之下，只規定新的、有形的個人物品之販賣，販賣這類貨品的公司通常會提供**保證書**（warranty），保證書記載有關這項物品的操作及使用方法並說明在各種不同狀況下的使用限制，保證書並包括在那些情況下產品本身或其零件生產公司會義務作更改或修理，製造廠的保證書通常印在紙上與產品包在一起。

銷售法亦隱含了一些保證書之外的保證，這些保證在表20.1中有描述。

代理人
一個被授權去與另一團體的利益進行交易及執行權力的人

授權者
代理者所代表的角色

保證書
保證書記載有關這項物品的操作及使用方法並說明在各種不同狀況下的使用限制

表20.1
暗示性保證的類別與
說明

類別	說明
暗示性的保證	賣方暗示其為法定擁有者,並可將其轉讓給買者
以樣品或敘述作保證	賣者保證所賣出去的商品與樣品相同,或與所描述的相同,(這種保證對於由目錄選購的交易特別重要)
有特定目的的保證	若賣者以專家的角色向買者提供意見,則必須負責產品的失誤
市場保證	商品必須符合正常的使用

財產法

統一商事法的另一部分則是關於不動產的所有權(土地及土地上不能移動的東西,包括農作物、建築物、樹木及礦產)及買賣,財產法亦涵蓋特定與私人財產有關的權力,其簡單的被定義為不動產以外的東西及其他任何附加於其上無形的權力或是利益,動產一般是不能移動的,私人財產包括了可移動的物品及其權利,如債券、家俱或像帆船等。

財產法中對商人們特別重要的是智慧財產權,如專利、商標、版權,由於這些財產對於一個公司在市場上的形象有特別重要的意義,我們將對其細節作更深入的探討:

專利 美國商業部的專利(patent)及商標局授與**專利**,其為一個法定的權力,使發明者可防止他人在某段期間內製造、使用或銷售一項發明、設計或植物,當專利期限過期後,此財產便變成公共財產,任何人都可生產製造,專利只能由國會條文更新。Reg. U.S. Pat. Off. 的縮寫接著一個專利號碼代表這項產品在專利局有註冊,標籤說明Patent pending或Patent applied for並沒有法律權利,它只簡單地說明發明者有去申請且期待得到專利。

專利分為三種,實用專利是一種17年,發給發明新的、有用的、不明顯的工業或科技過程、機器或新的化學合成的人,或對於現有的機械、過程及材料有新的、

有用的改進者,「有用」簡單的說,就是這項發明必須能發揮其預期的功效。

設計專利是頒給裝飾用的發明,可為三年半、七年或十四年,隨申請者選擇,這類專利包括了地板的設計或汽車的車身風格。植物專利為能無性繁殖的新植物品種提供了十七年的保護,一位園藝家若製造了一個新的、特別的玫瑰或蘋果,則可申請植物專利保留其生產及販售權。圖20.3 顯示出各個國籍的發明人所申請的美國專利,值得注意的是,有愈來愈多的外國競爭者。

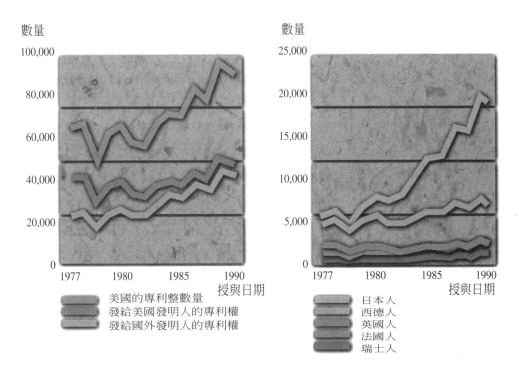

資料來源:National Science Foundation, *Science and Technology Pocket Data Book, 1992,* NSF 92-331 (Washington, D. C. :NSF, 1992), p. 48

取得專利　專利權的取得是按優先順序,第一位填申請表者擁有最佳的機會去取得專利,若有兩人的發明是極相似的,則兩人都必須提出他們的構想形成的時間。

申請專利的第一個步驟是查詢是否已經有類似的專利被申請了,專利局裡有一個查詢室整理了所有已申請的專利,所有的資料都是開放的,可自行查詢,不過通常聘一位專利代理人會較快且較便宜,他們通常在幾天內就可以完成查詢。若查詢

結果顯示之前沒有人申請過類似的專利，你的代理人也會建議你申請一個專利，一個專利的申請包括誓言、詳述你的作品、圖片（可能的話）及你的作品特點的敘述，同時必須繳交一筆申請費。

由於你的申請會由一位對這個領域非常瞭解的審核者依優先順利來審核，這個過程可能會花上幾個月的時間，如果這個審核者發現你的發明與別人申請過的專利相類似，他可能會建議你在手法上稍微修改一下以利重新申請，如果你的發明是獨一無二的，專利局便會頒發一個專利給你，然後你必須付錢，如果一項發明是由兩個以上的人所共同創造的，而且每個人都提供了想法以促成這個發明，專局會把專利一起頒給他們，但若是整個發明幾乎是出自一個人的想法，而其他人只是提供一點意見或是金錢的資助，這項專利將只頒給提供這個構想的人，當申請者的申請案被否決時可上訴到專利局。

許多發明家所發明的東西是與他們原有的經驗或興趣完全無關的，像柯達軟片是由一位音樂家所發明，停車計時器是由一位記者所發明，飛機乃由兩個自行車機工發明，成功的發明家必須有失敗了亦不放棄的毅力，像在愛迪生發明蓄電池以前，他曾嘗試過五萬次的失敗，他克服了失敗，並且說「我得到許多結果，我知道

商標的形式非常多樣化。

五萬種不適合的東西。」

專利局平均需花費十九個月的時間來處理一個申請案，因為它每年會接到約十五萬個案子，目前大概有兩千四百萬個專利被記錄。

專利擁有者具有專利的辯護權，例如：Procter & Gamble 從 Keebler 公司、RJR Nabisco公司及 Frito-Lay 得到1億2千5百萬的和解費，因這些公司違反專利生產 Procter & Gamble公司的餅干，在當時，這筆數字是有史以來最高的專利訴訟案。

通常當一個高獲利性產品的專利即將過期時，擁有此專利的公司會採取兩個動作，第一，當專利過期時儘快減少該產品的生產及銷售，第二，刻意降低產品價格以鞏固在專利有效期間所建立的市場。一位投資家預測當Monsanto的NutraSweet專利在1992年底將過期時，銷售將降低百分之五十，另一位投資人則預期，當此公司的一項有效控制高血壓的產品在1993年專利過期時，其股票會滑落15至20個百分點。

在取得專利時，當然可以保留一些產品的機密，這是必要的，假如某產品是由數種要素組成，各種要素的份量、比例都要正確的測量，且以精確的程序合成，此機密亦可以是製造過程中的某一步驟，此步驟可造成最後成品的外觀、耐久力或其他特點的獨特性，Bailey 公司的一種利口酒Original Irish Cream是用獨特的配方所製成，其他的競爭廠商至今都無法複製，這項專利每年為Bailey公司代帶來了一百萬件生意，這個特殊配方可讓奶油在酒瓶中保存兩年而不會凝固。

雖然保密（申請專利）可以確保一個公司對某產品的獨佔權達17年，管理者仍要相當警戒機密的外流，以防止配方或製造過程意外地或有意地被員工發現。

許多公司會將其實驗室隱密起來，直到新產品完成並準備上市時為止，例如溫蒂漢堡的實驗廚房由密碼鎖鎖住，而關於新產品的資訊亦僅止於基本知識而已。

商標　除了專利之外，專利及商標局還受理登記商標，商標（trademarks）是指受法律保護的品牌、標誌或角色，一家公司會用商標來確認自己的商品或是做為與競爭者的區分，若一商標亦包含公司名稱（或稱「商名」），則可一同登記於專利商標局。

商標
受法律保護的品牌、標誌或角色

商標的形式非常多樣化　一旦一個公司的商標通過且登記後，便具有10年的法律效益，在使用了五、六年之後，此公司必須簽署一份文件，表示這個商品仍被使用中，否則它的登記將會被取消，十年後這個商標可重新註冊，除非此公司取消或放棄，如果超過時間後，大眾要使用某個商標來定義一項產品，而不是指某公司的特定商品，則法院有權剝奪此公司對其商標的保護權，一些以前的商標現在就被廣泛的使用，像漆布、麥穗、阿斯匹靈、優優球、胸罩、煤油、煙霧劑、玻璃紙、口琴、電梯及拉鍊。

　　登記的商標通常接著一個 © 或是 ™ 的標誌，一家公司也可以註冊它的服務標誌，所謂**服務標誌**（service mark）是指一個標記或文字，在促銷或廣告時與競爭者作區分。

服務標誌
一個標記或文字，用來在推廣、廣告時與競爭者作區分

　　企業會相當重視其商標、服務標誌的經濟價值及顧客認同，並花了許多心血以避免其商標被大眾所使用，所謂的「品牌」是在電視、平面廣告或產品包裝上，印在產品名稱之後，像Sanka無咖啡因咖啡、Scotch膠帶、還有ReaLemon檸檬汁等，目的是希望能再一次加深顧客的印象，認同這是一個已註冊的商標而不是一般通用的標誌。專門製造直排輪鞋的Rollerblade公司發言人已發表聲明，提醒那些不小心的人，不該將其公司所註冊的商標用作動詞使用，**表20.2** 說明了幾個使用許多年的註冊商標，以及它們所代表的產品。

表20.2
高知名度的商標及其所代表的商品

註冊商標	產品	註冊商標	產品
Kleenex®	面紙	Band-aid®	繃帶
Jeep®	四輪傳動車	Q-tips®	棉花棒
Coke® and coca-Cola®	可樂	Teflon®	不沾黏表層處理
Xerox®	影印機	Vaseline®	柏油
Levi's®	牛仔褲	Magic Marker®	麥克筆

　　史上最嚴重的一次有關商標的法律戰爭發生在1970年代，當時 Parker Brothers 威脅要控告舊金山州立大學的經濟學教授，指其使用已註冊的商標「Monopoly」作

為新船賽的名稱，「Monopoly」從1935年起已被保護，Parker Brothers拒絕這位教授的律師的要求使用這個商標後。該經濟學教授在加州地方法院申訴，並要求「Monopoly」這個商標無效，在九年的控告及審判並上訴至美國最高法院，最後在1983年初，法院撤銷「Monopoly」的商標保護，使其大眾化。

版權　　由國會的圖書館版權局註冊，**版權**（copyright）是授與原始創作者的法律權利，像文章、戲劇、藝術或音樂創作，一個版權品的作者依其作品可能是作家、藝術家、作曲家，一位版權的擁有者可對其版權物進行以下的行為：

- 重新生產
- 創造衍生品
- 販賣複製品
- 公開展示
- 授權給他人從事上述的行為

版權
原始創作者的法律權利，像文章、戲劇、藝術或音樂創作

以下是幾個屬於版權而非專利的例子：

- 書籍
- 樂譜及歌詞
- 戲劇作品（包括其音樂）
- 舞蹈
- 相片、雕刻、繪畫作品
- 動畫、幻燈片、錄影帶、電視作品及其他影視產品
- 唱片、錄音帶及雷射唱片

根據1976年通過的版權法規定，在1978年1月1日之後所創作的作品之版權，將受保護至作者死後50年，作品若是由數位作者合作，共同持有版權者，版權將有效至最後一位作者死亡後50年，作者自作品由影像或聲音型式（撰寫、拍攝、錄製）呈現時即自動獲得版權，若版權屬於某公司者，其版權有效期間爲75年。

非聲音類的作品版權通常用®或縮寫Copr.後面接著作者姓名及作品第一次發表的時間。自從1970年代錄影帶發明以來，版權對電影公司來說變得特別重要，華得迪士尼、環球製片廠及其他的電影公司反映，電影錄影帶違反著作版權並造成他們的財務損失，經過七年與錄影帶的製造商抗爭後，美國最高法院判定錄影帶並不違反版權，但同時也規定錄影帶只能作爲家庭欣賞用，而不能作爲營利工具。

盜版是個嚴重的問題，根據美國動畫協會的影片及影帶安全局的報告指出，在一年內他們就查獲了65,512卷總共價值3百30萬的盜版錄影帶，迪士尼公司光是爲了控告他人仿冒他們的卡通人物的官司，每年就花了一、兩千萬美元的律師費，有些人也許會很驚訝，原來「生日快樂」這首歌自1935年起就有版權，而每年Birchtree公司的版稅收入大概有一百萬美元，而且這將持續至2010年，版權過期爲止，另外，雖然眞正的數字是機密，每年以史奴比的卡通人物所生產的產品銷售額大約有10億美元多。

流通票據
文字記載的承諾或要求將償還或付給一筆特定的款項給收款人

流通票據法

UCC涵蓋的許多事務包括**流通票據**（negotiable instruments），它是指文字記載

一家公司無法償還其
負債時，它只有選擇
倒閉。

的承諾或要求將償還或付給一筆特定的款項給收款人，流通票據包括訂單、支票、
匯票，這些我們在第十六章已經學過。要使一份票據流通必須符合下各點：

1. 文字記載。
2. 立據人簽名。
3. 無條件給付。
4. 特定款額。
5. 明確時間給付。
6. 支付匯票或支付執票人。

　　UCC亦將背書分成好幾種，各有不同的定義，空白背書是簡單的簽名，像「王
保羅」。空白背書即執票人票據，不需要背書即可轉讓給第三者，任何人拿到這張票
據即可擁有及兌現。

　　而特別背書通常是最安全的一種，例如：「支付給 王大明，（簽名）王保羅」
王大明在將此票據轉讓給他人之前必須先背書，因為票據上已指名只付給王大明。

限定性的背書指明特定的使用目的，因此有特定的檯頭像：「支付給國家銀行存款用，帳戶號碼93476-007-8（簽名）王保羅」，這張票據就被限制了，只能存入王保羅的戶頭，如果王保羅遺失了這張票據，限定性的背書可以防止拾獲者從王保羅的帳戶領取現金。

限制型背書使持票人在立據人拒絕付款或跳票時不必負擔付款的責任，如果你在票據的後面背書「王保羅，沒有追索權」你可能無法找到任何機構付你這筆錢，因為如果立據人拒絕付這筆錢時，他們無法對你採取任何法律行為，但在你懷疑立據人是否會支付這筆款項，而你又不願當次持有人而付款時，這是最安全的作法，仲介人有時會收到別人付給他要給他的委託人的票據，在這樣的情形下，這個委託人可能不願意接受這張票，因為它是支付給這個仲介人的，但如果仲介人在票據背後簽了限制行型背書，則這位委託人就沒有理由不接受了。

聯邦儲備體（Federal Reserve System）目前有一套標準的背書準則，用以加速支票在銀行體系中的流通，支票必須在背面離邊緣 $1\frac{1}{2}$ 吋之背書，若存款人忽略了這項準則，將會發現支票會被延誤或甚至被銀行拒絕。

破產法

破產
某人無力償還其債權人的債款

破產（bankruptcy or insolvency）是指某人無力償還其債權人的債款，如你在19章所學的會計學，一家公司的資產必須與其債務及資本額的總合相等，在一個公司連續虧損幾年後，其資本及資產會逐漸減少，而債務會漸漸增加至某一點，即債務超過資本額的狀況，此時不但破壞了會計平衡點，更破壞了這個企業。

一個被債權人所包圍的公司可向聯邦地方法院請求申報破產，這個程序稱為「自願破產」，但若是由一群債權人向法院請求宣告他們的債務人破產，以便他們還能得到一部分權利時，這種程序稱為「非自願破產」。

目前的聯邦破產法自1979年開始實施，簡化了破產的程序，一公司因總體經營不善而面臨倒閉時，當時的管理組織被允許以重新組織過的計畫繼續經營，並承諾償還債務，若被證明不可能再償還時，便進一步有法律行動，美國破產組織報告在1992年內，一共有971,517個破產案件，其中有八成是企業。

企業的法律環境

　　各式各樣的州政府及聯邦政府透過法律或類似法律的力量來規定企業的運作，表20.3 列出了最有影響力的幾個機構，這些機構中最早的是1887年的州際商業委員會，目前最少有116個政府機構及計畫在控制一些企業行為的狀況。

今日的商業法規

　　在過去，一公司有時會進行有爭議的商業行為而傷害消費者、規模較小的競爭者、甚至環境，隨著越來越多嚴重的非法案件曝光，聯邦政府及州政府開始透過加強管制來增強大家的社會意識，但有些評論家認為過度熱心的管制會對企業發展造成不必要的抑制，例如：當Eli Lilly & Company 為了向食品藥物局（FDA）呈請一種專治關節炎的藥上市時，光是所需的書面報告就超過10萬頁。

　　在FDA的管制系統下，一家製藥公司要開發、測試、銷售一種新的藥物需要七至十年的時間，因此，在世界各國中，美國的排名如下：

- 第三十二個通過抗癌藥物的國家
- 第五十一個通過抗肺結核藥物的國家
- 第六十四個通過抗過敏藥物的國家
- 第一百零六個通過抗生素藥物的國家

　　這並不是要去爭議說，應允許藥物不需經過適當的安全條例以確保它的藥效及安全，一種鎮定劑Thalidomide未在美國通過使用，在1950年至1960年間造成許多孕婦因此而產下畸形兒，雖然如此，這些冗長的測試過程亦延誤了一些有效藥品的上市好幾年的時間。

遵守法規的代價

　　據估計，所有的企業單單為依從聯邦法規所付的錢，每年大約為一千億美元，

表20.3
聯邦管制機構

機構名稱及成立日期	主要功能
ICC州際商業委員會，1887年	核准州際間有關貨車、公車及鐵路貨運的費率、路線及營運方式（適用範圍因一九八○年通過的機車貨運法而略為縮減）。
聯邦預備局，1913年	規定歸屬於聯邦儲備體系，專司國內金融與信用之商業銀行的運作。
FTC聯邦貿易委員會，1914年	管理相關法令的通過，確保消費者權益，防止非法壟斷事件、交易、不公平或欺騙的商業行為，主要負責維持公平與自由的競爭行為。
FDA食品及藥物局，1931年	調整食物與藥物之品質與標準，核准製藥與供銷的營運執照。
FCC聯邦通訊委員會，1934年	授權執照給電台與電視台，規定州際與國際間電話與電報的運作。
SEC證券及股票交易委員會，1934年	規定股票與債券的發行及相關證券交易所之營運。
FAA聯邦航空局，1948年	設立飛安標準，控管航空貨機的配備、維修及飛行員的執照。
EEOC同等就業機會委員會，1964年	控管所有職業及勞工會，消弭因種族、膚色、宗教、性別、國籍或年齡而產生的差別待遇。
EPA環保局，1970年	藉由控制與降低空氣、水源、垃圾、噪音、輻射及有毒物質的汙染，保護並維護生活環境。
OSHA工作安全及健康，1971年	針對四大類職場：工、漁、建築及農業等，發展並強力實施工作安全與健康標準。
消費品安全委員會，1972年	設立安全產品之標準，保護民眾避免不必要的傷害，強迫工廠回收瑕疵品或具破壞性的產品。
核子管制委員會，1975年	核發執照予個人或公司，准其建立並操作核能原子爐，准許擁有並使用核能材料檢驗所，確實監督法令與標準的施行。
聯邦能源管制委員會，1977年	設立運輸的費率及收費標準，如：天然氣的銷售與傳送、電力的銷售與傳送、水力發電案的執照核發等，同時也設立輸油管傳送石油的費率及輸油管的評估作業。

管理者筆記

法律規定和產業標準何者較好？

Which Is Preferable, Legislation or Standards?

IN ERGONOMICS, THE ANSWER'S UP FOR GRABS

設備應該要讓使用者覺得好用才行，這也是人體工學的基礎所在，這門專業領域已經在個人電腦和工作站的廣泛用途上獲得了大家的推崇。但是其中的問題卻在於有些團體往往忽略了法律對電腦工作站、電腦設計和電腦操作上的一些人體工學規定；有些團體則喜歡使用產業常用的標準來達成相同的要求結果。

這種法律規定VS產業標準的爭論導致了SanFrancisco條例的曇花一現，該條例在1992年的一月正式生效，卻在第二個月就遭到了撤銷的命運。該條例定下了人體工學的設計規範，其中包括視頻顯示螢幕（VDT）、工作站、以及傢俱和整體辦公環境等。椅子的調整高度、VDT的品質和周邊環境、工作站的空間和採光、休息時間、懷孕的VDT操作者在指派工作上的選擇、員工的人體工學訓練等，全都涵括在這項條例當中。可是若要全盤依順的話，其成本付出將會十分的龐大，特別是對中小型企業來說。但是若有任何公司不配合這項條例的執行，就會懲以相當高額的罰鍰。

企業家和貿易團體全都反對這項法律的細節部份，他們認為電腦和工作站的技術不斷地更新改變，所以法律上所規定的人體工學要求非常不切實際，而且很快就過時了。他們說。與其通過另一項毫無彈性的律法，倒不如鼓勵雇主採用科學標準來作為自己的標準指南。其實這些標準早就行之有年了。在美國本土，全美標準學會／人因團體（American National Standards Institute / Human Factors Society）、OSHA和各州，全都有設定VDT和操作員工作站的標準規範。國際標準組織（International Standards Organization）和歐盟也都預期在不久的將來，能正式宣告VDT使用者的指南守則。

法律規定VS產業標準的這場人體工學爭論，也揭露了一個事實真相，那就是法律上所設定的規範標準往往過於嚴苛，超過了醫藥界或科學研究界所認定的適當標準。而且法律也不會承認一些設備在設計上的改進。可是產業標準雖

然欠缺法律的約束力，但卻有彈性多了。公司行號可以將這些標準應用在工作
環境和電腦或工作站的技術上。雇主們比較傾向於利用ANSI和相關的標準來作
為工作站的人體工學參考，因為這才是比較有智慧的作法。再怎麼說，能夠減
少雇主勞累或增加產量的變更作法，不管是對公司或員工來說，都是一件好
事。此外，雇主們也指出，電腦操作員所使用的多數傢俱和設備若不是已經人
體工學化的話，大不了只要訓練他們調整高度、角度、採光和其它的可變變數
來適應個人所身處的工作站就可以了。

一項全國獨立企業聯盟（NFIB）的調查顯示，各小型企業的業主將政府法規列為僅
次於稅法的第二個重要問題。

　　小公司審核的過程和大公司一樣，政府的報告書格式適用於大型公司及小型公
司，對500人的公司和50,000人的公司要求的條件也是一樣的，小公司不像大公司一
樣有專人負責審核法規，也許會覺得費用較高，結果，這些小公司的老闆會將時間
花在較有價值的企業本身，一項NFIB的調查顯示這些小型企業的老闆們平均花了九
個小時，238元去準備一份聯邦政府的年度廠商調查報告，聯邦機構最常處理的項目
有：內部營利服務、健康服務部、運輸及農業等。

對法規的反應

　　對法規的反應可從抗爭到合作，在這兩者中間又有可分為許多不同程度，公
司、管理者和取締者同樣可努力地去達成他們各自建設性的目標，以下是各個階段
的目標：

自我規範　　自我管理較多、較自願去配合政府法規者所要詳察的項目者，可以減少
未來法規的要求，換言之，若能遵守秩序，自發的管理，這些企業的領導人可減少
政府的取締法規，這種方式已經在法律、會計、醫藥界實施許久，轉移到商業上應

該也是可行的，若立法委員同意讓各企業自行管理，各式各樣的法規機構可能就沒有存在的必要了，自我規範可從自發的行為規範做起，由公司的行政人員組成的委員會或審查會嚴格實施。

游說的力量　　各公司及商業機構可游說立法者，合併重複的政府權力並去除各機構重疊的法規工作，如此一份報告或審查一次便可以通過幾個不同機構的要求，另外，審核者可審核每一份案件而不需再去蒐集那些不相關且沒有用的資料，有些執行審核的人員建議，以後應要求審核員製作一份報告，分析企業在經過審查及外部控制後，在其費用、員工生產力及其他必要的條件上的效果，這可能需要一個綜合的法律來規範，因為有些機構像消費者產品安全委員會和聯邦交易委員會都有相當大的自治權。雖然如此，一部需要官僚們去平衡管理的費用及預期的效益的法律，可確保這些審查機構在未來不會為社會帶來更大的負擔，而是能緩和情況。

將近有四百家公司，包括Union Carbide、Texaco、Ford、International Paper 和 Dow Chemical 都有他們自己的說客或是職員在華府工作，以便隨時瞭解政府的變動，並與立法者保持最佳的關係，因為他們的決定最後將會影響這些公司的運作，Anheuser-Busch 公司有一位專門負責國家事務的副總裁，Allied Corporation 也派了一位資深副總裁處理政府事務，而INA亦在公司內部設了一個類似的職位。

重視結果　　審查員和訂定審核過程的立法委員只著重在他們要求企業達到的目標，如減少意外、較健康的工作環境等，而不在乎它們實施的過程，設定目標的政府就像設定企業目標的管理者一樣，會訂下欲達到的結果，而將達成的方法留給各個公司自行決定，在目前設置一套特定的、慣例的方法比讓管理者自行決定達成的方法要花費更多。

罰款與獎金　　一份政府的報告指出聯邦政府花在給美國各企業的書面作業的花費，這份報告提出建議，認為應該向未達到審核標準的公司徵收罰款，罰款的金額會隨著與審核準則的合作程度提高而降低，政府亦可以對符合標準的公司提供減稅，而未達標準的公司徵較高的稅，最後這些在工作環境、產品安全及減低污染符合規定的公司，可以付較少的稅，產品價格便可以訂得較低，於是就可以享受有比

那些不合格的公司較強的競爭優勢。

取消法規行動

在70年代晚期到80年代早期華盛頓出現了取消法規行動，當時由Jimmy Carter 及 Ronald Reagan 擔任國會主席，被輿論及強烈的游說驅使，開始限制許多法規機構的力量，並廢止過期或沒有效率的規定，取消法規行動現在已經擴及到銀行、存放款機構、電信、船運及大眾運輸，目的是鼓勵生產力的增加以做為市場動機來彌補因減少法規所造成的差距。

自從1978年通過航空公司取消法規行動法後，與1973年至1978年比較，有22家全國及地區性的航空公司開始營業，它們發明了許多有趣的新產品以不同的訴求來吸引不同的顧客，像經濟艙、商務艙及禁菸艙，長程的旅客亦從競爭者間常見的競價得到利益，例如：不只一家航空公司推出紐約與洛杉磯間的單程票特價99元，但是這項交易必須藉由提高到其他小地方的票價及降低服務來彌補。

如此大幅度的變化亦影響到航空公司的員工，當別人願意接受減薪、較少的福利及較長的工作時間時，有5萬人因此而被解僱，有些航空公司以發放股票作為交換條件。

州際商業委員會解除對於開設貨車公司的財務要求之法規後，造就了一萬一千家的新公司成立，但不幸的是增加的競爭者引起了市場不景氣，造成貨車業者的收入減少了百分之三十，結果從1970年代後期至1970年代早期，貨車業者由原來的三十萬人降到十萬人，這些貨車主雖因解除法規得到許多貨品，但也被迫必須要採取競價策略，一家飛機製造廠的運輸管理者估計，解除法規後他們在運輸費用上省了一百萬美元，解除管制也造成鐵路運輸者強烈的降價。

在金融界方面，解除對銀行及借貸組織的法規後，利率增加造福了節儉的顧客，然而對於房屋貸款及使用信用卡的顧客則有負面的影響，解除法規在借貸組織的歷史上亦扮演過解救危機的角色 （見第15章），美國電報電報公司的解體即企圖造成通訊業界更多的競爭。

越來越多的法規解除，表示政府官員對大眾及企業對過度控制的抗議有所回應，國會依企業規模的大小亦開始對報告及審查提供協助。

摘要

美國的法律包括成文法與不成文法，民事案件由民事法庭審理，刑事案件由刑事法審理，上訴法庭則專門處理法院的判決，而每一州都有像這樣類似的法院體系。

大部分的商事法都涵蓋在Uniform Commercial Code之下，它幾乎包括了所有通過的法令，UCC的契約法特別規定了什麼契約該被簽署，及一個有效契約所需具備的六個要件，代理人法規定了代理人與其所代理的僱主間的關係，而銷售法只關於新的、有價值的個人財產，並列舉出幾個賣方給買方的暗示性保證。

UCC的財產法包括了動產與不動產，聯邦法規範了智慧財產的所有權及使用權，如：專利、商標及版權，發明者可向專利商標局申請一個實用專利、設計專利或植物專利，一旦專利頒發後，所有者便有權禁止他人在某段時期內製造、販賣或使用這個專利品，專利商標局還受理登記商標及服務標誌，這些是指文字、名稱、標誌或圖案等用以定義它的產品或服務，並可與其他競爭者進行競爭，版權是由國會圖書館的版權局記錄，保障原始創作者的權利，UCC並詳細地規範了流通票據的使用規則，這影響了交易者的約定書、支票、借據及破產法。

企業的經營都照著各式各樣的法規機構所構成的複雜的網而行進，這些法規由116個不同的聯邦機構及計畫所管理，這些費用是由顧客付的，由於生活在今日的法律環境是昂貴的，企業界正考慮要減少並簡化這些法規，公司及個人管理者發現他們可藉由自定規章、遵守現有規定及遊說來改變法律，具有同情心的法律制定者減少了對企業的禁令，因其只訂定法律的主題，而將細節，實施方法留給這企業自行規劃，另外還提供經濟獎勵及罰款。

回顧與討論

1. 不成文法的來源為何？它的教條是基於什麼？成文法與不成文法有何不同？
2. 民事案件與刑事案件有何不同？人身傷害罪與財產傷害罪有何不同？

3. 畫出聯邦法院體系的組織圖，哪一個法院由陪審團裁決？哪一個層級的法院是中間的緩衝器？哪一個層級的法院是最後可申請上訴的？

4. 當一個州正式通過商事法UCC時有什麼好處？

5. 請列出一份有效合同所必備的六大要素。

6. 哪四種契約必須要用文字記載？列出每一種契約的原因。

7. 舉出幾個會用到代理人的行業。

8. 對於消費者要求保證書，有人說「大的產品值得索取、小的產品不值得索取」這是什麼意思？如同意這種說法？則對消費者有什麼影響？

9. 討論銷售法中四種暗示性保證，舉例說明在哪些交易中這是特別重要的。

10. 說明商事法UCC的財產法中的兩種財產。

11. 討論專利、商標、版權對一家公司在市場上的重要性。

12. 三種專利的主要功能為何？一位發明者如何取得專利？

13. 你認為在商業環境中大多數的專利是相等、大於或小於實際的法律權力？請提出你的回答，並舉例說明之。

14. 在什麼情況下機密比專利重要？有什麼方法可以保護商業機密？

15. 什麼東西可註冊商標，企業有什麼方法可防止其商標被普遍使用？

16. 假如你擁有一個商業化產品的版權，你可享用何種優勢？

17. 商事法UCC的可流動票據包括那三種？列出六個情況，每一件都是可以流通的。

18. 敘述下列幾種背書的使用時機：空白背書、限定型背書及限制型背書。

19. 在什麼情況下有人會宣告破產？

20. 聯邦官員對小型及大型企業提供什麼類似的服務？管制法如何限制新產品的開發。

21. 提供幾個可供企業的領導者減少聯邦法規的方法。聯邦法規制定者如何執行他們的公權力，而不會影響企業的商業活動？

應用個案

個案 20.1 爭奪商標

Sheldon Jacobs 是一家 Minneapolis 餐廳的老闆，以其特殊味道的烤雞而聞名，他花了三百萬美元建造他的烤箱，他拿擁有23個功能的火爐與賓士車相比，自誇的說「我可以讓你的網球鞋有好滋味」，他稱他的特殊製法為「木燻」。

遺憾的是，自從他推出他的烤箱後，木燻烤雞在餐廳界變得非常普遍，Jacobs 先生越來越擔心他特殊製法的名聲，「木燻」自1987年起即註冊為商標，然而最近幾年，Jacobs 先生越來越難且要花更多的錢來追查那些有意或無意使用該商號的人。

幸運地，大部分的餐廳在經過他的告知後，都同意停止使用這個名稱，但仍有少數拒絕，其中一位拒絕改變者為 Kenny Rogers Roasters Wood Roasted Chicken 餐廳，但在訴求法律途徑後，其老闆也同意停止使用這個名稱，改為「橡木燻雞」（Oak Roasted Chicken）。

Jacobs 先生覺得他的商標有必要受到保護，否則會遭到像熱水瓶、電梯、拉鍊一樣的命運，有些商標因被大眾用來描述所有相似的東西而失去法律的保護，Jacobs先生覺得除非他提高警覺，否則他將會被剝奪法律的保護。

然而Jacobs 先生。遇到了一個瓶頸，原因是一個產品的名稱後來被用作一種烹調的方式，Jacobs 先生很難說服法官去抵制那些違法的人，而且，即使他現在在法律上獲勝了，在現實中，他的商標還是一樣會很快的被普遍使用而喪失法律保障。

問題

1. 產品或公司如何會失去法律保護？
2. 一公司如何對其商標提出法律保護？
3. Jacobs 先生在保護他的商標時，遭遇到什麼特別的困難？
4. 你認為使用「Wood Roasted」者應該被禁止嗎？為什麼？

個案 20.2：伸出援手

企業一般都對政府敬而遠之，通常一位政府人員只要稍微干涉一下就足以造成這些企業領導者的騷動，然而，在最近的一個事件中，百事可樂公司一反常態，在政府與企業間的傳統關係下，獲得利益。

在1993年時，百事可樂面臨了一個危機，六月初時西雅圖報紙報導有人在百事可樂的瓶子中發現針頭，接下來的兩個星期內又有五十個人發生同樣的事，在這個報導發佈一星期後，百事可樂的老闆Craig Weatherup接到食品藥物委員會（FDA）的主席David Kessler的電話，表示他能瞭解這樣的事情是有可能發生的。

Kessler告訴Weatherup，雖然有政治上的壓力，他仍不打算收回百事可樂的產品，因為他覺得花大筆費用來作回收的工作並不會達到使公眾安心的目的，第二天電視台要求百事可樂發表聲明，Weatherup的職員準備了一捲錄影帶，表示要將外物放入百事可樂的瓶子中幾乎是不可能的事，之後，Weatherup先生那一天出現在六個新聞節目中，當天晚上他和Kessler一起出現在夜線新聞，後來，Kessler的代理人接獲一個檢舉，有一位賓夕凡尼亞州人故意捏造謠言開百事可樂的玩笑。

當出現在這些節目中時，Weatherup正直及理性的態度給觀眾深刻的印象，而Kessler的出席使Weatherup所說的話更具有公信力，在夜線新聞中他們解釋了詳細的裝罐過程，並列出詐欺的罰款，當社會大眾不斷地受耳語干擾時，他們之間表現出一種合作的態度，政府和企業合作制伏了一個不實的中傷，也為百事可樂省了不少錢。

問題

1. FDA如何幫助百事可樂？
2. 政府與企業間的關係良好有什麼好處？
3. 官商勾結對政府有什麼危害，對企業有什麼危害？
4. 當一企業面臨困窘的狀況時，媒體具有幫助的作用還是傷害的作用？試提出你的辯證。

21

國際商業

中國有句諺語說道：「商場如戰場。」這句話道盡了亞洲人如何看待商業世界中成功的重要性。一國經濟的成功關乎該國之生存及福利，戰爭亦是如此。

CLIN-NING CHU

The Asian Mind Game

章節目標

在讀完本章之後，你應該能夠做到下列各點：

1. 描述國際貿易的領域及重要性。
2. 解釋國際貿易的主要觀念，包括：貿易平衡、收支平衡及匯率。
3. 解釋為什麼一個國家或一家公司要國際化。
4. 簡單敘述從事國際商務之可行之道。
5. 描述全球性公司的發展及其運用的策略。
6. 解釋全球性公司的概念。
7. 定義並解釋國際貿易之障礙。
8. 描述國際貿易所獲得之協助。
9. 解釋國際商業在母國與地主國間所遭遇的衝突。

David Elder

前言

　　大衛・愛爾德（David Elder）是位於麻州康克PSION企業美國分公司之主管，其公司是世界上最創新、進步的公司之一。該公司生產的掌上型電腦居世界領先地位。他能得到現在之職務，是由於他的努力促使公司排名上升。因為他有此類經驗，使他能在競爭激烈及變化迅速的市場上來管理全球性之企業。

　　生產掌上型電腦的PSION公司，自從1984年創立於倫敦－英格蘭至1993年為止，全世界營業額已成長至美金7千萬元。1993年，PSION公司發表三系列之掌上型電腦，具有與膝上型及桌上型電腦之功能與特點。因此三系列之產品

在該年夏季消費性電子展中獲選為年度最具創新性之消費產品。掌上型電腦預期在未來之十年，市場將成長至美金16億元。

　　大衛‧愛爾德把電腦行業之全球特色具體化。他生於蘇格蘭愛丁堡，就讀於曼徹斯特大學，精通德文、法文及俄文。他在吉利公司出口部門待了6年，這段期間發現自己有出口方面的天賦。他表示在他工作生涯中，已與50個以上的國家有業務來往。這是多麼的有趣－能學習有關與不同文化與國情的人處理業務的方法。為適應人們的個性你必須學習具備相當程度之順應性與謙卑心。

　　愛爾德起初在PSION的英格蘭公司上班，從1986年至1990年任職於出口部門之協理。在他的領導下，PSION公司與超過45家國際性公司建立出口業務之往來，合計業績佔了總業績的百分之45。愛爾德表示「PSION在全球市場與Casio、Sharp競爭，但是我們採用非常特別之手法；我們市場定位不在消費性產品，PSION起初是軟體公司，所以以軟體發展為導向。我們非常重視客戶服務與技術支援。我們的銷售人員都經過非常好的訓練，對零售商提供相當好的服務，幫助他們的銷售人員瞭解產品，希望他們推薦PSION的產品給他們的客戶」。

　　1991年，愛爾德升任德國分公司之管理部協理。管理該分公司16名員工。他表示「讓員工個別參與事務之運作是非常好的方法。我們讓員工有非常大的空間來處理工作之事務，因此使我們具有非常大的優勢與對手來競爭」。愛爾德建立兩個經銷通路：大企業與零售商。他協助取得的大企業客戶有Lufthansa、Siemens、IBM 和Volkswagen-Audi集團。他和他的成員與電腦批發商、經銷商、電腦系統開發公司、創造附加價值之轉售商和郵購公司建立關係。他也經由百貨公司建立零售之據點。在兩年任期中，PSION德國分公司之業務成長百分之一百。

　　愛爾德也因此升遷為PSION公司之總經理。接下來他的任務是擴展北美業務。目前超過600家創造附加價值之轉售商和300家之零售商購買及推出PSION之產品，這些商家有：The Wiz、J&R Computer Word、Good Guys 和 Circuit City Impulse Stores。同時也計畫擴展對企業之銷售如：Caldor、McGraw-Hill、Martin-Marietta和Exxon目前都使用PSION之電腦產品。

　　愛爾德相信在不斷改變的全球經濟中，必有很好的契機。他說：「在未來的十年電信將創造全球貿易環境，但我們不能忘記尊重，在不同的國家中的不同人民。將像日本、歐洲和美國，分別組合成貿易集團，但他們的企業模式均不同，然這卻

能幫助他們邁向成功的未來。」

他告誡我們：「如果你計畫將商業成為你的事業，就不要害怕或恥於販賣物品．」他說：「我把自己視為受良好教育的銷售員，且非常以此為榮。我鼓勵人們從事國際貿易，如此藉由工作來充實自己，並為人類、這世界創造更好的環境。」

想像全世界貿易活動將在明天上午11點停止。

- 你能喝到早上的咖啡和吃到香蕉薄片加在玉米片上嗎？
- 如果沒有進口的石油提煉成汽油你能開車準時上班嗎？
- 如果沒有從台灣、韓國、新加坡進口成衣，你將穿什麼樣的衣服？
- 晚餐後，如果沒有法國、德國的酒可小酌和新力的電視可看，你將做什麼？

很明顯從這些例子可知「沒有人可自成為一島」，這句話可應用於商業社會中。就如我們所知，商業活動是有趣的；他們與另一方做生意並影響另一方之作業方式，同樣的可擴大至國際規模的商業活動。

國際貿易的領域及重要性

現在世界就像一個國際性的百貨公司。許多產品品牌、名稱已成為其他國家之家常用語。Norelco刮鬍刀、Volvo汽車和Heineken啤酒都是在外國製造而在美國上市。相對的也有些產品在美國製造而在外國銷售。如吉利刀片、Jeep四輪傳動車，可口可樂飲料和Chris Craft優格都是美國製造而銷售於全世界。

國際商業現在就成為重要的事務，而不須等到未來。國際化的腳步越來越快。通訊與交通縮小了世界的距離。政治與經濟的決策創造新的機會、新的聯盟、新的問題和新的解決方法。

過去的5年國際視野已擴大。東歐國家如東德、捷克、匈牙利、波蘭、保加利亞、南斯拉夫、羅馬尼亞和阿爾巴尼亞—他們政治與經濟體系的改革發展，演變為

新的領域。東歐正加入西歐、北美與太平洋沿海國家的市場。舊的蘇聯體系之解體
促使歐洲與美國之資本家,聚在一起開創新的生意合作機會。歐洲共產國家的改
變,使得西方歐洲共同市場的國家調整對全世界之市場策略。

正如前一章所述,任何一種行業都正在打破國家之疆界。Harley-Davidson的龐
大機器正在日本、澳洲和歐洲運轉;達美樂和必勝客正在進駐日本市場;Wal-Mart
和K mart在墨西哥設據點。此外,Pier 1,該零售商從44個國家進口手工飾品、傢俱
幫助美國的扶手椅子銷售商。並計畫在7年內在美國境外增加250個據點。當國際貿
易之範圍擴大,相對的世界就變得越來越小。

在我們檢視國際商業的概念前,讓我們來看看國際貿易對其他國家及美國之衝
擊。

國際貿易之現況

國家之經濟財富取決於全球市場之銷售能力,例如:日本及德國,出口分別佔
國內產值之百分之17及百分之26。以全世界之市場來看,可知德國佔有百分之11之

世界貿易額，日本則佔百分之9，亞洲四小龍－香港、新加坡、南韓、台灣－佔百分之11。除經濟影響外，國際間經濟相互依賴之增加，可觀察出兩個結果：

- ■ 增加產品種類及服務，以改善當地人民之生活水準
- ■ 透過貿易之互動，激勵各國間之相互瞭解及合作。各國間之相互溝通和相互依賴可減少戰爭之發生

美國貿易之現況

進口
採購國外物品及服務

出口
銷售物品及服務至國外

雖然美國出口額佔不到其總產值的百分之8，美國尚透過**進口**（importing）手段，如採購國外物品及服務和**出口**業務（exporting），如以銷售物品及服務至國外，來參與國際貿易。國際貿易對各國及各個產業都很重要。美國出口持續成長中，現在已超過四千二百五十億美金。已超越德國成為世界之主要出口國，佔世界貿易總額之百分之14。**表21.1** 美國主要之進、出口國家，**圖21.1** 以圓形圖示美國之出口情

表21.1
美國主要之進、出口國家

	主要出口國家			主要進口國家	
排名	國家	貿易額（十億）	排名	國家	貿易額（十億）
1	加拿大	77.8	1	日本	97.2
2	日本	39.2	2	加拿大	89.1
3	墨西哥	23.2	3	德國	33.4
4	英國	19.1	4	台灣	32.4
5	德國	16.2	5	墨西哥	30.6
6	台灣	15.1	6	南韓	27.5
7	南韓	14.1	7	英國	24.1
8	法國	13.9	8	法國	16.1
9	澳洲	10.0	9	香港	15.8
10	新加坡	8.7	10	新加坡	14.2

資料來源：*United States Department of Commerce News,* January 6, 1993, p. 2.

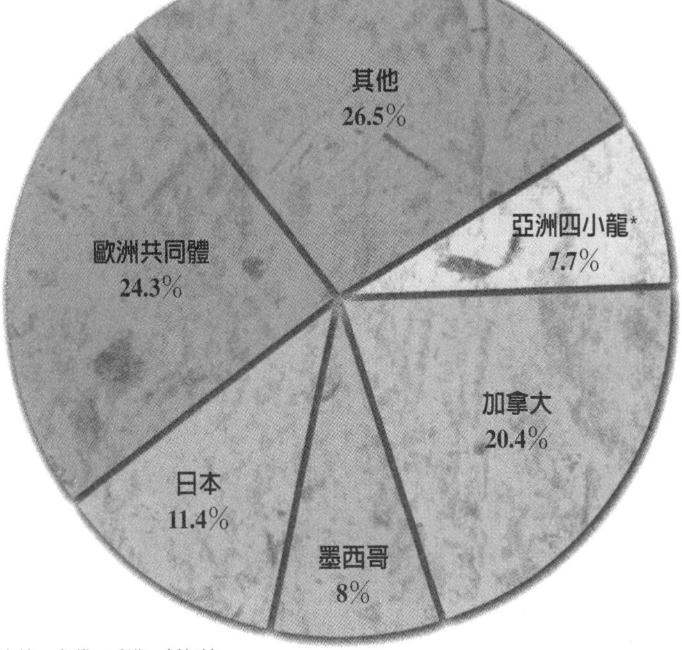

圖21.1
以圓形圖示美國之出
口情形

* 南韓、台灣、香港、新加坡
資料來源：" U. S. Trade Out Look," *Business America,* April 10, 1993, p. 6.

形。在進口方面，美國也是世界最大進口國家，佔世界進口額之百分之13，相當於
美金五千三百億。

國際貿易不僅對一個國家很重要，對許多公司之歲收及利潤也扮演極重要之角
色。如波音、通用汽車、通用電子、模力斯和惠普等公司，全球銷售對他們極為重
要。另外一個例子，如太陽微系統─１家成立不到十年之公司─現在一半以上之業
績從美國以外之地區產生。**表21.2** 列出美國主要之出口公司名單。注意這些出口比
例極重之公司，如波音、麥克道格拉斯及英特爾。

國際貿易的主要觀念

國際事務中有屬於自己共通之語言。有些重要之術語必須知道如：貿易平衡、
收支平衡及匯率。

表21.2
美國主要之進、出口
公司

排名/公司	主要出口產品	出口額 （$百萬）	出口比重 （％）	總銷售金額 （$百萬）
1 波音	商業及軍用飛機	17,856	58.7	30,414
2 通用汽車	汽車及零件	11,284	8.4	132,774
3 通用電子	飛機引擎、塑膠、 醫療器材	8,614	13.8	62,202
4 I B M	個人電腦	7,668	11.7	65,096
5 福特汽車	汽車及零件	7,340	7.2	100,785
6 克萊斯勒	汽車及零件	6,168	16.7	36,897
7 麥克道格拉斯	航太產品	6,160	32.9	18,718
8 E.I.Du Pont De Nemours	特殊化學	3,812	10.1	37,386
9 凱特皮拉	重機械	3,710	36.4	10,182
10 聯合技術	噴射引擎、直升機	3,587	16.2	22,032
11 惠普	測試儀器、電腦產品 及系統	3,223	22.2	14,541
12 模力斯	香煙、飲料、食品	3,061	6.1	50,157
13 柯達	影像、化學產品	3,020	14.7	20,577
14 摩托羅拉	通訊設備、大哥大	2,928	25.8	11,341
15 Archer	蛋白質食品、蔬菜油	2,600	30.3	8,567
16 迪吉多	電腦及相關產品	2,200	15.7	14,024
17 英特爾	CPU	1,929	40.4	4,778
18 Allied-Signal	飛行器	1,729	14.6	11,882
19 太陽微系統	電腦及相關設備	1,606	49.3	3,259
20 Unisys	電腦及相關設備	1,598	18.4	8,696

資料來源：Bureau of Trade Statistics.

貿易平衡

一個國家之**貿易平衡**（balance of trade）是指該國幣值出口及進口間價值之差異。如果出口價值高於進口之價值，就會有貿易盈餘和貿易順差。反之，就會有貿易赤字和貿易逆差。1992年，美國就發生105.1億之貿易逆差。

貿易平衡
一國出口及進口間總價值之差異

收支平衡

一個國家之貿易平衡取決於該國之**收支平衡**（balance of payments），即總支出與總收入間之差異。當一個國家貿易逆差出現時，將發生赤字來支付商品，當情形相反時，將產生盈餘。影響收支平衡之情形有金融、交通、軍事和公司在國外獲利之情況。表21.3 列出世界各國與美國收支平衡比較之情形。請特別注意日本之狀況。

收支平衡
總支出與總收入間之差異

匯率

每個國家都有自己的貨幣。當有一筆商品交易在國與國之間簽訂時，交易價格

國家	收支情形（＄百萬）	國家	收支情形（＄百萬）
澳洲	−9,852	挪威	+4,939
加拿大	−25,529	中國大陸	+13,765
埃及	+1,903	菲律賓	+4,208
法國	−6,148	沙烏地阿拉伯	−25,738
德國	−9,485	英國	−9,447
日本	+72,905	美國	−3,690
墨西哥	−13,283		
荷蘭	+9,206		

資料來源：*Balance of Payments Statistics Yearbook,* Volume 43, Part 2 (Washington, D.C.: 1992), International Monetary Fund, pp. 6-7.

表21.3
世界各國與美國收支平衡比較

必須由一個國家轉換至另一國。其中一國之貨幣轉換或交換至另一國之比例就稱之

匯率
一國之貨幣轉換或交換至另一國之比例

為**匯率**（exchange rate）。

匯率是浮動的——由市場情形決定——或政府決定——被控制之匯率。

一國之政府可由不同之方法來影響匯率，以變動商品的競爭力。例如：當政府使幣值貶值時，即可增加外幣兌換本地幣值之金額。假設美國提高英鎊對美金之匯率從3.5美元對1英鎊到5美元兌換1英鎊，這將鼓勵英國人買更多之美國商品，並相對增加英國產品出口至美國之成本，平均每英鎊增加1.5英鎊之成本。

參與國際貿易的決策

各個國家與行業做決策時，都以國際貿易方面為考量，主要之考量因素為某種資源和產品之缺乏。讓我們從國家和各行業之前景來檢視。

國家之絕對優勢與競爭優勢

沒有一個國家擁有全部所需之原料，也沒有任何一個國家可生產全部所需之產品。此外，有些物品如鋼鐵，有些國家無法用最低之成本生產。結果有些國家生產特定產品來賺取利潤。

絕對優勢
發生於當一個國家擁有獨佔性之產品或能以最低成本生產商品時

絕對優勢（absolute advantage）發生於當一個國家擁有獨佔性之產品或能以最低成本生產商品時。這個國家可外銷此項產品，因為可控制此項產品或使生產更有效率。例如南非於鑽石產品上具有絕對之優勢。不僅因為南非擁有世界主要之鑽石礦源，也因為礦石開採技術之發展、更新而使鑽石之開採更有效率。並非每個國家都有絕對優勢，通常都有超過一個國家以上能對某一產品發生影響。結果使得大部分國家必須仰賴競爭優勢。

競爭優勢
產生於當一個國家之產品或服務優於其他國家時

競爭優勢（comparative advantage）產生於當一個國家之產品或服務優於其他國家時。基本上，一個國家外銷其產品，是建立和其他國家關係的最好方法。這種關係之提昇是基於不同之氣候、土壤、技術發展、勞力供應與技巧、農產品或礦產資源與石油存量。表21.4列出各國具有競爭優勢之產品。例如：美國擁有之優勢產品

爲航太工業。促使美國工業可大量外銷，並產生巨額之貿易順差。另一方面，美國對消費性產品則毫無競爭優勢。日本則具有相當之競爭優勢。

爲什麼企業要國際化

除了絕對優勢與競爭優勢之外，各公司還有其他之理由在國際商務上冒險。包括：

1. **潛在利潤**。例如：公司之營運以美國國內之市場利潤爲目標，國際導向之公司以全球市場爲利潤目標。例如：「市場找尋者」可口可樂或寶鹼公司，他們都在找如何擴大美國以外之銷售領域和利潤。
2. **毛利率**。毛利率與利潤有絕對之關係。比起國內之銷售，可有較高獲利率之潛力。再以可口可樂公司爲例；藉由投資發展及預算之控制，比起國內情形，該公司較高之毛利率乃來自國際間。
3. **創造需求**。較保守之公司可藉由需求之創造來進入國際貿易。事實上，一個公司並不一定要開拓新的市場，只需跟隨其他公司之腳步。不願當俄羅斯或中國之「麥當勞」的漢堡王和溫蒂漢堡，寧可在這些國家的速食需求提高後，然後加以利用。
4. **原料**。除了尋找較高之毛利率外，一個公司可由原料之找尋進入國際貿易。例如：Texaco須製造、提煉，原料可直接與沙烏地產油國進行交易。
5. **技術**。一個公司在找尋符合他的技術需求，對其他公司而言將成爲技術之找尋者。例如：惠普公司和瑞典通訊巨人易利信相互合作發展、企劃電腦網路管理系統。
6. **生產效率**。如：Haggar和通用汽車需要較低之生產成本，因此成爲生產效率之找尋者。他們到亞洲、墨西哥或歐洲找尋較低之工資。

除了這些理由外，國際化或全球化是許多公司之生存之道。某些全球性之行業、公司無法在國內市場生存。例如：製藥業。20年前從開發到上市一種新藥須花費1千6百萬及4年之時間。現在開發新藥須花費2億5千萬及12年之時間。只有銷售至全球之產品才可能負擔如此之投資風險。結果，主要之製藥公司必需在主要之國

表21.4
各國具有競爭優勢之
產品

國家	產品	國家	產品
阿根廷	綿羊、羊毛、牛肉、獸皮	南非	錳、白金
澳洲	綿羊、羊毛	南韓	勞力、鋼鐵
玻利維亞	鋅、錫	牙買加	礦砂
巴西	工業鑽石、咖啡、錳	瑞典	海鮮
加拿大	穀物	瑞士	巧克力
可倫比亞	咖啡	美國	飛機，煤，穀類
法國	酒、起司	尚比亞，薩依	鈷
印尼			
委內瑞拉	石油		
義大利	玻璃		
日本	汽車、電子產品		
挪威	木製品		

際市場上運作——北美、西歐及太平洋沿海國家。

　　根據Wharton金融學校之Howard Perlmulter先生之研究，有136種行業從會計到拉鍊生產。公司必需國際化，否則將退出潮流。這些行業包括自動生產、銀行業、電子消費品、娛樂業、製藥業、出版業、旅行業和洗衣機。這些行業必須以國際性企業為活動領域。現在我們知道公司為何選擇國際化經營，但有哪些方法可使他們介入國際業務之領域？ 表21.4 列出各國具有競爭優勢之產品。

從事國際貿易事務之可行之道

　　一個公司可自多數之策略中選擇如何從事國際貿易。這些選擇包括出口、國外特許。在國外設立銷售分公司、合資或獨自擁有關係企業。每一個成功的選擇可增進此組織資源所委任之水準。如此一來，公司正常地由一項策略發展到另一項計畫其成功之機率亦隨之增加。

出口

　　從事國際之活動範疇最簡易之方法為一出口，即賣出公司的產品到海外國家。企業可以由各種方式從事出口，設立一出口部門；經由海外中間商或與另一出口貿易商合作。

　　若公司選擇自己設立出口部門，本質上，必須建立一些連絡點以便開始銷售活動。寄發銷售資料、接受洽詢及執行訂單。雖然設立出口部門之風險較小，但公司必須受資金之限定及具備管理人才。至於透過**海外中間商**（foreign intermediary）經由經銷商或代理商的據點操作在其他國家的市場，對於一個剛剛進入海外市場之公司而言，風險小，只需要較小之投資資金、時間或努力即可。中間商通常可提供很

海外中間商
經由經銷商或代理商有據點可以於其他國家操作市場

環球透視

摩托羅拉委任大陸生產

　　摩托羅拉公司採取了謹慎之方法，初期在天津北方之港口設立暫時之工廠，生產第一批大陸製之呼叫器。大陸當地之市場規模小，所以須尋求國外市場來提高投資之效益。現在，在中國大陸一週可銷售10,000台之呼叫器含一年之服務，價格為＄200，摩托羅拉公司不再將中國大陸視為潛在市場，而已成為主要市場。確信市場景氣好已成事實，摩托羅拉已成為美商在大陸設立工廠之最大公司。摩托羅拉將在天津經濟及技術發展區完成金額高達 1 億 2 千萬元之第一階段生產工廠的投資，生產呼叫器、簡單之IC和大哥大。第二階段之生產線將於未來 3 年內完成，生產汽車電子，微處理器和視聽對講系統。摩托羅拉公司之投資，象徵進軍大陸之一大步。設立工廠並利用其低價勞工以跨入大陸之廣大市場，摩托羅拉公司希望假以時日，中國之技術人員在產品設計及工程上，將扮演全球重要之角色，例如：新加坡、馬來西亞之本地人已在當地工廠扮演重要角色。

多公司相關的銷售商品。因此他們可能不如其委託者所期望般之積極、有效率的尋找或銷售產品。對於原料之製造商及高成本之資本商品，代理商則非常有效率。製造商不會導致存貨失控。一個新公司亦可透過出口貿易商銷售其產品到國際市場，然後再將產品轉售給海外其他公司。由貿易商經手產品，並轉手自一個國家到另一個國家，只是簡單的加上其本身之利潤。統一交由貿易商處理亦是進入國外市場的一個好方法，因為較受海外政府之喜愛。

國外授權生產

對於海外市場之拓展或假如公司想在國際業務範圍內勇往邁進，則可採特許（授權委任）之方式。此為一公司（授權特許者）與另一公司（授權委任者）之間的協議**授權**（licensing）允許被授權者製造及銷售授權者所擁有之產品。當每台產品售出時，被授權者須支付權利金。

授權同意書可使一家生產者以各種可能的理由攻入市場，否則不可能有機會滲入進入市場。例如：TGI Friday's 一家Dallas連鎖餐廳即採急進之方式，以「成為世界第一位提供全方位服務之餐廳為使命」。最近它已簽訂授權同意書在馬來西亞、新加坡、印尼及泰國設立15家TGI Friday's。隨此合約之後又陸續於紐、澳成立多於15家之簡便餐廳。同時亦與德國啤酒製造商簽訂授權合約，在德國成立25家餐廳。

海外銷售分公司

經授權生產後，下一個最冒險的步驟是在國外擁有自有股權之公司。這點可藉由設立**海外銷售分公司**（foreign-operated sales branch）達成—完全擁有在國外的銷售組織，該分公司之成員（不論是外國人或本國人）被雇用銷售該公司在當地工廠生產之產品。此一方式可使生產者控制海外市場之成果。

合資企業

投入國際貿易的下一步是「合資」。藉由合資，該公司創造了新的「冒險事業」並與外國人（個人、公司或政府）共同擁有公司股份。例如：最近的典型合資案為

授權
允許被授權者可以製造及銷售授權者所擁有之產品

海外銷售分公司
完全擁有在國外的銷售組織

日本的銀行在美國提供了海外分公司一個良好的典範。

J. C. Penney、Dresser Industries 及 Chevron Corp.。

　　J. C. Penney 與 Frisa 係在墨西哥是最大的住宅性、休閒性及零售的地產開發者，此一合資案將使 J. C. Penney 在未來 3 年內進入墨西哥市場設立 5 家店面。

　　Dresser Industries 藉由與蘇聯的私人石油與天然氣公司合資案，在蘇聯設立了製造中心。在此一安排下，蘇聯所需之石油相關設備將在蘇聯境內製造。在4年之協議後，Chevron Corp. 與蘇聯政府一同合資開發全世界最大的 Tenghiz 油田，以提供未來20年的市場需求。Chevron 將取得45億桶以上之原油，立即為其在全世界儲存的油量增加兩倍。

獨資關係企業

　　國際性企業在控制國外之生產及海外行銷兩者之措施，仍可達到相當有效之程度。這種控制可透過**獨資關係企業**（wholly owned foreign subsidiary）來達成一套在國外擁有製造及分配之設施，該國外的獨資關係企業則屬於可能設立在任何地方之母公司。例如：J. I. Case Company 由 Tenneco 所有，並於國外生產及銷售自有之重型推土機設備。另一個例子是 Hunt Oil 公司在寮國（Laos）的海外關係企業。它是繼

獨資關係企業
設立在國外擁有一套製造及分配的制度，母公司可能設在任何地方

Hunt Oil公司在北葉門（North Yemen）、智利（Chile）及中國（China）所設立的海外關係企業後成立。此等致力於國際性業務者，均可稱之為跨國公司。

跨國公司（完全委任）

跨國公司
公司受完全之委任於
世界各地營運者

　　公司受完全之委任在世界各地營運者即為**跨國公司**（multinational corporation）一家跨國公司，雖然合法立案於「母國」，但是於世界各地擁有資產，而委任其關係企業來運作。跨國公司可與地主國之公司合夥運作，或與地主國公司或政府共同投資，或簡單的由自己運作系統。無論何種組合，跨國公司可能於英國生產縫紉機，澳洲開採鐵礬土礦，在泰國賣保險。Exxon、Xerox、Ford及Eastman Kodak 都是跨國公司。（表21.5 列出美國最大之跨國公司。）

跨國公司之起源

　　在二次大戰後，歐洲國家迫切需要復原資助，結果刺激美國跨國公司之發展。美國政府只靠出口國內產品，仍無法協助歐洲國家復原。而最好的方法似乎只有美國公司與海外生產必需之產品。結果鼓勵許多公司在海外投資。在多數狀況下，海外國家歡迎美國公司投資，由1946年的7億美元，至今300億美元。跨國公司之成長為雙向式。國外跨國公司也在美國開始運作，或購買其現有之企業。在美國海外投資於1971到1993年間成長4倍。表21.6 列出最大之國外跨國企業。

經營策略

生產分配
製造的流程是利用不
同的國家生產線加以
整合成產品

　　在國際貿易中，跨國企業是佼佼者。為了減少成本、擴大市場機會，致力於生產最經濟性之產品，且對準具有成長潛力的區域。跨國企業的策略是以**生產分配**（production sharing）的方式，節省成本（製造的流程是利用國際生產線加以整合成產品）。一個公司可以在一個國家中組合一部份零件，再運往下一流程，再至另一個國家完成裝配加以銷售。以電子計算機為例說明，計算機最重要的部份就是微晶片可能是美國製造，運至開發中國家（如：墨西哥、南韓）組裝完成，再到已開發國

排名／公司	營業額 （＄百萬）	利潤 （＄百萬）	資產 （＄百萬）	所有股東之利潤 （＄百萬）	員工人數
1 通用汽車	132,774	23,498	191,012	6,225	750,000
2 Exxon	103,547	4,770	85,030	33,776	95,000
3 福特汽車	100,785	7,385	180,545	14,752	325,333
4 IBM	65,096	4,965	86,705	27,624	308,010
5 通用電子	62,202	4,725	192,876	23,459	268,000
6 Mobil	57,389	862	40,561	16,54	63,700
7 Philip Morris	50,157	4,939	50,014	12,563	161,000
8 Chevron	38,523	1,569	33,970	13,728	49,245
9 杜邦	37,386	3,927	38,870	11,765	125,000
10 Texaco	31,130	712	25,992	9,973	37,582
11 克萊斯勒	36,897	723	40,653	7,538	128,000
12 波音	30,414	52	18,147	8,056	143,000
13 寶鹼	29,890	1,872	24,025	9,071	106,200
14 Amoco	25,543	74	28,453	12,960	46,994
15 可事	22,083	374	20,951	5,355	371,000
16 聯合技術	22,032	287	15,928	3,370	178,000
17 Conagra	21,219	372	9,758	2,232	80,787
18 柯達	20,577	1,146	23,138	6,557	132,600
19 杜耳	19,080	489	25,360	8,074	61,353
20 全錄	18,089	1,020	34,051	3,971	99,300

表21.5
美國前20大跨國企業

資料來源：Ani Hadjian and Lorraine Tritto, "Another Year of Pain," *Fortune*, July 26, 1993, pp. 191-193. © 1993 Time Inc. Allright reserved.

表21.6
前20大國外跨國企業

排名／公司	營業額 （＄百萬）	利潤 （＄百萬）	資產 （＄百萬）	所有股東之利潤 （＄百萬）	員工人數
1 皇家貝殼集團 (Royal Dutch/Shell Group)英國／荷蘭	98,935	5,408	100,354	52,935	127,000
2 豐田(Toyota)日本	79,114	1,812	761,131	37,490	108,167
3 (IRI)義大利	67,547	(3,812)	N.A.	N.A.	400,000
4 賓士(Daimler-Benz)德國	62,202	4,725	192,876	23,459	
5 日立(Hitachi)日本	61,465	619	76,667	25,768	331,505
6 英國石油 (British Petroleum)英國	59,215	(808)	52,637	15,098	97,650
7 Matsushita Electric Industrial日本	57,480	307	75,645	30,057	252,057
8 福斯 (Volkswagen)德國	56,734	50	46,480	8,356	274,103
9 Siemens德國	51,401	1,136	50,752	13,505	413,000
10 日產汽車(Nissan Motor)日本	50,247	(448)	62,978	15,086	143,754
11 三星(Samsung)南韓	49,559	374	48,030	6,430	188,558
12 飛雅特(Fiat)義大利	47,928	446	58,013	11,609	285,482
13 聯合利華(Unilever) 英國／荷蘭	43,962	2,278	24,267	6,934	283,000
14 ENI義大利	40,365	(767)	54,790	11,008	124,032
15 Elf Aquitaine法國	39,717	1,166	45,129	15,743	87,900
16 雀巢(Nestlé)瑞士	39,057	1,916	30,336	8.891	218,005
17 東芝(Toshiba)日本	37,471	164	49,341	10,068	173,000
18 雷諾(Renault)法國	33,884	1,072	23,897	6,145	146,604
19 本田汽車(Honda Motor)日本	33,369	306	26,374	9,085	90,900
20 新力(Sony)日本	31,451	290	39,700	12,517	126,000

資料來源：Ani Hadjian and Lorraine Tritto, "Another Year of Pain," *Fortune,* July 26, 1993, pp. 191-193. © 1993 Time Inc.
all rights reserved.

家（如：美、英、加）銷售。

　　跨國企業的另一經營策略：**傾銷**（dumping）的伎倆（就是同樣的產品在國外市場價格比國內低許多）爲了消化過量之產品且獲得整體之利潤。例如：假設一跨國企業大部分以外銷電視機爲主，在當地也有銷售，且在當地市場處於優勢，當國外市場上有更強的競爭對手時，它可以靈活的運用，以低於國內之價格傾銷。同樣的假設，若擁有比當地電視機市場更大之產能，當然由主管決定將額外的產能，以較低之價格銷售至其他國家。

　　在現實世界中傾銷的例子，在美、日持續不斷之貿易衝突中可看到，美國鋼鐵業者不斷地批評日本鋼鐵製造廠商傾銷產品至美國。同樣地，增你智（Zenith）對日本電視製造業者的訴訟已超過10年的時間。

全球性公司

　　所有企業都努力地維持生存，有些公司不以現存的區域爲滿足，不斷地開拓新市場，例如：R. D. S., 西門子和雀巢成爲超級性的**跨國公司**（global or transnational corporation）。以全球或跨國企業方式運作（以全球爲單一市場），由一個全球性的製造商主導研發，募集資金和購買零組件以完成最好的產品目標。不斷地接觸全球性的科技與市場趨勢。國家的疆界已不再被視爲障礙，公司的總部可能在任何地方。

國際貿易之障礙

　　一個公司想要成爲跨國企業通常會面臨許多障礙。這些障礙包括：語言、風俗、文化差異、貨幣流通性和政府保護條例。

語言

　　在國際貿易上潛在問題有語言之障礙，即使透過翻譯，語言可能仍是很大的阻礙。例如：和日本人交涉時，日本人常常口是心非，他們決不會在公開場合說

「不」，即使他們想要拒絕提議或表達反對的想法，想要理解他們口是心非的表達，總是令人不得其門而入。

肢體語言或非語言上的溝通也會產生問題，在許多亞洲文化中，正眼直視上司太久是不禮貌的，鞠躬是象徵權勢上的差異，第一次到日本的訪客會對此習慣產生迷惑，除非他們知道這個習俗或瞭解此待客之道。其他非語言溝通之例子更是不勝枚舉。

在祕魯轉動眼球代表著「你請客」，在台灣對人眨眼睛是不禮貌的。

點頭在世界上代表者「是」，但在保加利亞或希臘則代表「不」。美國人以食指及拇指形成圓圈代表「OK」，但這手勢在巴西會有麻煩，此手勢代表性交之意思，在蘇聯和希臘是不禮貌的，在日本代表「錢」，在法國南部則表示「零」或「無用的」。

風俗與文化

風俗習慣與文化知識的禁忌會產生問題，所以：知道下列事項是有用的：

■ 在日本，遞名片是一般的習慣，接近客戶，介紹產品方法，比美國來的正式

商業人員在國際會議
時須學習與會的他國
人員之習俗與文化。

- 越靠近歐洲和拉丁美洲的南方，人們身體接觸的機會越多，他們會拍你、擁抱你，且碰觸你的肩膀
- 儀態會產生問題，將腳抬起放置桌上，在阿拉伯是視為「污辱」即使交叉雙腳也是不禮貌
- 在歐洲，握手是一般的歡迎方式，握手不會太用力，也不擺動或拍肩膀

文化價值的瞭解，可以有助於生意之進行。在日本，耐心對長程目標之進行是有幫助的。一些面對面之會議是經常需要的。在談論生意細節前，日本公司習慣藉由面對面之會議瞭解對方。

除此之外，在日本，多數的商業討論發生在於晚上七點到子夜的「延伸商業時段」，地點在當地的餐廳或酒吧，而且有時是以伴隨著熱鬧的歌唱和飲酒來進行。

在這段非正式的聚集時段，日本人允許他們自己百無禁忌，而這是一段去建立信任和認同感的重要時段，通常，除非建立起某種契約，否則日本人在做生意時是相當多疑的。有很多例子，當西方人以西方普遍被接受的商業慣例，委任一位律師做為彼此關係的開始來進行生意的談判時，這筆生意就已經被延滯或是完全沒有希望了。日本人寧可簡單的訂約，然後將可能發生的問題留在以後的談判才來解決。

貨幣轉換

國際貿易的第三個潛在的障礙是貨幣轉換的問題，當一家商號與另一個國家的公司進行商業交易，便會面對自己與貿易夥伴之間的貨幣轉換問題。在此章的稍早部份，我們介紹過匯率和匯率受市場而浮動的觀念。產品銷售的談判也必須瞭解每日浮動的貨幣價值。

政治和保護貿易主義

不受限制之自由貿易即使是受國際間理想地支持，但是經濟之現實面，通貨膨脹及不景氣，已經使得國際貿易變成政治主題。各國以配額、關稅及禁運助長了合法的障礙。實施**保護貿易主義**（protectionism），這是一種創造障礙以抵制進口貨的策略，其目的是為了保護國內工業免於受到國外產品之競爭。保護貿易主義者之論

保護貿易主義
創造障礙以抵制進口貨，其目的是為了保護國內工業免於受到國外之競爭

點長篇大論,但所有之焦點都集中於限制與國內工業產品競爭的國外進口產品,讓我們來檢視它們的某些論點。

■ **國內工業保護論點**:國內工業保護論點陳述與他國貿易將造成國產工業流失其顧客至國外競爭者,迫使商家喪失生意造成裁員,特別是勞工。

這個論點的例子是最近美國平面玻璃市場勞工之請願。該市場包括鏡子、擋風玻璃和其他平面玻璃產品,根據某位政客的說法,消除任何對墨西哥進口玻璃之限制的政策,意味著數以千計的平面玻璃工作將會無端喪失。

■ **嬰兒工業保護論點**:嬰兒工業保護論點聲明剛起步之國內工業應被保護,避免進口產品之侵略,直到它們的規模健全為止。理論上來說當這些嬰兒工業變得強大時,國家於產品的提供或是服務終將獲得相當之利益,並且貿易障礙也將會消除。

這論點聽起來是來自第三世界國家,當它們意圖建立自己的產業基礎時,保護是必要的,這論點曾被實行於美國,例如:當美國汽車工業處於嬰兒時期,英國進口汽車即被課以關稅。

■ **分散風險以求穩定的論點**:分散風險以求穩定之論點聲稱與他國間的貿易,將減少或抑制國內各種產業之發展,也因此降低經濟的穩定性。

■ **薪資保護論點**:薪資保護論點指出與他國貿易時,刻意壓低國內的薪資,因為國內產品無法與國外之廉價勞工競爭。雖然此論點富有愛國心和人道主義的寓意,但在美國最近幾年,其適用性已變小,美國薪資雖然高於許多國家,但是它不再是已開發國家中最高的,許多北歐國家的工作者享有優於美國之平均所得。

■ **國家安全論**:國家必須強化並保護其國內生產戰略防衛物資之工業,使其能維持國家本身的國防,否則,國家在戰爭時,將依賴他國之戰略物資,因而危害其本身之軍事能力。此論點難以實行,因為像美國這樣擁有充裕之資源及大量生產之能力,相對地容易維持在軍事硬體製造上之獨佔性。然而,還

是有問題存在，因為為了維持稀有且必須之原料能持續供給，美國國防部已建立了生產和維護軍事裝備所需之重要原料之庫存。

現在我們已經討論過保護貿易主義之原因了，讓我們來審視這些保護貿易主義之工具—關稅，配額及禁運。

關稅 關稅（tariff or import duty）及進口稅是**一種加在進口貨物上的稅**，它的目的是用來提高它們的市場價格使國內在價格競爭下相較有競爭力。換句話說，國內產品的使用增加，嘉惠了國內產品製造商及薪資所得者，貿易協會，勞工組織及政府機構，美國曾鼓勵課高關稅對抗義大利和西班牙的皮夾克，日本之鋼鐵，台灣及加拿大之羊毛和塑膠製品，法國、墨西哥、台灣及南韓的釣魚捲線器。為了保護國內汽車製造工業，汽車製造業者及經銷商透過遊說，讓國會重新將迷你貨車及休旅箱型車歸類為卡車而非一般自用轎車。因為自由轎車只課徵標價的2.5%的稅率，而卡車則高達25%，這將導致每一台Toyota Previa要漲價5000美元。

關稅
一種加在進口貨物上的稅

配額 配額（quota）指的是對國外產品可能進口入國內的數量限制，配額比關稅更有約束力。它降低或是消除了採購進口品數量上成長之可能性。

在過去，國外的鋼鐵、電視、紡織品及石油產品曾被強制配額，最近，一種新的概念顯現出來：那就是在自動約束協議下發展對商品的配額，在此種想法下，國外製造商自動同意，他們只供應整個市場一定比率的量。自從1984年鋼鐵工業界就有自動約束協議，限制最多只能進口總需求量的百分之20到美國，這個受到保護主義者支持的配額協議，造成17000鋼鐵工業就業機會被挽救。

配額
國外產品可能進口到國內的數量限制

禁運 禁運（embargo）指的是**政府明令禁止商號進口其它國製造的某些或全部產品**，譬如：美國曾在過去強制對中國大陸的貨品實施禁運，而且對所有來自古巴及北韓的貨物維持禁運令，在卡斯楚控制了古巴之後，喜歡古巴雪茄的美國人必須在加拿大或歐洲才買得到，而且要在回到美國境內之前抽完。

像對付古巴這種多數禁運令是政治因素所造成的，保障國內經濟倒是在其次。例如：為了對付南非的種族隔離政策，美國對南非之經濟制裁的禁運令不只禁止進

禁運
政府明令禁止商號進口他國製造的某些或全部產品

口，且禁止運送美國的書籍至南非。

國際貿易之相關機構和組織

國際貿易有很多相關機構和組織包括國際協同、財政支援及經濟聯盟。

國際協同

重要且有意義的國際貿易協同有GATT及NAFTA。

GATT
一種國際性的協定所
設之貿易規則

GATT　　國際關稅及貿易總協定（the General Agreement on Tariffs and Trade；GATT），是一種以國際性的協定來設立全球性貿易規則，企圖使所有的國家在較少之貿易障礙下進行貿易。該協定基於要限制部份國家使用單邊貿易政策而導致他國報復的概念而創立，所有協定簽署者—近年來有108個國家—已同意降低進口關稅和其他會妨礙貿易流通量之政策（如：補貼）而努力。

會員國之間的討論被稱為磋商回合，可能持續好幾年，像一個被標識為甘迺迪回合（Kennedy round）（由甘迺迪總統開始）即持續了3年而決定降低40%之關稅。最近的磋商—烏拉圭回合—從1986年就開始。它的焦點擺在擴充GATT對農業、服務業、紡織、智慧財產權的關稅談判，雖已草擬出方案但卻窒礙難行。一旦協定達成，一個行政機關便會被適當地設置來監督這些協定之進行。

美國政府根據條約之第9條向GATT的行政官提出抱怨，補助經處理過的農產品如：pasta 應明確地被禁止。一年後，一組在日內瓦的GATT審查團以3比1贊成美國的意見。

北美自由貿易法　　北美自由貿易法（North American Free Trade Act；NAFTA）是一個貿易協定，是想要把美國，墨西哥及加拿大變成永遠的單一商業實體。範圍從Yukon到Yucatan。當完全運作後，主要的衝擊是美國及墨西哥的貿易（在美國及加拿大之間的主要自由貿易障礙已在美加自由貿易協定之簽訂下逐漸排除）。在北美自

外交代表人員定期舉辦GATT會議，商討貿易條款，如降低關稅等。

由貿易法規定下，原本墨西哥對美國貨物之關稅高於美國對墨西哥貨物的關稅大約250%，都將會被廢止（大約50%之墨西哥關稅項目將會在北美自由貿易法實施之日廢除）。墨西哥的機場稅將會在1999年廢止。而所有之非關稅障礙—邊界及內陸對美國卡車之開放，取代目前的在墨西哥邊境美國卡車不准載貨進墨西哥的規定，都將會在2008年廢止。

財政援助

國際貿易的財政援助是有2個來源：世界銀行及國際貨幣基金會。**世界銀行**（World Bank）成立於1946年，主要是以低利貸款給開發中國家從事造路、開工廠、醫院及電廠。今天世界銀行還提供貸款給開發中國家來償還債務。此貸款的附加條件是借貸國保證降低貿易障礙及振興私人企業。**國際貨幣基金會**（International Monetary Found；IMF）成立於1944年，是一個公共團體，而在世界經濟體中，對於貨幣匯兌市場提供穩定匯率之幫助。另外也提供短期貸款給那些貿易不均衡的國家，並幫助使之進入國際貿易中。

世界銀行
成立於1946年，主要是以低利貸款給開發中國家

國際貨幣基金會
是一個公共團體，而在世界經濟體中，對於貨幣匯兌市場提供穩定匯率之幫助

表21.7
經濟聯盟

經濟聯盟	會員
Association of Southcentral Asian Nations	印尼，馬來西亞，菲律賓，新加坡，泰國
Central American Common Market	哥斯大黎加，薩爾瓦多，瓜地馬拉，宏都拉斯，尼加拉瓜
European Community	比利時，丹麥，英國，法國，希臘，愛爾蘭，意大利，盧森堡，荷蘭，德國，西班牙，葡萄牙
European Free Trade Association	奧地利，挪威，葡萄牙，瑞典，瑞士，冰島，芬蘭（準會員）
Latin American Free Trade Association	阿根廷，玻利維亞，巴西，智利，哥倫比亞，厄瓜多爾，墨西哥，巴拉圭，秘魯，烏拉圭，委內瑞拉
Organisation Commune African et Mauricienne	貝南，中非共和國，象牙海岸，模里西斯，奈及利亞，盧安達，塞內加爾，多哥，尚伏塔
The Nordic Council	丹麥，芬蘭，冰島，挪威，瑞典

經濟聯盟

經濟聯盟
獨立國家簽訂協定來
共同推展貿易

　　經濟聯盟（economic alliances）之定義為獨立國家簽訂協定來共同推展貿易。這些國家簽訂協定允許彼此在自己國家流通貿易，而且無關稅並且有單一的貿易條款。最有名的就是歐聯（舊稱歐洲共同市場），表21.7 列出歐聯的會員國和其他的經濟聯盟。

　　歐盟帶給國際貿易一個重要的衝擊，那就是歐盟致力於消除會員國之間的貿易障礙，同時建立一個單一的歐洲市場。這單一的歐洲市場建立於1992年，但是建立一個單一擁有3億4千萬人，而且自由消費的市場馬上就碰上障礙。在當初要消除貿易障礙建立自由貿易時所設立的12個目標中，只有發展共同技術標準、公民及勞工

IBM 是美國一家擁有
在海外較低勞工成本
國家設廠的公司。
這家工廠是在
Guadalajara。

自由進出各會員國邊境等4個目標已達到要求。雖然挫折重重,目前12個會員國的航
空權已對各會員國的航空公司自由開放,銀行也可自由對各會員國提供服務,保險
也可自由在各會員國間買賣,投資人可在一個國家買賣其他國家公司的股份。

國際商業:衝突的問題

商業在國際舞台上進行,特別是在多國進行的,會在母國(總公司所在)與地
主國(分公司所在)之間面臨著一些衝突的問題。這些衝突來自於經濟與強權的問
題。

母國的衝突

國際商業與母國之間的衝突通常來自於經濟上問題。以下是一些受到批評的商
業行為:

- 寧可在別的國家建立工廠。舉例來說，一家美國公司在建立其他的工廠時，應設立於美國以提供工作機會及讓美金留在美國，結果相反。
- 將公司移至海外國家利用當地較低之工資，因而抑制國內工業與減少工作機會。
- 海外國家設廠所得之利潤，將不會被母國課稅，因而減少政府之歲收和使跨國企業不須對自己國家負經濟上支援之責任。

企業對上述批評之回應

- 雖然生產可能移至其他國家，但收入依然會回到母國，因為總公司都留在那兒。
- 工作機會不會減少，除非工業蕭條。從長期來看，原有的工作機會會被公司因收入豐富而創造出的新工作機會所取代。
- 企業不應被雙重課稅。利潤在當地國家已被課稅，當一些利潤轉至母國時又被母國課稅，以利潤為前提，公司將會試著減少雙重之課稅。

地主國的衝突

全球性公司與地主國之間的衝突也許更強烈，尤其是美國公司與發展中的第三世界國家，衝突的原因來自於投資公司與地主國的政府間目標不同。然而，這個衝突牽涉了權力的鬥爭。這些衝突包括：

- 誰控制這個國家的商業，政府希望能以經濟發展及資源利用的方式控制，而各企業則希望能自由地經營自己的公司。
- 工業發展的方向，政府看到由各外國公司所控制的全球性公司，害怕它們的經濟發展會影響其它的地方。
- 關鍵工業可能國營化的問題，以防止被外國所控制。
- 政府無法掌管這些企業將在這個國家所得到的利潤帶到其他地方，而要求它們再投資。這些企業的目的就是賺錢，雖然政府的目的是為了未來經濟發

管理者筆記─全球觀策略

A Strategy for Globalization

　　每家成功的公司在一生當中的某段時間，都可能面臨到一個決策：是否要向本國以外的市場擴展事業版圖。也許會有一些明確的理由制止你這麼做，可是根據GE Plastics Ltd.，總裁Herbert G. Rammrath的說法，有兩個理由是不算數的，它們分別是「太困難了」和「競爭太激烈了」。

　　如果某家公司決定要走向全球化，它可以因為以下幾個指示方向而受惠良多：

- ■**顧客和市場必須為整體策略作界定。**公司是無法從國際上的趨勢去找到所謂的正確答案，相反地，應該由市場來作明確的說明，公司方面才能因此從中找出所謂的市場需求。

- ■**顧客服務在世界各地來說，都是同等重要的。**有些時候，位在芝加哥的美國分公司比較能因應處理來自於顧客方面的要求，甚過於那些位在印度孟買的美國分公司。不管位在波士頓的總部辦公室相不相信，這種舉動理所當然會讓孟買的顧客們覺得困擾。

- ■**顧客應該由當地國籍的員工來服務。**顧客是生意上的最重要的接觸管道，而業務代表和顧客之間的接觸，當然是透過當地的語言來進行才能發揮最好的效果。因此，在和顧客直接打交道時，一定要用本地的員工才行。

- ■**不管何時，顧客一定要能以當地的貨幣來付錢才行。**匯率上的風險不是加上供應商的身上，就是算在顧客的頭上。如果它是由顧客來承擔這種風險的話，可能會激怒了他們，掉頭而去，尋求其它比較肯照顧客人的廠商們。

- ■**全球傳播網是非常必要的。**為了要盡可能地提供最好的顧客服務，所有

雇主都必須時時讓自己的產品和技術跟得上時代潮流才行。有了最先進的傳播技術，這個目標絕對可以達成。

■ 地區性總部是非常必要的。決策中心必須和服務所在的市場位置愈接近愈好。地區經理有助於避免「海鷗症候群」的發生，也就是大老闆一年飛來一次，頒佈一堆詔書，然後打道回府。有了地區經理，這樣的事情就不再發生了。

所有的員工都要有全球一致的目標看法。為了協助員工們建立世界觀，Rammrath建議採用兩個步驟。第一，禁止使用國內這個字眼，因為如果全世界都是你的市場，又何來國內這個字眼呢？第二，改變員工所用的表格內容，只要把其中的「市民欄」改為「國籍欄」就可以了。

展，這些錢有可能是到外國股票持有人的手裡，這兩者的衝突很明顯，企業想將錢轉到另一個企業，可能會造成這個國家的收支不平衡，且會影響到它的貨幣價值。
■ 誰在運作這個公司的問題。許多全球性公司從總公司派有經驗的人來負責國外的分公司，結果這些國家發現這對它們的需要並沒有幫助，也無法由此學到全球性公司的技術，這些國家通常希望這些全球性公司能在當地開設訓練課程以培訓當地人自己來經營這些分部，這些國家不僅僅希望全球性公司能提供工作機會給當地人，更希望這些企業能培養他們擔負更多責任。

摘要

國際貿易在世界的經濟行為中扮演者越來越重要的角色，除了帶動經濟的成長外，它提昇了每個人的生活水準，並對世界交流與溝通有所貢獻。

多國企業有它們自己的術語：貿易平衡、收支平衡及匯率。

貿易平衡是進口品價值與出口品價值間的差異，收支平衡是一個國家對他國總支出額與總收入額的差異，匯率是一個國家的貨幣與他國貨幣交換的比率。

不管是國家或私人企業都應謹慎地從事國際貿易，一個國家決定國際化的貿易以開拓絕對或相對性的優勢，私人企業的國際化是由於潛在利益、利益差額、已存在的需求、原料、技術及生產效益。

當一個企業決定走向國際化時，有許多的選擇，包括：出口、外國執照、海外營業處、投資及分公司，每一個成功的選擇都需要更多的資源及執行以推向國際化。

全球性公司雖然法律上是在本國，但也幫助世界各國的分公司及分部，有些全球性公司已朝多國經營，並且全球化或跨國性的經營，全球化的企業將世界視為它的市場，它在最適當的地方生產、引導調查、提高資本並購買材料。

當一個企業試著走向國際化時，它必須克服幾個障礙：語言、風俗及文化差異，貨幣轉換及政治保護行動，關於這些障礙，有一些作法可協助這些企業，包括：國際協約、財務資助及經濟同盟。

這些國際化的企業也面臨到地主國及母國間的衝突，這些衝突通常都圍繞著經濟及權力。

回顧與討論

1. 試探討「有些企業有賴國際貿易而生存」。
2. 結合貿易平衡和收支平衡的概念。
3. 匯率在國際貿易中有何重要性？
4. 分辨絕對優勢及比較優勢。
5. 一個企業會走向國際化的三個因素？
6. 「一個企業可藉由它踏入國際貿易的門徑，選擇它要涉入國際化這淌水多深」，解釋這段話並舉例說明一個企業可介入國際化的不同等級。
7. 何謂全球性公司？它是針對何種策略？何謂生產分配？傾銷？

8. 何謂全球性或跨國性企業？它是如何操作的？

9. 爲何保護政策是國際貿易的障礙？保護政策的三個爭議是什麼？保護政策如何透過關稅、配額以及禁運來執行？

10. 定義並解釋促進國際商務的三個協助，哪一個對私人企業是最重要的？

11. 哪些衝突會在國際企業與地主國之間產生？這些顧慮如何解決？

應用個案

個案 21.1 皮耳一號，瞄準全世界

許多人都夢想環遊世界，但只有少數人能真正實現。而那些沒有實現的人可以到皮耳一號。31年來，皮耳一號讓美國遊客能採購來自四十四個國家多彩多姿的手工項鍊及家具裝滿整個家，購物者可找到泰國的旋轉木馬、義大利的餐具或印尼的藤椅。皮耳一號滿足美國顧客的好奇心是美國最好的零售供應處。

雖然位居第一位市場，皮耳一號面臨了一個問題：它的銷售成長從80年代的二位數成長降低至目前的百分之3至5，嚴重地下降。同時，公司的利潤也快速下滑。

爲瞭解決成長與利潤快速下滑，皮耳一號決定把它的行銷技術拓展至海外。第一步是購買位於倫敦市，也叫皮耳公司的50%股份。下一步在波多黎哥開15家分店。不遠的未來皮耳一號把重心鎖定墨西哥、中南美洲。最後才是遠東地區。

在這個冒險的開拓過程中，皮耳一號面臨重大挑戰。要將商店的行銷經驗輸出到國外是很困難的，雖然一些由美國人經營的商店正在嚐試中。對皮耳一號要拓展海外市場最重要的是如何讓當地行銷人員在臉上掛著笑臉，其實研究當地人的性格要比研究當地需求的產品來得重要。因爲商店的行銷風格會引發當地人的想像，皮耳一號一定要知道在不同的文化，什麼人種比較聰明，什麼人種比較活潑。如果成功，則國際的行銷公司就能滿足那些新潮流行的追求者及窺伺者。

問題：

1. 本章所提及的標題「為什麼企業要走向國際化」？哪一點符合皮耳一號？請解釋你的答案。

2. 皮耳一號要走向國際化的障礙是什麼？請解釋你的答案。

3. 在許多進入國際化的形式中，你建議皮耳一號採用哪一種？它應該採用哪幾種？解釋你的答案。

個案 21.2 行銷地雷

一快遞公司DHL推出一全球性的廣告，為想在繁榮的東南美洲佔有一席之地的公司點出許多未開發的礦區及農地，這個廣告引起了印度政府的注意，這個廣告刊登了五個亞洲政治人物的照片，第六張為一位DHL職員的照片，「誰讓全球改變最快的經濟改變更快？」當然接下來的答案是「您的DHL服務員」。

當這個廣告刊登在亞洲「Wall Street Journal」及「International Herald Tribune」兩大報之後，抱怨便開始產生，這個以美國人的觀點看來似乎很聰明的廣告被認為有貶低其它國家的嫌疑，當地政府處罰了這兩家報社，新聞局更要求DHL公開道歉。

DHL不只是道歉，更由這個事件學到了一課，由於各地的文化不同，有時你踩到別人的腳都不知道，不過，DHL倒不是唯一一家犯了這個錯誤的公司：

- 一家日本輪胎公司因輪胎痕跡被評為與可蘭經的經文相似，被迫在汶萊道歉。

- 美國的蘋果、馬鈴薯及葡萄的出口商因在電視廣告上提及美國而在馬來西亞惹來麻煩。

- 準備要進口藥品到馬來西亞的外國公司，需澄清藥物膠囊是使用豬肉製成的誤解。

在這方面，這些公司在東南亞地區要小心謹慎宗教上的禁忌，尤其是伊斯蘭教，任何有點負面、殖民主義、日本在二次大戰中的角色及政府形象，都須特別注意，除此之外，各個國家有其特別的風俗，在印尼任何有關華人的事務都要小心處理，因爲他們在70年代或最近的抗華事件中曾經有很多人喪生。

問題：

1. 請給與一個想進入東南亞市場的公司一些建議，並解釋你的答案。
2. 在東南亞市場有哪些必須特別注意的？請舉例說明。
3. 有什麼方法可讓一個公司在他國能注意到文化的差異及禁忌？請解釋你的答案。

隨著General Electric而來的事業契機

也許對那些想要為General Electric工作的大學生來說，最大的挑戰就是決定最吸引他們的究竟是General Electric中的哪個主要事業？因為提到GE的關係企業，隨意列舉幾個，就有航空引擎、家用電器、金融服務、照明、醫療系統、工業動力系統、塑膠和火車頭等。這家公司所雇用的大學畢業生，來自於各式各樣的主修科系，從企管、會計、財務到物理、甚至是所有的工程科系都涵括在內。

剛畢業的大學生可能會被安排到某個訓練計畫當中，這些訓練計畫都是經過精心設計的，訓練時間長達兩年左右。它會教你一些獨特的領導統御技巧，這種技巧是在這個產品名稱早已達到家喻戶曉的全球性企業組織中，所必備的行事條件。這些訓練計畫會激發GE家族裏的學員釋放出自己的天份和潛能，同時也會因此而瞭解該公司的整體運作環境。學員必須輪番到各種不同的工作崗位上實習，藉以吸收到最基礎的工作經驗，同時也要參加該公司在紐約Crotonville的管理培訓機構中所舉辦的講習會，學習所謂的領導統御能力。

雖然沒有明說，但是實際上這家公司投資了大筆的人力物力，好培養出未來的領導人才，可想而知，他們在招募大學畢業生的時候，並不只希望應徵者列出輝煌的學業成績而已，最好還要有洋洋灑灑的課外活動記錄，表示你具備了不可多得的領導統御才幹。更明白地說，General Electric會雇用：

- 自信又有活力，能夠創造點子，並起而實行的人。
- 主動解決問題的人，願意全力以赴，力求工作的完美。
- 會尋求現有資源的創新者，並在必要的時候，主動尋求變通。
- 良好的溝通者，可以讓人信任，並帶動團隊，起而行動。

General Electric的優勢就在於它把一群有智慧又有信心的人們和最新式的科技結合在一起。管理階層期待每個人都能證明自己是點子上和行動上的領導統御人才。大學畢業生在收到來自於GE的錄取通知之後，就有機會可以和這個既健壯又充滿活力的企業組織一起共創事業，因為它是一個以培養今日人才來迎接未來挑戰為己任的最佳代表。

附錄—求職一事

只是把事情做好，這並不稀奇。若是想生存下去，從現在起你需要做得有意義才行。

DAVID FAGIANO
美國管理協會總裁暨最高經營管理人

大多數讀過這本書的學生，最後都會獲得一個學位並在市場上求得一職。本附錄的設計就是要提供給你們一些資訊，其中的知識可以幫助你們找到一份可能令人滿意的事業；並有一份可開啓自己視野的工作；同時也瞭解大型的企業組織（大學畢業生的主要雇主）是如何在校園裏招募求才的。

選定一份事業

你們可能有一些朋友或舊識，他們對工作非常地樂在其中。他們覺得工作很有挑戰性；對事業非常熱衷；而且每天早上去上班的時候，總是精神百倍。其實這群幸運的傢伙可能在以前曾仔細地選擇過自己的事業，所以他們的個人喜好和所從事的工作之所以能夠這麼地緊密相連，絕不只是巧合而已。如果你也願意多花一點時間和努力，就可以和他們一樣找到一份讓自己很滿意的事業。

探究出自己的興趣

也許在選擇事業時的基本動作，就是先瞭解自己。也就是清楚地界定和描繪出適合你的工作是什麼？以及你非常不想從事的工作是什麼？

辦法之一就是進行性向問卷的填寫，正如圖A.1 所示。另外，你的自我認知和對某項事業的適應性如何，可以藉由貴校的諮商中心或生涯規劃室所提供的測驗內容而得到更進一步的確認。其中有兩項廣受歡迎的測驗分別如下：

■ Hall 職業性向量表測驗：此測驗會要求你針對自己的興趣程度為各種不同的活動評分。因此，你就可以得知究竟是什麼樣的工作特性才能吸引你和滿足

你。同時你也可以瞭解自己不喜歡的工作特性有哪些。

■ **強烈職業興趣問卷**：此問卷可以衡量出對於各種不同的工作、學校課程、休閒娛樂以及在人群中所表露的個性等。你的偏好選擇是什麼？這份問卷所呈現出來的興趣結果，還可以拿來和各種職業要求從業人員所應有的態度、興趣以及偏好作比較。從會計到動物學家等各行各業應有盡有，可以幫助你從中判定自己究竟是否適合這些職業。

儘管簡要的性向問卷和練習並不能保證你一定會找到一份合適的工作，可是卻可以讓你清楚知道自己所喜歡的和不喜歡的工作特性是什麼？

規劃一份事業藍圖

在你完成了學校諮商中心所提供的性向量表和測驗之後，就可以準備規劃一份看起來十分吸引人的事業藍圖了。而有關事業方面的資訊取得辦法，可以依照圖A.2的方式來進行。

若想獲得某項工作方面的資訊，最有趣的辦法之一就是訪問該行業的在職者。這個過程很簡單，只要找出一些雇用這類從業人員的公司或組織，然後打電話到當地的辦公室（請參考電話簿），再詢問出適當部門的主管是誰就可以了。你可以告訴對方你的名字，請求安排會面的時間，向對方解釋你之所以這麼要求的原因是什麼，如此一來，也許你就可以在雙方都很方便的情況下，碰面談談。你也可能可以

圖A.2
如何建立一個事業藍圖

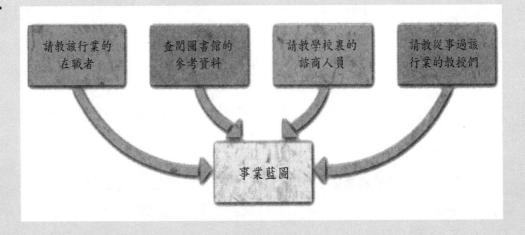

請教該行業的在職者　查閱圖書館的參考資料　請教學校裏的諮商人員　請教從事過該行業的教授們

事業藍圖

1. 在你有空的時候，你有哪些嗜好？你爲什麼喜歡這些嗜好？

2. 你最喜歡哪些運動？俱樂部？課外活動？你爲什麼喜歡它們？

3. 就你所從事過的工作而言？你最喜歡哪些工作？爲什麼喜歡它們呢？

4. 你喜歡從事抽象的工作還是具體的工作？爲什麼？

5. 在忙碌的時刻，你能保持鎭定和冷靜嗎？你可以按進度完成事情嗎？

6. 你喜歡在大團體、小團體、抑或是獨自工作？

7. 你喜歡從事井然有序、按計畫進行的工作？抑或是每天都有變化的挑戰性工作？爲什麼？

8. 你很擅於監督別人做事嗎？抑或是你情願讓別人來當發號施令的人？請爲你的答案提供幾個解釋理由。

9. 你最喜歡哪一個高中科目和大學課程？這些科目和課程吸引你的地方是什麼？

10. 你曾掌管過什麼職務或得到過什麼榮譽獎章？什麼樣的人才有資格得到這種職務或榮譽獎章？

11. 在不要提及工作類型的情況下，請描述十年後你的情況會如何？你想要有什麼樣的物質生活安排？你打算從事哪方面的休閒娛樂和嗜好？你想要和什麼樣的人交往和共事？你想要有多少的收入？

是	否	個性
———	———	在壓力下也能做得很成功
———	———	喜歡從事點子和概念性的工作
———	———	喜歡從事具體的工作
———	———	喜歡例行性、有方法可循的工作
———	———	喜歡監督他人
———	———	可以迅速地照進度完事
———	———	喜歡旅行
———	———	喜歡挑戰性的工作任務
———	———	在陌生人的陪伴下也很自在
———	———	情願獨自工作或在小團體裏做事
———	———	喜歡被人視爲是「掌控全局」的人物
———	———	喜歡定期領薪
———	———	喜歡和「上流」人士交往
———	———	喜歡執行「說服他人」的工作任務
———	———	喜歡在眾人面前侃侃而談
———	———	和他人溝通時，常會出點狀況
———	———	情願自己作決定，而不是由他人作決定
———	———	好發問
———	———	願意嘗試新的點子
———	———	喜歡幫助他人解決問題
———	———	很容易交到朋友

資料來源：Joseph T. Straub, *The Job Hunt：How to Compete and Win,* pp.3-6. © 1981 by Prentice-Hall, Inc. Published by Prentice-Hall, Inc., Englewood Cliffs, New Jersey 07632.

圖A.1
性向量表問卷和核對表

從學校的職業介紹處裏，拿到一些你想要訪談的人員名單。許多大學院校都保留了畢業校友的名單，好讓在校生有機會和學長們討論一下有關未來的事業。

和從事某個行業的在職者會談是為了兩種目的，首先，你有機會可以詢問那些擁有第一手資料以及直接經驗的從業人員；再者，你也可能接觸到一位贊助者，因為如果你真的想從事這一行的話，也許他可以為你引薦工作。你找尋這些人的動機以及接觸他們時所呈現出來的坦率，在在描繪出你是一個很開朗、有企圖心、又很有腦筋的事業起跑者。在進行的時候，請確定每個行業都必須安排數名在職者，這樣　來才能對該行業的工作性質得到比較平均的印象。

除了和各行業的在職者碰面談談之外，也可以閱覽一些有關這些行業的現有參考資料。最新版的《職業展望手冊》（*Occupational Outlook Handbook*）就是一個很不錯的資料來源，「美國勞工部」（United States Department of Labour）每一年都會發行最新的版本，書中提供了數百種行業所需要的訓練和資格、預期需求、工作性質、工作環境、平均薪資，以及和工作有關的其它各種主題。這類資訊也可以在其它來源中找得到，例如：《工作真相手冊》（*Handbook of Job Facts*）、《事業百科全書和職業指南》（*Encyclopedia of Careers and Vocational Guidance*）也可以為你所嚮往的行業提供非常詳盡的資料說明。彙整這些所有的資料之後，你就可以對某個事業有著相當充份的瞭解程度了，其中包括了起薪、升遷機會，以及自我準備的各種方法等。

你可以補充這些資料來源，只要訪談一下該行業的執業者，並拜訪學校諮商中心或生涯規劃室，閱覽它們所提供的參考資料，相信這樣的的作法必能提供更多有關雇主的資料，以及其它畢業生所曾尋求過的資訊。

如果你所就讀的大學規模很大，那麼就可能可以找到一或多位曾在該行業待過的學院教師。你可以打電話到系辦公室去詢問，或是直接參考教師的名錄，這類名錄都會詳列每位教授的背景資料。然後再安排和他們訪談，聊聊他們在該行業中的經驗，以及你在未來事業上的可能選擇。

選擇主修課程

下一個動作就是選擇一門主修課程，如此一來，你才能針對未來所想從事的事

業方向，妥善做好準備。學校提供了相當多方面的學分課程，如果到目前為止，你還沒發現的話，相信不久之後，你就會知道了。因為有這麼多的選擇內容可供自己決定，所以從一年級新生到四年級的這段時間內，你可能會在主修科目上改變很多次。你也許可以透過某種學科上的選修，來為自己未來的事業打下基礎。舉例來說，大型公司會雇用主修過心理學、企業管理和其它相關領域方面的行銷實習生。許多公司所雇用的大學畢業生，其主修科目都必須符合它們的要求，而有些主修科目也可以讓你在好幾個行業中都相當吃得開。

我們大多數人都很幸運，因為我們所選修的課程絕不會要你一次就定下江山。如果你在經過了初級課程的洗禮之後，發現到自己對這類課程不是頂有興趣，你還可以轉到其它的領域上。

你可以藉由和學校裏的諮商人員密切配合來選擇自己的主修科目。有策略性地安排自己的課程進度並按部就班地研讀下去，是一件非常重要的事情。如果可能的話，你的課程進度安排最好均衡一點，才不會發生在一個學期內，必須同時修滿許多繁重的課程，而這些課程又往往夾帶了很多的課外作業（例如：英國文學、化學和會計等）。認真查對自己對這些初級課程的需求是什麼，並在選修更精深的課程之前，好好完成它們。

因為各學院的規模大小不同，所以有些課程也許只能不定期地開課。瞭解此點有助於你選修對自己時間上最有益的課程，並如期地欣然畢業。

在履歷表上推銷自己

你在第十二章所學到的許多行銷概念，都可實際運用到你的求職上，因為求職就像是在市場上行銷某個獨特商品一樣，而這個商品就是你自己。你推銷的是自己的教育程度、態度、企圖心、所學貢獻，以及在工作上和透過額外的訓練所可能培養出來的潛能。你必須清楚地呈現出自己的全貌，讓主導這項人事案的決策人士印象深刻。這其中包括了履歷表的撰寫，也就是說為了營造良好的印象，外在表現是非常必要的。

好的履歷表就像是一個餌一樣，可以引誘雇主的上鉤。它必須以一頁為限，在設計上能讓讀者快速且輕鬆地瀏覽一遍。上頭要寫明自己的姓名、住址和電話號

碼，並簡要列出你的教育程度、工作經歷，以及任何與此行業有關的課外活動、嗜好或興趣。圖A.3就舉出了一個簡單扼要的履歷表例子。

工作經歷這個部份尤其重要。你必須表現出你的職務責任是非常的真材實料，而且你的執行也展現了成熟、獨立判斷和主動的一面（請參考圖A.3）。例如：發展（developed）、處理（processed）、設計（designed）、監督（supervised）、提報（submitted）和施行管理（administered）等這類的字眼，都很適合拿來加強你在某些活動和職務上的表現印象。

在寫履歷表之前，你必須先草擬一份自己想要列出的一些資料內容，然後再謄寫一遍，重新修飾，直到全篇內容達到精簡扼要且說明清楚的境地為止。你可能想要請諮商中心或生涯規劃室裏的某個人，或者是商學系教授或英文系教授來幫你看一看最後的內容。

在履歷表的準備上，你需要注意幾點技巧。

1. 履歷表一定要經過打字或是排版列印出來。
2. 文法、拼字和標點符號必須完全無誤才行。
3. 呈給可能雇主的那一份履歷表一定要是原稿才行，再不然也必須是高品質的影本。絕對不要呈出一份滿紙都是污點的原稿，或是一份品質不良的影本。

可能雇主會從履歷表的外觀狀況來對應徵者作出一些研判。一份看起來很邋遢的履歷表（髒污、刪改、過多的塗抹）可能表示這名應徵者是個很懶散、不愛乾淨、又粗心大意的人。過多的拼字或文法錯誤則表示他的漫不經心或愚蠢。在空間格式上的隨興安排則暗示了這個人一點都不在乎秩序，也不注重小節。當你沒有辦法在場為自己代言的時候，履歷表就代表了自己。你一定要確定履歷表能夠完全無誤地呈現出你想要表達出來的樣子。

尋找職缺

最顯而易見的職缺尋找辦法就是看看報紙上的求職欄。可是只靠這個來源或是以這個來源為主，都可能會限定住學生在求職上的大好機會。因為事實上，有很多

履 歷 表

姓名：　　　保羅奧文斯　　電話號碼：（904）672-4359

地址：　　　佛羅里達州23692 泰納哈西市克雷斯街2317號

事業目標：　零售業務管理人員

學歷：　　　1994年畢業於佛羅里達州立大學行銷系。平均分數3.4。

　　　　　　1992年6月畢業於聖彼得堡二年制學院企管系。

工作經歷：　1993年6月至目前為止：佛羅里達州泰納哈西市

　　　　　　拜羅司百貨公司。

職務：　　　零售營業員。負責現金和信用卡的收付、存貨、控制、

　　　　　　商品行銷以及製作分店和分區管理階層所使用的各種內

　　　　　　部報告。

　　　　　　1992年8月到1993年6月：佛羅里達州泰納哈西市

　　　　　　山普森汽車零件商店。

　　　　　　職務：櫃台店員和倉管員。記錄現金和信用卡的收付；

　　　　　　處理電話和型錄訂單；準備出貨的項目；並處理收貨事

　　　　　　宜。

課外活動：　達塔奇兄弟會的會長兼出納；美國行銷學會佛羅里達州

　　　　　　州立大學分會的秘書；會長目錄；校內迴力球、棒球、

　　　　　　和足球。

嗜好興趣：　滑水衝浪、迴力球、網球。

保證人：　　若有需要，會詳細提供保證人的資料。

資料來源：Joseph T. Straub, *The Job Hunt：How to Compete and Win*, p.21. © 1981 by
　　　　　Prentice-Hall, Inc. Published by Prentice-Hall, Inc., Englewood Cliffs, New Jersey
　　　　　07632.

工作是從來不在報紙上刊登廣告的。為了要找出這類工作，最有趣又最有效的辦法就是去尋求一些其它的工作資訊來源。

建教合作計畫和實習辦法

建教合作計畫（簡稱co-ops）可以讓學生在一年當中有部份時間參與學校的課程，其餘的時間則將自己的所學投入到某項全職的工作當中。就像一些在市場上有著領導地位的組織企業一樣（例如：Deere & Company、奇異電器和通用汽車等），財政部（Treasury Department）和總審計局（General Accounting Office）等這類聯邦機構，也都設有這樣的建教合作計畫。而學業分數通常是這類雇主決定是否接納這名學生加入建教合作計畫的重要關鍵。

合作性的教育方式有一個最吸引人的地方，那就是你在學期間所服務的企業組織將會有機會好好地認識你這個人，你也很有可能成為他們的未來員工。在此同時，當你為相同的雇主工作了三、四年之後，你就會漸漸瞭解該雇主的營運方式、系統制度和經營哲學。如果你們彼此間關係還不錯，你就可能在畢業之後，全時間地投入這份工作當中。在許多個案裏，這個結果幾乎都這麼地順理成章。此外，因為你參與過幾年的建教合作計畫，所以增加了你在就業市場上和人討價還價的本錢。一般來說，參加過建教合作計畫的校友們，較易掙得一個自主性較高的職務，起薪也比一般沒有實務工作經驗，就直接投入工作職場的大學畢業生要來得高。

Dow化學公司（Dow Chemical Company）建教合作計畫的組織和運作，就提供了一些相當有趣的觀點。他們會依照學生們的主修範圍，授與一些職責領域，例如：研發、製造、行銷和企管等。Dow公司會確保這些學生在畢業之後，就能直接在該公司就業。而薪水的給付則是根據學業分數、參與計畫的經驗，以及工作表現等而定。而職務上的責任則會隨著合作任務次數的增加而增加。每一次任務的指派都是跟著學生的不同學期而做變動。除了團體醫療保險和付費旅遊（視工作期的長短來決定）之外，Dow公司還會全權負責學生往返公司和校園之間的交通費。不管是哪個地點，學生們也都會得到住宿方面的協尋服務。學生們要是選修和工作內容有關的課程，同時又從事於建教合作計畫上的指派任務當中，就可以由公司方面得到學費和書籍費的全額補助款。其它許多大型公司，例如：都彭（Du Pont）、安泰

人壽保險（Aetna Life & Casualty）和Datapoint企業（Datapoint Corporation）等，也都提供了暑期實習的計畫活動。

　　儘管一項建教合作計畫的進度，可能會超過你的預期畢業時間長達一年之久，可是許多參加過建教合作計畫的校友們，還是認為這種工作經驗非常的有價值，雖然可能會對他們的畢業求職時間造成一些耽誤，可是還是非常的值得。建教合作式的教育制度對那些在財務上有困難的學生來說，也是能讓他們接受大學教育的唯一辦法。只要抽出學年中的部份時間來進行全職性的工作，就可以省下足夠的錢來付下學期的學費了。

　　參加暑期所舉辦的建教合作計畫，可以讓你獲得實質的工作經驗和非常難能可貴的個人接觸經歷。這類計畫常見於各政府機構，學生們可從事全天班或半天班的工作。也許你也可以加入民營機構的實習計畫，抵付學校裏的部份學分，也許多少還能賺點薪水。如果學生的工作職務和自己的主修很有關聯性的話，則平均一個學期的實習時間大約可以抵扣六個學分。而實習費有時候很少甚至完全沒有，可是這類相仿於建教合作式的安排可以讓你在工作上獲得非常難得的個人接觸經驗，而它也是你認為自己應該相當有興趣的一份工作。此外，它還可以抵免你的部份學分，以便早日拿到學位。貴校的諮商辦公室或是職業介紹處應該能在你就學的這段期間內，為你提供有關建教合作或實習計畫方面的資訊。

職業介紹處

　　職業介紹處是每位大學生的主要求職來源。它的功能就是協助學生在畢業之前找到一份工作。它會藉由下列的幾個活動和服務來達成上述的責任目標：

1. 提供各種不同行業的需求趨勢資訊。
2. 投票選出各種不同行業中最受歡迎的公司排名。
3. 出版由各產業和研究單位所提供的起薪一覽表。
4. 為一些公司散發徵才說明書，上頭詳列各種出缺的工作、應徵者的主修和學位資格、可能的工作地點、起薪範圍、公司的運作方式，以及雇主認為理想員工所應具備的一些個性和特質。

5. 為來自於各公司的代表們安排設備和簡報流程，好讓他們和即將畢業的大四生碰面討論。

6. 輔導學生如何有效地進行面談，以便在雇主面前留下好的印象。

一般來說，除非你是大四生，否則你並無法透過職業介紹處的引薦來和一些可能的雇主進行面談。但是，你應該可以盡快地找出該辦公室的座落位置，並探索一下它所提供的資料和服務內容。多數的大學院校都會舉辦校友的職業介紹活動，以便協助畢業生順利求得一職。

主修課程中的一些教授們

教導你主修課程的教授，如果和一些公司行號還有定期聯絡的話，也會是你求職上的一個有利來源。舉例來說，在商學院和工學院裏的教授們可能會在某些大型企業裏兼職或從事顧問方面的工作，所以應該會認識一些有影響力的管理階層，而這些管理人士應該有人事方面的決定權。對大型公司來說，這種靠教授引薦走後門求職的事情蠻常見的，經由這樣的安排，學生往往可以得到既高薪又高階的工作。可是這其中的挑戰卻在於如何讓教授認識你這個人，並以你這個學生為榮，這部份就需要你花點心思和努力了。積極參與班上活動；志願從事研究方面的工作；以及處事細密勤勉等，都會讓你在教授的眼中留下深刻的印象。

廣結善緣

廣結善緣可以讓你建立起一套人脈關係，結交到許多具有影響力的朋友，他們也許可以幫你安排工作面談的事宜。事實上，有些朋友的職務也許很有權力，正好可以雇用你來為他工作。你的人脈關係包括了以下人士：

- 朋友、其他學生和他們的家人。
- 教授。
- 家人的朋友。
- 社友、客戶、供應商或親戚的顧客（剛好也在從商）。

- 兄弟會或婦女會的會友。
- 系所顧問和社團成員（和你的主修有關）。
- 諮商人員。
- 教堂裏的教友。
- 和你經常有往來的當地公司行號中的主要業務代表（例如：百貨公司、餐廳、服飾店、校園以外的書店和超級市場等）。

你應該以私人的關係和這些人熟稔，讓他們知道你正在積極地找尋工作。並定期在適當的時間表達你對他們在工作協尋上的感激。

其它來源

你也可以透過民營的職業介紹所來找工作，可是這類的職業介紹所通常只為有工作經驗的人引薦工作，所以它可能不是那麼願意為你提供協助。職業介紹所就像是你的代理商一樣，你必須根據收費表以及你與代理商所談妥的合約辦法來付費，它的收費額度可能相當於代理商為你找到工作的第一個月薪水。而雇主也可能願意為你墊付全部或部份的費用，可是就法律上來看，你有責任給付這筆費用。靠稅捐維持的州立職業介紹所也提供了一些工作機會，可是其中大部份都是非技術性和非管理性的工作，而且也不太需要大學畢業生這樣的學歷背景。需要聘請大學畢業生的雇主們，大多會從其它管道來招募人才。

企業徵才

你可能不是主修商學方面的畢業生，可是如果你就像其他多數的大學畢業生一樣，你就會想從大公司裏的職務開始做起。這是真的，不管你主修的是人類學、宗教學或動物學，都一樣。所以瞭解大型企業是如何招募人才的，這一點非常的重要。圖A.4 就將這些步驟描繪了下來，而這也是我們要在下面單元中所談到的內容。

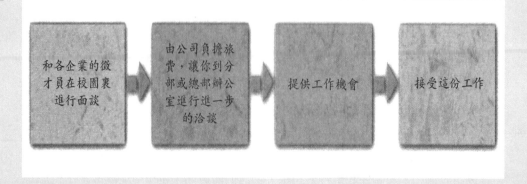

校園徵才員

　　要是你接觸過校園裏的職業介紹處,你就會發現到大型的企業組織往往會派遣代表(又稱為校園徵才員,campus recruiter)到學校來和大四生面談。而職業介紹處也會定期地公佈有哪些企業會派代表到學校來招募新人;以及他們拜訪的時間和有興趣的科系等。只要你符合該公司的要求資格,又對這家公司很有興趣,就可以預先訂下和他們碰面的時間。這些徵才員通常會在學校裏待上一兩天,在這段時間內,他們可能會和二三十名學生進行面談。也因為一名徵才員只能推薦兩到三個學生作為進一步的考慮人選,所以讓自己合乎資格並及時地報名參加校園面談的活動,就成了學生求職路上的當務之急了。

為面談作好準備

　　面談就是一場推銷個人的簡報會,而且就如同任何一位推銷員一樣,你必須充份準備,以便呈現出自己最令人印象深刻的一面,讓他們清楚知道,雇用你對公司來說是有很大的好處,而且證明給他們看,你的潛能絕對超過你所應徵的這份工作。有些人認為,對求職者來說,面談是最大的一種挑戰。它是讓你交換資訊和彼此印象的一個決定性關鍵。

　　面談就像是其它事情一樣,準備得愈充份,就表現得愈好。認真的求職者通常會有很多面談的機會,所以他們對於讓一些掌有錄用大權的陌生人審問經驗豐富。

　　利用圖書館亦有助於面談成功。你可能需要蒐集有關雇主的商品或服務資料,

以及它的營業額和收益情形，還有它所針對的市場是哪些等。經過這樣的初步調查，對你起碼有兩種好處。首先，你可以更瞭解雇主在產業中的地位如何，未來是否有成功的潛力，以及營運的範圍是什麼等。如此一來，一旦你在決定是否要接受這份工作的時候，才能作出最明智的決定。再者，你蒐集了這麼多資料，就可以小心謹慎地在面談中流露出來，讓主考官知道你是個很主動、有前瞻性、又很好學的人（因為這些資料都是你自己到圖書館裏查閱發掘出來的）。也因為有許多學生給主考官的印象只是知道公司的名稱而已，除此之外，一概不知。所以要是在面談中，如果主考官曉得你花了很多時間來瞭解公司的話，就會對你留下非常深刻且良好的印象。

有很多圖書館的資源都可以提供你所需的資料。假設你正要和某家公司進行面談，你就可以參考第十六章有關財務資料的資源一覽表。對求職面談來說，最好用的兩個資源分別是史坦普爾股票報導（Standard & Poor's Stock Report）和價值額度投資調查（The Value Line Investment Survey）。它們會簡單扼要地列出各公司過去的財務表現，列舉幾個主要商品，並提到該公司旗下擁有的幾家分公司名稱（或者是它的母公司）。

這些資料都不僅是普通常識而已，所以如果你在面談之中提到這些重點，敏銳的主考官必然會注意到你所下的苦心。

另外，閱覽坊間雜誌最近對該公司所作的報導並記錄在筆記上，這一點也很重要。也許你可以看看《商業刊物索引》（Business Periodicals Index），上頭會根據公司名稱的索引列出有關它的報導題目，也會提供該報導的標題，並說明雜誌的名稱、刊登日期和頁碼。

一場真材實料的面談應該是由雙方面進行互相的溝通才對。雇主想要應徵者瞭解公司組織以及工作上的要求，同時也很想清楚知道應徵者的企圖心、計畫、背景、優先看法，以及他在工作上的潛能如何。圖A.5 就列出了雇主會拿來詢問大學畢業生的幾個問題。好好研讀一番，並充份地準備，以便讓自己的回答不僅流露出智慧和認真負責的感覺，而且還很幽默。請記住，你絕對不可能有一套公式來應對面談中的所有內容，所以請事先做好充份的準備。

雇主們也會希望對方有發問的空間，所以你在面談中不僅要回答問題，也可以進行詢問。圖A.6 就列出了幾個問題，是許多應徵者在面談中都會詢問到的。

- 你具備了什麼條件，是我們公司所想要擁有的？
- 在你大學期間，你有過什麼樣的成就？
- 你對我們這家公司瞭解多少？
- 你希望我們為你做些什麼？為什麼？
- 談談你自己。
- 你希望（三、五、十、十五）年後，自己在做什麼呢？
- 如果你可以重新活過，你會想做些什麼不一樣的事？為什麼？
- 如果你的大學生活可以再來一遍，你會做些什麼不一樣的事？你會選擇相同的主修科目嗎？為什麼會？為什麼不會？
- 你自己需要負擔多少學費？為什麼這麼多（或這麼少）？
- 你希望從我們公司裏接受到什麼樣的訓練？
- 你對未來的教育進修有什麼計畫？

- 我一開始的職務，需要負責哪方面的事情？這份工作在典型上來說，會有什麼樣的事業發展結果？
- 我可以接受什麼樣的在職訓練？由誰來負責這些訓練？訓練的作法為何？
- 要是想進修的話，貴公司有什麼學費補助政策嗎？
- 貴公司有哪些作法，可以保障新進人員絕對可以從事一些實質的工作？而且要怎麼監督我的工作進度呢？
- 就我開始工作的職務來說，我的所屬主管他有什麼樣的背景？
- 就貴公司來說，若是想轉換部門或單位，會很容易嗎？
- 就我接手的這個職務，最近有人被解雇嗎？如果有的話，請教管理階層是如何從中判定誰該留下來？誰該被解雇呢？
- 請描述一下我可能會被雇用的所在地點。那個地方有哪些教育進修、娛樂休閒、房屋租賃和健康醫療方面的設施？

在準備面談的資料時，你最好從雇主的角度事先設想一下，雇主可能會問哪些方面的問題。你具備了很多特點，包括背景、學歷、經驗和技術等。在面談中，你必須把這些特點好處轉換成能滿足雇主需求的說詞。事前預演一遍，並先想好可能的問題，你就可以面對雇主的詢問，侃然而談了。簡而言之，你的目標就是要讓自己看起來，是個最適合這項職務的應徵候選人。

此外還有一些額外的建議，包括：

1. 請準時，因為遲到會讓人覺得沒有禮貌或漫不經心。
2. 和主考官時時保持目光的接觸，因為閃爍不定的目光會讓對方覺得你很沒有安全感或是有欺騙的感覺。
3. 談話清楚簡要，避免使用一些口頭禪，例如：「like」、「right」、「you know」、「you are kidding」，或是其它毫無意義的字眼或詞句。
4. 各帶一份履歷表和成績單的影本，並攜帶幾份教授、雇主或具影響力的人士所寫的推薦信函，以便主考官臨時想要參考。
5. 不要抽煙，即使對方請你抽煙也不要接受，因為抽煙這個舉動會讓你分神。（有一家企業承認道，它的主考官可能會在一間沒有煙灰缸的房間內請你吸煙，為的是要測驗你在點煙後，遇到棘手狀況時的應對處理能力）。
6. 穿著上保守一點。因為沒有任何記錄顯示，穿著保守一點會招致批評。
7. 不要在面談當中記筆記。離開之後，再快速地記下幾個重點。
8. 不要只詢問有關薪水的問題。應徵者若是金錢至上，甚過於重視工作上的訓練、升遷機會和實質責任等，就會讓雇主覺得反感。但是問一些有關酬勞方面的問題也算是很合理，你可以請教對方是以什麼標準來決定受雇者的起薪範圍（如果有上下限範圍可言的話）；加薪的可能性如何；以及公司的福利有哪些等。這些都是受雇者理應考慮到的問題，而雇主也有義務向你說明這些事情。

校園面談之後

在面談中，徵才員應該會告訴你需要多久時間才能得到公司的回音。如果徵才

員沒有說的話，詢問一下也是很合理的。除此之外，你最好寫一封感謝函給主考官，謝謝他撥冗和你面談。這種作法就像前面所談到的事前準備一樣，會讓你這個人顯得非常地與眾不同，這也是一般主動性不強的應徵候選人所做不到的事情。

　　面談之後不久，你應該會收到兩種通知信函的其中之一。一種是告知你目前沒有適合你的職務空缺，也就是禮貌性地拒絕了你，但是也可能是真的，該公司目前真的沒有適合你的職務。如果是這樣的話，該信函可能會提到公司會把你的資料歸檔，等到有出缺的時候，再行通知。而另一種信函則是提供旅費，要求你到公司來作進一步的面談。面談的地點可能是分區辦公室，也可能是總部，端看該公司的規模和聘雇程序如何。不過根據一般的經驗，你可以預期自己必須花上一天的時間待在那裏，陸續和一些執行主管進行面談，這些主管也是掌控人事聘用權的委員會成員。他們可能計畫面談很多類似像你這樣的學生（當然是在不同的日期），但是只選擇其中的少數幾個成為公司的新進人員。

　　這樣的旅程需要你向教授請假，並和公司裏負責聯絡事宜的人員安排行程。你可能會希望妥善安排好航空、陸地等運輸方面的問題，以及用餐和至少一晚的外宿事宜。有些公司備有旅遊部門可以處理這方面的問題；有些公司則將這些事情讓你自己處理安排。如果是後者的話，你可能需要透過旅行社的協助。請適當地處理這趟旅程，因為你必須尊重該公司所提供的旅費預算。請搭乘經濟艙，可在還不錯的餐廳裏點用一般的餐點，請盡量表現你是一個很量入為出的人，即使你被公司錄用了或是花自己的錢，都是這樣的作法。

公司面談

　　一旦你到了目的地，並和協助安排旅程的公司人員碰面之後，你就會知道這一天當中會見到哪些人以及在什麼時間面談等。會有秘書帶你從一名執行主管的辦公室走到下一名執行主管的辦公室，也或者是由上一個面談你的人帶領你走過去。

　　和你面談的所有管理人士可能掌控公司內部的許多職權，其中包括勞資關係、市場行銷、製造生產、財務會計和人力資源等。每一個都是在各自領域中經驗老到的執行主管，而他們所提出的問題也會比校園徵才員問得更深入，往往讓你無法事先預料得到。在中午的時候，你會和其中的某位主管共進午餐，這也是你的一個機

會，向他們展現你的社交能力如何。

當你結束一天的面談之後，爲你安排此次面談的執行主管會告訴你何時才會作成最後決定。然後你就可以回到學校，把旅費明細（請附上收據）呈交給公司報銷。

評估錄取的工作

通常都是以信函來通知工作的錄取（也許之前就會先來電告之），上頭詳載正式的職稱頭銜、工作地點、報到日期和薪水等多項細節。公司方面也會提供一份書面說明，詳述你的職責內容，並準備好回答你所有可能提出的問題。他們會要求你在幾天之內回覆最後的決定。如果在此同時，你還在等另外一家公司的錄用通知，回覆期限當然也可以有商量的餘地。在面對這種關鍵性抉擇的時刻，不會有任何一家公司這麼不合理地要求你立刻就作決定。

許多人在離開學校開始找工作的時候，都曾經歷過生命中不曾有過的巨大衝擊。舉例來說，從一名伸手向家人要錢的全職學生轉變成一個自給自足的獨立個體，這實在是個很重大的轉變。因此，除了前述所討論到的因素之外，你也要衡量一下該工作的起薪是否能負擔得起你自己的生活水準。

你要考慮的範圍包括食物、置裝（其衣著所需遠超過你當學生時的要求範圍）、房租、公用支出，也許你還擁有一部汽車，所以必須支出另一筆費用。另外你也要考量該有的保險費用，因爲公司不會爲你付出這筆金額。還有，你得留點錢儲蓄起來或是作爲投資之用。

你可以把薪水的百分之二十五視爲大約的淨所得或者是安家費。如果你的支出預算超過剩下的百分之七十五，你就應該重新檢視一下自己的支出預算，再不然也只好聯絡公司，設法協商是否有可能調高自己的薪水。但是如果你做的是後面這個舉動，最好先有心理準備，因爲大多數公司在起薪上都是相當固定的，除非該名應徵者的工作經驗非常地難能可貴。當然，起薪標準還是會有不同，全看當地的生活標準而定。不可否認的，應徵者要是有特別的資格條件或是超過需求以外的學歷水準，也許可以要求有較高的起薪。否則，許多雇主爲了公平起見，還是寧願以統一化的薪水標準來給付。

決定要不要接受這份工作，實在是件難事。你所選擇的這條路將會影響你的後半生。仔細想想這份工作，它究竟是否能吻合你個人的目標和事業上的目標？這家公司給你的感覺舒不舒服？它的運作方式能不能提供合理程度的工作保障？它的要求以及你將從事的這項職務，是否能反映出你畢業後所想追求的一種生活形態？這些問題和其它許多問題都要盡可能釐清才行。但是請記住，沒有人可以真正瞭解某份工作或某個企業組織，除非他親身進入這一行才有可能知道。

　　若是有教授對這家公司或這份工作非常清楚的話，不妨和他們聊一聊。也許你也可以詢問一下那幾位你曾因為自己的事業性向而訪談過的在職人士。同樣地，不管你蒐集到多少意見資料，最後的決定還是在於你自己，而且可能是你此生中所遇到過的最難決定。我們的意思並不是指你這後半生就要在這家公司上或這份事業上終老。如果有其它公司提供更快的晉昇機會、更大的挑戰、更多的職務權力、或者（很理所當然的）是更高的薪水，你都有可能在未來為自己的事業生涯更換過好幾家公司。此外，隨著時間和經驗的累積，你的喜好、興趣，以及個人的優先考慮都有一些改變，所以你也可能在將來，決定要去追尋另一種完全不同的事業生涯。這些事情會自然而然地發生變化，就像冒險一樣，也就是我們所謂的人生。不管你現在或未來的目標是什麼，我們都祝你好運，找到一份好工作！

企業概論

著　　　者☞Joseph T. Straub & Raymond F. Attner

譯　　　者☞游文誥

出　版　者☞揚智文化事業股份有限公司

發　行　人☞葉忠賢

總　編　輯☞孟　樊

責任編輯☞賴筱彌

登　記　證☞局版北市業字第 1117 號

地　　　址☞台北市新生南路三段 88 號 5 樓之 6

電　　　話☞886-2-23660309　23660313

傳　　　真☞886-2-23660310

郵政劃撥☞14534976

印　　　刷☞鼎易印刷事業有限公司

法律顧問☞北辰著作權事務所　蕭雄淋律師

初版二刷☞2000 年 7 月

定　　　價☞新台幣 800 元

I S B N☞957-818-045-4

E - m a i l☞tn605547@ms6.tisnet.net.tw

網　　　址☞http://www.ycrc.com.tw

國家圖書館出版品預行編目資料

企業概論 / Joseph T. Straub, Raymond F.
　Attner 原著；游文誥譯. -- 初版. -- 臺北
市：揚智文化，　1999 [民88]
　　面；　　公分　 -- （商學叢書）
譯自：Introduction to business
ISBN 957-818-045-4（精裝）

1. 商學　2. 企業管理

490　　　　　　　　　　　　　88011406